U0162857

智能科学与技术丛书

现代决策树模型及其编程实践

从传统决策树到深度决策树

黄智濒 编著

MODERN DECISION TREE MODELS AND
THEIR PROGRAMMING PRACTICES

from traditional decision trees to deep decision trees

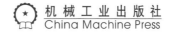

机械工业出版社
China Machine Press

图书在版编目（CIP）数据

现代决策树模型及其编程实践：从传统决策树到深度决策树 / 黄智濒编著 . -- 北京：机械
工业出版社，2022.7
（智能科学与技术丛书）
ISBN 978-7-111-70636-6

I. ① 现… II. ① 黄… III. ① 人工智能 – 研究 IV. ① TP18

中国版本图书馆 CIP 数据核字（2022）第 068386 号

现代决策树模型及其编程实践
从传统决策树到深度决策树

出版发行：机械工业出版社（北京市西城区百万庄大街 22 号　邮政编码：100037）

责任编辑：曲　熠　　　　　　　　　　　　　责任校对：马荣敏

印　　刷：三河市宏达印刷有限公司　　　　　版　　次：2022 年 7 月第 1 版第 1 次印刷

开　　本：185mm×260mm　1/16　　　　　　印　　张：27.25

书　　号：ISBN 978-7-111-70636-6　　　　　定　　价：129.00 元

客服电话：（010）88361066　88379833　68326294　　　　投稿热线：（010）88379604

华章网站：www.hzbook.com　　　　　　　　　　　　　　读者信箱：hzjsj@hzbook.com

人工智能和数据科学正处于一个关键拐点，回归分类方法使得决策树模型与深度模型有机结合，这也为可解释机器学习和未来决策树模型的发展开辟了广阔的道路。本书对相关概念、原理和方法进行了深入浅出的介绍，涵盖从传统决策树到深度决策树的广泛主题，非常值得一读。书中不仅清晰地讲解了相关算法的原理，还从工程化和实践编程的角度进行了举例分析和演算，对帮助读者了解和应用决策树算法具有重要价值。

马华东，教授，博士生导师，北京邮电大学计算机学院（国家示范性软件学院）前执行院长，国家杰出青年科学基金获得者，国家 973 计划项目"物联网体系结构基础研究"首席科学家

决策树是人工智能机器学习算法的重要分支，具有条理清晰、定量/定性分析相结合、适用范围广等优点。本书基于作者广泛而深入的研发实践，具有两个显著的特点：系统性，系统地介绍主流的、前沿的决策树模型和算法；实用性，对于每一类决策树算法都给出了实际的编程案例，为读者学习和应用相关算法提供了很好的参考资料。虽然介绍决策树模型和算法的资料较多，但是系统介绍决策树模型、算法、编程实现及发展趋势的书还比较少见。相信本书的出版能够很好地满足希望全面且系统地学习决策树算法的读者的需求。

白鹏，博士，研究员，博士生导师，中国航天空气动力技术研究院科技委常委

对于任何有兴趣进一步了解数据分析决策和相关数据科学技术的人来说，决策树模型都是一个很好的起点，因为它简单快速而且具有可解释性。本书系统地介绍了从传统决策树到深度决策树的各类现代决策树模型，从必要的公式推导，到详尽的实例计算，再到可实践的编程代码，带领读者快速进入决策树领域，并将其应用在自己的工作中。

胡金晖，中电科新型智慧城市研究院有限公司总经理助理

本书详细介绍了以决策树为基础的多种经典方法和新的技术进展，在 CNN 和 Transformer 等神经网络范式盛行的今天，向读者展示了另外一条经典的人工智能技术路径。决策树及其变种作为经典的机器学习算法，已经大量应用于实际生产系统，相比于黑盒的深度神经网络，决策树算法有着计算速度快、可解释性强的优点。除了理论介绍外，本书还配备了丰富的实例和相应的代码实现，可以作为决策树模型初学者的入门教材，也可以作为专业人员的参考书。

王均松，华为人工智能系统专家

这是一本精彩的书，涵盖所有核心算法，从经典决策树到创新的深度决策树均有讨论。全书通过公式推导、实例演算和编程实践，以易于理解的方式呈现了决策树的精髓。本书对于推动决策树的实践应用具有重要价值。

张峰，中国电科信息科学研究院认知与智能技术重点实验室副主任

本书是了解和学习现代决策树的必备书籍,对重新认识决策树模型和深度学习方法以及可解释机器学习模型具有重要作用。

孙亭,中电科西北集团有限公司董事、常务副总经理

作为一种现代工具,人工智能正在快速渗透到各行各业并产生深远影响。如果你正在关注人工智能,且试图用人工智能解决一些实际问题,那么,本书非常值得一读。它系统地介绍了现代决策树算法,通过大量的实例和完整的代码实现,帮助你快速了解决策树算法,掌握其精髓,建立用决策树算法解决实际问题的思路,并快速形成代码,体验人工智能的超强能力。

杨武兵,博士,中国航天空气动力技术研究院研究员、博士生导师

决策树具有分类速度快、易于理解等特点,在人工智能领域应用广泛。本书以决策树相关项目实践为基础,全面介绍决策树算法的相关知识,包括决策树发展历史、当前决策树算法面临的主要问题、当前经典决策树算法原理及编程实践、决策树算法的并行化等。本书是数据科学、大数据技术、人工智能等相关领域的技术人员入门或提升技能的不可多得的参考书。

陶衷,博士,吉林师范大学数学学院副教授,吉林师范大学博达学院数学学院院长

美国东部时间1986年1月28日上午11时39分，美国挑战者号航天飞机由于发射时右侧航天飞机固体助推器的O形环碎裂，在发射后第73秒时解体并导致参与本次飞行任务的所有7名成员罹难。有关固体火箭助推器设计上的安全隐患，某些决策者已在决策过程中提出过，但由于决策过程的复杂以及数据信息传递的不精确，导致决策失误，最终导致发射失败。

信息并非组织决策过程中的次要构件，决策过程本身也是一个信息传播的过程，或者意义生成的过程。智能问题其实可以分为感知、认知推理和决策三个步骤，而决策是所有智能最终的目标。智能是指在不确定的环境中能采取合适的行动，或者做出合适的选择和决定的能力，也就是决策智能。这里的环境，是指我们试图用人工智能更好地了解、探索、建模和驾驭的物理世界、人类社会等系统。

20多年前，我们就围绕决策支持系统对航天气动设计与优化过程展开了深入研究，通过与专家系统的结合，以知识推理的形式实现了航天气动与故障的快速定性分析，同时发挥了决策支持系统以模型计算为核心解决定量分析问题的优势，充分做到了定性分析和定量分析的有机结合，使得解决问题的能力和范围得到了较大的提升。智能决策支持系统和决策智能是决策支持系统发展过程中的一个新阶段。决策树模型兼具可解释性和快速性的特征，它的"白盒"推理能力对于航天气动设计的智能化具有重要价值，甚至未来还可以探索与专家经验和知识结合的方法，从而为将人工智能有效应用到传统科学的关键问题中提供一种新途径。

本书系统地介绍了各种决策树模型，围绕传统决策树算法，对各种基本概念和核心思想进行了深入浅出的讲解。本书讨论了各类集成学习方法，介绍了决策树与未来人工智能模型的结合途径，并涵盖处理大数据的决策树模型，从中可以看到未来决策树在传统科学研究中将大有用武之地。关于蚁群决策树和深度决策树模型的讨论，让我们相信未来人工智能2.0时代，决策树依然是一种有效的人工智能模型。本书不仅包括对基本原理的介绍和推导，还通过大量的示例一步一步完成计算，帮助读者理解公式。而且，本书侧重于编程实现，提供了大量代码，可以帮助读者进一步学以致用。

相信本书的出版定将推动决策树与智能决策支持系统的研究与应用。

艾邦成

博士，研究员，博士生导师

中国航天空气动力技术研究院副院长

中国空气动力学会高超声速专业委员会主任

现在人们常说选择比努力更加重要，说的就是在面对众多可能性时，保持清晰的思路，做出最有利于自己的决策并为之坚持不懈。这体现了决策在生活中的意义。决策可大可小，大到国家政策，小到生活琐事。但是无论决策大小，都需要决策者对所面临的问题以及内外部各种因素进行综合考量，这样才能够做出最佳决策。尤其是在当下这个大数据时代，各种数据和因素都会影响决策者的判断，这就需要决策者学会利用数据分析方法，从而不会迷失在数据海洋中。

在数据分析领域，决策树是一种非常流行的方法，此方法能够保证我们在面临各种干扰的时候做出理性的判断。近年来随着高性能计算、大数据和深度学习技术的飞速发展，决策树算法及其应用也得到了更为广泛的关注和更加快速的发展。尤其是决策树与深度学习相结合而发展起来的深度强化学习技术已取得若干突破性进展。

经典决策树算法诞生在20世纪90年代之前，它是一种非参数化的有监督学习方法，可用于分类和回归任务。与人工神经网络等算法不同，决策树相对来说更容易理解和解释，因为它共享内部决策逻辑。许多数据科学家认为这是一种老方法，而且存在过拟合问题，对其准确性也有一些怀疑。但最近的基于树的模型，特别是随机森林、梯度提升和XGBoost等建立在决策树算法之上的机器学习模型，已经获得了巨大的成功。我们相信，未来决策树算法将在数据分析领域拥有更广阔的应用前景。

因此，现在可以说是深入学习决策树算法的最佳时机，而本书则是入门和精通决策树算法的不二选择。书中系统地讲解了决策树算法的概念、基础知识和原理。从内容广度上来看，本书汇总了经典的决策树算法，不仅分析了各个决策树算法的核心原理，同时还进行了代码实现。从内容深度上来看，本书既介绍了传统的决策树算法（CART、ID3、C4.5等），也包括最近发展起来的深度决策树算法（并行决策树、蚁群决策树、深度决策树等）。通过阅读本书，读者能够快速、准确地了解决策树的全貌，并明晰未来决策树算法在数据分析领域的用途。

杨文胜

国家市场监督管理总局广州数据中心（灾备中心）主任

北京信城通数码科技有限公司 CEO

决策无处不在。没有什么比事实更好，当我们要做出决策时，如果有事实可以依赖，往往会根据事实做决策。从事实（原始数据）到影响因素（特征数据）再到决策（信息、结论），我们有众多的工具可用，其中人工智能和机器学习方法是目前学术界和产业界正在如火如荼地研究和实践的领域。然而，在所有的机器学习算法中，决策树应该是"最友好"的了。它的整个运行机制具有良好的可解释性和人类模仿性。人类可以在可接受的时间内，采用输入数据和决策树模型参数，经过每个计算步骤，得到预测结果。这种模型特性更容易获得人类的信任，而且有助于通过正反馈不断改进该模型。

目前人工智能应用已经渗透到生活的方方面面，成为我们生活中重要的一部分。未来有望产生一个能够感知、学习、做出决策和采取独立行动的自主系统。但是，如果这些系统无法向人类解释为何做出这样的决策，那么它们的有效性将会受到限制。人类要想理解、信任和管理这些智慧的"合作伙伴"，可解释性和模仿性至关重要。正是这种强需求让传统决策树方法焕发新生机，特别是回归任务催生的一些应用，使得深度学习模型与梯度提升决策树模型形成了有机的结合，使决策树算法和模型的研究进入了新的阶段。周志华教授等提出的深度森林，将集成学习方法与决策树模型相结合，示范了另一种深度模型的构建方法。决策树模型在未来人工智能的创新发展中具有重要的地位。

本书从经典决策树入手，介绍了核心的原理和机制，从公式推导、实例演算到代码实现，以易于理解且可实践的方式呈现了决策树的方方面面。特别是详细介绍了各类新的决策树模型及其工程化优化原理，包括并行决策树、蚁群决策树以及多种深度决策树。

本书对决策树的实践应用具有重要价值，特别是对于那些对数据科学和人工智能感兴趣的人来说，这是了解决策树模型的一本很棒的参考书。

肖利民

博士，教授，博士生导师

北京航空航天大学计算机科学技术系主任

计算机系统结构研究所所长

前 言

生活中，我们处处在做决策，这类决策也许是快速而直接的。工作中，我们可能要做出一些重大而复杂的决策，这类决策往往需要我们细致地收集各种影响要素，量化分析其权重，最终得到符合意图的决策结果。正是这种认知行为意识使得决策分析和基于树的决策工具在1500年前就开始使用了，长期的树形分析实践为后来决策树方法的诞生提供了丰富的养分。现代决策树算法的演化是人工智能深入发展过程中的重要组成部分。由于优秀的可解释性、模型的简单性、算法的快速性，使得决策树算法受到了越来越广泛的关注，正在成为数据科学和智能科学领域技术人员的必备工具。我相信决策树还将深入影响未来人工智能模式的发展。

在过去的三年中，我有幸参与了一个以决策树作为主要工具的重点项目。我们通过深入学习、探索和研究各类决策树模型，最终实现了具有良好可解释性、能有效处理超大规模数据且能快速实现预测评估的机器学习模型。本书是我们在项目实践过程中的积累与总结。

本书从决策分析及其应用引入主题，首先介绍决策树与人工智能的关系（第1章），然后介绍经典的决策树算法（第2章），通过对CART、ID3和C4.5等算法的介绍，帮助读者对决策树形成明确且清晰的概念。之后结合分类问题和回归问题进行实践，特别是对回归问题进行了深入讨论——回归模型正成为现代决策树模型与深度学习模型的有效结合点。第3章深入讲解经典的决策树剪枝方法，特别是代价复杂度剪枝、错误率降低剪枝、悲观错误剪枝和最小错误剪枝，通过示例和编程实践进行详细描述。第4章介绍随机森林的基本原理，结合示例和编程实践详细描述了随机森林的构造过程，并对套袋法进行分析。第5章介绍当前较为热门的集成学习方法（提升法、梯度提升法、堆叠法），通过示例和编程实践详细讲解AdaBoost和梯度提升法。第6章着重介绍并行决策树的几种主流算法，包括XGBoost、LightGBM和CatBoost，并简要介绍了较新的NGBoost算法。该章首先对各算法的核心原理做了分析，然后从工程化角度介绍其并行化加速方法，同时还提供了一些应用实例。第7章介绍常见的几类蚁群算法以及在此基础上的蚁群决策树算法和自适应蚁群决策森林。群智模型作为人工智能2.0时代的典型智能模型，其群体智能的全局搜索能力与决策树的可解释性的有效结合，也许会带来预料之外的成功。第8章介绍深度决策树算法，包括深度森林、深度神经决策树、自适应神经决策树、神经支持决策树和深度神经决策森林，并借助PyTorch等工具对程序和示例进行分析。

本书围绕决策树算法和现代决策树模型，通过大量的示例和完整的代码实现详细讲解决策树的精髓，既涵盖必要的公式推导，又考虑具体的应用需求。本书的所有代码均可免费获取，有需要的读者请访问华章网站（www.hzbook.com）搜索本书并下载。通过阅读本书，希望读者能对决策树有系统和全面的了解，并能够将其快速应用在工作和生活实践中。如果这本书能给你带来"开卷有益"的感受，那将是我最大的欣慰了。

最后，感谢家人和朋友的支持和帮助。感谢在本书撰写过程中做出贡献的人，特别是常霄、曹凌婧、刘小萌、洪艺宾、张瑞涛、刘涛、傅广涛、董丹阳、法天昊、靳梦凡、汪鑫等，常霄负责全书代码的编写和整理工作。还要感谢机械工业出版社的各位编辑，以及北京邮电大学计算机学院（国家示范性软件学院）的大力支持。

黄智濒

于北京邮电大学

X

| 第1章 |

决策树与人工智能

1.1 决策与智能

什么是决策？我们认为，决策就是任意实体在各种选项之间做出选择。计算机系统给图片做标注，指出图中动物是不是猫，这是决策；管理项目的人类领导做出决策，看看是不是推出系统，这也是决策。

在心理学中，决策（decision-making）是一种认知过程，经过这个过程之后，个人可以在各种选择方案中，根据个人信念或是综合各项因素的推理，决定要采取的行动，或是决定个人要向外表达的意见。每个决策过程都会以产生最终决定、选取最终路径为目标。决策者做决定之前，往往面临不同的方案和选择，以及其决策后果在某种程度上的不确定性；决策者需要收集影响决策的各种因素、前提和相互制约的条件；决策者需要对各种选择的利弊、风险做出权衡，以期达到最优的决策结果。不同的学科对人类决策行为有不同的解释。从心理学角度看，个人的决策依赖于个人的需求、喜好和感观。从人的认知行为学角度看，决策过程被视为与周遭整体环境的互动结果。

决策论是一个交叉学科，与数学、统计学、经济学、哲学、管理学和心理学相关。它主要研究实际决策者如何进行决策，以及如何达到最优决策。决策论和博弈论关系密切，二者的区别是，决策论研究个人的行为选择，而博弈论主要关注多个决策者之间选择的相互关系。这一领域的实证研究大多采用统计或计量经济学的方法。

智能（intelligence）是指生物一般性的精神能力。这种能力包括以下几点：逻辑、理解、自我意识、学习、情感知识、推理、规划、创造力、批判性思维和解决问题的方法。更笼统地说，它可以被描述为感知或推断信息的能力，并将其作为知识加以保留，以便在其他环境或背景下应用于适应性行为。它反映了我们理解周围环境的一种更广泛、更深刻的能力——"抓住"或"理解"事物，或者"弄清"该做什么。最常被研究的是人类智能，但在非人类的动物和植物中也观察到了智能，尽管人们对于这些生命形式中是否表现出智能还存在争议，但这不影响人工智能的定义，在这里，我们统称计算机或其他机器的智能为人工智能。群体智能（Swarm Intelligence，SI）[14-15]是分散的、自组织的自然或人工系统的集体行为。SI 系统通常由一群简单的生物智能体或人工智能体组成，它们相互作用，并与环境相互作用。其灵感通常来自自然界，特别是生物系统，包括蚁群、蜂群、鸟群、细菌、鱼群和微生物智能等。这些智能体遵循非常简单的规则，虽然没有集中的控制结构来规定单个智能体的行为方式，但这些智能体之间的局部互动，以及在一定程度上的随机互动，导致了单个智能体不知道的"智能"行为的出现。这一表述是由 Gerardo Beni 和 Jing Wang 于 1989 年在细胞机器人系统的背景下提出的[8]。

决策智能（Decision Intelligence，DI）[13][16]是一种新学术理论，它涉及选择的方方面面。决策智能科学将数据科学、社会科学、管理科学融为一体，帮助大家用数据改善生活、优化企业、改变世界。随着 AI 时代的来临，决策智能变得越发重要。决策智能的目标就是将信息转化为更好的行动，不论规模如何都能处理。2020 年 9 月，首届智能决策论坛举行。智能决策是国家新一代人工智能的重要发展方向，也是实现国家创新发展战略的重要基石。决策智能基于对不确定环境的探索，需要根据所获取的环境信息和自身的状态来进行自主决策，并使得由环境反馈的收益最大化。这一由反馈形成的系统闭环，将使人工智能拥有更完整的表现形式。因此，决策智能带有强烈的"行为主义"流派色彩，而同时又能吸收当前符号主义和联结主义的精华，不但是三大主义融合的一个入口，也可能是通向通用人工智能的途径之一。

1.2　决策树算法的起源

曼努埃尔·利马的 *The Book of Trees：Visualizing Branches of Knowledge*（见图 1.1），探讨了树状图 800 年的辉煌历史，从笛卡儿到数据可视化，从中世纪手稿到现代信息设计均有涉及。利马在书中指出，几千年来，树木不仅为我们提供了住所和食物，而且还为我们提供了医药、火、能源、武器装备、制造工具和建筑等似乎无限的资源。人类在观察它们复杂的枝叶结构和叶子季节性的枯萎和复苏时，将树木视为生长、腐烂和复活的强大形象。事实上，树木对人类具有如此巨大的意义，几乎没有任何文化未赋予它们崇高的象征意义。在某些文化中，对树木的崇拜被称为"树枝崇拜"，与生育、不朽和重生的观念联系在一起，通常通过世界轴、世界树或生命之树（arbor vitae）来表达，这类图案在全球各地的神话和民间传说中都很常见。这种魅力也吸引了哲学家、科学家和艺术家，他们同样被树的高深莫测和它的原始、直率及坚韧的美所吸引。

事实上，人们非常喜爱将知识分类归纳，然后用树描述出来。大约 270 年，新柏拉图派哲学家波菲利发表了其著作《〈范畴篇〉导论》，将亚里士多德的《工具论》中定义的 praedicamenta 重新规划为五个类别——genos、eidos、diaphora、idion 和 sumbebekos，并画出了图 1.2 所示的波菲利之树（tree of Porphyry）。在同类作品中，波菲利的著作是有史以来最成功的。它被翻译成多种语言，1500 年来，每个学生都把它作为了解这一主题的第一篇文章来阅读。因此，它在哲学和逻辑学以及知识组织方面的影响是巨大的，而且其树状形式的可视化也令人印象深刻。

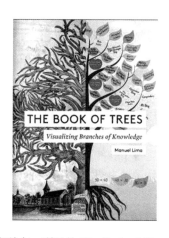

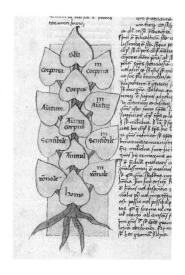

图 1.1　曼努埃尔·利马的 *The Book of Trees：Visualizing Branches of Knowledge*[17] 的封面

图 1.2　宾夕法尼亚大学图书馆藏书 LJS 457 中的波菲利之树[18]

德尼·狄德罗等学者主持编撰的法国《百科全书》（1780 年）中，有一棵引人注目的树（见图 1.3）。这棵树描绘了知识的谱系结构，其三个突出的分支遵循弗朗西斯·培根 1605 年在《学习的进步》中提出的分类：记忆和历史（左），理性和哲学（中），想象力和诗歌（右）。树上结着大小不一的圆形果实，代表着人类已知的科学领域。

正如利马的书中所说，树最大的影响是在分类学领域，作为抽象概念的视觉代表。分类学的复杂性和视觉上的简单性的有力结合促使树成为人们学习和认知的有效手段。

"解释和教育；促进认知和获得洞察力；以及最终，使不可见的东西变得可见。"这句话揭示了树形概念在人类发展中的重要作用，也预示着决策树这一工具的巨大潜力。

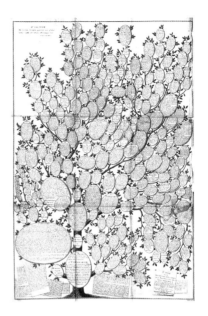

图 1.3　Chrétien Frederic Guillaume Roth 的"艺术和科学的家谱分布"，引自法国《百科全书》（1780 年）

下面介绍决策树算法起源中的重要里程碑。

- 1936 年，Ronald Fisher 提出了"线性判别分析"，他将其应用于一个二分类问题。1948 年，C. R. Rao 将其发展为应用于多分类问题。

- 20 世纪 50 年代，自动交互检测[1]（Interaction Detection，AID）在运筹学研究中的应用得到了很大的发展。1959 年 6 月，William A. Belson 的论文"Matching and Prediction on the Principle of Biological Classification"[2]发表，这被认为是现代决策树算法的开端。

- 1963 年，Morgan 和 Sonquist 首次提出回归树[9]，它基于的是 AID 项目。他们提出了不纯度量（impurity）的概念，并递归地将排序数据不断分成两个子集。比如，有序变量 X 的分割形式为 $X \leqslant c$。如果 X 有 n 个不同的观测值，则进行 $n-1$ 次这样的分割。如果 X 是一个分类变量，有 m 个不同的观测值，则有 $2^m - 1$ 个 $X \in A$ 形式的分割，其中 A 是 X 值的一个子集。

- 1966 年，Hunt 发表了"Experiments in induction"[10]，确立了决策树"分而治之"的学习策略。他通过将训练记录相继划分为较纯的子集，以递归方式建立决策树。我们将在 1.6.2 节进行详细介绍。

- 1972 年，第一个分类树出现在 THAID（THeta Automatic Interaction Detection）[21]项目中（由 Messenger 和 Mandell 领导）。THAID 选择分割是为了最大化每个模式类别（即拥有最多观测值的类别）中的观测值数量之和。预测的类别是一个模式类，替代的不纯度量函数是熵和基尼系数——基尼系数最早由 Light 和 Margolin 于 1971 年提出。

- 1974 年，加州大学伯克利分校的统计学教授 Leo Breiman 和 Charles Stone 以及斯坦福大学的 Jerome Friedman 和 Richard Olshen 开始开发分类与回归树（Classification & Regression Tree，CART）算法，它基于递归的数值分割准则来构建树。1977 年他们发布了第一个 CART 版本，1983 年发表了该方法的论文[3]，1984 年正式发布了 CART 软件[19]。这是算法世界的一场革命。即使在今天，CART 也是数据分析中使用最多的方法之一，其主要升级包括截断不必要的树、隧道和选择最佳树的版本。CART 已经成为决策树的世界标准，并在不断发展进步。

● 1986 年，Ross J. Quinlan 应邀在 *Machine Learning* 创刊号上发表了 ID3（Iterative Dichotomiser 3）算法。Quinlan 在 Hunt 的指导下于 1968 年在美国华盛顿大学获得计算机博士学位，1978 年他在学术休假期间到斯坦福大学访问，在针对国际象棋残局中一方是否会在两步棋后被将死的问题研究中，提出 ID3 算法并在 1979 年发表[20]。他提出了一个新的概念：有多个答案的树。需要指出的是，CART 和之前其他决策树算法的每个分支只有两个（称为二元树）。ID3 使用了一个叫作增益比的不纯度量标准。但是 ID3 并不理想，所以，Quinlan 继续升级了算法结构。

● 1993 年，C4.5 诞生[22]（参见 J. R. Quinlan 的书 *C 4.5：Programs for Machine Learning*，Morgan Kaufmann，1993），它解决了 ID3 的不足，并在论文《数据挖掘十大算法》中排名第一（Springer LNCS，2008），ID3 算法掀起了决策树研究的热潮，短短几年间众多决策树算法问世，ID4、ID5 等名字迅速被其他研究者提出的算法占用。因此，Ross J. Quinlan 只好将自己的 ID3 后续算法命名为 C4.0，在此基础上进一步提出了著名的 C4.5（只是对 C4.0 做了些小改进），以及后续的商业化版本 C5.0。

随着 CART、ID3 和 C4.5 这些经典决策树算法的诞生，决策树在流程决策、数据分析和处理领域开始被广泛应用。随着机器学习和各类人工智能技术的迅速推广，决策树良好的可解释性促进了其与各类深度学习方法的融合，本书将在第 8 章对此进行深入探讨。

1.3   决策树的核心术语

在决策树中有两类节点：决策节点和叶子节点。决策节点用于做出任何决策，并且有多个分支，而叶子节点是这些决策的输出，不包含任何进一步的分支。

之所以称为决策树（decision tree），是因为它类似于一棵树，从根节点开始，对进一步的分支进行扩展，构建了一个树状结构。决策树根据每一个决策节点的可能取值进一步分割，如图 1.4 所示，A 为决策节点，由根节点分裂而来，而对决策节点 A 进行分割构建了 B 和 C，它们均为叶子节点。

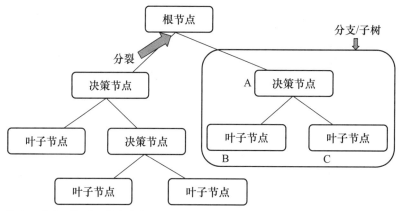

注意：节点A是B和C的父节点。

图 1.4   决策树中的决策节点和叶子节点

决策树的核心术语包括：

- 根节点（root node）：根节点是决策树的起点。它代表整个数据集，并进一步被分为两个或更多的同质集。
- 叶子节点/终端节点（leaf/terminal node）：叶子节点是最终的输出节点。得到叶子节点后，树就不能再被继续分割了。每个叶子节点都标有一个类或类的概率分布。
- 分割（splitting）：分割是根据给定的条件将决策节点/根节点划分为子节点的过程。
- 分支树/子树（branch/sub tree）：由决策节点/根节点分割形成的以其子节点为根节点的树。
- 剪枝（pruning）：剪枝是指对树进行修剪的过程，即从树上去除不需要的分支。
- 父/子节点（parent/child node）：父节点是直属上级节点，子节点是下级的节点。

决策树是以样例为基础的。每个样例均包含一组属性，这些属性可以是离散的分类值，也可以是连续值。需要从一组无次序、无规则的样例集中推理出决策树表示形式。可采用自顶向下的递归方式，从样例属性中选择一个属性，并进行属性值的比较，根据不同的属性值向下分支，最终形成一棵树。从根节点到叶子节点的一条路径就对应着一条合取规则（AND 规则），也称为决策规则。整个决策树就对应着一组析取表达式规则（OR 规则）。决策树遵循与或式（Sum of Product，SOP）表示法，也被称为析取范式。对于一个类，从树的根部到具有相同类的叶子节点的每一个分支都是值的合取（乘积），以该类为终点的不同分支形成一个析取（和）。

可将决策规则看作一个简单的 if-then 语句，由一个条件和一个预测组成。例如，如果今天下雨并且是四月（条件），那么明天就会下雨（预测）。可以使用单个决策规则或多个规则的组合进行预测。决策规则遵循一个一般的结构：如果条件满足，则进行某种预测。

需要指出的是：

- 属性值如果是连续的，那么在建立模型之前需要对它们进行离散化处理。
- 将属性作为树的根节点或分支节点的选择策略是通过使用一些统计方法来完成的。

这两点是决策树构建和应用中的核心要素。

1.4　决策树的可解释性

什么是可解释性？2017 年 ICML Tutorial 将其定义为向人类给出解释的过程（interpretation is the process of giving explanations to human）。从数据中发现知识或解决问题的过程中，只要是能够提供关于数据或模型的可以理解的信息，有助于我们更充分地发现知识、理解问题和解决问题的方法，都可以归类为可解释性方法。如果按照可解释性方法的过程进行划分，可以划分为三个大类。

1. 在建模之前的可解释性方法

这一类方法主要涉及一些数据预处理或数据展示的方法。在建模之前的可解释性方法的关键在于帮助我们迅速而全面地了解数据分布的特征，从而帮助我们考虑在建模过程中可能面临的问题并选择一种最合理的模型来逼近问题所能达到的最优解。数据可视化方法就是一类非常重要的建模前可解释性方法。还有一类比较重要的方法是探索性质的数据分析（比如 MMD-critic 方法），这可以帮助我们更好地理解数据的分布情况。找到数据中一些具有代表性或者不具代表性的样本。

2. 建立本身具备可解释性的模型

这种模型大概可以分为以下几种：基于规则的（rule-based）方法，基于单个特征的（per-feature-based）方法，基于实例的（case-based）方法，稀疏性（sparsity）方法，单调性（monotonicity）方法。

- 基于规则的方法：比如经典的决策树模型，这类模型中的任何一个决策都可以对应到一个逻辑规则表示。但当规则表示过多或者原始的特征本身就不是特别好解释的时候，基于规则的方法有时候也不太适用。
- 基于单个特征的方法：主要是一些非常经典的线性模型，比如线性回归、逻辑回归、广义线性回归、广义加性模型等。
- 基于实例的方法：主要是通过一些代表性的样本来解释聚类/分类结果的方法，比如贝叶斯实例模型（Bayesian Case Model，BCM）。基于实例的方法的局限在于，可能挑出来的样本不具有代表性，或者可能会有过度泛化的倾向。
- 基于稀疏性的方法：主要是利用信息的稀疏性特质，将模型尽可能地简化表示，比如图稀疏性的 LDA 方法。
- 基于单调性的方法：在很多机器学习问题中，有一些输入和输出之间存在正相关/负相关关系，如果在模型训练中可以找出这种单调性的关系，就可以使模型具有更高的可解释性。比如医生对患特定疾病的概率的估计主要由一些与该疾病相关联的高风险因素决定，找出单调性关系就可以帮助我们识别这些高风险因素。

3. 在建模之后使用可解释性方法对模型做出解释

主要是针对具有黑箱性质的深度学习模型而言，分为以下几类：隐层分析方法，模拟/代理模型，敏感性分析方法。

在现代机器学习算法中，可解释性与准确度难以两全其美。深度学习准确度最高，同时可解释性最低。我们虽然知道神经网络在"做什么"，但我们对"怎么做、为何做"几乎一无所知。图 1.5 展示了常见的机器学习模型的预测准确率与可解释性之间的平衡。其中 X 轴为可解释性（explain ability），Y 轴为预测准确率（prediction accuracy）。从图 1.5 中可以看出，决策树的可解释性最高，然而预测准确率却最低。但经验告诉我们，如果遇上 ImageNet 这一级别的数据，其性能还是远远比不上神经网络。"预测准确率"和"可解释性"这对"鱼"和"熊掌"要如何兼得？是把二者结合起来吗？这将是第 5 章要讨论的深度决策树，到时将回答这一问题。

决策树易于理解且可解释性强，能够在中等规模数据上以低难度获得较好的模型。决策树可能是最具解释性的预测模型。它们的 if-then 决策规则结构在语义上类似于自然语言和人类思考的方式，前提是条件是由可理解的特征构建的，条件的长度很短（少量〈特征，值〉对的组合），并且没有太多的规则。编写 if-then 规则是非常自然的。

例如，如图 1.6 所示，这个决策树不只是给出输入数据 x 的预测结果（是"超级汉堡"还是"华夫薯条"），还会输出一系列导致最终预测的中间决策。我们可以对这些中间决策进行验证或质疑。

想象一下，使用一种算法来学习预测食物是"汉堡""超级汉堡""热狗""卷卷薯条"还是"华夫薯条"的决策规则。这个模型得出的一个决策规则可能是：如果食物 x 有小面包，并且有香肠，那么它就是热狗。更正式的说法是：IF 小面包 ＝＝ YES AND 香肠 ＝＝ YES，THEN value＝热狗。

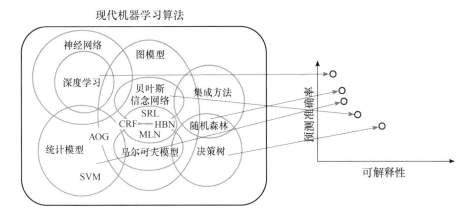

图 1.5 各类机器学习模型的可解释性和预测准确率

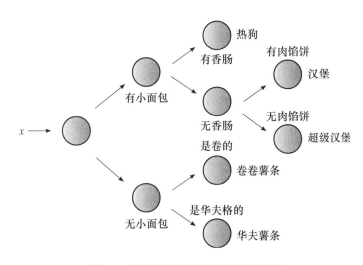

图 1.6 快餐店判定食物类别的决策树

1.5 作为决策分析工具的决策树

决策可被视为一种解决问题的活动,可产生一种被认为是最佳的或至少是令人满意的解决办法。因此,它是一个过程或拥有一个流程,可以是或多或少的理性或非理性的,可以基于显性或隐性的知识和信念。通常在决策过程中,同时使用隐性知识和显性知识。

决策的一个主要部分是分析一组有限的备选方案,并用评价标准来描述。然后,任务可能是在同时考虑所有标准的情况下,根据这些备选方案对决策者的吸引力对其进行排序。另一项任务可能是在同时考虑所有标准的情况下,找到最佳的替代方案或确定每个替代方案的相对总优先级。解决此类问题是多标准决策分析(Multiple-Criteria Decision Analysis,MCDA)的重点。

解决问题是调查给定信息并通过发明或发现找到所有可能的解决办法的过程。传统上,有人认为,解决问题是走向决策的一个步骤,因此,在这一过程中收集到的信息可用于决策。

1.5.1　决策分析

决策分析（Decision Analysis，DA）是一门由哲学、方法和专业实践组成的学科，是以正式方式处理重要决策所必需的。决策分析包括许多程序、方法和工具，用于确定、明确表示和正式评估一项决定的重要方面。通过将最大预期效用公理应用于形式良好的决定表示，给出建议的行动方针，并将决定的正式表示及其相应的建议转化为决策者和其他相关者的见解。

在进行决策分析时，必须做到以下几点：

- 首先确立决策目标。
- 对目标进行分类，并按重要程度排列。
- 制定替代行动方案。
- 对照所有目标对替代方案进行评估。
- 必要时采取额外的备用行动。

决策分析一般分为四个步骤：

1）形成决策目标问题，包括提出方案和确定目标。

2）判断自然状态及其概率。

3）拟定多个可行方案。

4）评价方案并做出选择。

一般来说，有一些步骤可以得出决策模型，并用来确定最优的行动方案。

框定是决策分析的前端，其重点是制定目标说明（是什么和为什么）、边界条件、成功衡量标准、决策层次、战略表和行动项目。有时人们认为，决策分析应用中总是需要使用定量方法。但实际上，许多决策也可以使用决策分析工具箱中的定性工具，如价值聚焦思维等。

框定过程可能导致影响图（Influence Diagram，ID）或决策树的发展。这些是决策分析问题中的常用图形，用于表示可供决策者选择的方案、它们所涉及的不确定性，以及决策者的目标在各种最终结果中的实现程度。在需要时，它们还可以构成定量模型的基础。在定量决策分析模型中，不确定性通过概率——特别是主观概率来表示。决策者对风险的态度用效用函数来表示，对冲突目标之间的权衡态度可以用多属性价值函数或多属性效用函数（如果涉及风险）来表示。根据决策分析的公理，最佳决策的选择是其结果具有最大的期望效用（或实现不确定的期望水平的概率最大化）的决策。

根据决策问题是否包含随机因素，决策分析可分为三大类：确定型决策（不包含随机因素），风险型决策（随机因素的概率是可测定的），不确定型决策（随机因素的概率不可测）。不同的问题类型在具体处理方法上有很大区别。诺贝尔经济学奖得主丹尼尔·卡尼的论文集《不确定状况下的判断：启发式和偏差》就是讨论不确定型决策的案例和各种解决方法的，包含大量数学概念，包括对主观评价的量化。因为不确定型决策较为复杂且主观评价原则比重较大，因此，如果可能，应尽量将随机因素的概率测定出来，把不确定型决策转化为风险型决策来计算，从而获得更为客观的决策依据。从这个角度讲，在可预见的未来，大数据技术及相关基础设施正是变不可控为可控、变不确定型决策为风险型决策的法宝。风险型决策的常用决策分析技术有期望值法、决策树法、马尔可夫分析方法等。其中，决策树法是对决策局面的一种图解，最为直观明确。

决策分析方法已被广泛用于各种领域，包括商业（规划、营销、谈判）、管理、环境整治、保健、研究、能源、勘探、诉讼和争端解决等。早期的一项重要应用是斯坦福研究所在20世纪70年代初为环境科学服务管理局（美国国家海洋和大气管理局的前身）开展的飓风播种利弊研究。

　　如今，决策分析已被各大企业用于数十亿美元的资本投资分析。例如，2010 年，雪佛龙公司因其在所有重大决策中使用决策分析而获得了决策分析协会实践奖。雪佛龙公司副董事长乔治·柯克兰指出："决策分析是雪佛龙公司经营方式的一部分，原因很简单，但却很强大——决策分析是有效的。"决策分析还可用于做出复杂的个人决策，如规划退休时间、决定何时生孩子、计划一次重要的度假或在几种可能的医疗方法中做出选择等。而在这些决策分析中，决策树成为一种重要的工具。

1.5.2　基于决策分析流程的决策树

1.5.2.1　需要变更决策树实例

　　生活中的决定和不确定因素比比皆是。就拿决定去哪里度假这么简单的事情来说，是去附近的山，因为你的朋友喜欢，还是去远处的海滩，因为你自己喜欢？住在海边可能会便宜一些，但需要较长的旅行时间，而去山上可能会贵一些，但能更早到达那里。你会选择哪个方案？或者，你要重新装修房子，需要在两个承包商之间做出选择。承包商 A 的费用比承包商 B 高，但 B 有很大的可能性（或者说概率）拖延工期，而 A 按时完工的可能性更大。你会选择哪个承包商？

　　在这两种情况下，投资和时间方面都存在不确定性。在做决定时，你会仔细考虑各种选择及其可能的结果。你很可能会选择价值最高的结果或负面影响最小的结果。不确定因素导致风险，在对风险采取行动之前，需要对风险进行定性和定量的分析，量化风险可帮助我们获得信心。PMBOK 中关于决策树分析的计算方法的例子很详细，这里我们援引项目管理社区经常使用的一个例子来说明如何运用决策树分析法进行项目风险决策分析。

　　首先以风险型决策分析流程为例，看看决策树的应用。在不确定因素的背景下，需要对可能出现的风险进行定量分析，从而做出有利决策。在若干备选方案中，分析不同分支事件发展路径的发生概率及产生的风险（包括威胁和机会），计算每条路径的净值，根据预期收益选出最优路径。在针对风险型决策分析流程的建模中，决策树的要素包括决策点（根节点，决策的出发点）、方案枝（决策的若干备选方案）、机会点（每个方案枝在各种自然状态下的收益结果）、概率枝（每种自然状态对应的发生概率）及结果点。由决策点出发，从左到右根据需要决策的问题、可供选择的各种方案、各种方案的自然状态绘出决策树图，如图 1.7 所示。

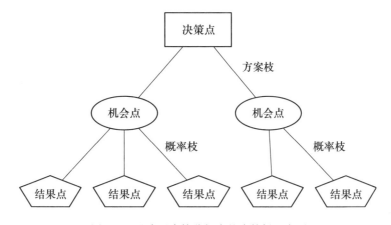

图 1.7　风险型决策分析中的决策树示意图

首先要明确有哪些备选方案：决策树分析要解决的正是可选方案太多的"痛苦"。假设某个以新增利润为目标的项目交付过程中，业务方发现了新的商机，发起了一项需求变更，让业务方"痛苦"的可选方案有：

- 方案 1：实施变更，但上线计划要推迟 1 个月，研发费用增加 100 万元。
- 方案 2：当前版本保持现状，下个版本（2 个月后）实现新需求方案，研发费用增加 80 万元。
- 方案 3：当前版本实施临时方案，效果不能完全实现，下个版本（2 个月后）再完成最终方案，研发费用增加 120 万元。

实际情况可能更复杂，某个备选方案自身可能就是一个决策点，这种情况就需要把这个决策点看成一个整体，绘制多阶决策树。

其次要分析各项概率枝及预期收益：这是决策树的关键，直接影响着最终决策的准确性及有效性。这里有两个重点：

- 概率枝的考虑要尽可能全面。
- 各个概率枝发生的概率和预期收益要尽可能准确，可以结合数据、趋势、环境及专家评估等工具和手段。

继续需求变更的例子，三项变更实施方案最主要的差异在于新商机方案投产时间对于收益的影响。通过对类似方案的运营情况及历史数据的分析，方案 3 采用了临时方案的折中方案，可能会有一定概率出现 1200 万元利润的情况，方案 1 和方案 2 受投产时间影响，只可能出现 1000 万元和 1500 万元利润的情况。

于是，通过上面的两个步骤，决策分析树基本可完成绘制，如图 1.8 所示。

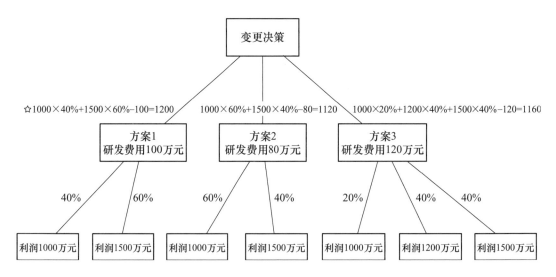

图 1.8 需求变更决策树示意图

根据图 1.8 计算预期收益和期望值，方案 1 的预期收益最高，自然就是最佳决策方案。

1.5.2.2 合作方排期决策树实例

决策方案的确定并不意味着风险已经解决，只是在当前不确定因素的前提下综合发生概率集所做出的最佳决策。而针对其中的不确定因素，还需进一步进行风险识别并将其记录到风险等级册，制定有效的风险应对措施，增加正面预期收益的发生概率，降低负面收益的发生概率。

进行预测性分析的关键点有两个：决策点的有效分类和决策点的发生概率分析。

1. 决策点的有效分类

决策点的分类通常需要遵循以下原则：

- 节点包含的样本具有相同的属性。
- 节点中的样本属性无法再细分。
- 当前节点已经是最终节点，无法继续划分。

例如，项目组识别到某个需求依赖外部合作方配合排期的风险，经分析，对可能的节点进行归纳，绘制出图 1.9 的决策树。

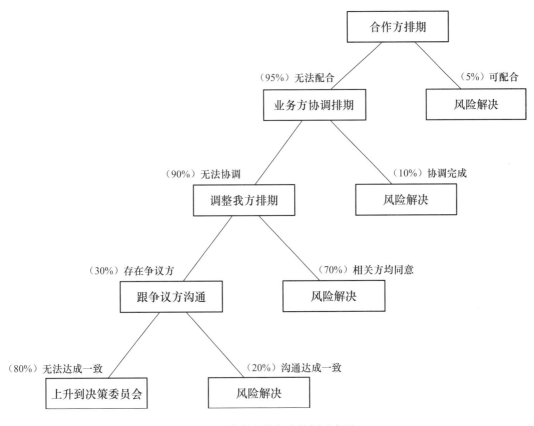

图 1.9　合作方排期决策树示意图

从图 1.9 的划分可以看出，不管是由谁要求业务方协调排期，都是同样的属性，可以归成同一类；风险解决节点达到了风险应对的效果，无须再划分；上升到决策委员会则是风险解决的最终策略，无法再进一步划分。

2. 决策点的发生概率分析

根据每个决策事件，进一步分析其发生概率，计算每个决策结果发生的最终概率，从而把更多的精力放到高概率决策结果的应对中去。根据图 1.9 中每个决策节点的概率，易知最终调整我方排期并跟相关方达成一致的概率最高，如表 1.1 所示，应将风险应对的重点放在这之前的过程上。

表 1.1　合作方排期决策树中各决策节点发生概率

序号	决策树分析项内容	概率
1	合作方直接反馈可配合排期	5.00%
2	业务方协调后合作方反馈可配合排期	9.50%
3	业务方同意调整我方排期	59.85%
4	业务方不同意我方调整排期，经争议沟通后达成一致	20.52%
5	决策委员会决策	5.13%

1.5.2.3　EMV 分析及实例

决策树分析使用图表（决策树）来协助项目负责人和项目组做出困难的决定。决策树展示了正在考虑的决策，并沿着不同的分支展示了选择一条路径或另一条路径可能产生的影响。决策树分析通常是在未来的若干结果仍不确定的情况下进行的，形式上是一种头脑风暴，有助于确保所有因素都得到适当的考虑。决策树分析要考虑未来要做的每一个事件和决策的概率、成本和回报等诸多因素。该分析还使用预期货币价值分析［Expected Monetary Value（EMV）Analysis］来协助确定每个备选行动的相对价值。

所谓 EMV 分析是当某些情况在未来可能发生或不发生时，计算平均结果的一种统计方法（不确定性下的分析）。EMV 表征风险对整个项目目标的影响，积极的机会的 EMV 通常表示为正值，而消极的威胁的 EMV 则表示为负值。EMV 是建立在风险中立的假设之上的，既不避险，也不冒险。把每个可能结果的数值与其发生的概率相乘，再把所有乘积相加，就可以计算出项目的 EMV，公式如下

$$EMV = 风险概率(P) \times 风险影响(I)$$

例如，一个负面的风险（或威胁）有 10% 的概率会禁止一个工作包的执行。如果该风险发生，不执行该工作包的影响估计为负 40000。对于同样的工作包，存在 15% 的概率的正风险，影响估计为正 25000。是否应该执行这个工作包？分析可知：

$$威胁的\ EMV = P \cdot I = 10\% \times (-40000) = -4000$$
$$机会的\ EMV = P \cdot I = 15\% \times (+25000) = +3750$$
$$总的\ EMV = -4000 + 3750 = -250$$

很明显，不应执行这个工作包，因为这会导致赔钱。当一个工作包或活动与风险相关联时，可以尝试计算其 EMV。换句话说，可以量化单个风险。

以上计算的是单个工作包的 EMV，那么整体项目的风险应如何量化呢？对于有很多工作包的项目，可以将每个可能的结果（影响）的价值乘以其发生的可能性（概率）来计算 EMV，然后将结果相加。EMV 的一个常见用途是在决策树分析中使用。

1.5.2.4　决策树分析及实例

决策树分析（Decision Tree Analysis，DTA）在内部使用 EMV。当项目需要做出某种决策、选择某种解决方案或者确定是否存在某种风险时，EMV 分析提供了一种形象化的、基于数据分析和论证的科学方法。这种方法通过严密的逻辑推导和逐级逼近的数据计算，从决策点开始，按照所分析问题的各种发展的可能性不断产生分支，并确定每个分支发生的可能性大小以及发生后导致的货币价值多少，计算各分支的 EMV，然后将期望值中的最大者（若求极小，则为最小者）作为选择的依据，从而为确定项目、选择方案或分析风险做出理性而科学的决

策。以下是 DTA 示意图中的一些关键点：

- DTA 需考虑未来的不确定事件。事件名称被放在矩形内，从矩形上画出选项线。
- 在画决策树时，会有决策点（或"决策节点"）和多个机会点（或"机会节点"）。每一个点都有不同的符号：填充的圆形节点是"决策节点"；填充的菱形节点是"机会节点"；填充的五边形是决策树中一个分支的末端，即结果节点。各类节点如表 1.2 所示。

表 1.2　DTA 示意图中各个形状所对应的节点

符号	形状	含义
●	填充的圆形	决策节点
◆	填充的菱形	机会节点
⬟	填充的五边形	结果节点

　　分析决策树时，从决策节点（填充的圆形）开始从左向右移动。决策节点是分支开始的地方，每个分支都可以通向机会节点（填充的菱形）。从机会节点开始可以有进一步的分支。最后，分支将以结果节点结束（填充的五边形）。

　　接下来对树的分支进行计算。计算时，在树上从右向左移动。成本值可以在分支的末端，也可以在节点上。只要按照分支进行计算就可以了。最后的决策是根据不同的情况，给出最高的正值或最低的负值的选项。

　　下面通过一个例子来了解 DTA 的实际应用。假设你正在为项目做原型，但你不知道是否要继续这个原型。如果做原型，将花费 10 万美元；当然，如果不做，就没有成本。如果做原型，原型有 30% 的可能性会失败，成本影响为 5 万美元；如果原型成功，这个项目就能赚 50 万美元。如果不做任何原型，你已经在冒风险了，风险的概率是 80%，失败的影响是 25 万美元。但是，如果没有原型且获得了成功，这个项目也会赚到前面提到的钱数。你应该怎么做？

　　现在开始分析，从左边开始，从左向右移动。首先，在事件的矩形中画出事件"做原型吗？"。这显然会导致一个决策节点（图 1.10 所示的填充的圆形节点）。从那里开始有两个选项——"做原型"和"不做原型"，它们也被放在图 1.10 所示的矩形中。

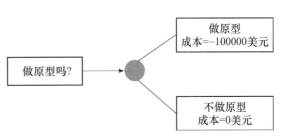

图 1.10　原型项目中第一分支的 DTA 示意图

　　每个选项将导致两个事件或机会——成功或失败，它们将从机会节点上分支出来。以第一个选项为例，如果它有 30% 的概率失败，其影响将是 5 万美元。如果它成功了（有 70% 的概率），则没有成本，并有 50 万美元的回报。这些都在箭头上注明。同样，对于第二个决定，"不做原型"也有类似的分支，如图 1.11 所示。

　　通过观察，你能得出什么结论吗？不能。所以我们需要做 EVM 分析。计算 EVM 时，从右向左移动。首先，沿着决策树的每个分支计算净路径值。一条路径在分支上的净路径值是报酬减去成本的差值。接下来，在每个机会节点计算 EMV。基于这些 EMV，我们可以计算出决策节点的 EMV。最终选择给出最高正值或最低负值的决策。

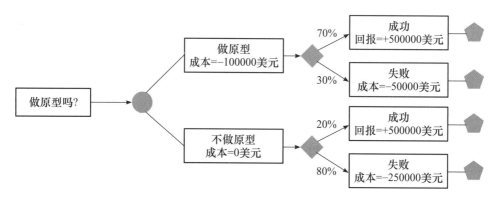

图 1.11 原型项目中第二分支的 DTA 示意图

机会节点 1（第 1 个填充的菱形）的 EMV 计算如下：

70% 成功率的净路径值 = Payoff − Cost = 500000 − 100000 = 400000（美元）
30% 失败率的净路径值 = Payoff − Cost = −50000 − 100000 = −150000（美元）
机会节点 1 的 EMV = 70% × 400000 + 30% × (−150000) = 280000 − 45000 = 235000（美元）

机会节点 2（第 2 个填充的菱形）的 EMV 计算如下：

20% 成功率的净路径值 = Payoff − Cost = 500000 − 0 = 500000（美元）
80% 失败率的净路径值 = Payoff − Cost = −250000 − 0 = −250000（美元）
机会节点 2 的 EMV = 20% × 500000 + 80% × (−250000) = 100000 − 200000 = −100000（美元）

这些结果如图 1.12 所示，结果节点用填充的五边形表示，其净路径值已经标注在图上。机会节点的 EMV 值单独标记在其附近。做原型与不做原型就是我们要决策事情。

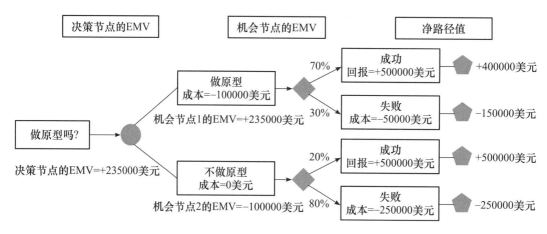

图 1.12 原型项目中净路径值的 DTA 示意图

你会采取哪种选择？看看决策节点的 EMV（图 1.12 中填充的菱形所示）。选择分支中 EMV 最大的，就是做原型的 EMV，即 235000 美元。如果选择另一个方案——不做原型设计——则会亏损。因此，应该选择做原型设计。

决策树分析可以应用于各种项目管理实践，在这些情况下，会面临各种选择或替代方案。

总而言之，决策树法是风险型决策分析中一个非常有用的领域。值得注意的是，决策树分析的应用不仅限于风险管理，还可以应用于人工智能（AI）中的机器学习和大数据分析中的数据挖掘。

1.6　作为机器学习算法的决策树

机器学习是人工智能的一个分支，也是实现人工智能的一种途径，即以机器学习为手段解决人工智能中的问题。机器学习近 50 年来已发展为一门多领域的交叉学科，涉及概率论、统计学、逼近论、凸分析、计算复杂度理论等多门学科。机器学习理论主要是设计和分析一些让计算机可以自动"学习"的算法。机器学习算法基于样本数据（称为"训练数据"）建立模型，以便在没有明确编程的情况下做出预测或决策，它是一类自动从数据分析中获得规律，并利用规律对未知数据进行预测的算法。

1.6.1　机器学习算法的类型

根据处理方法、输入和输出的数据类型以及要解决的任务或问题的类型，机器学习算法可以大致分为如下五类。

1.6.1.1　有监督学习

有监督学习（supervised learning）算法[23][25-26]对一组数据建立一个数学模型，该数据既包含输入，又包含期望的输出。该数据称为训练数据，由一组训练实例组成。每个训练实例都有一个或多个输入和所需的输出，也称为监督信号。在数学模型中，每个训练实例用数组或向量表示，有时也称为特征向量，训练数据用矩阵表示。通过对目标函数的迭代优化，有监督学习算法可学习到一个用来预测与新输入相关联的输出的函数，最优的函数将做到使算法能正确地确定不属于训练数据的输入的输出。对于能够随着时间的推移提高其输出或预测准确性的算法，我们称其已经学会了执行该任务。

有监督学习算法的类型包括分类和回归等。分类算法用于输出被限制在一组有限取值的情况，回归算法用于输出可能在一个范围内有无限取值的情况。举个例子，对于一个过滤邮件的分类算法，输入是一封收到的邮件，输出是邮件归档的文件夹名称。

相似性学习是有监督机器学习的另一个领域，与回归和分类密切相关，但目标是使用相似性函数从例子中学习，该函数衡量的是两个对象的相似度或相关性。相似性学习在排名、推荐系统、视觉身份追踪、人脸验证和语音识别等方面都有应用。

使用最广泛的有监督学习算法包括支持向量机、线性回归、logistic 回归（逻辑回归）、朴素贝叶斯、线性判别分析、决策树、K 近邻算法、神经网络（多层感知器）、相似性学习等。

如果特征向量包括许多不同种类的特征（离散、离散有序、计数、连续值），则有些算法比其他算法更容易应用。采用距离函数的方法对此特别敏感。决策树的一个优点是很容易处理这类异质数据。

如果每个特征对输出都有独立的贡献，那么基于线性函数（如线性回归、逻辑回归、支持向量机、朴素贝叶斯）和距离函数（如最近邻方法、带有高斯核的支持向量机）的算法一般表现良好。然而，如果特征之间存在复杂的相互作用，那么决策树和神经网络等算法的效果更好，因为它们是专门为发现这些相互作用而设计的。线性方法也可以应用，但必须手动指定这些交互作用。

1.6.1.2　无监督学习

无监督学习（unsupervised learning）算法[27]采用一组只包含输入的数据，并在数据中找到结构，如数据点的分组或聚类。因此，算法需要从尚未标记或分类的测试数据中学习。无监督学习算法不是对反馈做出反应，而是识别数据中的共性，并根据每个新数据中是否存在这种共性做出反应。无监督学习的一个核心应用是在统计学中的密度估计领域，如寻找概率密度函数。无监督学习也应用于其他涉及总结和解释数据特征的领域。下面介绍几种常用的无监督学习方法。

主成分分析（Principal Components Analysis，PCA）是一种统计分析、简化数据集的方法。它利用正交变换来对一系列可能相关的变量的观测值进行线性变换，从而投影为一系列线性不相关变量的值，这些不相关变量称为主成分（principal component）。具体地，可将主成分看作一个线性方程，其包含一系列线性系数来指示投影方向。PCA 对原始数据的正则化或预处理敏感（相对缩放）。

主成分分析由卡尔·皮尔逊于 1901 年发明，用于分析数据及建立数理模型，在原理上与主轴定理相似。之后在 1930 年左右由哈罗德·霍特林独立发展并命名。依据应用领域的不同，在信号处理中也叫作离散 K-L 转换［discrete Karhunen-Loève Transform（KLT）］。其方法主要是通过对协方差矩阵进行特征分解，以得出数据的主成分（即特征向量）与权值（即特征值）。PCA 提供了一种降低数据维度的有效办法，如果分析者在原数据中除掉最小的特征值所对应的成分，那么所得的低维度数据必定是最优化的。主成分分析在分析复杂数据时尤为有用。

聚类分析是将一组观测值分配成子集（称为聚类），使同一聚类内的观测值按照一个或多个预先指定的标准相似，而从不同聚类中抽取的观测值则不相似。不同的聚类技术对数据的结构做出了不同的假设，通常由一些相似度量来定义，并通过内部紧凑性（或同一聚类成员之间的相似性）和分离度（聚类之间的差异）来评估。其他方法还包括基于估计密度和图的连通性。常见的聚类方法包括层次聚类、K 均值、混合模型、DBSCAN 和 OPTICS 算法等。

关联规则学习是一种基于规则的机器学习方法，用于发现数据之间的有趣关系。它的目的是利用一些有趣的测量来识别和发现其中的强规则。基于强规则的概念，Rakesh Agrawal、Tomasz Imieliński 和 Arun Swami 引入了关联规则，用于发现超市销售点 POS 系统记录的大规模交易数据中产品之间的规律性。最经典的关联规则案例是购物车分析。关联规则如今还被应用于许多领域，包括 Web 使用挖掘、入侵检测、连续生产和生物信息学。与序列挖掘相比，关联规则学习通常不考虑交易内或跨交易的物品顺序。研究者已经提出了许多生成关联规则的算法，例如 Apriori、Eclat 和 FP-Growth 等。

序列模式挖掘是数据挖掘中的一个主题，通常也采用无监督学习方式，关注的是在数据实例之间寻找统计学上相关的模式。其中的值是以序列的方式传递的，通常假定值是离散的，因此时间序列挖掘与之密切相关，但通常被认为是另一种不同的机器学习任务。一般来说，序列挖掘问题可以分为基于字符串处理算法的字符串挖掘和基于关联规则学习的项集挖掘。局部过程模型将序列模式挖掘扩展到更复杂的模式，除了序列排序构造外，还可以包括（排他性）选择、循环和并发构造等。

无监督学习方法还包括一些学习潜变量模型的方法，如期望最大化（EM）算法、独立成分分析、非负矩阵因子化、奇异值分解等方法。期望最大化算法（expectation-maximization algorithm）在概率模型中寻找参数最大似然估计或者最大后验估计，其中概率模型依赖于无法观测的隐变量。它采用两个步骤交替进行计算：第一步是计算期望（E），利用对隐变量的现有估计值，计算其最大似然估计值；第二步是最大化（M），利用 E 步中求得的最大似然值来计算参数的值；M 步中求得的参数估计值被用于下一个 E 步计算中，这个过程不断交替进行。

1.6.1.3　半监督学习

半监督学习（semi-supervised learning）[24]介于无监督学习（没有任何标记的训练数据）和有监督学习（有完全标记的训练数据）之间，有些训练实例是缺少标签的。然而很多机器学习研究者发现，无标签的数据与少量有标签的数据配合使用，可以使学习精度得到相当大的提高。在现实世界中，高质量的有标记训练数据需求往往被证明是一个组织或行业内应用机器学习模型的重大障碍。这种瓶颈效应表现在：

- 标签数据数量不足。当机器学习技术最初用于新的应用或行业时，往往没有足够的训练数据。在这种情况下，如果不等待数年的积累，获取训练数据可能是不切实际的、昂贵的甚至是不可能的。
- 缺乏足够的专业知识来标记数据。当标记训练数据需要特定的相关专业知识时，创建一个可用的训练数据集可能会很快变得非常昂贵。例如，在机器学习的生物医学或安全相关应用中，这个问题很可能发生。
- 没有足够的时间来标记和准备数据。实现机器学习所需的大部分时间都花在了准备数据集上，当一个行业或研究领域处理的问题从本质上来说发展较快时，不可能足够快地收集和准备数据，使结果在现实世界的应用中有用。例如，这个问题可能发生在欺诈检测或网络安全应用中。

因此，半监督学习是现实机器学习应用中经常采用的一种途径。

在弱监督学习中，训练标签是嘈杂的、有限的或不精确的；然而，这些标签的获取成本通常较低，从而可产生较大的有效训练集，因此，弱监督学习也归属于半监督学习类型。这种方法减轻了获得手工标记数据集的负担，取而代之的是，在理解训练标签并不完美的情况下，采用廉价的弱标签，但还是可以创建出一个强大的预测模型。

主动学习是半监督学习的一种特殊情况，该学习算法可以交互式地查询用户（或其他信息源），将新的数据点标记为所需的输出。在统计学文献中，有时也称之为最优实验设计，用户或信息源也称为教师。有些情况下，未标记的数据很多，但人工标记的成本很高。在这种情况下，学习算法可以主动查询教师的标签。这种类型的迭代监督学习被称为主动学习。由于是由学习者来选择例子，因此学习一个概念所需的例子数量往往比普通有监督学习所需的数量低很多。但采用这种方法时，算法有可能被无信息的例子淹没。最近的发展致力于多标签主动学习，混合主动学习和单通道（在线）环境下的主动学习，将机器学习领域的概念与在线机器学习领域的自适应、增量学习策略相结合。

1.6.1.4　强化学习

强化学习（reinforcement learning）[28-30]涉及软件智能体在环境中应该如何采取行动，以使某种累积报酬的概念最大化。由于其通用性，强化学习在许多其他学科中都有研究，如博弈论、控制理论、运筹学、信息论、基于模拟的优化、多智能体系统、蜂群智能、统计学和遗传算法等。在运筹学和控制理论研究的语境下，强化学习被称作近似动态规划（Approximate Dynamic Programming，ADP）。在最优控制理论中也有对这个问题的研究，虽然大部分的研究是关于最优解的存在和特性，并非学习或者近似方面。在经济学和博弈论中，强化学习被用来解释在有限理性的条件下如何出现平衡。强化学习算法被用于自主车辆或学习与人类对手进行游戏。

强化学习与监督学习的不同之处在于不需要呈现有标签的输入/输出对，也不需要明确纠正次优动作。相反，强化学习的重点是在探索（未知领域）和利用（现有知识）之间找到平衡点。环境通常以马尔可夫决策过程（MDP）的形式来陈述，因为许多针对这种情况的强化学习算法都使用了动态规划技术。经典的动态规划方法与强化学习算法的主要区别在于，后者不假设对 MDP 的精确数学模型的了解，它们针对的是精确方法变得不可行的大型 MDP。

常见的强化学习方法有 Monte Carlo、Q-learning、SARSA、DQN、DDPG、A3C、NAF、TRPO、PPO、TD3、SAC 等。

1.6.1.5　自学习

自学习（self learning）[31]作为一种机器学习范式在 1982 年被引入，同时引入了一种能够自学习的神经网络，命名为交叉开关自适应阵列（Crossbar Adaptive Array，CAA）——一种没有外部奖励和外部教师建议的学习。CAA 自学习算法计算关于行动的决定和关于后果情况的情绪（感受）。该系统由认知和情感之间的相互作用驱动自学习算法更新一个记忆矩阵 $W=\|w(a, s)\|$。

自编码器[32]也是一种自学习的方法，它是一个神经网络，可以学习将输入复制到输出。它有一个内部（隐藏）层，描述了用于表示输入的编码。它由两个主要部分组成：将输入映射到编码的编码器，以及将编码映射到输入的重建（输出）的解码器。自编码器的目的是通过训练网络忽略信号“噪声”来学习一组数据的表示（编码），通常是为了降低维度。存在诸多自编码器的变体，目的是迫使学习到的表征能刻画输入数据的有用属性，例如正则化自编码器（稀疏、去噪和收缩），它能有效地学习表征并用于后续的分类任务[3]。自编码器的想法在神经网络领域已经流行了几十年，最早的应用可以追溯到 20 世纪 80 年代。自编码器的传统应用是维度约简或特征学习，但自编码器概念更广泛地用于学习数据的生成模型。21 世纪 10 年代，一些强大的人工智能开始涉及堆叠在深度神经网络内部的稀疏自编码器。

1.6.2　基于数据的决策树

1.6.2.1　数据与信息

数据和信息（图 1.13）是相似的概念，但它们不是一回事。数据和信息的主要区别在于数据是“部分”，而信息是“整体”。

数据一词的定义简单来说就是“事实和数字”。每一个数据都是一个简单的事实，本身并没有什么意义。数据这个词可以用来表示单一的事实，也可以表示一个事实的集合。它来自拉丁语 datum，意思是“给定的东西”。datum 一词在技术上仍是数据的正确单数形式，但很少使用。

图 1.13　数据和信息

什么是信息？信息的定义很简单，就是“收到或得到的消息或知识”。信息是我们对事实进行处理、解释和组织后的结果。这个词来自拉丁语 informātiō，意思是“构成或概念”。

数据和信息这两个术语在不同的语境中有不同的含义，它们之间的主要区别是：

- 数据是事实的集合，而信息是如何在上下文中理解这些事实。
- 数据是无组织的，而信息是有结构的或有组织的。
- 信息依赖于数据。

在计算机的世界里，数据是输入，或者说我们告诉计算机做什么或保存什么。信息是输出，或者说计算机如何解释数据并向我们显示所要求的行动或指令。

数据通常存在于信息之前，但很难说哪个更有用。例如，如果信息的处理或组织方式有偏差或不正确，它就没有用，但数据仍然有用。

数据挖掘是将原始数据转化为有用信息的过程。自信息时代开始以来，数据的积累和存储变得更加容易和廉价。遗憾的是，随着机器可读数据量的增加，理解和利用这些数据的能力却没有跟上其增长的步伐。

数据挖掘依赖于有效的数据收集、存储和处理。数据挖掘除了包含原始分析步骤外，还涉及数据管理、数据预处理、模型和推理、度量、复杂度、结构后处理、可视化和在线更新等方面。实际的数据挖掘任务是对大量数据进行半自动或自动分析，以提取以前未知的、有趣的模式，如数据分组（聚类分析）、异常数据（异常检测）和依赖关系（关联规则挖掘、顺序模式挖掘）等。这些模式可以被视为对输入数据的一种总结，并可用于进一步的分析或者用于机器学习和预测。

数据分析和数据挖掘的区别在于，数据分析用来检验数据集上的模型和假设，比如分析营销活动的效果，而不管数据量有多大；相反，数据挖掘是利用机器学习和统计模型来发现大量数据中的秘密或隐藏模式。

从数据中人工提取模式的历史已经有几个世纪了。早期识别数据模式的方法包括贝叶斯定理（18 世纪）和回归分析（19 世纪）。计算机技术的普及和日益强大极大地提高了数据收集、存储和操作能力。随着数据集的规模和复杂程度的增加，直接的"人工"数据分析越来越多地被间接的、自动化的数据处理所取代，这得益于计算机科学特别是机器学习领域的发现，如神经网络、聚类分析、遗传算法（20 世纪 50 年代）、决策树和决策规则（20 世纪 60 年代）以及支持向量机（20 世纪 90 年代）。数据挖掘是应用这些方法的过程，它弥补了从应用统计学和人工智能（通常提供数学背景）到数据库管理的差距，利用数据库中数据存储和索引的方式，更有效地执行实际的学习和发现算法，使这种方法能够应用于越来越大的数据集。

数据挖掘主要可以分为两大类：面向验证的（验证用户的假设）和面向发现的（自主发现新的规则和模式）。而后者可以进一步细分为两个子类：描述方法和预测方法。描述方法侧重于理解基础数据的运行方式，如聚类、摘要或可视化等；而预测方法则旨在建立一个行为模型，用于获取新的和未见过的样本，并预测与样本相关的一个或多个变量的值。然而，一些面向预测的方法也可以促进对数据的理解。预测方法主要有分类和回归两种。回归方法将输入空间映射到一个实值域，例如，可以根据给定特征预测对某一产品的需求。分类方法则将输入空间映射到预定义的类别中，例如，用于将抵押贷款消费者分为好的（按时全额还贷）和坏的（延迟还贷），将电子邮件分配到"垃圾邮件"或"非垃圾邮件"，根据观察到的病人特征（性别、血压、是否存在某些症状等）进行诊断。

决策树是一种预测模型，可以用来表示分类方法和回归方法。当决策树用于分类任务时，被称为分类树；用于回归任务时，被称为回归树。分类树用于根据对象或实例的属性值（如颜色、温度、湿度或风力）将其分为一组预定义的类或行为（如打网球/不打网球），常用于金融、营销、工程和医学等应用领域，但并不试图取代现有的传统统计方法。回归树，顾名思义，就是用树模型解决回归问题，每一片叶子都输出一个预测值。回归问题多用来预测一个具体的数值，如房价、气温、PM2.5 值等。

下面，我们基于 Hunt 算法，看看简单的分类决策树的构建和应用。

1.6.2.2　基于 Hunt 算法的分类决策树的简单示例

Hunt 算法是许多决策树算法的基础，反映了决策树"分而治之"的学习策略和基本思想。

从原则上讲，给定一个训练数据集，通过各种属性的组合能够构造出指数级数量的决策树，找出最佳的决策树在计算上是不可行的，所以决策树是复杂度和效率之间权衡的产物。

如今实用的决策树都采用贪心算法策略。在选择划分的数据属性时，采用一系列局部最优决策来构造决策树。其中的基础就是 Hunt 算法。在 Hunt 算法中，通过递归的方式建立决策树。主要的操作包括如下两个通用过程：

1) 假设数据集 D 中的全部数据都属于一个类 y，并将该节点标记为节点 y。

2) 假设数据集 D 中包括属于多个类的训练数据，并选择一个属性将训练数据划分为较小的子集。对于根据所选属性设定的测试条件的每一个输出，创建一个子节点，并依据测试结果将 D 中的记录数据分布到各个子节点中，然后对每一个子节点反复执行这两个过程。对子节点的子节点依旧递归调用这两个过程，直至最后停止。

我们使用表 1.3 中的数据集对决策树基础算法的过程做详细说明。

表 1.3　关于是否购买汽车的数据

实例	年龄 $x1$	工资 $x2$	是否贷款 $x3$	汽车价格 $x4$	是否购买 y
$s(1)$	20～30	高	是	中等	否
$s(2)$	20～30	高	是	高	否
$s(3)$	30～40	高	是	中等	是
$s(4)$	40～50	中	是	中等	是
$s(5)$	40～50	低	否	中等	是
$s(6)$	40～50	低	否	高	否
$s(7)$	30～40	低	否	高	是
$s(8)$	20～30	中	是	中等	否
$s(9)$	20～30	低	否	中等	是
$s(10)$	40～50	中	否	中等	是
$s(11)$	20～30	中	否	高	是
$s(12)$	30～40	中	是	高	是
$s(13)$	30～40	高	否	中等	是
$s(14)$	40～50	中	是	高	否
$s(15)$	20～30	中	否	高	?

首先，数据集 D 内的样本不属于同一个类别，且没有在任一属性 A 上取值相同。所以，我们需要选择划分属性来作为决策树的节点向下展开。如图 1.14 所示，我们选择年龄属性作为根节点，并根据年龄属性的不同取值（20～30、30～40、40～50）将样本划分为三部分。

根据年龄属性进行划分后，每个取值将原数据集 D 划分为相应的子集，每个子集拥有各自的正类样本和负类样本。对于每个子集，我

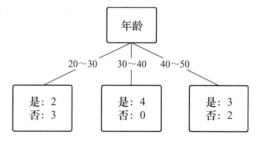

图 1.14　划分年龄属性的决策树示意图

们可以在剩余属性中继续选择划分属性，将决策树向下延伸。同时，在年龄属性的子节点中，我们发现 30～40 路径对应的子样本全为正类，那么我们就可以将该子样本节点标记为正类"是"，且将该子节点设置为叶子节点，不再向下延伸。

重复上述操作，如图 1.15、图 1.16 和图 1.17 所示。图 1.17 就是我们在该数据集下最终构造出的决策树。

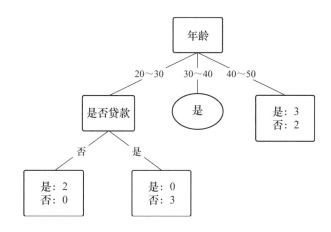

图 1.15 进一步划分贷款属性的决策树示意图

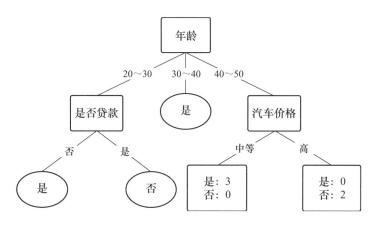

图 1.16 进一步划分汽车价格属性的决策树示意图

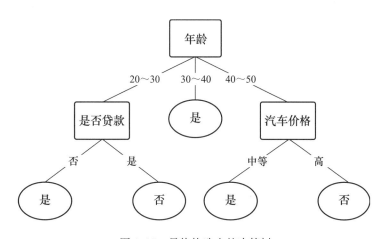

图 1.17 最终构造出的决策树

对于构造及应用分类决策树的整个过程,我们可以用图 1.18 来描述。首先,使用训练数据集,通过引入对应的决策树分类算法来进行训练,得到决策树模型,也就是前面步骤中得到的每个叶子节点都代表一个分类的决策树。接着，我们可以使用得到的模型来进行预测，即预测给定的数据对应的类别。

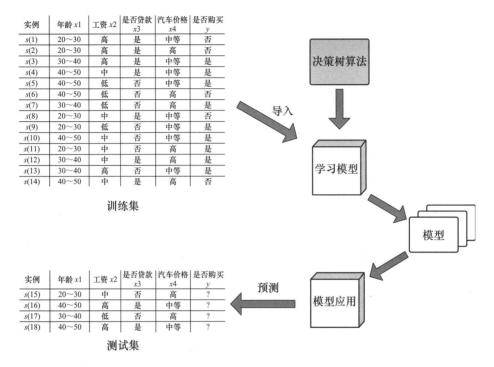

图 1.18　决策树的训练及预测过程示意图

对于决策树的预测，我们使用测试集的数据，如图 1.18 所示。对于其中每一条要预测的数据，我们从年龄根节点属性出发搜索决策树，如图 1.19 所示。

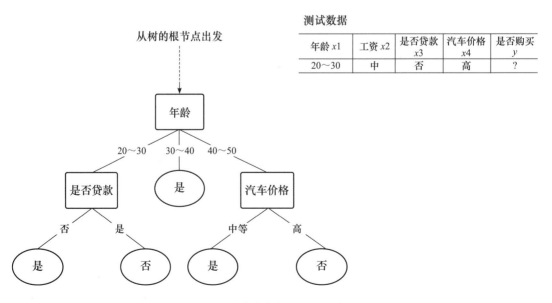

图 1.19　搜索决策树过程的开始阶段

根据年龄属性的取值（如图 1.20 所示），进入子节点是否贷款属性，如图 1.21 和图 1.22 所示。

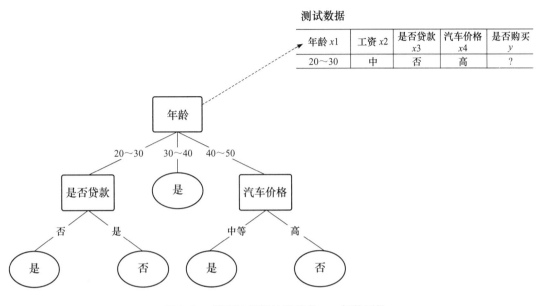

图 1.20 搜索决策树的根节点——年龄属性

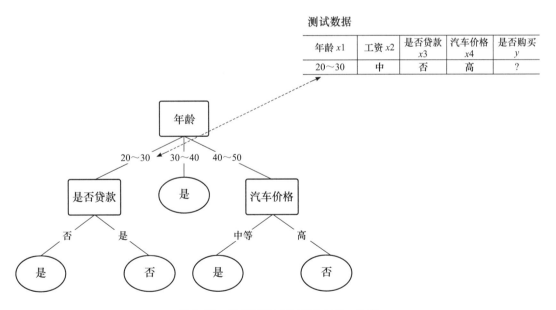

图 1.21 根据年龄属性值进入下一分支

在是否贷款属性的判断中，依照同样的方法寻找下一个子节点。由于到达的子节点为类型节点（即叶子节点），故决策树搜索结束，得到该条数据所属的最终类型为"是"。如图 1.23、图 1.24 所示。

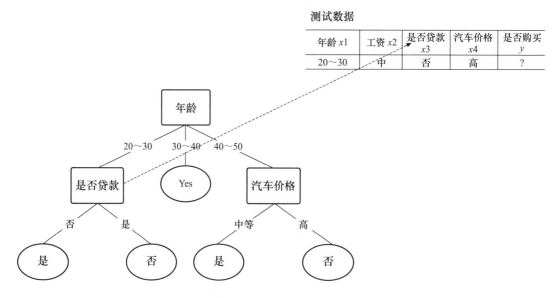

图 1.22   搜索决策树的下一节点——是否贷款属性

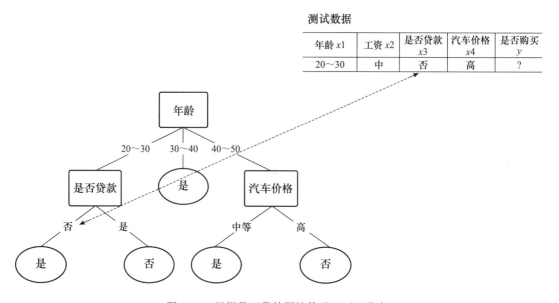

图 1.23   根据是否贷款属性值进入下一分支

1.6.3   决策树算法面临的基本问题

若属性值的每种组合都在训练集中出现，而且每种组合都具备唯一的类标号，则 Hunt 算法是有效的。但对于大多数的实际状况来说，这一假设并不现实，所以，须要额外的条件来处理如下状况：

- 在第二步中，算法所建立的子节点可能为空，即不存在与这些节点相关联的记录数据。若是没有一个训练记录包含与这样的节点相关联的属性组合（这种情形就有可能发生），这时，该节点成为叶子节点，类标号为其父节点所关联记录集中类别个数最多的类别。

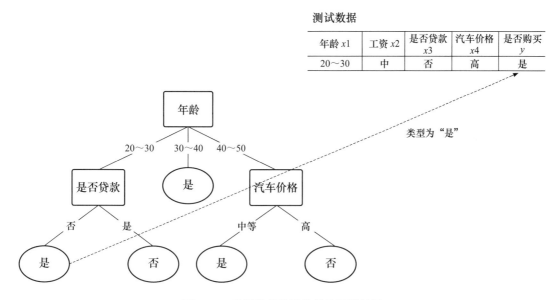

图 1.24   获得该条数据的最终预测结果

- 在第二步中，若与 D 相关联的全部记录都具备相同的属性值（类标号除外），则没有属性可用于进一步划分当前记录集，这时可采用投票原则（少数服从多数）将当前节点强制设为叶子节点，其类标号为该节点所关联记录集中类别个数最多的类别。

由 Hunt 算法的基本思想，我们能够看到，决策树算法必须解决如下问题。

1. 如何分割训练记录数据集？如何选择属性？

记录数据集的分割对决策树的构造有巨大影响。它主要由两个因素决定：一是选择哪个属性；二是如何划分该属性的值并选择分割点，这个方面与属性的数据类型密切相关。

2. 如何处理不同属性的数据类型？如何设定对应的测试条件？如何评估测试条件的优劣？

每次递归都依据属性测试条件将记录划分为更小的子集。为了更好地进行记录分割，算法必须为不一样类型的属性指定不同的测试条件的方法，而且提供评估每一个测试条件优劣的客观标准。

目前属性的数据类型主要有以下几种。

- 二值类型。该类型的可取值只有两个，因此，其测试条件可以直接采用二分测试方法。例如，如图 1.25 所示，将动物根据体温是否恒定分为冷血和温血动物。

- 标称值类型（枚举类型）。标称值类型也称为枚举类型，可取值数目是有限的。因此，可以采用每个取值对应一个测试条件的多路测试方法，或者任意分成两组，然后利用二分测试方法。例如，

图 1.25   二值类型属性的划分示意图

如图 1.26 所示，可以将婚姻的三种状态(图 1.26a)中的任意两个状态分为一组，从而转为两种状态（图 1.26b）。

- 连续值类型。连续属性的可取值的数目不再有限，因此不能像前面的那些类型一样对节点进行划分。因此需要对连续属性进行离散化处理，常用的离散化方法是二分法或多路划分方法。例如，如图 1.27 所示，年收入为连续值属性，可以通过单个范围值离散化（图 1.27a），也可以使用多个范围值进行离散化（图 1.27b）。

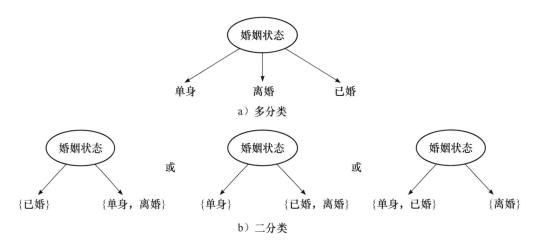

图 1.26   标称值类型属性的划分示意图

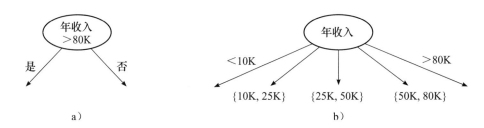

图 1.27   连续值类型属性的划分示意图

- 有序值类型。有序值类型的可取值的数目有可能是有限的，也可能是无限的。如果是有限数目，则可以类似于标称值类型进行处理；如果是无限数目，则可以类似于连续值类型进行处理。例如，如图 1.28 所示，衣服的尺码具有有序的特点，可以将多个相邻的尺码进行分组。

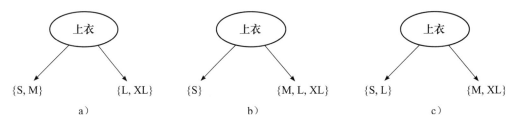

图 1.28   有序值类型属性的划分示意图

3. 如何中止分裂？如何避免过拟合？

为了终止决策树的成长过程，一个可能的策略是分裂节点直到全部的记录都属于同一类，或者全部的记录都具备相同的属性值。但是这种情况有可能导致过拟合，从而导致决策树模型的泛化能力不足。尽管这两个约束条件对于结束决策树成长是充分的，可是还需要其余的标准来提早中止树的生长过程。

4. 如何提升决策树的预测精度？

决策树基于现有属性特征进行学习和推理，具有很好的可解释性。但随着样本数量的增加，决策树的预测精度问题变得比较突出，特别是与其他机器学习方法比较而言没有明显优势。因此，如何提升决策树的预测精度成为一个重要的研究焦点。

1.6.4　基于规则的机器学习

任何识别、学习或演化"规则"，并对其进行存储、维护或应用的机器学习方法都是基于规则的机器学习（RBML）方法。它的特征是识别和利用一组关系规则，这些规则共同代表系统捕获的知识。基于规则的机器学习方法包括学习分类器系统、关联规则学习、人工免疫系统，以及任何其他依赖于一组规则的方法，每个规则都涵盖了上下文知识。

虽然从概念上讲，基于规则的机器学习是一种基于规则的系统，但它与传统的基于规则的系统（通常是手工制作的）以及其他基于规则的决策不同。这是因为基于规则的机器学习应用某种形式的学习算法来自动识别有用的规则，而不是人类需要应用先前的领域知识来手动构建规则和策划规则集。而基于规则的系统则使用一些逻辑学机制来模仿大脑神经网络的功能，即通过某个对象的模式、性质、相关反应与一些推断规则（逻辑规则等）来认识世界上的一些东西或者理解一些东西的行为。譬如看到一辆汽车就反应出它主要是由金属构成、需要用到油、会运动、能沿线行驶、能载客等；又譬如见到交通灯，就要注意亮红灯要停住、亮绿灯可通行。

规则通常采用｛if：then｝表达式的形式，例如｛if 'condition' then 'result'｝或｛if 'red' and 'octagon' then 'stop-sign'｝。单独的规则本身并不是一个模型，因为规则只有在其条件满足时才适用。因此，基于规则的机器学习方法通常由一组规则或知识库组成，它们共同构成了预测模型。

对于一组样本构成的样本集，任何一个样本都可以对应一个规则，只是这个规则适用的条件和范围有所不同，因此，对规则需要有一定的指标来定义其有用性和有效性。这里，我们可以借用数据挖掘里对"关联规则"的描述指标，最常用的是支持度、置信度和提升度。事实上，对于一个通用规则而言，规则的条件与规则的结果组合起来可以构成一个"关联规则"。

1.6.4.1　支持度

支持度（support）是指支持关联规则的实际样本数量，包括先行项集和后续项集。称为"支持"，是因为支持度用于计算样本数据支持该关联规则的有效性的程度。

给定一个关联规则：

$$Z \Rightarrow Y \quad 也就是说 \quad \text{IF Z THEN Y}$$

其中，先行项集是 Z，后续项集是 Y。项集 Z 的频率是 $f(Z)$，表示包含 Z 的实际样本的数目。支持计数是 $f(Z \cup Y)$，表示同时包含 Z 和 Y 的实际样本的数目。我们将上述关联规则的支持度定义为

$$\text{Support}(Z \Rightarrow Y) = \frac{f(Z \cup Y)}{N} \tag{1.1}$$

1.6.4.2　置信度

除了支持度外，还有另外一种方法来表达 if-then 规则的不确定性程度。这就是所谓的关联规则的置信度（confidence），它是一种度量方法，是包括所有先行项集和后续项集（支持计数）的实际样本数量与包括所有先行项集的实际样本数量之比，定义为

$$\text{Confidence}(Z{\Rightarrow}Y) = \frac{f(Z\bigcup Y)}{f(Z)} \qquad (1.2)$$

为了从不同的角度看待支持度和置信度之间的关系，我们用概率函数来表示这些方法。可以将支持度表示为从实际样本中随机选取的项包含前后项的概率，即可将 $f(Z\bigcup Y)/N$ 看作 $p(Z\bigcup Y)$ 的经验估计，因为该样本包括先行项集的所有项，也就是说，我们可以将

$$\frac{f(Z\bigcup Y)}{f(Z)} = \frac{f(Z\bigcup Y)/N}{f(Z)/N} \qquad (1.3)$$

看作经验估计

$$P(Y\,|\,Z) = \frac{P(Z\bigcup Y)}{P(Z)} \qquad (1.4)$$

注意，与简单的基于频率的估计不同，我们可以对小样本量的概率函数 $P(Z\bigcup Y)$ 和 $P(Y\,|\,Z)$ 使用更稳健的估计。然而，由于关联规则通常用于具有非常大数据集的应用程序，在这种情况下，基于频率的简单估计就足够了。

还要注意，关联规则的推断并不一定意味着因果关系。因果关系需要关于数据中的因果属性的知识，而模型是从这些数据（如决策树）中派生出来的，用于预测给定输入的未知输出。关联规则不能唯一地预测给定先行项集的后续项是什么。对于给出不同结果值的先行项集，各种规则都有效（不是单一规则）。

因此，关联规则集提供的数据集基于的是并不一致的全局描述。然而，关联规则或频繁项集的集合可以被认为是原始数据集的替代表示，在简化形式中，此表示形式将是有用的。

1.6.4.3 提升度

提升度（lift）是另一种衡量关联规则能力的方法，它将关联规则的置信度与基准值进行比较，其中假定先行项集和后续项集是独立的。假设独立性成立时，支持度为 $P(Z\bigcup Y) = P(Z)P(Y)$，基准置信度为 $P(Z)P(Y)$。

提升度（也称为改进度）是关联规则的置信度与基准置信度的比值，定义为

$$\text{Lift}(Z{\Rightarrow}Y) = \frac{\text{Confidence}}{\text{BenchmarkConfidence}} = \frac{\text{Support}(Z{\Rightarrow}Y)}{\text{Support}(Z) \times \text{Support}(Y)} \qquad (1.5)$$

如果 Lift$>$1，则规则 $Z{\Rightarrow}Y$ 是有效的强关联规则，表明该规则有一定的用处。提升越大，关联性也就越强。如果 Lift$\leqslant$1，则规则 $Z{\Rightarrow}Y$ 是无效的强关联规则。特别地，如果 Lift$=$1，则表示 Z 与 Y 相互独立。

1.6.4.4 规则度量值计算实例

我们根据表 1.4 所示的天气与是否打网球的部分数据，具体计算一些规则的度量值。

表 1.4   是否打网球数据集

实例	天气 $x1$	温度 $x2$	湿度 $x3$	风力 $x4$	打网球 y
$s(1)$	晴朗	热	高	弱	否
$s(2)$	晴朗	热	高	强	否
$s(3)$	阴天	热	高	弱	是
$s(4)$	下雨	温和	高	弱	是

（续）

实例	天气 x1	温度 x2	湿度 x3	风力 x4	打网球 y
s(5)	下雨	凉爽	正常	弱	是
s(6)	下雨	凉爽	正常	强	否
s(7)	阴天	凉爽	正常	强	是
s(8)	晴朗	温和	高	弱	否
s(9)	晴朗	凉爽	正常	弱	是
s(10)	下雨	温和	正常	弱	是
s(11)	晴朗	温和	正常	强	是
s(12)	阴天	温和	高	强	是
s(13)	阴天	热	正常	弱	是
s(14)	下雨	温和	高	强	否

天气 $x1$ 取值为（晴朗，阴天，下雨），温度 $x2$ 取值为（热，温和，凉爽），湿度 $x3$ 取值为（高，正常），风力 $x4$ 取值为（弱，强），打网球 y 取值为（是，否）。实际样本数据集的总项数为 14 项。

从表 1.4 中，我们可以看到一条反映样本 $s(8)$ 的规则：

Rule1：IF x1＝＝晴朗 AND x2＝＝温和 AND x3＝＝高 AND x4＝＝弱 THEN y＝否

或者说：

$$晴朗 \ AND \ 温和 \ AND \ 高 \ AND \ 弱 \rightarrow 否$$

下面，我们分别计算其支持度、置信度和提升度：

$$Support(Rule1) = \frac{1}{14}$$

$$Confidence(Rule1) = \frac{1}{1} = 1$$

$$Lift(Rule1) = \frac{\frac{1}{14}}{\frac{1}{14} \times \frac{5}{14}} = \frac{14}{5} = 2.8$$

这说明该规则中，先行项集与后续项集的关联性很强。我们再来看另一个规则：

Rule2：IF x1＝＝晴朗 AND x2＝＝温和 THEN y＝否

或者说：

$$晴朗 \ AND \ 温和 \rightarrow 否$$

下面，我们分别计算其支持度、置信度和提升度：

$$Support(Rule2) = \frac{1}{14}$$

$$Confidence(Rule2) = \frac{1}{2} = 0.5$$

$$\text{Lift}(\text{Rule2}) = \frac{\dfrac{1}{14}}{\dfrac{2}{14} \times \dfrac{5}{14}} = \frac{14}{10} = 1.4$$

这说明该规则中，先行项集与后续项集的关联性相对减弱。我们再来看一个规则：

Rule3：IF x3＝＝高 AND x4＝＝弱 THEN y＝否

或者说：

$$\text{高 AND 弱} \rightarrow \text{否}$$

$$\text{Support}(\text{Rule3}) = \frac{3}{14}$$

$$\text{Confidence}(\text{Rule3}) = \frac{3}{5} = 0.6$$

$$\text{Lift}(\text{Rule3}) = \frac{\dfrac{3}{14}}{\dfrac{5}{14} \times \dfrac{5}{14}} = \frac{42}{25} = 1.75$$

这说明该规则中，先行项集与后续项集的关联性相对减弱。

这些指标对规则的定量描述也有一定作用。一般来说，只有支持度和置信度均比较高的规则才是有用的规则。

决策树算法虽然是一种经典的有监督机器学习方法，但决策树路径也可以显式生成一组规则，因此，从这个意义上讲，决策树算法也是一种基于规则的机器学习方法，上述的概念也适用于决策树算法。

1.7　作为特征学习与决策融合的决策树

在机器学习和模式识别中，特征是被观察现象的一个单独的可测量的属性或数据，是指要对其进行分析或预测的所有独立样本所共有的属性或特性。只要对模型有用，任何属性都可以是一个特征。特征可以是原始样本数据的属性，也可以是从中学习或抽取的有用的结构表示。最初的原始特征集可能是冗余的，而且可能因太大而无法管理。因此，在机器学习和模式识别的许多应用中，初始步骤一般包括选择一个特征子集，或构建一个新的和缩小的特征集，以方便学习，并提高泛化和可解释性。

在模式识别、分类和回归中，选择信息量大、鉴别力强、独立的特征是有效算法的关键步骤。特征通常是数字特征，但在句法模式识别中也会用到结构特征，如字符串和图形。特征的概念与线性回归等统计技术中使用的解释变量的概念有关。

在字符识别中，特征可以包括沿水平和垂直方向计数黑色像素数的直方图、内孔数、笔画检测和许多其他特征。在语音识别中，用于识别音素的特征可以包括噪声比、声音的长度、相对功率、滤波器匹配和许多其他特征。在垃圾邮件检测算法中，特征可以包括是否存在某些邮件标题、邮件结构、语言、特定术语的频率、文本的语法正确性等。在计算机视觉中，有大量可能的特征，如边缘和对象。

提取或选择特征是艺术和科学的结合，使用领域知识从原始数据中提取特征的过程被称为特征工程。这些特征可以用来提高机器学习算法的性能。提取特征时需要对多种可能性进行实验，并将自动化技术与领域专家的直觉和知识相结合。将这个过程自动化就是特征学习，机器不仅使用特征进行学习，而且可以自己学习和表示特征。

特征可以来自原始数据的原始属性，也可以来自原始数据的衍生特征，这些衍生特征可以通过手工特征工程或特征表示学习方法获得。衍生特征来源于原始数据，但可能是原始数据蕴涵的底层的、低级的或更细粒度的特性，也可能是多个原始数据聚合出的特性。这些特征可能有助于挖掘原始数据蕴涵的信息，也可能有助于解释特征的不同作用和提升机器学习模型的可解释性。

如何有效利用这些特征是目前人工智能社区的一个研究热点。特征表示与决策树模型的结合，可以有效发挥决策树模型的可解释能力，同时提升决策树模型的预测精度。因此，深度学习决策树模型成为目前决策树发展的新阶段，本书第 8 章将对此进行介绍。

1.8　参考文献

[1] ALI, ABID M, HICKMAN P J, et al. The Application of Automatic Interaction Detection (AID) in Operational Research [J]. Operational Research Quarterly, 1975: 243-52.

[2] BELSON, WILLIAM A. Matching and Prediction on the Principle of Biological Classification [J]. Journal of the Royal Statistical Society, 1959: 65-75.

[3] BREIMAN L, FRIEDMAN J, OLSHEN R, et al. Classification and Regression Tree [Z]. 1983.

[4] QUINLAN J R. Induction of decision trees [J]. Mach Learn, 1986: 81-106.

[5] QUINLAN J R. C4.5: Programs for Machine Learning [M]. Morgan Kaufmann Publishers, 1993.

[6] QUINLAN J R. C4.5. Source code [CP]. https://www.rulequest.com/Personal/.

[7] BASSEL, GEORGE W, GLAAB, et al. Functional Network Construction in Arabidopsis Using Rule-Based Machine Learning on Large-Scale Data Sets [J/OL]. The Plant Cell, 2011, 23 (9): 3101-3116. DOI: 10.1105/tpc.111.088153. ISSN 1532-298X. PMC 3203449. PMID 21896882.

[8] BENI G, WANG J. Swarm Intelligence in Cellular Robotic Systems [M/OL]. Springer, 1993. DOI: 10.1007/978-3-642-58069-7_38. ISBN 978-3-642-63461-1.

[9] LOH W Y. Fifty years of classification and regression trees [J]. International Statistical Review, 2014, 82 (3): 329-348.

[10] HUNT E B, MARIN J, STONE P J. Experiments in induction [M]. Academic Press, 1966.

[11] HASIĆ F, DE SMEDT J. VANTHIENEN J. Augmenting processes with decision intelligence: Principles for integrated modelling [J]. Decision Support Systems, 2018, 107: 1-12.

[12] KENNEDY J. Swarm intelligence: Handbook of nature-inspired and innovative computing [M]. Springer, 2006.

[13] BONABEAU E, THERAULAZ G, DORIGO M. Swarm intelligence [M]. Oxford, 1999.

[14] DEAR K. Artificial intelligence and decision-making [J]. The RUSI Journal, 2019, 164 (5-6): 18-25.

[15] PADIAN K. The Book of Trees: Visualizing Branches of Knowledge [J]. Nature, 2014, 511 (7510): 408-409.

[16] VERBOON A R. The medieval tree of Porphyry: An organic structure of logic [J]. International Medieval Research, 2014: 95-116.

[17] BREIMAN L, FRIEDMAN J H, OLSHEN R A, et al. Classification and regression trees [M]. Routledge, 2017.

[18] CLARK K L, MCCABE F C, MITCHIE D. Expert systems in the micro electronic age [M]. 1979.

[19] LOH W Y. Fifty years of classification and regression trees [J]. International Statistical Review, 2014, 82 (3): 329-348.

[20] QUINLAN J R. C4. 5: programs for machine learning [M]. Elsevier, 2014.

[21] MUHAMMAD I, YAN Z. Supervised machine learning approaches: a survey [J]. ICTACT Journal on Soft Computing, 2015, 5 (3).

[22] VAN ENGELEN J E, HOOS H H. A survey on semi-supervised learning [J]. Machine Learning, 2020, 109 (2): 373-440.

[23] GARCIA S, LUENGO J, SÁEZ J A, et al. A survey of discretization techniques: Taxonomy and empirical analysis in supervised learning [J]. IEEE Transactions on Knowledge and Data Engineering, 2012, 25 (4): 734-750.

[24] BURKART N, HUBER M F. A survey on the explainability of supervised machine learning [J]. Journal of Artificial Intelligence Research, 2021, 70: 245-317.

[25] CELEBI EMRE M, et al. Unsupervised learning algorithms [M]. Springer International Publishing, 2016.

[26] GLORENNEC P Y. Reinforcement learning: An overview, Proceedings European Symposium on Intelligent Techniques (ESIT-00) [C]. 2000: 14-15.

[27] LITTMAN M L, MOORE A W. Reinforcement learning: A survey [J]. Journal of artificial intelligence research, 1996, 4 (1): 237-285.

[28] ARULKUMARAN K, DEISENROTH M P, BRUNDAGE M, et al. Deep reinforcement learning: A brief survey [J]. IEEE Signal Processing Magazine, 2017, 34 (6): 26-38.

[29] NGUYEN D H, WIDROW B. Neural networks for self-learning control systems [J]. IEEE Control systems magazine, 1990, 10 (3): 18-23.

[30] 袁非牛, 章琳, 史劲亭, 等. 自编码神经网络理论及应用综述 [J]. 计算机学报, 2019, 42 (1): 203-230.

[31] 何清, 李宁, 罗文娟, 等. 大数据下的机器学习算法综述 [J]. 模式识别与人工智能, 2014, 27 (4): 327-336.

## 第 2 章

经典决策树算法

决策树是一种流行而强大的机器学习算法。它是一种非参数化的有监督学习方法，可用于分类和回归任务。它通过学习样本数据集创建一个模型，获得一些决策规则来预测目标变量的值。对于分类模型来说，目标值在本质上是离散的，而对于回归模型来说，目标值由连续值表示。与人工神经网络等算法不同，决策树相对来说更容易理解和解释，因为它共享内部决策逻辑。尽管许多数据科学家认为这是一个老方法，而且由于过拟合问题，他们可能对其准确性有一些怀疑，但最近的基于树的模型，特别是随机森林、梯度提升和 XGBoost 等建立在决策树算法之上的机器学习模型获得了巨大的成功，使古老的决策树模型焕发新春！因此，决策树背后的概念和算法是非常值得了解的。本章首先介绍一些经典的决策树算法，包括 CART、ID3 和 C4.5 算法。

2.1 经典决策树应用的一般流程

经典决策树算法诞生在 20 世纪 90 年代之前，那时网络环境还不发达，所处理的样本数据集主要是小规模数据，特征数并不多，因此数据的特征工程并不必要。当时的主要任务是处理一些特征数据的缺失，针对分类数据和连续数据进行区别化处理以及相互转换，包括连续数据的离散化等。

获得规整的样本数据集之后，就需要利用各类决策树算法进行决策树模型的构建。决策树算法的差异主要体现在选择特征属性的策略、选择属性分割点策略、不同类型特征属性的处理方法、如何终止决策树的构建过程、如何优化模型以避免过拟合、如何降低决策树模型的复杂度等方面。本章介绍的三类决策树算法在这些方面都存在差异。

获得决策树模型之后，接下来要利用这些模型对未知样本数据进行推理和预测。在这个过程中，为降低模型复杂度或提高模型泛化能力，需要进行剪枝优化等处理。

本节先介绍缺失值的处理和连续数值属性的离散化处理方法，决策树构建通过三种经典算法的具体介绍展开，之后再介绍几种经典的决策树剪枝策略。

2.1.1 缺失值的处理

实践中收集的大多数数据集都可能包含缺失值。出现这种情况的原因可能是测量设备故障、数据收集过程中实验条件或环境的变化、人为错误以及故意错误（例如，回答者不愿意泄露信息）等。

如果出现缺失值的样本数较少，则可能会省略这些样本。但是，如果样本中有大量的特征属性，每个特征属性即使出现一小部分缺失值，也会影响很多样本。例如，在 30 个特征属性的情况下，如果只有 5% 的数据缺失（假设在目标和特征属性间随机和独立地传播），则几乎 80% 的样本将不得不被忽略，因为 $0.95^{30} = 0.215$。

另一种处理缺失值的替代方法是，根据样本中该特征属性的其他值，将缺失值替换为估算值。例如，可以用所有样本中该特征属性的平均值替换该特征属性的缺失值。但是，使用此类技术将导致样本数据集缺乏变化，从而引入偏差。

2.1.2　连续数值属性的离散化处理

离散化连续数值属性[9]有两种基本方法：一种是对训练集中的样本的每个特征属性进行量化（即所谓的无监督离散化），另一种是在离散化时考虑到这些样本分类（即有监督的离散化）。

无监督的离散化是指将连续数值属性按其范围划分为预定数量的间隔（桶）。

例如，可以通过应用等宽或等频率分桶，然后用桶的平均值或中位数替换划分到每个桶里的样本属性值，从而对属性值进行离散化。在这两种分桶方法中，总的范围都被划分为用户指定的 k 个间隔。在等宽度分桶中，特征的连续范围均匀地划分为宽度相等的间隔，而在等频率分桶中，在每个桶中放置相同数量的连续值。

当间隔数设置为 k 时，割点的最大数量为 $k-1$。术语割点是指一个实数值，它将连续值的区间划分为两个间隔，一个间隔小于或等于割点，另一个间隔大于割点。

在连续变量分布不均匀的情况下，上述分桶方法可能无法产生良好的效果。而且该方法容易受到异常值的影响，因为异常值会对范围产生重大影响。有监督的离散化方法克服了这一缺点，其中分类信息被用来寻找由割点划分的适当的间隔。

有监督的离散化方法通常采用"熵"作为度量来查找潜在的割点，将一系列连续值拆分为两个间隔。这些方法递归地二元划分该范围或其子范围，直到满足停止条件，其中许多方法使用特定的停止条件。MDLP（最小描述长度原则）被确定为离散化的首选，因为它提供了一种更有原则的方法来确定何时停止递归拆分。

离散化的 MDLP 方法分为自上而下和自下而上两类。自上而下的方法从一组空的割点开始，并随着离散化的进行，通过拆分间隔来继续向列表中添加新的割点。自下而上的方法从特征的所有连续值作为割点的完整列表开始，并随着离散化的进展通过合并间隔来删除其中的一些值。选择合适的离散化方法通常是一个复杂的问题，在很大程度上取决于用户的需要和其他考虑因素。

2.2　CART 算法

CART（Classification And Regression Trees）即分类和回归树[1]，是第一种比较经典的决策树算法，由 Leo Breiman、Jerome Friedman、Richard Olshen 和 Charles Stone 于 1984 年正式提出，可用于分类或回归预测建模问题。

CART 算法总是创建一棵二元树（二叉树），这意味着每个非终端节点有两个子节点。CART 的构建过程与人类的决策方式非常相似，因此，人们很容易理解和接受 CART 决策过程得出的结果。这种直观的可解释能力是 CART 以及决策树方法非常重要的一个原因。CART 另一个非常吸引人的地方是，它允许多样化的输入数据类型，这与许多线性组合方法（如逻辑回归或支持向量机）不同。可以混合连续数值变量，如价格或面积，也可以混合标称分类或枚举变量，如房屋类型或位置。这种灵活性使得 CART 成为各种应用中的首选工具。CART 使用代价复杂度剪枝（Cost Complexness Pruning，CCP）方法，将不可靠的分支从决策树移除，以提高准确率。

从 CART 算法的名字中可以看出，它支持构建分类（决策）树和回归（决策）树。所谓分类树，是指目标变量是标称分类或枚举值数据类型，用于确定目标变量可能属于的"类"别。所谓回归树，是指目标变量是连续的数值数据类型，用来预测目标变量的值。图 2.1 展示了分类与回归的区别。

2.2.1　基尼不纯度、基尼增益与基尼指数

训练决策树模型包括迭代地将当前数据分成两个分支。如何分割以及如何定量评估分割的

优劣是待解决的核心问题。

假设有如下的两类数据点，分别用正方形和圆形表示，其分布如图 2.2 所示。可以看到，图中有 5 个正方形点和 5 个圆形点。如果以直线 $x=2$ 为分界线对其进行分割，如图 2.3 所示，则可获得一个完美的分割。它将这个数据集完美地分割成两个子区域（分支），左边是 5 个正方形点，右边是 5 个圆形点。

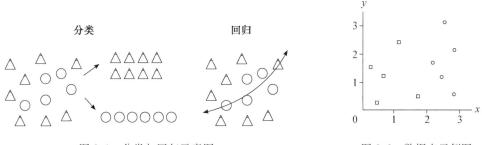

图 2.1　分类与回归示意图

图 2.2　数据点示例图

但是，如果以直线 $x=1.5$ 进行分割呢？这将导致如图 2.4 所示的不完美分割。左边是 4 个正方形点，右边是 1 个正方形点加上 5 个圆形点。很明显，这种分割是存在问题的，但是怎么量化呢？

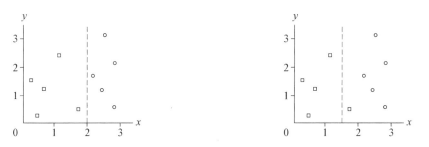

图 2.3　数据点完美分割示例图（以 $x=2$
为分界线）

图 2.4　数据点不完美分割示例图
（以 $x=1.5$ 为分界线）

更进一步，如果再添加一类三角形点，那么如何衡量分割质量就变得更加重要了。想象一下如下两种分割：

- 分割方案 1：分支 1 包含 3 个正方形点、1 个圆形点和 1 个三角形点，分支 2 包含 3 个圆形点和 2 个三角形点，如图 2.5 所示。
- 分割方案 2：分支 1 包含 3 个正方形点、1 个圆形点和 2 个三角形点，分支 2 包含 3 个圆形点和 1 个三角形点，如图 2.6 所示。

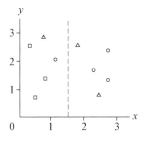

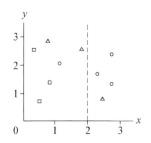

图 2.5　分割方案 1

图 2.6　分割方案 2

哪种分割方式更好呢？这已经不是一目了然的事情了，我们需要一种方法来量化评估分割的好坏。

CART 算法使用基尼不纯度（Gini impurity）来量化评估分割的好坏。假设在数据集中随机选取一个数据点，并根据数据集的类分布随机指定其分类归属。对于上述的数据集，我们会将其分类为正方形点和圆形点的概率均为 0.5，因为每种形状均有 5 个数据点。那么，我们对数据点进行错误分类的概率是多少？这个问题的答案就是基尼不纯度。

示例 1：整个数据集

首先计算整个数据集的基尼不纯度。如果我们随机选择一个数据点，它要么是正方形点（50%），要么是圆形点（50%）。

现在，我们根据类分布对数据点进行随机分类。由于每种形状都有 5 个数据点，所以有 50%的概率将其分类为正方形，有 50%的概率将其分类为圆形。我们将数据点错误分类的概率是多少呢？

如表 2.1 所示，上述所有事件中包含两次错误的分类，因此，错误分类的总概率为 25%＋25%＝50%。

表 2.1　数据点分类正误概率表

事　　件	概　　率
抽中为正方形，判断为正方形（√）	25%
抽中为正方形，判断为圆形（×）	25%
抽中为圆形，判断为正方形（×）	25%
抽中为圆形，判断为圆形（√）	25%

下面定义基尼不纯度的计算公式。假设有 C 个类，从类 i 中提取数据点的概率为 $p(i)$，记为 $p(i)$，$i \in \{1, 2, 3, \cdots, C\}$，那么基尼不纯度的计算公式如下：

$$
G = \sum_{i=1}^{C} \left(p_i \sum_{k \neq i} p_k \right) = \sum_{i=1}^{C} p_i (1 - p_i) = \sum_{i=1}^{C} (p_i - p_i^2)
$$

$$
= \sum_{i=1}^{C} p_i - \sum_{i=1}^{C} p_i^2 = 1 - \sum_{i=1}^{C} p_i^2
$$

(2.1)

需要指出的是，基尼不纯度与基尼系数和基尼指数并不是一个概念。在经济学中，基尼系数（Gini coefficient）是一种统计学上的分散度，旨在表示一个国家或任何人群中的收入不平等或财富不平等情况。基尼系数是由意大利统计学家和社会学家 Corrado Gini 开发的，用于衡量频率分布值（例如收入水平）之间的不均衡性。基尼系数为 0 表示完全均衡，所有值都相同（例如，每个人的收入都相同）。基尼系数为 1（或 100%）表示完全不均衡（例如，对于许多人来说，只有一个人拥有所有的收入或消费，而其他人都没有收入或消费，那么基尼系数将为 1）。我们稍后再介绍基尼指数。

回到上面的例子，我们有 $C=2$，$p(1)=p(2)=0.5$，所以，

$$
\begin{aligned}
G &= p(1)(1-p(1)) + p(2)(1-p(2)) \\
&= 0.5 \times (1-0.5) + 0.5 \times (1-0.5) \\
&= 0.5
\end{aligned}
$$

这与我们前面计算的错误分类总概率值是一致的。

示例 2：完美分割

对于前面的完美分割，如图 2.7 所示，分割后两个分支的基尼不纯度分别是多少呢？

图 2.7 的左边是 5 个正方形点，所以它的基尼不纯度为

$$G_{\text{left}} = 1 \times (1-1) + 0 \times (1-0) = 0$$

图 2.7 的右边是 5 个圆形点，所以它的基尼不纯度为

$$G_{\text{right}} = 0 \times (1-0) + 1 \times (1-1) = 0$$

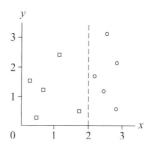

图 2.7 数据点完美分割示例图

两个分支的不纯度都为 0！完美分割把一个不纯度为 0.5 的数据集变成了两个不纯度为 0 的分支。基尼不纯度为 0 是最低的不纯度，只有当所有的东西都是同一类的时候才能实现（比如只有正方形点或只有圆形点）。

示例 3：不完美的分割

最后，我们计算不完美分割情况的基尼不纯度，如图 2.8 所示。

图 2.8 左边的分支全部为正方形点，因此，它的基尼不纯度为

$$G_{\text{left}} = 0$$

图 2.8 右边的分支有 1 个正方形点和 5 个圆形点，所以，

$$G_{\text{right}} = \frac{1}{6} \times \left(1 - \frac{1}{6}\right) + \frac{5}{6} \times \left(1 - \frac{5}{6}\right) = \frac{5}{18} \approx 0.278$$

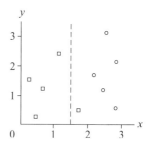

图 2.8 数据点不完美分割示例图

如何量化评估分割的质量呢？以上述两种形状数据点分割的情况为例，整个数据集在未分割之前，其基尼不纯度为 0.5。如果按示例 3 所示的分割，则左分支的基尼不纯度为 0，右分支的基尼不纯度为 0.278。而且，左分支有 4 个数据点，右分支有 6 个数据点。我们对每个分支的不纯度进行加权，以分支拥有的数据点数量作为权重，计算出分割以后整个数据集的基尼不纯度：

$$(0.4 \times 0) + (0.6 \times 0.278) \approx 0.167$$

因此，我们这次拆分所"去除"的不纯度是

$$0.5 - 0.167 = 0.333$$

我们把这个值叫作基尼增益（Gini gain）。对于一个样本数据集 D，假设有属性 A，它的取值为 a_i，$i \in \{1, 2, \cdots, n\}$，初始的基尼不纯度为 $G(D)$。则根据属性 A 的值 a_i 进行划分时，形成两个子集合 D_1 和 D_2，其中 $D_1 = \{v \in D | v_A = a_i\}$，$D_2 = \{v \in D | v_A = a_i\}$，则基尼不纯度 $G(D_1)$ 和 $G(D_2)$ 分别根据子集合 D_1 和 D_2 里的样本情况进行计算。集合 D、D_1 和 D_2 中的样本数量分别用 $|D|$、$|D_1|$ 和 $|D_2|$ 表示，则根据属性 A 的值 a_i 进行划分时，所获得的基尼增益的计算公式如下：

$$\text{GG}(A = a_i) = G(D) - \frac{|D_1|}{|D|}G(D_1) - \frac{|D_2|}{|D|}G(D_2) \tag{2.2}$$

在针对节点进行属性和分割点的选择时，面对的是同一个数据集合 D，这个集合可能是最初的完整数据集合，也可能是经过分割后形成的子集。但无论哪种情况，$G(D)$ 都是相同

的，因此可以对基尼增益的计算公式进行变换，得到基尼指数（Gini index），它的计算公式如下：

$$GI(A=a_i) = \frac{|D_1|}{|D|}G(D_1) + \frac{|D_2|}{|D|}G(D_2) \tag{2.3}$$

因此，更高的基尼增益等价于更好的分割，更低的基尼指数等价于更好的分割。

这就是 CART 决策树中用来挑选最佳分割的度量。例如，很容易验证，在上述数据集上，完美分割的基尼增益为 0.5 而基尼指数为 0，不完美分割的基尼增益为 0.333 而基尼指数为 0.167，因此完美分割更好。在训练决策树时，可通过最大化基尼增益或最小化基尼指数来选择最佳分割。

2.2.2 CART 分类决策树的原理

CART 算法可以生成分类决策树和回归决策树。我们首先介绍 CART 分类决策树的算法流程，然后给出一个决策树生成实例。

2.2.2.1 CART 分类决策树的算法流程

1. 输入

输入为训练数据集 D 和停止计算的条件。其中，训练数据集 D 包含多条记录，每个记录由多个属性构成。每个属性的数据类型均为离散的，例如二值类型、标称值或枚举值类型等。停止计算的条件可以是节点中的样本个数小于预定阈值，或样本集的基尼指数小于预定阈值，或没有更多特征属性等。

2. 输出

输出为 CART 分类树。

3. CART 分类决策树的生成流程

CART 算法从根节点开始，用训练集递归地建立 CART 分类决策树。

1）设训练数据集为 D，计算数据集现有的所有属性特征对该训练集的基尼增益。对每一个属性特征 F，对其所有可能取值的每个值 f，根据 D 中的样本实例对 $F=f$ 的测试为"是"或"否"，将数据集 D 分割成 D_1 和 D_2 两个子集，利用基尼增益公式计算 $F=f$ 时的基尼增益。假设有 N_F 个属性特征，对于每一个属性特征 i，可能取值数量为 N_i，则总共需要计算的基尼不纯度次数为 $2\prod_{i=1}^{N_F}N_i+1$，基尼增益或基尼指数的计算次数为 $\prod_{i=1}^{N_F}N_i$。

2）在所有可能的属性特征 F 以及它们所有可能的切分点 f_i 中，选择基尼增益最大的特征及其对应的切分点作为最优切分点，依据该最优切分点切割，生成两个子节点，左子节点为 D_1，右子节点为 D_2。

3）对两个子节点递归调用步骤 1~2，直至满足停止条件。

4）生成一棵完整的二叉 CART 分类决策树。

4. CART 分类决策树的优化

使用决策树模型拟合数据时容易产生过拟合，解决办法是对决策树进行剪枝处理。决策树剪枝有两种思路：预剪枝（pre-pruning）和后剪枝（post-pruning）。

5. CART 分类决策树模型的使用

决策树算法是一种通过对历史样本数据进行测算实现对新数据的分类和预测的算法。整个决策过程从根节点开始，从上到下进行，根据数据的分类在每个决策节点给出不同的结果。使用决策树的过程和人眼比对的过程类似：先比对根节点，根据比对结果走向决策树的不同子节点；再在子节点处进行比对，直到比对到叶子节点，即得到结果。对生成的 CART 分类决策树做预测的时候，如果测试集里的某个样本 A 落到了某个叶子节点，且该叶子节点里存在多个类别的训练样本，则概率最大的训练样本是样本 A 的类别。

2.2.2.2 CART 分类决策树的生成实例

下面以天气与是否打网球的数据集为例，具体介绍 CART 分类决策树的生成过程。是否打网球的影响因素有天气、温度、湿度和风力，共有如表 2.2 所示的 14 条记录。

表 2.2 天气与是否打网球的数据（PlayTennis 数据集）

实例 (Instance)	天气 (Outlook) $x1$	温度 (Temperature) $x2$	湿度 (Humidity) $x3$	风力 (Wind) $x4$	是否打网球 (PlayTennis) y
$s(1)$	晴朗（Sunny）	热（Hot）	高（High）	弱（Weak）	不打网球（No）
$s(2)$	晴朗（Sunny）	热（Hot）	高（High）	强（Strong）	不打网球（No）
$s(3)$	阴天（Overcast）	热（Hot）	高（High）	弱（Weak）	打网球（Yes）
$s(4)$	下雨（Rain）	温和（Mild）	高（High）	弱（Weak）	打网球（Yes）
$s(5)$	下雨（Rain）	凉爽（Cool）	正常（Normal）	弱（Weak）	打网球（Yes）
$s(6)$	下雨（Rain）	凉爽（Cool）	正常（Normal）	强（Strong）	不打网球（No）
$s(7)$	阴天（Overcast）	凉爽（Cool）	正常（Normal）	强（Strong）	打网球（Yes）
$s(8)$	晴朗（Sunny）	温和（Mild）	高（High）	弱（Weak）	不打网球（No）
$s(9)$	晴朗（Sunny）	凉爽（Cool）	正常（Normal）	弱（Weak）	打网球（Yes）
$s(10)$	下雨（Rain）	温和（Mild）	正常（Normal）	弱（Weak）	打网球（Yes）
$s(11)$	晴朗（Sunny）	温和（Mild）	正常（Normal）	强（Strong）	打网球（Yes）
$s(12)$	阴天（Overcast）	温和（Mild）	高（High）	强（Strong）	打网球（Yes）
$s(13)$	阴天（Overcast）	热（Hot）	正常（Normal）	弱（Weak）	打网球（Yes）
$s(14)$	下雨（Rain）	温和（Mild）	高（High）	强（Strong）	不打网球（No）

首先确定根属性特征，计算原始样本数据集的基尼不纯度：

$$G = 1 - (9/14)^2 - (5/14)^2 \approx 1 - 0.413 - 0.128 = 0.459$$

我们考虑第一个属性特征：天气。它是一个标称值类型，包含 3 个枚举值，即晴朗、阴天和下雨。统计该属性特征取不同值时的样本数量，如表 2.3 所示。

表 2.3 天气数据

天气	打网球	不打网球	样本数量
晴朗	2	3	5
阴天	4	0	4
下雨	3	2	5

根据表 2.3 可以得到：

$$G(\text{Outlook}=\text{Sunny})=1-(2/5)^2-(3/5)^2=1-0.16-0.36=0.48$$
$$G(\text{Outlook}\neq\text{Sunny})=1-(7/9)^2-(2/9)^2\approx1-0.61-0.05=0.34$$
$$G(\text{Outlook}=\text{Overcast})=1-(4/4)^2-(0/4)^2=0$$
$$G(\text{Outlook}\neq\text{Overcast})=1-(5/10)^2-(5/10)^2=0.5$$
$$G(\text{Outlook}=\text{Rain})=1-(3/5)^2-(2/5)^2=1-0.36-0.16=0.48$$
$$G(\text{Outlook}\neq\text{Rain})=1-(6/9)^2-(3/9)^2\approx1-0.44-0.11=0.45$$

这样，原始的样本数据集会被划分为两个子集合。那么，具体采用天气的哪一个值作为分割点呢？如果采用 Outlook＝Sunny，则产生的基尼增益和基尼指数为

$$GG(\text{Outlook}=\text{Sunny})=G-5/14\times G(\text{Outlook}=\text{Sunny})-9/14\times G(\text{Outlook}\neq\text{Sunny})$$
$$=0.459-5/14\times0.48-9/14\times0.34\approx0.459-0.171-0.219=0.069$$
$$GI(\text{Outlook}=\text{Sunny})=0.39$$

如果采用 Outlook＝Overcast，则产生的基尼增益和基尼指数为

$$GG(\text{Outlook}=\text{Overcast})=G-4/14\times G(\text{Outlook}=\text{Overcast})$$
$$-10/14\times(1-G(\text{Outlook}=\text{Overcast}))$$
$$=0.459-4/14\times0-10/14\times0.5\approx0.102$$
$$GI(\text{Outlook}=\text{Overcast})=0.357$$

如果采用 Outlook＝Rain，则产生的基尼增益和基尼指数为

$$GG(\text{Outlook}=\text{Rain})=G-5/14\times G(\text{Outlook}=\text{Rain})-9/14\times(1-G(\text{Outlook}=\text{Rain}))$$
$$=0.459-5/14\times0.48-9/14\times0.45\approx0.459-0.171-0.288=0$$
$$GI(\text{Outlook}=\text{Rain})=0.459$$

那么，从基尼增益或基尼指数的角度看，选择的分割值为 Overcast，基尼增益为 0.102，基尼指数为 0.357。

类似地，我们考虑第二个属性特征：温度。它也是一个标称值类型，有 3 个取值，分别为热、温和以及凉爽。统计该属性特征取不同值时的样本记录数量，如表 2.4 所示。

表 2.4　温度数据

温度	打网球	不打网球	样本数量
热	2	2	4
凉爽	3	1	4
温和	4	2	6

根据表 2.4 可以得到：

$$G(\text{Temperature}=\text{Hot})=1-(2/4)^2-(2/4)^2=0.5$$
$$G(\text{Temperature}\neq\text{Hot})=1-(7/10)^2-(3/10)^2=1-0.49-0.09=0.42$$
$$G(\text{Temperature}=\text{Cool})=1-(3/4)^2-(1/4)^2=1-0.5625-0.0625=0.375$$
$$G(\text{Temperature}\neq\text{Cool})=1-(6/10)^2-(4/10)^2=1-0.36-0.16=0.48$$

$$G(\text{Temperature}=\text{Mild})=1-(4/6)^2-(2/6)^2\approx1-0.444-0.111=0.445$$
$$G(\text{Temperature}\neq\text{Mild})=1-(5/8)^2-(3/8)^2\approx1-0.391-0.111=0.445$$

如果 Temperature＝Hot，则产生的基尼增益和基尼指数为

$$\text{GG}(\text{Temperature}=\text{Hot})=G-4/14\times G(\text{Temperature}=\text{Hot})-10/14\times G(\text{Temperature}\neq\text{Hot})$$
$$=0.459-4/14\times0.5-10/14\times0.42\approx0.459-0.143-0.3=0.016$$
$$\text{GI}(\text{Temperature}=\text{Hot})=0.443$$

如果 Temperature＝Cool，则产生的基尼增益和基尼指数为

$$\text{GG}(\text{Temperature}=\text{Cool})=G-4/14\times G(\text{Temperature}=\text{Cool})-10/14\times G(\text{Temperature}\neq\text{Cool})$$
$$=0.459-4/14\times0.375-10/14\times0.48\approx0.459-0.107-0.343=0.009$$
$$\text{GI}(\text{Temperature}=\text{Cool})=0.45$$

如果 Temperature＝Mild，则产生的基尼增益和基尼指数为

$$\text{GG}(\text{Temperature}=\text{Mild})=G-6/14\times G(\text{Temperature}=\text{Mild})-8/14\times G(\text{Temperature}\neq\text{Mild})$$
$$=0.459-6/14\times0.445-8/14\times0.445\approx0.459-0.445=0.014$$
$$\text{GI}(\text{Temperature}=\text{Mild})=0.445$$

那么，从基尼增益或基尼指数的角度看，选择的分割值为 Hot，基尼增益为 0.016，基尼指数为 0.443。

类似地，我们考虑第三个属性特征：湿度。它也是一个二值类型，有 2 个取值，分别为高和正常。统计该属性特征取不同值时的样本记录数量，如表 2.5 所示。

表 2.5　湿度数据

湿度	打网球	不打网球	样本数量
高	3	4	7
正常	6	1	7

根据表 2.5 可以得到：

$$G(\text{Humidity}=\text{High})=1-(3/7)^2-(4/7)^2\approx1-0.184-0.327=0.489$$
$$G(\text{Humidity}=\text{Normal})=1-(6/7)^2-(1/7)^2\approx1-0.735-0.02=0.245$$
$$G(\text{Humidity}\neq\text{High})=G(\text{Humidity}=\text{Normal})=0.244$$
$$G(\text{Humidity}\neq\text{Normal})=G(\text{Humidity}=\text{High})=0.489$$

如果 Humidity＝High，则产生的基尼增益和基尼指数为

$$\text{GG}(\text{Humidity}=\text{High})=G-7/14\times G(\text{Humidity}=\text{High})-7/14\times G(\text{Humidity}\neq\text{High})$$
$$\approx0.459-0.245-0.122=0.092$$
$$\text{GI}(\text{Humidity}=\text{High})=0.367$$

如果 Humidity＝Normal，则产生的基尼增益和基尼指数为

$$\text{GG}(\text{Humidity}=\text{Normal})=G-7/14\times G(\text{Humidity}=\text{Normal})-7/14\times G(\text{Humidity}\neq\text{Normal})$$
$$\approx0.459-0.122-0.245=0.092$$
$$\text{GI}(\text{Humidity}=\text{Normal})=0.367$$

那么，从基尼增益或基尼指数的角度看，选择的分割值为 High 或 Normal，基尼增益为 0.092，基尼指数为 0.367。

同样，我们考虑第四个属性特征：风力。它也是一个二值类型，有 2 个取值，分别为弱和强。统计该属性特征取不同值时的样本记录数量，如表 2.6 所示。

表 2.6　风力数据

风力	打网球	不打网球	样本数量
弱	6	2	8
强	3	3	6

根据表 2.6 可以得到：

$$G(\text{Wind}=\text{Weak})=1-(6/8)^2-(2/8)^2=1-0.5625-0.062=0.375$$
$$G(\text{Wind}=\text{Strong})=1-(3/6)^2-(3/6)^2=1-0.25-0.25=0.5$$
$$G(\text{Wind}\neq\text{Weak})=G(\text{Wind}=\text{Strong})=0.5$$
$$G(\text{Wind}\neq\text{Strong})=G(\text{Wind}=\text{Weak})=0.375$$

如果 Wind＝Weak，则产生的基尼增益和基尼指数为

$$GG(\text{Wind}=\text{Weak})=G-8/14\times G(\text{Wind}=\text{Weak})-6/14\times G(\text{Wind}\neq\text{Weak})$$
$$=0.459-8/14\times0.375-6/14\times0.5\approx0.459-0.214-0.214=0.031$$
$$GI(\text{Wind}=\text{Weak})=0.428$$

如果 Wind＝Strong，则产生的基尼增益和基尼指数为

$$GG(\text{Wind}=\text{Strong})=G-6/14\times G(\text{Wind}=\text{Strong})-8/14\times G(\text{Wind}\neq\text{Strong})$$
$$=0.459-6/14\times0.5-8/14\times0.375\approx0.459-0.214-0.214=0.031$$
$$GI(\text{Wind}=\text{Strong})=0.428$$

那么，从基尼增益或基尼指数的角度看，选择的分割值为 Weak 或 Strong，基尼增益为 0.031，基尼指数为 0.428。

最后，我们根据每个属性特征的基尼增益或基尼指数，就可以决定决策树的根节点。从表 2.7 中可以看出，选择天气属性时，基尼增益是最大的。因此天气被选择为决策树的根节点，且分割点为 Overcast。

表 2.7　各个属性特征的基尼增益、基尼指数与分割点表

属性特征	基尼增益	基尼指数	分割点
天气	0.102	0.357	阴天
温度	0.016	0.443	热
湿度	0.092	0.367	高或正常
风力	0.031	0.428	弱或强

这样，原样本数据集被分割成两个子集：子集 D_1（表 2.8）为 Outlook＝Overcast，子集 D_2（表 2.9）为 Outlook≠Overcast。

表 2.8　子集 D_1：Outlook＝Overcast

实例	天气 x1	温度 x2	湿度 x3	风力 x4	是否打网球 y
s(3)	阴天	热	高	弱	打网球
s(7)	阴天	凉爽	正常	强	打网球
s(12)	阴天	温和	高	强	打网球
s(13)	阴天	热	正常	弱	打网球

表 2.9　子集 D_2：Outlook≠Overcast

实例	天气 x1	温度 x2	湿度 x3	风力 x4	是否打网球 y
s(1)	晴朗	热	高	弱	不打网球
s(2)	晴朗	热	高	强	不打网球
s(4)	下雨	温和	高	弱	打网球
s(5)	下雨	凉爽	正常	弱	打网球
s(6)	下雨	凉爽	正常	强	不打网球
s(8)	晴朗	温和	高	弱	不打网球
s(9)	晴朗	凉爽	正常	弱	打网球
s(10)	下雨	温和	正常	弱	打网球
s(11)	晴朗	温和	正常	强	打网球
s(14)	下雨	温和	高	强	不打网球

接下来考虑子集 D_1，由于该子集中所有样本都是打网球，因此，该子集直接生成叶子节点。对于子集 D_2，可以继续上述过程，选择合适的属性特征及其分割点，生成后续的子节点，这里就不再介绍了。

2.2.3　CART 分类决策树的编程实践

针对 2.2.2 节的天气与是否打网球的数据集（PlayTennis 数据集），我们利用 Python 和 PyTorch 编码展示 CART 分类树模型的细节。

2.2.3.1　整体流程

首先介绍整体流程，如代码段 2.1 所示。程序主要由四部分组成：数据集加载、模型训练、模型预测和决策树可视化。

代码段 2.1　CART 分类树测试主程序（源码位于 Chapter02/test_CartClassifier. py)

```
8    from cart import CartClassifier
9    from tree_plotter import tree_plot
10   import numpy as np
11   import csv
12
13
14   """加载数据集
15   """
16   # 加载play_tennis数据集
17   with open("data/play_tennis1.csv", "r", encoding="gbk") as f:
18       text = list(csv.reader(f))
19       feature_names = np.array(text[0][:-1])
20       y_name = text[0][-1]
21       X = np.array([v[:-1] for v in text[1:]])
```

```
22      y = np.array([v[-1] for v in text[1:]])
23      X_train, X_test, y_train, y_test = X, X, y, y
24
25  """创建决策树对象
26  """
27  dt = CartClassifier(use_gpu=True)
28
29  """训练
30  """
31  model = dt.train(X_train, y_train, feature_names)
32  print("model=", model)
33
34  """预测
35  """
36  y_pred = dt.predict(X_test)
37  print("y_real=", y_test)
38  print("y_pred=", y_pred)
39  cnt = np.sum([1 for i in range(len(y_test)) if y_test[i]==y_pred[i]])
40  print("right={0},all={1}".format(cnt, len(y_test)))
41  print("accury={}%".format(100.0*cnt/len(y_test)))
42
43  """绘制
44  """
45  tree_plot(model)
46
47  """结束
48  """
49  print("Finished.")
```

1. 数据集加载（第 14~23 行）

首先，第 17 行使用"with open as"语法打开指定数据文件，并获取文件句柄 f。该语法会在执行完毕"with open"作用域内的代码后自动关闭数据文件。open 函数的第一个参数为数据文件的路径；第二个参数为文件打开方式，"r"代表以只读方式打开；encoding 参数指定读取文件的编码格式，"gbk"代表使用 GBK 编码。

然后，第 18 行使用 csv 库读取数据文件内容并将其转换成 Python 内置的 list 类型。使用 csv 库需要在代码片段开头添加"import csv"语句。读取数据时使用 csv 库的 reader 函数，参数传入"with open"获取的文件句柄 f。

最后，第 19~23 行利用 Python 切片和列表生成式将原始数据集分割成属性名列表 feature_names、目标变量名 y_name、属性集 X、目标变量集 y。由于本例是解决数据集比较小的分类问题，因此令训练集（X_train 和 y_train）和测试集（X_test 和 y_test）使用相同的数据集（X 和 y），而通常的做法是将原始数据集按 8∶1∶1 或 6∶2∶2 的比例划分成训练集、测试集和验证集。另外，为了便于使用 PyTorch 进行 GPU 加速，我们将数据集从 list 类型进一步转换为 numpy 类型（PyTorch 内部集成了 numpy 与 Tensor 的快速转换方法）。同样，使用 numpy 库也需要导入相应的包，语句为"import numpy as np"。

2. 决策树模型的训练和生成（第 25~32 行）

CART 分类树的创建和训练过程被封装成 CartClassifier 类，通过使用"from cart import CartClassifier"将其导入当前环境。

在第 27 行创建决策树的过程中，触发 CartClassifier 类的构造函数。在这里，设置 use_gpu 参数为 True，代表启用 GPU 加速。此外，该构造函数还可以传入其他参数，后面的内容将对其进行展开介绍。

在第 31 行 CART 分类树的训练过程中，调用 CartClassifier 类的 train 成员函数，传入训练集数据 X_train、y_train 和 feature_names。训练完成后，返回模型数据如下：

```
model = {'天气': {'= = 阴天': '是', '! = 阴天': {'湿度': {'= = 适中': {'风力': {'= = 弱': '是',
'! = 弱': {'天气': {'= = 晴朗': '是', '! = 晴朗': '否'}}}}, '! = 适中': {'天气': {'= = 晴朗': '否',
'! = 晴朗': {'风力': {'= = 弱': '是', '! = 弱': '否'}}}}}}}}
```

该 model 变量实际上是由一组规则表示的。以上输出结果为决策树的字典（树形结构）数据结构形式，在这棵 model 树中，从根节点到每个叶子节点的每条路径都代表一条规则。为了更清晰地表示规则，我们可以将以上数据结构转换成 "if-then" 的格式，如下所示：

```
if '天气' = = '阴天' then '是'
if '天气' ! = '阴天' and '湿度' = = '适中' and '风力' = = '弱' then '是'
if '天气' ! = '阴天' and '湿度' = = '适中' and '风力' ! = '弱' and '天气' = = '晴朗' then '是'
if '天气' ! = '阴天' and '湿度' = = '适中' and '风力' ! = '弱' and '天气' ! = '晴朗' then '否'
if '天气' ! = '阴天' and '湿度' ! = '适中' and '天气' = = '晴朗' then '否'
if '天气' ! = '阴天' and '湿度' ! = '适中' and '天气' ! = '晴朗' and '风力' = = '弱' then '是'
if '天气' ! = '阴天' and '湿度' ! = '适中' and '天气' ! = '晴朗' and '风力' ! = '弱' then '否'
```

事实上，CART 分类决策树与一组 "if-then" 规则是等价的。

3. 决策树模型的使用（第 34～41 行）

在第 36～38 行的模型预测阶段，调用 CartClassifier 类的成员函数 predict，传入测试集数据 X_test，返回 numpy. array 类型的预测结果 y_pred，并且打印输出测试集的真实值 y_test 和预测值 y_pred。

在第 39～41 行的模型评估阶段，首先使用 Python 的列表生成式生成测试集中预测值与真实值相等的元素，每种相等的情况用 int 型变量 1 表示。然后使用 numpy 的 sum 函数对上述列表求和，统计出预测正确的计数。最后打印预测正确的样本计数、总样本计数以及预测准确率。实际执行结果如下：

```
y_real = ['否' '否' '是' '是' '是' '否' '是' '否' '是' '是' '是' '是' '是' '否']
y_pred = ['否' '否' '是' '是' '是' '否' '是' '否' '是' '是' '是' '是' '是' '否']
right = 14,all = 14
accury = 100.0%
```

4. 决策树的可视化（第 43～45 行）

决策树可视化阶段使用了 tree_plotter 包的 tree_plot 函数，传入前面训练好的模型 model。tree_plotter 包是我们使用 Matplotlib 自定义的决策树绘图包，在随后的内容中我们将详细介绍，在此先展示一下可视化的效果，如图 2.9 所示。

2.2.3.2　训练和创建过程

首先介绍用到的构造函数，见代码段 2.2。从第 8～9 行可以看到，CartClassifier 类的实现依赖于 torch 和 numpy。

在 CartClassifier 类的构造函数 __init__ 中，需要提供 use_gpu 和 min_samples_split 两个参数。其中，use_gpu 是一个布尔值，代表该类是否启用 GPU 加速，默认为 False，代表使用

CPU；min_samples_split 是一个整型数，代表决策树分裂完成后叶子节点的最少样本数，默认值为 1，代表树完全分裂。

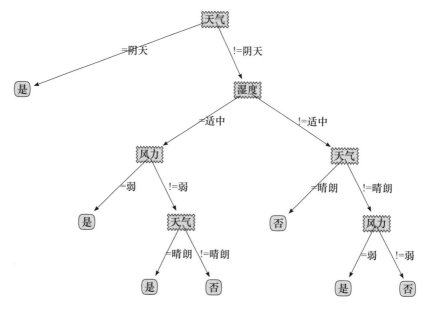

图 2.9   PlayTennis 数据集生成的 CART 分类树

代码段 2.2   CART 分类树的构造函数（源码位于 Chapter02/CartClassifier. py）

```
8    import torch
9    import numpy as np
10
11   class CartClassifier(object):
12       """CART（分类决策树）
13       """
14       def __init__(self, use_gpu=False, min_samples_split=1):
15           """初始化
16               use_gpu: 是否使用GPU加速，默认使用CPU；
17               min_samples_split: 节点最小分裂数量。
18           """
19           self.use_gpu = use_gpu                      # 是否使用GPU
20           self.tree = dict()                          # 决策树
21           self.feature_names = None                   # 属性名
22           self.str_map = dict()                       # 字符串映射器
23           self.num_map = dict()                       # 数字映射器
24           self.x_use_map = False                      # X是否使用字符串映射
25           self.y_use_map = False                      # y是否使用字符串映射
26           self.min_samples_split = min_samples_split  # 节点最小分裂数量
```

另外，构造函数中还维护一系列类的核心变量。其中，self. tree 为存储树模型的核心结构，初始情况下为空 dict；self. feature_names 为存储数据集属性名的 numpy 数组；self. str_map、self. num_map、self. x_use_map、self. y_use_map 为字符串与数值之间的映射器和开关，用于将 numpy 数组中的字符串类型映射成数值类型，以兼容 PyTorch，与之相关的函数接口为 __deal_value_map 和 __get_value，在后文中将逐一介绍。

接下来介绍 CART 分类树的训练函数 train，如代码段 2.3 所示。由于 Python 函数中传递的 numpy 变量是引用，为了避免后续对数据集进行分割时破坏原始数据集，首先在第 36~37 行执行 numpy. array 的 copy 函数制作 X 和 y 的副本。然后在第 41 行进行数据预处理，将 X_copy 和 y_copy 中的字符串通过 __deal_value_map 函数映射成数值。之后在第 44~48 行将 numpy 数组 X_copy 和 y_copy 转换成 Tensor 数组，并根据 self. use_gpu 的值决定是否启用 GPU 加速。其中，torch. from_numpy 函数是 PyTorch 提供的内置函数，负责将 numpy. array 数组转化成 torch. Tensor 格式，torch. Tensor. cuda 函数也是 PyTorch 提供的内置函数，负责对当前的 tensor 数组启用 GPU 加速。最后，第 51 行进入创建 CART 分类树的核心函数 __create_tree。

代码段 2.3　CART 分类树训练过程（源码位于 Chapter02/CartClassifier. py）

```
29    def train(self, X, y, feature_names):
30        """训练决策树
31            X: 训练集属性值    numpy.array(float)
32            y: 训练集目标变量  numpy.array(float)
33            feature_names: 属性名 numpy.array(str)
34            return tree: 生成的决策树 dict
35        """
36        X_copy = X.copy()
37        y_copy = y.copy()
38        self.feature_names = feature_names
39
40        # 处理字符串映射
41        X_copy, y_copy = self.__deal_value_map(X_copy, y_copy)
42
43        # 创建tensor并决定是否启用GPU加速
44        X_tensor = torch.from_numpy(X_copy)
45        y_tensor = torch.from_numpy(y_copy)
46        if self.use_gpu:
47            X_tensor = X_tensor.cuda()
48            y_tensor = y_tensor.cuda()
49
50        # 创建CART决策树
51        self.tree = self.__create_tree(X_tensor, y_tensor, self.feature_names)
52
53        return self.tree
```

第 41 行提到了一个关键的字符串映射函数 __deal_value_map，在这里我们对它进行详细介绍。之所以将 X_copy 和 y_copy 中的字符串通过该函数映射成数值，是因为在执行计算时，为了实现 GPU 加速，numpy. array 需要转换成 PyTorch 的 torch. Tensor 数据结构，而 torch. Tensor 仅支持数值类型。具体实现过程见代码段 2.4。

代码段 2.4　建立字符串与数值的映射的函数 __deal_value_map（源码位于 Chapter02/CartClassifier. py）

```
83    def __deal_value_map(self, X, y = None):
84        """处理X和y中的字符串映射
85            X: numpy.array
86            y: numpy.array
87            return X: numpy.array
88            return y: numpy.array
89        """
90        # 如果X是str类型，将其添加到str_map去重
91        if X.shape[0] and X.shape[1] and type(X[0][0]) == type(np.str_()):
92            self.x_use_map = True
```

```
93              X_tmp = np.zeros_like(X, dtype=int)
94              for r in range(len(X)):
95                  for i in range(len(X[r])):
96                      if X[r][i] in self.str_map.keys():
97                          X_tmp[r][i] = self.str_map[X[r][i]]
98                      else:
99                          no = len(self.num_map)
100                         self.num_map[no] = X[r][i]
101                         self.str_map[X[r][i]] = no
102                         X_tmp[r][i]= no
103             X = X_tmp
104
105             # 如果y是str类型，将其添加到str_map去重
106             if y is not None and y.size and type(y[0]) == type(np.str_()):
107                 self.y_use_map = True
108                 y_tmp = np.zeros_like(y, dtype=int)
109                 for i in range(len(y)):
110                     if y[i] in self.str_map.keys():
111                         y_tmp[i] = self.str_map[y[i]]
112                     else:
113                         no = len(self.num_map)
114                         self.num_map[no] = y[i]
115                         self.str_map[y[i]] = no
116                         y_tmp[i] = no
117                 y = y_tmp
118
119             # 返回修改后的X和y
120             if y is None:
121                 return X
122             else:
123                 return X, y
```

代码段 2.4 展示了从字符串到数值建立映射的过程。首先，在第 91～103 行处理 X，改变 self. x_use_map 的标记，遍历 X 中的每个元素，以元素值为 key，以当前 self. str_map 的长度为 value，在 self. str_map 中建立映射，同时，在 self. num_map 中建立反向的映射。然后，在第 106～117 行处理 y，同理，在 y 不为 None 的情况下，在当前 self. str_map 和 self. num_map 的基础上继续建立字符串映射。最后，在第 120～123 行返回映射好的 X 和 y。

代码段 2.5 则实现将数值映射回字符串的功能。其中分为两种情况：一种是使用了字符串到数值的映射的 key（通过 to_X、self. x_use_map 和 self. y_use_map 的值可以判别，如第 132～133行所示），此时使用 self. num_map 映射回字符串；另一种是没有使用映射的 key（如第 134～137 行所示），这种情况直接返回 key 或者 key. item（key 为 Tensor 中的数值类型时）的值。

代码段 2.5　从数值到字符串的映射中还原值（源码位于 Chapter02/CartClassifier. py）

```
126     def __get_value(self, key, to_X=True):
127         """获取映射器中的字符串
128             key: 映射后的id
129             to_X: 是否属于X中的值
130             return value: 字符串或者数值
131         """
132         if (to_X and self.x_use_map) or (not to_X and self.y_use_map):
133             return self.num_map[int(key)]
134         elif type(key)==int or type(key)==float:
135             return key
```

```
136 │        else:
137 │            return key.item()
```

接下来，我们回到代码段 2.3。在代码段 2.3 的第 51 行调用了 __create_tree 函数，它完成了决策树的创建过程，其具体代码见代码段 2.6。

代码段 2.6　创建 CART 分类树的核心代码（源码位于 Chapter02/CartClassifier.py）

```
140 │    def __create_tree(self, X_tensor, y_tensor, feature_names):
141 │        """创建树
142 │            X_tensor: torch.tensor
143 │            y_tensor: torch.tensor
144 │            feature_names: numpy.array
145 │            return tree: dict
146 │        """
147 │        # 若X中样本全属于同一类别c，则停止划分
148 │        if y_tensor.max() == y_tensor.min():
149 │            return self.__get_value(y_tensor[0], to_X=False)
150 │
151 │        # 若节点样本数小于min_samples_split，或者属性集上的取值均相同
152 │        if len(y_tensor) <= self.min_samples_split or X_tensor.max()==X_tensor.min():
153 │            return self.__get_value(self.__majority_y_id(y_tensor), to_X=False)
154 │
155 │        # 按照基尼增益，从属性值中选择最优分裂属性的最优切分点
156 │        best_split_point, best_feature_index = self.__choose_best_point_to_split(X_tensor,
        y_tensor)
157 │        best_feature_name = feature_names[best_feature_index]
158 │
159 │        # 根据最优切分点，进行子树的划分
160 │        tree = {best_feature_name: {}}
161 │        sub_feature_names = feature_names.copy()
162 │        sub_X_tensor1 = X_tensor[X_tensor[:, best_feature_index]==best_split_point, :]
163 │        sub_y_tensor1 = y_tensor[X_tensor[:, best_feature_index]==best_split_point]
164 │        sub_X_tensor2 = X_tensor[X_tensor[:, best_feature_index]!=best_split_point, :]
165 │        sub_y_tensor2 = y_tensor[X_tensor[:, best_feature_index]!=best_split_point]
166 │        leaf_left = "=={}".format(self.__get_value(best_split_point, to_X=False))
167 │        leaf_right = "!={}".format(self.__get_value(best_split_point, to_X=False))
168 │        tree[best_feature_name][leaf_left] = self.__create_tree(sub_X_tensor1, sub_y_tensor1,
        sub_feature_names)
169 │        tree[best_feature_name][leaf_right] = self.__create_tree(sub_X_tensor2, sub_y_tensor2,
        sub_feature_names)
170 │        return tree
```

在上述代码段中，__create_tree 函数是一个递归创建决策树的过程。首先，在第 147～153 行判断三种递归终止条件：X 中样本全部属于同一类别、当前节点样本数小于 self.min_samples_split、属性集上的取值均相同。若满足终止条件，则调用 __get_value 函数返回从数值到字符串的映射值，若未满足终止条件，则继续往下计算。然后，在第 155～157 行根据基尼增益从属性值中选择最优分裂属性的最优切分点，具体过程如 __choose_best_point_to_split 函数所示。最后，在第 159～169 行根据最优切分点对子树进行划分，对于其子树再继续执行 __create_tree 函数完成划分过程。

在代码段 2.6 的第 153 行调用了 __majority_y_id 函数，它用于计算节点中出现次数最多的类别，具体见代码段 2.7。它首先在第 191 行进行合法性检查，确保输入参数 y_tensor 的元素

个数大于 0。然后在第 193～197 行初始化一个空 dict，遍历 y_tensor 并对其元素进行计数。最后在第 199～203 行从字典 y_count 中查找出现次数最多的类别 ID（或映射值）。

在代码段 2.6 的第 156 行，调用了 __choose_best_point_to_split 函数，它用于选择最优切分点，具体见代码段 2.8。

代码段 2.7　计算节点中出现次数最多的类别（源码位于 Chapter02/CartClassifier. py）

```
186    def __majority_y_id(self, y_tensor):
187        """统计每个类别出现的次数，返回出现次数最多的类别ID
188           y_tensor: 目标变量集合 torch.tensor
189           return max_id: 出现次数最多的类别ID int
190        """
191        assert(len(y_tensor) > 0)
192
193        y_count = {}
194        for v in y_tensor:
195            if int(v) not in y_count.keys():
196                y_count[int(v)] = 0
197            y_count[int(v)] += 1
198
199        max_id = int(y_tensor[0])
200        max_cnt = y_count[max_id]
201        for key, value in y_count.items():
202            if value > max_cnt:
203                max_id, max_cnt = key, value
204
205        return max_id
```

代码段 2.8　选择最优切分点（源码位于 Chapter02/CartClassifier. py）

```
208    def __choose_best_point_to_split(self, X_tensor, y_tensor):
209        """选择最优切分点
210           X_tensor: torch.tensor
211           y_tensor: torch.tensor
212           return best_split_point: 最优切分点 int
213           return best_feature_index: 最优切分点所在属性的索引 int
214        """
215        best_split_point = 0
216        best_feature_index = -1
217        best_gini_gain = -1.0
218        num_feature = X_tensor.shape[1]  # 属性的个数
219        gini_impurity = self.__cal_gini_impurity(y_tensor) #总数据集的基尼不纯度
220        for i in range(num_feature): # 遍历每个属性
221            feature_value_list = X_tensor[:, i] # 得到某个属性下的所有值，即某列
222            if self.use_gpu:
223                feature_value_list = feature_value_list.cpu()
224            split_points = list(set(feature_value_list.numpy())) # 得到无重复的属性特征值
225            # 计算各个候选切分点的基尼不纯度
226            for split_point in split_points:
227                # 计算左子树的基尼不纯度
228                sub_y_left = y_tensor[X_tensor[:, i]==split_point]
229                gini_impurity_left = self.__cal_gini_impurity(sub_y_left)
230                # 计算右子树的基尼不纯度
231                sub_y_right = y_tensor[X_tensor[:, i]!=split_point]
232                gini_impurity_right = self.__cal_gini_impurity(sub_y_right)
233                # 计算该切分点的基尼增益
```

```
234                    pro_left = len(sub_y_left)/len(y_tensor)
235                    pro_right = len(sub_y_right)/len(y_tensor)
236                    gini_gain = self.__cal_gini_gain(gini_impurity, pro_left, gini_impurity_left,
237                                                      pro_right, gini_impurity_right)
238
239                    # 取损失函数最小的属性索引和切分点
240                    if best_gini_gain < gini_gain:
241                        best_gini_gain = gini_gain
242                        best_feature_index = i
243                        best_split_point = split_point
244
245            return best_split_point, best_feature_index
```

代码段 2.8 是 CART 分类树中最核心的函数，该函数负责选择最优切分点。根据前面的理论推导，该函数的目的是计算取得最大基尼增益的属性值。首先在第 219 行调用 __cal_gini_impurity 函数计算总数据集的基尼不纯度 $G(\text{root})$。然后在第 220~237 行遍历每个属性的每个属性值，根据是否等于属性值（二分类问题）将数据集分割到左右子树，依次计算左右子树的基尼不纯度 $G(\text{left})$ 和 $G(\text{right})$，以及左右子树中数据样本在总样本中占的比例 $P(\text{left})$ 和 $P(\text{right})$，并且将 $G(\text{root})$、$G(\text{left})$、$G(\text{right})$、$P(\text{left})$ 和 $P(\text{right})$ 代入 __cal_gini_gain 函数中计算基尼增益。最后在第 239~243 行选出具有最大基尼增益的属性值，作为当前节点的最优切分点，并返回最优切分点和最优分裂属性索引。

在代码段 2.8 的第 236 行，调用 __cal_gini_gain 函数来计算基尼增益。在计算基尼增益之前，我们需要知道如何计算一个数据集的基尼不纯度。如代码段 2.8 的第 229 行和第 232 行所示，通过调用 __cal_gini_impurity 函数来计算基尼不纯度，它的具体实现见代码段 2.9。

代码段 2.9 计算基尼不纯度（源码位于 Chapter02/CartClassifier.py）

```
248        def __cal_gini_impurity(self, y_tensor):
249            '''计算数据集的基尼不纯度
250                y_tensor: torch.tensor
251                return gini_impurity: 基尼不纯度 float
252            '''
253            # 统计y_tensor中的目标变量值的个数
254            y_counts = {}
255            for v in y_tensor:
256                if v.item() not in y_counts.keys():
257                    y_counts[v.item()] = 0
258                y_counts[v.item()] += 1
259
260            # 计算基尼不纯度
261            gini_impurity = 1.0
262            num_sample = len(y_tensor)
263            for key in y_counts.keys():
264                prob = float(y_counts[key]) / num_sample
265                gini_impurity -= prob * prob
266            return gini_impurity
```

在代码段 2.9 的第 253~258 行，我们分析导入的数据集的最后一列（一般默认为数据类别），根据不同类别按出现次数统计到分类字典中。在第 260~265 行遍历该字典，根据公式用 1 减去不同的类分布概率的平方和，得到最终的基尼不纯度。接下来在计算基尼不纯度的基础上进一步实现基尼增益的计算，即 __cal_gini_gain 函数。它的具体代码见代码段 2.10。

代码段 2.10 计算基尼增益（源码位于 Chapter02/CartClassifier.py）

```
269    def __cal_gini_gain(self, gini_impurity, pro_left, gini_impurity_left,
270                              pro_right, gini_impurity_right):
271        '''计算数据集的基尼增益
272        gini_impurity: 基尼不纯度 float
273        pro_left: 左子树的比例 float
274        pro_right: 右子树的比例 float
275        gini_impurity_left: 左子树的基尼不纯度
276        gini_impurity_right: 右子树的基尼不纯度
277        return gini_gain: 基尼增益 float
278        '''
279        gini_impurity = gini_impurity - pro_left*gini_impurity_left - \
280                              pro_right*gini_impurity_right
281        return gini_impurity
```

求解基尼指数的过程与求解基尼增益的过程有着相似之处，它们都需要划分数据求出基尼不纯度，以及左右子树中类的比例，只不过基尼指数不需要求总数据集的基尼不纯度，而是将 pro_left * gini_impurity_left 与 pro_right * gini_impurity_right 累加求和。因此，在选择最优切分点时，我们选择具有最大基尼增益的属性值，或者具有最小基尼指数的属性值。

2.2.3.3 预测过程

代码段 2.11a 和代码段 2.11b 演示了 CART 分类树进行预测时的整体过程。在预测过程中，依然首先在代码段 2.11a 的第 61～69 行拷贝数据集、处理字符串映射和判断是否启用 GPU 加速，然后在代码段 2.11a 的第 72 行和代码段 2.11b 的第 178～182 行遍历测试集 X_tensor 的每个样本，使用 __classify 函数分别对其进行预测，最终返回拼接好的预测结果。从代码段 2.11b 的结构中可以看出非常好的并行性，因此在多核 CPU 机器上处理大数据预测时，使用多线程将其并行化可以大大提升预测效率，对此不做赘述。

代码段 2.11a CART 分类树预测过程（源码位于 Chapter02/CartClassifier.py）

```
56    def predict(self, X):
57        """使用决策树进行预测
58        X: 测试集属性值        numpy.array
59        return y_pred: 预测值 numpy.array
60        """
61        X_copy = X.copy()
62
63        # 处理字符串映射
64        X_copy = self.__deal_value_map(X_copy)
65
66        # 创建tensor并决定是否启用GPU加速
67        X_tensor = torch.from_numpy(X_copy)
68        if self.use_gpu:
69            X_tensor = X_tensor.cuda()
70
71        # 预测
72        y_pred = self.__predict(X_tensor)
73
74        return y_pred
```

代码段 2.11b　CART 分类树预测过程（源码位于 Chapter02/CartClassifier.py）

```
173    def __predict(self, X_tensor):
174        """使用树模型进行预测
175            X_tensor: torch.tensor
176            return y_pred: np.array
177        """
178        y_preds = []
179        for x in X_tensor:
180            y_pred = self.__classify(self.tree, self.feature_names, x)
181            y_preds.append(y_pred)
182        return np.array(y_preds)
```

在代码段 2.11b 的第 180 行，通过调用 __classify 进行预测分类，其具体代码见代码段 2.12。在函数 __classify 的参数中，树模型 tree 是字典结构，它的每两层代表了实际意义上的一层决策树。因此在第 291～304 行的递归遍历过程中，每次取出 tree 的前两层（根节点和根节点的左右孩子节点），其中根节点代表属性，根节点的左右孩子节点代表属性的取值及路由方向。根据以上特点，从根节点开始，递归遍历 CART 分类树，最终路由到某个叶子节点，叶子节点上的值即为该决策树的预测结果。

代码段 2.12　CART 分类树预测的核心代码（源码位于 Chapter02/CartClassifier.py）

```
284    def __classify(self, tree, feature_names, X_tensor):
285        """分类预测
286            tree: dict
287            feature_names: numpy.array
288            X_tensor: torch.tensor
289            return y_pred: 预测类y str
290        """
291        first_str = list(tree.keys())[0]                        # 根节点
292        second_dict = tree[first_str]                           # 根节点子树集合
293        feature_index = feature_names.tolist().index(first_str) # 根节点分裂属性索引
294        for key in second_dict.keys():
295            key_list = [key[:2], key[2:]]
296            split_point = key_list[1]                           # 切分点属性值
297            current_value = self.__get_value(X_tensor[feature_index]) # 预测样本属性值
298            if (key_list[0] == "==" and current_value == split_point) or \
299               (key_list[0] == "!=" and current_value != split_point):
300                if type(second_dict[key]).__name__ == 'dict':
301                    y_pred = self.__classify(second_dict[key], feature_names, X_tensor)
302                else:
303                    y_pred = second_dict[key]
304                return y_pred
```

2.2.3.4　可视化过程

对于可视化过程，可以借助 Matplotlib 库来实现，为此，我们结合树的遍历特点，封装了一套适用于上述决策树的 tree_plotter 可视化包。

在代码段 2.13a 和 2.13b 中，tree_plot 函数为该包对外提供的决策树绘制接口，其整体算法的思路可分为两个步骤：首先绘制自身节点，然后判断自身节点类型，若为非叶子节点则继续递归创建子树，若为叶子节点则直接绘制。关于更详细的实现细节，请读者自行阅读源码，由于篇幅原因在此不再展开。

代码段 2. 13a　tree_plotter 可视化包（源码位于 Chapter02/ tree_plotter. py）

```
1   ############################################################
2   # matplotlib 绘制决策树的包
3   ############################################################
4   # -*- coding: utf-8 -*-
5   import matplotlib.pyplot as plt
6
7
8   # 显示中文
9   plt.rcParams['font.family'] = ['sans-serif']
10  plt.rcParams['font.sans-serif'] = ['SimHei']
11
12  # 全局变量
13  decision_node = dict(boxstyle="sawtooth", fc="0.8")
14  leaf_node = dict(boxstyle="round4", fc="0.8")
15  arrow_args = dict(arrowstyle="<-")
16
17
18  def plot_node(node_txt, center_pt, parent_pt, node_type):
19      tree_plot.ax1.annotate(node_txt, xy=parent_pt, xycoords='axes fraction', \
20                             xytext=center_pt, textcoords='axes fraction', \
21                             va="center", ha="center", bbox=node_type, arrowprops=arrow_args)
22
23
24  def get_num_leafs(my_tree):
25      num_leafs = 0
26      first_str = list(my_tree.keys())[0]
27      second_dict = my_tree[first_str]
28      for key in second_dict.keys():
29          if type(second_dict[key]).__name__ == 'dict':
30              num_leafs += get_num_leafs(second_dict[key])
31          else:
32              num_leafs += 1
33      return num_leafs
34
35
36  def get_tree_depth(my_tree):
37      max_depth = 0
38      first_str = list(my_tree.keys())[0]
39      second_dict = my_tree[first_str]
40      for key in second_dict.keys():
41          if type(second_dict[key]).__name__ == 'dict':
42              thisDepth = get_tree_depth(second_dict[key]) + 1
43          else:
44              thisDepth = 1
45          if thisDepth > max_depth:
46              max_depth = thisDepth
47      return max_depth
48
```

代码段 2. 13b　tree_plotter 可视化包（源码位于 Chapter02/ tree_plotter. py）

```
50  def plot_mid_text(cntr_pt, parent_pt, txt_string):
51      x_mid = (parent_pt[0] - cntr_pt[0]) / 2.0 + cntr_pt[0]
52      y_mid = (parent_pt[1] - cntr_pt[1]) / 2.0 + cntr_pt[1]
53      tree_plot.ax1.text(x_mid, y_mid, txt_string)
54
55
```

```
56  def plot_tree(my_tree, parent_pt, node_txt):
57      num_leafs = get_num_leafs(my_tree)
58      depth = get_tree_depth(my_tree)
59      first_str = list(my_tree.keys())[0]
60      cntr_pt = (plot_tree.x_off + (1.0 + float(num_leafs)) / 2.0 / plot_tree.total_w, plot_tree.y_off)
61      plot_mid_text(cntr_pt, parent_pt, node_txt)
62      plot_node(first_str, cntr_pt, parent_pt, decision_node)
63      second_dict = my_tree[first_str]
64      plot_tree.y_off = plot_tree.y_off - 1.0 / plot_tree.total_d
65      for key in second_dict.keys():
66          if type(second_dict[key]).__name__ == 'dict':
67              plot_tree(second_dict[key], cntr_pt, str(key))
68          else:
69              plot_tree.x_off = plot_tree.x_off + 1.0 / plot_tree.total_w
70              plot_node(second_dict[key], (plot_tree.x_off, plot_tree.y_off), cntr_pt, leaf_node)
71              plot_mid_text((plot_tree.x_off, plot_tree.y_off), cntr_pt, str(key))
72      plot_tree.y_off = plot_tree.y_off + 1.0 / plot_tree.total_d
73
74
75  def tree_plot(in_tree):
76      """绘制决策树的公共接口
77      """
78      fig = plt.figure(1, facecolor='white')
79      fig.clf()
80      axprops = dict(xticks=[], yticks=[])
81      tree_plot.ax1 = plt.subplot(111, frameon=False, **axprops)
82      plot_tree.total_w = float(get_num_leafs(in_tree))
83      plot_tree.total_d = float(get_tree_depth(in_tree))
84      plot_tree.x_off = -0.5 / plot_tree.total_w
85      plot_tree.y_off = 1.0
86      plot_tree(in_tree, (0.5, 1.0), '')
87      plt.show()
88
```

2.2.4　回归问题与回归算法

"回归"一词是 Francis Galton 在 19 世纪创造的，用来描述一种生物现象，即身材高大的祖先，其后代的身高趋向于回归到一个正常的平均值（这种现象也被称为向平均数回归）。对于 Galton 来说，回归只有这种生物学意义，但他的工作后来被 Udny Yule 和 Karl Pearson 扩展到了更普遍的统计学背景下。

最早的回归形式是最小二乘法[11]，由 Legendre 和 Gauss 在 1805 年和 1809 年分别发表。Legendre 和 Gauss 都应用该方法从天文观测数据中确定了彗星围绕太阳的轨道。

在统计建模中，回归分析是一套用于估计因变量（通常称为"结果变量"）和一个或多个独立变量（通常称为"预测因子""协变量"或"特征"）之间关系的统计过程。回归分析最常见的形式是线性回归，如图 2.10 所示，即根据特定的数学标准找到最符合数据的线（或更复杂的线性组合）。

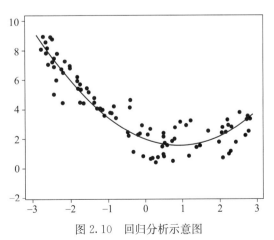

图 2.10　回归分析示意图

例如，普通最小二乘计算出真实数据与预测线（或预测超平面）的误差平方和最小的情形。

回归算法属于有监督机器学习算法家族。有监督机器学习算法的主要特点之一是对目标输出和输入特征之间的依赖性和关系进行建模，以预测新输入数据的输出数值。回归算法根据系统中输入数据的属性特征来预测输出值。下面介绍几种典型的回归算法，以便于读者理解回归问题的处理。

2.2.4.1 线性回归

在统计学中，线性回归是一种线性方法，用来模拟因变量与一个或多个自变量（也称为解释变量或独立变量）之间的关系。

在线性回归中，使用线性预测函数对关系进行建模，其未知的模型参数是从数据中估计出来的，这些模型被叫作线性模型。最常用的线性回归建模方法是，将给定自变量 X 的因变量 y 的条件均值作为 X 的仿射函数。有时候，线性回归模型可以是一个因变量的中位数或一些其他分布的分位数作为 X 的线性函数表示。和所有形式的回归分析一样，线性回归也主要考虑给定自变量 X 的因变量 y 的条件概率分布，而不是 X 和 y 的联合概率分布（多元分析领域）。

线性回归是回归分析中第一种经过严格研究并在实际应用中广泛使用的类型。这是因为线性回归的模型容易拟合，而且产生的估计的统计特性也更容易确定。线性回归有很多实际用途，可分为以下两类：

- 对观测数据集拟合出一个预测模型，用这个拟合模型预测新自变量观测值所对应的因变量值。
- 给定一个变量 y 和一些变量 X_1，X_2，$\cdots$，X_p，线性回归分析用来量化 y 与 X_j 之间相关性的强度，评估与 y 不相关的 X_j，并识别哪些 X_j 的子集包含关于 y 的冗余信息。

线性回归模型经常用最小二乘法逼近来拟合。单一标量自变量 x 和单一标量因变量 y 的最简单情况被称为简单线性回归。扩展到多个自变量（用大写字母 X 表示）的情况称为多元线性回归。多元线性回归是简单线性回归的泛化，它的基本模型是

$$y = \beta_0 + \beta_1 X_1 + \beta_2 X_2 + \cdots + \beta_p X_p + \varepsilon$$

其中，y 为因变量，X_1，X_2，$\cdots$，X_p 为自变量，β_i 为系数，ε 为干扰项或误差变量。将 $\boldsymbol{X}_i$ 和 $\boldsymbol{\beta}_i$ 改写成矩阵形式，上式变为

$$\boldsymbol{y} = \boldsymbol{X}\boldsymbol{\beta} + \boldsymbol{\varepsilon}$$

$$\boldsymbol{X} = \begin{bmatrix} \boldsymbol{x}_1^{\mathrm{T}} \\ \boldsymbol{x}_2^{\mathrm{T}} \\ \vdots \\ \boldsymbol{x}_n^{\mathrm{T}} \end{bmatrix} = \begin{bmatrix} 1 & x_{11} & \cdots & x_{1p} \\ 1 & x_{21} & \cdots & x_{2p} \\ \vdots & \vdots & & \vdots \\ 1 & x_{n1} & \cdots & x_{np} \end{bmatrix}$$

$$\boldsymbol{\beta} = \begin{bmatrix} \boldsymbol{\beta}_0 \\ \boldsymbol{\beta}_1 \\ \boldsymbol{\beta}_2 \\ \vdots \\ \boldsymbol{\beta}_p \end{bmatrix}$$

那么线性回归模型产生的因变量的预测值为

$$\tilde{\boldsymbol{y}} = \boldsymbol{\beta}_0 + \sum_{j=1}^{p} \boldsymbol{\beta}_j \boldsymbol{x}_j$$

在最小二乘法中，最佳参数被定义为使均方误差之和最小。假设已知自变量与因变量数据有 n 个，省略掉常数系数 $1/n$ 之后有

$$\hat{\boldsymbol{\beta}} = \underset{\boldsymbol{\beta}}{\arg\min} \, L(\boldsymbol{D}, \boldsymbol{\beta}) = \underset{\boldsymbol{\beta}}{\arg\min} \sum_{i=1}^{n} (\boldsymbol{\beta} \boldsymbol{x}_i - \boldsymbol{y}_i)^2 \tag{2.4}$$

现在把自变量和因变量分别放在矩阵 $\boldsymbol{X}$ 和 $\boldsymbol{Y}$ 中，损失函数可以改写为

$$\begin{aligned} L(\boldsymbol{D}, \boldsymbol{\beta}) &= \parallel \boldsymbol{X}\boldsymbol{\beta} - \boldsymbol{Y} \parallel^2 \\ &= (\boldsymbol{X}\boldsymbol{\beta} - \boldsymbol{Y})^{\mathrm{T}} (\boldsymbol{X}\boldsymbol{\beta} - \boldsymbol{Y}) \\ &= \boldsymbol{Y}^{\mathrm{T}}\boldsymbol{Y} - \boldsymbol{Y}^{\mathrm{T}}\boldsymbol{X}\boldsymbol{\beta} - \boldsymbol{\beta}^{\mathrm{T}}\boldsymbol{X}^{\mathrm{T}}\boldsymbol{Y} + \boldsymbol{\beta}^{\mathrm{T}}\boldsymbol{X}^{\mathrm{T}}\boldsymbol{X}\boldsymbol{\beta} \end{aligned} \tag{2.5}$$

由于损失函数是凸的，取最佳解时，梯度为零。损失函数的梯度为

$$\begin{aligned} \frac{\partial L(\boldsymbol{D}, \boldsymbol{\beta})}{\partial \boldsymbol{\beta}} &= \frac{\partial (\boldsymbol{Y}^{\mathrm{T}}\boldsymbol{Y} - \boldsymbol{Y}^{\mathrm{T}}\boldsymbol{X}\boldsymbol{\beta} - \boldsymbol{\beta}^{\mathrm{T}}\boldsymbol{X}^{\mathrm{T}}\boldsymbol{Y} + \boldsymbol{\beta}^{\mathrm{T}}\boldsymbol{X}^{\mathrm{T}}\boldsymbol{X}\boldsymbol{\beta})}{\partial \boldsymbol{\beta}} \\ &= -2\boldsymbol{X}^{\mathrm{T}}\boldsymbol{Y} + 2\boldsymbol{X}^{\mathrm{T}}\boldsymbol{X}\boldsymbol{\beta} \end{aligned} \tag{2.6}$$

将梯度设置为零，得到等式

$$\begin{aligned} &-2\boldsymbol{X}^{\mathrm{T}}\boldsymbol{Y} + 2\boldsymbol{X}^{\mathrm{T}}\boldsymbol{X}\boldsymbol{\beta} = 0 \\ &\Rightarrow \boldsymbol{X}^{\mathrm{T}}\boldsymbol{Y} = \boldsymbol{X}^{\mathrm{T}}\boldsymbol{X}\boldsymbol{\beta} \\ &\Rightarrow \hat{\boldsymbol{\beta}} = (\boldsymbol{X}^{\mathrm{T}}\boldsymbol{X})^{-1}\boldsymbol{X}^{\mathrm{T}}\boldsymbol{Y} \end{aligned} \tag{2.7}$$

因此，线性回归的所有系数 $\boldsymbol{\beta}_i$ 可以通过上式计算得到，从而建立起线性回归模型。为了证明所得到的 $\boldsymbol{\beta}_i$ 确实是局部最小值，需要再进行一次微分，得到 Hessian 矩阵，并证明它是正定的。这可以参考高斯-马尔可夫定理。

2.2.4.2　过拟合与正则化

线性回归的优点是结果易于理解，计算不复杂。但是，由于最小二乘法需要计算矩阵的逆，所以有很多限制，比如矩阵不可逆，或者矩阵中有多重共线性的情况，会导致计算矩阵的逆时行列式接近 0，还有可能在训练模型的时候有过拟合的情况。

图 2.11 的第一个模型是一个欠拟合的线性模型，不能很好地适应训练集。我们看看这些数据，很明显，随着房屋面积的增大，房屋价格的变化趋于稳定或者说越往右越平缓。因此线性回归并没有很好地拟合训练数据，称为欠拟合，或者叫作高偏差。

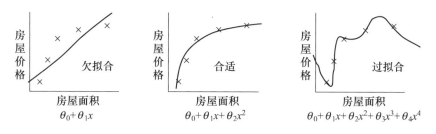

图 2.11　欠拟合、合适与过拟合示例图

图 2.11 的第三个模型是一个四次方的模型，过于强调拟合原始数据，而丢失了算法的本质（预测新数据）。可以看出，若给出一个新的值进行预测，它将表现得很差。虽然模型能非常好地适应训练集，但在输入新变量进行预测时可能效果不好。这被称为过拟合或者高方差。图 2.11 的第二个模型似乎最合适。

图 2.12 是一个分类问题。分类问题可以从多项式的角度理解，次数越高，拟合得越好，但相应的预测能力可能变差。问题是，如果我们发现了过拟合问题，应该如何处理？

- 丢弃一些不能帮助我们进行正确预测的特征。可以手工选择保留哪些特征，或者使用一些模型选择的算法（例如 PCA）。
- 正则化。保留所有的特征，但是减小参数的大小。

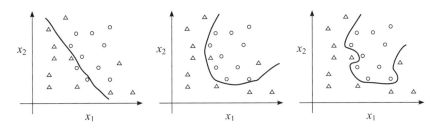

图 2.12　分类问题示例图

正则化损失函数，假设上面的回归问题使用的模型是

$$L(\boldsymbol{D}, \boldsymbol{\beta}) = \sum_{i=1}^{n} (\boldsymbol{\beta} \boldsymbol{X}_i - \boldsymbol{y}_i)^2 \tag{2.8}$$

假设特征属性是 4 个，则有

$$L(\boldsymbol{D}, \boldsymbol{\beta}) = \sum_{i=1}^{4} (\boldsymbol{\beta} \boldsymbol{X}_i - \boldsymbol{y}_i)^2$$

式中的高次项导致了过拟合的产生，所以如果我们能让这些高次项的系数接近 0，就能很好地拟合了。所以我们要做的就是在一定程度上减小参数 $\boldsymbol{\beta}$ 的值，这就是正则化的基本方法。

我们决定减少 $\boldsymbol{\beta}_3$ 和 $\boldsymbol{\beta}_4$ 的大小，所要做的便是修改损失函数，为 $\boldsymbol{\beta}_3$ 和 $\boldsymbol{\beta}_4$ 设置一点惩罚。这样，在尝试最小化损失时也需要将惩罚纳入考虑，并最终导致选择较小一些的 $\boldsymbol{\beta}_3$ 和 $\boldsymbol{\beta}_4$。修改后的损失函数为

$$L(\boldsymbol{D}, \boldsymbol{\beta}) = \left[\sum_{i=1}^{n} (\boldsymbol{\beta} \boldsymbol{X}_i - \boldsymbol{y}_i)^2 + 1000\boldsymbol{\beta}_3 + 10000\boldsymbol{\beta}_4 \right]$$

通过这样的代价函数选择出的 $\boldsymbol{\beta}_3$ 和 $\boldsymbol{\beta}_4$ 对预测结果的影响比之前小许多。假如有非常多的特征，我们并不知道其中的哪些特征需要惩罚。在这种情况下，我们将对所有的特征进行惩罚，并且让损失函数最优化的算法来选择惩罚程度，这样就得到了一个更简单的可以防止过拟合问题的假设：

$$L(\boldsymbol{D}, \boldsymbol{\beta}) = \left[\sum_{i=1}^{n} (\boldsymbol{\beta} \boldsymbol{X}_i - \boldsymbol{y}_i)^2 \right] + \lambda \sum_{j=1}^{m} \boldsymbol{\beta}_j^2 \tag{2.9}$$

其中 λ 称为正则化参数（regularization parameter）。注意：根据惯例我们不对 $\boldsymbol{\beta}_0$ 进行惩罚。经过正则化处理的模型与原模型的可能对比如图 2.13 所示。

如果选择的正则化参数 λ 过大，则会把所有的参数都最小化，导致模型变成 $\tilde{\boldsymbol{y}} = \boldsymbol{\beta}_0$，也就是图 2.13 中直线所示的情况，造成欠拟合。所以对于正则化，必须选取一个合理的 λ 值。

正则化的作用如下：

● 防止过拟合。

● 利用先验知识，体现了人对问题的解的
认知程度或者对解的估计。

● 有助于处理条件数（condition number）
不好的情况下矩阵求逆困难的问题。

● 平衡了偏差（bias）与方差（variance）、
拟合能力与泛化能力、经验风险（平均
损失函数）与结构风险（损失函数＋正
则化项）。

● 产生了稀疏性（sparsity），减少了特征
向量的个数，降低了模型的复杂度。

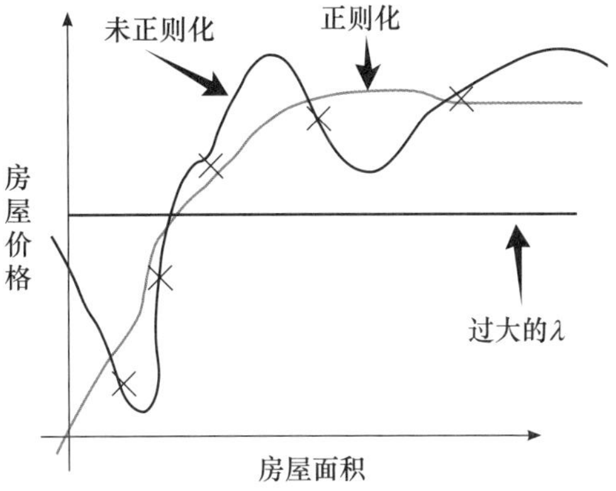

正则化符合奥卡姆剃刀原理。奥卡姆剃刀

图 2.13 正则化处理的模型与原模型对比示例图

原理应用于模型选择时采用以下想法：在所有
可能选择的模型中，能够很好地解释已知数据并且十分简单的模型才是最好的模型，也就是应
该选择的模型。从贝叶斯估计的角度来看，正则化项对应于模型的先验概率，可以假设复杂的
模型有较大的先验概率，简单的模型有较小的先验概率。

稀疏性的作用如下：

● 特征选择：稀疏性能实现特征的自动选择。在事先假定的特征（或自变量）中，有很多
自变量或特征对输出的影响较小，可以看作不重要的特征或自变量。而正则化项会自动
对自变量或特征的系数参数进行惩罚，令某些特征或自变量的参数（权重系数）为 0 或
接近 0，从而自动选择主要自变量或特征（类似于 PCA）。

● 可解释性：稀疏使模型更容易解释。抓住影响问题的主要方面（因素）更符合人们的认
知习惯。

常用的正则化有 L1 和 L2 两种。L2 正则化也叫 L2 范数，表示欧氏距离（参数平方值求
和）。L1 正则化也叫 L1 范数，表示曼哈顿距离（参数绝对值求和）。

线性回归的损失函数为

$$L(\boldsymbol{D}, \boldsymbol{\beta}) = \sum_{i=1}^{n} (\boldsymbol{\beta} \boldsymbol{X}_i - \boldsymbol{y}_i)^2$$

特征属性的个数为 m，样本数为 n。那么，加入 L2 正则化项之后，损失函数变为

$$L(\boldsymbol{D}, \boldsymbol{\beta}) = \Big[\sum_{i=1}^{n} (\boldsymbol{\beta} \boldsymbol{X}_i - \boldsymbol{y}_i)^2 \Big] + \lambda \sum_{j=1}^{m} \boldsymbol{\beta}_j^2$$

L2 正则化通过减小参数值来降低模型复杂度，即只能将参数值不断减小但永远不会减小
到 0。加入 L1 正则化项之后，损失函数变为

$$L(\boldsymbol{D}, \boldsymbol{\beta}) = \Big[\sum_{i=1}^{n} (\boldsymbol{\beta} \boldsymbol{X}_i - \boldsymbol{y}_i)^2 \Big] + \lambda \sum_{j=1}^{m} | \boldsymbol{\beta}_j |$$

L1 正则化通过稀疏化（减少参数数量）来降低模型复杂度，即可以将参数值减小到 0。结合
L1 正则化项和 L2 正则化项，损失函数变为

$$L(\boldsymbol{D}, \boldsymbol{\beta}) = \Big[\sum_{i=1}^{n} (\boldsymbol{\beta} \boldsymbol{X}_i - \boldsymbol{y}_i)^2 \Big] + \lambda \sum_{j=1}^{m} (\rho \boldsymbol{\beta}_j^2 + (1-\rho) | \boldsymbol{\beta}_j |) \tag{2.10}$$

L1 和 L2 只是比较常用的范数，如果推广到一般情况，可以有多种正则化。q 范数的损失函数的一般形式如下：

$$L(\boldsymbol{D}, \boldsymbol{\beta}) = \left[\sum_{i=1}^{n} (\boldsymbol{\beta X}_i - \boldsymbol{y}_i)^2 \right] + \lambda \sum_{j=1}^{m} \boldsymbol{\beta}_j^q \tag{2.11}$$

2.2.4.3 带 L2 正则化项的线性回归——岭回归

在多元线性回归中，各个参数系数的获得可以通过搜索损失函数

$$L(\boldsymbol{D}, \boldsymbol{\beta}) = \sum_{i=1}^{n} (\boldsymbol{\beta X}_i - \boldsymbol{y}_i)^2$$

并使其最小化获得。通过对各个特征属性变量求导，获得各个参数系数的值，用矩阵表示为

$$\hat{\boldsymbol{\beta}} = (\boldsymbol{X}^{\mathrm{T}} \boldsymbol{X})^{-1} \boldsymbol{X}^{\mathrm{T}} \boldsymbol{Y}$$

这个公式有一个问题：$\boldsymbol{X}$ 不能为奇异矩阵，否则无法求解矩阵的逆。岭回归的提出恰好可以很好地解决这个问题，它的思路是：在原先的 $\boldsymbol{\beta}$ 的最小二乘估计中加一个小扰动 $\lambda \boldsymbol{I}$，这样就可以保证矩阵的逆可以求解，使得问题稳定。因此，损失函数变为

$$L(\boldsymbol{D}, \boldsymbol{\beta}) = \left[\sum_{i=1}^{n} (\boldsymbol{\beta X}_i - \boldsymbol{y}_i)^2 \right] + \lambda \sum_{j=1}^{m} \boldsymbol{\beta}_j^2 \tag{2.12}$$

求解 $\boldsymbol{\beta}$ 得到

$$\hat{\boldsymbol{\beta}} = (\boldsymbol{X}^{\mathrm{T}} \boldsymbol{X} + \lambda \boldsymbol{I})^{-1} \boldsymbol{X}^{\mathrm{T}} \boldsymbol{Y} \tag{2.13}$$

2.2.4.4 带 L1 正则化项的线性回归——LASSO 回归

LASSO 回归形式上与岭回归非常相似，只是将平方换成了绝对值。损失函数变为

$$L(\boldsymbol{D}, \boldsymbol{\beta}) = \left[\sum_{i=1}^{n} (\boldsymbol{\beta X}_i - \boldsymbol{y}_i)^2 \right] + \lambda \sum_{j=1}^{m} |\boldsymbol{\beta}_j| \tag{2.14}$$

2.2.4.5 logistic 回归（逻辑回归）

从大的类别上来说，logistic 回归（或称 logit 回归、对数概率回归、罗吉斯回归）是一种有监督的统计学习方法，主要用于对样本进行分类。线性回归模型的输出变量是连续的，logistic 回归的输入可以是连续的，但输出一般是离散的，即只有有限多个输出值。例如，其值域可以只有两个值 $\{0, 1\}$，表示对样本的某种分类，如高/低、患病/健康、阴性/阳性等，这就是最常见的二分类 logistic 回归。通过 logistic 回归模型，可以将在整个实数范围上的自变量 x 值映射到有限个输出值上，这样就实现了对 x 的分类。

logistic 回归也被称为广义线性回归，它与线性回归模型的形式基本上相同，其区别在于因变量不同。

1. logit 变换

我们在研究某一结果 y 与一系列因素（x_1，x_2，$\cdots$，x_n）之间的关系时，最直白的想法是建立因变量和自变量的多元线性关系：

$$y = \beta_0 + \beta_1 x_1 + \beta_2 x_2 + \beta_3 x_3 + \cdots + \beta_m x_m \tag{2.15}$$

其中，（β_0，β_1，β_2，$\cdots$，β_m）为模型的参数，如果因变量是数值型的话，可以解释成因素 x_i 的变化导致结果 y 发生了多少变化。如果因变量 y 用来刻画结果是否（0-1）发生，或者更一般的，用来刻画某特定结果发生的概率（0~1）呢？这时候因素 x_i 的变化导致的结果 y 的变化

恐怕微乎其微，有时候甚至可以忽略不计。然而实际生活中，我们知道某些关键因素会直接导

致某一结果的发生，如亚马逊雨林一只蝴蝶偶尔振动翅膀，就会引起两周后美国得克萨斯州的一场龙卷风。于是，我们需要让不显著的线性关系变得显著，使得模型能够很好地解释随因素的变化，结果也会发生较显著的变化。这时候，人们想到了 logit 变换，图 2.14 是其对数函数图像。

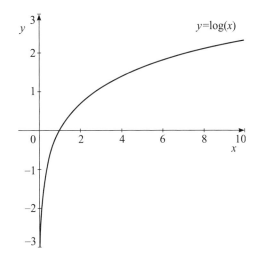

从图 2.14 来看，函数在（0，1）之间的因变量的变化是很迅速的，也就是说自变量的微小变化会导致因变量的巨大变化，这符合之前想要的效果。于是，对因变量进行对数变换，右边依然保持线性关系，得到

图 2.14　对数函数图像

$$\log(y) = \beta_0 + \beta_1 x_1 + \beta_2 x_2 + \beta_3 x_3 + \cdots + \beta_m x_m \tag{2.16}$$

上式解决了因变量随自变量变化的敏感性问题，同时将 y 的取值范围约束在（0，$+\infty$）。我们知道概率是用来描述某件事发生的可能性的，一件事情发生与否，应该是调和对称的，也就是说该事件发生与不发生有对立性，结果可以走向必然发生（概率为 1），也可以走向必然不发生（概率为 0），概率的取值范围为（0，1）。而式（2.16）左边 y 的取值范围是（0，$+\infty$），所以需要进一步压缩，由此引进了概率。

2. 概率

概率（odd）是指事件发生的概率与不发生的概率之比，假设事件 A 发生的概率为 p，不发生的概率为 $1-p$，那么事件 A 的概率为

$$\mathrm{odd}(A) = \frac{p}{1-p} \tag{2.17}$$

概率恰好反映了某一事件的两个对立面，具有很好的对称性，如表 2.10 所示。

表 2.10　概率关系表

p	$1-p$	$p/(1-p)$
0.01	0.99	0.01
0.1	0.9	0.11
0.2	0.8	0.25
0.3	0.7	0.43
0.4	0.6	0.67
0.5	0.5	1

(续)

p	$1-p$	$p/(1-p)$
0.6	0.4	1.50
0.7	0.3	2.33
0.8	0.2	4
0.9	0.1	9
0.95	0.05	19
0.99	0.01	99

首先，我们看到 p 从 0.01 不断增大到 0.99，$p/(1-p)$ 也从 0.01 随之不断变大到 99，两者具有很好的正相关关系，我们再对 p 向两端取极限，得到

$$\lim_{p \to 0^+}\left(\frac{p}{1-p}\right)=0, 且 \lim_{p \to 1^-}\left(\frac{p}{1-p}\right)=+\infty$$

于是，概率的取值范围就在（0，$+\infty$），这符合我们之前对因变量取值范围的假设。

3. logistic 模型

正因为 p 和 $p/(1-p)$ 有如此密切的对等关系，于是想能不能用 $p/(1-p)$ 代替 p 来刻画结果发生的可能性大小，这样既能满足结果对特定因素的敏感性，又能满足对称性。于是便有了下面的式子：

$$\log\left(\frac{p}{1-p}\right)=\beta_0+\beta_1 x_1+\beta_2 x_2+\beta_3 x_3+\cdots+\beta_m x_m \tag{2.18}$$

现在，我们稍微改一改，让等式左边的对数变成自然对数（$\ln=\log_e$），等式右边改成向量乘积形式，便有

$$\ln\left(\frac{p}{1-p}\right)=\boldsymbol{\beta X} \tag{2.19}$$

其中，$\boldsymbol{\beta}=(\beta_0，\beta_1，\beta_2，\cdots，\beta_m)$，$\boldsymbol{X}=(x_1，x_2，x_3，\cdots，x_m)^{\mathrm{T}}$，解得

$$p=\frac{e^{\boldsymbol{\beta X}}}{1+e^{\boldsymbol{\beta X}}} \tag{2.20}$$

其中 e 是自然常数，保留 5 位小数是 2.71828。这就是我们常见的 logistic 模型表达式，其函数图像如下（图 2.15）。

我们看到 logistic 函数图像是一条 S 形曲线，又名 sigmoid 曲线，以（0，0.5）为对称中心，随着自变量 x 的不断增大，其函数值不断增大并接近 1，随自变量 x 的不断减小，其函数值不断降低并接近 0，函数的取值范围在（0，1）之间，

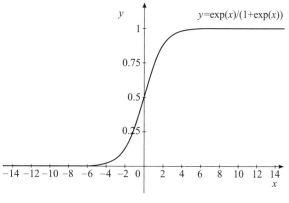

图 2.15　logistic 函数图像

且函数曲线在中心位置变化速度最快，在两端的变化速率较慢。

可以看到，逻辑回归模型在最初的线性回归模型基础上对因变量进行 logit 变换，使得因变量对自变量显著，同时约束因变量取值范围为 0 到正无穷大，然后用 $p/(1-p)$ 表示概率，最后求出概率关于自变量的表达式，把线性回归的结果压缩在 (0，1) 范围内。这样，最后计算出的结果是一个 0 到 1 之间的概率值，表示某事件发生的可能性大小，可以做概率建模，这也是逻辑回归的原因。

4. 二分 logistic 回归模型

logistic 回归把结果压缩到连续的区间 (0，1)，而不是离散的 0 或者 1，因此我们可以取定一个阈值，通常以 0.5 为阈值，然后对比概率值与阈值的大小关系。如果计算出来的概率大于 0.5，则将结果归为一类（取值为 1），如果计算出来的概率小于 0.5，则将结果归为另一类（取值为 0），用分段函数写出来便是

$$y=\begin{cases} 1 & p>0.5 \\ 0 & p<0.5 \end{cases} \tag{2.21}$$

选择 0.5 作为阈值是一种一般的做法，实际应用时针对特定的情况可以选择不同阈值。如果对正例的判别准确性要求高，可以选择大一些的阈值，如果对正例的召回要求高，则可以选择小一些的阈值。

利用条件概率分布模型给出基于概率的二项 logistic 模型如下：

$$p(y=1|\boldsymbol{X};\boldsymbol{\beta})=\frac{e^{\boldsymbol{\beta X}}}{1+e^{\boldsymbol{\beta X}}} \tag{2.22}$$

$$p(y=0|\boldsymbol{X};\boldsymbol{\beta})=\frac{1}{1+e^{\boldsymbol{\beta X}}} \tag{2.23}$$

其中，$\boldsymbol{X}$ 表示自变量，y 表示因变量所属的类别，$\boldsymbol{\beta}$ 为模型待求的参数。模型解释为在特定的因素下，模型结果取 1 的概率和取 0 的概率。模型建好了，接下来就需要进行机器训练，而怎么为训练提供一种恰当反馈呢？答案是损失函数，通过损失函数来评估模型学习的好坏和改进机制。

5. 损失函数

由前面阈值的取定原则可知，我们用一个类别值代替概率值，而类别值是 sigmoid 函数的两个最值，概率不可能时时刻刻都取到最值，这势必会造成误差，我们把这种误差称为损失。为了给出损失函数表达式，我们假设模型第 i 个样本所求的概率值为 p_i，而真实类别值可能是 0 或者 1。

在类别真实值是 1 的情况下，所求的概率值 p_i 越小（越接近 0），被划为类别 0 的可能性越大，被划为类别 1 的可能性越小，导致的损失越大。反之，所求的概率值 p_i 越大（越接近 1），被划为类别 1 的可能性越大，被划为类别 0 的可能性越小，导致的损失越小。我们用函数 $-\log p_i$ 来描述这种变化关系，其中概率值 $p_i \in (0，1)$。

如图 2.16 所示，在类别真实值是 0 的情况下，所求的概率值 p_i 越大（越接近 1），其结果的类别判定更偏向于 1，导致的损失越大。反之，所求的概率值 p_i 越小，越接近 0，其结果的类别判断更偏向于 0，导致的损失越小。我们用函数 $-\log(1-p_i)$ 来描述这种变化关系，其函数图像如图 2.17 所示。

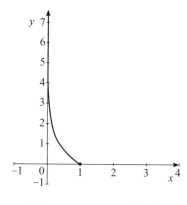 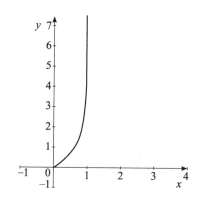

图 2.16 $-\log p_i$ 函数图像   图 2.17 $-\log(1-p_i)$ 函数图像

现在把两种情况结合起来，不需要分真实值是 1 还是 0，求出其期望值，得到交叉熵 （cross entropy）的整体损失函数：

$$\mathrm{cost}_i = -y_i \log(p_i) - (1-y_i)\log(1-p_i) \tag{2.24}$$

其中，y_i 表示第 i 个样本的真实值，p_i 是根据模型计算出来的概率值，当 $y_i=1$ 时，$\mathrm{cost}_i = -\log(p_i)$，当 $y_i=0$ 时，$\mathrm{cost}_i = -\log(1-p_i)$，这符合前面两种情况。

假设现在有 m 个样本，总体的损失函数为

$$\mathrm{cost} = \sum_{i=1}^{m}\mathrm{cost}_i = \sum_{i=1}^{m}\left[-y_i\log(p_i)-(1-y_i)\log(1-p_i)\right] \tag{2.25}$$

代入 $p_i = \dfrac{\mathrm{e}^{\boldsymbol{\beta X}}}{1+\mathrm{e}^{\boldsymbol{\beta X}}}$，则有

$$\mathrm{cost} = \sum_{i=1}^{n}\left[-y_i\log\left(\frac{\mathrm{e}^{\boldsymbol{\beta X}}}{1+\mathrm{e}^{\boldsymbol{\beta X}}}\right)-(1-y_i)\log\left(1-\frac{\mathrm{e}^{\boldsymbol{\beta X}}}{1+\mathrm{e}^{\boldsymbol{\beta X}}}\right)\right] \tag{2.26}$$

上式就是二项逻辑回归的损失函数，是一个关于参数 $\boldsymbol{\beta}$ 和 $\boldsymbol{X}$ 的二元函数，也叫对数似然函数。现在问题转化为以对数似然函数为目标函数的最优化问题，其中 $\boldsymbol{\beta}$ 为模型待求的参数，为了求参数 $\boldsymbol{\beta}$，可以对目标函数求偏导数，记

$$L(\boldsymbol{X}\mid\boldsymbol{\beta}) = \sum_{i=1}^{n}\left[-y_i\log\left(\frac{\mathrm{e}^{\boldsymbol{\beta X}}}{1+\mathrm{e}^{\boldsymbol{\beta X}}}\right)-(1-y_i)\log\left(1-\frac{\mathrm{e}^{\boldsymbol{\beta X}}}{1+\mathrm{e}^{\boldsymbol{\beta X}}}\right)\right] \tag{2.27}$$

对 $L(\boldsymbol{X}\mid\boldsymbol{\beta})$ 求关于 $\boldsymbol{\beta}$ 的偏导，主要是对数函数关于 $\boldsymbol{\beta}$ 的偏导数求解，假设 θ 是 $\boldsymbol{\beta}$ 向量中的某一个变量，则有

$$\frac{\partial L(\boldsymbol{X}\mid\theta)}{\partial\theta}$$

$$= \frac{\partial\left\{\sum\limits_{i=1}^{m}\left[-y_i\log\left(\dfrac{\mathrm{e}^{\theta\boldsymbol{X}}}{1+\mathrm{e}^{\theta\boldsymbol{X}}}\right)-(1-y_i)\log\left(1-\dfrac{\mathrm{e}^{\theta\boldsymbol{X}}}{1+\mathrm{e}^{\theta\boldsymbol{X}}}\right)\right]\right\}}{\partial\theta}$$

$$= \sum_{i=1}^{m}\left[(-y_i)\frac{\partial\log\left(\dfrac{\mathrm{e}^{\theta\boldsymbol{X}}}{1+\mathrm{e}^{\theta\boldsymbol{X}}}\right)}{\partial\theta}-(1-y_i)\frac{\partial\log\left(1-\dfrac{\mathrm{e}^{\theta\boldsymbol{X}}}{1+\mathrm{e}^{\theta\boldsymbol{X}}}\right)}{\partial\theta}\right]$$

$$= \sum_{i=1}^{m} \left[(-y_i) \frac{c\boldsymbol{X}}{1+e^{\theta X}} - (1-y_i) \left(-\frac{c\boldsymbol{X}e^{\theta X}}{1+e^{\theta X}} \right) \right]$$

其中，$c=\ln a$，a 为对数底数，令 $\frac{\partial L(\boldsymbol{X} \mid \theta)}{\partial \theta}=0$，求出 θ 值，然后代入模型便是学到的 logistic 模型。

2.2.4.6 决策树回归

回归树（regression tree），顾名思义，就是用树模型做回归问题，每一个叶子节点都输出一个预测值。预测值一般是该叶子节点所含训练集样本的输出的均值，决策树也可以应用于回归问题。

CART 算法是第一个同时支持分类和回归的决策树算法。在分类问题中，CART 使用基尼指数或基尼增益作为选择特征及其分割点的依据；在回归问题中，CART 使用均方误差或者平均绝对误差作为选择特征及其分割点的依据。

除了 CART 算法外，随机森林、GBDT、XGBoost、LightGBM 等都支持对回归问题的处理。与构建决策树类似，构建回归树时需要考虑的问题是，选择哪一个属性对当前的数据进行划分。与分类决策树不一样的地方在于，需要预测的属性是连续的，因而在叶子节点选择什么样的预测模型也很关键。

2.2.5 CART 回归决策树的特征和分割点选择准则

CART 分类树采用基尼指数最小化准则或基尼增益最大化原则，而 CART 回归树常用均方误差（Mean Squared Error，MSE 或 L2）最小化准则作为特征和分割点的选择方法。

事实上，对于回归树来说，常见的三种不纯度测量方法是 [假设预测的均值为 $\overline{y}_m$，中位数为 median（y_m）]：

- 均方误差最小化方法，即最小二乘法。这种方法类似于线性模型中的最小二乘法。分割的选择是为了最小化每个节点中观测值和平均值之间的误差平方和。该方法将节点的预测值设置为 $\overline{y}_m$。

$$\overline{y}_m = \frac{1}{N_m} \sum_{y \in Q_m} y$$
$$H(\boldsymbol{Q}_m) = \frac{1}{N_m} \sum_{y \in Q_m} (y - \overline{y}_m)^2 \tag{2.28}$$

- 最小平均绝对误差（Mean Absolute Error，MAE 或 L1）。这种方法最小化一个节点内平均数与中位数的绝对偏差。与最小二乘法相比，它的优点是对离群值不那么敏感，并提供一个更稳健的模型。缺点是在处理包含大量零值的数据集时不敏感。该方法将节点的预测值设置为 median（y_m）。

$$\text{median}(y_m) = \underset{y \in Q_m}{\text{median}}(y)$$
$$H(\boldsymbol{Q}_m) = \frac{1}{N_m} \sum_{y \in Q_m} \mid y - \text{median}(y_m) \mid \tag{2.29}$$

- 最小半泊松偏差（half Poisson deviance）。该方法将节点的预测值设置为 $\overline{y}_m$。

$$H(\boldsymbol{Q}_m) = \frac{1}{N_m} \sum_{y \in Q_m} \left(y\log \frac{y}{\overline{y}_m} - y + \overline{y}_m \right) \tag{2.30}$$

2.2.6 CART 回归决策树的原理

2.2.6.1 原理

CART 回归树和 CART 分类树最大的区别在于输出：如果输出的是离散值，则它是一棵分类树；如果输出的是连续值，则它是一棵回归树。

对于回归树，每一个节点都可以被认为是一个回归值，只不过这个值不是最优回归值，只有最底层的节点回归值可能才是理想的回归值。一个节点有回归值，也有分割选择的属性。这样给定一组特征，就知道最终怎么去回归以及回归得到的值是多少了。

在本章中，介绍 CART 回归决策树时，使用最小二乘法。直觉上，回归树构建过程中，分割是为了最小化每个节点中样本实际观测值和平均值之间的残差平方和。

给定一个数据集 $D=\{(\boldsymbol{x}_1, \boldsymbol{y}_1), (\boldsymbol{x}_2, \boldsymbol{y}_2), \cdots, (\boldsymbol{x}_i, \boldsymbol{y}_i), \cdots, (\boldsymbol{x}_n, \boldsymbol{y}_n)\}$，其中 $\boldsymbol{x}_i$ 是一个 m 维的向量，即 $\boldsymbol{x}_i$ 含有 k 个特征，记为变量 $\boldsymbol{X}$，是自变量，每个特征记为 $\boldsymbol{x}^j$（$j=1, 2, \cdots, k$），$\boldsymbol{y}$ 是因变量。回归问题的目标就是构造一个函数 $f(\boldsymbol{X})$ 以拟合数据集 D 中的样本，使得该函数的预测值与样本因变量实际值的均方误差最小，即

$$\min \frac{1}{n} \sum_{i=1}^{n} (f(\boldsymbol{x}_i) - \boldsymbol{y}_i)^2 \tag{2.31}$$

用 CART 进行回归，目标也是一样的，即最小化均方误差。假设一棵构建好的 CART 回归树有 M 个叶子节点，这意味着 CART 将 m 维输入空间 X 划分成了 M 个单元 R_1, R_2, $\cdots$, R_M，同时意味着 CART 至多会有 M 个不同的预测值。CART 最小化均方误差公式如下：

$$\min \frac{1}{n} \sum_{m=1}^{M} \sum_{\boldsymbol{x}_i \in R_m} (\boldsymbol{c}_m - \boldsymbol{y}_i)^2 \tag{2.32}$$

其中，$\boldsymbol{c}_m$ 表示第 m 个叶子节点的预测值。

想要最小化 CART 回归树总体的均方误差，只需要最小化每一个叶子节点的均方误差即可，而最小化一个叶子节点的均方误差，只需要将预测值设定为叶子中含有的训练集元素的均值，即

$$\boldsymbol{c}_m = \mathrm{ave}(\boldsymbol{y}_i \,|\, \boldsymbol{x}_i \in \mathrm{leaf}_m) \tag{2.33}$$

所以，在每一次分割时，需要选择分割特征变量（splitting variable）和分割点（splitting point），使得模型在训练集上的均方误差最小。

这里采用启发式的方法，遍历所有的分割特征变量和分割点，然后选出叶子节点均方误差之和最小的那种情况作为划分。选择第 j 个特征变量 $\boldsymbol{x}^j$ 和它的取值 $\boldsymbol{s}$，作为分割变量和分割点，则分割变量和分割点将父节点的输入空间一分为二：

$$R_1\{j, \boldsymbol{s}\} = \{\boldsymbol{x} \,|\, \boldsymbol{x}^{(j)} \leqslant \boldsymbol{s}\}$$
$$R_2\{j, \boldsymbol{s}\} = \{\boldsymbol{x} \,|\, \boldsymbol{x}^{(j)} > \boldsymbol{s}\}$$

CART 选择分割特征变量 $\boldsymbol{x}^j$ 和分割点 $\boldsymbol{s}$ 的公式如下：

$$\min_{j, \boldsymbol{s}} \left[\min_{\boldsymbol{c}_1} \sum_{\boldsymbol{x}_i \in R_1\{j, \boldsymbol{s}\}} (\boldsymbol{y}_i - \boldsymbol{c}_1)^2 + \min_{\boldsymbol{c}_2} \sum_{\boldsymbol{x}_i \in R_2\{j, \boldsymbol{s}\}} (\boldsymbol{y}_i - \boldsymbol{c}_2)^2 \right] \tag{2.34}$$

采取遍历的方式，我们可以求出 j 和 $\boldsymbol{s}$。先任意选择一个特征变量 $\boldsymbol{x}^j$，再选出在该特征下的最佳划分 $\boldsymbol{s}$；对每一个特征变量都这样做，得到 k 个特征的最佳分割点，从这 k 个值中取最

小值即可得到令全局最优的 (j, s)。上式中，第一项 $\min\limits_{c_1} \sum\limits_{x_i \in R_1\{j, s\}}(y_i - c_1)^2$ 得到的 c_1 值就是 $\text{ave}(y_i | x_i \in R_1\{j, s\})$，同理，第二项中 $c_2 = \text{ave}(y_i | x_i \in R_2\{j, s\})$。根据这个 (j, s) 就可以构建一个节点，然后形成两个子区间。之后分别对这两个子区间继续上述过程，就可以继续创建回归树的节点，直到满足结束条件才停止对区间的划分。

最小二乘回归树生成算法的主要思路为在训练数据集所在的输入空间中，递归地将每个区域划分为两个子区域并决定两个子区域上的输出值，构建二叉决策树。其输入为训练数据集 D，输出为回归树 $f(x)$。具体的算法流程如下：

1）选择最优切分变量 j 与切分点 s，求解式(2.34)。遍历变量 j，对固定的切分变量 j 扫描切分点 s，选择使式(2.34)达到最小值的对 (j, s)。

2）用选定的对 (j, s) 划分区域并决定相应的输出值。

3）继续对两个子区域调用步骤 1 和 2 直至满足停止条件。

$$R_1(j, s) = \{x | x^{(j)} \leqslant s\}, \; R_2(j, s) = \{x | x^{(j)} > s\}$$

$$\hat{c}_m = \frac{1}{N_m} \sum_{x_i \in R_m(j, s)} y_i, \; x \in R_m, m = 1, 2$$

4）将输入空间划分为 M 个区域 $R_1, R_2, \cdots, R_M$，生成决策树：

$$f(x) = \sum_{m=1}^{M} \hat{c}_m I, \; x \in R_m$$

2.2.6.2 实例

下面我们举一个例子，看看 CART 回归树的构建过程。假设有如表 2.11 所示的一个数据集，描述了几个不同年龄的人的性别和月支出情况，以及他们对流行歌手的喜好度（0~100 的数值）。利用 CART 回归树建立决策树模型，并预测如果一个人 26 岁、男、月支出 3000，那么他对流行歌手的喜好度应该是多少。

表 2.11　流行歌手的喜好度调查表

实例 （instance）	年龄 （age）	性别 （gender）	月支出 （monthly expenses）	流行歌手喜好度 （popular singer preferences）
s(1)	3	男	300	0
s(2)	7	女	500	5
s(3)	8	男	600	7
s(4)	13	女	800	90
s(5)	17	男	900	50
s(6)	18	女	1000	99
s(7)	19	男	1000	70
s(8)	21	女	1500	90
s(9)	21	男	3000	65
s(10)	25	男	4000	83
s(11)	26	女	3000	80
s(12)	26	男	5000	72

实例 (instance)	年龄 (age)	性别 (gender)	月支出 (monthly expenses)	流行歌手喜好度 (popular singer preferences)
$s(13)$	30	女	5000	40
$s(14)$	30	男	3000	70
$s(15)$	30	女	2500	89
$s(16)$	30	男	2800	72
$s(17)$	30	女	8000	10
$s(18)$	32	男	12000	5
$s(19)$	33	男	14000	2
$s(20)$	34	女	10000	5
$s(21)$	35	男	15000	0

在该数据集中，年龄、性别、月支出为特征变量，流行歌手喜好度为标签值。首先我们考虑年龄特征，将年龄字段对应的属性值去重并进行升序排序得到属性集 $\{3, 7, 8, 13, 17, 18, 19, 21, 25, 26, 30, 32, 33, 34, 35\}$，计算相邻两个属性值的均值作为候选切分点，这样我们得到一个切分点候选集 $\{5.0, 7.5, 10.5, 15.0, 17.5, 18.5, 20.0, 23.0, 25.5, 28.0, 31.0, 32.5, 33.5, 34.5\}$。选取第一个取值（5.0）作为分割点，划分得到两个子区域 R_1 和 R_2：

$$R_1 = \{s(1)\}$$
$$R_2 = \{s(2), s(3), s(4), s(5), s(6), s(7), s(8), s(9), s(10), s(11), s(12), s(13),$$
$$s(14), s(15), s(16), s(17), s(18), s(19), s(20), s(21)\}$$

接着我们计算各子区域的标签值均值 $c(\text{left})$ 和 $c(\text{right})$：

$$c(\text{left}) = 0/1 = 0.0$$
$$c(\text{right}) = \left(\begin{matrix} 5+7+90+50+99+70+90+65+83+80+72 \\ +40+70+89+72+10+5+2+5+0 \end{matrix} \right) / 20 = 50.2$$

计算平方误差：

$$m(R_1) = (0 - 0.0)^2 = 0.0$$
$$\begin{aligned} m(R_1) = & (5-50.2)^2 + (7-50.2)^2 + (90-50.2)^2 + (50-50.2)^2 \\ & + (99-50.2)^2 + (70-50.2)^2 + (90-50.2)^2 + (65-50.2)^2 \\ & + (83-50.2)^2 + (80-50.2)^2 + (72-50.2)^2 + (40-50.2)^2 \\ & + (70-50.2)^2 + (89-50.2)^2 + (72-50.2)^2 + (10-50.2)^2 \\ & + (5-50.2)^2 + (2-50.2)^2 + (5-50.2)^2 + (0-50.2)^2 \\ = & 25531.2 \end{aligned}$$
$$m(5.0) = m(R_1) + m(R_2) = 0 + 25531.2 = 25531.2$$

考虑将年龄的第二个取值（7.5）作为分割点，划分得到子区域 R_1 和 R_2：

$$R_1 = \{s(1), s(2)\}$$

$$R_2 = \{s(3), s(4), s(5), s(6), s(7), s(8), s(9), s(10), s(11), s(12),$$
$$s(13), s(14), s(15), s(16), s(17), s(18), s(19), s(20), s(21)\}$$

计算各子区域的标签值均值：

$$c(\text{left}) = (0+5)/2 = 2.5$$

$$c(\text{right}) = \binom{7+90+50+99+70+90+65+83+80+72+40}{+70+89+72+10+5+2+5+0} / 19 \approx 52.5789$$

计算平方误差：

$$m(R_1) = (0-2.5)^2 + (5-2.5)^2 = 12.5$$

$$\begin{aligned}
m(R_2) = &(7-52.5789)^2 + (90-52.5789)^2 + (50-52.5789)^2 + (99-52.5789)^2 \\
&+ (70-52.5789)^2 + (90-52.5789)^2 + (65-52.5789)^2 + (83-52.5789)^2 \\
&+ (80-52.5789)^2 + (72-52.5789)^2 + (40-52.5789)^2 + (70-52.5789)^2 \\
&+ (89-52.5789)^2 + (72-52.5789)^2 + (10-52.5789)^2 + (5-52.5789)^2 \\
&+ (2-52.5789)^2 + (5-52.5789)^2 + (0-52.5789)^2 \\
\approx &23380.6316
\end{aligned}$$

$$m(7.5) = m(R_1) + m(R_2) = 12.5 + 23380.6316 = 23393.1316$$

一直计算到最后一个取值（34.5）。其中，第 11 个取值（31.0）得到的平方误差最小，其计算过程为，选取 31.0 作为分割点，划分得到子区域 R_1：

$$R_1 = \{s(1), s(2), s(3), s(4), s(5), s(6), s(7), s(8), s(9), s(10), s(11), s(12),$$
$$s(13), s(14), s(15), s(16), s(17)\}$$
$$R_2 = \{s(18), s(19), s(20), s(21)\}$$

计算子区域的标签值均值以及平方误差：

$$c(\text{left}) = \binom{0+5+7+90+50+99+70+90+65+83+80}{+72+40+70+89+72+10} / 17 \approx 58.3529$$

$$c(\text{right}) = (5+2+5+0)/4 = 3.0$$

$$\begin{aligned}
m(R_1) = &(0-58.3529)^2 + (5-58.3529)^2 + (7-58.3529)^2 + (90-58.3529)^2 \\
&+ (50-58.3529)^2 + (99-58.3529)^2 + (70-58.3529)^2 + (90-58.3529)^2 \\
&+ (65-58.3529)^2 + (83-58.3529)^2 + (80-58.3529)^2 + (72-58.3529)^2 \\
&+ (40-58.3529)^2 + (70-58.3529)^2 + (89-58.3529)^2 + (72-58.3529)^2 \\
&+ (10-58.3529)^2 \\
\approx &17991.8824
\end{aligned}$$

$$m(R_2) = (5-3.0)^2 + (2-3.0)^2 + (5-3.0)^2 + (0-3.0)^2 = 18.0$$

$$m(31.0) = m(R_1) + m(R_2) = 17991.8824 + 18.0 = 18009.8824$$

遍历了年龄特征之后，我们选择年龄特征的最优切分点"年龄＝31.0"。同样，对于性别和月支出特征，我们用同样的步骤计算各分割点对应的平方误差，得到与之对应的最优切分点如下：

$$m(0.5) = m(R_1) + m(R_2) = 13398.2222 + 13358.6667 = 26756.8889$$

$$m(6500.0) = m(R_1) + m(R_2) = 15507.75 + 57.2 = 15564.95$$

比较以上对年龄、性别和月支出特征的计算，我们选取平方误差最小的特征——分割点对 (j, s)，即"月支出，6500.0"。由此将数据集分割为两区域 R_1 和 R_2：

$$R_1 = \{s(1), s(2), s(3), s(4), s(5), s(6), s(7), s(8), s(9), s(10), s(11),$$
$$s(12), s(13), s(14), s(15), s(16)\}$$
$$R_2 = \{s(17), s(18), s(19), s(20), s(21)\}$$

接下来，我们继续对划分得到的 R_1 和 R_2 分别求解最优特征及其划分点，递归进行操作，直到满足结束条件。最终得到的决策树如图 2.18 所示。

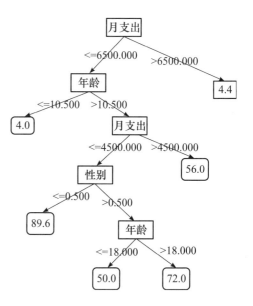

通过上述例子可以发现，如果你在同一个时刻对某一个特征变量 x^j 选择两个分割点 $s1$ 和 $s2$ 来划分父节点，那么就将产生三个区间 R_1 $\{j, s_1\}$、R_2 $\{j, s_1, s_2\}$、R_3 $\{j, s_2\}$，这种做法无疑增大了遍历的难度。如果选择更多个分割点，那么遍历的难度会指数上升。如果我们想要细分多个区域，让 CART 回归树更深即可，这样遍历的难度会小很多。所以，固然可以构建非 CART 回归树，但是不如 CART 回归树来得更简单。

2.2.7 CART 回归决策树的编程实践

在 CART 分类决策树中使用基尼系数作为寻找最优划分点的依据，在回归树中则采用均方误

图 2.18 CART 回归决策树

差最小化准则作为特征和分割点的选择方法，下面我们基于这种算法来实现回归树的模型。

2.2.7.1 整体流程

首先介绍一下整体流程，如代码段 2.14 所示。与 CART 分类树类似，主要由四部分组成：数据集加载、模型训练、模型预测和决策树可视化。

代码段 2.14 CART 回归树测试主程序（源码位于 Chapter02/test_CartRegressor.py）

```
 8    from cart import CartRegressor
 9    from tree_plotter import tree_plot
10    from sklearn.metrics import r2_score
11    import numpy as np
12    import csv
13
14
15    """加载数据集
16    """
17    # 加载"流行歌手喜好度"数据集
18    with open("data/popular_singer_preference.csv", "r", encoding="gbk") as f:
19        text = list(csv.reader(f))
20        for i in range(len(text))[1:]:
21            if text[i][1]=='male':
22                text[i][1] = 1
23            else:
24                text[i][1] = 0
25        feature_names = np.array(text[0][:-1])
```

```
26        y_name = text[0][-1]
27        X = np.array([v[:-1] for v in text[1:]]).astype('float')
28        y = np.array([v[-1] for v in text[1:]]).astype('float')
29        X_train, X_test, y_train, y_test = X, X, y, y
30
31    """创建决策树对象
32    """
33    dt = CartRegressor(use_gpu=False, bit=3, min_samples_split=5)
34
35    """训练
36    """
37    model = dt.train(X_train, y_train, feature_names)
38    print("model=", model)
39
40    """预测
41    """
42    y_pred = dt.predict(X_test)
43    print("y_real=", y_test)
44    print("y_pred=", y_pred)
45    print("test dataset r2={}".format(r2_score(y_test, y_pred)))
46
47    """绘制
48    """
49    tree_plot(model)
50
51    """结束
52    """
53    print("Finished.")
```

1. 数据集加载（第 15～29 行）

数据集使用的是表 2.11 中的"流行歌手喜好度"数据集。与 2.2.3 节的例子类似，首先在第 18～19 行利用"with open"语法和 csv 库读取数据集文件，并将其转换成 list 类型。与之不同的是，接下来第 20～24 行针对数据集的第 2 列执行数据预处理，将非数值型字符串（"性别"一列的属性值）转化成数字。最后在第 25～29 行进行数据集的划分和数据类型的转换。

2. 决策树模型的训练和生成（第 31～38 行）

在 CART 回归树的创建和训练过程中，与 CART 分类树相比，回归树使用 CartRegressor 代替 CartClassifier，并且指定了浮点型切分点保留的小数点后有效数字位数。训练过程对外提供的接口与 CART 分类树相同，但是其内部的训练细节会有所差异，在下文中会对此做详细描述。我们先来看一下使用上述数据集训练得到的决策树模型。

```
model= {'月支出': {'<= 6500.000': {'年龄': {'<= 10.500': 4.0, '> 10.500': {'月支出':
{'<= 4500.000': {'性别': {'<= 0.500': 89.6, '> 0.500': {'年龄': {'<= 18.000': 50.0, '> 18.000
': 72.0}}}}, '> 4500.000': 56.0}}}}, '> 6500.000': 4.4}}
```

该 model 变量实际上是由一组规则表示的。以上输出结果为决策树的字典（树形结构）数据结构形式，在这棵 model 树中，从根节点到每个叶子节点的每条路径都代表一条规则。为了更清晰地表示规则，我们可以将以上数据结构转换成"if-then"的格式，如下所示：

```
if '月支出' <= 6500 and '年龄' <= 10.5 then 4.0
if '月支出' <= 6500 and '年龄' > 10.5 and '月支出' <= 4500 and 性别 == '女' then 89.6
if '月支出' <= 6500 and '年龄' > 10.5 and '月支出' <= 4500 and 性别 == '男' and '年龄' <= 18
```

```
then 50.0
    if '月支出'< = 6500 and '年龄'> 10.5 and '月支出'< = 4500 and 性别= = '男' and '年龄'> 18 then
72.0
    if '月支出'> 6500 then 4.4
```

由此可以看出，CART 回归决策树与一组"if-then"规则是等价的。

3. 决策树模型的使用（第 40～45 行）

在第 42～44 行的模型预测阶段，调用 CartRegressor 类的成员函数 predict，传入测试集数据 X_test，返回 numpy. array 类型的预测结果 y_pred，并且打印输出测试集的真实值 y_test 和预测值 y_pred。

在第 45 行的模型评估阶段，调用 sklearn 的 r2_score 函数计算 R_2 指标。R_2 指标是用于评估回归问题预测性能的一种指标，R_2 指标越大，代表预测性能越好。在这里调用 r2_score 函数前，需要使用"from sklearn. metrics import r2_score"语句将其引入当前环境。实际执行结果如下：

```
y_real= [ 0.   5.   7. 90. 50. 99. 70. 90. 65. 83. 80. 72. 40. 70. 89. 72. 10.   5.   2.   5.   0.]
y_pred= [ 4.   4.   4. 89.6 50.  89.6 72.  89.6 72.  72.  89.6 56.  56.  72.
89.6 72.   4.4  4.4  4.4  4.4  4.4]]
test dataset r2= 0.9658303725475488
```

4. 决策树可视化（第 47～49 行）

决策树可视化阶段导入了 tree_plotter 包的 tree_plot 函数，关于 tree_plotter 包的详细介绍可以回看 2.2.3 节。在 tree_plot 函数中传入训练好的模型，底层借助 Matplotlib 进行可视化，效果如图 2.19 所示。

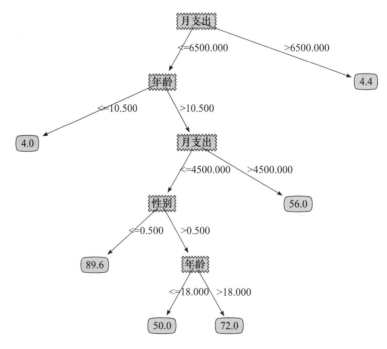

图 2.19 "流行歌手喜好度"数据集生成的 CART 回归树

2.2.7.2　训练和创建过程

下面展开介绍 CART 回归树的训练和创建过程。CartRegressor 的创建和训练过程与 Cart-Classifier 类似。不同点在于 CartRegressor 去掉了建立字符串与数值映射的功能，并且将数据预处理部分移到类外部定制。另外，最重要的区别在于模型训练时切分点的选取。接下来，我们逐一分析这些不同点在 CART 回归树的训练和创建过程中的表现。

首先介绍一下 CartRegressor 类的构造。从代码段 2.15 中可以看到，CartRegressor 类的实现依然依赖于 torch 和 numpy。在构造函数__init__中，依然需要提供 use_gpu 和 min_samples_split 两个参数。与 CartClassifier 类不同的是，新增加了 bit 参数，bit 用来表示连续属性离散化时精确的小数点位数，默认保留 2 位。另外，CartRegressor 类删掉了 CartClassifier 类中用于建立字符串与数值映射的成员变量，读者可以参照 CartClassifier 类对比学习。

接下来介绍 CART 回归树与分类树在训练过程中的不同，如代码段 2.15 和 2.16 所示。在函数__create_tree 中，主要有 3 处与分类树不同。第一处在第 87～89 行，当满足递归终止条件"节点样本数小于 self. min_samples_split"时，返回的预测值是该集合中所有目标变量的平均值。第二处在第 91～93 行，差异集中在__choose_best_point_to_split 函数中，在回归树中采用"平方误差最小"的原则来选择最优切分点，该部分内容稍后做重点讲解。第三处在第 95～105 行，使用最优属性和最优切分点划分数据集时相较分类树（处理匹配字符串"<="和">"的代码逻辑）做略微调整。

代码段 2.15　CART 分类树创建过程（源码位于 Chapter02/CartRegressor. py）

```
12    class CartRegressor(object):
13        """CART（回归决策树）
14        """
15        def __init__(self, use_gpu=False, bit=2, min_samples_split=1):
16            """初始化
17               use_gpu: 是否使用GPU加速，默认使用CPU;
18               bit:连续属性离散化时精确的小数点位数(默认保留2位)
19               min_samples_split: 节点最小分裂数量。
20            """
21            self.use_gpu = use_gpu                  # 是否使用GPU
22            self.tree = dict()                      # 决策树
23            self.feature_names = None               # 属性名
24            self.bit = '%.{}f'.format(bit)          # 连续属性离散化时精确的小数点位数
25            self.min_samples_split = min_samples_split  # 节点最小分裂数量
```

代码段 2.16　创建 CART 回归树的核心代码（源码位于 Chapter02/CartRegressor. py）

```
76    def __create_tree(self, X_tensor, y_tensor, feature_names):
77        """创建树
78           X_tensor: torch.tensor
79           y_tensor: torch.tensor
80           feature_names: numpy.array
81           return tree: dict
82        """
83        # 若X中样本全属于同一类别C，则停止划分
84        if y_tensor.max() == y_tensor.min():
85            return y_tensor[0].item()
86
87        # 若节点样本数小于min_samples_split，或者属性集上的取值均相同
```

```
88          if len(y_tensor) <= self.min_samples_split or X_tensor.max()==X_tensor.min():
89              return y_tensor.mean().item()
90
91          # 按照"平方误差最小",从feature_names中选择最优切分点
92          best_split_point, best_feature_index = self.__choose_best_point_to_split(X_tensor,
            y_tensor)
93          best_feature_name = feature_names[best_feature_index]
94
95          # 根据最优切分点,进行子树的划分
96          tree = {best_feature_name: {}}
97          sub_feature_names = feature_names.copy()
98          sub_X_tensor1 = X_tensor[X_tensor[:, best_feature_index]<=best_split_point, :]
99          sub_y_tensor1 = y_tensor[X_tensor[:, best_feature_index]<=best_split_point]
100         sub_X_tensor2 = X_tensor[X_tensor[:, best_feature_index]>best_split_point, :]
101         sub_y_tensor2 = y_tensor[X_tensor[:, best_feature_index]>best_split_point]
102         leaf_left = "<= {}".format(self.bit %best_split_point)
103         leaf_right = "> {}".format(self.bit %best_split_point)
104         tree[best_feature_name][leaf_left] = self.__create_tree(sub_X_tensor1, sub_y_tensor1,
            sub_feature_names)
105         tree[best_feature_name][leaf_right] = self.__create_tree(sub_X_tensor2, sub_y_tensor2,
            sub_feature_names)
106         return tree
```

__choose_best_point_to_split 函数如代码段 2.17 所示。在第 132~155 行遍历所有属性值时,回归树中不再计算基尼不纯度和基尼增益,而是针对回归问题计算损失函数。其中,第 144 行和第 147 行分别计算了使用当前切分点划分的左右子树的残差平方和,第 149 行计算左右子树的总残差平方和。最后选出取得最小损失函数的切分点和属性索引,作为最优切分点和最优分裂属性。对比 2.2.3 节计算基尼增益的方法,此处计算最小平方误差的方法具有异曲同工之妙。

代码段 2.17   选择最优切分点（源码位于 Chapter02/CartRegressor.py)

```
121     def __choose_best_point_to_split(self, X_tensor, y_tensor):
122         """选择最优切分点
123             X_tensor: torch.tensor
124             y_tensor: torch.tensor
125             return best_split_point: 最优切分点 float
126             return best_feature_index: 最优切分点所在属性的索引 int
127         """
128         best_split_point = 0.0
129         best_feature_index = -1
130         best_loss_all = float('inf')
131         num_feature = X_tensor.shape[1]  # 属性的个数
132         for i in range(num_feature): # 遍历每个属性
133             feature_value_list = X_tensor[:, i] # 得到某个属性下的所有值,即某列
134             if self.use_gpu:
135                 feature_value_list = feature_value_list.cpu()
136             unique_feature_value = list(set(feature_value_list.numpy())) # 得到无重复的属性特征值
137             unique_feature_value.sort() # 升序排序
138             split_points = [(unique_feature_value[index] + unique_feature_value[index+1])/2.0 \
139                             for index in range(len(unique_feature_value)-1)]
140             # 计算各个候选切分点的损失函数
141             for split_point in split_points:
142                 # 计算左子树的损失函数
143                 sub_y_left = y_tensor[X_tensor[:, i]<=split_point]
144                 loss_left = torch.sum((sub_y_left - sub_y_left.mean()) ** 2)
145                 # 计算右子树的损失函数
```

```
146            sub_y_right = y_tensor[X_tensor[:, i]>split_point]
147            loss_right = torch.sum((sub_y_right - sub_y_right.mean()) ** 2)
148            # 计算该切分点的总损失函数
149            loss_all = (loss_left + loss_right).item()
150
151            # 取损失函数最小时的属性索引和切分点
152            if best_loss_all > loss_all:
153                best_loss_all = loss_all
154                best_feature_index = i
155                best_split_point = split_point
156
157        return best_split_point, best_feature_index
```

最后是 CART 回归树的预测过程和可视化过程。由于 CART 回归树与分类树的预测过程和可视化过程几乎完全相同，在此不做赘述，请读者参考 2.2.3 节 CART 分类树的预测和可视化代码。

以上即为 CART 回归树针对 2.2.6 节的"流行歌手喜好度"数据集进行编程实践的全部过程。

2.3 ID3 算法

在决策树学习中，ID3（Iterative Dichotomiser 3）是由 Ross Quinlan 发明的一种算法，以 Hunt 算法为基础，用于从数据集生成决策树。ID3 是 C4.5 算法的前身[7]。ID3 算法只能处理特征属性均为离散数据类型的数据集且不支持剪枝。

ID3 算法以原始集合 S 为根节点。在算法的每次迭代中，根据集合 S 的每一个未使用的属性进行遍历，根据该属性的所有取值，计算按该属性分割后的熵 $H(S)$ 或信息增益 $\mathrm{IG}(S)$。然后，从中选择熵值最小（或信息增益最大）的属性。之后，根据该属性的所有取值对集合 S 进行分割，以产生数据的子集。需要指出的是，ID3 算法生成的树可能是多元树，即一个节点的子节点可能会多于两个，具体数量依赖于该节点所对应的属性的所有可能的取值。该算法继续对每个子集进行递归，只考虑以前从未选择过的属性，因为此时每个子集中，已经选择过的属性的数据都是纯的。

ID3 算法与 CART 算法的不同之处[7]主要表现在：

- ID3 只能处理特征属性为离散数据类型的数据集。
- ID3 不支持剪枝。
- 选择特征属性依据信息熵和信息增益。
- ID3 生成的树是一个多元树，集合 S 按照属性 A 进行分割后，子集的数量（子节点的数量）与属性 A 的取值有关。所有属性 A 的取值都是分割点，因此，每个子集里的样本数据的属性 A 的取值都是相同的。因此，针对子集的后续分割将不再考虑已经选择过的属性。

ID3 算法主要用于分类决策树。ID3 不保证最优解，它可能收敛于局部最优解。它采用贪婪的策略，在每次迭代中选择局部最佳属性来分割数据集。在搜索最优决策树的过程中，可以通过使用回溯来提高算法的最优解，但代价是可能需要更长的时间。

ID3 对训练数据可能会出现过拟合。为了避免过拟合，应该优先选择较小的决策树，而不是较大的决策树。ID3 在连续数据上比在离散数据上更难使用。如果任何一个给定属性的值是连续的，那么在这个属性上有更多的地方可以拆分数据，寻找最佳的拆分值会很耗时。

2.3.1 信息熵与信息增益

在信息论中，随机变量的熵是指该变量的可能结果中固有的"信息"或"不确定性"的平均水平。信息熵的概念是由克劳德·香农（Claude Shannon）在 1948 年发表的论文《通信的数学理论》中提出的，为了纪念他，有时也称为香农熵。熵衡量的是数据集 S 的不确定性的大小，熵越高，数据越混杂。

给定一个离散随机变量 X 和样本数据集合 S，X 有 N 个取值，可能的取值为 x_1，$\cdots$，x_n，各自发生的概率分别为 $p(x_1)$，$\cdots$，$p(x_n)$，则 S 的熵正式定义为：

$$H(S) = -\sum_{x_i \in X, i=1}^{N} p(x_i) \log_2 p(x_i) \tag{2.35}$$

在信息理论和机器学习中，信息增益是 KL 散度（Kullback-Leibler divergence）的同义词，即在观察样本中，基于另一个随机变量获得的关于一个随机变量或信号的信息量。然而，在决策树的上下文中，它与互信息（mutual information）同义，即一个变量的单变量概率分布与这个变量基于给定的另一个变量的条件分布的 KL 散度的条件期望值。

对于离散随机变量 X 和样本数据集合 S，给定另一个随机变量 A，它代表样本数据集合 S 的另一个属性，它的取值可能是 $\{a_1, a_2, a_3, \cdots, a_w\}$，这样根据随机变量 A 的取值，样本集合 S 被划分为 w 个子集合 $S_A(a_i)$，$a_i \in \{a_1, a_2, a_3, \cdots, a_w\}$ 其中，

$$S_A(a_i) = \{v \in S \mid v_A = a_i\} \tag{2.36}$$

由此得到的信息增益由如下公式计算：

$$\mathrm{IG}(S, A) = H(S) - H(S \mid A) \tag{2.37}$$

其中 $H(S \mid A)$ 是给定取值 a 时 S 的条件熵：

$$H(S \mid A) = \sum_{a_i \in A} \frac{\mid S_A(a_i) \mid}{\mid S \mid} H(S_A(a_i)) \tag{2.38}$$

下面，我们计算以下三种示例图对应的熵。

示例 1：整个数据集（图 2.20）

$$
\begin{aligned}
H(S) &= \sum_{x_i \in X, i=1}^{2} - p(x_i)\log_2 p(x_i) = -p(正方形)\log_2 p(正方形) - p(圆形)\log_2 p(圆形) \\
&= -\frac{5}{10} \times \log_2 \frac{5}{10} - \frac{5}{10} \times \log_2 \frac{5}{10} \\
&= -\frac{1}{2} \times \log_2 2^{-1} - \frac{1}{2} \times \log_2 2^{-1} \\
&= 1
\end{aligned}
$$

示例 2：完美分割（图 2.21）

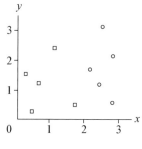

图 2.20　数据集

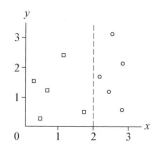

图 2.21　完美分割

左分支的熵为：

$$H(S_l) = -\sum_{x_i \in X, i=1}^{2} p(x_i)\log_2 p(x_i) = -p(正方形)\log_2 p(正方形) - p(圆形)\log_2 p(圆形)$$

$$= -\frac{5}{5}\times\log_2\frac{5}{5} - \frac{0}{5}\times\log_2\frac{0}{5}$$

$$= -1\times\log_2 2^0 - 0\times\log_2 0$$

$$= 0$$

右分支的熵为：

$$H(S_r) = -\sum_{x_i \in X, i=1}^{2} p(x_i)\log_2 p(x_i) = -p(正方形)\log_2 p(正方形) - p(圆形)\log_2 p(圆形)$$

$$= -\frac{0}{5}\times\log_2\frac{0}{5} - \frac{5}{5}\times\log_2\frac{5}{5}$$

$$= -0\times\log_2 0 - 1\times\log_2 2^0$$

$$= 0$$

$$IG(S,A) = H(S) - \sum_{t\in T} p(t)H(t)$$

$$= H(S) - H(S|x)$$

$$= H(S) - p(S_l)H(S_l) - p(S_r)H(S_r)$$

$$= 1 - \frac{5}{10}\times 0 - \frac{5}{10}\times 0 = 1$$

示例 3：不完美分割（图 2.22）

左分支的熵为：

$$H(S_l) = \sum_{x_i \in X, i=1}^{2} -p(x_i)\log_2 p(x_i)$$

$$= -p(正方形)\log_2 p(正方形) - p(圆形)\log_2 p(圆形)$$

$$= -\frac{4}{4}\times\log_2\frac{4}{4} - \frac{0}{4}\times\log_2\frac{0}{4}$$

$$= -1\times\log_2 2^0 - 0\times\log_2 0$$

$$= 0$$

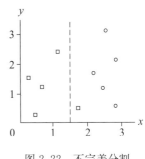

图 2.22 不完美分割

右分支的熵为：

$$H(S_r) = -\sum_{x_i \in X, i=1}^{2} p(x_i)\log_2 p(x_i) = -p(正方形)\log_2 p(正方形) - p(圆形)\log_2 p(圆形)$$

$$= -\frac{1}{6}\times\log_2\frac{1}{6} - \frac{5}{6}\times\log_2\frac{5}{6}$$

$$\approx 0.6500224216483541$$

$$IG(S,A) = H(S) - \sum_{t\in T} p(t)H(t)$$

$$= H(S) - H(S|x)$$

$$= H(S) - p(S_l)H(S_l) - p(S_r)H(S_r)$$

$$= 1 - \frac{4}{10}\times 0 - \frac{6}{10}\times 0.6500224216483541$$

$$= 0.6099865470109875$$

信息增益是衡量样本数据集合 S 对某一属性 A 进行拆分前后熵差的指标，在训练决策树时，通过最大化信息增益来选择最佳的分割方式，信息增益的计算方法是从原始熵中减去分支的加权熵。在训练决策树时，通过最大化信息增益来选择最佳分割。

2.3.2 ID3 算法示例

由于 ID3 算法比较简单明了，因此，我们仅通过构建一棵分类树来介绍算法的应用。

还是以打网球与天气的数据为例。如表 2.12 所示，该数据集的因变量为 y（即是否打网球）是二元类型，取值为 Yes 和 No，14 个样本数据中有 9 个是 Yes，5 个是 No。

表 2.12　天气与是否打网球的数据

实例 (Instance)	天气 (Outlook) $x1$	温度 (Temperature) $x2$	湿度 (Humidity) $x3$	风力 (Wind) $x4$	是否打网球 (PlayTennis) y
$s(1)$	晴朗（Sunny）	热（Hot）	高（High）	弱（Weak）	不打网球（No）
$s(2)$	晴朗（Sunny）	热（Hot）	高（High）	强（Strong）	不打网球（No）
$s(3)$	阴天（Overcast）	热（Hot）	高（High）	弱（Weak）	打网球（Yes）
$s(4)$	下雨（Rain）	温和（Mild）	高（High）	弱（Weak）	打网球（Yes）
$s(5)$	下雨（Rain）	凉爽（Cool）	正常（Normal）	弱（Weak）	打网球（Yes）
$s(6)$	下雨（Rain）	凉爽（Cool）	正常（Normal）	强（Strong）	不打网球（No）
$s(7)$	阴天（Overcast）	凉爽（Cool）	正常（Normal）	强（Strong）	打网球（Yes）
$s(8)$	晴朗（Sunny）	温和（Mild）	高（High）	弱（Weak）	不打网球（No）
$s(9)$	晴朗（Sunny）	凉爽（Cool）	正常（Normal）	弱（Weak）	打网球（Yes）
$s(10)$	下雨（Rain）	温和（Mild）	正常（Normal）	弱（Weak）	打网球（Yes）
$s(11)$	晴朗（Sunny）	温和（Mild）	正常（Normal）	强（Strong）	打网球（Yes）
$s(12)$	阴天（Overcast）	温和（Mild）	高（High）	强（Strong）	打网球（Yes）
$s(13)$	阴天（Overcast）	热（Hot）	正常（Normal）	弱（Weak）	打网球（Yes）
$s(14)$	下雨（Rain）	温和（Mild）	高（High）	强（Strong）	不打网球（No）

因此，初始的整个数据集的熵为：

$$\begin{aligned} H(S) &= -p(\text{Yes})\log_2(p(\text{Yes})) - p(\text{No})\log_2(p(\text{No})) \\ &= -(9/14)\log_2(9/14) - (5/14)\log_2(5/14) \\ &\approx -(-0.41)-(0.53) \\ &= 0.94 \end{aligned}$$

接下来考虑每一个特征属性。首先考虑天气特征属性，它有三种取值，分别为晴朗、阴天和下雨。那么按取值进行分割时，可以获得三个子集，每个子集的熵分别为：

$$H(\text{Outlook}=\text{Sunny}) = -(2/5)\log(2/5)-(3/5)\log(3/5)\approx 0.971$$
$$H(\text{Outlook}=\text{Rain}) = -(3/5)\log(3/5)-(2/5)\log(2/5)\approx 0.971$$
$$H(\text{Outlook}=\text{Overcast}) = -(4/4)\log(4/4)-0=0$$

那么，以天气特征属性作为分割特征属性时，所得到的熵为：

$$H(\text{Outlook}) = p(\text{Sunny})H(\text{Outlook}=\text{Sunny}) + p(\text{Rain})H(\text{Outlook}=\text{Rain}) +$$
$$p(\text{Overcast})H(\text{Outlook}=\text{Overcast})$$
$$= (5/14) \times 0.971 + (5/14) \times 0.971 + (4/14) \times 0 \approx 0.693$$

计算得到信息增益为：

$$\text{IG}(\text{Outlook}) = H(S) - H(\text{Outlook}) = 0.94 - 0.693 = 0.247$$

接下来考虑第二个特征属性温度，它有三个取值，分别为热、温和以及凉爽。那么按取值进行分割时，可以获得三个子集，每个子集的熵分别为：

$$H(\text{Temperature}=\text{Hot}) = -(2/4)\log(2/4) - (2/4)\log(2/4) = 1$$
$$H(\text{Temperature}=\text{Cool}) = -(3/4)\log(3/4) - (1/4)\log(1/4) \approx 0.811$$
$$H(\text{Temperature}=\text{Mild}) = -(4/6)\log(4/6) - (2/6)\log(2/6) \approx 0.9179$$

那么，以温度特征属性作为分割特征属性时，所得到的熵为：

$$I(\text{Temperature}) = p(\text{Hot})H(\text{Temperature}=\text{Hot}) + p(\text{Mild})H(\text{Temperature}=\text{Mild}) +$$
$$p(\text{cool})H(\text{Temperature}=\text{Cool})$$
$$= (4/14) \times 1 + (6/14) \times 0.9179 + (4/14) \times 0.811 \approx 0.9108$$

计算得到信息增益为：

$$\text{IG}(\text{Temperature}) = H(S) - H(\text{Temperature}) = 0.94 - 0.9108 = 0.0292$$

接下来考虑第三个特征属性湿度，它有两个取值，分别为高以及正常。那么按取值进行分割时，可以获得两个子集，每个子集的熵分别为：

$$H(\text{Humidity}=\text{High}) = -(3/7)\log(3/7) - (4/7)\log(4/7) \approx 0.983$$
$$H(\text{Humidity}=\text{Normal}) = -(6/7)\log(6/7) - (1/7)\log(1/7) \approx 0.591$$

那么，以湿度特征属性作为分割特征属性时，所得到的熵为：

$$H(\text{Humidity}) = p(\text{High})H(\text{Humidity}=\text{High}) + p(\text{Normal})H(\text{Humidity}=\text{Normal})$$
$$= (7/14) \times 0.983 + (7/14) \times 0.591 \approx 0.787$$

计算得到信息增益为：

$$\text{IG}(\text{Humidity}) = H(S) - H(\text{Humidity}) = 0.94 - 0.787 = 0.153$$

接下来考虑第四个特征属性风力，它有两个取值，分别为强和弱。那么按取值进行分割时，可以获得两个子集，每个子集的熵分别为：

$$H(\text{Wind}=\text{Weak}) = -(6/8)\log(6/8) - (2/8)\log(2/8) \approx 0.811$$
$$H(\text{Wind}=\text{Strong}) = -(3/6)\log(3/6) - (3/6)\log(3/6) = 1$$

那么，以风力特征属性作为分割特征属性时，所得到的熵为：

$$H(\text{Wind}) = p(\text{Weak})H(\text{Wind}=\text{Weak}) + p(\text{Strong})H(\text{Wind}=\text{Strong})$$
$$= (8/14) \times 0.811 + (6/14) \times 1 \approx 0.892$$

计算得到信息增益为：

$$\mathrm{IG(Wind)}=H(S)-H(\mathrm{Wind})=0.94-0.892=0.048$$

通过比较各个属性所获得的信息增益，可以得出，首先选择天气作为分割属性，形成的决策树如图 2.23 所示。由于当 Outlook＝Overcast 时，四条样本数据全部为打网球，因此，直接生成一个叶子节点，且类型标记为打网球（Yes）。

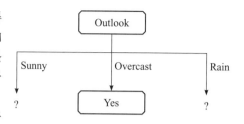

图 2.23　将天气作为分割属性，Outlook＝Overcast 时的决策树

现在，我们必须重复同样的过程，针对两个子集继续构造决策树的节点。一个子集为 Outlook＝Sunny 的样本数据，另一个子集为 Outlook＝Rain 的样本数据。

子集 D1（Outlook＝Sunny）的样本数据共有 5 条，如表 2.13 所示。

表 2.13　子集 D1 的样本数据

实例	天气	温度	湿度	风力	是否打网球
$s(1)$	晴朗	热	高	弱	不打网球
$s(2)$	晴朗	热	高	强	不打网球
$s(8)$	晴朗	温和	高	弱	不打网球
$s(9)$	晴朗	凉爽	正常	弱	打网球
$s(11)$	晴朗	温和	正常	强	打网球

子集 D2（Outlook＝Rain）的样本数据共有 5 条，如表 2.14 所示。

表 2.14　子集 D2 的样本数据

实例	天气	温度	湿度	风力	是否打网球
$s(4)$	下雨	温和	高	弱	打网球
$s(5)$	下雨	凉爽	正常	弱	打网球
$s(6)$	下雨	凉爽	正常	强	不打网球
$s(10)$	下雨	温和	正常	弱	打网球
$s(14)$	下雨	温和	高	强	不打网球

下面，我们对子集 D1 继续进行分割。首先计算子集 D1 的熵：

$$H(D1)=-p(\mathrm{Yes})\log_2(p(\mathrm{Yes}))-p(\mathrm{No})\log_2(p(\mathrm{No}))$$
$$=-(2/5)\log_2(2/5)-(3/5)\log_2(3/5)\approx0.971$$

然后考虑未被选择的属性，即温度、湿度和风力。首先在子集 D1 中考虑温度特征属性：

$$H(\mathrm{Sunny},\mathrm{Temperature}=\mathrm{Hot})=-0-(2/2)\log(2/2)=0$$
$$H(\mathrm{Sunny},\mathrm{Temperature}=\mathrm{Cool})=-(1)\log(1)-0=0$$
$$H(\mathrm{Sunny},\mathrm{Temperature}=\mathrm{Mild})=-(1/2)\log(1/2)-(1/2)\log(1/2)=1$$

那么，以温度特征属性作为分割特征属性时，对子集 D1 进行分割，所得到的熵为：

$$H(\mathrm{Sunny},\mathrm{Temperature})=p(\mathrm{Sunny},\mathrm{Hot})H(\mathrm{Sunny},\mathrm{Temperature}=\mathrm{Hot})+$$
$$p(\mathrm{Sunny},\mathrm{Mild})H(\mathrm{Sunny},\mathrm{Temperature}=\mathrm{Mild})+$$
$$p(\mathrm{Sunny},\mathrm{Cool})H(\mathrm{Sunny},\mathrm{Temperature}=\mathrm{Cool})$$
$$=(2/5)\times0+(1/5)\times0+(2/5)\times1=0.4$$

计算得到信息增益为：

$$IG(D1, \text{Temperature}) = H(D1) - H(\text{Sunny}, \text{Temperature}) = 0.971 - 0.4 = 0.571$$

接下来在子集 $D1$ 中考虑湿度特征属性：

$$H(\text{Sunny}, \text{Humidity} = \text{High}) = -0 - (3/3)\log(3/3) = 0$$
$$H(\text{Sunny}, \text{Humidity} = \text{Normal}) = -(2/2)\log(2/2) - 0 = 0$$

那么，以湿度特征属性作为分割特征属性时，对 $D1$ 子集进行分割，所得到的熵为：

$$H(\text{Sunny}, \text{Humidity}) = p(\text{Sunny}, \text{High}) H(\text{Sunny}, \text{Humidity} = \text{High}) +$$
$$p(\text{Sunny}, \text{Normal}) H(\text{Sunny}, \text{Humidity} = \text{Normal})$$
$$= (3/5) \times 0 + (2/5) \times 0 = 0$$

计算得到信息增益为：

$$IG(D1, \text{Humidity}) = H(D1) - H(\text{Sunny}, \text{Humidity}) = 0.971 - 0 = 0.971$$

接下来在子集 $D1$ 中考虑风力特征属性：

$$H(\text{Sunny}, \text{Wind} = \text{Weak}) = -(1/3)\log(1/3) - (2/3)\log(2/3) \approx 0.918$$
$$H(\text{Sunny}, \text{Wind} = \text{Strong}) = -(1/2)\log(1/2) - (1/2)\log(1/2) = 1$$

那么，以风力特征属性作为分割特征属性时，对 $D1$ 子集进行分割，所得到的熵为：

$$H(\text{Sunny}, \text{Wind}) = p(\text{Sunny}, \text{Weak}) H(\text{Sunny}, \text{Wind} = \text{Weak}) + p(\text{Sunny}, \text{Strong})$$
$$H(\text{Sunny}, \text{Wind} = \text{Strong})$$
$$= (3/5) \times 0.918 + (2/5) \times 1 = 0.9508$$

计算得到信息增益为：

$$IG(D1, \text{Wind}) = H(D1) - H(\text{Sunny}, \text{Wind}) = 0.971 - 0.9508 = 0.0202$$

到此为止，子集 $D1$ 中，信息增益最大的属性是湿度。

经过此次分割，子集 $D1$ 被分割成两个孙子集 $D11$ 和 $D12$，孙子集 $D11$（Humidity=High）如表 2.15 所示，孙子集 $D12$（Humidity=Normal）如表 2.16 所示。

表 2.15　孙子集 $D11$ 的样本数据

实例	天气	温度	湿度	风力	是否打网球
$s(1)$	晴朗	热	高	弱	不打网球
$s(2)$	晴朗	热	高	强	不打网球
$s(8)$	晴朗	温和	高	弱	不打网球

表 2.16　孙子集 $D12$ 的样本数据

实例	天气	温度	湿度	风力	是否打网球
$s(9)$	晴朗	凉爽	正常	弱	打网球
$s(11)$	晴朗	温和	正常	强	打网球

对于因变量 y 而言，$D11$ 和 $D12$ 现在都是纯的样本，分别为不打网球和打网球。因此，直接根据这两个子集创建叶子节点，如图 2.24 所示。

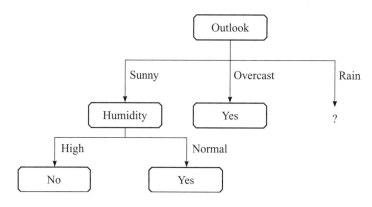

图 2.24   子集 $D1$ 继续分割后的决策树

接下来，我们对子集 $D2$ 继续进行分割。首先计算子集 $D2$ 的熵：

$$H(D2) = -p(\text{Yes})\log_2(p(\text{Yes})) - p(\text{No})\log_2(p(\text{No}))$$
$$= -(3/5)\log(3/5) - (2/5)\log(2/5) \approx 0.971$$

然后考虑未被选择的属性，即温度、湿度和风力。首先在子集 $D2$ 中考虑温度特征属性：

$$H(\text{Rain}, \text{Temperature}=\text{Cool}) = -(1/2)\log(1/2) - (1/2)\log(1/2) = 1$$
$$H(\text{Rain}, \text{Temperature}=\text{Mild}) = -(2/3)\log(2/3) - (1/3)\log(1/3) \approx 0.918$$

那么，以温度特征属性作为分割特征属性时，对 $D2$ 子集进行分割，所得到的熵为：

$$H(\text{Rain}, \text{Temperature}) = p(\text{Rain}, \text{Mild})H(\text{Rain}, \text{Temperature}=\text{Mild}) +$$
$$p(\text{Rain}, \text{Cool})H(\text{Rain}, \text{Temperature}=\text{Cool})$$
$$= (2/5) \times 1 + (3/5) \times 0.918 = 0.9508$$

计算得到信息增益为：

$$\text{IG}(D2, \text{Temperature}) = H(D2) - H(\text{Rain}, \text{Temperature}) = 0.971 - 0.9508 = 0.0202$$

接下来在子集 $D2$ 中考虑湿度特征属性：

$$H(\text{Rain}, \text{Humidity}=\text{High}) = -(1/2)\log(1/2) - (1/2)\log(1/2) = 1$$
$$H(\text{Rain}, \text{Humidity}=\text{Normal}) = -(2/3)\log(2/3) - (1/3)\log(1/3) \approx 0.918$$

那么，以湿度特征属性作为分割特征属性时，对 $D2$ 子集进行分割，所得到的熵为：

$$H(\text{Rain}, \text{Humidity}) = p(\text{Rain}, \text{High})H(\text{Rain}, \text{Humidity}=\text{High}) +$$
$$p(\text{Rain}, \text{Normal})H(\text{Rain}, \text{Humidity}=\text{Normal})$$
$$= (2/5) \times 1 + (3/5) \times 0.918 = 0.9508$$

计算得到信息增益为：

$$\text{IG}(D2, \text{Humidity}) = H(D2) - H(\text{Rain}, \text{Humidity}) = 0.971 - 0.9508 = 0.0202$$

接下来在子集 D2 中考虑风力特征属性：

$$H(\text{Rain}, \text{Wind}=\text{Weak}) = -(3/3)\log(3/3) - 0 = 0$$
$$H(\text{Rain}, \text{Wind}=\text{Strong}) = 0 - (2/2)\log(2/2) = 0$$

那么，以风力特征属性作为分割特征属性时，对 D1 子集进行分割，所得到的熵为：

$$H(\text{Rain}, \text{Wind}) = p(\text{Rain}, \text{Weak})H(\text{Rain}, \text{Wind}=\text{Weak}) + p(\text{Rain}, \text{Strong})H(\text{Rain}, \text{Wind}=\text{Strong})$$
$$= (3/5) \times 0 + (2/5) \times 0 = 0$$

计算得到信息增益为：

$$\text{IG}(D2, \text{Wind}) = H(D2) - H(\text{Rain}, \text{Wind}) = 0.971 - 0 = 0.971$$

这里，信息增益最大的属性是风力特征属性。经过此次分割，子集 D2 被分割成两个孙子集 D21 和 D22，孙子集 D21（Wind=Weak）如表 2.17 所示，孙子集 D22（Wind=Strong）如表 2.18 所示。

表 2.17　孙子集 D21 的样本数据

实例	天气	温度	湿度	风力	是否打网球
$s(4)$	下雨	温和	高	弱	打网球
$s(5)$	下雨	凉爽	正常	弱	打网球
$s(10)$	下雨	温和	正常	弱	打网球

表 2.18　孙子集 D21 的样本数据

实例	天气	温度	湿度	风力	是否打网球
$s(6)$	下雨	凉爽	正常	强	不打网球
$s(14)$	下雨	温和	高	强	不打网球

对于因变量 y 而言，D21 和 D22 现在都是纯的样本，分别为打网球和不打网球。因此，直接根据这两个子集创建叶子节点，如图 2.25 所示。

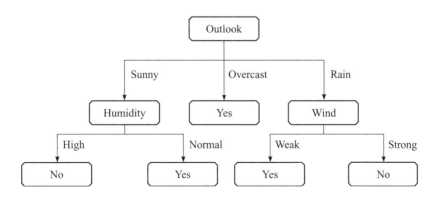

图 2.25　子集 D1、D2 分割后的决策树

这就是我们对给定数据集利用 ID3 算法构建的最终期望的分类决策树。

2.3.3 ID3 算法的编程实践

同样，针对打网球与天气的关系的数据集，我们利用 Python 和 PyTorch 编码展示 ID3 分类树模型的细节。

2.3.3.1 整体流程

首先介绍整体的流程，如代码段 2.18 所示。主要由四部分组成：数据集加载、模型训练、模型预测和决策树可视化。

代码段 2.18   ID3 分类树测试主程序（源码位于 Chapter02/test_ID3Classifier.py）

```
8     from id3 import ID3Classifier
9     from tree_plotter import tree_plot
10    import numpy as np
11    import csv
12
13    """加载数据集
14    """
15    # 加载play_tennis数据集
16    with open("data/play_tennis1.csv", "r", encoding="gbk") as f: #测试离散属性是字符串（str）
17        text = list(csv.reader(f))
18        feature_names = np.array(text[0][:-1])
19        y_name = text[0][-1]
20        X = np.array([v[:-1] for v in text[1:]])
21        y = np.array([v[-1] for v in text[1:]])
22        X_train, X_test, y_train, y_test = X, X, y, y #测试训练集和测试集均为全集
23
24    """创建决策树对象
25    """
26    dt = ID3Classifier(use_gpu=True)
27
28    """训练
29    """
30    model = dt.train(X_train, y_train, feature_names)
31    print("model=", model)
32
33    """预测
34    """
35    y_pred = dt.predict(X_test)
36    print("y_real=", y_test)
37    print("y_pred=", y_pred)
38    cnt = np.sum([1 for i in range(len(y_test)) if y_test[i]==y_pred[i]])
39    print("right={0},all={1}".format(cnt, len(y_test)))
40    print("accury={}%".format(100.0*cnt/len(y_test)))
41
42    """绘制
43    """
44    tree_plot(model)
45
46    """结束
47    """
48    print("Finished.")
```

1. 数据集加载（第 13~22 行）

与 CART 分类树一样，数据集使用的也是 PlayTennis 数据集。首先，第 16~17 行使用

csv 库读取数据文件并将其转换成 list 类型。然后，第 18～21 行使用 Python 切片和列表生成式将原始数据集分割成属性名列表 feature_names、目标变量名 y_name、属性集 X、目标变量集 y。最后，为了便于使用 PyTorch 进行 GPU 加速，第 20～21 行进一步将 list 类型转换为 numpy 类型。

2. 决策树模型的训练和生成（第 24～31 行）

在 ID3 分类树的创建和训练过程中使用 ID3Classifier，并且指定是否启用 GPU。训练过程对外提供的接口与 CART 分类树相同，但是其内部的训练细节会有所差异，主要体现在选择最优分裂属性的方法上，在下文中会对此做详细描述。我们先来看一下使用上述数据集训练得到的决策树模型：

```
model= {'天气':{'晴朗':{'湿度':{'适中':'是', '较高':'否'}}, '阴天':'是', '下雨':{'风力
':{'弱':'是', '强':'否'}}}}
```

该 model 变量实际上是由一组规则表示的。以上输出结果为决策树的字典（树形结构）数据结构形式，在这棵 model 树中，从根节点到每个叶子节点的每条路径都代表一条规则。为了更清晰地表示规则，我们可以将以上数据结构转换成"if-then"的格式，如下所示：

```
if '天气'= = '晴朗' and '湿度'= = '适中' then '是'
if '天气'= = '晴朗' and '湿度'= = '较高' then '否'
if '天气'= = '阴天' then '是'
if '天气'= = '下雨' and '风力'= = '弱' then '是'
if '天气'= = '下雨' and '风力'= = '强' then '否'
```

由此可以看出，ID3 决策树与一组"if-then"规则是等价的。

3. 决策树模型的使用（第 33～40 行）

在第 35～37 行的模型预测阶段，调用 ID3Classifier 类的成员函数 predict，传入测试集数据 X_test，返回 numpy.array 类型的预测结果 y_pred，并且打印输出测试集的真实值 y_test 和预测值 y_pred。

在第 38～40 行的模型评估阶段，首先使用 Python 的列表生成式生成测试集中预测值与真实值相等的元素，每种相等的情况用 int 型变量 1 表示。然后使用 numpy 的 sum 函数对上述列表求和，统计出预测正确的计数。最后打印预测正确的样本计数、总样本计数以及预测准确率。实际执行结果如下：

```
y_rey_real= ['否''否''是''是''是''否''是''否''是''是''是''是''是''否']
y_pred= ['否''否''是''是''是''否''是''否''是''是''是''是''是''否']
right= 14,all= 14
accury= 100.0%
```

4. 决策树可视化（第 42～44 行）

决策树可视化阶段导入了 tree_plotter 包的 tree_plot 函数，关于 tree_plotter 包的详细介绍读者可以回看 2.2.3 节。在 tree_plot 函数中传入训练好的模型，底层借助 Matplotlib 进行可视化，效果如图 2.26 所示。

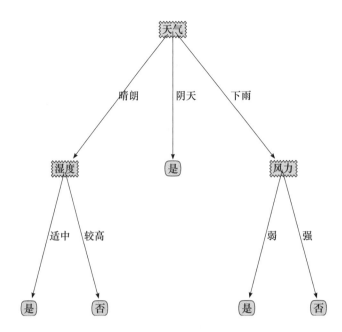

图 2.26   PlayTennis 数据集生成的 ID3 分类树

2.3.3.2   分裂过程

下面，我们重点介绍 ID3 分类树的节点分裂过程。

ID3Classifier 的创建和训练过程与 CartClassifier 的不同主要体现在节点分裂时选择最优分裂属性的计算标准。ID3 分类树的原理是依据信息增益对数据进行划分，而 CART 分类树是基于基尼增益。计算信息增益的方式已经在上一节中详细介绍，接下来展示相关的代码实现，如代码段 2.19 和代码段 2.20 所示。

代码段 2.19   ID3 分类树基于信息增益选择最优分类属性（源码位于 Chapter02/id3.py）

```
205    def __choose_best_feature_to_split(self, X_tensor, y_tensor):
206        """选择最优分裂属性的索引
207            X_tensor: torch.tensor
208            y_tensor: torch.tensor
209            return best_feature_index: 最优分裂属性的索引 int
210        """
211        dataset_entropy = self.__cal_shannon_entropy(X_tensor, y_tensor)
212        best_info_gain = 0.0
213        best_feature_index = -1
214        num_feature = X_tensor.shape[1]   # 属性的个数
215        for i in range(num_feature): # 遍历每个属性
216            feature_value_list = X_tensor[:, i] # 得到某个属性下的所有值，即某列
217            if self.use_gpu:
218                feature_value_list = feature_value_list.cpu()
219            unique_feature_value = set(feature_value_list.numpy()) # 得到无重复的属性特征值
220            sub_dataset_entropy = 0.0
221            for feature_value in unique_feature_value:
222                sub_X, sub_y = self.__split_data_set(X_tensor, y_tensor, i, feature_value)
223                prob = len(sub_X) / float(len(X_tensor))
224                sub_dataset_entropy += prob * self.__cal_shannon_entropy(sub_X, sub_y)
225            info_gain = dataset_entropy - sub_dataset_entropy
226
227            # 最大信息增益
```

```
228                if info_gain > best_info_gain:
229                    best_info_gain = info_gain
230                    best_feature_index = i
231            return best_feature_index
```

代码段 2.20　ID3 分类树计算信息熵（源码位于 Chapter02/id3.py）

```
234        def __cal_shannon_entropy(self, X_tensor, y_tensor):
235            '''计算X_tensor和y_tensor构成的数据集的熵
236                X_tensor: torch.tensor
237                y_tensor: torch.tensor
238                return shannon_entropy: 熵 float
239            '''
240            # 统计y_tensor中的目标变量值的个数
241            y_counts = {}
242            for v in y_tensor:
243                if v.item() not in y_counts.keys():
244                    y_counts[v.item()] = 0
245                y_counts[v.item()] += 1
246
247            # 计算信息熵
248            shannon_entropy = 0.0
249            num_sample = len(y_tensor)
250            for key in y_counts.keys():
251                prob = float(y_counts[key]) / num_sample
252                shannon_entropy -= prob * log(prob, 2)
253            return shannon_entropy
```

代码段 2.19 的第 211 行计算原始数据集的整体信息增益。第 215～230 行递归遍历当前节点数据集的所有属性。针对每个属性，第 219 行对当前属性对应的所有属性值进行去重和排序；第 220～225 行遍历每个唯一的属性值，根据公式计算子集的信息熵，并用整体信息增益减去子集信息熵的累加和，得到当前分裂属性的信息增益；第 227～230 行筛选当前最大的信息增益，及其对应的分裂属性索引。

代码段 2.19 中计算信息增益的子过程如代码段 2.20 所示。与计算基尼增益类似，计算信息增益也分为两部分：第一部分，第 240～245 行统计目标变量集中目标变量值的个数；第二部分，第 247～252 行根据上一节提到的公式计算信息熵。

2.4　C4.5 算法

C4.5[5] 是由 Ross Quinlan 开发的，是对他的早期的 ID3 算法的扩展。C4.5 生成的也是分类决策树。2011 年，Weka 机器学习软件的作者将 C4.5 算法描述为"一个具有里程碑意义的决策树程序，可能是迄今为止在实践中应用最广泛的机器学习主力算法"。C4.5 算法在 2008 年的论文《数据挖掘十大算法》（Springer LNCS）中排名第一。

C4.5 是 ID3 的继承者，相对于 ID3 算法，C4.5 算法的改进主要有：

- 增加了对连续特征属性的处理，通过排序连续属性值并挑选阈值，将连续特征属性值划分为高于阈值的属性和小于或等于阈值的属性。
- 增加了对属性值缺失的训练数据的处理。
- 挑选特征属性依据信息增益率，而不是信息增益。
- 创建树后进行修剪，试图通过用叶子节点进行替换来删除那些没有帮助的分支。

2.4.1　信息增益率

使用信息增益其实有一个缺点,那就是它偏向于具有大量取值的特征属性。也就是说在训练集中,如果某个特征属性所取的不同值的个数越多,那么越有可能拿它作为分割属性。

例如一个训练集 S 中有 10 个样本,某一个特征属性 A 分别取 1～10 这十个数,如果对 A 进行分裂将会分成 10 个子集合,那么对于每一个类,根据如下的信息增益公式:

$$\text{IG}(S,A) = H(S) - H(S|A) \tag{2.39}$$

$$H(S \mid A) = \sum_{a_i \in A} \frac{|S_A(a_i)|}{|S|} H(S_A(a_i)) \tag{2.40}$$

由于 $\frac{|S_A(a_i)|}{|S|} = \frac{1}{10}$,$H(S_A(a_i)) = 0$,因此,$\text{IG}(S,A) = H(S)$,该属性划分所得到的信息增益最大,但是很显然,这种划分没有意义。极端的情况下,如果特征属性 A 是连续值,也会出现类似情况。因此,选择信息增益最大的属性作为分割点,存在明显的不足。正是基于此,C4.5 采用了信息增益率这样一个概念。

对于离散随机变量 X 和样本数据集合 S,给定另一个随机变量 A,它代表样本数据集合 S 的另一个属性,它的取值可能是 $\{a_1, a_2, a_3, \cdots, a_w\}$,这样根据随机变量 A 的取值,样本集合 S 被划分为 w 个子集合 $S_A(a_i)$,$a_i \in \{a_1, a_2, a_3, \cdots, a_w\}$。其中,

$$S_A(a_i) = \{v \in S \mid v_A = a_i\}$$

则信息增益率定义如下:

$$\text{IGR}(S,A) = \frac{\text{IG}(S,A)}{H_A(S)} \tag{2.41}$$

$$H_A(S) = -\sum_{i=1}^{w} \frac{|S_A(v_i)|}{|S|} \log_2 \frac{|S_A(v_i)|}{|S|} \tag{2.42}$$

采用信息增益率替代信息增益来寻找最优分割特征。信息增益率的定义是信息增益 $\text{IG}(S,A)$ 和特征熵 $H_A(S)$ 的比值,对于特征熵,特征的取值越多,特征熵就倾向于越大。

2.4.2　连续属性的处理

对于连续值的问题,需要将连续值离散化。在这里只做二类划分,即将连续值划分到两个区间,分割点取两个临近值之间的任意值。给定样本集 S 和连续属性 A,假定 A 在 S 上出现了 w 个不同的取值,将这些值从小到大排序,记为 $\{a_1, a_2, \cdots, a_w\}$。$a_i$ 和 a_{i+1} 是相邻的取值,则 t 在区间 $[a_i, a_{i+1})$ 中取任意值所产生的划分结果相同,通常取 $\frac{a_i + a_{i+1}}{2}$。因此,对连续属性 A,我们可考察包含 $w-1$ 个候选分割点的集合。然后就可以像离散属性那样来考察这些分割点,选取最优的分割点进行样本集合的划分。

当决策树的节点数量比较多、连续型属性数量比较多、连续型属性中任一属性取值又比较多时,算法的计算量是相当大的,这将会在很大程度上影响决策树的生成效率。这是 C4.5 算法的缺点,具体实例可参考 2.4.4 节。

2.4.3　缺失值的处理

对于缺失值的问题,我们需要解决三个问题,第一是在有缺失值的情况下如何选择划分的

属性，也就是如何得到一个合适的信息增益率；第二是选定划分属性后，如何处理该属性缺失特征的样本；第三是决策树构造完成后，如果测试样本的某些属性值出现缺失，该如何确定该测试样本的类别。Ross Quinlan 在 *C4.5：Programms for Machine Learning* 中提供了解决方案。

2.4.3.1　第一个问题（选择特征属性时）

在 C4.5 算法中，选择信息增益率最大的属性作为最优的划分属性。当样本存在属性值缺失时，这些样本不会产生任何信息增益。因此，当计算该属性的信息增益时，其信息增益等于无缺失值样本所占的比例乘以无缺失值样本子集的信息增益。具体定义如下：

$$\mathrm{IG}(S, A) = \alpha \mathrm{IG}(S', A) \tag{2.43}$$

$$\mathrm{IG}(S', A) = H(S') - H(S' | A) \tag{2.44}$$

其中 α 表示无缺失值样本所占的比例，S 表示原数据集，S' 表示不含缺失值的数据子集。

我们以天气与打网球的数据集为例来具体讲述缺失值属性的信息增益的计算过程，如表 2.19 所示。

表 2.19　存在缺失值的天气数据

实例 (Instance)	天气 (Outlook) $x1$	温度 (Temperature) $x2$	湿度 (Humidity) $x3$	风力 (Wind) $x4$	是否打网球 (PlayTennis) y
$s(1)$	—	热（Hot）	高（High）	弱（Weak）	不打网球（No）
$s(2)$	晴朗（Sunny）	热（Hot）	—	强（Strong）	不打网球（No）
$s(3)$	阴天（Overcast）	热（Hot）	高（High）	弱（Weak）	打球（Yes）
$s(4)$	下雨（Rain）	温和（Mild）	高（High）	—	打球（Yes）
$s(5)$	下雨（Rain）	—	正常（Normal）	弱（Weak）	打球（Yes）
$s(6)$	下雨（Rain）	凉爽（Cool）	正常（Normal）	强（Strong）	不打网球（No）
$s(7)$	—	凉爽（Cool）	正常（Normal）	强（Strong）	打球（Yes）
$s(8)$	晴朗（Sunny）	温和（Mild）	高（High）	弱（Weak）	不打网球（No）
$s(9)$	晴朗（Sunny）	凉爽（Cool）	正常（Normal）	弱（Weak）	打球（Yes）
$s(10)$	—	温和（Mild）	—	弱（Weak）	打球（Yes）
$s(11)$	晴朗（Sunny）	温和（Mild）	正常（Normal）	强（Strong）	打球（Yes）
$s(12)$	阴天（Overcast）	温和（Mild）	高（High）	强（Strong）	打球（Yes）
$s(13)$	阴天（Overcast）	—	正常（Normal）	弱（Weak）	打球（Yes）
$s(14)$	下雨（Rain）	温和（Mild）	高（High）	—	不打网球（No）

对于天气属性 $x1$，该属性上无缺失值的样本集合为 $S' = \{s(2)，s(3)，s(4)，s(5)，s(6)，s(8)，s(9)，s(11)，s(12)，s(13)，s(14)\}$，由此可得天气属性无缺失值样本的比例 α 为 11/14，正样本比例为 7/11，负样本比例为 4/11。则 S' 的信息熵为：

$$H(S') = -\sum_{i=1}^{2} p'_i \log_2 p'_i = -\left(\frac{7}{11} \log_2 \frac{7}{11} + \frac{4}{11} \log_2 \frac{4}{11} \right) \approx 0.946 \tag{2.45}$$

对于天气属性的取值〈晴朗，阴天，下雨〉，晴朗对应的数据子集为 $S'_1 = \{s(2)，s(8)，s(9)，s(11)\}$，阴天对应的数据子集为 $S'_2 = \{s(3)，s(12)，s(13)\}$，下雨对应的数据子集为 $S'_3 = \{s(4)、s(5)、s(6)、s(14)\}$，相应的信息熵分别为：

$$H(S_1') = -\left(\frac{2}{4}\log_2\frac{2}{4} + \frac{2}{4}\log_2\frac{2}{4}\right) = 1$$

$$H(S_2') = -\left(\frac{3}{3}\log_2\frac{3}{3} + \frac{0}{3}\log_2\frac{0}{3}\right) = 0$$

$$H(S_3') = -\left(\frac{2}{4}\log_2\frac{2}{4} + \frac{2}{4}\log_2\frac{2}{4}\right) = 1$$

则可以计算出天气属性数据集（无缺失值）的信息增益为：

$$IG(S', x_1) = H(S') - \sum_{i=1}^{3}\beta_i' H(S_i') = 0.946 - \left(\frac{4}{11}\cdot 1 + \frac{3}{11}\cdot 0 + \frac{4}{11}\cdot 1\right) \approx 0.219$$

$$(2.46)$$

乘以无缺失值样本比例，进而可得天气属性的信息增益为：

$$IG(S, x_1) = \alpha \cdot IG(S', x_1) = \frac{1}{14}\cdot 0.219 \approx 0.172 \qquad (2.47)$$

计算得到了信息增益，我们即可使用 2.4.1 节计算信息增益率的方法来计算最终的信息增益比。

同样，我们可以使用相同的步骤来计算温度、湿度、风力这几个属性的无缺失值数据子集的信息增益率，最后选取信息增益率最大的属性作为划分属性。

经过以上信息增益率计算过程，得到各属性的信息增益率如下：天气（0.109）、温度（0.035）、湿度（0.080）、风力（0.009）。所以我们选择信息增益率最大的天气属性作为根节点来进行决策树的构建。如图 2.27 所示，原数据集被景色属性分为三个数据子集。

图 2.27　由天气属性划分的三个数据子集

那么第二个问题来了，$s(1)$、$s(7)$、$s(10)$ 样本在"天气"属性上是缺失的，它们应该被划分到哪个分支呢？

2.4.3.2　第二个问题（出现缺失值的样本的处理）

C4.5 算法建议将所有出现缺失值的样本发送至所有子节点，但其权重通过与该子节点的样本在所有非缺失值的样本中的比例相乘而减弱。最开始各样本的权重 w 都为 1。每个具有缺失值的样本的权重被调整为当前分支中未缺失样本数所占总未缺失样本数的比例。如图 2.28 所示，$s(1)$ 进入三个分支后，权重 w 分别调整为 4/11、3/11 和 4/11。同样，$s(7)$ 和 $s(10)$ 也被赋予相同的权重。

因为决策树的构造过程是一个递归过程，所以我们可根据各样本最新的权重来继续进行决

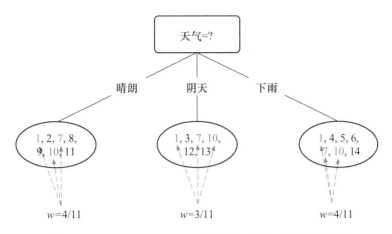

图 2.28　$s(1)$、$s(7)$、$s(10)$ 进入分支后的权重调整示意图

策树的构造。与以上第一步计算的不同之处有以下两点：

- 在计算样本中的正负样本比例时，未缺失的样本为 1，缺失值的样本为 w。
- 在计算某类样本所占比例时，每个未缺失样本数量为 1，每个缺失值样本数量为 w。

由此我们可以继续向下选择划分属性，构造出最终的决策树。

2.4.3.3　第三个问题（待预测样本出现缺失值的处理）

利用决策树进行预测时，如果遇到测试特征属性 A 的节点，而对于该预测样本，其特征属性 A 出现缺失，那么所有的可能性都会被探讨。因此，对于每个可能的子节点都要进行预测。我们保留每个子节点的分布，并将其加入。最后，选择用于预测的类是具有最大概率值的类。

我们将具有"天气"属性缺失值的测试样本 $s(15)=\langle$ 一，热，高，弱，Yes $\rangle$ 代入图 2.29 的决策树节点中进行测试，得到的子节点类分布为图 2.29 中的效果。其中，子节点中的灰色数字代表预测为正类的样本，黑色数字代表预测为负类的

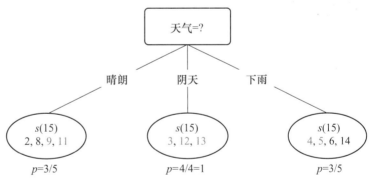

图 2.29　出现缺失值的样本的处理示意图

样本，在将 $s(15)$ 加入各个子节点后，统计其概率分布，依次为 1/2、1、1/2，因此标记为"阴天"的分支连接的子节点概率最大，故 $s(15)$ 应该路由到"阴天"分支对应的子节点。

以上即为 C4.5 中对缺失值的完整处理过程。

2.4.4　基于 C4.5 算法处理连续属性生成分类决策树的示例

我们在 2.4.2 节介绍了根据二分来将连续属性离散化处理的思想：假设样本数据集 S 的连续属性 A 有 n 个不同的取值，对这些值进行从小到大排序，得到连续属性值集合 $\{a(1)$，$a(2)$，$a(3)$，$\cdots$，$a(n)\}$。计算相邻取值 $a(i)$ 和 $a(i+1)$ 的中位点 $[a(i)+a(i+1)]/2$，将其

作为候选划分点，得到含有 $n-1$ 个划分点的集合 W：

$$W = \left\{ \frac{a(i)+a(i+1)}{2} \mid 1 \leqslant i \leqslant n-1 \right\} \qquad (2.48)$$

对于 W 内的每个划分点 w，可将样本 S 分为两个子集 $S(-)$ 和 $S(+)$。$S(-)$ 内的样本都是属性值不大于 w 的样本，$S(+)$ 内的样本都是属性值大于 w 的样本。由此我们可以计算属性 A 的划分点 w 的信息增益值：

$$\mathrm{IG}(S, A, w) = H(S) - \sum_{p \in \{-,+\}} \frac{|S_w(p)|}{|S|} H(S_w(p)) \qquad (2.49)$$

比较所有划分点 w 的信息增益值，选取信息增益值最大的划分点进行划分。下面采用表 2.20 的数据集，结合具体实例进行说明。

表 2.20　天气与打网球的修改版

实例 (Instances)	天气 (Outlook)	温度 (Temperature)	湿度 (Humidity)	是否有风 (Windy)	是否打网球 (Play/Don't Play)
$s(1)$	晴朗（Sunny）	85	85	否（False）	不打网球（Don't Play）
$s(2)$	晴朗（Sunny）	80	90	是（True）	不打网球（Don't Play）
$s(3)$	阴天（Overcast）	83	78	否（False）	打网球（Play）
$s(4)$	下雨（Rain）	70	96	否（False）	打网球（Play）
$s(5)$	下雨（Rain）	68	80	否（False）	打网球（Play）
$s(6)$	下雨（Rain）	65	70	是（True）	不打网球（Don't Play）
$s(7)$	阴天（Overcast）	64	65	是（True）	打网球（Play）
$s(8)$	晴朗（Sunny）	72	95	否（False）	不打网球（Don't Play）
$s(9)$	晴朗（Sunny）	69	70	否（False）	打网球（Play）
$s(10)$	下雨（Rain）	75	80	否（False）	打网球（Play）
$s(11)$	晴朗（Sunny）	75	70	是（True）	打网球（Play）
$s(12)$	阴天（Overcast）	72	90	是（True）	打网球（Play）
$s(13)$	阴天（Overcast）	81	75	否（False）	打网球（Play）
$s(14)$	下雨（Rain）	71	80	是（True）	不打网球（Don't Play）

表 2.20 的天气情况与打网球数据集 S，包括两个离散属性 Outlook 和 Windy，以及两个连续属性 Temperature 和 Humidity。我们使用前面介绍的连续值离散化方法，先对属性 Temperature 进行信息增益的计算。

从数据集可以看出，Temperature 属性值从小到大排序的集合为 $T = \{64, 65, 68, 69, 70, 71, 72, 75, 80, 81, 83, 85\}$，其中共有 12 个不同的数值，经过中位点计算，得到该属性包含 11 个中位点的集合 $T(w) = \{64.5, 66.5, 68.5, 69.5, 70.5, 71.5, 73.5, 77.5, 80.5, 82.0, 84.0\}$。我们首先计算 S 的信息熵：

$$H(S) = -\sum_{i=1}^{2} p_i \log_2 p_i = -\left(\frac{9}{14} \log_2 \frac{9}{14} + \frac{5}{14} \log_2 \frac{5}{14} \right) \approx 0.940$$

接着计算集合 $T(w)$ 内各中位点的信息增益值：

$$IG(S, A, w = 64.5) = H(S) - \sum_{d \in \{-,+\}} \frac{|S_w(d)|}{|S|} H(S_w(d))$$

$$= 0.940 - \frac{1}{14}(-1\log_2 1) - \frac{13}{14}\left(-\frac{8}{13}\log_2 \frac{8}{13} - \frac{5}{13}\log_2 \frac{5}{13}\right)$$

$$\approx 0.940 - 0 - 0.892 = 0.048$$

$$IG(S, A, w = 66.5) = H(S) - \sum_{d \in \{-,+\}} \frac{|S_w(d)|}{|S|} H(S_w(d))$$

$$= 0.940 - \frac{2}{14}\left(-\frac{1}{2}\log_2 \frac{1}{2} - \frac{1}{2}\log_2 \frac{1}{2}\right) - \frac{12}{14}\left(-\frac{8}{12}\log_2 \frac{8}{12} - \frac{4}{12}\log_2 \frac{4}{12}\right)$$

$$\approx 0.940 - 0 - 0.930 = 0.010$$

类似地，我们即可求出 Temperature 属性所有中位点的信息增益 IG，求得信息增益最大的中位点为 84.0，且 IG（S, A, w=84.0）=0.113。用同样的方法，我们求得 Humidity 属性的最大信息增益为 0.102，对应的中位点为 82.5。

使用连续值属性创建决策树的相关代码如代码段 2.21 的第 182~214 行所示。

代码段 2.21　使用连续值属性创建 C4.5 分类树（源码位于 Chapter02/c45.py）

```
182    def __create_tree_continuous(self, X_tensor, y_tensor, feature_names):
183        """使用连续属性创建树
184            X_tensor: torch.tensor
185            y_tensor: torch.tensor
186            feature_names: numpy.array
187            return tree: dict
188        """
189        # 若X中样本全属于同一类别C，则停止划分
190        if y_tensor.max() == y_tensor.min():
191            return self.__get_value(y_tensor[0], to_X=False)
192
193        # 若属性集为空，或者数据集在属性集上的取值均相同
194        if len(X_tensor)==0 or X_tensor.max()==X_tensor.min():
195            return self.__get_value(self.__majority_y_id(y_tensor), to_X=False)
196
197        # 按照"增益比最高"，从feature_names中选择最优切分点
198        best_split_point, best_feature_index = self.__choose_best_point_to_split(X_tensor,
               y_tensor)
199        best_feature_name = feature_names[best_feature_index]  # 属性名
200
201        # 根据最优切分点，进行子树的划分
202        tree = {best_feature_name: {}}  # 构建树的字典
203        sub_feature_names = feature_names.copy() # 子集属性个数不变
204        sub_X_tensor1 = X_tensor[X_tensor[:, best_feature_index]<=best_split_point, :]
205        sub_y_tensor1 = y_tensor[X_tensor[:, best_feature_index]<=best_split_point]
206        sub_X_tensor2 = X_tensor[X_tensor[:, best_feature_index]>best_split_point, :]
207        sub_y_tensor2 = y_tensor[X_tensor[:, best_feature_index]>best_split_point]
208        # leaf_left = "<= {}".format(best_split_point)
209        # leaf_right = "> {}".format(best_split_point)
210        leaf_left = "<= {}".format(self.bit %best_split_point)
211        leaf_right = "> {}".format(self.bit %best_split_point)
212        tree[best_feature_name][leaf_left] = self.__create_tree_continuous(sub_X_tensor1,
               sub_y_tensor1, sub_feature_names)
213        tree[best_feature_name][leaf_right] = self.__create_tree_continuous(sub_X_tensor2,
               sub_y_tensor2, sub_feature_names)
214        return tree
```

与 ID3 分类树的思路类似，只是在 C4.5 中第 197~199 行的__choose_best_point_to_split 函数里按照"选取最高增益比"的原则计算最优分裂属性，并且针对连续的属性值划分区间以达到离散化目的，从而选出最优分裂属性对应的最优属性值作为最优切分点，具体计算过程请读者分析代码段 2.22 的第 292~333 行。

代码段 2.22   C4.5 分类树连续值离散化并计算其最优切分点（源码位于 Chapter02/c45.py）

```
285    def __choose_best_point_to_split(self, X_tensor, y_tensor):
286        """选择最优切分点
287            X_tensor: torch.tensor
288            y_tensor: torch.tensor
289            return best_split_point: 最优切分点 float
290            return best_feature_index: 最优切分点所在属性的索引 int
291        """
292        best_split_point = 0.0
293        dataset_entropy = self.__cal_shannon_entropy(X_tensor, y_tensor)
294        best_info_gain_ratio = 0.0
295        best_feature_index = -1
296        num_feature = X_tensor.shape[1]  # 属性的个数
297        for i in range(num_feature): # 遍历每个属性
298            feature_value_list = X_tensor[:, i] # 得到某个属性下的所有值，即某列
299            if self.use_gpu:
300                feature_value_list = feature_value_list.cpu()
301            unique_feature_value = list(set(feature_value_list.numpy())) # 得到无重复的
                                                                            属性特征值
302            unique_feature_value.sort() # 升序排序
303            split_points = [(unique_feature_value[index] + unique_feature_
                                 value[index+1])/2.0 \
304                            for index in range(len(unique_feature_value)-1)]
305            # 计算各个候选切分点的增益比
306            for split_point in split_points:
307                sub_dataset_entropy = 0.0
308                iv_a = 0.0
309                # 计算左子树信息熵
310                sub_X = X_tensor[X_tensor[:, i]<=split_point, :]
311                sub_y = y_tensor[X_tensor[:, i]<=split_point]
312                prob = len(sub_X) / float(len(X_tensor))
313                sub_dataset_entropy += prob * self.__cal_shannon_entropy(sub_X, sub_y)
314                iv_a += -prob * log(prob, 2)
315                # 计算右子树信息熵
316                sub_X = X_tensor[X_tensor[:, i]>split_point, :]
317                sub_y = y_tensor[X_tensor[:, i]>split_point]
318                prob = len(sub_X) / float(len(X_tensor))
319                sub_dataset_entropy += prob * self.__cal_shannon_entropy(sub_X, sub_y)
320                iv_a += -prob * log(prob, 2)
321                # 计算该切分点的信息增益
322                info_gain = dataset_entropy - sub_dataset_entropy
323                if abs(iv_a)<=1e-6:  # iv_a不能小于等于0
324                    continue
325                info_gain_ratio = info_gain / iv_a # 增益比
326
327                # 最大信息增益比
328                if info_gain_ratio > best_info_gain_ratio:
329                    best_info_gain_ratio = info_gain_ratio
330                    best_feature_index = i
```

```
331                        best_split_point = split_point
332
333            return best_split_point, best_feature_index
```

首先看 C4.5 分类树连续值离散化的过程，如代码段 2.22 的第 297~304 行所示。遍历数据集的每个属性，针对每个属性列，将该列的所有属性值放入 set 中进行去重，然后对去重后的序列进行排序，得到一个升序序列。根据前面提到的原理，依次取相邻的两个属性值的均值作为一个候选切分点，这样对 n 个去重之后的有序元素进行计算，得到 $n-1$ 个切分点。

接下来遍历每个切分点，如代码段 2.22 的第 306~331 行所示。每个切分点将数据集划分成左右两个子集，对这两个子集根据前面介绍的公式计算增益比，并记录得到的最大增益比，以及此时的分裂属性和切分点。

最后返回 __choose_best_point_to_split 函数计算得到的最优分裂属性和最优切分点，如代码段 2.22 的第 333 行所示。

当然，目前对于切分点信息增益的计算，是建立在根据初始数据集来寻找根节点划分属性的基础上的。对于另外两个离散值属性 Outlook 和 Windy，我们用前面的方法求得它们的信息增益为 IG(S，Outlook)=0.247 和 IG(S，Windy)=0.048。所以我们选择 Outlook 属性作为决策树的根节点属性。

经过 C4.5 算法对决策树进行递归构造，我们最终得到由该数据集训练得到的决策树如图 2.30 所示。

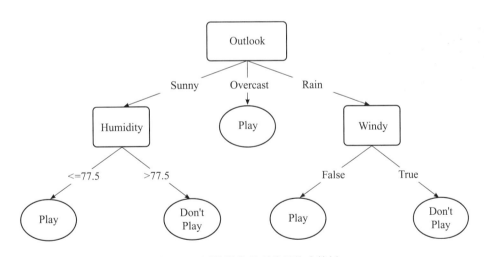

图 2.30　原数据集得到的最终决策树

该决策树对应的规则集如下：

```
Rule 1 suggests that if "Outlook = sunny" and "Humidity < = 77.5" then "Play".
Rule 2 suggests that if "Outlook = sunny" and "Humidity > 77.5" then "Don't Play".
Rule 3 suggests that if "Outlook = overcast" then "Play".
Rule 4 suggests that if "Outlook = rain" and "Windy = true" then "Don't Play".
Rule 5 suggests that if "Outlook = rain" and "Windy = false" then "Play".
Otherwise, "Play" is the default class.
```

2.4.5 C4.5算法的后续改进——C5.0算法

蕴含集成学习思想的C5.0算法[4]是在ID3算法和C4.5算法基础上的改进版本,其算法原理与C4.5一致,都是采用信息增益率来进行特征选择。但C5.0采用提升法来提高模型准确率,构建决策树的时间要比C4.5算法快数倍且生成的决策树规模也更小,对计算内存占用也较少。同样,C5.0算法也只能解决分类问题。此外,C5.0同C4.5算法一样,具有一个将决策树转化为符号规则的算法,算法在转化过程中会进行规则前件合并、删减等操作,因此最终规则集的泛化性能可能优于原决策树。C5.0算法更适合解决大数据集的分类问题。

C5.0对于C4.5算法的提升,可以从以下几个方面来概括:
- 提升了算法执行的速度;
- 对内存的使用效率更高;
- 构造出的决策树规模更小;
- 使用了提升技术,能够获得更高的精度;
- 对大规模数据集的处理能力更好。

提升技术对数据集中的每个样本都赋予权重,权重代表该样本在训练过程中的重要性。在C5.0算法开始时,每个样本具有同样的权重,一般来说,都为$1/n$,n为样本数量。同时我们初始化训练次数为T,代表每次训练结束时,C5.0都会构建出一棵新的决策树。每次训练结束后,计算本次训练的错误率,根据错误率的大小来确定算法下一步的走向。若错误率不高于50%,每个被错分类的样本在下一次训练时会被赋予更高的权重。有关提升技术和集成学习的进一步介绍,我们将在第3章中展开。

假设训练的样本集中共有n个样本,训练决策树模型的次数为T,用c^t表示t次训练产生的决策树模型,经过T次训练后最终构建的复合决策树模型表示为c^*,进行如图2.31的样本训练过程。

下面是C5.0算法的详细步骤:

1)初始化参数:训练次数T,各样本权重值w_i^t为$1/n$,当前训练次数$t=1$。

2)对权重进行归一化:$W_i^t = w_i^t / \sum_{i=1}^n w_i^t$,且$\sum_{i=1}^n W_i^t = 1$。

3)根据设置的参数构建决策树模型c_t。

4)计算第t次训练的错误率$\varepsilon^t = \sum_{i=1}^n (W_i^t q_i^t)$,其中:

$$q_i^t = \begin{cases} 1, & \text{若样本}i\text{被错误分类} \\ 0, & \text{若样本}i\text{被正确分类} \end{cases}$$

5)如果$\varepsilon^t > 0.5$,本次训练结束,$T = T-1$,回到步骤1;如果$0 < \varepsilon^t \leq 0.5$,进入步骤6;如果$\varepsilon^t = 0$,进入步骤8。

6)计算样本权重调整系数$\alpha^t = \varepsilon^t / (1-\varepsilon^t)$,对下一次迭代所有样本的权重做以下调整:

$$w_i^{t+1} = \begin{cases} w_i^t \alpha^t, & \text{若样本}i\text{被错误分类} \\ w_i^t, & \text{若样本}i\text{被正确分类} \end{cases}$$

7)如果$t=T$,则进入步骤8;否则回到步骤2。

8)结束C5.0模型训练,得到最终的复合决策树模型C^*。

C5.0算法的流程可以用图2.32来概括。

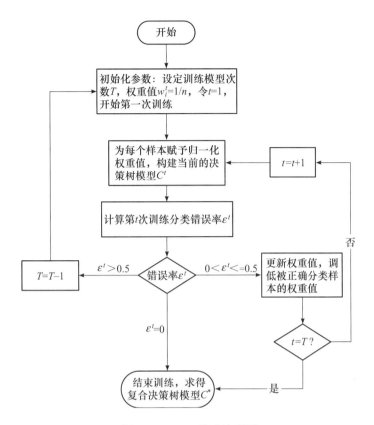

图 2.31　C5.0 算法流程图

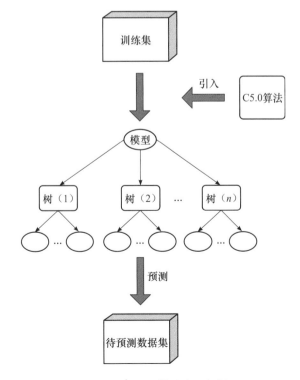

图 2.32　C5.0 算法流程概括

2.5   决策树的评估

决策树作为一种有监督的无参数机器学习算法，有着与一般机器学习应用一样的流程和评估指标，这里做一些必要的介绍。

决策树模型被构建出来之后，需要建立对应的评估方法来衡量决策树模型的优劣。一般来说，如图 2.33 所示，决策树算法将数据集分为两部分：训练集用来建立模型，测试集用来评估模型。

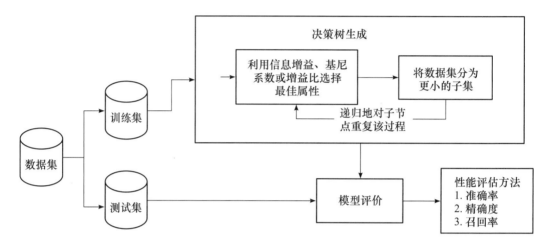

图 2.33   决策树的生成与应用流程

对于二分类问题，我们可以将样本分为正样本（positive）和负样本（negative）两大类。同时，引入 TP、TN、FP、FN 四个计算指标来进行模型评估指标的计算。这四个计算指标中，第一个字母代表模型判断结果是否正确（T 为正确，F 为错误），第二个字母代表模型判断的结果（P 代表正类，N 代表负类）。那么，它们的概念可以归纳如下：

- TP：模型判断的结果正确，且样本为正样本的数量；
- TN：模型判断的结果正确，且样本为负样本的数量；
- FP：模型判断的结果错误，且样本为负样本的数量；
- FN：模型预测的结果错误，且样本为正样本的数量。

接下来，我们介绍混淆矩阵（confusion matrix）的概念。混淆矩阵是用来进行模型评估的一种规范格式，其形式为 $n \times n$ 大小的矩阵。它的每个元素（第 i 行第 j 列）代表第 j 列对应的真实类别被预测为第 i 行对应的预测类别的样本数量。二分类模型对应的混淆矩阵如表 2.21 所示。

表 2.21   混淆矩阵

混淆矩阵		真实类别	
		正类	负类
预测类别	正类	TP	FP
	负类	FN	TN

对以上概念有了认识之后，我们来介绍用来评估决策树的几大指标。注意，以下概念的展

开建立在二分类混淆矩阵的基础上。

- 准确率（accuracy）：模型所有预测正确的样本数占总样本数量的比重。公式表示为：

$$\text{accuracy} = \frac{\text{TP} + \text{TN}}{\text{TP} + \text{FP} + \text{FN} + \text{TN}} \qquad (2.50)$$

- 精确度（precision）：模型所有正确预测为正类的样本占所有预测为正类样本数量的比重。公式表示为：

$$\text{precision} = \frac{\text{TP}}{\text{TP} + \text{FP}} \qquad (2.51)$$

- 召回率（recall）：模型所有正确预测为正类的样本占所有真实为正类样本数量的比重。公式表示为：

$$\text{recall} = \frac{\text{TP}}{\text{TP} + \text{FN}} \qquad (2.52)$$

对于准确率指标，它的值代表了总的预测正确率，但它对于样本分布不均衡的情况却并不能体现出效果。举个例子，数据集中含有95％的正类样本，5％的负类样本，我们将所有样本预测为正类样本，也可以得到95％的准确率。此时，准确率就失去了意义，需要考虑其他更合适的评估指标。对于精确度指标，它解决了总体数据不均衡造成的问题。精确度代表同一类别中预测正确的数量占预测为该类别的比重，体现了各类别的预测精度。对于召回率，它的计算主要是针对原数据集中各类样本而言的。同时，召回率与精确度互相影响：一般召回率越高，精确度越低；精确度高，召回率就会低。在实践中，我们可以通过观察它们的分布情况，尽量同时得到较高的精确度和召回率。

前面提到，我们在决策树算法训练的过程中，将数据集分为不同的部分，各部分用来完成算法中的相应流程，如训练、评估等。那么如何对数据集进行划分以得到最好的效果呢？一般来说，我们将数据集划分为训练集、测试集和验证集（可选）。具体的方法有以下三类：

- 按比例划分：通常取 8∶2、7∶3、6∶4、5∶5 的比例进行划分，将数据集划分为训练集和测试集。使用训练集来训练决策树模型，使用测试集来测试决策树模型的正确率。
- 交叉验证：该方法一般采用 k 折交叉验证，我们将数据集分为 k 个子集，进行 k 次重复训练。在每次训练中，选择一个子集作为测试集，其余作为训练集。最后取 k 次训练的平均正确率。
- 引入验证集：除了将数据集分为训练集和测试集外，再多划分出一个验证集。验证集主要是用来辅助模型的构造，通过验证由训练集得到的模型，选出一个合适的模型，供测试集进行评估。

sklearn 库提供了 classification_report 函数，用来显示分类模型的各个指标，包括精确度、召回率、F-score 值、support 值等信息。该函数可以用来评估生成的决策树模型，其涉及的主要参数及说明如下：

- y_true：存放真实类别的一维数组；
- y_pred：存放分类器预测类别的一维数组；
- target_names：存放所有类别对应显示名称的一维数组；
- sample_weight：存放样本权重的一维数组（可选）。

该函数的用法如下：

```
from sklearn.metrics import classification_report
# 真实类别数组
y_true = [0, 0, 1, 1, 0, 1, 1]
# 预测类别数组
y_pred = [0, 1, 1, 1, 0, 0, 1]
# 类别名称
target_names = ['c0', 'c1']
print(classification_report(y_true, y_pred, target_names= target_names))
```

输出结果如下：

	precision	recall	f1-score	support
c0	0.67	0.67	0.67	3
c1	0.75	0.75	0.75	4
accuracy			0.71	7
macro avg	0.71	0.71	0.71	7
weighted avg	0.71	0.71	0.71	7

在决策树评估过程中，对于混淆矩阵的使用，我们借助二分类的例子进行了说明。那么，当类别个数大于 2 时，会有什么变化呢？对于这种情况，我们只需考虑要计算的目标类，其余类别合并为该目标类之外的类别，这样，多分类决策树模型的评估也就转化成二分类问题，相关指标也可按照二分类问题进行计算。

2.6 决策树的 5 种可视化方法

决策树的可视化展示是决策树分析中的重要支撑工具。本节将讨论在 Python 中实现决策树可视化的 5 种方法。这里只使用分类决策树进行演示，回归决策树的可视化方法一样，只是生成的决策树图形有差异。这 5 种可视化方法分别为：
- 直接使用 matplotlib 绘制决策树。
- 用 sklearn. tree. export_text 方法打印树的文本表示。
- 用 sklearn. tree. plot_tree 方法绘图（需要 matplotlib）。
- 用 sklearn. tree. export_graphviz 方法绘图（需要 graphviz）。
- 用 dtreeviz 包绘制（需要 dtreeviz 和 graphviz）。

我们首先利用 Iris 数据集生成一个决策树，这里直接调用 sklearn 并使用缺省参数来生成。代码如下：

```python
# Chapter02/test_DecisionTreeVisualization.py
# 导入必要 python 包
from matplotlib import pyplot as plt
from sklearn import datasets
from sklearn.tree import DecisionTreeClassifier
from sklearn import tree


# 加载鸢尾花数据集
iris = datasets.load_iris()
X = iris.data
y = iris.target
```

```
# 使用默认参数训练 DecisionTreeClassifier
dt = DecisionTreeClassifier(random_state= 1234)
model = dt.fit(X, y)
```

下面我们分别用五种不同的方法显示生成的决策树。

1. 直接使用 matplotlib 绘制决策树

我们在 tree_plotter.py 中封装了使用 Matplotlib 绘制 dict 数据结构的决策树的方法，代码及可视化效果如本章前面所示。然而，在对 sklearn 的 DecisionTreeClassifier 使用该方法进行可视化时，需要先对核心数据结构进行转化。我们参考 sklearn 官方文档[21]对其 Tree 数据结构的详细介绍，实现代码如下。

```
# Chapter02/test_DecisionTreeVisualization.py
from tree_plotter import tree_plot
from tree_plotter_utils import convert_sklearn_tree_to_dict

feature_names = iris.feature_names
target_names = iris.target_names

dict_tree= convert_sklearn_tree_to_dict(dt,feature_names,target_names)
tree_plot(dict_tree)
```

其中，convert_sklearn_tree_to_dict 函数来源于 tree_plotter_utils.py，具体代码实现如下。

```
# Chapter02/ tree_plotter_utils.py
import numpy as np

def convert_sklearn_tree_to_dict(dt, feature_names= None, target_names= None):
    """将 sklearn 决策树转化成 dict 决策树,支持分类器和回归器
    """
    n_nodes = dt.tree_.node_count
    max_n_classes = dt.tree_.max_n_classes            # > 1为分类树,1为回归树
    children_left = dt.tree_.children_left
    children_right = dt.tree_.children_right
    feature = dt.tree_.feature
    threshold = dt.tree_.threshold
    value = dt.tree_.value
    dict_tree = {"root":{}}                            # 字典 tree

    # 层次遍历 clf.tree_,并创建 dict
    queue = []
    if n_nodes> 0:                                     # 若树不为空
        queue.append((0,dict_tree,"root"))            # 根节点入队列
    while len(queue)> 0:                               # 若队列不为空
        node_id,dict_tree_sub,key_cur = queue.pop(0)

        # 判断是分裂节点还是叶子节点
        is_split_node = children_left[node_id] != children_right[node_id]
        if is_split_node:
            second_dict = {}
            if feature_names is not None:
```

```
                    dict_tree_sub[key_cur] = {feature_names[feature[node_id]]:second_dict}
                else:
                    dict_tree_sub[key_cur] = {"X[{}]".format(feature[node_id]):second_dict}

                key_left = "< = {:.2f}".format(threshold[node_id])
                second_dict[key_left] = {}
                queue.append((children_left[node_id],second_dict,key_left))

                key_right = "> {:.2f}".format(threshold[node_id])
                second_dict[key_right] = {}
                queue.append((children_right[node_id],second_dict,key_right))
            else:
                if max_n_classes> 1: # 分类树
                    index = value[node_id].flatten().tolist().index(np.max(value[node_id]))
                    if target_names is not None:
                        dict_tree_sub[key_cur] = target_names[index]
                    else:
                        dict_tree_sub[key_cur] = "class[{}]".format(index)
                else: # 回归树
                    dict_tree_sub[key_cur] = value[node_id].flatten()[0]


    return dict_tree["root"]
```

输出的可视化效果如图 2.34 所示。

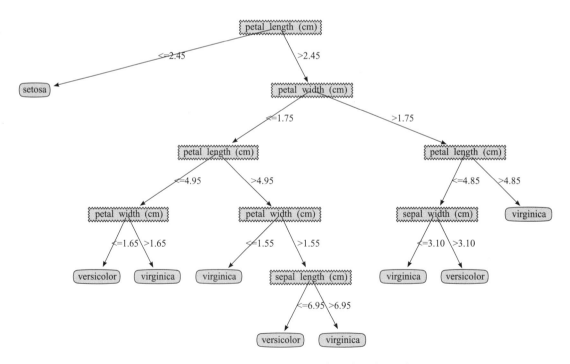

图 2.34   sklearn. tree. export _ text 方法输出效果示例图

如果你想把它保存到文件中，可以用以下代码完成。

```
with open("dict_tree_classifier.log", "w") as fout:
    fout.write(str(dict_tree))
```

2. 用 sklearn.tree.export_text 方法打印树的文本表示

实现代码如下。

```
# Chapter02/test_DecisionTreeVisualization.py
text_representation = tree.export_text(dt)
print(text_representation)
```

输出的可视化效果如图 2.35 所示。

```
>>> text_representation = tree.export_text(clf)
>>> print(text_representation)
|--- feature_2 <= 2.45
|   |--- class: 0
|--- feature_2 >  2.45
|   |--- feature_3 <= 1.75
|   |   |--- feature_2 <= 4.95
|   |   |   |--- feature_3 <= 1.65
|   |   |   |   |--- class: 1
|   |   |   |--- feature_3 >  1.65
|   |   |   |   |--- class: 2
|   |   |--- feature_2 >  4.95
|   |   |   |--- feature_3 <= 1.55
|   |   |   |   |--- class: 2
|   |   |   |--- feature_3 >  1.55
|   |   |   |   |--- feature_0 <= 6.95
|   |   |   |   |   |--- class: 1
|   |   |   |   |--- feature_0 >  6.95
|   |   |   |   |   |--- class: 2
|   |--- feature_3 >  1.75
|   |   |--- feature_2 <= 4.85
|   |   |   |--- feature_1 <= 3.10
|   |   |   |   |--- class: 2
|   |   |   |--- feature_1 >  3.10
|   |   |   |   |--- class: 1
|   |   |--- feature_2 >  4.85
|   |   |   |--- class: 2
```

图 2.35　sklearn.tree.export_text 方法输出效果示例图

如果你想把它保存到文件中，可以用以下代码完成。

```
# Chapter02/test_DecisionTreeVisualization.py
with open("decistion_tree.log", "w") as fout:
    fout.write(text_representation)
```

3. 用 sklearn.tree.plot_tree 方法绘图（需要 matplotlib）

plot_tree 方法在 0.21 版本中被添加到 sklearn。使用它时需要安装 matplotlib。它允许我们很容易地产生树的图形（不需要中间导出到 graphviz），更多关于 plot_tree 参数的信息可以参考它的文档。

用如下语句可以输出决策树的图形。

```
# Chapter02/test_DecisionTreeVisualization.py
fig = plt.figure(figsize= (25,20))
```

```
tree.plot_tree(dt, feature_names= iris.feature_names,
               class_names= iris.target_names,
               filled= True)
plt.show()
```

请注意，在 plot_tree 中使用了 filled＝True。当这个参数被设置为 True 时，该方法使用颜色来表示大部分的类。（如果能有一些与类和颜色相匹配的图例就更好了。）

输出显式的图形如图 2.36 所示。

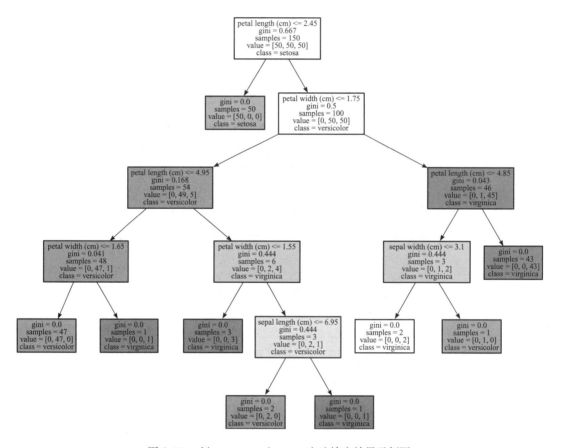

图 2.36   sklearn.tree.plot_tree 方法输出效果示例图

如果你想把它保存到文件中，可以用以下代码完成。

```
# Chapter02/test_DecisionTreeVisualization.py
fig.savefig("decistion_tree.png")
```

4. 用 sklearn.tree.export_graphviz 方法绘图（需要 graphviz）

请确保你已经安装了 graphviz（pip install graphviz）。在 Windows 上，还需要单独安装 graphziv 执行文件（可以在文献［22］下载，并将其加入 PATH 路径中）。要绘制树，首先需要用 export_graphviz 方法将其导出为 DOT 格式（链接到文档）。然后可以在笔记本中绘制，或者保存到文件中。

```
# Chapter02/test_DecisionTreeVisualization.py
import graphviz
# DOT data
dot_data = tree.export_graphviz(dt, out_file= None,
                                feature_names= iris.feature_names,
                                class_names= iris.target_names,
                                filled= True)
# Draw graph
graph = graphviz.Source(dot_data, format= "png")
graph.render("decision_tree_graphivz", view= True)
```

输出如图 2.37 所示。

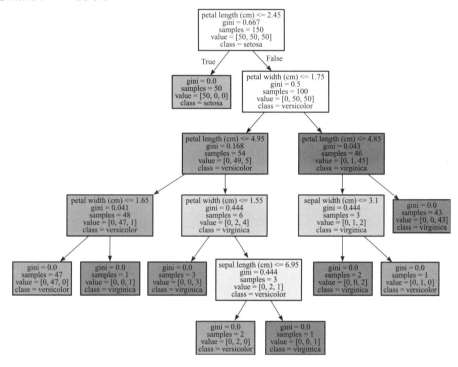

图 2.37　sklearn.tree.export_graphviz 方法输出效果示例图

5. 用 dtreeviz 包绘制（需要 dtreeviz 和 graphviz）

dtreeviz 软件包在 GitHub 上可以找到[23]。使用它时需要安装 graphviz（但不需要在 DOT 文件和图像之间进行手动转换）。

对于 Python 3.6 及以上的环境，只需要在 Anaconda 的 Python 环境中执行以下语句进行安装。

```
pip install dtreeviz            # install dtreeviz for sklearn
pip install dtreeviz[xgboost]   # install XGBoost related dependency
pip install dtreeviz[pyspark]   # install pyspark related dependency
pip install dtreeviz[lightgbm]  # install LightGBM related dependency
```

要绘制树状图，只需运行如下代码。

```
# Chapter02/test_DecisionTreeVisualization.py
from dtreeviz.trees import dtreeviz #  remember to load the package
viz =  dtreeviz(dt, X, y,
                target_name= "target",
                feature_names= iris.feature_names,
                class_names= list(iris.target_names))
viz.view()
```

保存可视化结果可以使用如下语句。

```
# Chapter02/test_DecisionTreeVisualization.py
viz.save("decision_tree.svg")
```

生成的图形是以 SVG 格式保存的，如图 2.38 所示。

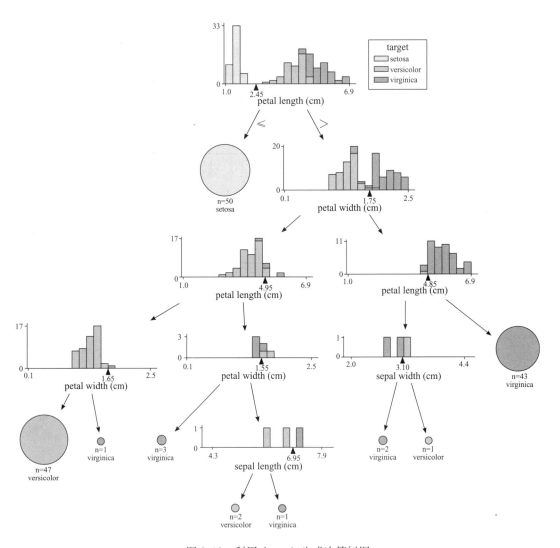

图 2.38   利用 dtreeviz 生成决策树图

2.7　小结

本章主要介绍经典的决策树算法，主要包括 CART、ID3 和 C4.5 算法及其实现。还介绍了如何在经典决策树生成前对样本数据集进行缺失值和连续数据离散化的处理，以及最后对决策树结果的评估和决策树的可视化方法。

CART 算法总是创建一棵二元树（二叉树），这简化了决策树的规模，提高了生成决策树的效率。由于二叉树的特性，CART 运算速度较快。CART 在适用分类算法的同时也能进行回归算法，其中 CART 使用的基尼不纯度量可以减少大量的对数运算。

ID3 算法的核心思想是以信息增益来度量特征选择，选择信息增益最大的特征进行分裂。算法采用自顶向下的贪婪搜索遍历可能的决策树空间。但 ID3 只能处理特征属性为离散数据类型的数据集，且 ID3 不支持剪枝。

相比于 ID3 算法，C4.5 算法使用信息增益率作为划分标准，用于克服信息增益的缺点（信息增益偏向于具有大量取值的特征属性），并且增加了连续特征离散化和缺失值的处理，解决了 ID3 只能处理离散数据的问题。

对于决策树的评估，介绍了经典的 TP、TN、FP、FN 四个计算指标，用于进行模型评估指标的计算。可通过准确率、精确度和召回率指标来反映决策结果的情况，尽量同时得到较高的精确度和召回率。

最后介绍了在 Python 中实现决策树可视化的 5 种方法，以便于更好地分析决策树构建过程。

2.8　参考文献

[1] LOH W Y. Classification and regression trees [J]. Wiley interdisciplinary reviews: data mining and knowledge discovery, 2011, 1 (1): 14-23.

[2] VIDAURRE D, BIELZA C, LARRAÑAGA P. A survey of L1 regression [J]. International Statistical Review, 2013, 81 (3): 361-387.

[3] ROBERTS G, RAO N K, KUMAR S. Logistic regression analysis of sample survey data [J]. Biometrika, 1987, 74 (1): 1-12.

[4] QUINLAN J R. C5. 0: Online tutorial [Z/OL]. www.rulequest.com.

[5] QUINLAN J R. C4. 5: programs for machine learning [M]. Elsevier, 2014.

[6] QUINLAN J R. Improved use of continuous attributes in C4.5 [J]. Journal of artificial intelligence research, 1996, 4: 77-90.

[7] HSSINA B, MERBOUHA A, EZZIKOURI H, et al. A comparative study of decision tree ID3 and C4.5 [J]. International journal of advanced computer science and applications, 2014, 4 (2): 13-19.

[8] 王国胤, 于洪, 杨大春. 基于条件信息熵的决策表约简 [J]. 计算机学报, 2002, 25 (7): 759-766.

[9] 谢宏, 程浩忠, 牛东晓. 基于信息熵的粗糙集连续属性离散化算法 [J]. 计算机学报, 2005, 28 (9): 1570-1574.

[10] 杨明. 决策表中基于条件信息熵的近似约简 [J]. 电子学报, 2007, 35 (11): 2156-2160.

[11] 贾小勇, 徐传胜, 白欣. 最小二乘法的创立及其思想方法 [J]. 西北大学学报: 自然科学版, 2006, 36 (3): 507-511.

[12] 何秀丽. 多元线性模型与岭回归分析 [D]. 武汉: 华中科技大学, 2005.

[13] 谭宏卫, 曾捷. Logistic 回归模型的影响分析 [J]. 数理统计与管理, 2013, 32 (3): 476-485.

[14] KLEINBAUM D G, DIETZ K, GAIL M, et al. Logistic regression [M]. New York: Springer-Verlag, 2002.

［15］HOSMER JR D W，LEMESHOW S，STURDIVANT R X. Applied logistic regression［M］. John Wiley & Sons，2013.

［16］YILDIRIM H，ÖZKALE M R. The performance of ELM based ridge regression via the regularization parameters［J］. Expert systems with applications，2019，134：225-233.

［17］EL-KOKA A，CHA K H，KANG D K. Regularization parameter tuning optimization approach in logistic regression［C］. Proceedings of the 15th international conference on advanced communications technology（ICACT），IEEE，2013：13-18.

［18］PANINSKI L. Estimation of entropy and mutual information［J］. Neural computation，2003，15（6）：1191-1253.

［19］COVER T M，THOMAS J A. Entropy，relative entropy and mutual information［J］. Elements of information theory，1991，2（1）：12-13.

［20］RANSTAM J，COOK J A. LASSO regression［J］. Journal of british surgery，2018，105（10）：1348.

［21］sklearn. plot_unveil_tree_structure［CP/OL］. https：//scikit-learn. org/stable/auto_examples/tree/plot_unveil_tree_structure. html.

［22］Graphviz forum. Graphviz source code［CP/OL］. http：//www. graphviz. org/download/.

［23］parrt. dtreeviz：A python library for decision tree visualization and model interpretation［CP/OL］. https：//github. com/parrt/dtreeviz.

## 第 3 章

决策树的剪枝

剪枝是机器学习和搜索算法中的一种数据压缩技术,通过去除树上非关键和冗余的部分来减少决策树的大小。剪枝降低了最终分类器的复杂度,通过减少过拟合来提高预测精度。

采用严格的停止标准往往会产生对训练集过拟合的大决策树。另一方面,采用宽松的停止标准往往会产生小的、拟合度不足的决策树。为了解决这一难题,Breiman 等人在 1984 年开发了一种允许决策树对训练集过拟合的过程,然后通过删除对泛化精度无贡献的子分支,将过拟合的树剪成一棵较小的树。多种研究中已经表明,剪枝方法可以提高决策树的泛化性能。

剪枝的另一个关键动机是 Bratko 和 Bohanec 提出的"用准确性换取简单性"。当目标是产生一个足够准确、紧凑的概念描述时,剪枝是非常有用的。因为在这个过程中,初始决策树被看作一个完全准确的决策树,所以修剪后的决策树的准确性表明了它与初始树的接近程度。剪枝应该减少树的大小,且不降低交叉验证集所测量的预测精度。有多种剪枝技术,它们在优化决策树性能方面有所不同。大多数剪枝技术对节点进行自上而下或自下而上的遍历。如果剪枝操作提高了某个标准,那么某个节点就会被修剪。

Breiman 和 Gelfand 等人认为剪枝算法在决策树的建立中处于最重要的位置。1984 年,Breiman 在 CART 决策树中使用代价复杂度剪枝(Cost-Complexity Pruning,CCP)方法,该方法将目标函数加入复杂度的衡量标准,然而其复杂度过高。随后,1986 年,Quinlan 提出错误率降低剪枝(Reduced Error Pruning,REP)和悲观错误剪枝(Pesimistic Error Pruning,PEP)算法,PEP 算法是自上而下进行的,它基于训练数据的误差评估,因此不用单独找剪枝数据集。但训练数据也会使错分误差偏向于训练集,因此需要加入修正值 1/2。同年,Niblett T. 和 Bratko I. 提出最小错误剪枝(Minimum Error Pruning,MEP)算法,MEP 算法是自下而上进行的,它与 PEP 方法相近,但是对类的计数处理是不同的。然而,这些剪枝算法并不能提取决策树中的生成规则。规则可以提供强大的基函数来近似高度非线性函数,2008 年提出的 RuleFit 的算法就是从树木中提取规则。随着系数学习和优化算法的发展,2017 年,决策树中的剪枝问题也被定义为稀疏优化问题,新的算法在 RuleFit 的基础上考虑了树的结构。随着各种决策树剪枝算法的成熟,2016 年 Jonathan 等人提出了一种最优剪枝方法,从一系列剪枝方法进行剪枝后得到的树的集合里,找出最优剪枝的决策树。

剪枝过程大致可以分为两种类型:

- 预剪枝(pre-pruning)通过替换决策树生成算法中的停止准则(例如,最大树深度或信息增益大于某一阈值)来实现树的简化。预剪枝方法被认为是更高效的方法,因为它们不会反映整个数据集,而是从一开始就保持小树。预剪枝方法有一个共同的问题,即视界限制效应。一般不希望通过停止准则过早地终止诱导。

- 后剪枝(post-pruning)是简化树的常见方法,用叶子代替中间节点和子树以提高复杂度。后剪枝不仅可以显著减小树的大小,还可以提高未见过的样本数据的分类精度。可能会出现在测试集上的预测准确率变差的问题,但树的分类准确率总体上会提高。

经典的剪枝算法如表 3.1 所示。

表 3.1　各类经典剪枝算法的出处

剪枝算法名称	英文名称	文献出处	发表年代	发明者
代价复杂度剪枝	Cost-Complexity Pruning, CCP	*Classification and Regression Trees*, 3.3 节[1]	1984	L. Breiman
错误复杂度剪枝	Error-Complexity Pruning, ECP	*Classification and Regression Trees*, 8.5.1 节[1]	1984	L. Breiman
悲观错误剪枝	Pessimistic Error Pruning, PEP	*Simplifying Decision Trees*, 2.3 节[14]	1987	Quinlan
错误率降低剪枝	Reduced Error Pruning, REP	*Simplifying Decision Trees*, 2.2 节[14]	1987	Quinlan
最小错误剪枝	Minimum-Error Pruning, MEP	*Learning decision rules in noisy domains*[15]	1987	Niblett, Bratko
临界值剪枝	Critical Value Pruning, CVP	*Expert System-Rule Induction with Statistical Data*[16]　　*An Empirical Comparison of Pruning Methods for Decision Tree Induction*[3]	1987　　1989	John Mingers
最小错误剪枝（修改版）	Minimum-Error Pruning, MEP	*On Estimating Probabilities in Tree Pruning*[17]	1991	B. Cestnik, Bratko
基于错误率的剪枝（PEP 升级版）	Error-Based Pruning, EBP	*C4.5：Programs for Machine Learning*, 4.2 节[18]	1993	Quinlan
基于最小描述长度的剪枝	Minimum Description Length Based Pruning, MDL-BP	*MDL-Based Decision Tree Pruning*[19]	1995	M. Mehta, J. Rissanen, R. Agrawal

3.1　代价复杂度剪枝

3.1.1　CCP 算法的基本原理

代价复杂度剪枝方法在 1984 年 Breiman 的经典 CART 算法中首次提到并使用，是一种后剪枝方法。

假设对于一棵 CART 决策树，$R(T)$ 是决策树误差（代价），$f(T)$ 是一个返回树 T 的叶子集合的函数。α 是一个正则化参数，表示两者的平衡系数，其值越大，树越小，反之树越大。

一棵树的好坏用下式衡量：

$$R_a(T) = R(T) + \alpha |f(T)| \tag{3.1}$$

$$R(T) = \sum_{t \in f(T)} r(t) \cdot p(t) = \sum_{t \in f(T)} R(t) \tag{3.2}$$

其中，$\sum\limits_{t\in f(T)} R(t)$ 表示每个叶子节点所产生的错误分类的误差之和。$p(t)=\dfrac{n(t)}{n}$，$n(t)$ 表示叶子节点 t 所处理的样本记录数，n 表示总的样本记录数。$r(t)=1-\max_k p(C_k-t)$ 表示误分类比例。

对一棵子树进行剪枝的过程如图 3.1 所示。对于待剪枝的决策树 T，将一棵以节点 t 为根节点的子树 T_t 替换为一个叶子节点，得到子树 $T-T_t$，那么，$R_a(T-T_t)-R_a(T)$ 就是剪枝降低决策树复杂度的同时带来的代价变化。

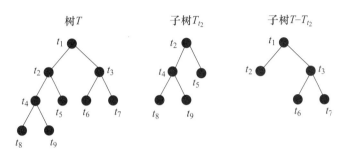

图 3.1　进行剪枝的过程

从式（3.1）和式（3.2）可以得出，

$$R_a(T-T_t)-R_a(T)=R(T-T_t)-R(T)+\alpha(|f(T-T_t)|-|f(T)|)$$
$$=R(t)-R(T_t)+\alpha(1-|f(T_t)|)$$

令 $\alpha'=\dfrac{R(t)-R(T_t)}{|f(T_t)|-1}$，则

$$\alpha=\frac{R(t)-R(T_t)}{|f(T_t)|-1}-\frac{(R_a(T-T_t)-R_a(T))}{|f(T_t)|-1}=\alpha'-\frac{R_a(T-T_t)-R_a(T)}{|f(T_t)|-1}$$
$$\alpha'=\alpha+\frac{R_a(T-T_t)-R_a(T)}{|f(T_t)|-1}$$

也就是说，如果误差增加，α' 也随之增加。

CCP 算法的完整流程如下。

1. 初始化

假设 $\alpha'=0$，CART 算法构建的原始决策树为 T^1 且已经使 $R(T)$ 最小化。

2. 步骤 1

从决策树 T^1 选择分支节点 $t\in T^1$，将以分支节点 t 为根节点的子树替换为叶子节点之后的决策树记为 T_t^1，通过评估子树 $R(t)$ 和决策树 $R(T_t^1)$ 的误差，选择使下式最小化的分支节点 t：

$$g_1(t)=\frac{R(t)-R(T_t^1)}{|f(T_t^1)|-1} \tag{3.3}$$

假设选出的分支节点为 t_1，那么，$\alpha^2=\max\{\alpha^1, g_1(t_1)\}$，新得到的决策树为 $T^2=T^1-T_{t_1}^1$。

3. 步骤 2

从决策树 T^i 选择分支节点 $t\in T^i$，将以分支节点 t 为根节点的子树替换为叶子节点之后的决策树记为 T_t^i，最小化下式：

$$g_i(t) = \frac{R(t) - R(T_t^i)}{|f(T)_t^i| - 1} \tag{3.4}$$

假设选出的分支节点为 t_i，那么 $\alpha^{i+1} = \max\{\alpha^i, g_i(t_i)\}$，新得到的决策树为 $T^{i+1} = T^i - T_{t_i}^i$。

4. 输出

这样，每一个步骤都会生成一个剪枝后的决策树和对应的 α 值。即

- 一系列的决策树 T^i，且有 $T^1 \supseteq T^2 \supseteq \cdots \supseteq T^k \supseteq \cdots \supseteq \{\text{root}\}$。
- 一系列的 α^i 值，且有 $\alpha^1 \leqslant \alpha^2 \leqslant \cdots \leqslant \alpha^k \leqslant \cdots$。

如何选择合适的 α 值，从这一系列的决策树中选择出最后剪枝后的决策树呢？可以使用交叉验证，实现最小化的验证误差，这有助于避免过拟合。

下面我们举一个例子，看看 CCP 算法的具体演算过程。假设原始决策树如图 3.2 所示。左边的原始决策树记为 T^1，分支节点有 t_1、t_2、t_3。右边是每个数据点的坐标位置，有两种类型的数据点，分别为菱形和三角形。

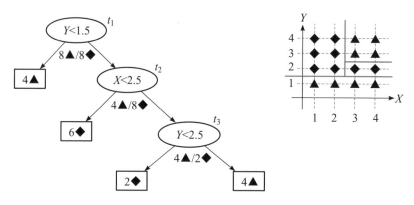

图 3.2 CCP 算法演算过程的原始决策树

初始化时，$\alpha^1 = 0$。第 1 次迭代时，评估剪枝 t_1、t_2 或 t_3 的 $R(t)$、$R(T_t)$ 和 $g(t)$，利用数据点坐标数据进行检测，结果如表 3.2 所示。

表 3.2 第 1 次迭代时 t_1、t_2 和 t_3 所对应的值

t	$R(t)$	$R(T_t)$	$g(t)$
t_1	$\dfrac{8}{16} \cdot \dfrac{16}{16} = \dfrac{8}{16}$	T_{t_1}，所有的叶子节点内复杂度为 0 $R(T_{t_1}) = 0$	$\dfrac{8/16 - 0}{4 - 1} = \dfrac{1}{6}$
t_2	$\dfrac{4}{12} \cdot \dfrac{12}{16} = \dfrac{4}{16}$ （有 12 条记录）	$R(T_{t_2}) = 0$	$\dfrac{4/16 - 0}{3 - 1} = \dfrac{1}{8}$
t_3	$\dfrac{2}{6} \cdot \dfrac{6}{16} = \dfrac{2}{16}$	$R(T_{t_3}) = 0$	$\dfrac{2/16 - 0}{2 - 1} = \dfrac{1}{8}$

从表 3.2 可以看出，取得最小的 $g(t)$ 时，$t = t_2$ 或 $t = t_3$，我们选择剪枝最少的情况，因此，将 t_3 为根节点的子树剪除，得到 $\alpha^2 = g(t_3) = 1/8$。剪枝后的决策树 T^2 如图 3.3 所示。

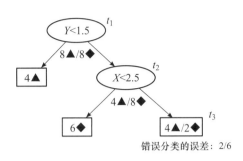 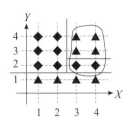

错误分类的误差：2/6

图 3.3　CCP 算法演算过程的第一次剪枝

接下来进行第 2 次迭代，对于决策树 T^2，只有两个分支节点 t_1 和 t_2，同理计算得到表 3.3。

表 3.3　第 2 次迭代时 t_1 和 t_2 所对应的值

t	$R(t)$	$R(T_t)$	$g(t)$
t_1	$\dfrac{8}{16} \cdot \dfrac{16}{16}$	$\dfrac{2}{16}$	$\dfrac{8/16-2/16}{3-1}=\dfrac{6}{32}$
t_2	$\dfrac{4}{12} \cdot \dfrac{12}{16}$	$\dfrac{2}{16}$	$\dfrac{4/16-2/16}{2-1}=\dfrac{1}{8}$

从表 3.3 可以看出，$g(t_2)=1/8$ 为最小，因此将以 t_2 为根节点的子树剪除，得到 $\alpha^3=g(t_2)=1/8$。剪枝后的决策树 T^3 如图 3.4 所示。

接下来进行第 3 次迭代，只有唯一的 t_1 作为候选分支节点，因此剪枝得到决策树 T^4，且

$$\alpha^4=g(t_1)=\frac{\dfrac{8}{16}-\dfrac{4}{16}}{2-1}=\frac{1}{4}$$

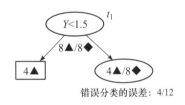

错误分类的误差：4/12

图 3.4　CCP 算法演算过程的最终决策树

这样，我们就有了一系列的决策树 T^1、T^2、T^3、T^4 以及对应的 $\alpha^1=0$、$\alpha^2=1/8$、$\alpha^3=1/8$、$\alpha^4=1/4$，因此，根据选择的 α 值，可以得到代价复杂度最小化的决策树，如果 $0<\alpha\leqslant 1/8$，则可以选择 T^2 或 T^3，如果 $1/8<\alpha\leqslant 1/4$，则选择 T^4。或者通过交叉验证，选择合适的决策树。

接下来，我们结合代价复杂度剪枝的主要代码，一一描述该剪枝算法的过程。

3.1.2　CCP 算法的编程实践

CCP 的测试主程序如代码段 3.1 的第 8~55 行所示。与代码段 2.1 类似，代码段 3.1 的前半部分根据 CART 算法得到对应的决策树。代码段的后半部分在第 41~51 行增加了对 CART 分类树进行 CCP 后剪枝的过程，并且使用剪枝后的决策树模型重新进行性能评估，以及绘制 CCP 后的决策树模型。

代码段 3.1   对 CART 分类树进行 CCP 的测试主程序（源码位于 Chapter03/test_CartClassifierPrune. py）

```
8    from cart import CartClassifier
9    from tree_plotter import tree_plot
10   import numpy as np
11   import csv
12
13
14   """加载数据集
15   """
16   # 加载play_tennis数据集
17   with open("data/play_tennis1.csv", "r", encoding="gbk") as f:
18       text = list(csv.reader(f))
19       feature_names = np.array(text[0][:-1])
20       y_name = text[0][-1]
21       X = np.array([v[:-1] for v in text[1:]])
22       y = np.array([v[-1] for v in text[1:]])
23       X_train, X_test, y_train, y_test = X, X, y, y
24
25   """创建决策树对象
26   """
27   dt = CartClassifier(use_gpu=True)
28
29   """训练
30   """
31   model = dt.train(X_train, y_train, feature_names)
32   print("model=", model)
33   y_pred = dt.predict(X_test)
34   print("y_real=", y_test)
35   print("y_pred=", y_pred)
36   cnt = np.sum([1 for i in range(len(y_test)) if y_test[i]==y_pred[i]])
37   print("right={0},all={1}".format(cnt, len(y_test)))
38   print("accury={}%".format(100.0*cnt/len(y_test)))
39   tree_plot(model)
40
41   """剪枝
42   """
43   model_prune = dt.pruning(X_train, y_train)
44   print("model_prune=", model_prune)
45   y_pred = dt.predict(X_test)
46   print("y_real=", y_test)
47   print("y_pred=", y_pred)
48   cnt = np.sum([1 for i in range(len(y_test)) if y_test[i]==y_pred[i]])
49   print("right={0},all={1}".format(cnt, len(y_test)))
50   print("accury={}%".format(100.0*cnt/len(y_test)))
51   tree_plot(model_prune)
52
53   """结束
54   """
55   print("Finished.")
56
```

在代码段 3.1 中，我们使用 2.2.2 节的"是否打网球"数据集来进行 CART 分类决策树的训练以及 CCP 后剪枝。剪枝前和剪枝后得到的模型评估结果如下。

```
model= {'天气':{'= = 阴天':'是','! = 阴天':{'湿度':{'== 适中':{'风力':{'== 弱':'是','! = 弱':
{'天气':{'== 晴朗':'是','! = 晴朗':'否'}}}},'! = 适中':{'天气':{'== 晴朗':'否','! = 晴朗':{'风
力':{'== 弱':'是','! = 弱':'否'}}}}}}}}
    y_real= ['否' '否' '是' '是' '是' '否' '是' '否' '是' '是' '是' '是' '是' '否']
    y_pred= ['否' '否' '是' '是' '是' '否' '是' '否' '是' '是' '是' '是' '是' '否']
    right= 14,all= 14
    accury= 100.0%
    model_prune= {'天气':{'== 阴天':'是','! = 阴天':{'湿度':{'== 适中':'是','! = 适中':{'天气':
{'== 晴朗':'否','! = 晴朗':{'风力':{'== 弱':'是','! = 弱':'否'}}}}}}}}
    y_real= ['否' '否' '是' '是' '是' '否' '是' '否' '是' '是' '是' '是' '是' '否']
    y_pred= ['否' '否' '是' '是' '是' '否' '是' '否' '是' '是' '是' '是' '是' '否']
    right= 13,all= 14
    accury= 92.85714285714286%
    Finished.
```

由上述输出结果可以看出，与剪枝前的决策树模型相比，进行 CCP 后，树模型的规则得到明显简化，并且预测准确率从 100.0% 下降到 92.9%，提高泛化能力的同时，预测误差在可以接受的范围内。

另外，对比图 3.5 和图 3.6 可以看出，CCP 完全遵从 "奥卡姆剃刀"（Occam's Razor）法则。在面对同一份预测任务时，如果一个简单的决策树模型和一个复杂的决策树模型能够达到非常接近的效果，我们应该选择简单的那个。因为简单的模型预测结果是巧合的概率相对更小，更能反映数据的内在规律，从而提升其泛化能力。

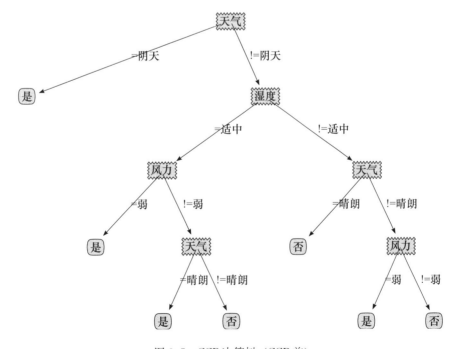

图 3.5　CCP 决策树（CCP 前）

了解了 CCP 的大体流程之后，下面重点介绍剪枝过程的代码，CCP 的主过程如代码段 3.2 的第 307～328 行所示。函数 prunning 主要由四部分组成。第一部分如第 316～319 行所示，主

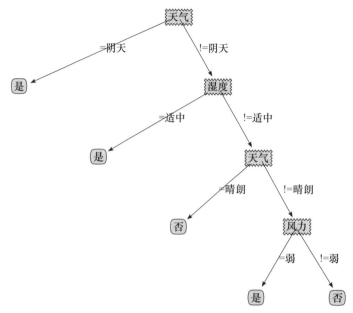

图 3.6　CCP 决策树（CCP 后）

要负责字符串映射，其缘由已经在前面提到。第二部分如第 321～322 行所示，对应前面提到的 CCP 原理，__split_n_best_trees 函数为 CCP 的核心过程，它负责递归生成 n 棵具有最小 $g(t_i)$ 的最优候选剪枝树 $T(i)$，每棵 $T(i)$ 均通过遍历当前树的每个非叶子节点并计算 $g(t_i)$ 得到。第三部分如第 324～325 行所示，负责从上一步得到的 n 棵 $T(i)$ 中筛选出性能最好的树，考虑到模型的泛化性和数据集的大小，在__select_the_best_tree 函数中使用交叉验证进行选优。第四部分如第 327～328 行所示，负责返回 CCP 后性能最优的树。

代码段 3.2　CCP 主过程（源码位于 Chapter03/CartClassifier. py）

```
307    def pruning(self, X, y):
308        """代价复杂度剪枝
309            X: 训练集属性值     numpy.array(float)
310            y: 训练集目标变量  numpy.array(float)
311            return tree: 剪枝后的决策树  dict
312        """
313        if self.tree is None:
314            return None
315
316        # 处理字符串映射
317        X_copy = X.copy()
318        y_copy = y.copy()
319        X_copy, y_copy = self.__deal_value_map(X_copy, y_copy)
320
321        # 递归计算对当前树的每个子树的g(ti)，挑选最小的g(ti)进行剪枝，得到新的T，最终得到n个T
322        trees = self.__split_n_best_trees(X_copy, y_copy)
323
324        # 使用交叉验证选择最优决策树
325        self.tree = self.__select_the_best_tree(trees, X_copy, y_copy)
326
327        # 返回剪枝后的树
328        return self.tree
```

接下来详细分析__split_n_best_trees 函数和__select_the_best_tree 函数。对于__split_n_best_trees 函数，如代码段 3.3 的第 331～348 行所示。它通过调用__split_1_best_tree 函数递归生成 n 棵预测误差最小的树，每一次递归的初始树均为上一次递归得到的最优剪枝树。为了在递归过程中不破坏上一轮得到的最优剪枝树，考虑到 Python 的语言特性，递归传入的初始树应为深拷贝，在这里使用 copy.deepcopy 函数。

代码段 3.3 __split_n_best_trees 函数（源码位于 Chapter03/CartClassifier.py）

```
331    def __split_n_best_trees(self, X, y):
332        """根据g(ti)生成n个误差最小的树
333            X: 训练集属性值 numpy.array(float)
334            y: 训练集目标变量 numpy.array(float)
335            return trees: n个误差最小的树 list(dict)
336        """
337        import copy
338        trees = []
339        # 划分出一棵Ti
340        tree_copy = copy.deepcopy(self.tree)
341        while tree_copy is not None:
342            best_tree = self.__split_1_best_tree(tree_copy, X, y)
343            if best_tree is not None:
344                trees.append(best_tree)
345                tree_copy = copy.deepcopy(best_tree)
346            else:
347                tree_copy = None
348        return trees
```

而在函数__split_1_best_tree 中，如代码段 3.4 的第 351～374 行所示，它负责递归计算 α 值，并且选出 α 值最小的剪枝树。当前树的深度大于 1 时，开始进行 CCP 的迭代剪枝。在每次迭代内部，对每个分支节点进行 $g_i(t)$ 的计算，并选取最小值对应的子树进行剪枝。如果求得的最小 $g_i(t)$ 对应的子树有多个，则优先选取节点数目最多的子树作为修剪的对象。

代码段 3.4 __split_1_best_tree 函数（源码位于 Chapter03/CartClassifier.py）

```
351    def __split_1_best_tree(self, tree, X, y):
352        """计算α值，选出α值最小的剪枝树
353            tree: dict
354            X: 训练集属性值 numpy.array(float)
355            y: 训练集目标变量 numpy.array(float)
356            return subTree: α值最小的剪枝树
357        """
358        dataSet = np.vstack((X.T,y)).T
359        NT = len(dataSet)                         # 计算数据集长度
360        infoSet = []                              # 构建节点信息总集合
361        self.calErrorRatio(tree, list(self.feature_names), dataSet, NT, infoSet) # 计算误差增加率，
                                                                                  # 并生成信息集合
362        if len(infoSet)==0:
363            return None
364        baseValue = 1.0                           # a的比较基准值
365        for i in range(len(infoSet)):
366            if infoSet[i]['a'] < baseValue:       # 先判断误差增加率a，选择最小的子树
367                baseValue = infoSet[i]['a']
368                bestNode = i
369            elif infoSet[i]['a'] == baseValue:    # 如果a值相同，判断节点数目
```

```
370                          if infoSet[i]['NumLeaf'] > infoSet[bestNode]['NumLeaf']:
371                              bestNode = i                    # 选择节点数目最大的子树
372                  infoBran = infoSet[bestNode]
373                  subTree = self.prunBranch(tree, list(self.feature_names), infoBran, dataSet)
                                                                # 剪掉子树，生成剪枝后的决策树
374                  return subTree
```

对于每次迭代中 $g_i(t)$ 的计算，也就是 calErrorRatio 函数，它的核心实现如代码段 3.5 的第 398～405 行所示。该部分主要计算节点 t 的误差率 $R(t)$、节点 t 对应子树 T_t 的误差率 $R(T_t)$、子树叶子节点的数目 $|f(T_t)|$。$g_i(t)$ 的计算采用递归的方法，最终将所有 info 合并成节点信息集合。

代码段 3.5　calErrorRatio 函数（源码位于 Chapter03/CartClassifier.py）

```
377    def calErrorRatio(self, Tree, labels, dataSet, NT, infoSet):
378        """计算非叶节点误差增加率
379        :param Tree:决策树
380        :param labels:特征类别属性
381        :param dataSet:数据集
382        :param NT:数据集总样本数目
383        :param infoSet:所有节点的信息总集合
384        :return:各个节点的信息集:
385                        包括：子树，节点数目，误差增加率和子树分类前特征
386        """
387        firstFeat = list(Tree.keys())[0]                    # 取出tree的第一个键名
388        secondDict = Tree[firstFeat]                        # 取出tree的第一个键值
389        labelIndex = labels.index(firstFeat)                # 找到键名在特征属性的索引值
390        subLabels = labels[:]
391        for keys in secondDict.keys():                      # 遍历第二个字典的键
392            if type(secondDict[keys]).__name__ == 'dict':
393                items = [keys[:2], keys[2:]]                # 该键包含大小关系和切分值
394                subDataSet = self.splitDataSet(dataSet, labelIndex, items)  # 划分数据集
395                info, infoSet = self.calErrorRatio(secondDict[keys],subLabels, subDataSet,
                    NT, infoSet)
396                info.setdefault('keys', keys)              # 在节点信息集中，增加分类前特征
397                infoSet.append(info)
398        Rt = self.nodeError(dataSet) / NT                   # 计算节点误差率
399        RTt = self.leafError(Tree, labels, dataSet) / NT    # 计算子树误差率
400        Nt = self.getNumLeaf(Tree)                          # 计算叶节点数目
401        if Nt == 1:
402            a = 2.0
403        else:
404            a = (Rt - RTt) / (Nt - 1)                       # 计算误差增加率
405        info = {'Tree': Tree, 'NumLeaf': Nt, 'a': a}        # 构建节点信息集
406        return info, infoSet
```

另外，对于 calErrorRatio 函数中涉及的 nodeError、leafError、getNumLeaf、prunBranch、splitDataSet、majorityCnt 函数，在代码段 3.6～3.11 中一一列出，仅供读者参考，由于篇幅原因，在此不做赘述。

代码段 3.6　nodeError 函数（源码位于 Chapter03/CartClassifier.py）

```
409    def nodeError(self, dataSet):
```

```
410          """计算非叶节点的误差
411          :param dataSet:数据集
412          :return:误差
413          """
414          error = 0.0
415          classList = [example[-1] for example in dataSet]
416          majorClass = self.majorityCnt(classList)  # 找到数量最多的类别
417          for i in range(len(dataSet)):          # 游历数据集每个元素，找出正确样本个数
418              if dataSet[i][-1] != majorClass:
419                  error += 1                      # 如果不一致，错误加1
420          return float(error)
```

代码段 3.7　leafError 函数（源码位于 Chapter03/CartClassifier. py）

```
423      def leafError(self, Tree, labels, dataSet):
424          """计算叶节点的误差
425          :param Tree:生成的决策树
426          :param labels:特征类别属性
427          :param dataSet:数据集
428          :return:误差
429          """
430          error = 0.0
431          for i in range(len(dataSet)):          # 游历数据集每个元素，按照决策树分类，与样本类别比较
432              if self.__classify(Tree, np.array(labels), dataSet[i][:-1]) != dataSet[i][-1]:
433                  error += 1                      # 如果不一致，错误加1
434          return float(error)
```

代码段 3.8　getNumLeaf 函数（源码位于 Chapter03/CartClassifier. py）

```
437      def getNumLeaf(self, Tree):
438          """获取叶节点数量
439          :param Tree:决策树
440          :return:返回树的叶节点
441          """
442          numLeafs = 0
443          firstStr = list(Tree.keys())[0]  # 获得第一个键名key
444          secondDict = Tree[firstStr]       # 通过键名key，获取对应键值value
445          for keys in secondDict.keys():    # 对于其中的一个子树
446              # 如果这棵树下还有子树，即其对应的value是字典dict
447              if type(secondDict[keys]).__name__ == 'dict':
448                  # 递归寻找子节点，把节点数目加到总数中
449                  numLeafs += self.getNumLeaf(secondDict[keys])
450              else:  # 如果这棵树已经是叶节点了，即不再包含字典了
451                  numLeafs += 1                  # 递归出口，记录叶节点数增加了1
452          return numLeafs                        # 返回这个树下总的叶节点数目
```

代码段 3.9　prunBranch 函数（源码位于 Chapter03/CartClassifier. py）

```
455      def prunBranch(self, Tree, labels, infoBran, dataSet):
456          """根据误差增加率，剪掉子树
457          :param Tree:决策树
458          :param labels:特征类别属性
459          :param infoBran:需剪掉的子树信息集
460          :param dataSet:数据集
```

```
461            :return:剪枝后的决策树
462            """
463            firstFeat = list(Tree.keys())[0]                # 取出tree的第一个键名
464            secondDict = Tree[firstFeat]                     # 取出tree的第一个键值
465            labelIndex = labels.index(firstFeat)            # 找到键名在特征属性的索引值
466            subLabels = labels[:]
467            for keys in secondDict.keys():                   # 遍历第二个字典的键
468                items = [keys[:2], keys[2:]]                  # 节点的分支条件
469                subDataSet = self.splitDataSet(dataSet, labelIndex, items)  # 划分数据集
470                classList = [example[-1] for example in subDataSet]
471                majorClass = self.majorityCnt(classList)           # 找到数量最多的类别
472                # 如果当前子树分类前特征和子树都和预处理相同，则把该子树剪掉
473                if keys == infoBran['keys'] and secondDict[keys] == infoBran['Tree']:
474                    secondDict[keys] = self.__get_value(majorClass) # 剪掉子树，即返回最大类
475                    return Tree
476                elif type(secondDict[keys]).__name__ == 'dict':       # 如果不相同，继续向下寻找
477                    secondDict[keys] = self.prunBranch(secondDict[keys], subLabels, infoBran, subDataSet)
478            return Tree
```

代码段 3. 10   splitDataSet 函数（源码位于 Chapter03/CartClassifier. py）

```
481    def splitDataSet(self, dataSet, feature, value):
482        """划分数据集，取出该label特征取值为value的所有样本
483        :param dataSet:数据集
484        :param feature:需要提取的特征
485        :param value:相应特征的具体值
486        :return:划分后的数据集
487        """
488        subDataSet = []
489        for data in dataSet:
490            if ("==" == value[0] and self.__get_value(data[feature]) == value[1])\
491                or ("!=" == value[0] and self.__get_value(data[feature]) != value[1]):
492                # 取第i行进subData;
493                subData = data[:]
494                # 相当于把label特征取值剔除，将其他特征取值输出
495                subDataSet.append(subData) # 将每个符合条件的特征列表组成列表集合
496        return subDataSet
```

代码段 3. 11   majorityCnt 函数（源码位于 Chapter03/CartClassifier. py）

```
499    def majorityCnt(self, classList):
500        """投票表决,缺失取值的类别选择多数
501        :param classList:需要投票的类别集
502        :return:数量最多的类别
503        """
504        import operator
505        classCount = {}
506        for vote in classList:
507            if vote not in classCount.keys():
508                classCount[vote] = 0
509            classCount[vote] += 1                  # 统计每种类别的个数
510        sortedClassCount = sorted(classCount.items(), key=operator.itemgetter(1), reverse=True)
511        # items所有数据，key排序第1个域的值，reverse降序或升序
512        return sortedClassCount[0][0]
```

对于__select_the_best_tree 函数，如代码段 3.12 的第 515～544 行所示。在具体实现中，我们采用 K 折交叉验证对__split_n_best_trees 函数得到的 n 棵树进行筛选，第 525 行 K 折的 k 默认取值为 5。在第 522～524 行调用 random.shuffle 函数生成随机序列，在第 526～528 行对随机序列进行 $k=5$ 的划分，接下来在第 529～543 行遍历前面步骤得到的 n 棵树，使用传入的数据集借助划分好的随机序列进行 K 折交叉验证，选出具有最高预测准确率的树模型，并在第 544 行将其返回。

代码段 3.12 __select_the_best_tree 函数（源码位于 Chapter03/CartClassifier.py）

```
515    def __select_the_best_tree(self, trees, X, y):
516        """使用K-Fold交叉验证选出trees中泛化能力最强的树
517            trees: 多棵CCP的候选决策树 dict
518            X: 训练集属性值 numpy.array(float)
519            y: 训练集目标变量 numpy.array(float)
520            return tree: CCP的最佳决策树 dict
521        """
522        import random
523        indexs = list(range(len(X)))
524        random.shuffle(indexs)
525        kfold = 5
526        cnt = [int(len(X)/kfold) for i in range(kfold)]
527        for i in range(len(X)-int(len(X)/kfold)*kfold):
528            cnt[i] += 1
529        best_accurys = []
530        for k in range(len(trees)):
531            accurys = []
532            for i in range(kfold):
533                cur_indexs = np.array([True for v in indexs])
534                for j in range(sum(cnt[:i]), sum(cnt[:i+1])):
535                    cur_indexs[j] = False
536                x_test = X[cur_indexs == True]
537                y_test = y[cur_indexs == False]
538                self.tree = trees[k]
539                y_pred = self.predict(x_test)
540                accury=np.sum([1 for i in range(len(y_test)) if y_test[i]==y_pred[i]])/len(y_test)
541                accurys.append(accury)
542            best_accurys.append(np.mean(accurys))
543        best_index = best_accurys.index(max(best_accurys))
544        return trees[best_index]
```

以上即为代价复杂度剪枝在 CART 分类树中的应用。

3.1.3 基于 sklearn 的 CCP 示例

Iris 数据集是常用的分类实验数据集，由 Fisher 收集整理[20-22]。Iris 也称鸢尾花卉数据集，是一类多重变量分析数据集。数据集包含 150 个数据样本，分为 3 类，每类 50 个数据，每个数据包含 4 个属性。可通过 Sepal.Length（花萼长度）、Sepal.Width（花萼宽度）、Petal.Length（花瓣长度）、Petal.Width（花瓣宽度）4 个属性预测鸢尾花卉属于 Iris Setosa（山鸢尾）、Iris Versicolour（杂色鸢尾）、Iris Virginica（维吉尼亚鸢尾）三个种类中的哪一类。Iris 数据集的实际数据如表 3.4 所示。

表 3.4   Iris 数据集

花萼长度	花萼宽度	花瓣长度	花瓣宽度	品种
5.1	3.5	1.4	0.2	山鸢尾
4.9	3	1.4	0.2	山鸢尾
5.3	3.7	1.5	0.2	山鸢尾
5	3.3	1.4	0.2	山鸢尾
...	...	...	...	山鸢尾
7	3.2	4.7	1.4	杂色鸢尾
6.4	3.2	4.5	1.5	杂色鸢尾
6.9	3.1	4.9	1.5	杂色鸢尾
...	...	...	...	杂色鸢尾
6.3	3.3	6	2.5	维吉尼亚鸢尾
5.8	2.7	5.1	1.9	维吉尼亚鸢尾
7.1	3	5.9	2.1	维吉尼亚鸢尾
6.3	2.9	5.6	1.8	维吉尼亚鸢尾
6.5	3	5.8	2.2	维吉尼亚鸢尾
7.6	3	6.6	2.1	维吉尼亚鸢尾
6.5	3	5.2	2	维吉尼亚鸢尾
6.2	3.4	5.4	2.3	维吉尼亚鸢尾
...	...	...	...	维吉尼亚鸢尾

接下来，我们使用 Iris 数据集演示 sklearn 提供的 CART 树模型的 CCP 剪枝过程。首先进行 Iris 数据集的加载和 DecisionTreeClassifier 模型的训练，如代码段 3.13 的第 8～38 行所示。其中，第 8～14 行导入 sklearn 中的决策树分类器类 DecisionTreeClassifier、公用数据集 datasets、模型划分函数 train_test_split、模型预测准确率计算函数 accuracy_score、科学计算库 numpy、绘图库 matplotlib，以及基于 graphviz 库的自定义的决策树绘图包 ExportModel 类。第 16～24 行加载 sklearn 提供的公用数据集 Iris，并且对其按照 7∶3 的比例划分成训练集和测试集。第 26～38 行对 DecisionTreeClassifier 决策树对象进行训练、模型评估以及模型可视化。

代码段 3.13   DecisionTreeClassifier 数据集加载与模型训练（源码位于 Chapter03/test_CartClassifierPruneSklearn.py）

```
8    from sklearn.tree import DecisionTreeClassifier
9    from sklearn import datasets
10   from sklearn.model_selection import train_test_split
11   from sklearn.metrics import accuracy_score
12   import numpy as np
13   import matplotlib.pyplot as plt
14   from tree_export import ExportModel
15
16   """加载数据集
17   """
18   # 加载iris数据集
19   iris = datasets.load_iris()
20   X = iris.data
21   y = iris.target
22   X_train,X_test,y_train,y_test = train_test_split(X, y, test_size=0.3, random_state=0)
```

```
23    feature_names = iris.feature_names
24    target_names = iris.target_names
25
26    """训练
27    """
28    dt = DecisionTreeClassifier(criterion="gini")
29    model = dt.fit(X_train, y_train)
30    print("model=", model)
31    y_pred = dt.predict(X_test)
32    print("y_real=", y_test)
33    print("y_pred=", y_pred)
34    cnt = np.sum([1 for i in range(len(y_test)) if y_test[i]==y_pred[i]])
35    print("right={0},all={1}".format(cnt, len(y_test)))
36    print("accury={}%".format(100.0*cnt/len(y_test)))
37    ExportModel().export_desiontree_to_file(dt, "DecisionTreeClassifier", "png",
38                                          feature_names, target_names, max_depth=None)
```

上述代码生成的完全 CART 树在测试集中的预测准确率为 97.8%，模型结构的可视化效果如图 3.7 所示。

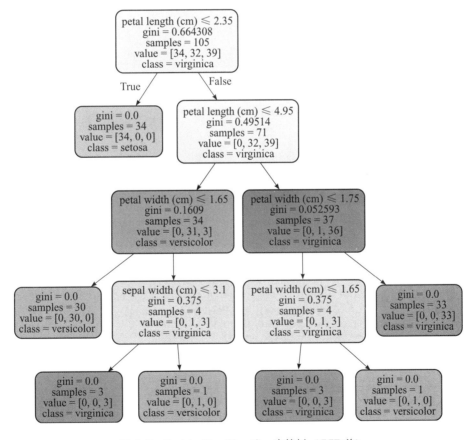

图 3.7　DecisionTreeClassifier 决策树（CCP 前）

然后是 DecisionTreeClassifier 的 CCP 剪枝过程，如代码段 3.14 的第 40~78 行所示。sklearn 的 CCP 剪枝过程分成四步执行。第一步，在第 42~45 行使用 cost_complexity_pruning_path 函数计算 CCP 剪枝得到的 α 值；第二步，在第 47~57 行计算不同 α 值对应的训练集预测准确率和测试集预测准确率；第三步，在第 59～66 行绘制曲线图分析 α 值与训练集预测准确率和测试集预测准确率的关系，运行效果如图 3.8 所示；第四步，观察第三步得到的图 3.8，并结合第一步计算的 α 值，我们可以看出，当 α 值为 0.01428571 时，得到的决策树模型对训练集和测试集的预测性能都比较高，因此将该值代入 DecisionTreeClassifier 模型重新进行训练，得到 CPP 算法剪枝后的 CART 决策树。

代码段 3.14　DecisionTreeClassifier 的 CCP 过程（源码位于 Chapter03/test_CartClassifierPruneSklearn.py）

```
40    """剪枝
41    """
42    # 1.计算CCP剪枝的α值
43    model_prune = dt.cost_complexity_pruning_path(X_train, y_train)
44    cpp_alphas = model_prune['ccp_alphas']
45    print("model_prune['ccp_alphas']=", cpp_alphas)
46
47    # 2.计算不同α值对应的训练集预测准确率和测试集预测准确率
48    accuracy_train,accuracy_test = [],[]
49    for v in cpp_alphas:
50        tree = DecisionTreeClassifier(criterion="gini", ccp_alpha=v)
51
52        tree.fit(X_train, y_train)
53        y_train_pred = tree.predict(X_train)
54        y_test_pred = tree.predict(X_test)
55
56        accuracy_train.append(accuracy_score(y_train, y_train_pred))
57        accuracy_test.append(accuracy_score(y_test, y_test_pred))
58
59    # 3.绘图分析α值与训练集预测准确率和测试集预测准确率的关系
60    plt.figure(1)
61    plt.xlabel('cpp_alpha')
62    plt.ylabel('accuracy')
63    plt.plot(cpp_alphas,accuracy_train,label='accuracy_train')  #设置曲线的类型
64    plt.plot(cpp_alphas,accuracy_test,color='red',linewidth=1.0,linestyle='--',label='accuracy_test')
65    plt.legend(loc='upper right') # 绘制图例
66    plt.show()
67
68    # 4.选取最优的α值训练模型并且可视化
69    dt_prune = DecisionTreeClassifier(criterion="gini", ccp_alpha=0.01428571)
70    dt_prune.fit(X_train, y_train)
71    y_pred = dt_prune.predict(X_test)
72    print("y_real=", y_test)
73    print("y_pred=", y_pred)
74    cnt = np.sum([1 for i in range(len(y_test)) if y_test[i]==y_pred[i]])
75    print("right={0},all={1}".format(cnt, len(y_test)))
76    print("accury={}%".format(100.0*cnt/len(y_test)))
77    ExportModel().export_desiontree_to_file(dt_prune, "DecisionTreeClassifierPrune", "png",
78                                            feature_names, target_names, max_depth=None)
```

上述代码得到的经过 CCP 剪枝的 CART 树在测试集中的预测准确率依然为 97.8%，模型结构的可视化效果如图 3.9 所示。明显可以看出，经过 CCP 的 CART 树模型结构大大简化，并且预测性能变化不大。

最后简单介绍一下我们自定义的决策树绘图包 ExportModel 类，如代码段 3.15 的第 8～70 行所示。ExportModel 类对外提供的绘图接口为 export_desiontree_to_file，在该接口内部基于 sklearn.tree 的 export_graphviz 函数实现 sklearn 决策树模型的绘制，并且基于 pydotplus 库的

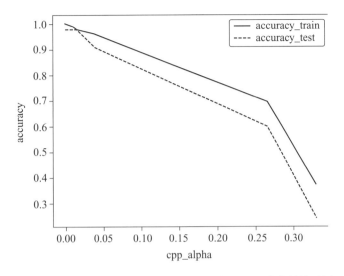

图 3.8 α 值与训练集预测准确率和测试集预测准确率的关系图

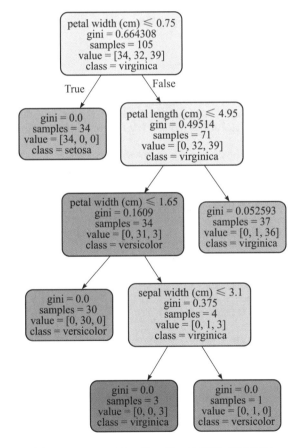

图 3.9 DecisionTreeClassifier 决策树（CCP 后）

graph_from_dot_data 函数实现 dot 格式到 png、svg、pdf 等格式文件的转换。

以上即为基于 sklearn 的 CCP 剪枝实例。

代码段 3.15   决策树绘图包 ExportModel 类（源码位于 Chapter03/tree_export. py）

```
 8    import pydotplus
 9    from sklearn import tree
10
11    class ExportModel(object):
12        ''' 功能：
13                导出训练的模型为可视化文件
14            使用示例：
15                feature_names = ['x', 'y', 'z', 'd']
16                class_names = ['0', '1', '2'] # 分类树
17                # class_names = None # 回归树
18                ExportModel().export_desiontree_to_file(estimator, #训练模型
19                                        file_name="dt", #文件名称
20                                        file_type="jpg", #文件类型
21                                        feature_name_array=feature_names,
22                                        class_name_array=class_names)
23        '''
24        def __init__(self):
25            pass
26
27
28        def export_desiontree_to_file(self, dt, file_name="dt", file_type="svg",
29                                    feature_name_array=None, class_name_array=None,
30                                    max_depth=None):
31            ''' 参数说明：
32                1. dt必须为sklearn的决策树模型
33                2. file_name必须为字符串类型
34                3. file_tpye={"svg","png","pdf","jpg","dot"}
35                4. feature_name_array为list类型或空
36                5. class_name_array为list类型或空（仅针对分类树，回归树使用None）
37                6. max_depth 绘制的决策树最大深度，默认为None（全部绘制）
38            '''
39            doc = self.__setgraph(dt,feature_name_array,class_name_array,max_depth)
40            graph = pydotplus.graph_from_dot_data(doc)
41
42            if file_type == "svg":
43                graph.write_svg(file_name + '.svg')
44            elif file_type == "png":
45                graph.write_png(file_name + '.png')
46            elif file_type == "pdf":
47                graph.write_pdf(file_name + '.pdf')
48            elif file_type == "jpg":
49                graph.write_jpg(file_name + '.jpg')
50            elif file_type == "dot":
51                graph.write_dot(file_name + '.dot')
52            else:
53                raise("Invalid type : %s !" %file_type)
54
55
56        def __setgraph(self, decion_tree, feature_name_array, class_name_array, max_depth):
57            """ 设置绘制内容和格式
58            """
59            doc = tree.export_graphviz(
60                decision_tree = decion_tree #决策树训练模型
61                ,out_file=None #输出文件
62                ,max_depth=max_depth #绘制的决策树最大深度
63                ,feature_names = feature_name_array #特征名称
64                ,class_names = class_name_array #类别名称
65                ,filled=True #是否填充颜色
66                ,rounded=True #设置为圆角矩形
```

```
67            ,special_characters=True #兼容特殊字符
68            ,precision=6 #有效数字位数，默认为3
69            )
70      return doc
```

3.2 错误率降低剪枝

3.2.1 REP 算法的基本原理

错误率降低剪枝法属于后剪枝算法，由 Quinlan 提出，是一种简单的剪枝方法。

在该方法中，可用的数据被分成两个样例集合：一个训练集用来形成学习到的决策树，一个分离的验证集用来评估这个决策树在后续数据上的精度，确切地说是用来评估修剪决策树的效果。这种方法的动机是：即使学习器可能会被训练集中的随机错误和巧合规律所误导，但验证集合不大可能表现出同样的随机波动，所以验证集可以用来对过拟合训练集中的虚假特征提供防护检验。

其思路是自底向上，从已经构建好的完全决策树中找出一个子树，然后用子树的根节点代替这棵子树，作为新的叶子节点。叶子节点所表示的类别通过大多数原则确定，这样就构建出一个简化版决策树。然后使用交叉验证数据集来测试简化版本的决策树，看其错误率是不是降低了。如果错误率降低了，则可以用这个简化版的决策树来代替完全决策树，否则还采用原来的决策树。遍历所有的子树，直到针对交叉验证数据集无法进一步降低错误率为止。这虽然是一种有点朴素的修剪方法，但其具有速度快和简单的优点。

该剪枝方法考虑将决策树上的每个分支节点作为修剪的候选对象，决定是否修剪这个分支节点由如下步骤组成：

1）删除以此节点为根的子树；

2）使其成为叶子节点；

3）赋予该叶子节点关联的训练数据的类别为属于此叶子节点的所有样本数据中最常见的分类；

4）当修剪后的树对于验证集合的性能不会比原来的树差时，才真正删除该节点。

训练集合的过拟合使得验证集合数据能够对其进行修正，反复进行上面的操作，自底向上地处理节点，删除那些能够最大限度地提高验证集合的精度的节点，直到进一步修剪有害为止（有害是指修剪会降低验证集合的精度）。

REP 是最简单的后剪枝方法之一，不过由于使用了独立的测试集，与原始决策树相比，修改后的决策树可能偏向于过度修剪，这是因为训练数据集中存在的特性在剪枝过程中都被忽略了，当剪枝数据集比训练数据集小得多时，这个问题特别值得注意。尽管 REP 有这个缺点，不过 REP 仍然可作为一种基准来评价其他剪枝算法的性能。由于验证集合没有参与决策树的创建，所以用 REP 剪枝后的决策树对于测试样例的偏差要好很多，能够解决一定程度的过拟合问题。

下面以图 3.10 为例说明 REP 方法如何对决策树进行剪枝。图 3.11a 为剪枝数据集，图 3.11b 和图 3.11c 显示的是基于 REP 方法，使用图 3.11a 剪枝数据集裁剪决策树的部分过程。根据图 3.10，图 3.11 中的每个节点对剪枝数据集的分类误差在括号中表示。在遍历树的过程中，采用自底向上的方式，该方式可以保证剪枝后的结果是关于剪枝数据集的具有最小误差的最小剪枝树。

以图 3.11b 为例，节点 t_4 本身关于剪枝数据集的误差为 0，而它的子树 t_8 和 t_9 的误差之和为 1。根据 REP 算法，则节点 t_4 被转换为叶子，如图 3.11c 所示，余下的剪枝过程同上。

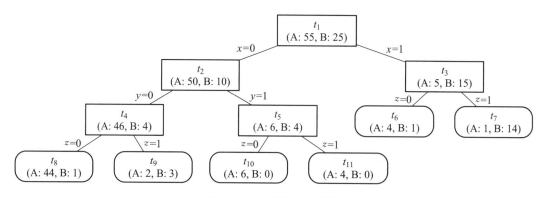

图 3.10　未剪枝的决策树

x	y	z	class
0	0	1	A
0	1	1	B
1	1	0	B
1	0	0	B
1	1	1	A

a）剪切数据集

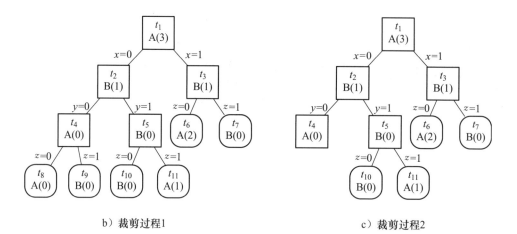

b）裁剪过程1　　　　　　　　　c）裁剪过程2

图 3.11　REP 示例

3.2.2　REP 算法的编程实践

下面结合代码来讲解 REP 的详细过程。首先看 REP 剪枝的主测试程序，如代码段 3.16 的第 8～54 行所示。与代码段 3.1 不同的是：第 15～22 行加载了 sklearn 的 iris 数据集，并且使用 sklearn 的 train_test_split 函数对 iris 进行"训练集∶测试集＝7∶3"的随机划分。另外，第 26 行创建 c45 包中的 C45Classifier 对象，第 42 行调用 C45Classifier 的 pruning_rep 函数进行 REP 剪枝，由于 REP 是基于训练集和验证集的最简单的决策树剪枝算法，在这里需要传入训练集和测试集两组参数。

代码段 3.16　REP 主测试程序（源码位于 Chapter03/test_C45ClassifierPruneREP.py）

```
8   from c45 import C45Classifier
9   from tree_plotter import tree_plot
10  import numpy as np
11  from sklearn import datasets
12  from sklearn.model_selection import train_test_split
13
14
15  """加载数据集
16  """
17  # 加载iris数据集
18  iris = datasets.load_iris()
19  X = iris.data
20  y = iris.target
21  X_train,X_test,y_train,y_test = train_test_split(X, y, test_size=0.3, random_state=0)
22  feature_names = np.array(iris.feature_names)
23
24  """创建决策树对象
25  """
26  dt = C45Classifier(use_gpu=True)
27
28  """训练
29  """
30  model = dt.train(X_train, y_train, feature_names)
31  print("model=", model)
32  y_pred = dt.predict(X_test)
33  print("y_real=", y_test)
34  print("y_pred=", y_pred)
35  cnt = np.sum([1 for i in range(len(y_test)) if y_test[i]==y_pred[i]])
36  print("right={0},all={1}".format(cnt, len(y_test)))
37  print("accury={}%".format(100.0*cnt/len(y_test)))
38  tree_plot(model)
39
40  """剪枝
41  """
42  model_prune = dt.pruning_rep(X_train, y_train, X_test, y_test)
43  print("model_prune=", model_prune)
44  y_pred = dt.predict(X_test)
45  print("y_real=", y_test)
46  print("y_pred=", y_pred)
47  cnt = np.sum([1 for i in range(len(y_test)) if y_test[i]==y_pred[i]])
48  print("right={0},all={1}".format(cnt, len(y_test)))
49  print("accury={}%".format(100.0*cnt/len(y_test)))
50  tree_plot(model_prune)
51
52  """结束
53  """
54  print("Finished.")
55
```

在上述代码中，我们使用 REP 算法对 iris 数据集生成的 C4.5 分类树模型进行后剪枝，剪枝前和剪枝后得到的模型评估结果如下。

```
    model= {'petal length(cm)':{'<= 2.35':0,'> 2.35':{'petal length(cm)':{'<= 4.95':{'petal
width(cm)':{'<= 1.65':1,'> 1.65':{'sepal width(cm)':{'<= 3.10':2,'> 3.10':1}}}},'> 4.95':
{'petal length(cm)':{'<= 5.05':{'sepal length(cm)':{'<= 6.50':2,'> 6.50':1}},'> 5.05':2}}}}}}
    y_real= [2 1 0 2 0 2 0 1 1 1 2 1 1 1 1 0 1 1 0 0 2 1 0 0 2 0 0 1 1 0 2 1 0 2 2 1 0 1 1 1 2 0 2 0 0]
    y_pred= [2 1 0 2 0 2 0 1 1 1 2 1 1 1 1 0 1 1 0 0 2 1 0 0 2 0 0 1 1 0 2 1 0 2 2 1 0 2 1 1 2 0 2 0 0]
    right= 44,all= 45
    accury= 97.77777777777777%
    model_prune= {'petal length(cm)':{'<= 2.35':0,'> 2.35':{'petal length(cm)':{'<= 4.95':
{'petal width(cm)':{'<= 1.65':1,'> 1.65':{'sepal width(cm)':{'<= 3.10':2,'> 3.10':1}}}},
'> 4.95':2.0}}}}
    y_real= [2 1 0 2 0 2 0 1 1 1 2 1 1 1 1 0 1 1 0 0 2 1 0 0 2 0 0 1 1 0 2 1 0 2 2 1 0 1 1 1 2 0 2 0 0]
    y_pred= [2. 1. 0. 2. 0. 2. 0. 1. 1. 1. 2. 1. 1. 1. 1. 0. 1. 1. 0. 0. 2. 1. 0. 0. 2. 0. 0. 1. 1. 0. 2. 1.
0. 2. 2. 1. 0. 2. 1. 1. 2. 0. 2. 0. 0.]
    right= 44,all= 45
    accury= 97.77777777777777%
    Finished.
```

由上述输出结果可以看出，与剪枝前的决策树模型相比，进行 REP 后，树模型的规则得到明显简化，并且预测准确率始终保持在 97.8%，提高泛化能力的同时，针对测试集而言预测误差没有发生明显变化。但是针对训练集而言由于剪掉了某个分支，其预测准确率必定小幅度下降，经测试发现，其预测准确率从 100% 下降到了 99%，完全符合 REP 剪枝的原理。

另外，对比图 3.12 和图 3.13 可以直观地看出，REP 对 C4.5 决策树的模型结构起到了非常重要的简化作用，大大提高了泛化能力。

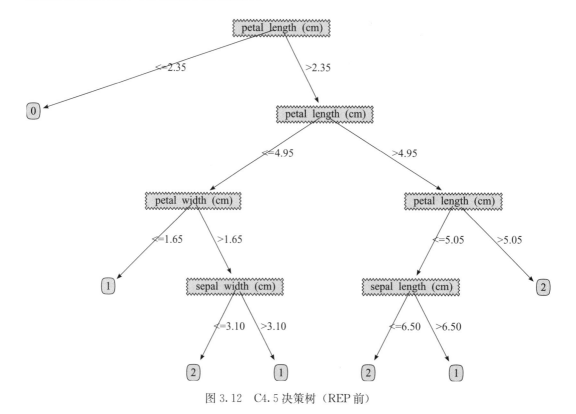

图 3.12   C4.5 决策树（REP 前）

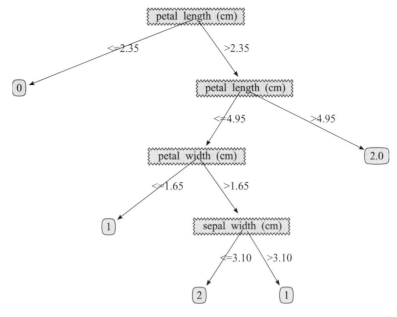

图 3.13　C4.5 决策树（REP 后）

了解了 REP 的大体流程之后，下面重点介绍 REP 过程的代码，其主过程如代码段 3.17 的第 711~734 行所示。

代码段 3.17　REP 剪枝函数（源码位于 Chapter03/c45.py）

```
711    def pruning_rep(self, X_train, y_train, X_test, y_test):
712        """错误率降低剪枝
713            X_train: 训练集属性值 numpy.array(float)
714            y_train: 训练集目标变量 numpy.array(float)
715            X_test: 训练集属性值 numpy.array(float)
716            y_test: 训练集目标变量 numpy.array(float)
717            return tree: 剪枝后的决策树 dict
718        """
719        if self.tree is None:
720            return None
721
722        # 处理字符串映射
723        X_train_copy, y_train_copy = X_train.copy(), X_train.copy()
724        X_test_copy, y_test_copy = X_test.copy(), y_test.copy()
725        X_train_copy, y_train_copy = self.__deal_value_map(X_train_copy, y_train_copy)
726        X_test_copy, y_test_copy = self.__deal_value_map(X_test_copy, y_test_copy)
727        trainSet = np.vstack((X_train_copy.T, y_train_copy)).T
728        testSet = np.vstack((X_test_copy.T, y_test_copy)).T
729
730        # REP剪枝
731        self.tree = self.__rep_prune(self.tree, trainSet, testSet)
732
733        # 返回剪枝后的树
734        return self.tree
```

在 REP 的剪枝函数 pruning_rep 中，整体的流程思想是递归。对于当前的数据集，我们选择最优划分属性，并对由该属性划分得到的子树递归进行剪枝操作。自底向上对分支节点进行判断，若节点剪枝前的测试集错误划分数大于剪枝后的测试集错误划分数，则进行剪枝，返回该分支节点对应的叶子节点，反之不进行剪枝。更详细的过程可参考代码段 3.18 的 REP 过程。

代码段 3.18　__rep_prune 函数（源码位于 Chapter03/c45.py）

```
737    def __rep_prune(self, Tree, trainSet, testSet):
738        """将决策树按照REP规则进行剪枝
739           Tree: 当前子树 dict
740           trainSet: 训练集 numpy.array(float)
741           testSet: 训练集目标变量 numpy.array(float)
742           return tree: 剪枝后的决策树 dict
743        """
744        # 后序遍历并修剪Tree
745        import copy
746        Tree_list = []
747        labels = self.feature_names.tolist()
748        classList = [example[-1] for example in trainSet]
749        majorClass = self.majorityCnt(classList)              # 找到数量最多的类别
750        firstFeat = list(Tree.keys())[0]                      # 取出Tree的第一个键名
751        secondDict = Tree[firstFeat]                          # 取出Tree第一个键值
752        labelIndex = labels.index(firstFeat)                 # 找到键名在特征属性的索引值
753        for keys in secondDict.keys():                        # 遍历第二个字典的键
754            if type(secondDict[keys]).__name__ == 'dict':
755                subDataSet = self.splitDataSet(trainSet, labelIndex, keys)  # 划分数据集
756                subTreeTemp = secondDict[keys] # 暂存被剪掉的子树
757                secondDict[keys] = majorClass # 剪枝成叶节点
758                Tree_list.append(copy.deepcopy(self.tree))
759                secondDict[keys] = subTreeTemp # 将叶节点还原成子树
760                best_tree = self.__rep_prune(secondDict[keys], subDataSet, testSet)
761                if best_tree is not None:
762                    Tree_list.append(copy.deepcopy(best_tree))
763        if len(Tree_list)==0:
764            return None
765
766        # 选出最优修剪树
767        cur_tree = self.tree
768        best_i, best_accury = -1,-1.0
769        X_test = testSet[:, :-1]
770        y_test = testSet[:, -1]
771        for i in range(1, len(Tree_list)):
772            self.tree = Tree_list[i]
773            y_pred = self.predict(X_test)
774            cnt = np.sum([1 for i in range(len(y_test)) if y_test[i]==y_pred[i]])
775            accury = 100.0*cnt/len(y_test)
776            if accury > best_accury:
777                best_i,best_accury = i,accury
778        self.tree = cur_tree
779
780        # 返回剪枝后的树
781        return Tree_list[best_i]
```

在 __rep_prune 函数中，按照 REP 的算法流程，代码主要由三部分组成。第一部分采用递归的思想后序遍历并修剪 C4.5 决策树，从而实现自下而上的剪枝过程，为了与原始决策树模型匹配，在这里使用训练集根据树模型的规则进行划分，如第 744～764 行所示。第二部分使用测试集作为验证集对第一部分得到的剪枝树进行性能评估，并且选出具有最优预测性能的剪枝树，如第 766～778 行所示。第三部分如第 780～781 行所示，返回当前递归层次得到的最优剪枝树。

以上即为 REP 在 C4.5 分类树中的应用。

3.3 悲观错误剪枝

3.3.1 PEP 算法的基本原理

悲观错误剪枝（PEP）是 Quinlan 为了克服 REP 方法需要独立剪枝数据集的缺点而提出的，它不需要分离的剪枝数据集。1997 年 Floriana Esposito 对 PEP 算法做了适当修改，这里介绍的是修改后的版本。

悲观错误剪枝根据剪枝前后的错误率来判定子树的修剪。由于我们还是用生成决策树时的训练样本，因此对于每个节点剪枝后的错误分类率一定是会上升的。该方法引入了统计学上连续修正（continuity correction）的概念来弥补 REP 中的缺陷，在评价子树的训练错误公式中添加了一个常数，以提高对未来样本数据的预测可靠性。

假设用 $n(t)$ 表示节点 t 覆盖的样本总个数，节点 t 中类别 i 的样本个数为 $n_i(t)$，用 $e(t)$ 表示节点 t 覆盖的错误样本个数，即 t 中不属于节点 t 所标识类别的样本数。以节点 t 为根的子树表示为 T_t，T_1 为子树 T 的所有内部节点（非叶子节点）的集合，T_2 为子树 T 的所有叶子节点的集合，T_3 为 T 的所有节点的集合，那么 $T_3 = T_1 \bigcup T_2$。假设 $r(T_t)$ 表示子树 T_t 引起的分类错误率，$r(t)$ 表示只由节点 t 构成子树时的分类错误率，即节点 t 作为叶子节点时的分类错误率，则

$$r(t) = \frac{e(t)}{n(t)}$$

表示节点 t 上的分类错误率，也就是对以节点 t 为根的子树 T_t 进行剪枝后所得的分类错误率。

$r(T_t)$ 表示子树 T_t 上的分类错误率，计算方式如下。

$$r(T_t) = \frac{\sum\limits_{s \in T_2} e(s)}{\sum\limits_{s \in T_2} n(s)} \tag{3.5}$$

把一棵子树（具有多个叶子节点）的分类用一个叶子节点来替代的话，在训练集上的错误分类率肯定会上升，但是在新数据上则不一定。于是我们需要为子树的误判计算加上一个经验性的惩罚因子。对于叶子节点 t，它覆盖了 $n(t)$ 个样本，其中有 $e(t)$ 个错误，那么该叶子节点的错误率为 $\frac{e(t)+0.5}{n(t)}$。这个 0.5 就是惩罚因子，对于子树 T_t，如果它有 L 个叶子节点（即 $|T_2|=L$），那么该子树的错误分类率估计为

$$\frac{\sum\limits_{i=1}^{L} e(i) + 0.5L}{\sum\limits_{i=1}^{L} n(i)}$$

可以看到，一棵子树虽然具有多个子节点，但由于加上了惩罚因子，所以子树的错误分类率计算未必能占到便宜。剪枝后分支节点变成了叶子节点，其误判个数 $e(t)$ 也需要加上一个惩罚因子，变成 $e(t)+0.5$。值 0.5 称为二项概率分布近似的连续性修正因子，需要加 0.5 的原因可以参考文献[13]。

假设 $\mathrm{SE}(e(T_t))$ 表示子树 T_t 的错误分类率的标准差。由于可将误差近似看成二项式分布，根据 $\mu = np$，$\sigma^2 = npq$（其中 p 为每次实验成功的概率，$q = 1 - p$），可得

$$\mathrm{SE}(e(T_t)) = \sqrt{\frac{\left(\sum_{i=1}^{L} e(i) + 0.5L\right)\left(n(t) - \sum_{i=1}^{L} e(i) - 0.5L\right)}{n(t)}} \tag{3.6}$$

如果

$$\sum_{i=1}^{L} e(i) + 0.5L + \mathrm{SE}(e(T_t)) \geqslant e(t) + 0.5 \tag{3.7}$$

则子树 T_t 就会被剪掉。式(3.7) 就是剪枝的标准。当然并不一定非要大于一个标准差，也可以给定任意的置信区间，通过设定一定的显著性因子，就可以估算出错误分类次数的上下界。

下面举一个例子进行说明。图 3.14 中的待剪枝决策树有三个 3 分类，每个分类的样本数据也列在矩形框中。

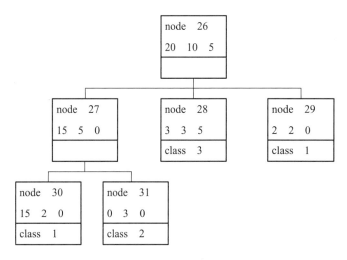

图 3.14 待剪枝的决策树（引自文献[3]）

我们计算节点 27 所在的子树是否可以被剪枝。我们将节点 26 标记为 N_{26}，节点 27 标记为 N_{27}，节点 30 标记为 N_{30}，节点 31 标记为 N_{31}。以节点 27 为根的子树标记为 T_{27}。T_{27} 覆盖的样本数 $n(T_{27})$ 为 15+5=20 个，包括 2 个叶子节点。

依据上面的公式，$e(N_{30}=2)$，$e(N_{31}=2)$，$e(N_{27}=5)$。因此，

$$e(T_{27}) = \sum_{i=1}^{L} e(i) + 0.5L = 2 + 0 + 0.5 \times 2 = 3$$

$$\mathrm{SE}(e(T_{27})) = \sqrt{\frac{\left(\sum_{i=1}^{L} e(i) + 0.5L\right)\left(n(t) - \sum_{i=1}^{L} e(i) - 0.5L\right)}{n(t)}}$$

$$= \sqrt{\frac{(2 + 0.5 \times 2)(20 - 2 - 0.5 \times 2)}{20}} = 1.59687$$

$$\sum_{i=1}^{L} e(i) + 0.5L + \mathrm{SE}(e(T_t)) \geqslant e(t) + 0.5$$

由于 $e(T_{27}) = 0.15$，$e(N_{27}) = 5$，$\mathrm{SE}(e(T_{27})) = 1.59687$，所以，

$$3 + 1.60 < 5 + 0.5$$

因此，节点 27 不能被剪枝。

如果考虑节点 26 为根的情况，T_{26} 覆盖的样本数 $n(T_{26})$ 为 $20+10+5=35$ 个，包括 4 个叶子节点。依据上面的公式，$e(N_{26})=15$，$e(N_{30})=2$，$e(N_{31})=0$，$e(N_{28})=6$，$e(N_{29})=2$。因此，

$$e(T_{26})=\sum_{i=1}^{L}e(i)+0.5L=2+0+6+2+0.5\times4=12$$

$$\mathrm{SE}(e(T_{27}))=\sqrt{\frac{\left(\sum_{i=1}^{L}e(i)+0.5L\right)\left(n(t)-\sum_{i=1}^{L}e(i)-0.5L\right)}{n(t)}}=\sqrt{\frac{12\times(35-12)}{35}}=2.80815$$

$$12+2.8<15+0.5$$

因此，节点 26 也不能被剪枝。

3.3.2　PEP 算法的编程实践

首先，我们来看在 C4.5 分类树中进行 PEP 的测试主程序，如代码段 3.19 的第 8～54 行所示。与代码段 3.1 不同的是：第 15～22 行加载了 sklearn 的 iris 数据集，并且使用 sklearn 的 train_test_split 函数对 iris 进行 "训练集：测试集＝7：3" 的随机划分。另外，第 26 行创建 c45 包中的 C45Classifier 对象，第 42 行调用 C45Classifier 的 prunning_pep 函数进行 PEP 剪枝。

代码段 3.19　对 C4.5 分类树进行 PEP 的测试主程序（源码位于 Chapter03/test_C45ClassifierPrunePEP.py）

```
8    from c45 import C45Classifier
9    from tree_plotter import tree_plot
10   import numpy as np
11   from sklearn import datasets
12   from sklearn.model_selection import train_test_split
13
14
15   """加载数据集
16   """
17   # 加载iris数据集
18   iris = datasets.load_iris()
19   X = iris.data
20   y = iris.target
21   X_train,X_test,y_train,y_test = train_test_split(X, y, test_size=0.3, random_state=0)
22   feature_names = np.array(iris.feature_names)
23
24   """创建决策树对象
25   """
26   dt = C45Classifier(use_gpu=True)
27
28   """训练
29   """
30   model = dt.train(X_train, y_train, feature_names)
31   print("model=", model)
32   y_pred = dt.predict(X_test)
33   print("y_real=", y_test)
34   print("y_pred=", y_pred)
35   cnt = np.sum([1 for i in range(len(y_test)) if y_test[i]==y_pred[i]])
36   print("right={0},all={1}".format(cnt, len(y_test)))
37   print("accury={}%".format(100.0*cnt/len(y_test)))
38   tree_plot(model)
```

```
39
40    """剪枝
41    """
42    model_prune = dt.pruning_pep(X_train, y_train)
43    print("model_prune=", model_prune)
44    y_pred = dt.predict(X_test)
45    print("y_real=", y_test)
46    print("y_pred=", y_pred)
47    cnt = np.sum([1 for i in range(len(y_test)) if y_test[i]==y_pred[i]])
48    print("right={0},all={1}".format(cnt, len(y_test)))
49    print("accury={}%".format(100.0*cnt/len(y_test)))
50    tree_plot(model_prune)
51
52    """结束
53    """
54    print("Finished.")
55
```

在上述代码中，我们使用 PEP 算法对 iris 数据集生成的 C4.5 分类树模型进行后剪枝，剪枝前和剪枝后得到的模型评估结果如下。

```
    model= {'petal length(cm)':{'<= 2.35':0,'> 2.35':{'petal length(cm)':{'<= 4.95':{'petal
width(cm)':{'<= 1.65':1,'> 1.65':{'sepal width(cm)':{'<= 3.10':2,'> 3.10':1}}}},'> 4.95':
{'petal length(cm)':{'<= 5.05':{'sepal length(cm)':{'<= 6.50':2,'> 6.50':1}},'> 5.05':2}}}}}}
    y_real= [2 1 0 2 0 2 0 1 1 2 1 1 1 0 1 1 0 0 2 1 0 0 2 0 0 1 1 0 2 1 0 2 2 1 0 1 1 1 2 0 2 0 0]
    y_pred= [2 1 0 2 0 2 0 1 1 2 1 1 1 0 1 1 0 0 2 1 0 0 2 0 0 1 1 0 2 1 0 2 2 1 0 2 1 1 2 0 2 0 0]
    right= 44,all= 45
    accury= 97.7777777777777%
    model_prune= {'petal length(cm)':{'<= 2.35':0,'> 2.35':{'petal length(cm)':{'<= 4.95':
{'petal width(cm)':{'<= 1.65':1,'> 1.65':2.0}},'> 4.95':2.0}}}}
    y_real= [2 1 0 2 0 2 0 1 1 2 1 1 1 0 1 1 0 0 2 1 0 0 2 0 0 1 1 0 2 1 0 2 2 1 0 1 1 1 2 0 2 0 0]
    y_pred= [2. 1. 0. 2. 0. 2. 0. 1. 1. 2. 1. 1. 1. 0. 1. 1. 0. 0. 2. 1. 0. 0. 2. 0. 0. 1. 1. 0. 2. 1.
0. 2. 2. 1. 0. 2. 1. 1. 2. 0. 2. 0. 0.]
    right= 44,all= 45
    accury= 97.7777777777777%
    Finished.
```

由上述输出结果可以看出，与剪枝前的决策树模型相比，进行 PEP 后，树模型的规则得到明显简化，并且预测准确率始终保持在 97.8%，提高泛化能力的同时，预测误差没有发生明显变化。

另外，对比图 3.15 和图 3.16 可以直观地看出，PEP 对 C4.5 决策树的模型结构起到了非常重要的简化作用，大大提高了泛化能力。

了解了 PEP 的大体流程之后，下面重点介绍 PEP 过程的代码，其主过程如代码段 3.20 的第 657～677 行所示。函数 prunning_pep 主要由三部分组成。第一部分如第 666～670 行所示，主要负责字符串映射，其原因与 CART 树相同，其中，第 670 行使用了 numpy 的 vstack 函数对 X_copy 的转置和 y_copy 进行按行拼接，再将矩阵转置，numpy.array.T 即为 numpy 矩阵的转置功能。第二部分如第 672～674 行所示，对应前面提到的 PEP 剪枝原理，__pep_prune 函数为 PEP 剪枝的核心过程，PEP 算法的时间复杂度要优于 CPP 算法，它只需递归遍历整棵树的每个节点并且最终生成一棵树。第三部分如第 676～677 行所示，负责返回 PEP 剪枝后的决策树。

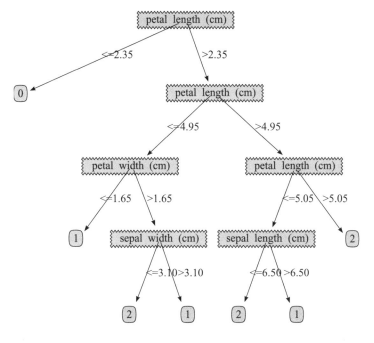

图 3.15　C4.5 决策树（PEP 前）

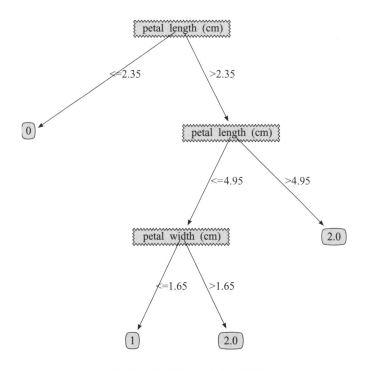

图 3.16　C4.5 决策树（PEP 后）

代码段 3.20   PEP 主过程（源码位于 Chapter03/c45.py）

```
657    def pruning_pep(self, X, y):
658        """悲观错误剪枝
659            X: 训练集属性值  numpy.array(float)
660            y: 训练集目标变量 numpy.array(float)
661            return tree: 剪枝后的决策树 dict
662        """
663        if self.tree is None:
664            return None
665
666        # 处理字符串映射
667        X_copy = X.copy()
668        y_copy = y.copy()
669        X_copy, y_copy = self.__deal_value_map(X_copy, y_copy)
670        dataSet = np.vstack((X_copy.T,y_copy)).T
671
672        # PEP
673        labels = list(self.feature_names)
674        self.tree = self.__pep_prune(self.tree, labels, dataSet)
675
676        # 返回剪枝后的树
677        return self.tree
```

接下来详细分析 __pep_prune 函数，如代码段 3.21 的第 680～708 行所示。它采用递归的思想自顶向下遍历未剪枝 C4.5 分类树的每个非叶子节点。针对每个非叶子节点，首先计算当前子树根节点和所有叶子节点的类标签分布情况，然后进一步计算其分类错误的误差，以及子树 T_t 的总误差，如第 687～696 行所示。接下来根据上述原理中的公式，比较节点 t 的误差和子树 T_t 的误差，若 T_t 的误差相对更大，则进行剪枝，用子树中个数最多的类作为叶子节点替换该子树，如第 697～698 行所示，否则判断是否遍历到叶子节点，如果没有则继续递归遍历子树，如第 699～707 行所示。最后，在第 708 行返回符合要求的剪枝树。由于 __pep_prune 函数中涉及的 majorityCnt 等函数在 3.1.2 节已经详细介绍，在此不做赘述。

代码段 3.21   __pep_prune 函数（源码位于 Chapter03/c45.py）

```
680    def __pep_prune(self, Tree, labels, dataSet):
681        """将决策树按照PEP规则进行剪枝
682        :param Tree:预处理的决策树
683        :param labels:特征类别属性
684        :param dataSet:数据集
685        :return:剪枝后的决策树
686        """
687        classList = [example[-1] for example in dataSet]
688        majorClass = self.majorityCnt(classList)            # 找到数量最多的类别
689        et = self.nodeError(dataSet) + 1/2                  # 计算非叶节点t的误差
690        Nt = self.getNumLeaf(Tree)                          # 子树Tt的叶节点数目
691        eTt = self.leafError(Tree, labels ,dataSet) + Nt/2  # 子树Tt的所有叶节点误差
692        nt = len(dataSet)                                   # 节点t的训练实例数目
693        if nt > eTt:
694            SeTt = np.sqrt(eTt * (nt - eTt) / nt)           # 子树Tt的总误差
695        else:
696            SeTt = 0
697        if et < eTt + SeTt:                                 # 若节点t的误差小于子树Tt的误差
698            return majorClass                               # 则进行剪枝，直接返回最大类
699        firstFeat = list(Tree.keys())[0]                    # 取出tree的第一个键名
```

```
700            secondDict = Tree[firstFeat]                          # 取出tree的第一个键值
701            labelIndex = labels.index(firstFeat)                 # 找到键名在特征属性的索引值
702            subLabels = labels[:]                                # 传递完整属性名
703            for keys in secondDict.keys():                       # 遍历第二个字典的键
704                if type(secondDict[keys]).__name__ == 'dict':
705                    items = keys                                 # 节点的分支条件
706                    subDataSet = self.splitDataSet(dataSet, labelIndex, items)  # 划分数据集
707                    secondDict[keys] = self.__pep_prune(secondDict[keys], subLabels, subDataSet)
708            return Tree
```

以上即为悲观错误剪枝在 C4.5 分类树中的应用。

3.4 最小错误剪枝

3.4.1 MEP 算法的基本原理

1986 年 Niblett 和 Bratko 提出了最小错误剪枝算法。最小错误剪枝采用自底向上的方式对决策树进行剪枝，也属于后剪枝的一种。最小错误剪枝的主要思想是通过分别计算剪枝前与剪枝后的期望错误率 E_k，若剪枝后的 E_k 变小，则剪枝，否则不进行剪枝。Niblett 与 Bratko 所提出的期望错误率 E_k 的计算方法如下：

$$E_k = \frac{n - n_c + k - 1}{n + k} \tag{3.8}$$

其中，n 为样本数，k 为决策树分类的类别总数，n 个样本中假设属于类 c 的样本数目最大，设其样本数为 n_c。但需要注意的是，这个公式需要假设每个类别的概率是相等的。

剪枝的流程如下：

1）对于树中的每个中间节点，计算对它进行剪枝后，即该节点成为叶子节点后的期望错误率 E_k；

2）若该节点未被剪枝，则计算该节点下的加权期望错误率 E_k'；

3）比较 E_k 与 E_k'，若 $E_k > E_k'$，则不进行剪枝，若 $E_k < E_k'$，则需要进行剪枝。

为了方便理解，这里通过一个例子来对最小错误剪枝算法进行说明。图 3.17 是一棵决策树中的一部分，该决策树将数据一共分为 3 类（class1，class2，class3），当节点为叶子节点时会标明其属于哪个类别。并且，图中每个节点下方的三个数字表示该节点下分别属于 3 个类别的样本数目。

对于节点 27，若对其进行剪枝，由于 $n = 15 + 5 = 20$，class 1 的样本数目最多，所以 $n_c = 15$。决策树总分类树为 3，所以 $k = 3$，因此节点 27 的期望错误率 E_k 为：

$$E_k = \frac{20 - 15 + 3 - 1}{20 + 3} = 0.304$$

若不对其进行剪枝，则其加权期望错误率 E_k' 为：

$$E_k' = \frac{17}{20} \times \left(\frac{17 - 15 + 3 - 1}{17 + 3} \right) + \frac{3}{20} \times \left(\frac{3 - 3 + 3 - 1}{3 + 3} \right) = 0.220$$

显然，$E_k > E_k'$，因此节点 27 并不需要剪枝。

对于节点 26，若对其进行剪枝，则其期望错误率 E_k 为：

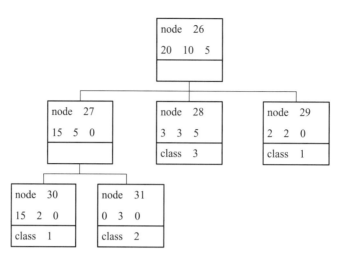

图 3.17 待剪枝的决策树（引自文献[3]）

$$E_k = \frac{35 - 20 + 3 - 1}{35 + 3} = 0.447$$

若不对其进行剪枝，则其加权期望错误率 E'_k 为：

$$E'_k = \frac{20}{35} \times 0.220 + \frac{11}{35} \times \left(\frac{11 - 5 + 3 - 1}{11 + 3}\right) + \frac{4}{35} \times \left(\frac{4 - 2 + 3 - 1}{4 + 3}\right) = 0.370$$

对于节点 26，有 $E_k > E'_k$，因此节点 26 不需要剪枝。

决策树中所有非叶子节点均已计算完毕，且最终结果为节点 26 与节点 27 均无须剪枝。从理论上来说，最小错误剪枝算法是非常理想的，因为它不需要额外再引入一个测试集就可以直接计算最小期望错误率 E_k。但最小错误剪枝算法并不是完美的，它存在以下三个问题：

- E_k 公式中所要求的类别概率相等这个条件在实际生产生活中是很难满足的，但这个条件的限制原因至今尚未研究清楚；
- 这个算法只能对单个的决策树进行剪枝，即它只能产生一个剪枝后的决策树，而对于很多应用场景可能需要使用随机森林，最小错误剪枝则无能为力；
- 在计算 E_k 时引入了决策树中最终分类的类别数目 k，该值对剪枝程度有很大影响，很可能会导致剪枝结果的不稳定。

3.4.2 MEP 算法的编程实践

首先，我们来看在 C4.5 分类树中进行 MEP 的测试主程序，如代码段 3.22 的第 8～54 行所示。与代码段 3.19 类似，依然采用 iris 数据集和 C4.5 算法进行训练和测试，与之不同的是在第 42 行调用 C45Classifier 的 pruning_mep 函数进行 MEP。

代码段 3.22 对 C4.5 分类树进行 MEP 的测试主程序（源码位于 Chapter03/test_C45ClassifierPruneMEP. py）

```
8    from c45 import C45Classifier
9    from tree_plotter import tree_plot
10   import numpy as np
11   from sklearn import datasets
12   from sklearn.model_selection import train_test_split
13
```

```
14
15    """加载数据集
16    """
17    # 加载iris数据集
18    iris = datasets.load_iris()
19    X = iris.data
20    y = iris.target
21    X_train,X_test,y_train,y_test = train_test_split(X, y, test_size=0.3, random_state=0)
22    feature_names = np.array(iris.feature_names)
23
24    """创建决策树对象
25    """
26    dt = C45Classifier(use_gpu=True)
27
28    """训练
29    """
30    model = dt.train(X_train, y_train, feature_names)
31    print("model=", model)
32    y_pred = dt.predict(X_test)
33    print("y_real=", y_test)
34    print("y_pred=", y_pred)
35    cnt = np.sum([1 for i in range(len(y_test)) if y_test[i]==y_pred[i]])
36    print("right={0},all={1}".format(cnt, len(y_test)))
37    print("accury={}%".format(100.0*cnt/len(y_test)))
38    tree_plot(model)
39
40    """剪枝
41    """
42    model_prune = dt.pruning_mep(X_train, y_train)
43    print("model_prune=", model_prune)
44    y_pred = dt.predict(X_test)
45    print("y_real=", y_test)
46    print("y_pred=", y_pred)
47    cnt = np.sum([1 for i in range(len(y_test)) if y_test[i]==y_pred[i]])
48    print("right={0},all={1}".format(cnt, len(y_test)))
49    print("accury={}%".format(100.0*cnt/len(y_test)))
50    tree_plot(model_prune)
51
52    """结束
53    """
54    print("Finished.")
55
```

在上述代码中，我们使用 MEP 算法对 iris 数据集生成的 C4.5 分类树模型进行后剪枝，剪枝前和剪枝后得到的模型评估结果如下。

```
model= {'petal length(cm)':{'<= 2.35':0,'> 2.35':{'petal length(cm)':{'<= 4.95':{'petal
width(cm)':{'<= 1.65':1,'> 1.65':{'sepal width(cm)':{'<= 3.10':2,'> 3.10':1}}}},'> 4.95':
{'petal length(cm)':{'<= 5.05':{'sepal length(cm)':{'<= 6.50':2,'> 6.50':1}},'> 5.05':2}}}}}
    y_real= [2 1 0 2 0 2 0 1 1 2 1 1 1 1 0 1 1 0 0 2 1 0 0 2 0 0 1 1 0 2 1 0 2 2 1 0 1 1 1 2 0 2 0 0]
    y_pred= [2 1 0 2 0 2 0 1 1 2 1 1 1 1 0 1 1 0 0 2 1 0 0 2 0 0 1 1 0 2 1 0 2 1 0 2 1 1 2 0 2 0 0]
    right= 44,all= 45
    accury= 97.77777777777777%
```

```
    model_prune= {'petal length(cm)':{'<= 2.35':0,'> 2.35':{'petal length(cm)':{'<= 4.95':
{'petal width(cm)':{'<= 1.65':1,'> 1.65':{'sepal width(cm)':{'<= 3.10':2,'> 3.10':1}}}},'>
4.95':2.0}}}}
    y_real= [2 1 0 2 0 2 0 1 1 1 2 1 1 1 1 0 1 1 0 0 2 1 0 0 2 0 0 1 1 0 2 1 0 2 2 1 0 1 1 1 2 0 2 0 0]
    y_pred= [2. 1. 0. 2. 0. 2. 0. 1. 1. 1. 2. 1. 1. 1. 1. 0. 1. 1. 0. 0. 2. 1. 0. 0. 2. 0. 0. 1. 1. 0. 2. 1.
0. 2. 2. 1. 0. 2. 1. 1. 2. 0. 2. 0. 0.]
    right= 44,all= 45
    accury= 97.777777777777%
    Finished.
```

由上述输出结果可以看出，与剪枝前的决策树模型相比，进行 MEP 后，树模型的规则得到明显简化，并且预测准确率始终保持在 97.8%，提高泛化能力的同时，预测误差没有发生明显变化。

另外，对比图 3.18 和图 3.19 可以直观地看出，MEP 对 C4.5 决策树的模型结构起到了非常重要的简化作用，大大提高其泛化能力。此外，虽然 MEP 得到的 C4.5 决策树（图 3.19）和 REP 得到的 C4.5 决策树（图 3.13）模型结构相同，但这只是偶然，CCP、REP、PEP 和 MEP 这些剪枝算法适用的场景各不相同。

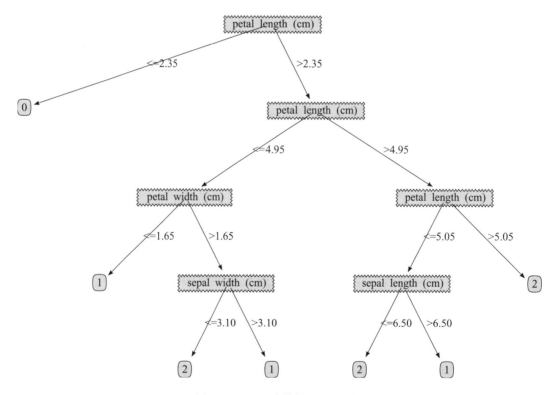

图 3.18　C4.5 决策树（MEP 前）

了解了 MEP 的大体流程之后，下面重点介绍 MEP 过程的代码，其主过程如代码段 3.23 的第 784~805 行所示。函数 pruning_mep 中主要由三部分组成。第一部分如第 793~797 行所示，主要负责字符串映射，其原因与 CART 树相同，此外也需要使用 numpy 的 vstack 函数进行矩阵的拼接，在此不做赘述。第二部分如第 799~802 行所示，对应前面提到的 MEP 原理，

__mep_prune 函数为 MEP 的核心过程，负责遍历决策树的每个非叶子节点，自底向上对它们进行剪枝，计算剪枝前的加权期望错误率 E'_k，以及剪枝后的期望错误率 E_k，若 $E_k < E'_k$，则进行剪枝。第四部分如第 804～805 行所示，负责返回 MEP 剪枝后的决策树。

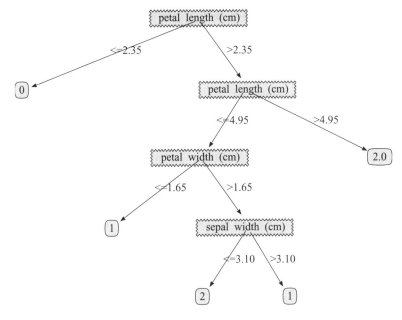

图 3.19　C4.5 决策树（MEP 后）

代码段 3.23　MEP 主过程（源码位于 Chapter03/c45.py）

```
784    def pruning_mep(self, X, y):
785        """最小错误剪枝
786        X: 训练集属性值  numpy.array(float)
787        y: 训练集目标变量 numpy.array(float)
788        return tree: 剪枝后的决策树 dict
789        """
790        if self.tree is None:
791            return None
792
793        # 处理字符串映射
794        X_copy = X.copy()
795        y_copy = y.copy()
796        X_copy, y_copy = self.__deal_value_map(X_copy, y_copy)
797        dataSet = np.vstack((X_copy.T,y_copy)).T
798
799        # PEP
800        labels = list(self.feature_names)
801        k = len(set(y)) # 数据集的类别数
802        self.tree = self.__mep_prune(self.tree, labels, dataSet, k)
803
804        # 返回剪枝后的树
805        return self.tree
```

接下来详细分析__mep_prune 函数，如代码段 3.24 的第 808～831 行所示。它的实现思路比较简单，采用递归的思想自底向上遍历未剪枝的 C4.5 分类树的每个非叶子节点。针对每个非叶子节点，首先计算剪枝前的加权期望错误率 E'_k，如第 826 行的 nodeLapError 函数所示；然后计算剪枝后的期望错误率 E_k，如第 827 行的 branLapError 函数所示；最后在第 828～831 行比较 E_k 与 E'_k 的大小，若 $E_k > E'_k$，则不进行剪枝，若 $E_k < E'_k$，则需要进行剪枝，用叶子节点替换剪掉的子树，选取叶子节点数据集出现次数最多的类标签作为该分支的预测值，并且返回符合要求的剪枝树。

首先计算当前子树根节点和所有叶子节点的类标签分布情况，然后计算其分类错误的误差，以及子树 T_t 的总误差，如第 687～696 行所示。接下来根据上述原理中的公式，比较节点 t 的误差和子树 T_t 的误差，若 T_t 的误差相对更大，则进行剪枝，用子树中个数最多的类作为叶子节点替换该子树，如第 697～698 行所示，否则判断是否遍历到叶子节点，如果没有则继续递归遍历子树，如第 699～707 行所示。最后，在第 708 行返回符合要求的剪枝树。由于 __pep_prune 函数中涉及的 majorityCnt 等函数在 3.1.2 节已经详细介绍，在此不做赘述。

代码段 3.24   __mep_prune 函数（源码位于 Chapter03/c45.py）

```
808    def __mep_prune(self, Tree, labels, dataSet, k):
809        """将决策树按照MEP规则进行剪枝
810        :param Tree:预处理的决策树
811        :param labels:特征类别属性
812        :param dataSet:数据集
813        :param k:数据集的类别数
814        :return:剪枝后的决策树
815        """
816        classList = [example[-1] for example in dataSet]
817        majorClass = self.majorityCnt(classList)            # 找到数量最多的类别
818        firstFeat = list(Tree.keys())[0]                    # 取出tree的第一个键名
819        secondDict = Tree[firstFeat]                        # 取出tree的第一个键值
820        labelIndex = labels.index(firstFeat)                # 找到键名在特征属性的索引值
821        subLabels = labels[:]                               # 特征属性名
822        for keys in secondDict.keys():                      # 遍历第二个字典的键
823            if type(secondDict[keys]).__name__ == 'dict':
824                subDataSet = self.splitDataSet(dataSet, labelIndex, keys) # 划分数据集
825                secondDict[keys] = self.__mep_prune(secondDict[keys], subLabels, subDataSet, k)
826        Ert = self.nodeLapError(dataSet, k)                        #计算非叶节点的误差
827        Sum_ErTt = self.branLapError(secondDict, dataSet, labelIndex, k) #计算节点t的分支误差加权和
828        if Ert > Sum_ErTt:                                  # 如果节点误差大于分支误差和,则子树保留
829            return Tree
830        else:                                               # 否则进行剪枝,返回主类
831            return majorClass
```

在代码段 3.24 中，由于 __mep_prune 函数内涉及的 majorityCnt 等函数在 3.1.2 节已经详细介绍，在此不做赘述。下面介绍在 MEP 算法中用到的两个新函数 nodeLapError 和 branLapError，如代码段 3.25 和代码段 3.26 所示。其中，nodeLapError 负责 E_k 的计算，branLapError 负责 E'_k 的计算，它们的计算过程和前面的公式一致。

以上即为最小错误剪枝在 C4.5 分类树中的应用。

代码段 3.25   nodeLapError 函数（源码位于 Chapter03/c45.py）

```
834    def nodeLapError(self, dataSet, k):
835        """计算非叶节点的误差(MEP)
```

```
836              :param dataSet:数据集
837              :return:误差
838              """
839              nt = len(dataSet)                    # 样本总数
840              nct = nt - self.nodeError(dataSet)   # 主类的样本数目
841              Ert = (nt - nct + (k - 1)) / (nt + k)  # 按公式计算误差
842              return Ert
```

代码段 3.26　branLapError 函数（源码位于 Chapter03/c45.py）

```
845      def branLapError(self, branch, dataSet, labelIndex, k):
846          """计算非叶节点下子树的误差加权和(MEP)
847          :param branch:子树分支集合
848          :param dataSet:数据集
849          :param labelIndex:类索引值
850          :return:误差加权和
851          """
852          ErTt = []                    # 每个分支的误差初值
853          nTt = []                     # 每个分支的样本总数初值
854          for keys in branch.keys():   # 计算每个分支的误差和数目
855              subDataSet = self.splitDataSet(dataSet, labelIndex, keys)
856              ErTt.append(self.nodeLapError(subDataSet, k))
857              nTt.append(len(subDataSet))
858          Sum_ErTt = np.dot(ErTt, nTt) / sum(nTt)  # 计算所有分支误差的加权和
859          return Sum_ErTt
```

3.5　其他决策树剪枝算法简介

上面介绍的四种剪枝算法是常用的剪枝策略，它们的特点如下：

- 是否需要独立剪枝集：CPP 使用交叉验证方式而不需要独立剪枝集，REP、PEP、MEP 均需要独立剪枝集。
- 剪枝方式：CPP、REP 和 MEP 采取自底向上的剪枝方式，而 PEP 则采取自顶向下的剪枝方式。
- 误差估计：CPP 的误差估计使用交叉验证或标准误差，REP 利用剪枝集，PEP 使用连续性校正，MEP 采用基于 m 的概率估计。
- 计算复杂度（假设 n 表示非叶子节点数）：CPP 为 $O(n^2)$，REP 为 $O(n)$，PEP 为 $O(n)$，MEP 为 $O(n)$。

事实上，上述剪枝算法的误差估计都是基于期望错误率最小原则，选择期望错误率最小的子树剪枝。对树中的内部节点计算其剪枝/不剪枝可能出现的期望错误率，比较后加以取舍。

下面再简介几种决策树剪枝算法。

1. 临界值剪枝

临界值剪枝（Critical ValuePruning，CVP）由 Mingers 于 1987 年发明[9]。树的生成过程中，会得到选择属性及分裂值的评估值，设定一个阈值，所有小于此阈值的节点都会被剪掉。

Mingers 将临界值剪枝描述为两个主要步骤[17]：

1）对临界值增加的子树进行修剪。

2）测量修剪后的树的整体重要性及其预测能力，并从中选择最佳的树。CVP 依赖于在树的创建阶段估计一个节点的重要性或强度。如上所述，在创建原始树的过程中，分割的好坏度

量决定了节点上的属性。该值反映了所选属性在该节点的类之间的数据分割程度。这种修剪方法指定了一个临界值，并修剪那些没有达到临界值的节点，除非分支上更远的节点达到这个临界值。选择的临界值越大，修剪的程度就越大，产生的树就越小。在实践中，一系列修剪过的树是用越来越大的临界值产生的。这种方法的缺点是有强烈的修剪不足的倾向，并且树的预测精度相对较低[18]。

2. 最小描述长度剪枝

还有另一类剪枝算法的评价标准，即最简单的解释是最期望的，也就是最小描述长度（Minimum Description Length，MDL）原则。对决策树进行二进位编码，编码所需二进位最少的树即为"最佳剪枝树"。

最小描述长度原则是一种基于信息论的模型选择原则，是信息论（研究信息的量化）和学习论（研究基于经验数据的泛化能力）中的一个重要概念。MDL 假设数据的最简单、最紧凑的表示是对数据最好、最可能的解释。

最小描述长度原则为统计建模提供了一种通用的方法，适用于模型选择和正则化。现代版本的最小描述长度原则是一种稳健的方法，很适合根据数据选择适当的模型复杂度，从而从数据中提取最大的信息量，而不会过拟合。

最小描述长度原则是将奥卡姆剃刀形式化后的一种结果。奥卡姆剃刀只建议在选择与样本/实例/证据兼容的假说时，应该选择最简单的假说，而 MDL 原则还对假说与实例的兼容性进行了量化。这导致了假说的复杂度和它与实例的兼容度（"适合度"）之间的权衡。

基于最小描述长度的决策树剪枝的目标是寻找能最好地描述训练集的子树。对数据进行编码的最佳模型是用该模型描述数据和描述这个模型的代价和最小的模型。编码代价模型可参考文献[11]，描述如下：

$$\mathrm{Cost}(M,D)=\mathrm{Cost}(D\,|\,M)+\mathrm{Cost}(M)$$

其中，$\mathrm{Cost}(M, D)$ 为编码的总代价，$\mathrm{Cost}(M)$ 为编码模型 M 的代价，$\mathrm{Cost}(D\,|\,M)$ 为用模型 M 编码数据 D 的代价，模型指剪枝初始决策树时得到的一系列子树，数据是训练集。

MDL 剪枝算法在决策树每个内节点上评估编码的长度，决定是将该节点转换为叶子节点或删除其左（右）子树，还是保持节点不变。为了进行选择，编码长度 $C(n)$ 用以下等式计算：

$$C_{\mathrm{leaf}}(t)=L(t)+\mathrm{Errors}_t, 如果\ t\ 是树叶 \tag{3.9}$$

$$C_{\mathrm{both}}(t)=L(t)+L_{\mathrm{test}}+C(t_1)+C(t_2), 如果\ t\ 有\ t_1\ 和\ t_2\ 两个孩子 \tag{3.10}$$

$$C_{\mathrm{left}}(t)=L(t)+L_{\mathrm{test}}+C(t_1)+C'(t_2), 如果\ t\ 有\ t_1\ 一个孩子 \tag{3.11}$$

$$C_{\mathrm{right}}(t)=L(t)+L_{\mathrm{test}}+C'(t_1)+C(t_2), 如果\ t\ 有\ t_2\ 一个孩子 \tag{3.12}$$

其中，L_{test} 为在内部节点上的任意测试的编码代价。

剪枝策略如下：

- 完全剪枝：如果 $C_{\mathrm{leaf}}(t)<C_{\mathrm{both}}(t)$，则删去左右节点，使其成为叶子节点。此时编码采用 1 个比特（节点或者有 2 个子树或者没有子树，需要 1 个比特）。
- 部分剪枝：计算上述 4 种结果，选择具有最短编码长度的方案。此时编码采用 2 个比特（节点可有 2 个子树、没有子树、只有左子树或右子树，需要 2 个比特）。
- 混合剪枝：将剪枝分成两步，首先使用完全剪枝选择较小的树，然后仅仅考虑式（3.10）～式（3.12）做进一步的剪枝。

3.6 小结

本章主要介绍决策树的剪枝算法。剪枝算法主要用于降低最终决策树的复杂度，减少过拟合的情况，同时提高预测精度。剪枝通常有预剪枝和后剪枝两种方法，其中预剪枝算法相对简单，效率很高。但是预剪枝不能精确地估计何时停止树的增长，可能会出现过早停止决策树的构造。所以本章主要介绍和实现了 CCP、REP、PEP、MEP 后剪枝算法。

CCP 剪枝算法自底向上根据真实误差率来选择一个最优秀的树作为最后被剪枝的树。由于剪枝方法的运行时间和非叶子节点的关系是线性的，所以随着非叶子节点数目的增加，CCP 方法的运行时间和训练时间也会大大增加。

REP 剪枝算法的基本思路是在构建好的完全决策树中找出一个子树，然后用子树的根节点代替这棵子树，作为新的叶子节点，以此来简化决策树。REP 算法的优点在于可控的计算复杂度，而且修剪后的决策树预测效果好。但是由于 REP 算法在剪枝过程中可能会忽略训练数据集中的一些特性，在剪枝数据集较少时，决策树可能会出现过拟合的情况。

PEP 是使用自顶向下剪枝策略的算法，修剪后的决策树有较高的预测精度。因为 PEP 不需要分离的剪枝数据集，所以不会出现 REP 的问题，而且时间复杂度与 REP 相似。但是也是由于 PEP 使用自顶向下的剪枝方法，使其会出现和预剪枝方法相同的问题，即可能会出现过度裁剪的问题。

MEP 算法也使用自底向上的剪枝策略，它的基本思路是以计算剪枝前与剪枝后的期望错误率为标准来判断是否进行裁剪。相似地，MEP 也不需要独立的剪枝数据集，而且时间复杂度也只和未剪枝树的非叶子节点数呈线性关系。但是这个算法只能对单个的决策树进行剪枝，且 MEP 中引入的最终分类的类别数 k 若处理不好，可能会导致剪枝结果的不稳定。

最后本章还简单介绍了其他的剪枝算法——CVP 和 MDL 算法，涵盖了目前主流的决策树剪枝算法。

3.7 参考文献

［1］BREIMAN L，FRIEDMAN J H，OLSHEN R A，et al. Classification and regression trees ［M］. Routledge，2017.

［2］ESPOSITO F，MALERBA D，SEMERARO G，et al. A comparative analysis of methods for pruning decision trees ［J］. IEEE transactions on pattern analysis and machine intelligence，1997，19（5）：476-491.

［3］MINGERS J. An empirical comparison of pruning methods for decision tree induction ［J］. Machine learning，1989，4（2）：227-243.

［4］appleyuchi：Decision_Tree_Prune ［CP/OL］. (2020-05-05)[2021-10-11]. https://github. com/Appleyuchi/Decision_Tree_Prune.

［5］ROKACH L，MAIMON O. Top-down induction of decision trees classifiers-a survey ［J］. IEEE Transactions on Systems，Man，and Cybernetics，Part C（Applications and Reviews），2005，35（4）：476-487.

［6］ESPOSITO F，MALERBA D，SEMERARO G，et al. The effects of pruning methods on the predictive accuracy of induced decision trees ［J］. Applied Stochastic Models in Business and Industry，1999，15（4）：277-299.

［7］MINGERS J. Expert systems—rule induction with statistical data ［J］. Journal of the operational research society，1987，38（1）：39-47.

［8］BREIMAN L，FRIEDMAN J H，OLSHEN R，et al. Classification and Regression Trees：CCP (Cost Complexity Pruning)［J］. Biometrics，1984，40（3）：358.

［9］MINGERS J. Expert Systems—Rule Induction with Statistical Data［J］. The Journal of the Operational Research Society，1987，38（1）：39-47.

［10］MINGERS J. An empirical comparison of selection measures for decision-tree induction［J］. Machine learning，1989，3（4）：319-342.

［11］黎娅，郭江娜. 决策树的剪枝策略研究［J］. 河南科学，2009，027（003）：320-323.

［12］DennisHanyuanXu. Decision-Tree：Python implementation of decision tree for classification of meteorological dataset［CP/OL］.（2018-05-09)［2021-10-11］. https：//github. com/Dennishanyuanxu/Decision-Tree.

［13］SNEDECOR G W C，WILLIAM G. Statistical methods/george w［J］. Snedecor and william g. Cochran，1989.

［14］Quinlan J R. Simplifying decision trees-ScienceDirect［J］. International Journal of Man-Machine Studies，1987，27（3）：221-234.

［15］NIBLETT T，BRATKO I. Learning decision rules in noisy domains［C］. Proceedings of Expert Systems'86，the 6th Annual Technical Conference on Research and development in expert systems Ⅲ，1987：25-34.

［16］MINGERS J. Expert Systems—Rule Induction with Statistical Data［J］. The Journal of the Operational Research Society，1987，38（1）：39-47.

［17］CESTNIK B，BRATKO I. On estimating probabilities in tree pruning［C］. European Working Session on Learning，Springer，1991.

［18］QUINLAN J R. C4. 5：programs for machine learning［M］. Elsevier，2014.

［19］MEHTA M，RISSANEN J，AGRAWAL R. MDL-Based Decision Tree Pruning［C］. KDD，1995，21（2）：216-221.

［20］ANDERSON E. The irises of the Gaspe Peninsula［J］. Bull. Am. Iris Soc. ，1935，59：2-5.

［21］FISHER R A. The use of multiple measurements in taxonomic problems［J］. Annals of eugenics，1936，7（2）：179-188.

［22］UCI Machine Learning Repository：Iris Data Set［DB/OL］. http：//archive. ics. uci. edu/ml/datasets/Iris.

## 第4章

随机森林

随机森林（random forest）或随机决策森林是一种用于分类、回归和其他任务的集成学习（ensemble learning）方法，一个随机森林是由多棵决策树组成的。如图 4.1 所示，其工作原理是随机选择在同一训练集的不同数据样本上创建决策树，从每棵树上得到预测，并通过投票的方式选择最佳解决方案。随机森林的目的是降低方差，这是以小幅增加偏差和损失一些可解释性为代价的，但一般来说会大大提升最终模型的预测能力。对于分类问题，按照多棵分类树投票决定最终分类结果；对于回归问题，由多棵树的预测值的均值决定最终预测结果。

随机森林是一种有监督学习算法，灵活且容易使用。森林中包含的树越多，森林就越健壮。生长得很深的决策树往往会学习到高度不规则的模式，甚至过拟合训练集，而随机森林纠正了决策树对其训练集过拟合的习惯。随机森林通常优于决策树，但其准确性低于梯度提升树。

1995 年，何天琴利用随机子空间法创建了第一个随机决策森林算法[1]，建立了由超平面分割树组成的森林，只要随机限制森林对所选定的特征属性敏感，就可以随着森林的变大而获得更好的精度，且不会受到过度训练的影响。只要随机强制对某些特征维度不敏感，其他分割方法也会有类似的效果[2-3]。需要说明的是，更大规模的森林模型几乎是单调地使预测变得更准确，这与人们普遍认为的分类器的复杂度增长到一定程度会被过拟合所限制的观点形成了鲜明的对比。

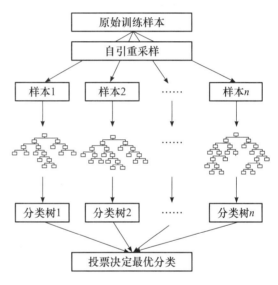

图 4.1　随机森林示意图

对随机森林的正式介绍最早是在 Leo Breiman 等人的一篇论文中给出的[4]，他们将 "Random Forests" 注册为商标（截至 2019 年，由 Minitab 公司拥有）。该扩展结合了套袋思想和随机选择特征，建立由无相关树构成的森林。他们使用袋外误差作为泛化误差的估计，通过置换方法测量变量的重要性。

随机森林在企业中经常被用作 "黑箱" 模型，因为它可以在广泛的数据中产生合理的预测。

4.1　随机森林的基本原理

机器学习模型的目标是对它从未见过的新数据进行良好的泛化。当决策树模型容量很大时，就会出现过拟合。决策树基本上是通过紧密拟合来记忆训练数据的，问题在于，模型不仅会学习训练数据中的实际关系，还会学习或记忆任何存在于这些训练数据中的噪声。

如果学习到的参数（如决策树的结构）会随着训练数据的变化而有很大的变化，那么这个模型就会有高方差。如果它对训练数据做出了假设，例如，线性分类器做出了样本数据是线性的假设，那么它就不具有适应非线性关系的灵活性，该模型就会具有高偏差。在高方差和高偏差的情况下，模型可能连训练数据都没有能力拟合，更无法很好地泛化到新数据上。图 4.2 展现了不同偏差与方差下的数据分布。

当我们不限制决策树的最大深度时，决策树可以完美地对所有的观测值进行分类，但对未知数据的预测能力不足。如果将决策树的最大深度限制为 2，即只做一次分割，分类将不再是 100% 正确的，这样我们降低了决策树的方差，但代价是增加了偏差，这就是决策树剪枝优化预测性能的原理。

作为限制决策树深度的一种替代方案，可以将许多决策树组合成单一的集成模型，形成随机森林。

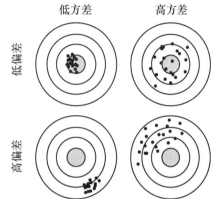

图 4.2 不同偏差与方差下的数据分布

4.1.1 构造随机森林的步骤

构造随机森林的 4 个步骤如下：

1）一个容量为 N 的样本集合，做有放回的抽取 N' 次，每次抽取 1 个，最终形成了 N' 个样本，这些样本可能会存在重复。用这样选择出的 N' 个样本训练生成一个决策树。这里 N' 的值是一个超参数，一般地，$N \geqslant N' \geqslant (2/3)N$。

2）假设每个样本有 M 个特征属性，在构建决策树时，只从这 M 个特征属性中选取 m 个特征属性，且满足条件 $m \ll M$。一般地，m 可以取分类中所有预测因子总数的平方根。对于回归问题，m 可以取所有预测因子的总数除以 3。在森林生长过程中，m 的值保持不变。

3）按照普通决策树构建方法，例如基于信息增益、信息增益率或基尼指数等，以这 m 个属性为基础构建决策树。注意整个决策树形成过程中没有进行剪枝。

4）按照步骤 1~3 建立大量的决策树，这样就构成了随机森林。

这种方法在不增加偏差的情况下降低了方差，从而带来了更好的性能。这意味着，即使单个树模型的预测对训练集的噪声非常敏感，但对于多个树模型，只要这些树并不相关，这种情况就不会出现。但是，简单地在同一个数据集上训练多个树模型会产生强相关的树模型（甚至是完全相同的树模型）。因此，需要对训练集进行一些采样，使得后续产生的决策树模型不会出现强相关。套袋法采样就是这样一种降低树模型之间关联性的方法，后文将做详细介绍。

随机森林里各个决策树的构建过程中，进行节点分割时，不是所有的特征属性都参与，而是随机选择某几个特征属性参与比较。这样做是为了使每棵决策树之间的相关性减少，同时提升每棵决策树的分类精度，从而提升整个随机森林的性能。特征属性的选择通常有两种策略：

● Forest-RI（随机输入特征属性选择）策略[5]。随机森林可以使用套袋法结合随机特征属性选择来建立。生成 k 棵决策树的随机森林的一般过程如下。对于每次迭代 i（$i=1$，2，$\cdots$，k），训练集 D_i 是对数据集 D 进行放回采样得到的。每个 D_i 都是 D 的一个套袋内样本集合，因此一些样本可能会在 D_i 中出现不止一次，而其他样本可能会被排除在外。设 m 为每次迭代的特征属性数，$m \ll M$。为了构建决策树分类器 T_i，在每个节点上随机选取 m 个属性作为该节点分割的候选属性，采用常见的决策树分割属性选择指标，例如基尼指数、信息增益或信息增益率等，确定最终的分割特征属性。接下来确定下一个节点的分割属性时，再次随机选取 m 个属性作为该节点分割的候选属性。允许树长到最大尺寸，不进行修剪。

- Forest-RC（随机线性组合）策略[6]。另一种形式使用输入特征属性的随机线性组合，不是随机选择一个原始特征属性子集，而是创建新的属性（或特征），这些特征属性是现有特征属性的线性组合。也就是说，通过指定 L，即要组合的原始属性的数量来生成一个新属性。为了构建决策树分类器 T_i，在给定的节点上，随机选取 L 个属性，并随机选取 L 个系数，该系数为 $[-1, 1]$ 上均匀分布的随机数。共产生 m 个线性组合而成的新属性值，在这些组合上进行搜索，以获得最佳分割。当只有少数属性可用时，这种形式的随机森林是有用的，这样可以减少各个分类器之间的相关性。

4.1.2 随机森林的简单示例

一个随机森林由多个随机决策树组成。树中建立了两种类型的随机性：第一，每棵树都建立在原始数据的随机样本上；第二，在每个树节点上，随机选择一个特征子集，以产生最佳分割。

我们用图 4.3 的数据集来说明如何构建随机森林树。图中包含 3 个特征属性（X1，X2，X3）和一个预测属性 Class，Class＝XOR（X1，X2）。X3 与 X2 相同。样本数据共有 4 条。

X1	X2	X3	Class
0	0	0	c1
1	1	1	c1
0	1	1	c2
1	0	0	c2

图 4.3　构建随机森林的示意数据集（样本数据的灰色和黑色表示不同的类）

图 4.4 演示了如何建造一棵随机森林中的树。我们首先说明随机森林中一棵决策树的构建过程。第一步，采用放回采样方法从样本数据中抽取 4 个样本，从图中可以看出，样本（0，0，0）重复了一次。第二步，进行特征属性采样，这一次采样选择出的特征属性为 X1 和 X2。在这个基础上，开始构建决策树。这里采用 Hunt 算法来构建决策树，也可以使用其他的决策树算法。然后应用同样的流程来构建多棵树。

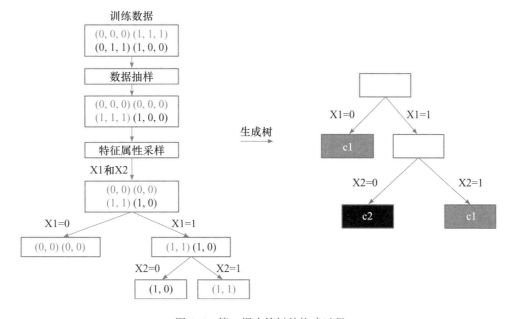

图 4.4　第一棵决策树的构建过程

图 4.5 说明了将具有三棵树的随机森林应用于测试数据实例的流程。如果测试数据为（1，1，1），那么，随机森林中第一棵决策树输出的类别为 c1，第二棵决策树输出的类别为 c1，第三棵决策树输出的类别为 c2，因此通过投票，随机森林输出的类别为 c1。从原始的实验样本数据可以看出，（1，1，1）的实际类别为 c1，说明随机森林预测类别准确。

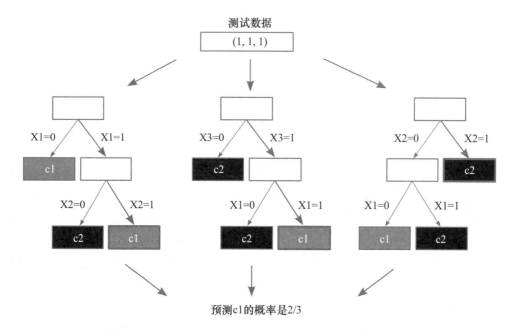

图 4.5   随机森林的预测过程

4.1.3   基于 sklearn 的随机森林编程示例

sklearn 是 Python 第三方提供的一个非常强大的机器学习库，它包含从数据预处理到训练模型的各个方面，其中也包含随机森林模型。本节通过使用 sklearn 来编写程序实现随机森林分类[13]。

我们先来介绍红酒（wine）数据集[14]。它是 sklearn 提供的经典数据集之一，适用于多分类问题。它总共包含 178 个样本，每个样本拥有 13 个属性，总分类数为 3。其中，13 个属性名分别为酒精、乳酸、灰、灰碱、镁、总酚、黄酮类、非黄酮类酚、黄霉素、色强度、色调、od280/od315 稀释葡萄酒、丙烯酸，3 种类别名分别为类别 0、类别 1、类别 2。

接下来，我们使用上述数据集对随机森林模型进行训练和预测，示例代码如下。首先，导入 sklearn 中的随机森林分类器、红酒数据集、随机分割数据集方法、计算预测准确率等模块。然后，加载红酒数据集，并对其按照 7：3 的比例随机划分训练集和测试集。之后，打印红酒数据集的属性名和类别名，可以看到输出结果分别对应以上 13 个属性和 3 种类别。随后，构造一个随机森林分类器 clf，通过参数 n_estimators 设置森林中树的个数为 20；最后，依次进行模型训练、模型预测和模型评估，最终在测试集上得到 100% 的预测准确率。

```
# 源码位于 Chapter04/test_RandomForestClassifier.py
# 导入 sklearn 中的随机森林分类器模块
```

```
from sklearn.ensemble import RandomForestClassifier
# 导入 sklearn 中自带的红酒数据集模块
from sklearn.datasets import load_wine
# 导入 sklearn 中的随机分割数据集模块
from sklearn.model_selection import train_test_split
# 导入 sklearn 中计算预测准确率的模块
from sklearn.metrics import accuracy_score

# 加载红酒数据集
wine= load_wine()
X= wine.data
y= wine.target
# 分割红酒数据集
X_train,X_test,y_train,y_test= train_test_split(X,y,test_size= 0.3,random_state= 0)
# 打印红酒数据集的属性名和类别名
print("feature_names= {}".format(wine.feature_names))
print("target_names= {}".format(wine.target_names))

# 构造随机森林分类器
clf= RandomForestClassifier(n_estimators= 20,random_state= 0)
# 使用训练集进行模型训练
clf.fit(X_train,y_train)
# 使用测试集进行模型预测
y_pred= clf.predict(X_test)
# 打印该随机森林模型在测试集上的预测准确率
accuracy= accuracy_score(y_test,y_pred)
print("accuracy= {:.2f}% ".format(accuracy* 100))
```

输出结果：

```
    feature_names= ['alcohol','malic_acid','ash','alcalinity_of_ash','magnesium','total_
phenols','flavanoids','nonflavanoid_phenols','proanthocyanins','color_intensity','hue',
'od280/od315_of_diluted_wines','proline']
    target_names= ['class_0' 'class_1' 'class_2']
    accuracy= 100.00%
```

4.1.4 选择最优的随机特征属性数量

如何选择最优的随机特征属性数量 m？要解决这个问题，主要依据是袋外错误率[10-12]。随机森林有一个重要的优点：没有必要对它进行交叉验证或者用一个独立的测试集来获得误差的无偏估计。它可以在内部进行评估，也就是说在生成的过程中就可以对误差建立无偏估计。

应用套袋法（bootstrap aggregating）[7]时，会创建两个独立的集合：一个是套袋内样本集合，是通过无权重放回采样选择的"袋内"数据；另一个是袋外集合，即 OOB（Out Of Bag）集合，是所有在采样过程中没有被选择过的数据。当这个过程重复进行时，就会建立起随机森林，产生许多套袋内样本集合和 OOB 集合。如图 4.6 所示，对于每个决策树，数据被分成袋内与袋外两组。

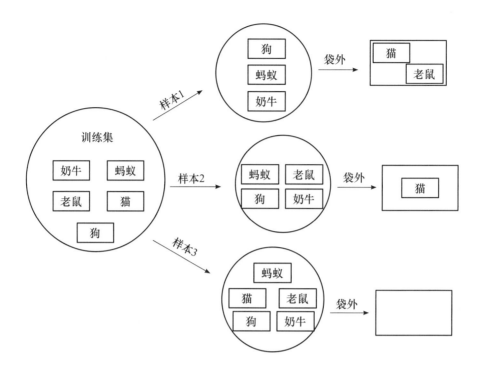

图 4.6   构造每个决策树时数据样本被划分成套袋内样本集合和 OOB 集合

套袋过程可以根据模型的需要进行定制。为了保证模型的准确性，套袋内训练样本的大小应该接近或等于原始数据集的大小。对于一个具有 m 个样本的训练集，我们有放回地抽取 N 个样本进行训练，那么每个样本不被抽到的概率为 $p=(1-1/N)^N$，当 N 越来越大时，p 趋于 $1/3$，也就是森林形成后的过程中有三分之一的数据是没有被用到的。

由于每一个 OOB 集合都不是用来训练模型的，所以它是对模型性能的很好的测试。

OOB 错误率是指每个训练样本的平均预测误差。OOB 错误率的具体计算方法取决于模型的实现，但一般计算方法如下：

1）对于每一个 OOB 集合中的样本，找出所有没有被该实例样本训练过的决策树集合。

2）取随机森林对该样本的预测结果（即步骤 1 中得到的这些决策树对该样本的预测值的多数票），与该样本的真实值进行比较，计算出该样本的 OOB 错误率。

3）对每个 OOB 数据集中所有样本的 OOB 错误率进行统计，求平均值得出随机森林的 OOB 错误率。

OOB 错误率在训练过程中可以不断进行计算，以此来判断是否要继续生成新的树（但无法将 OOB 错误率应用于剪枝）。OOB 错误率会在多次迭代后趋于稳定。OOB 错误率是随机森林泛化误差的一个无偏估计，它的结果近似于需要大量计算的 K 折交叉验证。

例如，对于处理分类问题的随机森林，假设随机森林生成了 500 棵树，对于一个样本 x，它在 200 棵树中属于袋外集合。使用这 200 棵树对样本 x 进行预测时，有 160 棵树将其预测为类 1，另外 40 棵树将其预测为类 2。在这种情况下，随机森林最终预测结果是类 1。这种情况下的预测正确概率是 0.8，即 160/200，所以该样本 x 的 OOB 错误率为 0.2。

下面的例子是使用 sklearn 中的随机森林分类器模块计算的 OOB 错误率。首先构造 3 个分类器，每个分类器设置的参数 max_features 的值不同，表示构造每棵树时使用的属性个数不同，进而导致计算的 OOB 错误率也不一样。对于每个森林，根据对森林中树的个数的取值，也会对应得到一个 OOB 错误率，如图 4.7 所示，最终得到 OOB 错误率随森林中树的数量变化的关系。

```python
# 源码位于 Chapter04/test_RFSelectBestRandomFeature.py
import matplotlib.pyplot as plt
from collections import OrderedDict
from sklearn.datasets import make_classification
from sklearn.ensemble import RandomForestClassifier

RANDOM_STATE= 1233
# 随机生成一个二分类数据集
X,y= make_classification(n_samples= 500,n_features= 25,
                         n_clusters_per_class= 1,n_informative= 15,
                         random_state= RANDOM_STATE)

# 构造多个随机森林分类器,设定不同的参数
ensemble_clfs= [
    ("RandomForestClassifier,max_features= 'sqrt'",
        RandomForestClassifier(warm_start= True,oob_score= True,
                               max_features= "sqrt",
                               random_state= RANDOM_STATE)),
    ("RandomForestClassifier,max_features= 'log2'",
        RandomForestClassifier(warm_start= True,max_features= "log2",
                               oob_score= True,
                               random_state= RANDOM_STATE)),
    ("RandomForestClassifier,max_features= None",
        RandomForestClassifier(warm_start= True,max_features= None,
                               oob_score= True,
                               random_state= RANDOM_STATE))
]

# 每个分类器根据设定的树的数量不同会得到不同的错误率
# 将它们成对保存在变量 error_rate 中
error_rate= OrderedDict((label,[])for label,_in ensemble_clfs)

# n_estimators 取值的最小值和最大值
min_estimators= 50
max_estimators= 200
# 对于每个随机森林分类器,依次设定不同的树数量
for label,clf in ensemble_clfs:
    for i in range(min_estimators,max_estimators+ 1):
        clf.set_params(n_estimators= i)
        clf.fit(X,y)
        # OOB 错误率
        oob_error= 1- clf.oob_score_
        error_rate[label].append((i,oob_error))

# 生成 OOB 错误率与树数量的折线图
for label,clf_err in error_rate.items():
```

```
    xs,ys= zip(* clf_err)
    plt.plot(xs,ys,label= label)
plt.xlim(min_estimators,max_estimators)
plt.xlabel("n_estimators")
plt.ylabel("OOB error rate")
plt.legend(loc= "upper right")
plt.show()
```

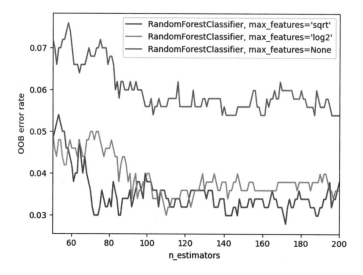

图 4.7　三个随机森林分类器的 OOB 错误率与树数量的对应关系

4.2　套袋法

套袋法［bagging 或 bootstrap aggregating（引导聚集算法）］又称装袋法，是机器学习领域的一种集成学习算法，最初由 Leo Breiman 于 1994 年提出[8-9]。套袋法可与其他分类、回归算法结合，在提高其准确率、稳定性的同时，通过降低结果的方差避免过拟合的发生。

bootstrap 这个奇怪的名字来源于文学作品 *The Adventures of Baron Munchausen*（《吹牛大王历险记》），这部作品中的一个角色用提着鞋带的方法把自己从湖底提了上来。因此采用意译的方式也叫作自助法，顾名思义，从样本自身中再生成很多可用的同等规模的新样本，不借助其他样本数据。这种方法在样本比较小的时候很有用，这种情况下我们希望留出一部分样本用作验证，而按照传统方法做训练集-验证集分割的话，样本就更小了，偏差会更大，这是我们不希望的。而自助法不会降低训练样本的规模，又能留出验证集（因为训练集有重复的，但是这种重复又是随机的），因此有一定的优势。

套袋法是以可重复的随机采样为基础的，每个样本是初始数据集的有放回采样。在可重复采样生成多个训练子集时，存在于初始训练集 D 中的所有样本都有被抽取的可能，但在重复多次后，总有一些样本是没有被抽取的，每个样本未被抽取的概率为 $(1-1/N)^N$。

$$\left(1-\frac{1}{N}\right)^N = \frac{1}{\left(\frac{N}{N-1}\right)^N} = \frac{1}{\left(1+\frac{1}{N}\right)^N} \approx \frac{1}{e} \approx 0.368$$

随机森林是套袋法的一个典型应用。因此，随机森林在生成每棵决策树时，无权重放回随机抽取的样本，每棵决策树会有大概 1/3 的样本未抽取到，这些样本就是每棵树的袋外样本（OOB 样本）。以这些为验证集的方式叫作袋外估计（out-of-bag estimate），可以计算出袋外错误率以指导随机森林的生成过程。

套袋法与随机森林的比较如下：

- 两者的收敛性相似，但是随机森林的起始性能相对较差，特别是只有一个基学习器时，随着基学习器数量的增加，随机森林通常会收敛到更低的泛化误差。随机森林的训练效率常优于套袋法，因为套袋法是"确定性"决策树，而随机森林使用"随机性"决策树。
- 其实套袋法模型不止有随机森林，还可以集成 KNN 模型、决策树模型等。但是一般的 KNN 模型不适合做集成学习，因为很难随机让泛化能力变强。

理论上越多的树效果会越好，但是实际上超过一定数量后准确率就开始上下浮动了。如图 4.8 所示，随着树的数量增加，模型的准确率不再有明显提高。

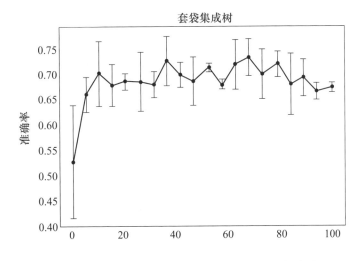

图 4.8　套袋集成树的准确率与树的数量之间的关系

4.2.1　套袋法的算法流程

如图 4.9 所示，套袋法是每个分类器对原始数据的随机抽取进行学习，最后进行投票的方法。例如，给定包含 m 个样本的数据集，我们先随机取出一个样本放入采样集中，再把该样本放回初始数据集，使得下次采样时该样本仍有可能被选中。这样，我们可以采样出 T 个含 m 个训练样本的采样集（这个过程称为自助），然后基于每个采样集训练出一个基分类器（这个过程称为聚集），然后将这些基分类器进行集成，获得套袋器。在对预测输出进行集成时，通常对分类任务使用简单投票法，对回归任务使用简单平均法，这就是套袋法的基本流程。它的算法描述如图 4.10 所示。

4.2.2　套袋法的偏差和方差

套袋法训练多个分类器取平均，其函数如下[15]：

$$f(x) = \frac{1}{M} \sum_{m=1}^{M} f_m(x)$$

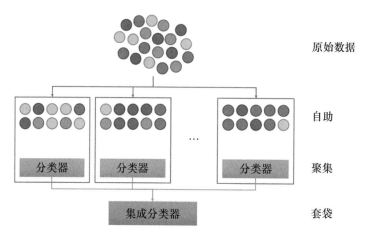

图 4.9   套袋法的概念示意图

输入：**训练集** $D = \{(x_1, y_1), (x_2, y_2), \cdots, (x_m, y_m)\}$

　　　基学习算法 ζ

　　　训练轮数 T

过程：

　　1. for $t = 1, 2, \cdots, T$ do

　　2.　　$h_t = \zeta(D, D_{bs})$

　　3. end for

输出：$H(x) = \underset{y \in Y}{\arg\max} \sum_{t=1}^{T} (h_t(x) = y)$

图 4.10   套袋法的算法流程

对于套袋法来说，每个基模型的权重等于 $1/m$ 且期望近似相等（子训练集都是从原训练集进行子采样），故可以进一步简化得到：

$$E(F) = \gamma \sum_{i}^{m} E(f_i) = \frac{1}{m} m\mu = \mu$$

$$\text{Var}(F) = m^2 \gamma^2 \sigma^2 \rho + m\gamma^2 \sigma^2 (1-\rho)$$

$$= m^2 \frac{1}{m^2} \sigma^2 \rho + m \frac{1}{m^2} \sigma^2 (1-\rho)$$

$$= \sigma^2 \rho + \frac{\sigma^2 (1-\rho)}{m}$$

根据上式，整体模型的期望近似于基模型的期望，这也就意味着整体模型的偏差和基模型的偏差近似。同时，整体模型的方差小于或等于基模型的方差（当相关性为 1 时取等号），随着基模型数（m）的增多，整体模型的方差减少，从而防止过拟合的能力增强，模型的准确率得到提高。但是，模型的准确率一定会无限逼近于1吗？并不一定，当基模型数增加到一定程度时，方差公式中第二项的改变对整体方差的作用很小，防止过拟合的能力达到极限，这便是准确率的极限了。另外，套袋法中的基模型一定要为强模型，否则就会导致整体模型的偏差度低，即准确率低。

简单来说，套袋法主要关注降低方差，而降低方差可以降低过拟合的风险，所以套袋法通常在强分类和复杂模型上表现得很好。

4.2.3 套袋法的优缺点

套袋法的优点：
- 许多弱的学习器聚集在一起，通常比单个学习器在整个数据集上的表现要好，而且过拟合程度较低。
- 消除了高方差、低偏差数据集的变异。
- 可以并行进行，因为每个单独的基学习器在组合之前都可以单独处理。

套袋法的缺点：
- 对于具有高偏差的数据集，套袋法也会将高偏差带入其中。
- 丧失了模型的可解释性。
- 根据数据集的不同，计算成本可能会很高。

4.3 随机森林的参数设置与调优

我们通常将随机森林作为一个黑盒子，输入数据然后给出预测结果，无须担心模型是如何计算的。这个黑盒子本身有几个影响精度和性能的参数，在使用时需要关注和调整。随机森林算法中需要设置的主要参数如下：
- 随机森林中决策树的数量（ntree）。
- 随机森林内部各个子树随机选择属性的个数（mtry）。

一般来讲，决策树的数量越多，算法的精度越高，但程序的速度会有所下降。内部各个子树随机选择属性的个数是影响算法精度的主要因子，随机森林内决策树的强度和相关度与随机选择属性的个数相关，如果随机选择属性的个数足够小，树的相关性趋向于减弱，另外，决策树模型的分类强度随着随机选择属性的个数的增加而提高。

4.3.1 sklearn 随机森林的参数

为了更清楚、更全面地理解随机森林的参数设置以及优化调整，我们以经典的机器学习库 sklearn 实现的随机森林方法为基础进行介绍。在 sklearn.ensemble 库中，我们可以找到 RandomForest 分类和回归的实现：RandomForestClassifier 和 RandomForestRegressor。随机森林比较简单，这是因为套袋法的各个弱学习器之间是没有依赖关系的，这减小了调参的难度。它的参数主要分为以下两类。

1. 随机森林套袋法相关参数

由于 RandomForestClassifier 和 RandomForestRegressor 的参数绝大部分是相同的，这里将随机森林重要的套袋法相关参数放在一起介绍。
- n_estimators：弱学习器的最大迭代次数，或者说最大的弱学习器的个数。一般来说，

n_estimators 太小容易欠拟合，n_estimators 太大又容易过拟合，需要选择一个适中的数值。RandomForestClassifier 和 RandomForestRegressor 默认是 10。在实际调参的过程中，常常要综合考虑 n_estimators 和下面介绍的参数 learning_rate。

- oob_score：是否采用袋外样本来评估模型的好坏，默认为 False。有放回采样中大约有 36.8% 没有被采样到的数据，我们常常称之为袋外数据，这些数据没有参与训练集模型的拟合，因此可以用来检测模型的泛化能力。推荐设置为 True，因为袋外分数反映了模型拟合后的泛化能力。

- criterion：CART 树做划分时对特征的评价标准。分类模型和回归模型的损失函数是不一样的。分类随机森林对应的 CART 分类树默认采用基尼不纯度，另一个可选择的标准是信息熵增益。回归随机森林对应的 CART 回归树默认采用均方差，另一个可以选择的标准是绝对值差。一般来说选择默认的标准就已经足够了。

- bootstrap：是否为有放回采样，默认是 True。

- max_samples：决定将原始数据集的哪一部分赋予树，默认是 None。

随机森林重要的套袋法框架参数比较少，主要需要关注的是 n_estimators，即随机森林最大的决策树个数，如果超过了限定数量，计算将会停止。

2. 随机森林各个子决策树相关参数

- max_features：随机森林划分时考虑的最大特征数。可以使用多种类型的值：默认是 None，意味着划分时考虑所有的特征数；如果是 log2，意味着划分时最多考虑 log(n_features) 个特征，其中 n_features 为样本总特征数；如果是 sqrt 或者 auto，意味着划分时最多考虑 sqrt(n_features) 个特征。一般来说，如果样本特征数不多，比如小于 50，用默认的 None 就可以了；如果特征数非常多，可以灵活使用其他取值来控制划分时考虑的最大特征数，以控制决策树的生成时间。max_features 值越小，方差越小，但是偏差会变大。

- max_depth：随机森林中各个子决策树的最大深度。可以不输入该值，意味着决策树在建立时不限制子树的深度。一般来说，数据少或者特征少的时候可以不设置这个值。如果模型样本量多，特征也多，推荐限制最大深度，具体的取值取决于数据的分布，常用取值为 10～100。

- min_samples_split：内部节点再划分所需的最小样本数。这个值限制了子树继续划分的条件，如果某节点的样本数少于 min_samples_split，则不会继续尝试选择最优特征来进行划分。默认是 2，如果样本量不大，不需要设置这个值。如果样本量非常大，则推荐增大这个值。

- min_samples_leaf：叶子节点的最小样本数。如果某叶子节点数目小于样本数，则会和兄弟节点一起被剪枝。默认是 1，可以设置为整数值，或者最小样本数占样本总数的百分比。如果样本量不大，不需要设置这个值。如果样本量非常大，则推荐增大这个值。

- min_weight_fraction_leaf：叶子节点最小样本权重和。这个值限制了叶子节点所有样本权重和的最小值，如果小于这个值，则会和兄弟节点一起被剪枝。默认是 0，意味着不考虑权重问题。一般来说，如果较多样本有缺失值，或者分类树样本的分布类别偏差很大，就会引入样本权重，这时我们就要注意这个值了。

- max_leaf_nodes：最大叶子节点数。通过限制最大叶子节点数，可以防止过拟合。默认是 None，即不限制最大的叶子节点数。如果加了限制，算法会建立在最大叶子节点数内最优的决策树。如果特征不多，可以不考虑这个值；但是如果特征较多，就要加以限制，具体的值可以通过交叉验证得到。

- min_impurity_split：节点划分最小不纯度。这个值限制了决策树的增长，如果某节点的不纯度［基于基尼不纯度（分类树）或均方差（回归树）］小于这个阈值，则该节点不再生成子节点，即为叶子节点。一般不推荐改动默认值 1e−7。
- n_jobs：用于拟合和预测的并行运行的工作数量。一般取整数，默认值为 1。如果为 −1，那么工作数量被设置为核的数量，机器上所有的核都会被使用（跟 CPU 核数一致）。如果 n_jobs＝k，则计算被划分为 k 个 job，并运行在 k 个核上。注意，由于进程间通信的开销，加速效果并不是线性的。通过构建大量的树，比起单棵树所需要的时间，性能也能得到很大的提升。
- random_state：随机数生成器。随机数生成器使用的种子如果是 RandomState 实例，则 random_state 就是随机数生成器；如果为 None，则随机数生成器是 np. random 使用的 RandomState 实例。

在这些决策树参数中，较为重要的是最大特征数 max_features、最大深度 max_depth、内部节点再划分所需的最小样本数 min_samples_split 和叶子节点的最小样本数 min_samples_leaf。

偏差和方差通过准确率来影响模型的性能，调参的目标就是达到整体模型的偏差和方差的协调。进一步，这些参数又可以分为两类：过程影响类及子模型影响类。在子模型不变的前提下，某些参数可以通过改变训练的过程影响模型的性能，诸如子模型数（n_estimators）和学习率（learning_rate）等。另外，我们还可以通过改变子模型性能来影响整体模型的性能，诸如通过最大深度（max_depth）和分裂条件（criterion）等参数。由于套袋法的训练过程旨在降低方差，过程影响类的参数能够引起整体模型性能的大幅度变化。一般来说，在此前提下，我们继续微调子模型影响类的参数，从而进一步提高模型的性能。

假设模型是一个多元函数 F，其输出值为模型的准确度。我们可以固定其他参数，从而对某个参数对整体模型性能的影响进行分析：是正影响还是负影响，影响的单调性如何？

对随机森林来说，增加子模型数（n_estimators）可以明显降低整体模型的方差，且不会对子模型的偏差和方差有任何影响。模型的准确率会随着子模型数的增加而提高，由于减少的是整体模型方差公式的第二项，故准确率的提高有一个上限。在不同的场景下，分裂条件（criterion）对模型的准确率的影响也不一样，该参数需要在实际运行时灵活调整。调整最大叶子节点数（max_leaf_nodes）以及最大深度（max_depth），可以粗粒度地调整树的结构：叶子节点越多或者树越深，意味着子模型的偏差越低，方差越高。同时，调整内部节点再划分所需的最小样本数（min_samples_split）、叶子节点的最小样本数（min_samples_leaf）及叶子节点最小样本权重和（min_weight_fraction_leaf），可以更细粒度地调整树的结构：分裂所需样本越少或者叶子节点所需样本越少，意味着子模型越复杂。一般来说，我们总采用自助法对样本进行子采样来降低子模型之间的关联度，从而降低整体模型的方差。适当地减少分裂时考虑的最大特征数（max_features）给子模型注入了额外的随机性，同样也达到了降低子模型之间关联度的效果。但是一味地降低该参数也是不行的，因为分裂时可选特征变少，模型的偏差会越来越大。

4.3.2 调参示例

如果随机森林模型的预测结果不太理想，我们有什么办法继续改进呢？一种方法是收集更多的数据并进行特征工程。收集更多的数据和特征工程通常在投入的时间与提高的性能方面有最大的回报，但当我们用尽所有的数据来源时，就该转向模型的超参数调整了。接下来讨论在

sklearn 工具中优化随机森林模型。

如图 4.11 所示,虽然模型参数是在训练中学习的,但超参数必须由程序员在训练前设置。sklearn 为所有模型实现了一套合理的默认超参数,但这些参数并不保证对问题来说是最佳的。最佳的超参数通常不可能提前确定,而调整模型是机器学习从科学变成基于实验和错误的工程的地方。

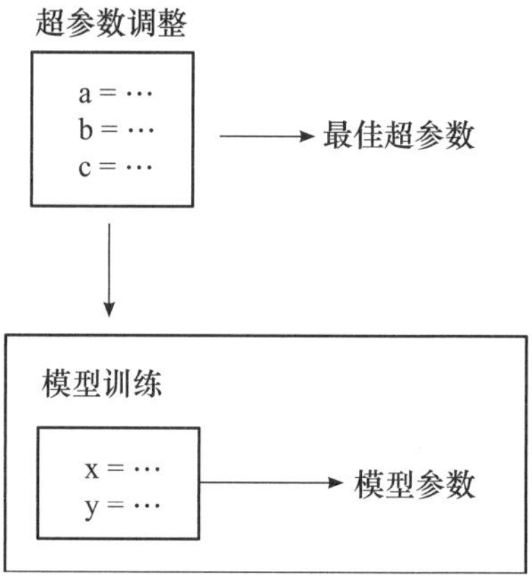

超参数的调整更多地依赖于实验结果而不是理论,因此,确定最佳设置的最好方法是尝试许多不同的组合并评估每个模型的性能。我们首先从如下几个主要的超参数的调整开始:

- max_depth
- min_samples_split
- max_leaf_nodes
- min_samples_leaf
- n_estimators
- max_samples
- max_features

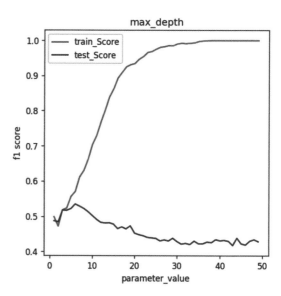

图 4.11 超参数与模型参数

4.3.2.1 超参数 max_depth

如图 4.12 所示,max_depth 用于定义随机森林中各个子决策树的最大深度。在图 4.13 中可以清楚地看到,随着决策树最大深度的增加,模型在训练集上的性能不断提升。另一方面,随着 max_depth 值的增加,测试集的性能最初会提升,但在某一点之后开始迅速下降。这是因为决策树开始过拟合训练集,因此无法对测试集中未见过的点进行归纳。在决策树的参数中,max_depth 在宏观层面上发挥作用,大大降低了决策树的增长。

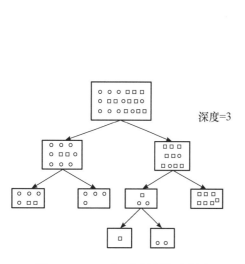

图 4.12 max_depth 超参数示意图

图 4.13 max_depth 超参数对性能的影响

4.3.2.2 超参数 min_samples_split

min_samples_split 参数告诉随机森林中的决策树，对于任何给定的节点，为了分裂它所需的最小样本数。该参数的默认值为 2，这意味着如果任何终端节点都有两个以上的观测值，并且不是一个纯节点，可以将其进一步分割成子节点。但这将带来一个问题，即树将不断分裂，直到节点完全纯净。因此，树的大小会越来越大，从而与数据过拟合。

通过增加 min_samples_split 的值，我们可以减少决策树中发生的分裂的数量，从而防止模型过拟合。在图 4.14 的例子中，如果我们把 min_samples_split 的值从 2 增加到 6，那么左边的树就会变成右边的树。

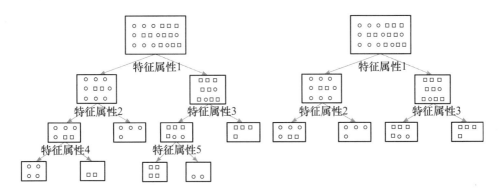

图 4.14   左边是 min_samples_split＝2，右边是 min_samples_split＝6

现在，我们看看 min_samples_split 对模型性能的影响。考虑到所有其他参数保持不变，只有 min_samples_split 的值发生变化，我们绘制了图 4.15。

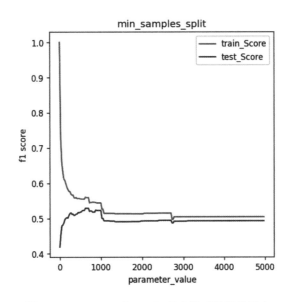

图 4.15   min_samples_split 超参数对性能的影响

在增加 min_samples_split 超参数的值时，可以清楚地看到，对于小的参数值，训练分数和测试分数之间存在明显的差异。但是随着参数值的增加，训练分数和测试分数之间的差异会减少。但有一点应该记住：若参数值增加太多，训练分数和测试分数都会出现整体下滑。这是由于分割节点的最低要求太高，以至于没有观察到明显的分割。因此，随机森林开始变得不适应。

4.3.2.3 超参数 max_leaf_nodes

max_leaf_nodes 超参数对树中节点的分裂设置了一个条件，从而限制了树的生长。如果分裂后的终端节点比指定的终端节点数量多，则停止分裂，树将不会进一步增长。如图 4.16 所示，我们把最大的终端节点设置为 2。由于只有一个节点，它将允许树进一步生长。

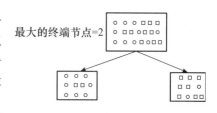

图 4.16 超参数 max_leaf_nodes＝2

如图 4.16 所示，在第一次分裂之后，可以看到图中有 2 个节点，而我们已经将最大终端节点设置为 2，因此，树将在这里终止，不会进一步生长。可见，设置 max_leaf_nodes 可以帮助我们防止过拟合。请注意，如果 max_leaf_nodes 的值非常小，随机森林就有可能欠拟合。接下来看看这个参数将如何影响随机森林模型的性能。

在图 4.17 中可以看到，当参数 max_leaf_nodes 的值非常小时，树是欠拟合的，随着参数值的增加，树在测试和训练中的表现都会增加。当参数值超过 25 时，树开始过拟合。

4.3.2.4 超参数 min_samples_leaf

超参数 min_samples_leaf 规定了分裂一个节点后，叶子节点中应出现的最小样本数。我们通过一个例子来理解 min_samples_leaf。

假设将终端节点的最小样本数设为 5。在图 4.18 中，左边的树是无约束的。这里，节点 1、3、4 满足条件，因为它们至少有 5 个样本。因此，它们将被视为叶子或终端节点。但是，节点 2 只有 3 个样本，因此它将不被视为叶子节点，它的父节点将成为叶子

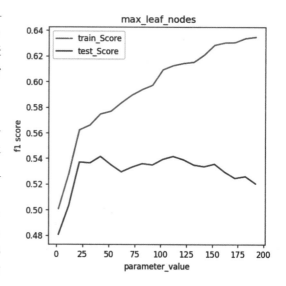

图 4.17 max_leaf_nodes 超参数对性能的影响

节点。右边的树即为将终端节点的最小样本数设置为 5 时的结果。

所以，我们可以通过为终端节点设置最小样本标准来控制树的生长。正如你所猜测的那样，与前文介绍的两个超参数类似，这个超参数也有助于防止随着参数值的增加而出现过拟合。该参数对性能的影响如图 4.19 所示。

在图 4.19 中可以清楚地看到，当参数值很低的时候（参数值＜100），随机森林模型是过拟合的，但是模型的性能迅速提升，纠正了过拟合的问题（100＜参数值＜400）。但是当我们继续增加参数值时（参数值＞500），模型就会慢慢变为欠拟合的。

到目前为止，我们介绍的是随机森林和决策树中都涉及的超参数，接下来介绍随机森林独有的超参数。由于随机森林是一个决策树的集合，因此我们从估计器的数量开始讨论。

4.3.2.5 超参数 n_estimators

随机森林算法是决策树的集合，但我们应该考虑多少棵树呢？这是一个新手常问的问题，

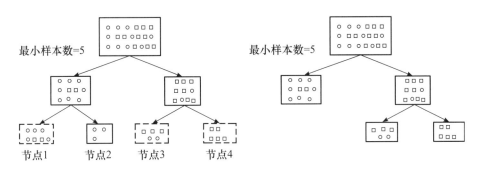

图 4.18 超参数 min_samples_leaf＝5

也是一个重要的问题！有人可能会说，更多的树应该能够产生更普遍的结果。这种说法对吗？通过选择更多的树，随机森林模型的时间复杂度也会增加。在图 4.20 中可以清楚地看到，模型的性能急剧提升，然后停滞在某一水平上。这意味着，在随机森林模型中选择大量的估计器并不是最好的主意。

4.3.2.6 超参数 max_samples

max_samples 超参数决定了原始数据集的哪一部分被赋予树。你可能在想，更多的数据总是更好的。让我们看看这是否有意义。

在图 4.21 中可以看到，该模型的性能急剧上升，然后很快就饱和了。这意味着，没有必要给随机森林的每个决策树提供完整的数据。如图 4.21 所示，当提供的数据量大约为原始数据集的 0.2 时，模型的性能达

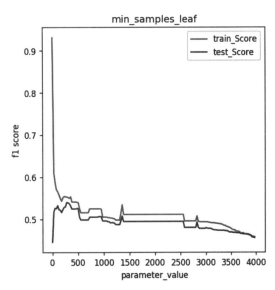

图 4.19 min_samples_leaf 超参数对性能的影响

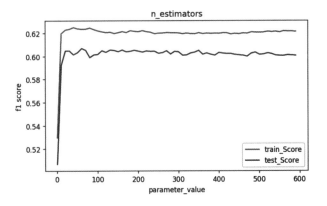

图 4.20 n_estimators 超参数对性能的影响

到了最大值。这是很惊人的！虽然这个分数会因数据集的不同而不同，但我们可以为每个决策树分配较少的套内数据。因此，随机森林模型的训练时间可大大减少。

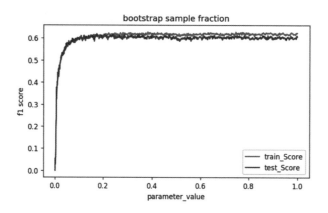

图 4.21　max_samples 超参数对性能的影响

4.3.2.7　超参数 max_features

最后，我们讨论 max_features 超参数的效果。这类似于随机森林中提供给每棵树的最大特征的数量。随机森林会从特征中随机选择一些样本来寻找最佳分割。改变这个参数对随机森林模型性能的影响如图 4.22 所示。

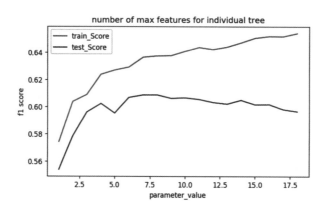

图 4.22　max_features 超参数对性能的影响

在图 4.22 中可以看到，模型的性能最初随着 max_features 数量的增加而增加。但是，在某一点上，train_Score 不断增加，test_Score 却趋于饱和，甚至在最后开始下降，这显然意味着模型开始过拟合。理想情况下，模型的整体性能是接近最大特征值 6 的最高值。考虑这个参数的默认值是一个很好的惯例，它被设置为数据集中存在的特征数量的平方根。理想的 max_features 的数量一般倾向于接近这个值。

4.3.3　OOB 错误率与交叉验证

袋外误差（OOB 错误率）[10-12] 和交叉验证（CV）[16-18] 是衡量机器学习模型的误差的不同方法。经过多次迭代，这两种方法应该产生非常相似的误差估计。也就是说，一旦 OOB 错误率稳定下来，它就会收敛到交叉验证（特别是留出交叉验证）的误差。OOB 方法的优点是需要的计算量较少，并且允许在训练模型的同时对其进行测试。

交叉验证有时被称为旋转估计或样本外测试，用于评估统计分析的结果将如何泛化到独立的数据集。它主要用于以预测为目标的场合，用来估计预测模型在实践中的准确程度。在预测问题中，通常会给模型一个已知的数据集（训练数据集），在这个数据集上进行训练，以及一个未知的数据集（验证数据集或测试集，或第一次见到的数据），用这个数据集测试模型。交叉验证的目的是测试模型预测新数据的能力，而这些数据并没有被用于估计模型，以应对过拟合或选择偏差等问题。

交叉验证可以区分为两种类型：穷举式交叉验证（exhaustive cross-validation）和非穷举式交叉验证（non-exhaustive cross-validation）。

穷举式交叉验证方法是指在所有可能的方式上学习和测试，将原始样本分为训练集和验证集，如留 P 交叉验证（Leave-P-Out Cross-Validation，LPOCV）和留一交叉验证（Leave-One-Out Cross-Validation，LOOCV）。非穷举式交叉验证方法是不完全计算原始样本的方法，包括 Holdout 验证、K 折交叉验证和重复随机子采样验证等。

常见的交叉验证技术有以下几种。

4.3.3.1　训练集-测试集分割法

1. 基本原理

训练集-测试集分割法也称为 Holdout 验证，是一种典型的交叉验证[19]。这种方法通常被归类为一种"简单验证，而不能称作简单或退化的交叉验证"。在这种方法中，我们把数据随机分成两份，即训练集和测试/验证集。然后在训练数据集上训练模型，在测试/验证数据集上评估模型。各种指标提供的错误分类率有助于我们分析分类问题的误差。通常情况下，训练数据集要比测试/验证数据集大。用于分割数据集的典型比例包括 3∶2、7∶3 或 4∶1 等。这种方法通常在只有一个模型需要评估且没有超参数需要调整的时候使用。如果数据有限，这种方法就有可能产生很大的偏差，因为我们会错过一些没有用于训练的数据信息。如果数据量巨大，而且测试样本和训练样本具有相同的分布，那么这种方法是可以接受的，如图 4.23 所示。

这种方法的局限性在于，在测试数据集中发现的误差可能高度依赖于训练和测试数据集中的观察结果。另外，如果训练或测试数据集不能代表实际的完整数据，那么测试集的结果就会出现偏差。这种方法对于比较多个模型和调整它们的超参数并不有效，这导致我们需要采用另一种非常流行的保留数据方法，将数据分成三个独立的集合，即训练集、验证集和测试集，如图 4.24 所示。

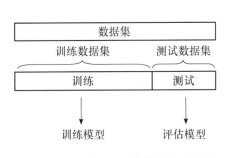

图 4.23　训练集-测试集分割法示意图

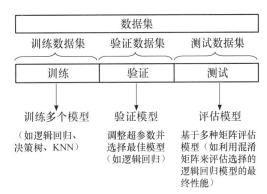

图 4.24　训练集-验证集-测试集分割法示意图

验证集是训练集的一个保留集，即保留一部分训练集，然后用来优化模型的超参数并评估模型。因此，验证集被用来调整各种超参数并选择性能最好的算法。然而，为了完全确定所选算法是正确的，我们将模型应用于训练数据集。这样做是因为在根据验证集调整超参数时，我们最终会在验证集的基础上略微过拟合模型。因此，我们从验证集得到的准确度并不是最终的准确度，另一个保留的数据集，即测试数据集，被用来评估最终选择的模型，这里发现的误差被认为是泛化误差。

交叉验证是数据建模的一个非常重要的方面，特别是当手头的数据有限时，应该使用交叉验证。这样，即使在数据有限的情况下，我们也能得到准确的结果，使模型免于过拟合，并得到更准确的关于模型预测性能的估计。

2. 编程实践

体能训练数据集（linnerud）是 sklearn 提供的经典数据集之一，适用于多变量回归任务。它总共包含 20 个样本，每个样本拥有 3 个属性、3 个目标变量，属性值和目标变量均为整数。其中，3 个属性名分别为引体向上、坐姿和跳跃，3 个目标变量名分别为体重、腰部和脉搏。

我们可以使用切片法将数据手动分割成训练集和测试集，或者使用 sklearn 的 train_test_split 方法来快速完成这一任务。以体能训练数据集为例，我们用代码演示训练集-测试集分割法。

首先导入所需模块，用于数据集加载和处理以及模型的构造。

```
# 源码位于 Chapter04/test_RFCrossValidationHoldout.py
# 导入 sklearn 的 train_test_split 模块
from sklearn.model_selection import train_test_split
# 导入 sklearn 的数据集模块
from sklearn import datasets
```

然后载入体能训练数据集并打印体能训练数据集的属性矩阵维度和类别矩阵维度，输出结果证明体能训练数据集的样本数是 20，属性个数为 3。

```
# 源码位于 Chapter04/test_RFCrossValidationHoldout.py
# 载入体能训练数据集
linnerud= datasets.load_linnerud()
print(linnerud.feature_names)
print(linnerud.target_names)
```

输出结果：

```
['Chins','Situps','Jumps']
['Weight','Waist','Pulse']
```

接下来设置 train_test_split 函数中的 test_size 参数，指定数据样本中用于测试的比例。下面的代码中设定使用原数据集的 30% 作为测试集，以此测试（评估）我们的分类器。数据集的划分过程以及划分前后数据集的规则如下所示。

```
# 源码位于 Chapter04/test_RFCrossValidationHoldout.py
# 打印体能训练数据集的属性矩阵维度和类别矩阵维度
print(linnerud.data.shape,linnerud.target.shape)
```

```
# Holdout 法划分数据集
X_train,X_test,y_train,y_test= train_test_split(
    linnerud.data,linnerud.target,test_size= 0.3,random_state= 0)
# 输出划分完成后训练集和测试集的矩阵维度
print(X_train.shape,y_train.shape)
print(X_test.shape,y_test.shape)
```

输出结果：

```
(20,3) (20,3)
(14,3) (14,3)
(6,3) (6,3)
```

4.3.3.2　K 折交叉验证法

1. 基本原理

K 折交叉验证（k-folds cross-validation）是一种使用相同数据点进行训练以及测试的方法[20]。K 折技术是一种流行的、易于理解的技术，与其他方法相比，它通常会产生偏差较少的模型，因为它确保了原始数据集中的每一个观测值都有机会出现在训练和测试集中。如果输入数据有限，这是最好的方法之一。

要理解 K 折交叉验证的必要性，必须理解当我们试图对训练集和测试集进行采样时，有两个相互冲突的目标。一方面，我们希望创建一个尽可能大的测试集，这样测试误差与泛化误差趋同的机会就会增加，有利于了解模型在未见过的数据中的实际表现。另一方面，我们也希望模型尽可能准确，为此需要大量的训练数据，以便让模型经历尽可能多的可能存在于未见数据中的情况，从而学会一个有效的函数，能够适当泛化并在测试/未见数据中表现良好。然而，数据量是有限的，训练集和测试集不能相互重叠。因此，我们可以选择有利于训练集的分割比例，如 3：2，或者有利于测试集的比例，如 2：3，或者选择更中性的比例，如 1：1。然而，它们都限制了我们所掌握的数据。

这个问题可以通过 K 折交叉验证来解决。在 K 折验证中，k 的值可以由我们决定。为了理解 K 折验证，我们首先考虑 $k=2$。

如图 4.25 所示，我们决定以 1：1 的比例对数据集进行分割。现在得到一个子集 A，它是数据的一半，可以被认为是训练数据集，而另一个子集 B 是整个数据集的另一半，可以被认为是测试数据集。然后，我们在训练数据集上拟合模型，并在测试数据集上评估该模型。然后重复这个过程，但这次子集 B 被认为是训练集，子集 A 被认为是测试集，我们在子集 B 上训练模型，在子集 A 上计算误差（评估模型）。然后，我们对这两个结果进行平均，并将这个值作为泛化误差。重要的是要理解，在每个"折"中，即在每个步骤中，每个观测值都被视为训练或测试，因此训练集和测试集之间没有重叠。

在现实中，所选择的 k 值远远大于 2。我们随机地将数据集分成 k 个大小相等的部分（折），其中撇开一个折，在其他合并的 $k-1$ 个折上训练模型，在剩下的那个折上评估模型。将这个过程重复 k 次，这样每个折都被用作测试集。然后将每个折的测试结果结合起来，取其平均值，得出最后的误差。例如，如图 4.26 所示，如果选择 k 值为 5，那么将有 5 次迭代，在每次迭代中，整个数据集将被分为 5 个相等的折，模型将在 4 个折上进行训练，并在剩余的那个折上进行评估。除了测试集属于不同的部分外，其他迭代也将采用同样的方法。这样，我们就能减少偏差和方差，使模型不会过拟合或欠拟合。

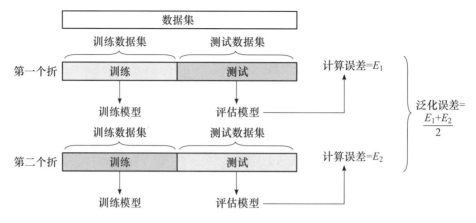

图 4.25   参数 $k=2$ 的 K 折交叉验证数据划分示意图

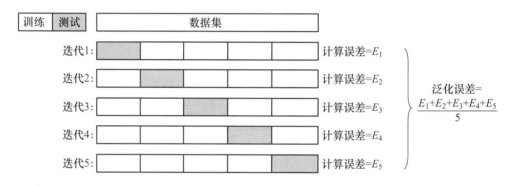

图 4.26   参数 $k=5$ 的 K 折交叉验证数据划分示意图

如果有多个模型或子模型，那么上述步骤将分别在这些模型上执行。因此将有 $3×5$ 次迭代，并将给出 3 个泛化误差值以供选择。我们不仅要利用验证技术找到最佳模型，而且要优化超参数。

例如，我们正在处理一个二元分类问题。我们有三个模型——KNN、决策树和支持向量机，我们想知道由 10000 个样本组成的数据的最佳模型。我们还需要调整超参数，如 KNN 的 K、支持向量机的 C 和决策树的树深。我们从 KNN 开始，超参数 K 可能的值是 3、4 和 5，我们将其设置为 3。然后进行 K 折交叉验证，令 $k=5$，即将数据分成 5 折。（不要混淆 K 和 k，K 是 KNN 的超参数，而 k 代表 K 折交叉验证中的 k 值。）然后，我们进行 5 次迭代，在每次迭代中，在合并的 $k-1$ 部分上训练 KNN 模型（超参数 K 为 3），并在剩下的折上评估该模型。我们将这一步骤再做 4 次，这样每个折就被视为一次测试集。然后对这 5 次迭代产生的所有结果进行平均，得到超参数 $K=3$ 的结果。然后将超参数 K 的值调整为 4 和 5，分别重复上述整个过程。然后比较这 3 个结果，为 KNN 选择最佳的 K 值。

对于另外两个模型，对它们的每个超参数值都执行上述所有步骤。因此，如果我们必须从 C（SVM，$C=1$, 2, 3）、K（KNN，$K=3$, 4, 5）以及树的深度（决策树，取值 6、7、8）中选择，那么将有 9 个泛化误差值，我们将选择提供最小误差的那个。这样，我们不仅可以选择最佳的超参数和模型，还可以评估最佳模型。

然而，这种方法有一个潜在的问题。由于我们使用相同的测试集来优化参数以及评估所选的模型，使得模型容易被过拟合。这是因为我们的模型评估可能是有偏差的，从而显示出"人为的好结果"。因此,用于选择超参数和模型的测试集不能用于评估最终的模型。这导致我们使用嵌套 K 折交叉验证(nested k-folds cross validation),可参考 Cawley 和 Talbot 在 2010 年撰写的论文[6],以进一步分析这个问题。

2. 编程实践

我们可以手动编写一个逻辑来执行,也可以使用 scikit_learn 库中内置的 cross_val_score(返回每个测试折的分数)或 corss_val_predict(返回输入数据集中的每个观测值的预测分数,当它是测试集的一部分)函数。如果 estimator(模型)是 Claissifier,y(目标变量)是二进制/多进制,那么默认使用 StratifiedKfold 技术。在所有其他情况下,K 折技术被默认为用于分割和训练模型。

与 K 折交叉验证类似,StratifiedKfold 返回分层的折,即在制作折时,保持每个折中每个类别样本的百分比。因此,模型在训练/测试折中将获得平均分配的数据。

我们可以将折作为一个迭代器,并在 for 循环中使用它来对 pandas 数据帧进行训练。以糖尿病数据集为例,具体示例如下。

在介绍代码之前,我们先介绍一下糖尿病(diabetes)数据集。它是 sklearn 提供的经典数据集之一,适用于回归任务。它总共包含 442 个样本,每个样本拥有 10 个属性,每个属性都已经被处理成 0 均值、方差归一化的特征值,这些属性值为位于 -0.2 到 0.2 之间的实数,分别代表 Age(年龄)、Sex(性别)、Body Mass Index(体质指数)、Average Blood Pressure(平均血压)、S1~S6(一年后疾病级数指标),目标变量为一年后患疾病的定量指标。

首先导入需要的模块,用于数据的生成和模型的构造。

```python
# 源码位于 Chapter04/test_RFCrossValidationKFold.py
# 导入数据处理模块
import numpy as np
# 导入数据集模块
from sklearn import datasets
# 导入随机森林回归器模块
from sklearn.ensemble import RandomForestRegressor
# 导入数据集划分模块
from sklearn.model_selection import train_test_split
# 导入模型性能指标模块
from sklearn import metrics
# 导入交叉验证 KFold 模块
from sklearn.model_selection import KFold
# 导入预测评估指标 R2 模块
from sklearn.metrics import r2_score
```

然后载入糖尿病数据集,使用 pandas 的 DataFrame 方法处理数据得到数据的属性集矩阵和类别矩阵。

```python
# 源码位于 Chapter04/test_RFCrossValidationKFold.py
# 加载糖尿病数据集
diabetes= datasets.load_diabetes()
X= diabetes.data
y= diabetes.target
```

接下来构造 KFold 对象,设定 n_splits＝5,即上面介绍的 k 值为 5,进行 5 折交叉验证。

同时构造一个随机森林回归器对象 model。

```
# 源码位于 Chapter04/test_RFCrossValidationKFold.py
# 构造 KFold 对象,设置 k= 5,且随机打乱数据集
kf= KFold(n_splits= 5,shuffle= True)
```

最后调用 KFold 的成员函数 split 将数据集 X 的索引打乱顺序并且平均分成 5 份,接下来进行 5 轮迭代,每一轮将第 i 份作为测试集,其余 4 份作为训练集,分别对随机森林回归器模型进行训练和预测。使用 R2 指标评估每一轮的预测结果,将其保存在 scores 列表中,最终取 scores 的均值作为随机森林回归器模型的 K 折得分。

```
# 源码位于 Chapter04/test_RFCrossValidationKFold.py
# 进行 k= 5 的 K 折交叉验证
scores= []
for train_index,test_index in kf.split(X):
    X_train,X_test= X[train_index],X[test_index]
    y_train,y_test= y[train_index],y[test_index]
    model= RandomForestRegressor(random_state= 10)
    model.fit(X_train,y_train)
    y_pred= model.predict(X_test)
    r2= r2_score(y_test,y_pred)
    scores.append(r2)
# 打印每个子过程的性能分数
print('Scores from each Iteration:',scores)
# 求 k 次验证的 R2 指标均值
print('Average K-Fold Score:',np.mean(scores))
```

输出结果:

```
Scores from each Iteration: [0.5273620932205516,0.47529434957620875,0.39949655791589955,
0.4152129310778381,0.3899061981554981]
Average K-Fold Score :0.44145442598919915
```

4.3.3.3 留 P 交叉验证与留一交叉验证

1. 基本原理

在留 P 交叉验证(LPOCV)中,p 个观测值被用于验证,其余的被用于训练,如图 4.27 所示。对于一个有 n 个观测值的数据集,$n-p$ 个观测值将被用于训练,而 p 个观测值将被用于验证。这种方法是穷举式的,它对所有可能的组合进行训练和测试,而且对于大的 p 值来说,计算成本会变得很高。

留一交叉验证(LOOCV)是留 P 交叉验证的一个变种[12],当 $p=1$ 时,就是留一交叉验证,如图 4.28 所示。

什么时候以及为什么要使用留一交叉验证? LOOCV 的结果是对模型性能的可靠和无偏的估计。

当数据有限,而又需要在拟合模型时使用尽可能多的训练数据时,就可以使用它。当模型的准确性比计算成本更重要时,也可以使用它。

什么时候不使用留一交叉验证? LOOCV 的计算成本非常高,当有大量的数据时,建议不要使用它。

图 4.27 LPOCV($p=3$)　　　　　图 4.28 LOOCV

模型训练期间的 OOB 错误率可以作为衡量测试集性能的指标。虽然 Trevor Hastie 在最近的一次谈话中表示"随机森林提供免费的交叉验证",但是,OOB 错误率不能完全取代交叉验证。通常来说,OOB 错误率比交叉验证的误差更大,因为估计 OOB 错误率时,我们只用了随机森林中的部分树,没有使用完整的模型,这限制了模型的发挥。但 OOB 法省去了交叉验证中多次训练的步骤,所以比较方便,节约了时间。事实证明,当采样训练集足够大时,OOB 错误率实质上与留一交叉验证的误差是等价的。

2. 编程实践

下面我们利用 sklearn 举例说明这些交叉验证方式中数据集的分割。先看留一交叉验证的示例,从例子的输出中可以看到,每次从数据集中取出一个值用于验证,将其余的作为训练集。

```
# 源码位于 Chapter04/test_RFCrossValidationLeaveOneOut.py
# 导入 LeaveOneOut 模块
from sklearn.model_selection import LeaveOneOut
# 定义数据集合 X
X=[1,2,3,4]
# 定义 LeaveOneOut 对象
loo= LeaveOneOut()
# 遍历输出每次划分的结果
for train,test in loo.split(X):
    print("%s %s" % (train,test))
```

输出结果:

```
[1 2 3][0]
[0 2 3][1]
[0 1 3][2]
[0 1 2][3]
```

再看下面的留 P 交叉验证法的示例,该示例定义的 p 值为 2,即每次从数据集合中取 2 个值用于验证,输出的是数据所有组合的索引值。

```
# 源码位于 Chapter04/test_RFCrossValidationLeavePOut.py
# 导入数据处理模块
import numpy as np
# 导入 LeavePOut 模块
from sklearn.model_selection import LeavePOut
# 定义数据集合 X
X= np.ones(4)
# 定义 LeavePOut 对象,p= 2
```

```
lpo= LeavePOut(p= 2)
# 遍历输出每次划分的结果
for train,test in lpo.split(X):
    print("%s %s" % (train,test))
```

输出结果：

```
[2 3][0 1]
[1 3][0 2]
[1 2][0 3]
[0 3][1 2]
[0 2][1 3]
[0 1][2 3]
```

4.4　随机森林的优缺点

随机森林的优点：

- 由于采用了集成算法，随机森林的精度比大多数单个算法要好，所以准确性高。
- 在测试集上的表现良好。由于两个随机性（样本随机和特征随机）的引入，使得随机森林不容易陷入过拟合。
- 在工业上，由于两个随机性的引入，使得随机森林具有一定的抗噪声能力，对比其他算法具有一定的优势。
- 由于使用决策树的组合，使得随机森林可以处理非线性数据，其本身属于非线性分类（拟合）模型。
- 能够处理高维度的数据，并且不用做特征选择，对数据集的适应能力强：既能处理离散型数据，也能处理连续型数据，数据无须规范化。
- 训练速度快，可以运用在大规模数据集上。
- 可以处理含有缺失值的特征（单独作为一类），无须额外处理。
- 由于有袋外数据，可以在模型生成过程中取得真实误差的无偏估计，且不损失训练数据量。
- 由于每棵树可以独立、同时生成，容易做成并行化方法。
- 由于实现简单、精度高、抗过拟合能力强，当面对非线性数据时，适于作为基准模型。

随机森林的缺点：

- 当随机森林中的决策树个数很多时，训练时需要的空间和时间会比较大。
- 随机森林中还有很多不好解释的地方，有点类似于黑盒模型。
- 在某些噪声较大的样本集上，随机森林容易陷入过拟合。
- 不能很好地处理非平衡数据：
  - 在随机森林的构建过程中，训练集是随机选取的，使用自助法随机采样时，由于原训练集中的少数类占比低，因此被选中的概率就很低。这使得 M 个随机选取的训练集中含有的少数类数量比原有的数据集更少或没有，反而加剧了数据集的不平衡性，使得基于此数据集训练出来的决策树的规则没有代表性。
  - 由于数据集中少数类占比低，使得训练出来的决策树不能很好地体现少数类的特点，只有将少数类的数量加大，使数据集中的数据达到一定程度的平衡，才能使得算法稳定。
- 需要对连续性变量进行离散化。

- 随机森林的分类精度需要进一步提升：
  - 数据集的维度和样本的平衡性。
  - 算法本身的决策树分裂规则、随机采样。

4.5 使用随机森林进行特征属性的重要性区分的示例

现实情况下，一个数据集中往往有成百上千个特征，我们需要在其中选择对结果影响最大的那些特征，以此来缩减建立模型时的特征数。选择方法有很多，比如主成分分析、套索分析等。本节介绍用随机森林对特征属性的重要性进行评估。这种方法的思路很简单，就是看每个特征在随机森林中的每棵树上做了多大的贡献，然后取平均值，最后比较特征之间的贡献大小。

那么，贡献用什么方法度量呢？通常可以将基尼指数或者袋外数据错误率作为评价指标[21]。

4.5.1 基于基尼指数的特征属性重要性评估

我们用 VIM 表示变量（特征属性）重要性度量（Variable Importance Measures），用 GI 表示基尼指数，假设有 m 个特征 X_1，X_2，$\cdots$，X_m，现在要计算每个特征 X_j 的基尼指数评分 $\text{VIM}_j^{(\text{Gini})}$，即第 j 个特征在随机森林所有决策树中节点分割不纯度的平均改变量。

基尼指数的计算公式为

$$\text{GI}_m = \sum_{k=1}^{|K|} \sum_{k' \neq k} p_{mk} p_{mk'} = 1 - \sum_{k=1}^{|K|} p_{mk}^2$$

其中，$|K|$ 表示有类别的数量，p_{mk} 表示节点 m 中类别 k 所占的比例。直观地说，就是从节点 m 中随机抽取两个样本，其类别标记不一致的概率。

特征 X_j 在节点 m 上的重要性，即节点 m 分支前后的基尼指数变化量为

$$\text{VIM}_{jm}^{(\text{Gini})} = \text{GI}_m - \text{GI}_l - \text{GI}_r$$

其中，GI_l 和 GI_r 分别表示分支后两个新节点的基尼指数。

如果特征 X_j 在决策树 i 中出现的节点为集合 M，那么 X_j 在第 i 棵树的重要性为

$$\text{VIM}_{ij}^{(\text{Gini})} = \sum_{m \in M} \text{VIM}_{jm}^{(\text{Gini})}$$

假设随机森林中共有 n 棵树，那么，特征 X_j 的基尼指数评分为

$$\text{VIM}_j^{(\text{Gini})} = \sum_{i=1}^{n} \text{VIM}_{ij}^{(\text{Gini})}$$

最后，对所有求得的重要性评分做归一化处理：

$$\text{VIM}_j = \frac{\text{VIM}_j}{\sum_{i=1}^{c} \text{VIM}_i}$$

下面的例子是使用随机森林对鸢尾花的特征属性进行重要性区分，首先使用 sklearn 的 load_iris 函数获取鸢尾花数据，并进行特征和类别的数据划分。然后构造了一个含有 20 棵树的随机森林，对数据进行拟合得到训练模型，根据训练得到的模型调用 feature_importances_ 函数可以得到每个特征的重要性指标，最后对该指标进行处理并绘制柱状图来展示每个特征的重要性（图 4.29）。

```
# 源码位于 Chapter04/test_RFFeatureImportancesBaseGini.py
# 导入数据处理模块
import numpy as np
# 导入绘图模块
import matplotlib.pyplot as plt
# 导入随机森林分类器模块
from sklearn.ensemble import RandomForestClassifier
# 导入数据模块
from sklearn import datasets


# 载入 iris 数据集
iris= datasets.load_iris()
features= iris.data
target= iris.target
# 构造随机森林对象,设置森林中树的数目为20,评价标准是基尼指数
randomforest= RandomForestClassifier(criterion= 'gini',n_estimators= 20)
# 训练得到模型
model= randomforest.fit(features,target)
# 获取模型的特征重要性指标值
importances= model.feature_importances_
# 对重要性值进行排序
indices= np.argsort(importances)[::-1]
names= [iris.feature_names[i] for i in indices]


# 绘制图表,直观显示每个属性特征的重要性差异
plt.title("feature importance")
color= ['red','peru','orchid','deepskyblue']
plt.bar(range(features.shape[1]),importances[indices],color= color,width= 0.5)
plt.xticks(range(features.shape[1]),names,fontsize= 8,rotation= 0)
plt.grid(True,linestyle= ':',color= 'r',alpha= 0.6)
plt.show()
```

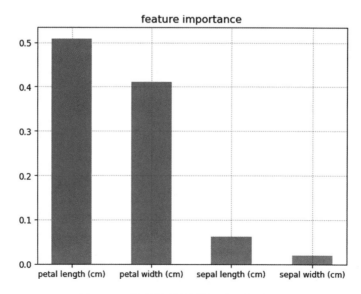

图 4.29　鸢尾花属性的特征重要性对比图

4.5.2　基于袋外数据错误率的特征属性重要性评估

如图 4.30 为基于袋外数据错误率的特征属性重要性评估的示意图，在实现上，同样使用鸢尾花数据集来说明如何根据袋外错误率进行特征重要性区分。需要说明的是，使用 sklearn 的 oob_score_ 属性值得到的是训练模型的袋外误差得分，而袋外数据错误率 oob_error 值应该是 1 与 oob_score_ 值的差值。可以看出，当 oob_score_ 值大的时候，oob_error 值则小。

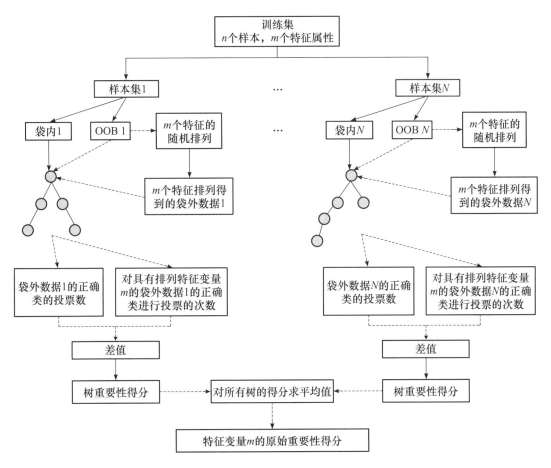

图 4.30　基于袋外数据错误率的特征属性重要性评估示意图

首先需要导入一些模块用于数据处理和模型的构造。

```
# 源码位于 Chapter04/test_RFFeatureImportancesBaseOOB.py
# 数据处理模块
import numpy as np
from sklearn import datasets
# 随机森林分类器模块
from sklearn.ensemble import RandomForestClassifier
```

然后加载数据并提取数据里的特征值和类别值，并输出特征属性。

```
# 源码位于 Chapter04/test_RFFeatureImportancesBaseOOB.py
```

```
# 导入数据集,获取特征数组和类别数组
data= datasets.load_iris()
X_train= data.data
y_train= data.target
# 获取并输出特征属性名称
features_name= data.feature_names
print(features_name)
['sepal length(cm)','sepal width(cm)','petal length(cm)','petal width(cm)']
```

然后直接使用数据中的所有特征属性来训练模型,得到 oob_score 值。

```
# 源码位于 Chapter04/test_RFFeatureImportancesBaseOOB.py
# 构造随机森林分类器,设定树的数目为 200,oob_score 为真即计算 oob 的值
rf= RandomForestClassifier(n_estimators= 100,oob_score= True,random_state= 0)
# 训练模型
rf.fit(X_train,y_train)
# 获取并输出所有属性参与构造模型时的 oob_score 值
allfea_obbscore= rf.oob_score_
print(allfea_obbscore)
0.9533333333333334
```

对于特征处理模块,则封装成函数 select_combine,在函数中每次迭代时都会删除一个特征属性,使用剩余的特征列来训练模型,从而得到一个 oob_score_值。

```
# 源码位于 Chapter04/test_RFFeatureImportancesBaseOOB.py
# 定义函数,组合用于模型训练的属性特征
def select_combine(X_train,y_train):
    # 用来存储 oob_score 值
    oob_result= []
    # 用来存储每次删除的特征索引列
    fea_result= []
    # 获取特征属性的个数,作为迭代次数
    iter_count= X_train.shape[1]
    iter_curr= 0
    if iter_count< 0:
        print("select_num must less or equal X_train columns")
    else:
        # 轮流剔除一个特征,对应得到一个 oob_score 值
        while iter_curr< iter_count:
            # 删除一个特征
            train_data= np.delete(X_train,iter_curr,axis= 1)
            # 使用删除一个特征后的数据来训练模型,观测删除的特征对模型性能的影响
            rf.fit(train_data,y_train)
            # 得到模型的 oob 评分
            acc= rf.oob_score_
            # 将评分存入 oob_result 中
            oob_result.append(acc)
            # 将提的训练属性存入 fea_result 中
            fea_result.append(iter_curr)
            # 特征索引加一
            iter_curr+ = 1
```

```
# 返回每次迭代得到的 oob_score 值,以及存储数组和对应删除的特征索引数组
return oob_result,fea_result
```

调用上述函数,返回存储每个特征对应的 oob_score 数组,并对该数组进行处理,与原来使用所有特征进行训练得到的 oob_score 做差,得到每个特征的影响值,然后再对影响值进行处理,得到特征之间的重要性占比。

```
# 源码位于 Chapter04/test_RFFeatureImportancesBaseOOB.py
# 调用函数 select_combine 来组合特征属性
oob_result,fea_result= select_combine(X_train,y_train)
# 计算差值
diffval= []
sumval= 0
# 删除一个特征后的 oob 值与原来使用所有特征训练模型得到的 oob 值做差,得到特征差值
for i in oob_result:
    mid= allfea_obbscore- i
    diffval.append(mid)
    sumval+ = mid
print(fea_result)
print(diffval)
# 转换得到每个特征所占的比重
ratiovalue= diffval/sumval
print(ratiovalue)
```

输出结果:

```
[0,1,2,3]
[0.00666666666666671,0.0,0.026666666666666727,0.020000000000000018]
[0.125 0.    0.5   0.375]
```

根据上面的输出结果可以看出,特征属性重要性排序是 [2 3 0 1],与使用基于基尼指数的特征属性重要性评估结果是一致的。

4.6　使用随机森林进行无监督聚类的示例

下面的例子是使用随机森林实现无监督聚类,大致的思路是使用聚类来学习一个带有分类器的归纳模型,通过聚类标签来诱导分类器,从而实现随机森林的无监督聚类[13]。代码中首先定义了一个类 InductiveClusterer,在构造函数中定义了一个聚类器 clusterer 和一个分类器 classifier。在自定义的拟合函数 fit 中,对于传入的训练集 X,先使用聚类器的 fit_predict 函数预测得到类别 y,然后使用 (X, y) 来训练分类器,这样就得到了一个归纳学习器,可以对新数据进行归纳预测,最后的归纳预测结果如图 4.31 所示。

```
# 源码位于 Chapter04/test_RFUnsupervisedClustering.py
# 导入数据处理模块
import numpy as np
import matplotlib.pyplot as plt
from sklearn.base import BaseEstimator,clone
# 导入聚类器
from sklearn.cluster import AgglomerativeClustering
```

```python
from sklearn.datasets import make_blobs
from sklearn.ensemble import RandomForestClassifier
from sklearn.utils.metaestimators import if_delegate_has_method


# 生成数据需要的样本数
N_SAMPLES= 5000
# 随机种子数,不同的种子生成不同的数据
RANDOM_STATE= 42


class InductiveClusterer(BaseEstimator):
    # 传入一个聚类器、一个分类器
    def __init__(self,clusterer,classifier):
        self.clusterer= clusterer
        self.classifier= classifier
    # 自定义 fit 函数,根据聚类器的聚类结果来训练分类器
    def fit(self,X,y= None):
        self.clusterer_ = clone(self.clusterer)
        self.classifier_ = clone(self.classifier)
        y= self.clusterer_.fit_predict(X)
        # 将聚类得到的标签用于分类器训练
        self.classifier_.fit(X,y)
        return self

    @ if_delegate_has_method(delegate= 'classifier_')
    # 自定义 predict
    def predict(self,X):
            return self.classifier_.predict(X)

    @ if_delegate_has_method(delegate= 'classifier_')
    def decision_function(self,X):
        return self.classifier_.decision_function(X)

def plot_scatter(X, color,alpha= 0.5):
# c:A scalar or sequence of n numbers to be mapped to colors using cmap and norm.
# 可以用标签值来区分颜色
    return plt.scatter(X[:,0],
                            X[:,1],
                            c= color,
                            alpha= alpha,
                            edgecolor= 'k')


# Generate some training data from clustering
# 通过聚类生成一些训练数据
X,y= make_blobs(n_samples= N_SAMPLES,
                cluster_std= [1.0,1.0,0.5],
                centers= [(- 5,- 5),(0,0),(5,5)],
                random_state= RANDOM_STATE)


# Train a clustering algorithm on the training data and get the cluster labels
# 在训练数据上训练聚类算法,得到聚类标签
```

```
clusterer= AgglomerativeClustering(n_clusters= 3)
cluster_labels= clusterer.fit_predict(X)
# 定义图片大小
plt.figure(figsize= (12,4))
# 等同于 subplot[1,3,1],一行三列,本子图显示在第 1 列
plt.subplot(131)


plot_scatter(X,cluster_labels)
plt.title("Ward Linkage")


# Generate new samples and plot them along with the original dataset
# 生成新的样本并将它们与原始数据集一起绘制
X_new,y_new= make_blobs(n_samples= 10,
                        centers= [(- 7,- 1),(- 2,4),(3,6)],
                        random_state= RANDOM_STATE)


plt.subplot(132)
# 重叠绘制
plot_scatter(X,cluster_labels)
# 将新的样本的位置绘制到图上
plot_scatter(X_new,'black',1)
plt.title("Unknown instances")


# Declare the inductive learning model that it will be used to
# predict cluster membership for unknown instances
# 声明将要使用的归纳学习模型
# 预测未知实例的集群成员
# 先定义一个分类器
classifier= RandomForestClassifier(random_state= RANDOM_STATE)
# 定义归纳聚类器,也就是分类器使用聚类器预测的标签,结合得到 x 和 y 值,训练分类器
inductive_learner= InductiveClusterer(clusterer,classifier).fit(X)
# 得到的归纳学习器用于预测
probable_clusters= inductive_learner.predict(X_new)


plt.subplot(133)
# 绘制第三个重叠图,聚类标签作为颜色
plot_scatter(X,cluster_labels)
plot_scatter(X_new,probable_clusters)


# Plotting decision regions
# 绘制决策区域
x_min,x_max= X[:,0].min()- 1,X[:,0].max()+ 1
y_min,y_max= X[:,1].min()- 1,X[:,1].max()+ 1


# 把两个数组笛卡儿积内元素的第一、二个坐标分别放入两个矩阵中
xx,yy= np.meshgrid(np.arange(x_min,x_max,0.1),
          np.arange(y_min,y_max,0.1))
# 得到预测值
# 这里的数据相当于得到许多点位置
Z= inductive_learner.predict(np.c_[xx.ravel(),yy.ravel()])
Z= Z.reshape(xx.shape)
```

```
# 绘制等高线,xx 和 yy 是网格状的数据,因为等高线的显示是在网格的基础上添加上高度值
plt.contourf(xx,yy,Z,alpha= 0.4)
plt.title("Classify unknown instances")
# 显示图像
plt.show()
```

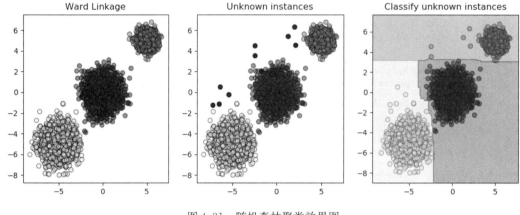

图 4.31　随机森林聚类效果图

4.7　使用随机森林进行回归分析的示例

下面的例子是使用随机森林对波士顿房价进行回归预测[22]。首先加载波士顿房价数据集[23],如表 4.1 所示。通过输出可以得到其中的几条数据,可以看到在这个数据集中,影响房价的因素有 14 个,即表中的 14 列。

表 4.1　波士顿房价数据集

人均犯罪率(CRIM)	住宅用地占比(ZN)	非商业用地占比(INDUS)	查尔斯河虚拟变量(CHAS)	环保指数(NOX)	每个住宅的房间数(RM)	1940 年之前建成的房屋比例(AGE)	距离五个波士顿就业中心的加权距离(DIS)	距离高速公路的便利指数(RAD)	每一万美元的不动产税率(TAX)	城镇中教师学生比例(PTRA-TIO)	城镇中黑人比例(B)	地区有多少百分比的房东属于低收入阶层(LSTAT)	自住房屋房价的中位数(MEDV)
0.00632	18	2.31	0	0.538	6.575	65.2	4.09	1	296	15.3	396.9	4.98	24
0.02731	0	7.07	0	0.469	6.421	78.9	4.9671	2	242	17.8	396.9	9.14	21.6
0.02729	0	7.07	0	0.469	7.185	61.1	4.9671	2	242	17.8	392.83	4.03	34.7
0.03237	0	2.18	0	0.458	6.998	45.8	6.0622	3	222	18.7	394.63	2.94	33.4
0.06905	0	2.18	0	0.458	7.147	54.2	6.0622	3	222	18.7	396.9	5.33	36.2
0.02985	0	2.18	0	0.458	6.43	58.7	6.0622	3	222	18.7	394.12	5.21	28.7

我们将数据划分为训练集和测试集,使用 sklearn 中的随机森林回归器 RandomForest-Regressor来构造模型,使用训练集来进行训练,再使用测试集来进行测试,得到预测值与实际值之间的差距。同样也可以通过一些指标对该模型进行评价,具体代码如下。最后的特征的重

要性区分值和样本真实值与预测值的对比见图 4.32。

```python
# 源码位于 Chapter04/test_RandomForestRegressor.py
# 导入数据处理、绘图模块
import numpy as np
import matplotlib.pyplot as plt
# 导入数据集模块
from sklearn.datasets import load_boston
# 导入随机森林回归器模块
from sklearn.ensemble import RandomForestRegressor
# 导入数据划分模块
from sklearn.model_selection import train_test_split
# 导入模型评测模块
from sklearn.metrics import r2_score,mean_absolute_error,mean_squared_error

# 准备数据集
boston= load_boston()

# 获取特征集和房价
features= boston.data
prices= boston.target

# 随机抽取 33% 的数据作为测试集，其余为训练集
train_features,test_features,train_price,test_price= \
    train_test_split(features,prices,test_size= 0.33)

# 构建模型
model= RandomForestRegressor(n_estimators= 100)# 树的数量为 100
# 拟合回归森林
model.fit(train_features,train_price)

# 预测测试集中的房价
predict_price= model.predict(test_features)

# 测试集的结果评价
print('回归森林准确率:',model.score(test_features,test_price))
print('回归森林 r2_score:',r2_score(test_price,predict_price))
print('回归森林二乘偏差均值:',mean_squared_error(test_price,predict_price))
print('回归森林绝对值偏差均值:',mean_absolute_error(test_price,predict_price))

# 绘制特征重要性对比图
plt.subplot(121)
n_features= features.shape[1]
plt.barh(range(n_features),model.feature_importances_,align= 'center')
plt.yticks(np.arange(n_features),boston.feature_names)
# x轴是特征重要性
plt.xlabel("Feature importance")
# y轴是特征
plt.ylabel("Feature")

# 绘制真实值与预测值间差值的对比图
```

```
plt.subplot(122)
# 真实值
plt.plot(np.arange(len(test_price)),test_price,"go- ",label= "True value")
# 预测值
plt.plot(np.arange(len(test_price)),predict_price,"ro- ",label= "Predict value")
plt.title(f"RandomForest- - - score:{model.score(test_features,test_price)}")
plt.legend(loc= "best")
plt.xlabel("sample id")# x轴是样本 id
plt.ylabel("MEDV value")# y轴是房价中位数
plt.show()
```

输出结果：

```
回归森林准确率:0.8890074771295188
回归森林 r2_score:0.8890074771295188
回归森林二乘偏差均值:10.214269251497004
回归森林绝对值偏差均值:2.38974251497006
```

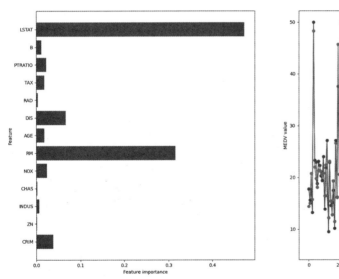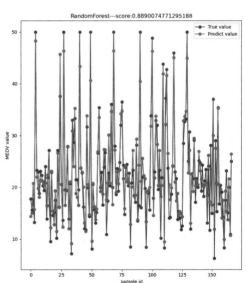

图 4.32   左图为每个特征的重要性区分值，右图是样本真实值与预测值的对比图

4.8   随机森林与核方法的结合

在机器学习中，核方法是比较常用的一种方法，通俗地说，核方法是一类通过核函数将低维空间非线性可分问题转化为高维空间线性可分问题的方法。核方法的应用场景非常广泛，例如核感知机（kernel percettron）、核聚类（kernel clustering）、核 PCA（kernel Principal Component Analysis）、支持向量机（support vector machine）等。

那么，核函数具体是什么呢？我们假设 χ 是输入空间，H 是特征空间。如果存在一个 χ 到 H 的映射

$$\Phi(x):\chi \rightarrow H$$

使得对于所有的 $x, z \in \chi$，函数 $K(x, z)$ 满足条件

$$K(x,z)=\Phi(x) \cdot \Phi(z)$$

则称 $K(x, z)$ 为核函数，$\Phi(x) \cdot \Phi(z)$ 为 $\Phi(x)$ 与 $\Phi(z)$ 的内积。即核函数的原理为将高维空间中的内积运算转化为低维空间中的核函数计算。

如图 4.33 所示，原本输入空间中的点是线性不可分的，但是在高维特征空间中，便很容易将这些点变为线性可分的，所以在分类、聚类、PCA 等场景中都会时常用核函数。

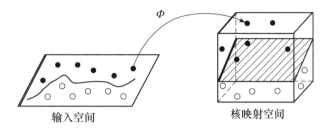

图 4.33 核函数映射关系

在随机森林中，也有一些学者将随机森林与核方法结合起来[24-25]，目前最主流的方法如下。

假设某一回归问题的训练样本为

$$D_n=\{(X_i,Y_i)\}_{i=1}^n$$

需要通过回归函数 $m(x)=E[Y|X=x]$，由变量 x 预测 y 的结果。

随机森林可以被看作由 M 棵随机回归树构成的集合，用 $m_n(x,\Theta_j)$ 表示 x 在第 j 棵树中的预测，Θ 为随机变量，则随机森林的回归函数可以用如下公式表示：

$$m_{M,n}(x,\Theta_1,\cdots,\Theta_M)=\frac{1}{M}\sum_{j=1}^M m_n(x,\Theta_j)$$

回归函数又可以写为

$$m_n=\sum_{i=1}^n \frac{Y_i 1_{X_i \in A_n(x,\Theta_j)}}{N_n(x,\Theta_j)}$$

其中 $A_n(x, \Theta_j)$ 由 x、Θ 以及 D_n 共同定义：

$$N_n(x,\Theta_j)=\sum_{i=1}^n 1_{x_i \in A_n(x,\Theta_j)}$$

因此可以得到

$$m_{M,n}(x,\Theta_1,\cdots,\Theta_M)=\frac{1}{M}\sum_{j=1}^M\left(\sum_{i=1}^n \frac{Y_i 1_{x_i \in A_n(x,\Theta_j)}}{N_n(x,\Theta_j)}\right)$$

随机森林中有两种均值，一种是样本均值，一种是所有树的均值。训练结果会被训练样本的分布所影响，为了减少这种影响，Scornet 定义了 KeRF，可参考论文 "Random forests and kernel methods"。KeRF 的公式为

$$\widetilde{m}_{M,n}(x,\Theta_1,\cdots,\Theta_M)=\frac{1}{\sum\limits_{j=1}^{M}N_n(x,\Theta_j)}\sum\limits_{j=1}^{M}\sum\limits_{i=1}^{n}Y_i1_{x_i\in A_n(x,\Theta_j)}$$

令 $K_{M,n}(x,\ Z)=\dfrac{1}{M}\sum\limits_{j=1}^{M}1_{Z\in A_n(x,\Theta_j)}$，则可以得到：

$$\widetilde{m}_{M,n}(x,\Theta_1,\cdots,\Theta_M)=\frac{\sum\limits_{i=1}^{n}Y_iK_{M,n}(x,x_i)}{\sum\limits_{l=1}^{n}K_{M,n}(x,x_l)}$$

$K_{M,n}(x,\ Z)$ 即为随机森林的核函数。可以看到，通过简单的重写与修改可将随机森林与核函数联系起来，这样的随机森林更加易于解释分析，同时也为之后的发展奠定了基础。

4.9   小结

本章首先介绍随机森林的基本原理，详细描述随机森林的构造过程，并通过简单的例子对一些原理进行编程实现，并对套袋法进行展开分析，因为随机森林就是套袋法的一个典型应用。本章重点讲解套袋法的算法流程和两个性能指标（偏差和方差），并归纳总结套袋法的优缺点。然后详细描述 sklearn 中随机森林的参数设置和调优方法，并对随机森林的优缺点进行总结。最后几节有针对性地对随机森林中的几个应用编写示例代码，根据代码描述实现流程和其中的关键步骤。

4.10   参考文献

[1] HO T K. Random decision forests [C]. Proceedings of 3rd international conference on document analysis and recognition，IEEE，1995，1：278-282.

[2] HO T K. The random subspace method for constructing decision forests [J]. IEEE transactions on pattern analysis and machine intelligence，1998，20（8）：832-844.

[3] HO T K. A data complexity analysis of comparative advantages of decision forest constructors [J]. Pattern Analysis & Applications，2002，5（2）：102-112.

[4] RandomForest2001 [DB/OL]. https：//www. stat. berkeley. edu/～breiman/randomforest2001. pdf.

[5] BREIMAN L. Random forests [J]. Machine learning，2001，45（1）：5-32.

[6] GENUER R，POGGI J M，TULEAU-MALOT C. Variable selection using random forests [J]. Pattern recognition letters，2010，31（14）：2225-2236.

[7] ASLAM J A，POPA R A，RIVEST R L. On estimating the size and confidence of a statistical audit [J]. EVT，2007，7：8.

[8] BREIMAN L. Bagging predictors [J]. Machine learning，1996，24（2）：123-140.

[9] BREIMAN，LEO. Bagging predictors [R]. Technical Report，Department of Statistics，University of California Berkeley（421），1994.

[10] JAMES G，WITTEN D，HASTIE T，et al. An introduction to statistical learning [M]. New York：Springer，2013.

[11] ONG D C. A primer to bootstrapping；and an overview of doBootstrap [J/OL]. https：//web. stanford. edu/class/psych252/tutorials/doBootstrapPrimer. pdf，2014.

[12] HASTIE，TREVOR，TIBSHIRANI，et al. The elements of statistical learning [M]. Springer，2004.

[13] RandomForestClassifier [DB/OL]. https：//scikit-learn. org/stable/modules/generated/sklearn.

ensemble. RandomForestClassifier. html.

[14] UCI Machine Learning Repository [DB/OL]. https://archive. ics. uci. edu/ml/datasets/wine.

[15] CAWLEY G C, TALBOT N L C. On over-fitting in model selection and subsequent selection bias in performance evaluation [J]. The Journal of machine learning research, 2010, 11: 2079-2107.

[16] KOHAVI, RON. A study of cross-validation and bootstrap for accuracy estimation and model selection [J]. Proceedings of the 14th international joint conference on artificial intelligence, 1995, 2 (12): 1137-1143.

[17] CHANG J S, LUO Y F, SU K Y. GPSM: A generalized probabilistic semantic model for ambiguity resolution [C]. 30th Annual meeting of the association for computational linguistics, 1992: 177-184.

[18] DEVIJVER P A, KITTLER J. Pattern recognition theory and applications [M]. Springer Science & Business Media, 2012.

[19] Tutorial 12: decision trees interactive tutorial and resources [G/OL]. https://web. archive. org/web/20060623055814/http://decisiontrees. net/node/36.

[20] A generic k-fold cross-validation implementation [CP]. https://web. archive. org/web/20081201180042 / http://www. cs. technion. ac. il/~ronbeg/gcv/index. html.

[21] 杨凯, 侯艳, 李康. 随机森林变量重要性评分及其研究进展[EB/OL]. [2015-07-23]. http://www. paper. edu. cn/releasepaper/content/201507-212.

[22] RandomForestRegressor [CP]. https://scikit-learn. org/stable/modules/generated/sklearn. ensemble. RandomForestRegressor. html.

[23] The Boston Housing Dataset [DB/OL]. https://www. cs. toronto. edu/~delve/data/boston/boston-detail. html.

[24] DAI C, LIU Z, HU K, et al. Fault diagnosis approach of traction transformers in high-speed railway combining kernel principal component analysis with random forest [J]. IET electrical systems in transportation, 2016, 6 (3): 202-206.

[25] LARIOS N, SORAN B, SHAPIRO L G, et al. Haar random forest features and SVM spatial matching kernel for stonefly species identification [C]. Proceedings of the 20th international conference on pattern recognition, IEEE, 2010: 2624-2627.

| 第5章 |

集成学习方法

集成学习（ensemble learning）[1-3]让人相信"群众的智慧"这一理念，它表明一个更大的群体的决策通常比单个个体的决策要好。集成学习方法使用多种学习模型来获得比使用任何单独的学习模型更好的预测性能。机器集成学习由一组具体的有限的备选模型组成，但通常允许这些备选模型之间存在更灵活的结构。有监督学习算法执行的任务是在一个假设空间中搜索，以找到一个合适的假设，对特定的问题进行良好的预测，即使假设空间中包含了对特定问题非常合适的假设，也可能很难找到一个好的假设。集成学习将多个假设结合起来，形成一个（希望是）更好的假设。术语"集成"通常用来描述使用相同的基础学习器生成多个假设的方法。而多分类器系统则广泛得多，它包括不同类别的基础学习器。

评估一个集成学习方法的预测能力，通常比评估单个模型的预测能力需要更多的计算。从某种意义上说，集成学习方法可以被认为是通过执行大量的额外计算来补偿差的学习算法的一种方式。决策树等快速算法通常用于集成学习方法（例如，随机森林），尽管较慢的算法也可以从集成学习技术中获益。集成学习方法也被用于无监督学习场景，例如共识聚类或异常检测等。

集成学习方法本身是一种有监督学习算法，因为它可以被训练，然后用来做预测。因此，经过训练的集成学习模型代表单一的假设，但这个假设不一定包含在它所建立的模型的假设空间中。因此，可以证明集成学习方法在它们所能代表的功能上具有更大的灵活性。理论上，这种灵活性使它们比单个模型更容易过拟合训练数据，但在实践中，一些集成学习方法（尤其是套袋法）往往能克服对训练数据的过拟合而导致的问题。

从经验上讲，当模型之间存在显著的多样性时，集成学习方法往往会产生更好的结果，因此，许多集成学习方法试图增强它们所结合的模型之间的多样性。虽然可能并不直观，但与非常慎重的算法（如基于熵的决策树）相比，更多的随机算法（如随机决策树）可以用来产生更强的集成学习模型。

虽然集成学习模型中的基础分类器的数量对预测的准确性有很大的影响，但如何确定基础分类器的数量是一个关键但比较困难的问题。大多数情况下是通过统计测试来确定适当的基础分类器的数量。最近，一个理论框架提出，集成学习方法存在一个理想的基础分类器的数量，多于或少于这个数量的基础分类器都会降低集成学习方法的精度。这就是所谓的"集成构建中的收益递减法则"。他们的理论框架表明，使用与类标签相同数量的独立的基础分类器可以获得最高的准确率。

常见的集成学习方法有贝叶斯最优分类器（bayes optimal classifier）、套袋（bagging）法、提升（boosting）法、贝叶斯参数平均（Bayesian model averaging）、贝叶斯模型组合（Bayesian model combination）、桶模型（bucket of models）以及堆叠（stacking）模型。下面重点介绍提升法和堆叠法。套袋法在随机森林部分已经介绍过了，这里不再赘述。

5.1 提升法

Kearns 和 Valiant 首先提出了强可学习（strongly learnable）和弱可学习（weakly learnable) 的概念，并曾经提出过这样一个问题[4-5]："一组弱学习器能否创造出一个强学习器?"弱学习器一般是指一个分类器，它的分类结果只比随机分类好一点；强学习器指分类器的结果与真实分类非常接近。Robert Schapire 在 1990 年的一篇论文[6]中对 Kearns 和 Valiant 的问题做出了肯定的回答，最先构造出一种多项式级的算法，这就是最初的提升算法。该论文在机器学习和统计学中产生了重大的影响，最主要的是导致了提升法的发展。一年后，Freund[7]开发了一种更有效的提升算法。但是这两种算法存在共同的实践上的缺陷，那就是都要求事先知道弱学习算法学习正确的下限。关于这些早期提升算法的第一次实验是由 Drucker、Schapire 和 Simard[8] 在 OCR 任务中进行的。1995 年，Freund 和 Schapire 改进了提升算法，提出了 AdaBoost (Adaptive Boosting) 算法，该算法的效率和 Freund 于 1991 年提出的提升算法几乎相同，但是不需要任何关于弱分类器的先验知识，因而更容易应用到实际问题当中。

提升算法是过去 30 年中开发的最有前途的数据分析方法之一。其基本思想是反复应用简单的分类器，并结合其解决方案的结果，以获得更好的预测结果。提升法通过训练每个新的模型实例来逐步建立一个集合，通过在训练新模型实例时更注重先前模型错误分类的实例来增量构建集成模型。在某些情况下，提升法已被证明可产生比套袋法更好的准确性，但它也往往更容易过拟合训练数据。

影响提升法的两个核心问题是：

- 在每一轮如何改变训练数据的权值或概率分布？提高上一个弱分类器分错的样本的权值，减小前一轮中分类正确的样本的权值，让误分类的样本在后续受到更多的关注。
- 如何将弱分类器组合成为一个强分类器？通过加法模型将弱分类器进行线性组合。比如 AdaBoost 通过加权多数表决的方式，即增大错误率较小的分类器的权值，同时减小错误率较大的分类器的权值；提升树通过拟合残差的方式逐步减小残差，将每一步生成的模型叠加得到最终模型。

我们首先介绍 AdaBoost 算法以了解提升法的精髓。

5.1.1 AdaBoost 算法原理

AdaBoost 是 Adaptive Boosting 的简称，是由 Yoav Freund 和 Robert Schapire 提出的一种机器学习元算法，他们的工作获得了 2003 年哥德尔奖。AdaBoost 算法可以和许多其他类型的学习算法一起使用，以提高性能。其他学习算法（"弱学习器"）的输出被组合成一个加权和，代表提升分类器的最终输出。AdaBoost 是自适应的，即后续的弱学习器会被调整，以支持那些被之前的分类器错误分类的实例。各个学习器可以很弱，但只要每个学习器的性能比随机猜测稍好，就可以证明最终的模型收敛到一个强学习器。

以决策树为弱学习器的 AdaBoost 通常被称为最好的开箱即用的分类器。AdaBoost 算法的每个阶段收集的关于每个训练样本分类的相对"难度"的信息被反馈给树生长算法，这样以后的树就会倾向于关注更难分类的样本。

机器学习中的问题常常受到维度灾难问题的影响，评估每个特征不仅会降低分类器的训练和执行速度，事实上还会降低预测能力。与神经网络和 SVM 不同，AdaBoost 训练过程只选择那些已知能提高模型预测能力的特征，减少了维度，并可能提高执行速度，因为不相关的特征不需要计算。

5.1.1.1 原理

假设有一个数据集$\{(x_1, y_1), (x_2, y_2), \cdots, (x_N, y_N)\}$，其中每个样本 x_i 都有一个相关的类 $y_i \in \{-1, 1\}$，还有一组弱分类器 $\{k_1, k_2, \cdots, k_L\}$，每个弱分类器为每个样本输出一

个类 $k_j(x_i) \in \{-1, 1\}$。在第 $m-1$ 次迭代后，AdaBoost 提升分类器是弱分类器的线性组合，其形式为：

$$C_{(m-1)}(x_i) = \alpha_1 k_1(x_i) + \cdots + \alpha_{m-1} k_{m-1}(x_i) \tag{5.1}$$

其中，类取值将是 $C_{(m-1)}(x_i)$ 的符号。在第 m 次迭代时，我们希望通过增加另一个弱分类器 k_m，再加一个权重 α_m，将其扩展为一个更好的提升分类器：

$$C_m(x_i) = C_{(m-1)}(x_i) + \alpha_m k_m(x_i) \tag{5.2}$$

所以，剩下的就是确定哪种弱分类器是 k_m 的最佳选择，以及它的权重 α_m 应该是多少。我们将 C_m 的总误差 E 定义为其在每个数据点上的指数损失之和：

$$E = \sum_{i=1}^{N} e^{-y_i C_m(x_i)} = \sum_{i=1}^{N} e^{-y_i C_{(m-1)}(x_i)} e^{-y_i \alpha_m k_m(x_i)} \tag{5.3}$$

定义 $w_i^{(m)} = e^{-y_i C_{(m-1)}(x_i)}$（当 $m>1$ 时），且 $w_i^{(1)}=1$，则

$$E = \sum_{i=1}^{N} w_i^{(m)} e^{-y_i \alpha_m k_m(x_i)} \tag{5.4}$$

$$w_i^{(m+1)} = e^{-y_i C_m(x_i)} = e^{-y_i [C_{(m-1)}(x_i) + \alpha_m k_m(x_i)]} = e^{-y_i C_{(m-1)}(x_i)} e^{-\alpha_m k_m(x_i)} = w_i^{(m)} e^{-\alpha_m k_m(x_i)} \tag{5.5}$$

然后对 $w^{(m+1)}$ 进行归一化处理，即

$$归一化\ w_i^{(m+1)} = \frac{w_i^{(m+1)}}{\sum_{i=1}^{N} w_i^{(m+1)}} \tag{5.6}$$

然后将此归一化后的值作为 $w^{(m+1)}$ 的新值。

我们可以将这个和值分成按 k_m 正确分类的数据点（所以 $y_i k_m(x_i)=1$）和分类错误的数据点（所以 $y_i k_m(x_i)=-1$）：

$$E = \sum_{y_i = k_m(x_i)} w_i^{(m)} e^{-\alpha_m} + \sum_{y_i \neq k_m(x_i)} w_i^{(m)} e^{\alpha_m}$$
$$= \sum_{i=1}^{N} w_i^{(m)} e^{-\alpha_m} + \sum_{y_i \neq k_m(x_i)} w_i^{(m)} (e^{\alpha_m} - e^{-\alpha_m}) \tag{5.7}$$

由于该等式右侧唯一依赖于 k_m 的部分是 $\sum\limits_{y_i \neq k_m(x_i)} w_i^{(m)}$，因此我们看到最小化 E 的 k_m 是最小化 $\sum\limits_{y_i \neq k_m(x_i)} w_i^{(m)}$ 的 k_m（假设 $\alpha_m>0$），即加权误差最小的弱分类器。

为了确定使带有 k_m 的总误差 E 最小化的期望权重 α_m，我们对其进行微分：

$$\frac{dE}{d\alpha_m} = \frac{d\left(\sum\limits_{y_i = k_m(x_i)} w_i^{(m)} e^{-\alpha_m} + \sum\limits_{y_i \neq k_m(x_i)} w_i^{(m)} e^{\alpha_m} \right)}{d\alpha_m} \tag{5.8}$$

将其设为零并求解 α_m，得到（具体的推导过程在此省略）：

$$\alpha_m = \frac{1}{2} \ln \left(\frac{\sum\limits_{y_i = k_m(x_i)} w_i^{(m)}}{\sum\limits_{y_i \neq k_m(x_i)} w_i^{(m)}} \right) \tag{5.9}$$

我们计算出弱分类器的加权错误率为

$$\varepsilon_m = \frac{\sum\limits_{y_i \neq k_m(x_i)} w_i^{(m)}}{\sum\limits_{i=1}^{N} w_i^{(m)}} \tag{5.10}$$

由此可知，

$$\alpha_m = \frac{1}{2} \ln\left(\frac{1-\varepsilon_m}{\varepsilon_m}\right) \tag{5.11}$$

这样就得出了 AdaBoost 算法。

在每次迭代时，选择分类器 k_m，使总加权误差 $\sum\limits_{y_i \neq k_m(x_i)} w_i^{(m)}$ 最小化，用它来计算误差率 ε_m 和权重 α_m，最后改进提升分类器 C_{m-1} 为

$$C_m = C_{(m-1)} + \alpha_m k_m \tag{5.12}$$

在分类问题中，Adaboost 算法通过改变训练样本的权重，学习多个分类器，并将这些分类器进行线性组合，提高分类性能。AdaBoost 算法的伪代码如下。

输入：训练数据集 $D = \{(x_1, y_1), (x_2, y_2), \cdots, (x_N, y_N)\}$，$x_i \in \mathscr{L} \subseteq R^M$，$y_i \in \Upsilon = \{-1, 1\}$，一组弱分类器 $\{k_1, k_2, \cdots, k_L\}$（例如决策树）。

输出：最终分类器 $C(x)$。

过程：

1. 初始化训练数据的权值分布：

$$w_i^{(1)} = \frac{1}{N}, i = 1, 2, \cdots, N$$

2. 训练 L 个弱分类器 $\{k_1, k_2, \cdots, k_L\}$。

(a) 使用具有权值分布 $w^{(m)}$ 的训练数据集学习（$1 \leqslant m < L$），取下一个弱分类器：

$$k_m : \mathscr{L} \to \{-1, 1\}, u = 1, 2, \cdots, L$$

(b) 计算 k_m 在训练数据集上的分类误差率：

$$\varepsilon_m = \sum_{i=1}^{N} e^{-y_i k_m(x_i)}$$

累加每个样本的预测误差。

(c) 计算 k_m 的系数：

$$\alpha_m = \frac{1}{2} \ln\left(\frac{1-\varepsilon_m}{\varepsilon_m}\right)$$

(d) 更新训练数据集的权值分布：

$$w_i^{(m+1)} = e^{-y_i C_{(m)}(x_i)} = e^{-y_i[C_{(m-1)}(x_i) + \alpha_m k_m(x_i)]} = e^{-y_i C_{(m-1)}(x_i)} e^{-\alpha_m k_m(x_i)} = w_i^{(m)} e^{-\alpha_m k_m(x_i)}, i = 1, 2, \cdots, N$$

然后归一化，得到

$$w_i^{(m+1)} = \frac{w_i^{(m+1)}}{\sum\limits_{j=1}^{N} w_j^{(m+1)}}, i = 1, 2, \cdots, N$$

(e) 构建新的基本分类器：

$$C_m(x_i) = C_{(m-1)}(x_i) + \alpha_m k_m(x_i) = \sum_{j=1}^{m} \alpha_j k_j(x_i), m \geqslant 2$$

如果 $m = 1$，则 $C_1(x_i) = \alpha_1 k_1(x_i)$。

然后继续利用下一个弱分类器，重复步骤(a)~(e)，直到遍历所有的弱分类器。

3. 继续得到最终的分类器：

$$C(x) = \text{sign}(C(x)) = \text{sign}\left(\sum_{j=1}^{L} \alpha_j k_j(x)\right)$$

5.1.1.2 实例

下面通过一个例子介绍 AdaBoost 算法的详细计算过程。我们采用以下数据集，包括其对应的类值，如表 5.1 所示。

在分类一列中，true 类被替换为 +1，false 类被替换为 -1。这些数据在二维空间中的表示如图 5.1 所示。

我们想把 true 类和 false 类分开。这不是一个线性可分的问题，线性分类器（如感知器）不能对这个问题进行分类。在此，AdaBoost 算法使线性分类器能够解决这个问题。

表 5.1　AdaBoost 算法示例数据集

x_1	x_2	分类 Y
2	3	true
2.1	2	true
4.5	6	true
4	3.5	false
3.5	1	false
5	7	true
5	3	false
6	5.5	true
8	6	false
8	2	false

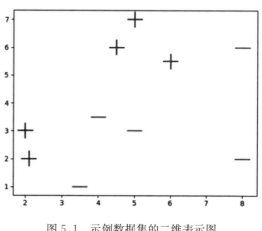

图 5.1　示例数据集的二维表示图

1. 第一轮

最初，以均匀分布的方式分配权重，如表 5.2 所示。将所有样本的初始权重 w_1 设置为 $1/n$，其中 n 是实例的总数。这里有 10 个样本，因此，权重初始化为 0.1，如表中第四列所示。

表 5.2　第一轮样本的初始权重

x_1	x_2	真实值 Y	权重 w_1	真实权重 w_1
2	3	1	0.1	0.1
2	2	1	0.1	0.1
4	6	1	0.1	0.1
4	3	−1	0.1	−0.1
4	1	−1	0.1	−0.1
5	7	1	0.1	0.1
5	3	−1	0.1	−0.1
6	5	1	0.1	0.1
8	6	−1	0.1	−0.1
8	2	−1	0.1	−0.1

真实权重 ω_1 存储了每一行的权重乘以 Y 的实际值。在第一轮中并没有实际使用。现在，我们将加权的真实权重作为目标值，将 x_1 和 x_2 作用建立决策树的特征，建立决策树分类器 k_1。假设分类器 k_1 的规则集 h_1 如下：

```
if x1> 2.1  return - 0.025
if x1<= 2.1  return 0.1
```

根据分类器 k_1 得到预测值，如表 5.3 所示。通过预测值和真实值的比较，可以进一步计算各个样本的损失（预测正确损失为 0，预测错误则损失为 1），以及样本对应的加权错误率（loss_1 乘以 ω_1）。

表 5.3 第一轮样本的损失和加权错误率

x_1	x_2	真实值 Y	权重 w_1	真实权重 w_1	预测值，$\text{sign}(C_1(x_i))=k_1(x_i)$	损失 loss_1，$e^{-y_i C_m(x_i)}$	加权错误率 ε_1
2	3	1	0.1	0.1	1	0	0
2	2	1	0.1	0.1	1	0	0
4	6	1	0.1	0.1	−1（预测错误）	1	0.1
4	3	−1	0.1	−0.1	−1	0	0
4	1	−1	0.1	−0.1	−1	0	0
5	7	1	0.1	0.1	−1（预测错误）	1	0.1
5	3	−1	0.1	−0.1	−1	0	0
6	5	1	0.1	0.1	−1（预测错误）	1	0.1
8	6	−1	0.1	−0.1	−1	0	0
8	2	−1	0.1	−0.1	−1	0	0

因此，$\varepsilon_1=0.1+0.1+0.1=0.3$。所以

$$\alpha_1=\frac{1}{2}\ln\left(\frac{1-\varepsilon_1}{\varepsilon_1}\right)=\frac{1}{2}\ln\left(\frac{1-0.3}{0.3}\right)=0.423649$$

我们将在下一轮使用 α_1 来更新权重 w_2。$w_i^{(m+1)}=w_i^{(m)}e^{-\alpha_m k_m(x_i)}$，如表 5.4 所示。其中，$w_i^1$ 取 w_1，α_1 已经计算得到，$k_1(x_i)$ 取预测值。这样就可以计算得到未归一化的权重 w_2。我们要对权重值进行归一化，将每个权重值除以权重列的总和就可以实现归一化。这样就完成了第一轮的计算。

表 5.4 第一轮归一化后的样本权重值

x_1	x_2	真实值 Y	权重 w_1	真实权重 w_1	预测值，$\text{sign}(h_1(x_i))=k_1(x_i)$	权重 w_2	归一化权重 w_2
2	3	1	0.1	0.1	1	$0.065=0.1e^{-0.42}$	0.071
2	2	1	0.1	0.1	1	0.065	0.071
4	6	1	0.1	0.1	−1	$0.153=0.1e^{0.42}$	0.167
4	3	−1	0.1	−0.1	−1	0.065	0.071

（续）

x_1	x_2	真实值 Y	权重 w_1	真实权重 w_1	预测值，$sign(h_1(x_i)) = k_1(x_i)$	权重 w_2	归一化权重 w_2
4	1	−1	0.1	−0.1	−1	0.065	0.071
5	7	1	0.1	0.1	−1	0.153	0.167
5	3	−1	0.1	−0.1	−1	0.065	0.071
6	5	1	0.1	0.1	−1	0.153	0.167
8	6	−1	0.1	−0.1	−1	0.065	0.071
8	2	−1	0.1	−0.1	−1	0.065	0.071

2. 第二轮

接下来进行第二轮计算。从表 5.4 中可以看到，正确分类的权重下降，而不正确的权重上升。我们把表 5.4 中不再需要的列删除，得到表 5.5，注意在分类器 k_1 中预测正确的样本，这些样本的权重下降，其他样本的权重则增加了。

表 5.5　第二轮样本的初始权重

x_1	x_2	真实值 Y	权重 w_1	预测值 k_1	归一化权重 w_2	真实权重 w_2
2	3	1	0.1	1	0.071	0.071
2	2	1	0.1	1	0.071	0.071
4	6	1	0.1	−1（预测错误）	0.167	0.167
4	3	−1	0.1	−1	0.071	−0.071
4	1	−1	0.1	−1	0.071	−0.071
5	7	1	0.1	−1（预测错误）	0.167	0.167
5	3	−1	0.1	−1	0.071	−0.071
6	5	1	0.1	−1（预测错误）	0.167	0.167
8	6	−1	0.1	−1	0.071	−0.071
8	2	−1	0.1	−1	0.071	−0.071

依据样本的加权值即真实权重 w_2（主要考虑权重高的样本），以及特征 x_1 和 x_2，构建新的分类器 k_2。分类器 k_2 的规则集 h_2 如下：

```
if x2 <= 3.5  return - 0.02380952380952381
if x2 > 3.5  return 0.10714285714285714
```

根据分类器 k_2 得到预测值，如表 5.6 所示。通过预测值，可以进一步计算各个样本的损失（预测正确损失为 0，预测错误则损失为 1）和样本对应的加权错误率（$loss_2$ 乘以 w_2）。

表 5.6　第二轮样本的损失和加权错误率

x_1	x_2	真实值 Y	归一化权重 w_2	真实权重 w_2	预测值，$sign(h_2(x_i)) = k_2(x_i)$	损失 $loss_2$，$e^{-y, C_m(x_i)}$	加权错误率 ε_2
2	3	1	0.071	0.071	−1（预测错误）	1	0.071

（续）

x_1	x_2	真实值 Y	归一化权重 w_2	真实权重 w_2	预测值，$\text{sign}(h_2(x_i))=k_2(x_i)$	损失 loss_2，$e^{-y_iC_m(x_i)}$	加权错误率 ε_2
2	2	1	0.071	0.071	−1（预测错误）	1	0.071
4	6	1	0.167	0.167	1	0	0
4	3	−1	0.071	−0.071	−1	0	0
4	1	−1	0.071	−0.071	−1	0	0
5	7	1	0.167	0.167	1	0	0
5	3	−1	0.071	−0.071	−1	0	0
6	5	1	0.167	0.167	1	0	0
8	6	−1	0.071	−0.071	1（预测错误）	1	0.071
8	2	−1	0.071	−0.071	−1	0	0

因此，$\varepsilon_2=0.071+0.071+0.071=0.213$。所以，

$$\alpha_2=\frac{1}{2}\ln\left(\frac{1-\varepsilon_2}{\varepsilon_2}\right)=\frac{1}{2}\ln\left(\frac{1-0.213}{0.213}\right)=0.653468$$

我们将在下一轮使用 α_2 来更新权重 w_3，如表 5.7 所示。$w_i^{(m+1)}=w_i^{(m)}e^{-\alpha_m k_m(x_i)}$，其中，$w_i^2$ 取 w_2，α_2 已经计算得到，$k_2(x_i)$ 取预测值。更新后的权重 w_3 和归一化后的权重 w_3 如表中最后两列所示。

表 5.7　第二轮归一化后的样本权重值

x_1	x_2	真实值 Y	归一化权重 w_2	真实权重 w_2	预测值，$\text{sign}(h_2(x_i))=k_2(x)$	权重 w_3	归一化权重 w_3
2	3	1	0.071	0.071	−1（预测错误）	$0.137=0.071e^{0.653}$	0.167
2	2	1	0.071	0.071	−1（预测错误）	0.137	0.167
4	6	1	0.167	0.167	1	$0.087=0.167e^{-0.653}$	0.106
4	3	−1	0.071	−0.071	−1	$0.037=0.071e^{-0.653}$	0.045
4	1	−1	0.071	−0.071	−1	0.037	0.045
5	7	1	0.167	0.167	1	0.087	0.106
5	3	−1	0.071	−0.071	−1	0.037	0.045
6	5	1	0.167	0.167	1	0.087	0.106
8	6	−1	0.071	−0.071	1（预测错误）	0.137	0.167
8	2	−1	0.071	−0.071	−1	0.037	0.045

3. 第三轮

接下来进行第三轮计算。正确分类的权重下降，而不正确的权重上升，如表 5.8 所示，在分类器 k_2 中预测正确的样本的权重下降，其他样本的权重则增加了。

表5.8   第三轮样本的初始权重

x_1	x_2	真实值 Y	权重 w_1	预测值 k_1	归一化权重 w_2	预测值 k_2	归一化权重 w_3	真实权重 w_3
2	3	1	0.1	1	0.071	−1（预测错误）	0.167	0.167
2	2	1	0.1	1	0.071	−1（预测错误）	0.167	0.167
4	6	1	0.1	−1	0.167	1	0.106	0.106
4	3	−1	0.1	−1	0.071	−1	0.045	−0.045
4	1	−1	0.1	−1	0.071	−1	0.045	−0.045
5	7	1	0.1	−1	0.167	1	0.106	0.106
5	3	−1	0.1	−1	0.071	−1	0.045	−0.045
6	5	1	0.1	−1	0.167	1	0.106	0.106
8	6	−1	0.1	−1	0.071	1（预测错误）	0.167	−0.167
8	2	−1	0.1	−1	0.071	−1	0.045	−0.045

依据样本的加权值即真实权重 w_3，以及特征 x_1 和 x_2，构建新的分类器 k_3。分类器 k_3 的规则集 h_3 如下：

```
if x1> 2.1  return - 0.0037878787878794
if x1<= 2.1  return 0.16666666666666666
```

根据分类器 k_3 得到预测值，如表5.9所示。通过预测值，可以进一步计算各个样本的损失和样本对应的加权错误率。

表5.9   第三轮样本的损失和加权错误率

x_1	x_2	真实值 Y	归一化权重 w_3	真实权重 w_3	预测值，$\text{sign}(h_3(x_i)) = k_3(x_i)$	损失 loss_3，$e^{-y_i c_m(x_i)}$	加权错误率 ε_3
2	3	1	0.167	0.167	1	0	0
2	2	1	0.167	0.167	1	0	0
4	6	1	0.106	0.106	−1（预测错误）	1	0.106
4	3	−1	0.045	−0.045	−1	0	0
4	1	−1	0.045	−0.045	−1	0	0
5	7	1	0.106	0.106	−1（预测错误）	1	0.106
5	3	−1	0.045	−0.045	−1	0	0
6	5	1	0.106	0.106	−1（预测错误）	1	0.106
8	6	−1	0.167	−0.167	−1	0	0
8	2	−1	0.045	−0.045	−1	0	0

因此，$\varepsilon_3 = 0.106 + 0.106 + 0.106 = 0.318$。所以，

$$\alpha_3 = \frac{1}{2}\ln\left(\frac{1-\varepsilon_3}{\varepsilon_3}\right) = \frac{1}{2}\ln\left(\frac{1-0.318}{0.318}\right) = 0.381489$$

我们将在下一轮使用 α_3 来更新权重 w_4，如表 5.10 所示。$w_i^{(m+1)} = w_i^{(m)} e^{-\alpha_m k_m(x_i)}$，由于权重值之和必须等于 1，所以我们要对权重值进行归一化。将每个权重值除以权重列的总和，就可以实现归一化。

表 5.10　第三轮归一化后的样本权重值

x_1	x_2	真实值 Y	归一化权重 w_3	真实权重 w_3	预测值，$\text{sign}(h_3(x_i)) = k_3(x)$	权重 w_4	归一化权重 w_4
2	3	1	0.167	0.167	1	$0.114 = 0.167 e^{-0.381}$	0.122
2	2	1	0.167	0.167	1	0.114	0.122
4	6	1	0.106	0.106	−1（预测错误）	$0.155 = 0.106 e^{0.381}$	0.167
4	3	−1	0.045	−0.045	−1	$0.031 = 0.045 e^{-0.381}$	0.033
4	1	−1	0.045	−0.045	−1	0.031	0.033
5	7	1	0.106	0.106	−1（预测错误）	0.155	0.167
5	3	−1	0.045	−0.045	−1	0.031	0.033
6	5	1	0.106	0.106	−1（预测错误）	0.155	0.167
8	6	−1	0.167	−0.167	−1	0.114	0.122
8	2	−1	0.045	−0.045	−1	0.031	0.033

4. 第四轮

接下来进行第四轮计算。正确分类的权重下降，而不正确的权重上升，如表 5.11 所示，在分类器 k_3 中预测正确的样本的权重下降，其他样本的权重则增加了。

表 5.11　第四轮样本的初始权重

x_1	x_2	真实值 Y	权重 w_1	预测值 k_1	归一化权重 w_2	预测值 k_2	归一化权重 w_3	预测值 k_3	归一化权重 w_4	真实权重 w_4
2	3	1	0.1	1	0.071	−1	0.167	1	0.122	0.122
2	2	1	0.1	1	0.071	−1	0.167	1	0.122	0.122
4	6	1	0.1	−1	0.167	1	0.106	−1	0.167	0.167
4	3	−1	0.1	−1	0.071	−1	0.045	−1	0.033	−0.033
4	1	−1	0.1	−1	0.071	−1	0.045	−1	0.033	−0.033
5	7	1	0.1	−1	0.167	1	0.106	−1	0.167	0.167
5	3	−1	0.1	−1	0.071	−1	0.045	−1	0.033	−0.033
6	5	1	0.1	−1	0.167	1	0.106	−1	0.167	0.167
8	6	−1	0.1	−1	0.071	1	0.167	−1	0.122	−0.122
8	2	−1	0.1	−1	0.071	−1	0.045	−1	0.033	−0.033

依据样本的加权值即真实权重 w_4，以及特征 x_1 和 x_2，构建新的分类器 k_4。分类器 k_4 的规则集 h_4 如下：

```
if x1<= 6.0  return 0.08055555555555555
if x1> 6.0  return -0.07777777777777778
```

根据分类器 k_4 得到预测值，如表 5.12 所示。通过预测值，可以进一步计算各个样本的损失和样本对应的加权错误率。

表 5.12   第四轮样本的损失和加权错误率

x_1	x_2	真实值 Y	归一化权重 w_4	真实权重 w_4	预测值，$\mathrm{sign}(h_4(x_i))=k_4(x_i)$	损失 loss_4，$\mathrm{e}^{-y_i C_m(x_i)}$	加权错误率 ε_4
2	3	1	0.122	0.122	1	0	0
2	2	1	0.122	0.122	1	0	0
4	6	1	0.167	0.167	1	0	0
4	3	−1	0.033	−0.033	1（预测错误）	1	0.033
4	1	−1	0.033	−0.033	1（预测错误）	1	0.033
5	7	1	0.167	0.167	1	0	0
5	3	−1	0.033	−0.033	1（预测错误）	1	0.033
6	5	1	0.167	0.167	1	0	0
8	6	−1	0.122	−0.122	−1	0	0
8	2	−1	0.033	−0.033	−1	0	0

因此，$\varepsilon_4=0.033+0.033+0.03=0.096\approx0.10$。所以，

$$\alpha_4=\frac{1}{2}\ln\left(\frac{1-\varepsilon_4}{\varepsilon_4}\right)=\frac{1}{2}\ln\left(\frac{1-0.10}{0.10}\right)=1.09861\approx1.10$$

我们将在下一轮使用 α_4 来更新权重 w_5。$w_i^{(m+1)}=w_i^{(m)}\mathrm{e}^{-a_m k_m(x_i)}$，如表 5.13 所示，由于权重值之和必须等于 1，所以我们要对权重值进行归一化。将每个权重值除以权重列的总和，就可以实现归一化。

表 5.13   第四轮归一化后的样本权重值

x_1	x_2	真实值 Y	归一化权重 w_4	真实权重 w_4	预测值，$\mathrm{sign}(h_4(x_i))=k_4(x_i)$	权重 w_5	归一化权重 w_5
2	3	1	0.122	0.122	1	$0.041=0.122\mathrm{e}^{-1.10}$	0.068
2	2	1	0.122	0.122	1	0.041	0.068
4	6	1	0.167	0.167	1	0.056	0.093
4	3	−1	0.033	−0.033	1（预测错误）	0.100	0.167
4	1	−1	0.033	−0.033	1（预测错误）	0.100	0.167
5	7	1	0.167	0.167	1	0.056	0.093
5	3	−1	0.033	−0.033	1（预测错误）	0.100	0.167
6	5	1	0.167	0.167	1	0.056	0.093
8	6	−1	0.122	−0.122	−1	0.041	0.068
8	2	−1	0.033	−0.033	−1	0.011	0.019

5. 预测

使用每轮的 α 乘以预测值的累计和，得出最终的预测值，如表 5.14 所示。

表 5.14　最终的预测值

第一轮 α	第二轮 α	第三轮 α	第四轮 α
0.42	0.65	0.38	1.1
第一轮预测值	第二轮预测值	第三轮预测值	第四轮预测值
1	−1	1	1
1	−1	1	1
−1	1	−1	1
−1	−1	−1	1
−1	−1	1	1
−1	1	−1	1
−1	−1	1	1
−1	1	−1	1
−1	1	−1	−1
−1	−1	−1	−1

例如，对第 1 个样本的预测将是 $0.42 \times 1 + 0.65 \times (-1) + 0.38 \times 1 + 1.1 \times 1 = 1.25$。$\text{sign}(0.25) = +1$，即 true，因此这是正确的分类。

6. 修剪

你可能会意识到，第一轮和第三轮的结果是一样的。AdaBoost 中的剪枝功能是为了去除类似的弱分类器，使其表现更好。另外，应该增加剩下的一个分类器的 α 值。在这种情况下，删除了第三轮，并将其系数附加到第一轮。

5.1.2　AdaBoost 算法实现

本节使用 sklearn 提供的"乳腺癌数据集"来构建一个解决二分类问题的 AdaBoost 模型。乳腺癌数据集是 sklearn 自带的小数据集之一，适用于简单的二分类任务。它总共包含 569 个样本，每个样本有 30 个属性，目标变量的类标签有 2 种。其中，30 个属性分别为平均半径、平均纹理、平均周长、平均面积、平均平滑度、平均紧凑、平均凹度、平均凹点、平均对称、平均分形尺寸、半径误差、纹理误差、周长误差、区域误差、平滑误差、紧凑性错误、凹点误差、凹点误差、对称尺寸错误、最差半径、最差纹理、最差周长、最差区域、最差区域、凹点误差、最差紧凑、最差凹度、最差凹点、最差对称性、最差分形维度，2 个类标签分别为恶性和良性。

算法实现如代码段 5.1 所示，整体流程主要由四部分组成：数据集加载、模型训练、模型预测和预测结果可视化。

代码段 5.1　AdaBoost 测试程序（源码位于 Chapter05/test_AdaBoostClassifier. py）

```
8    import numpy as np
9    from sklearn import datasets
10   from sklearn.model_selection import train_test_split
11   from AdaBoostClassifier import *
12   import matplotlib.pyplot as plt
13
14   # 加载breast_cancer数据集
15   bc = datasets.load_breast_cancer()
```

```
16    X = bc.data
17    y = bc.target
18    X_train,X_test,y_train,y_test = train_test_split(X, y, test_size=0.3, random_state=0)
19
20    # 模型训练
21    model = AdaBoostClassifier(n_estimators=3)
22    model.train(X_train, y_train)
23
24    # 模型预测
25    y_pred = model.predict(X_test)
26    print("y_real=", y_test)
27    print("y_pred=", y_pred)
28    cnt = np.sum([1 for i in range(len(y_test)) if y_test[i]==y_pred[i]])
29    print("right={0},all={1}".format(cnt, len(y_test)))
30    print("accury={}%".format(100.0*cnt/len(y_test)))
31
32    # 预测结果可视化
33    plt.rcParams['font.sans-serif'] = ['KaiTi']
34    plt.rcParams['axes.unicode_minus'] = False
35    plt.figure()
36    plt.scatter(X_test[:,0], y_test, c="g", label="real samples")
37    plt.scatter(X_test[:,0],y_pred, color='', marker='o', edgecolors='r',label="predict samples")
38    plt.xlabel(bc.feature_names[0])
39    plt.ylabel("{} or {}".format(bc.target_names[0], bc.target_names[1]))
40    plt.title("基于乳腺癌数据集的AdaBoostClassifier预测情况对比图")
41    plt.legend()
42    plt.show()
```

1. 数据集加载（第 14~18 行）

使用 AdaBoostClassifier 模型解决二分类问题，首先导入 sklearn 的 dataset 公用数据集包，然后取出 breast_cancer 对象中的数据集 X 和 y，最后按照 7∶3 的比例随机划分训练集和测试集。

2. AdaBoost 模型训练（第 20~22 行）

在 AdaBoost 模型的创建和训练过程中，使用自定义的 AdaBoostClassifier，并且指定要创建的弱分类器的数量，即迭代的总次数。训练过程对外提供的接口为 train，该函数的实现细节将在下文中详细描述。

3. AdaBoost 模型预测（第 24~30 行）

模型预测阶段调用 AdaBoostClassifier 的成员函数 predict，传入测试集数据 X_test，返回 numpy. array 类型的预测结果 y_pred，并将预测结果与真实结果做对比，计算预测准确率指标以衡量 AdaBoostClassifier 模型的预测性能，实际执行结果如下。

```
y_real=[0 1 1 1 1 1 1 1 1 1 1 1 1 1 0 1 0 0 0 0 0 1 1 0 1 1 0 1 0 1 0 1 0 1
 0 1 0 0 1 0 1 1 0 1 1 1 0 0 0 0 1 1 1 1 1 0 0 0 1 1 0 1 0 0 0 1 1 0 1 0
 0 1 1 1 1 0 0 0 1 0 1 1 1 0 0 1 0 1 0 1 1 0 1 1 1 1 1 0 1 0 1 0 0 1
 0 0 1 1 1 1 1 1 1 1 0 1 0 1 1 1 1 0 1 1 1 1 1 0 0 1 1 1 0 1 1 0 1 0
 1 1 1 1 1 1 0 1 0 1 0 0 1 1 0 1 0 0 0 1 1 1]
y_pred=[0. 1. 1. 1. 1. 1. 1. 1. 1. 1. 1. 1. 1. 1. 1. 0. 1. 0. 0. 0. 0. 0. 1. 1.
 0. 1. 1. 1. 1. 0. 1. 0. 1. 0. 1. 1. 1. 1. 1. 1. 1. 1. 1. 0. 1. 1. 1. 1.
 1. 0. 0. 1. 1. 0. 0. 1. 1. 1. 1. 0. 1. 1. 1. 0. 0. 0. 0. 0. 1. 1. 0. 0.
 1. 1. 0. 1. 1. 1. 1. 1. 0. 0. 1. 0. 1. 1. 1. 1. 0. 0. 1. 1. 1. 0. 1. 1.
 1. 1. 0. 1. 1. 1. 1. 1. 1. 0. 0. 1. 0. 1. 1. 1. 0. 0. 1. 1. 1. 0. 1. 1.
```

```
0. 1. 1. 1. 1. 1. 1. 1. 0. 1. 0. 1. 1. 1. 1. 0. 0. 1. 1. 1. 1. 1. 1. 1.
1. 1. 1. 1. 0. 1. 1. 1. 1. 1. 0. 1. 1. 1. 1. 1. 1. 1. 0. 1. 1. 1. 0. 1.
1. 0. 1. 1. 1. 1. 1. 1. 1. 1. 0. 1. 1. 1. 0. 0. 1. 1. 0. 1. 0. 1. 0. 0. 0.
1. 1. 1.]
right= 155,all= 171
accury= 90. 64327485380117%
```

4. AdaBoost 模型预测结果可视化（第 32～42 行）

预测结果可视化部分以乳腺癌数据集的"平均半径"属性为横轴，以"恶性（1）或良性（0）"为纵轴，分别绘制测试集中真实样本点和预测样本点的散点图，如图 5.2 所示。其中，实心圆代表真实样本点，空心圆代表预测样本点。由图中可以看出，预测样本点的位置基本上与真实样本点重合，由此可以直观地看出该模型在解决乳腺癌数据集二分类问题上的预测准确率是比较高的。

下面重点介绍上述代码用到的 AdaBoostClassifier 类，如代码段 5.2 所示。AdaBoostClassifier 类主要由三个函数组成：用于初始化类的 __init__

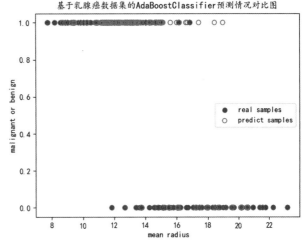

图 5.2　基于乳腺癌数据集的 AdaBoostClassifier 预测情况对比图

函数、用于模型训练的 train 函数和用于预测的 predict 函数。

代码段 5.2　自定义的 AdaBoostClassifier 类（源码位于 Chapter05/AdaBoostClassifier. py）

```
7    import copy
8    import numpy as np
9    from sklearn.tree import DecisionTreeClassifier
10
11
12   class AdaBoostClassifier(object):
13       """AdaBoost分类器
14       """
15       def __init__(self, n_estimators=50):
16           """初始化
17               self.clf_trees:基分类器集合
18           """
19           self.n_estimators = n_estimators # 弱分类器的数量
20           self.clf_trees = None # 不同的弱分类器
21           self.alpha_ms = None  # 不同弱分类器对应的alpha_m
22           pass
23
24
25       def train(self, X, y):
26           """训练AdaBoost
27               X: 训练集属性值 numpy.array
28               y: 训练集目标变量 numpy.array
```

```
29                      return tree: 生成的决策树 dict
30                  """
31                  # 1.训练一棵简单的决策树作为基分类器
32                  self.clf_trees = []
33                  clf_tree = DecisionTreeClassifier(max_depth=1, random_state=0)
34                  clf_tree.fit(X, y)
35                  self.clf_trees.append(copy.deepcopy(clf_tree))
36
37                  # 2.构建Adaboost分类器，迭代n_estimators轮
38                  self.alpha_ms = []
39
40                  # 2.1初始化权重
41                  n_train = len(X)
42                  w = np.ones(n_train) / n_train
43                  pred_train = np.zeros(n_train)
44
45                  # 2.2使用指定权重训练一个分类器
46                  for i in range(self.n_estimators):
47                      clf_tree.fit(X, y, sample_weight = w)
48                      self.clf_trees.append(copy.deepcopy(clf_tree))
49                      pred_train_i = clf_tree.predict(X)
50                      # 索引功能
51                      miss = [int(x) for x in (pred_train_i != y)]
52                      # 等价于使用1/-1更新权重
53                      miss2 = [x if x==1 else -1 for x in miss]
54                      # 错误率
55                      err_m = np.dot(w,miss) / sum(w)
56                      # Alpha值
57                      alpha_m = 0.5 * np.log( (1 - err_m) / float(err_m))
58                      self.alpha_ms.append(alpha_m)
59                      # 新的权重
60                      w = np.multiply(w, np.exp([float(x) * alpha_m for x in miss2]))
61                      # 添加到预测结果
62                      pred_train = [sum(x) for x in zip(pred_train,
63                                              [x * alpha_m for x in pred_train_i])]
64                  pred_train = np.sign(pred_train)
65
66                  # 3.返回训练好的AdaBoost模型（决策树集合）
67                  return self.clf_trees
68
69
70          def predict(self, X):
71              """使用AdaBoost进行预测
72                  X: 测试集属性值 numpy.array
73                  return pred_test: 预测值 numpy:array
74              """
75              n_test = len(X)
76              pred_test = np.zeros(n_test)
77              for i in range(self.n_estimators)[1:]:
78                  pred_test_i = self.clf_trees[i].predict(X)
79                  pred_test = [sum(x) for x in zip(pred_test,
80                                      [x * self.alpha_ms[i] for x in pred_test_i])]
81              pred_test = np.sign(pred_test)
82
83              return pred_test
```

　　AdaBoost 模型的构造函数_init_如代码段 5.2 的第 15～22 行所示。AdaBoostClassifier 类主要负责维护的成员有三个，分别是：第 19 行的 n_estimators，用于存储弱分类器的数量；第

20 行的 clf_tree，用于存储 AdaBoost 算法训练过程中得到的不同弱分类器；第 21 行的 alpha_ms，用于存储不同弱分类器对应的 alpha_m 值。

AdaBoost 模型的训练函数 train 如代码段 5.2 的第 25～67 行所示。该函数包含 AdaBoost 的完整构建过程，主要分三步。第一步，如第 31～35 行所示，训练一棵简单的决策树作为基分类器，在这里使用深度为 1 的 DecisionTreeClassifier 决策树，训练完成后将当前 CART 模型深拷贝到 self.clf_trees。第二步，如第 37～64 行所示，首先初始化训练集的权重为 n_train 个 $1/n\_train$，其中，第 42 行的 np.ones 函数返回一个全为 1 的 n_train 维数组，第 43 行的 np.zeros 函数返回一个全为 0 的 n_train 维数组。然后依次训练 self.n_estimators 个 CART 树，根据前面提到的公式计算错误率和 α 值，更新权重，并且将得到的 CART 树及其对应的 α 值深拷贝到 self.clf_trees 和 self.alpha_ms，以供预测使用。其中，第 55 行的 np.dot 计算两个向量的点积，第 57 行的 np.log 是对数运算，第 60 行的 np.exp 是指数运算，np.multiply 将矩阵对应元素相乘，最后将得到的预测值归一化到 $1/-1/0$。其中，第 64 行的 np.sign 函数将 pred_train 数组的值映射到 0、-1 或 1。第三步，如第 66～67 行所示，返回训练好的 AdaBoost 模型，即含有 self.n_estimators+1 个 CART 决策树的集合。

AdaBoost 模型的预测函数 predict 如代码段 5.2 的第 70～83 行所示。AdaBoost 的模型预测函数利用 train 中得到的 self.n_estimators 个 CART 树模型及其对应的 α 值，代入 AdaBoost 算法中的弱分类器线性组合累加公式，得到最终的预测值 C_m。同样，将最后的结果归一化到 $1/-1/0$，分别对应二分类问题的正类和负类。

以上即为 AdaBoost 模型在“乳腺癌数据集”上的应用。

5.1.3　AdaBoost 算法的编程实践——基于 sklearn 解决分类问题

AdaBoost 模型拥有精巧的设计结构和稳定的预测性能，在 sklearn 库 0.22.1 版本以上集成了基于 AdaBoost 的分类器 AdaBoostClassifier 和回归器 AdaBoostRegressor。接下来，我们以 Iris 数据集和 AdaBoostClassifier 分类器为例展示 AdaBoost 的预测效果。整体流程主要由检查 sklearn 版本、数据集加载、模型训练、模型预测和预测结果可视化五部分组成，如代码段 5.3 所示。

代码段 5.3　基于 sklearn 的 AdaBoost 分类问题测试程序(源码位于 Chapter05/test_AdaBoostClassifierSklearn.py)

```
8    import sklearn
9    import numpy as np
10   from sklearn import datasets
11   from sklearn.model_selection import train_test_split
12   from sklearn.ensemble import AdaBoostClassifier
13   import matplotlib.pyplot as plt
14
15   # 检查slearn版本
16   print(sklearn.__version__)
17   assert sklearn.__version__>="0.22.1"
18
19   # 加载iris数据集
20   iris = datasets.load_iris()
21   X = iris.data
22   y = iris.target
23   X_train,X_test,y_train,y_test = train_test_split(X, y, test_size=0.3, random_state=0)
24
25   # 模型训练
26   model = AdaBoostClassifier(n_estimators=50)
```

```
27    model.fit(X_train, y_train)
28
29    # 模型预测
30    y_pred = model.predict(X_test)
31    print("y_real=", y_test)
32    print("y_pred=", y_pred)
33    cnt = np.sum([1 for i in range(len(y_test)) if y_test[i]==y_pred[i]])
34    print("right={0},all={1}".format(cnt, len(y_test)))
35    print("accury={}%".format(100.0*cnt/len(y_test)))
36
37    # 预测结果可视化
38    plt.rcParams['font.sans-serif'] = ['KaiTi']
39    plt.rcParams['axes.unicode_minus'] = False
40    plt.figure()
41    plt.scatter(X_test[:,0], y_test, c="g", label="real samples")
42    plt.scatter(X_test[:,0], y_pred, color='', marker='o', edgecolors='r', label="predict samples")
43    plt.xlabel(iris.feature_names[0])
44    plt.ylabel("{} or {}".format(iris.target_names[0], iris.target_names[1]))
45    plt.title("基于Iris数据集的AdaBoostClassifier预测情况对比图")
46    plt.legend()
47    plt.show()
```

1. sklearn 版本验证（第 15～17 行）

在第 8～13 行导入了必要的 Python 包之后（特别是，第 12 行导入 sklearn 用于解决分类问题的 AdaBoost 模型类 AdaBoostClassifier），首先需要进行 sklearn 版本的验证。由于 sklearn 在 0.22.1 版本才开始引入 AdaBoostClassifier 类，因此在第 15～17 行打印和检查当前 sklearn 库的版本，如果当前 sklearn 版本大于等于"0.22.1"，则正常运行，否则，需要升级当前 sklearn 库，或者采用 5.1.2 节的纯 Python 版示例代码进行 AdaBoost 算法的预测。

2. AdaBoost 模型数据集加载（第 19～23 行）

该部分加载 Iris 数据集，并且按照 7∶3 的比例进行训练集/测试集的随机划分。关于"鸢尾花数据集"以及数据集的加载、划分过程，在 3.1.2 节已经详细介绍，在此不做赘述。

3. AdaBoost 模型训练（第 25～27 行）

在 AdaBoost 模型的创建和训练过程中，使用新版本 sklearn 提供的 AdaBoostClassifier 定义分类器对象，并且指定 AdaBoost 算法中弱分类器的数量为 50，弱分类器类型默认为 sklearn 的 DecisionTreeClassifier 模型，树的最大深度默认为 1。训练过程对外提供的接口为 fit，该函数是 DecisionTreeClassifier 类中负责模型训练的成员函数，训练完成后，model 对象内部会维护一个 AdaBoost 模型结构，这里主要由 n_estimators 棵 CART 分类决策树，以及它们对应的分类错误率和权重构成。

4. AdaBoost 模型预测（第 29～35 行）

在第 30～32 行的模型预测阶段，调用 AdaBoostClassifier 类的成员函数 predict，传入测试集数据 X_test，返回 numpy.array 类型的预测结果 y_pred，并且打印输出测试集的真实值 y_test 和预测值 y_pred。

在第 33～35 行的模型评估阶段，首先使用 Python 的列表生成式生成测试集中预测值与真实值相等的元素，每种相等的情况用 int 型变量 1 表示。然后使用 numpy 的 sum 函数对上述列表求和，统计出预测正确的计数。最后打印预测正确的样本计数、总样本计数以及预测准确率。实际执行结果如下。

```
0.24.2
y_real= [2 1 0 2 0 2 0 1 1 1 2 1 1 1 1 0 1 1 0 0 2 1 0 0 2 0 0 1 1 0 2 1 0 2 2 2 1 0
 1 1 1 2 0 2 0 0]
y_pred= [2 1 0 2 0 2 0 1 1 1 2 1 1 1 1 0 1 1 0 0 1 1 0 0 1 0 0 1 1 0 2 1 0 1 2 1 0
 2 1 1 2 0 2 0 0]
right= 41, all= 45
accury= 91.111111111111111%
```

由输出结果可以看出，当前系统使用的 sklearn 版本为 0.24.2。在未进行模型参数调优的情况下，训练得到的 AdaBoost 模型在测试集上的预测准确率高达 91.1%。由此可见，Ada-Boost 模型具有不错的预测性能。

5. AdaBoost 模型预测结果可视化（第 37～47 行）

预测结果可视化部分以鸢尾花数据集的"花萼长度"属性为横轴，以"鸢尾花的类别"为纵轴，分别绘制测试集中真实样本点和预测样本点的散点图，如图 5.3 所示。其中，实心圆代表真实样本点，空心圆代表预测样本点。可以看出，预测样本点的位置基本上与真实样本点重合，由此也可以直观地看出该模型的预测准确率是比较高的。

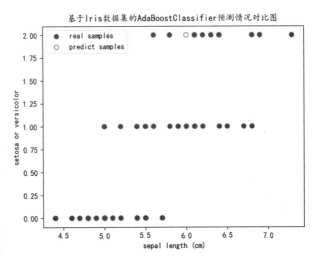

此外，在代码中值得注意的是，为了兼容 Matplotlib 对中文字体和正负号的支持，在代码段第 38～39 行设置 plt. rcParams 字典变量的键 font. sans-serif 和 axes. unicode_minus 对应的值。W3C 建议定义字体时，最后以一

图 5.3　基于鸢尾花数据集的 AdaBoostClassifier 预测情况对比图

个类别的字体结束，例如 sans-serif，这里我们通过设置 sans-serif 无衬线字体为 KaiTi，以保证在不同操作系统下网页字体都能正常显示，而设置 axes. unicode_minus 为 False 则使得绘图引擎可以正常显示负号。

以上即为基于 sklearn 实现的 AdaBoost 模型在鸢尾花数据集分类问题上的应用。

5.1.4　AdaBoost 算法的编程实践——基于 sklearn 解决回归问题

上一节展示了在 sklearn 中利用 AdaBoost 算法解决分类问题的详细过程，本节介绍 AdaBoost 算法在回归问题中的应用。接下来，我们以 AdaBoostRegressor 的 sklearn 官网示例为例，如代码段 5.4 所示。在该段代码中，每棵 CART 回归树使用 AdaBoost. R2 算法在带有少量高斯噪声的一维正弦数据集上进行提升。将 299 次提升（300 棵决策树）与单棵 CART 回归树进行比较。

代码段 5.4　基于 sklearn 的 AdaBoost 回归问题测试程序(源码位于 Chapter05/test_AdaBoostRegressorSklearn. py)

```
7    # importing necessary libraries
```

```
8    import numpy as np
9    import matplotlib.pyplot as plt
10   from sklearn.tree import DecisionTreeRegressor
11   from sklearn.ensemble import AdaBoostRegressor
12
13   # Create the dataset
14   rng = np.random.RandomState(1)
15   X = np.linspace(0, 6, 100)[:, np.newaxis]
16   y = np.sin(X).ravel() + np.sin(6 * X).ravel() + rng.normal(0, 0.1, X.shape[0])
17
18   # Fit regression model
19   regr_1 = DecisionTreeRegressor(max_depth=4)
20
21   regr_2 = AdaBoostRegressor(DecisionTreeRegressor(max_depth=4),
22                              n_estimators=300, random_state=rng)
23
24   regr_1.fit(X, y)
25   regr_2.fit(X, y)
26
27   # Predict
28   y_1 = regr_1.predict(X)
29   y_2 = regr_2.predict(X)
30
31   # Plot the results
32   plt.figure()
33   plt.scatter(X, y, c="k", label="training samples")
34   plt.plot(X, y_1, c="g", label="n_estimators=1", linewidth=2)
35   plt.plot(X, y_2, c="r", label="n_estimators=300", linewidth=2)
36   plt.xlabel("data")
37   plt.ylabel("target")
38   plt.title("Boosted Decision Tree Regression")
39   plt.legend()
40   plt.show()
```

1. 创建带有噪声的正弦函数数据集（第 13～16 行）

第 14 行使用 np. random. RandomState 函数创建指定随机种子的随机数生成器 rng。第 15 行使用 np. linspace 函数生成 0 到 6 之间 100 等分的 x 轴坐标值。第 16 行生成一个带有随机噪声的正弦函数的 y 轴坐标值，其中，np. sin 函数求解正弦值，np. ravel 函数的功能与 np. flatten 函数相同，负责将多维数组降为一维，与后者不同的是，前者返回的是视图，修改数据时会影响原始矩阵，而后者返回的是拷贝，对拷贝的修改不会影响原始矩阵。

2. 训练回归模型（第 18～25 行）

在该部分使用带有噪声的正弦函数数据集创建并训练一个 DecisionTreeRegressor 类型的 CART 回归树和一个由 300 棵树构成的 AdaBoostRegressor 模型。值得注意的是，AdaBoostRegressor 类构造函数的第一个参数为指定 AdaBoost 算法中学习器的类型，默认为 sklearn 里的 DecisionTreeRegressor 模型，在这里我们进一步指定 AdaBoost 中每个 DecisionTreeRegressor 回归决策树的最大深度为 4，设定浅层 CART 树的目的在于符合 AdaBoost 算法的集成原理，即将多个弱学习器组合成一个强学习器。

3. 回归模型预测（第 27～29 行）

该段代码使用数据集 X 作为测试集，分别代入 DecisionTreeRegressor 和 AdaBoostRegressor 模型进行预测，得到的结果分别保存在 y_1 和 y_2 变量里。在预测过程中，DecisionTreeRegressor 模型根据 CART 树节点的分支判断将测试样本路由到哪个叶子节点，而 AdaBoostRegressor 模型则将 n_estimators 棵 CART 树的预测结果联合其对应的权重得到最终的预测结果。

4. 可视化预测结果（第 31～40 行）

如图 5.4 所示，将两个模型的预测结果 y_1 和 y_2 使用 matplotlib 进行可视化：以带有噪声的正弦函数数据集的 X 属性值为横轴，以 y 属性值为纵轴，绘制测试集中真实样本点的散点图；以带有噪声的正弦函数数据集的 X 属性值为横轴，以 DecisionTreeRegressor 的预测值 y_1 属性值为纵轴，绘制测试集中预测样本点的折线图；以带有噪声的正弦函数数据集的 X 属性值为横轴，以 AdaBoostRegressor 的 y_2 属性值为纵轴，绘制测试集中预测样本点的折线图。其中，实心圆代表真实样本点，折线代表 DecisionTreeRegressor 模型的预测样本点，曲线代表 AdaBoostRegressor 模型的预测样本点。可以看出，折线呈锯齿状，曲线更为平滑且更贴进

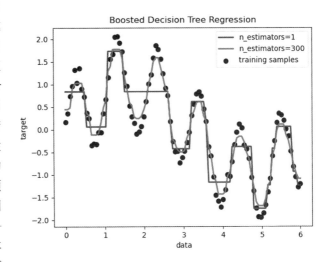

图 5.4　基于带有噪声的正弦函数数据集的回归模型预测情况对比图

真实样本点，由此也可以直观地看出 AdaBoost 算法将多棵回归树集成在一起的思路可以大大提高模型的预测性能。

以上即为基于 sklearn 实现的 AdaBoost 模型在带有噪声的正弦函数数据集回归问题上的应用。

5.1.5　提升法的分类、优点和挑战

提升法的重点是迭代组合弱学习器，以建立一个能够预测更准确结果的强学习器。提升算法创建和聚集弱学习器的方式可能有所不同，四种流行的提升法包括：

- 自适应提升或 AdaBoost。Yoav Freund 和 Robert Schapire 被认为是 AdaBoost 算法的创造者。这种方法以迭代的方式运行，识别错误分类的数据点，并调整其权重以最小化训练误差。该模型以一种连续的方式持续优化，直到产生最强的预测器。它采用指数损失函数，上一节已经对此做了详细介绍。
- 梯度提升。在 Leo Breiman 的基础上，Jerome H. Friedman 开发了梯度提升法，其工作原理是依次将预测器添加到一个集合体中，每个预测器都会纠正其前辈的错误。然而，梯度提升不是像 AdaBoost 那样改变数据点的权重，而是对前一个预测器的剩余误差进行训练。它采用残差或绝对损失函数。由于结合了梯度下降算法和提升法，所以使用了梯度提升这个名称。
- 极端梯度提升或 XGBoost。XGBoost 是梯度提升的一种实现方式，旨在提高计算速度和规模。XGBoost 允许在训练过程中进行并行学习。
- 自然梯度提升或 NGBoost。它利用自然梯度将不确定性估计引入梯度增强中，是一种用于概率预测的模块化提升算法。该算法由基学习器、参数概率分布和评分规则组成。

提升法的主要优点包括：

- 易于实施。提升法可以使用几个超参数调整选项来改善拟合。不需要对数据进行预处理，而且提升法也有处理缺失数据的内置程序。在 Python 中，sklearn 的集合方法库（也称为 sklearn. ensemble）可以很容易地实现流行的提升方法，包括 AdaBoost、XG-Boost 等。
- 减少偏差。提升法以一种连续的方法将多个弱学习器结合起来，在观察的基础上反复改进。这种方法可以帮助减少高偏差，常见于浅层决策树和逻辑回归模型。
- 计算效率。由于提升算法在训练过程中只选择能提高其预测能力的特征，因此可以帮助降低维度，并提高计算效率。

提升法的主要挑战包括：

- 过拟合。研究中存在一些争议，主要在于提升法是否能帮助减少过拟合或加剧过拟合。我们把它放在挑战之下，因为在过拟合确实发生的情况下，预测不能被泛化到新的数据集。
- 巨大的计算量。提升中的顺序训练很难扩大规模。由于每个估计器都是建立在其前辈的基础上的，所以提升模型的计算成本很高，尽管 XGBoost 试图解决其他类型的提升法中的可扩展性问题。与套袋法相比，提升法的训练速度会更慢，因为大量的参数也会影响模型的行为。

5.2 梯度提升法

5.2.1 梯度提升法的原理和示例

提升法的主要思想是将新的模型依次加入集合中。在每个特定的迭代中，新的弱基础学习器模型被训练成与到目前为止所学的整个集合的误差相关。第一项突出的提升技术是纯粹算法驱动的，这使得对其属性和性能的详细分析相当困难[9]。这导致了一些猜测：为什么这些算法要么优于其他所有的方法，要么由于严重过拟合而不适用[10]。

梯度提升（gradient boosting＝gradient descent＋boosting）的思想起源于 Leo Breiman 的观察，即提升可以解释为一个合适的代价函数上的优化算法，随后 Jerome H. Friedman、Llew Mason、Jonathan Baxter、Peter Bartlett 和 Marcus Frean 也提出了更为普遍的函数梯度提升观点[11-13]。他们提出将提升算法视为迭代函数梯度下降算法的观点，即通过迭代选择一个指向负梯度方向的函数（弱假设），在函数空间上优化代价函数。这种函数梯度的提升观点使得提升算法在回归和分类之外的许多机器学习和统计学领域得到了发展。损失函数描述的是模型的不可靠程度，损失函数的结果越大，说明模型越容易出错（其实这里有一个方差、偏差均衡的问题，但是我们暂不考虑）。如果模型能够让损失函数的结果持续下降，则说明模型在不停改进，而最好的方式就是让损失函数在其梯度的方向上下降。

在梯度提升机（Gradient Boosting Machine，GBM）中，学习过程连续拟合新的模型，以提供对响应变量更准确的估计。这种算法的原理是构建新的基础学习器，使其与损失函数的负梯度最大程度地相关，从而与整个集合相关。损失函数可以任意选择，但如果误差函数是经典的平方误差损失，学习过程将导致连续的错误拟合。一般来说，损失函数的选择是由研究者决定的，到目前为止，既有广泛适用的损失函数，也有可实现特定任务的损失函数。

这种高度的灵活性使得 GBM 对于任何特定的数据驱动的任务都是高度可定制的。它在模型设计中引入了很多自由度，从而使选择最合适的损失函数成为一个试错问题。而且，提升算法的实现相对简单，这使得人们可以尝试不同的模型设计。此外，GBM 不仅在实际应用中，而且在各种机器学习和数据挖掘的挑战中也获得了成功。

梯度提升法是非常经典而又重要的提升方法，它与 AdaBoost 一样都是将弱分类器合成强分类。它们的主要区别是：

- 梯度提升法通过变量的残差来改变错误分类的权重，而 AdaBoost 则直接修改分类错误的训练权重。
- 梯度提升法中的分类器一般是完整的决策树，但是 AdaBoost 一般使用二层决策树，可以参见 5.1.1 节的例子。

与其他提升方法一样，梯度提升法以迭代的方式将弱学习器组合成一个强学习器。在最小二乘回归的环境中最容易解释，其目标是通过最小化均方误差 $\frac{1}{n}\sum_i(\hat{y_i}-y_i)^2$（其中 i 为样本集合里的样本索引，y_i 为样本的实际观测值，$\hat{y_i}$ 为样本的预测值）来"教"一个模型 F 预测 $\hat{y}=F(x)$ 的值。

现在，考虑一个有 M 个阶段的梯度提升算法。在梯度提升的每个阶段 $m(1\leqslant m\leqslant M)$，假设有一些不完美的模型 F_m。对于早期阶段（即 m 较小时），这个模型可能只是返回 $\hat{y_i}=\overline{y}$，即 y 的平均值。为了提升 F_m，算法应该增加一些新的估计器 $h_m(x)$。因此，

$$F_{m+1}(x)=F_m(x)+h_m(x)=y \tag{5.13}$$

即

$$h_m(x)=y-F_m(x) \tag{5.14}$$

因此，梯度提升将把 h 拟合到残差 $y-F_m(x)$ 上。与其他提升法一样，每个 F_{m+1} 都试图修正其前一个模型 F_m 之间的误差。观察到给定模型的残差 $h_m(x)$ 是均方误差损失函数的负梯度〔相对于 $F(x)$〕，可以将这一思想推广到平方误差以外的其他损失函数：

$$L_{\text{MSE}}=\frac{1}{2}(y-F(x))^2 \tag{5.15}$$

$$h_m(x)=-\frac{\partial L_{\text{MSE}}}{\partial F}=y-F(x) \tag{5.16}$$

所以，梯度提升可以是专门的梯度下降算法，而泛化它则需要"适配"不同的损失函数及其梯度。下面举例说明梯度提升思想，依然采用最小二乘回归的例子。假设有五套公寓，它们的面积和每月的租金价格如表 5.15 所示，将其作为我们的训练数据。

表 5.15 中，第 i 行是一个包含变量 x_i 和目标值 y_i 的样本。$F_m(x_i)$ 表示样本 x_i 的预测值。我们基于这个数据集，训练一个梯度提升机来拟合这些样本，建立回归模型。每次建立一个回归决策树模型进行拟合。

首先，我们将样本的目标变量的均值作为初始预测模型，即

表 5.15 公寓面积与租金价格

房屋面积 x	租金价格 y
750	1160
800	1200
850	1280
900	1450
950	2000

$$F_0(x_i)=f_0(x_i)=\frac{\sum_{i=1}^{N}y_i}{N}=1418$$

然后计算预测值与原始实际值的残差，如表 5.16 所示。由于给定模型的残差 $h_m(x)$ 是均方误差损失函数的负梯度，所以可以基于这些残差数据纳入新模型。

表 5.16　初始预测值与原始实际值的残差的样本数据集

房屋面积 x	租金价格 y	F_0	$y-F_0$
750	1160	1418	-258
800	1200	1418	-218
850	1280	1418	-138
900	1450	1418	32
950	2000	1418	582

接下来，我们加入决策树 Δ_1，形成 $F_1(x_i)=F_0(x_i)+\Delta_1$，然后计算预测值 $F_1(x_i)$ 与原始实际值的残差，如图 5.5 和表 5.17 所示。

接下来，我们加入决策树 Δ_2，形成 $F_2(x_i)=F_1(x_i)+\Delta_2$，然后计算预测值 $F_2(x_i)$ 与原始实际值的残差，如图 5.6 和表 5.18 所示。

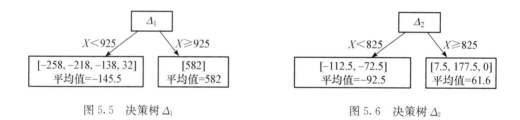

图 5.5　决策树 Δ_1　　　　　　图 5.6　决策树 Δ_2

表 5.17　决策树 Δ_1 加入后所得的新残差的样本数据集

房屋面积 x	租金价格 y	F_0	$y-F_0$	Δ_1	F_1	$y-F_1$
750	1160	1418	-258	-145.5	1272.5	-112.5
800	1200	1418	-218	-145.5	1272.5	-72.5
850	1280	1418	-138	-145.5	1272.5	7.5
900	1450	1418	32	-145.5	1272.5	177.5
950	2000	1418	582	582	2000	0

表 5.18　决策树 Δ_2 加入后所得的新残差的样本数据集

房屋面积 x	租金价格 y	F_1	$y-F_1$	Δ_2	F_2	$y-F_2$
750	1160	1272.5	-112.5	-92.5	1180	-20
800	1200	1272.5	-72.5	-92.5	1180	20
850	1280	1272.5	7.5	61.6	1334.2	-54.2
900	1450	1272.5	177.5	61.6	1334.2	115.8
950	2000	2000	0	61.6	2061.7	-61.7

接下来，我们加入决策树 Δ_3，形成 $F_3(x_i)=F_2(x_i)+\Delta_3$，然后计算预测值 $F_3(x_i)$ 与原始实际值的残差，如图 5.7 和表 5.19 所示。

预测结果是阶梯函数，因为我们使用了一个回归树作为基础弱学习模型，分割点为 925、825 和 925。将它们逐渐与初始预测值累加，可以看到模型逐渐在降低总残差，如图 5.8 所示。

图 5.7　决策树 Δ_3

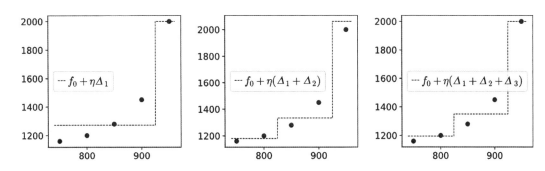

图 5.8　决策树 Δ_1、Δ_2、Δ_3 的预测值与实际值对比图

表 5.19　决策树 Δ_3 加入后所得的新残差的样本数据集

房屋面积 x	租金价格 y	F_2	$y-F_2$	Δ_3	F_3	$y-F_3$
750	1160	1180	-20	15.4	1195.4	35.4
800	1200	1180	20	15.4	1195.4	-4.6
850	1280	1334.2	-54.2	15.4	1349.6	69.6
900	1450	1334.2	115.8	15.4	1349.6	-100.4
950	2000	2061.7	-61.7	-61.7	2000	0

5.2.2　梯度提升决策树

梯度提升决策树（或梯度提升树，GBT）将提升看作为一个数值优化问题，其目标是通过使用类似梯度下降的过程来增加弱学习器，从而最小化模型的损失。这类算法被描述为一个阶段性的加法模型，这是因为每次增加一个新的弱学习器，而模型中现有的弱学习器被冻结并保持不变。

请注意，这种分阶段（stagewise）的策略与逐步式（stepwise）的方法不同，后者是在添加新项时重新调整先前输入的项，例如 AdaBoost 算法。

梯度提升决策树可以被认为是一种贪婪的函数逼近，允许使用任意可微分的损失函数，将该技术扩展到二元分类、回归、多分类等问题。从这个角度看，基于梯度提升的决策树已经与各类神经网络学习方法融合。

梯度提升决策树涉及三个要素：
- 一组进行预测的 CART 决策树作为弱学习器。
- 一个待优化的损失函数。

● 一个加法模型，用来增加弱学习器，使损失函数最小化。

1. CART 决策树

CART 决策树被用作梯度提升中的弱学习器。具体来说，回归树被用于输出真实的分割值，其输出可以加在一起，允许后续模型的输出被添加，并"纠正"预测中的残差。树是以一种贪婪的方式构建的，根据各种纯度度量指标（如基尼指数）选择最佳分割点，或使损失最小化。最主要的时间花费是训练决策树，在训练决策树时，最花费时间的地方是找到最佳分割点。其中一个流行的寻找分割点的方法是预排序算法，它会在预排序的特征值上迭代所有可能的分割点。这种算法比较简单，可以找到最优的分割点，但是在训练和内存使用方面效率不高。另一个流行的算法是基于直方图的算法。该算法将连续的特征值分割到一些离散的箱体中，然后在训练中使用这些箱体来构建特征直方图。该算法在训练和内存使用方面更加高效。

最初，例如在 AdaBoost 的情况下，使用非常短的决策树，只有一个分割点，称为决策树桩。较大的树一般可以使用 4～8 级。

以特定的方式约束弱学习器是很常见的，比如最大层数、节点数、分裂次数或叶子节点数。这是为了确保学习器保持弱小，但仍能以贪婪的方式构建。

2. 损失函数

使用何种损失函数取决于问题的类型。损失函数必须是可微分的，目前有许多标准的损失函数可用，也可以自定义损失函数。例如，回归可以使用平方误差，分类可以使用对数损失。

梯度提升框架的一个好处是，不必为每个可能要使用的损失函数推导新的提升算法，相反，它是一个足够通用的框架，可以使用任何可微分的损失函数。

假设损失函数是 $L(y, F_{k-1}(x))$，迭代的目标是找到一个弱学习器 $F_m(x)$，让本轮的损失函数 $L(y, F_k(x)) = L(y, F_{k-1}(x) + F_k(x))$ 最小。也就是说，要让样本的损失尽量变得更小。

针对损失函数拟合方法的问题，Freidman 提出了用损失函数的负梯度来拟合本轮损失的近似值，进而拟合一个 CART 回归树。第 k 轮的第 i 个样本的损失函数的负梯度表示为

$$r_{ki} = -\left[\frac{\partial L(y_i, F_{k-1}(x_i))}{\partial F_{k-1}(x_i)}\right] \tag{5.17}$$

利用 (x_i, r_{ki}) $(i=1, 2, \cdots, n)$，我们可以拟合一棵 CART 回归树，得到第 k 棵回归树，其对应的叶子节点区域为 R_{kj}，$j=1, 2, \cdots, J$，其中 J 为叶子节点的个数。

针对每一个叶子节点里的样本，我们求出使损失函数最小，也就是拟合叶子节点最好的输出值 c_{kj}：

$$c_{kj} = \underset{x_i \in R_{kj}}{\mathrm{argmin}} \sum L(y_i, F_{k-1}(x_i) + c) \tag{5.18}$$

这样就得到了本轮的决策树拟合函数：

$$h_k(x) = \sum_{j=1}^{J} c_{kj} I(x \in R_{kj}) \tag{5.19}$$

从而本轮最终得到的强学习器的表达式如下：

$$F_k(x) = F_{k-1}(x) + \eta \sum_{j=1}^{J} c_{kj} I(x \in R_{kj}) \tag{5.20}$$

通过损失函数的负梯度，我们找到了一种通用的拟合损失误差的办法。这种方法对于分类问题和回归问题均适用，区别仅仅在于损失函数不同导致的负梯度不同而已。

3. 加法模型

树是一个一个地添加的，模型中现有的树不会被改变。梯度下降过程被用来最小化添加树时的损失。传统上的梯度下降是用来最小化一组参数，如回归中的系数或神经网络中的权重。在计算出误差或损失后，权重被更新以最小化该误差。

但是，在梯度提升树中，我们不使用参数，而是使用弱学习器的子模型，或更具体的决策树。在计算损失后，为了执行梯度下降过程，我们必须向模型新添加一棵树，以减少损失（即遵循梯度）。我们需要对树进行参数化，然后修改树的参数，并通过减少残差向正确的方向移动。一般来说，这种方法被称为函数梯度下降或带函数的梯度下降。

然后，新树的输出被添加到现有树序列的输出中，以纠正或改善组合提升模型的最终输出。一旦损失达到可接受的水平或在外部验证数据集上不再有改善，就会停止训练，树的数量不再增加。

综上所述，梯度提升树的优点包括：

- 它是一种通用的算法，适用于任何可微分的损失函数。
- 它提供的预测分数通常比其他算法好得多，并且更准确。
- 它可以处理缺失的数据——不需要归因。
- 训练速度更快，尤其是在大型数据集上。
- 它们中的大多数都支持处理分类特征。

梯度提升树的缺点包括：

- 这种方法对异常值很敏感。离群值比非离群值的残差要大得多，因此梯度提升法会把大量的注意力放在这些点上。使用平均绝对误差（MAE）而不是平均平方误差（MSE）来计算误差，可以帮助减少这些异常值的影响，因为后者对较大的差异给予了更多的权重。
- 如果树的数量太大，就容易出现过拟合，需要在模型开始过拟合之前停止。可以通过应用 L1 和 L2 正则化惩罚来解决过拟合问题，也可以尝试使用低学习率。
- 模型的计算成本很高，需要很长的时间来训练，特别是在 CPU 上。
- 很难解释最终的模型。

尽管梯度提升树现在被广泛使用，但许多人仍然把它当作一个复杂的黑匣子，只是使用预先建立的库运行模型。

5.2.3　梯度提升分类决策树

基于梯度提升树的分类算法预测输出的不是连续的值而是离散的类别，导致我们无法直接利用输出类别拟合误差。为了解决这个问题，主要有两种方法：一种方法是用指数损失函数，此时梯度提升分类决策树（GBDT）退化为 AdaBoost 算法；另一种方法是用类似于逻辑回归的对数似然损失函数，可以参考第 2 章关于 logistic 回归问题的描述。也就是说，我们用类别的预测概率值和真实概率值的差来拟合损失。本节仅讨论利用对数似然损失函数的 GBDT 分类，又可以进一步分为二元分类和多元分类。

5.2.3.1　二元 GBDT 分类算法

对于二元 GBDT 分类算法，首先要将预测变量转变为连续值，可以采用类似 logistic 回归中的做法，利用对数概率和相应的计算过程，具体可以参考第 2 章。这里的 y 实际是转换以后的样本的 log(odds)。用类似于逻辑回归的对数似然损失函数，则损失函数为

$$L(y, F(x)) = \log(1 + \exp(-yF(x))) \tag{5.21}$$

其中 $y \in \{-1, +1\}$。则此时的负梯度误差为

$$r_{ki} = -\left[\frac{\partial L(y, F_{k-1}(x))}{\partial F_{k-1}(x)}\right] = \frac{y_i}{1 + \exp(y_i F_{k-1}(x_i))} \tag{5.22}$$

对于生成的决策树，各个叶子节点的最佳负梯度拟合值为

$$c_{kj} = \operatorname{argmin} \sum_{x_i \in R_{kj}} \log(1 + \exp(-y_i F_{k-1}(x_i) + c)) \tag{5.23}$$

由于上式比较难优化，我们一般使用近似值代替：

$$c_{kj} = \frac{\sum\limits_{x_i \in R_{kj}} r_{ki}}{\sum\limits_{x_i \in R_{kj}} |r_{ki}| (1 - |r_{ki}|)} \tag{5.24}$$

除了负梯度计算和叶子节点的最佳负梯度拟合的线性搜索，二元 GBDT 分类和 GBDT 回归算法过程相同。

5.2.3.2　多元 GBDT 分类算法

多元 GBDT 比二元 GBDT 复杂一些，主要体现在多元逻辑回归和二元逻辑回归的复杂度差别。假设类别数为 K，则此时的对数似然损失函数为

$$L(y, F(x)) = -\sum_{t=1}^{T} y_t \log p_t(x) \tag{5.25}$$

其中如果样本输出类别为 t，则 $y_t = 1$。第 t 类的概率 $p_t(x)$ 的表达式为

$$p_t(x) = \frac{\exp(F_t(x))}{\sum\limits_{l=1}^{T} \exp(F_l(x))} \tag{5.26}$$

结合上面两个公式可以计算出第 k 轮的第 i 个样本对应类别 t 的负梯度误差：

$$r_{kit} = -\left[\frac{\partial L(y, F_{k-1}(x))}{\partial F_{k-1}(x)}\right] = y_{it} - p_{t,k-1}(x_i) \tag{5.27}$$

可以看出，这里的误差就是样本 i 对应类别 l 的真实概率和 $t-1$ 轮预测概率的差值。对于生成的决策树，各个叶子节点的最佳负梯度拟合值为

$$c_{tjl} = \operatorname*{argmin}_{c_{jl}} \sum_{i=0}^{m} \sum_{k=1}^{K} L(y_k, f_{t-1}, l(x) + \sum_{j=0}^{J} c_{jl} I(x_i \in R_{tjl})) \tag{5.28}$$

由于上式比较难优化，我们一般使用近似值代替：

$$c_{tjl} = \frac{K-1}{K} \frac{\sum\limits_{x_i \in R_{tjl}} r_{til}}{\sum\limits_{x_i \in R_{tjl}} |r_{til}| (1 - |r_{til}|)} \tag{5.29}$$

除了负梯度计算和叶子节点的最佳负梯度拟合的线性搜索，多元 GBDT 分类和二元 GBDT 分类以及 GBDT 回归算法过程相同。

5.2.3.3　二元 GBDT 分类算法示例

下面举例说明二元 GBDT 分类算法的计算过程。假设我们想根据是否胸痛、血液循环良好和动脉阻塞来预测一个人是否有心脏疾病，数据集如表 5.20 所示。

表 5.20　心脏疾病病人样本数据集

胸痛	血液循环良好	动脉阻塞	心脏疾病
否	否	否	否
是	是	是	是
是	是	否	是
是	否	否	是
是	否	是	是
否	是	否	否

1. 初始预测

我们从一片叶子开始，它代表每个人的初始预测。对于分类，这将等于因变量的 log(odds)。由于有 4 个患有心脏病的人和 2 个未患有心脏病的人，因此

$$\log\left(\frac{4}{2}\right)=0.6931\approx0.7$$

接下来，我们使用 logistic 函数将其转换成概率：

$$\frac{\mathrm{e}^{\log(\mathrm{odds})}}{1+\mathrm{e}^{\log(\mathrm{odds})}}=\frac{\mathrm{e}^{\log(4/2)}}{1+\mathrm{e}^{\log(4/2)}}=0.6667\approx0.7$$

如果认为概率阈值为 0.5，这意味着我们的初始预测是所有的人都有心脏病，但这并不是实际情况。

2. 计算残差

我们使用以下公式计算每个观测点的残差：

$$残差＝实际值－预测值$$

其中，如果该人有心脏病，则实际值＝1，如果没有则为 0。初始时，所有人的预测值均为 0.7。

这样就计算出残差，最终如表 5.21 所示。

表 5.21　初始预测值与实际值的残差

胸痛	血液循环良好	动脉阻塞	心脏疾病	实际值	残差
否	否	否	否	0	-0.7
是	是	是	是	1	0.3
是	是	否	是	1	0.3
是	否	否	是	1	0.3
是	否	是	是	1	0.3
否	是	否	否	0	-0.7

3. 预测残差

下一步是建立一个决策树，用是否胸痛、血液循环良好和动脉阻塞来预测残差。图 5.9 为一个决策树示例，叶子节点显示残差值集合。

如何计算每个叶子中的预测残差值？最初的预测是以 log(odds) 为单位的，而叶子是由一个概率得出的。因此，我们需要做一些转换来得到以 log(odds) 为单位的预测残差：

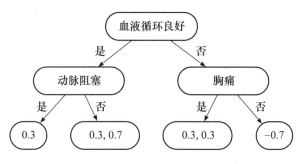

图 5.9   在构建决策树时，其最大深度被限制为 2

$$\frac{\sum 残差_i}{\sum [之前的概率_i \times (1-之前的概率_i)]}$$

将这个公式应用于第一片叶子，得到预测的残差值：

$$\frac{0.3}{0.7 \times (1-0.7)} = 1.42857$$

第二片叶子的预测残差值为

$$\frac{0.3}{0.7 \times (1-0.7) \times 2} + \frac{-0.7}{0.7 \times (1-0.7) \times 2} = -0.952381$$

第三片叶子的预测残差值为

$$\frac{0.3}{0.7 \times (1-0.7) \times 2} + \frac{0.3}{0.7 \times (1-0.7) \times 2} = 1.42857$$

第四片叶子的预测残差值为

$$\frac{-0.7}{0.7 \times (1-0.7)} = -3.33333$$

4. 获得患心脏病的新概率

现在，将数据集中的每个样本通过新形成的决策树节点。对每个观测得到的预测残差将被添加到以前的预测中，以判断样本是否患有心脏病。在这种情况下，我们引入了一个叫作学习率的超参数。预测的残差将乘以这个学习率，然后加到以前的预测中。

为什么需要学习率这个超参数？它可以防止过拟合。引入学习率需要建立更多的决策树，因此，朝向最终解决方案的步骤较少。少量的增量步骤有助于我们以较低的总体方差实现相当的偏差。

考虑数据集中的第二个样本。如图 5.10 所示，由于血液循环良好＝"是"，动脉阻塞＝"是"，所以它最终出现在第一片叶子里，预测残差为 1.43。假设学习率为 0.2，那么这个样本的新 log(odds) 预测将是

$$初始预测 + 学习率 \times 预测残差 = 0.7 + (0.2 \times 1.43) = 0.986$$

接下来，我们把这个新的 log(odds) 转换成一个概率值：

$$\frac{e^{\log(odds)}}{1 + e^{\log(odds)}} = \frac{e^{0.99}}{1 + e^{0.99}} = 0.7289 \approx 0.73$$

对其余的样本也做类似的计算。

5. 获得新的残差

在获得所有观测值的预测概率后，如表 5.22 所示，我们将通过从实际值中减去这些新的预测值来计算新残差。

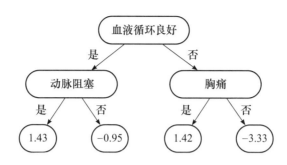

图 5.10 计算出预测残差值之后修改的决策树

表 5.22 带有使用新的预测概率计算的残差的样本数据集

胸痛	血液循环良好	动脉阻塞	心脏疾病	实际值	新预测值	新残差
否	否	否	否	0	0.51	−0.51
是	是	是	是	1	0.73	0.27
是	是	否	是	1	0.73	0.27
是	否	否	是	1	0.72	0.28
是	否	是	是	1	0.72	0.28
否	是	否	否	0	0.63	−0.63

计算得到残差后，我们将使用这些叶子来构建下一个决策树，如步骤 3 所述。

6. 重复步骤 3~5

重复进行计算直到残差收敛到接近 0 的值，或者迭代次数与运行算法时给出的超参数值一致。例如，第二轮的计算过程如下。

1）预测残差。根据上一轮的结果（图 5.10）建立一个叶子节点为残差值的决策树，如图 5.11 所示。

接下来计算每个叶子中的预测残差值。第一片叶子的预测残差值为

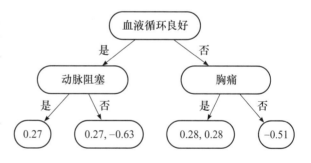

图 5.11 在构建决策树时，其最大深度被限制为 2

$$\frac{0.27}{0.73 \times (1-0.73)} = 1.36986$$

第二片叶子的预测残差值为

$$\frac{0.27}{0.73 \times (1-0.73) \times 2} + \frac{-0.63}{0.63 \times (1-0.63) \times 2} = -0.66642$$

第三片叶子的预测残差值为

$$\frac{0.28}{0.72 \times (1-0.72) \times 2} + \frac{0.28}{0.72 \times (1-0.72) \times 2} = 1.38889$$

第四片叶子的预测残差值为

$$\frac{-0.51}{0.51\times(1-0.51)}=-2.04082$$

2）获得患心脏病的新概率。计算新的概率时，我们依然考虑最终出现在第一片叶子里的数据集中的第二个样本。如图 5.12 所示，它的预测残差为 1.37。假设学习率为 0.2，那么这个样本的新 log(odds) 预测将是

$$初始预测+学习率\times预测残差=0.73+(0.2\times1.37)=1.004$$

接下来，我们把这个新的 log(odds) 转换成一个概率值：

$$\frac{e^{\log(odds)}}{1+e^{\log(odds)}}=\frac{e^{1.004}}{1+e^{1.004}}=0.7318\approx0.73$$

对其余的样本也做类似的计算。

3）获得新的残差。在获得所有观测值的预测概率后，我们将通过从实际值中减去这些新的预测值来计算新残差，得到表 5.23。

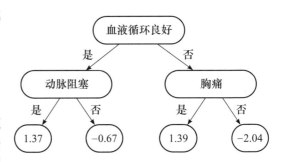

图 5.12　计算出预测残差值之后修改的决策树

表 5.23　带有使用新的预测概率计算的残差的样本数据集

胸痛	血液循环良好	动脉阻塞	心脏疾病	实际值	新预测值	新残差
否	否	否	否	0	0.53	-0.53
是	是	是	是	1	0.73	0.27
是	是	否	是	1	0.64	0.36
是	否	否	是	1	0.73	0.27
是	否	是	是	1	0.73	0.27
否	是	否	否	0	0.62	-0.62

计算得到残差后，我们将使用这些叶子来构建下一个决策树，至此第二轮结束。

7. 最终计算

在计算出所有树的输出值后，一个样本患有心脏病的最终 log(odds) 预测值将是

$$初始预测+学习率\times预测残差_1+学习率\times预测残差_2+\cdots$$

接下来，我们需要把这个对数（概率）预测转换成概率，即把它插入 logistic 函数中。使用常见的概率阈值 0.5 来进行分类决策，如果最终预测的该样本患心脏病的概率>0.5，那么答案将是"是"，否则是"否"。

需要注意这个方法中的几个重要参数。在使用 GBT 构建任何模型时，可以对以下参数的值进行调整，以提高模型的性能：
- 树的数量（n_estimators；def：100）。
- 学习率（learning_rate；def：0.1）。如前所述，对每棵树的贡献进行调整。在学习率和树的数量之间有一个权衡。常用的学习率值在 0.1 到 0.3 之间。
- 最大深度（max_depth；def：3）。每个估计器的最大深度限制了决策树的节点数量。

5.2.3.4　GBDT 算法的编程实践

本节参考 GitHub 开源项目 GBDT_Simple_Tutorial[33] 的代码，该项目利用 Python 实现 GBDT 算法的回归、二分类以及多分类。我们将对算法流程进行解读并可视化，便于读者深刻直观地理解 GBDT。我们主要展示 GBDT 用于二分类的效果。

1. 测试程序主函数

如代码段 5.5 所示，GBDT 测试程序主函数的主体由命令行参数和 run 函数两部分组成。

代码段 5.5　梯度提升分类决策树的测试主程序（源码位于 Chapter05/test_GBDTClassifer.py）

```
1    import os
2    import shutil
3    import logging
4    import argparse
5    import pandas as pd
6    from GBDT.gbdt import GradientBoostingRegressor
7    from GBDT.gbdt import GradientBoostingBinaryClassifier
8    from GBDT.gbdt import GradientBoostingMultiClassifier
9
10
11   logging.basicConfig(level=logging.INFO)
12   logger = logging.getLogger()
13   logger.removeHandler(logger.handlers[0])
14   pd.set_option('display.max_columns', None)
15   pd.set_option('display.max_rows', None)
16   ch = logging.StreamHandler()
17   ch.setLevel(logging.DEBUG)
18   logger.addHandler(ch)
19
20
21   def get_data(model):
22       dic = {}
23       dic['regression'] = [pd.DataFrame(data=[[1, 5, 20, 1.1],
24                                               [2, 7, 30, 1.3],
25                                               [3, 21, 70, 1.7],
26                                               [4, 30, 60, 1.8],
27                                               ], columns=['id', 'age', 'weight', 'label']),
28                            pd.DataFrame(data=[[5, 25, 65]], columns=['id', 'age', 'weight'])]
29
30       dic['binary_cf'] = [pd.DataFrame(data=[[1, 5, 20, 0],
31                                              [2, 7, 30, 0],
32                                              [3, 21, 70, 1],
33                                              [4, 30, 60, 1],
34                                              ], columns=['id', 'age', 'weight', 'label']),
35                           pd.DataFrame(data=[[5, 25, 65]], columns=['id', 'age', 'weight'])]
36
37       dic['multi_cf'] = [pd.DataFrame(data=[[1, 5, 20, 0],
38                                             [2, 7, 30, 0],
39                                             [3, 21, 70, 1],
40                                             [4, 30, 60, 1],
41                                             [5, 30, 60, 2],
42                                             [6, 30, 70, 2],
43                                             ], columns=['id', 'age', 'weight', 'label']),
44                          pd.DataFrame(data=[[5, 25, 65]], columns=['id', 'age', 'weight'])]
45
46       return dic[model]
47
48
49   def run(args):
```

```
50        model = None
51        # 获取训练和测试数据
52        data = get_data(args.model)[0]
53        test_data = get_data(args.model)[1]
54        # 创建模型结果的目录
55        if not os.path.exists('results'):
56            os.makedirs('results')
57        if len(os.listdir('results')) > 0:
58            shutil.rmtree('results')
59            os.makedirs('results')
60        # 初始化模型
61        if args.model == 'regression':
62            model = GradientBoostingRegressor(learning_rate=args.lr, n_trees=args.trees, max_depth=
                                              args.depth,
63                                              min_samples_split=args.count, is_log=args.log, is_plot=
                                              args.plot)
64        if args.model == 'binary_cf':
65            model = GradientBoostingBinaryClassifier(learning_rate=args.lr, n_trees=args.trees, max_
                                                     depth=args.depth,
66                                                     is_log=args.log, is_plot=args.plot)
67        if args.model == 'multi_cf':
68            model = GradientBoostingMultiClassifier(learning_rate=args.lr, n_trees=args.trees, max_
                                                    depth=args.depth,is_log=args.log,is_plot=args.plot)
69        # 训练模型
70        model.fit(data)
71        # 记录日志
72        logger.removeHandler(logger.handlers[-1])
73        logger.addHandler(logging.FileHandler('results/result.log'.format(iter), mode='w', encoding=
                                              'utf-8'))
74        logger.info(data)
75        # 模型预测
76        model.predict(test_data)
77        # 记录日志
78        logger.setLevel(logging.INFO)
79        if args.model == 'regression':
80            logger.info((test_data['predict_value']))
81        if args.model == 'binary_cf':
82            logger.info((test_data['predict_proba']))
83            logger.info((test_data['predict_label']))
84        if args.model == 'multi_cf':
85            logger.info((test_data['predict_label']))
86        pass
87
88
89    if __name__ == "__main__":
90        parser = argparse.ArgumentParser(description='GBDT-Simple-Tutorial')
91        parser.add_argument('--model', default='binary_cf', help='the model you want to use',
92                            choices=['regression', 'binary_cf', 'multi_cf'])
93        parser.add_argument('--lr', default=0.1, type=float, help='learning rate')
94        parser.add_argument('--trees', default=5, type=int, help='the number of decision trees')
95        parser.add_argument('--depth', default=3, type=int, help='the max depth of decision trees')
96        # 非叶节点的最小数据数目，如果一个节点只有一个数据，那么该节点就是一个叶子节点，停止往下划分
97        parser.add_argument('--count', default=2, type=int, help='the min data count of a node')
98        parser.add_argument('--log', default=False, type=bool, help='whether to print the log on the
                            console')
99        parser.add_argument('--plot', default=True, type=bool, help='whether to plot the decision
                            trees')
100       args = parser.parse_args()
101       run(args)
102       pass
```

第 90～100 行展示了 GBDT 模型用到的算法参数，包括模型类型 model、学习率 lr、决策树数量 trees、决策树最大深度 depth、树节点的最小数据样本数量 count、是否打印日志到控制台窗口的标记 log 以及是否绘制决策树的标记 plot。根据上述原理描述，我们来演示一下GBDT 解决二分类问题的效果，可以运行如下命令：

```
python example.py-- model= binary_cf-- log= True
```

上述命令设定模型类型为二分类，打印日志到控制台窗口为 True，默认学习率为 0.1，GBDT 中树的数量为 5，每棵树的最大深度为 3（弱分类器），树的节点最小样本数为 2，以及启用绘制决策树模型。

第 49～86 行展示了 GBDT 模型的数据集加载、模型初始化、模型训练、模型预测、模型可视化、日志记录等功能。第 64～65 行根据上述命令行传入的 model 参数"binary_cf"选择创建 GBDT 二分类模型。第 70 行调用 fit 函数传入训练集数据进行训练。第 76 行调用 predict 函数传入测试集进行预测。除此之外，将训练过程中的相关结果写入日志文件。对于 fit 和 predict 的过程，后文将做详细介绍，在此仅展示程序的运行效果，如图 5.13 所示。

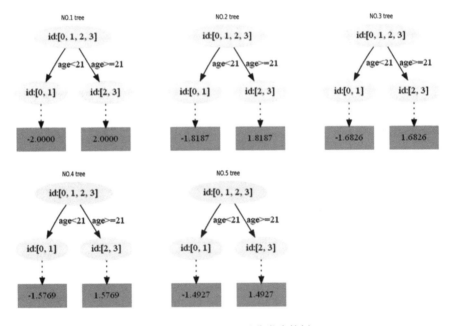

图 5.13　GBDT 二元分类决策树

2. fit 函数

如代码段 5.6 所示，在 GradientBoostingBinaryClassifier 类中，fit 函数用于模型的训练。在具体实现中，它继承于基类 BaseGradientBoosting 的 fit 函数，如代码段 5.6 第 46～74 行所示。

代码段 5.6　梯度提升分类决策树的 fit 函数（源码位于 Chapter05/GBDT/gbdt. py）

```
46    def fit(self, data):
47        """
48        :param data: pandas.DataFrame, the features data of train training
49        """
```

```
50          # 掐头去尾，删除id和label，得到特征名称
51          self.features = list(data.columns)[1: -1]
52          # 初始化 f_0(x)
53          # 对于平方损失来说，初始化 f_0(x) 就是 y 的均值
54          self.f_0 = self.loss.initialize_f_0(data)
55          # 对 m = 1, 2, ..., M
56          logger.handlers[0].setLevel(logging.INFO if self.is_log else logging.CRITICAL)
57          for iter in range(1, self.n_trees+1):
58              if len(logger.handlers) > 1:
59                  logger.removeHandler(logger.handlers[-1])
60              fh=logging.FileHandler('results/NO.{}_tree.log'.format(iter),mode='w',encoding='utf-8')
61              fh.setLevel(logging.DEBUG)
62              logger.addHandler(fh)
63              # 计算负梯度--对于平方误差来说就是残差
64              logger.info(('-------------------- 构建第%d棵树 -------------------' % iter))
65              self.loss.calculate_residual(data, iter)
66              target_name = 'res_' + str(iter)
67              self.trees[iter] = Tree(data, self.max_depth, self.min_samples_split,
68                                      self.features, self.loss, target_name, logger)
69              self.loss.update_f_m(data, self.trees, iter, self.learning_rate, logger)
70              if self.is_plot:
71                  plot_tree(self.trees[iter], max_depth=self.max_depth, iter=iter)
72          # print(self.trees)
73          if self.is_plot:
74              plot_all_trees(self.n_trees)
```

在 fit 函数中，首先在第 54 行初始化损失函数 f_0(x)，然后在第 56 行设置日志的级别。接下来在第 57~71 行进入关键的 self. n_trees 轮迭代，每一轮都训练一棵决策树，计算损失函数的负梯度（即残差），对其进行梯度下降，将残差缩小到一定范围或者不再发生变化。最后在第 73~74 行调用 plot_all_trees 绘制当前 GBDT 模型中的所有决策树，如图 5.13 所示。

3. predict 函数

如代码段 5.7 所示，在 GradientBoostingBinaryClassifier 类中，主要重写了成员函数 predict，如代码段 5.7 的第 100~109 行所示。

代码段 5.7　梯度提升分类决策树的 predict 函数（源码位于 Chapter05/GBDT/gbdt. py）

```
94     class GradientBoostingBinaryClassifier(BaseGradientBoosting):
95         def __init__(self, learning_rate, n_trees, max_depth,
96                      min_samples_split=2, is_log=False, is_plot=False):
97             super().__init__(BinomialDeviance(), learning_rate, n_trees, max_depth,
98                              min_samples_split, is_log, is_plot)
99
100        def predict(self, data):
101            data['f_0'] = self.f_0
102            for iter in range(1, self.n_trees + 1):
103                f_prev_name = 'f_' + str(iter - 1)
104                f_m_name = 'f_' + str(iter)
105                data[f_m_name] = data[f_prev_name] + \
106                                 self.learning_rate * \
107                                 data.apply(lambda x: self.trees[iter].root_node.get_predict_
                                            value(x), axis=1)
108            data['predict_proba'] = data[f_m_name].apply(lambda x: 1 / (1 + math.exp(-x)))
109            data['predict_label'] = data['predict_proba'].apply(lambda x: 1 if x >= 0.5 else 0)
```

在 predict 函数中，首先在第 101 行设置测试集 data 中的损失函数 f_0 为 self.f_0。然后在第 102～107 行遍历 GBDT 模型中的 self.n_trees 棵树，累加每棵树的残差与学习率的乘积，得到的最终累加和即为预测值。最后在第 108～109 行更新预测概率和预测标签的值，其中，预测标签是在预测概率的基础上进行逻辑回归，将概率以 0.5 为界限，划分为正类（1）和负类（0），从而解决 GBDT 的二元分类问题。

以上即为实现梯度提升分类决策树的完整过程。

5.2.4 梯度提升回归决策树

梯度提升法最初提出时是以回归问题和函数逼近为出发点的，因此，理解梯度提升回归决策树（GBRT）相对容易一些，这里首先给出梯度回归决策树的算法描述，然后用一个包含多个特征属性的回归问题进行举例。

5.2.4.1 算法描述

GBRT 的算法流程如下。

输入：训练数据集 $D = \{(x_1, y_1), (x_2, y_2), \cdots, (x_N, y_N)\}$, $x_i \in \mathscr{L} \subseteq R^M$, $y_i \in R$。

输出：梯度提升回归树 $F(x)$。

过程：

1. 初始化模型 $F_0(x_i) = \dfrac{\sum\limits_{i=1}^{N} y_i}{N}$，依据 $F_0(x)$ 对样本进行预测，并计算残差。

2. 循环训练 K 个模型，$k = 1, 2, \cdots, K$。

   2.1　计算残差，$h_k(x_i) = y_i - F_{k-1}(x_i)$, $i = 1, 2, \cdots, N$。

   2.2　基于残差和所有特征属性，训练一个回归决策树 $T_k(x_i, h_k)$。

   2.3　更新模型 $F_k(x_i) = F_{k-1}(x_i) + \eta \cdot T_k(x_i, h_k)$，$\eta$ 为学习速率，然后进入下一次循环。

3. 得到最终的梯度提升回归树 $F(x) = F_0(x) + \eta \sum\limits_{i=1}^{K} T_i(x, h_i)$。

从梯度提升回归树算法流程可以看出，它的弱分类器是依据即时计算的残差值和特征属性训练得到的，而不是像 AdaBoost 那样预先准备好的弱分类器。

5.2.4.2 编程实践

本节参考 GitHub 开源项目 TinyGBT[34] 的代码。TinyGBT（轻量级梯度增强树）是一个用纯 Python 代码实现的线性梯度提升树。该项目代码结构清晰，但是由于此代码不是用于生产，因此并未针对速度和内存使用进行优化。接下来我们展示梯度提升回归决策树 TinyGBT 用于回归问题的效果。

1. 测试程序主函数

如代码段 5.8 所示，GBRT 测试程序的主程序为第 6～33 行，主要由数据集加载、GBT 模型训练和 GBT 模型预测三部分组成。

代码段 5.8　梯度提升回归决策树的测试主程序（源码位于 Chapter05/test_GBDTRegressor.py）

```
1    import pandas as pd
2    from sklearn.metrics import mean_squared_error
3    from TinyGBT.tinygbt import Dataset, GBT
4
5
6    print('Load data...')
```

```
7    df_train = pd.read_csv('./TinyGBT/data/regression.train', header=None, sep='\t')
8    df_test = pd.read_csv('./TinyGBT/data/regression.test', header=None, sep='\t')
9
10   y_train = df_train[0].values
11   y_test = df_test[0].values
12   X_train = df_train.drop(0, axis=1).values
13   X_test = df_test.drop(0, axis=1).values
14
15   train_data = Dataset(X_train, y_train)
16   eval_data = Dataset(X_test, y_test)
17
18   params = {}
19
20   print('Start training...')
21   gbt = GBT()
22   gbt.train(params,
23            train_data,
24            num_boost_round=20,
25            valid_set=eval_data,
26            early_stopping_rounds=5)
27
28   print('Start predicting...')
29   y_pred = []
30   for x in X_test:
31       y_pred.append(gbt.predict(x, num_iteration=gbt.best_iteration))
32
33   print('The rmse of prediction is:', mean_squared_error(y_test, y_pred) ** 0.5)
```

第 6~16 行展示了数据集加载和重新将训练集/测试集组装成 Dataset 格式的过程，在这里用到的数据集为 TinyGBT 工程自带的 regression.train 和 regression.test。第 18~26 行进行 GBRT 模型的训练，传入上一步组装好的训练集数据、GBRT 的层数、验证集和早停的轮数等算法参数，具体的训练过程将在下文 train 函数中详细讲解。第 28~33 行进行 GBRT 模型的预测和性能评估，在预测部分调用了 GBRT 模型的 predict 函数，该函数在后文中将做重点介绍。此外，由于解决的是回归问题，在这里引入均方误差对预测结果进行评估。

上述程序的实际执行结果如下。

```
Load data...
Start training...
Training until validation scores don't improve for 5 rounds.
Iter   0,Train's L2:0.3508695676,Valid's L2:0.3503288215,Elapsed:10.74 secs
Iter   1,Train's L2:0.1933778300,Valid's L2:0.2012085146,Elapsed:19.69 secs
Iter   2,Train's L2:0.1852061260,Valid's L2:0.2004647388,Elapsed:10.96 secs
Iter   3,Train's L2:0.1833714257,Valid's L2:0.2002247263,Elapsed:10.58 secs
Iter   4,Train's L2:0.1829585322,Valid's L2:0.2001470392,Elapsed:10.45 secs
Iter   5,Train's L2:0.1827716227,Valid's L2:0.2000559374,Elapsed:17.12 secs
Iter   6,Train's L2:0.1827244098,Valid's L2:0.2000308690,Elapsed:24.22 secs
Iter   7,Train's L2:0.1827103217,Valid's L2:0.2000233953,Elapsed:10.38 secs
Iter   8,Train's L2:0.1827060956,Valid's L2:0.2000211528,Elapsed:16.79 secs
Iter   9,Train's L2:0.1827048283,Valid's L2:0.2000204804,Elapsed:28.15 secs
Iter  10,Train's L2:0.1827044481,Valid's L2:0.2000202787,Elapsed:27.49 secs
Iter  11,Train's L2:0.1827043340,Valid's L2:0.2000202182,Elapsed:21.27 secs
Iter  12,Train's L2:0.1827042998,Valid's L2:0.2000202000,Elapsed:26.49 secs
Iter  13,Train's L2:0.1827042895,Valid's L2:0.2000201946,Elapsed:24.77 secs
```

```
Iter  14,Train's L2:0.1827042864,Valid's L2:0.2000201930,Elapsed:20.67 secs
Iter  15,Train's L2:0.1827042855,Valid's L2:0.2000201925,Elapsed:11.61 secs
Iter  16,Train's L2:0.1827042852,Valid's L2:0.2000201923,Elapsed:10.74 secs
Iter  17,Train's L2:0.1827042851,Valid's L2:0.2000201923,Elapsed:12.97 secs
Iter  18,Train's L2:0.1827042851,Valid's L2:0.2000201923,Elapsed:11.80 secs
Iter  19,Train's L2:0.1827042851,Valid's L2:0.2000201923,Elapsed:11.37 secs
Training finished. Elapsed:338.27 secs
Start predicting...
The rmse of prediction is:0.4472361705694384
```

由运行结果可以看出，GBRT 模型在执行 20 轮迭代后，训练集和验证集的 L2 均有明显的减小，并且逐渐趋于稳定。训练结束后，对测试集进行预测和模型评估，其评估指标 RMSE 为 0.4472361705694384，预测效果比较理想。

2. train 函数

如代码段 5.9 所示，在 TinyGBT 项目中，主要涉及决策树类 Tree 的实现，以及梯度提升回归决策树类 GBT 的实现。关于 Tree 的实现在第 2 章的经典决策树中已经详细介绍，此处的实现方法类似，读者可参考本书提供的源码，在此不做赘述。

代码段 5.9   梯度提升回归决策树的 train 函数（源码位于 Chapter05/TinyGBT/tinygbt.py）

```
181    def train(self, params, train_set, num_boost_round=20, valid_set=None, early_stopping_rounds=5):
182        self.params.update(params)
183        models = []
184        shrinkage_rate = 1.
185        best_iteration = None
186        best_val_loss = LARGE_NUMBER
187        train_start_time = time.time()
188
189        print("Training until validation scores don't improve for {} rounds."
190              .format(early_stopping_rounds))
191        for iter_cnt in range(num_boost_round):
192            iter_start_time = time.time()
193            scores = self._calc_training_data_scores(train_set, models)
194            grad, hessian = self._calc_gradient(train_set, scores)
195            learner = self._build_learner(train_set, grad, hessian, shrinkage_rate)
196            if iter_cnt > 0:
197                shrinkage_rate *= self.params['learning_rate']
198            models.append(learner)
199            train_loss = self._calc_loss(models, train_set)
200            val_loss = self._calc_loss(models, valid_set) if valid_set else None
201            val_loss_str = '{:.10f}'.format(val_loss) if val_loss else '-'
202            print("Iter {:>3}, Train's L2: {:.10f}, Valid's L2: {}, Elapsed: {:.2f} secs"
203                  .format(iter_cnt, train_loss, val_loss_str, time.time() - iter_start_time))
204            if val_loss is not None and val_loss < best_val_loss:
205                best_val_loss = val_loss
206                best_iteration = iter_cnt
207            if iter_cnt - best_iteration >= early_stopping_rounds:
208                print("Early stopping, best iteration is:")
209                print("Iter {:>3}, Train's L2: {:.10f}".format(best_iteration, best_val_loss))
210                break
211
212        self.models = models
213        self.best_iteration = best_iteration
214        print("Training finished. Elapsed: {:.2f} secs".format(time.time() - train_start_time))
```

GBT 类主要由构造函数 __init__ 、模型训练函数 train 和模型预测函数 predict 组成，此外还有一些私有函数，如代码段 5.11 所示。下面重点介绍 train 函数。

train 函数与 5.2.2 节梯度提升分类树中的 fit 函数类似。首先在第 182～187 行进行参数的更新和遍历的初始化，然后在第 189～210 行进入关键的 num_boost_round 轮迭代，每一轮都训练一棵回归决策树。第 193 行计算训练集的得分，第 194 行基于得分计算梯度，第 195 行代入学习率进行梯度下降，第 198 行保存学习器。接下来，第 199～203 行计算并打印训练集和验证集的损失函数，第 204～206 行选出验证集中最小的损失函数以及其对应的迭代次数，第 207～210 行判断损失函数（即残差）是否连续 early_stopping_rounds 次保持不变，是的话则说明 GBRT 模型已经达到最好的预测性能，提前停止迭代。

3. predict 函数

如代码段 5.10 所示，梯度提升回归决策树的 predict 函数实现非常简单，如第 216～220 行所示。在 predict 函数中，首先在第 217～219 行检查树模型 models 是否存在，若 models 为 None，则使用当前 GBRT 的树模型 self.models，否则使用传入的 models 模型。接下来，将测试集数据依次代入 n 个树模型，将它们的预测值累加，即得到最终的预结果。

代码段 5.10   梯度提升回归决策树的 predict 函数（源码位于 Chapter05/TinyGBT/tinygbt.py）

```
216    def predict(self, x, models=None, num_iteration=None):
217        if models is None:
218            models = self.models
219        assert models is not None
220        return np.sum(m.predict(x) for m in models[:num_iteration])
```

4. 其他成员函数

如代码段 5.11 所示，除了上述提到的 train 和 predict 函数外，在 GBT 类中还定义了一些具体功能的私有成员函数，如代码段 5.11 的第 134～179 行所示。

代码段 5.11   GBT 类中的其他成员函数（源码位于 Chapter05/TinyGBT/tinygbt.py）

```
134    class GBT(object):
135        def __init__(self):
136            self.params = {'gamma': 0.,
137                           'lambda': 1.,
138                           'min_split_gain': 0.1,
139                           'max_depth': 5,
140                           'learning_rate': 0.3,
141                           }
142            self.best_iteration = None
143
144        def _calc_training_data_scores(self, train_set, models):
145            if len(models) == 0:
146                return None
147            X = train_set.X
148            scores = np.zeros(len(X))
149            for i in range(len(X)):
150                scores[i] = self.predict(X[i], models=models)
151            return scores
152
153        def _calc_l2_gradient(self, train_set, scores):
154            labels = train_set.y
```

```
155             hessian = np.full(len(labels), 2)
156             if scores is None:
157                 grad = np.random.uniform(size=len(labels))
158             else:
159                 grad = np.array([2 * (labels[i] - scores[i]) for i in range(len(labels))])
160             return grad, hessian
161
162         def _calc_gradient(self, train_set, scores):
163             """For now, only L2 loss is supported"""
164             return self._calc_l2_gradient(train_set, scores)
165
166         def _calc_l2_loss(self, models, data_set):
167             errors = []
168             for x, y in zip(data_set.X, data_set.y):
169                 errors.append(y - self.predict(x, models))
170             return np.mean(np.square(errors))
171
172         def _calc_loss(self, models, data_set):
173             """For now, only L2 loss is supported"""
174             return self._calc_l2_loss(models, data_set)
175
176         def _build_learner(self, train_set, grad, hessian, shrinkage_rate):
177             learner = Tree()
178             learner.build(train_set.X, grad, hessian, shrinkage_rate, self.params)
179             return learner
```

其中，__init__ 函数负责初始化成员变量 params 和 best_iteration，_calc_training_data_scores 函数负责计算训练集的预测值，_calc_gradient 函数和_calc_l2_gradient 函数负责计算带有正则项 L2 的损失函数的梯度下降，_calc_loss 函数和_calc_l2_loss 函数负责计算 L2 损失函数，_build_learner 函数负责使用 Tree 创建和训练决策树模型。

以上即为实现梯度提升回归决策树的完整过程。

5.2.5 随机梯度提升树

对 GBDT 进行正则化可防止过拟合。GBDT 的正则化主要有三种方式：

- 第一种是学习率，定义为 η，在前文中已经介绍过。对于前面的弱学习器的迭代，$F_k(x) = F_{k-1}(x) + h_k(x)$。如果我们加上正则化项，则有 $F_k(x) = F_{k-1}(x) + \eta \cdot h_k(x)$。$\eta$ 的取值范围为 $[0, 1]$。对于同样的训练集学习效果，较小的 η 意味着需要更多的弱学习器的迭代次数。通常我们用学习率和迭代最大次数一起来决定算法的拟合效果。

- 第二种是对 CART 回归树等弱学习器进行正则化剪枝。这在第 3 章介绍决策树剪枝时已经讲过，这里就不重复了。

- 第三种是通过子采样（subsample）比例进行正则化，其取值为（0，1）。注意这里的子采样和随机森林不一样，随机森林使用的是放回采样，而这里是不放回采样。如果取值为 1，则全部样本都使用，等于没有使用子采样。如果取值小于 1，则只有一部分样本会做 GBDT 的决策树拟合。选择小于 1 的比例可以减少方差，即防止过拟合，但是会增加样本拟合的偏差，因此取值不能太低。推荐在 $[0.5, 0.8]$ 之间。

使用了子采样的 GBDT 有时也称作随机梯度提升树（Stochastic Gradient Boosting Tree，SGBT）。由于使用了子采样，可以通过采样分发到不同的任务去做提升的迭代，最后形成新树，从而减少弱学习器难以并行学习的弱点。

随机梯度提升树是 2002 年 Jerome H. Friedman 在 "Stochastic Gradient Boosting" 这篇论

文中提出。Breiman（1996）在套袋法中引入了一个概念：将随机性注入函数估计过程中可以提高它们的性能。Friedman 受此启发，对梯度提升算法进行了小小的改动，即将随机性整合到梯度提升算法中。特别地，在每次迭代中，从所有的训练集中随机地（不重复）进行子采样，然后使用这个随机抽取的子样本而不是全部样本来拟合一个基学习器，并计算模型对当前迭代的更新。

当随机子样本数量 $\hat{N}=N$ 时就没有随机性，这个算法就和之前的 GBDT 一样。比例 $f=\hat{N}/N$ 越小，在连续迭代中的随机样本就会差别越大，因此，整个程序的随机性就越大。$f=1/2$ 时，算法大致等价于在每次迭代中使用套袋法。使用 $\hat{N}=f \cdot N$ 也会使得计算量减少为原来的 $1/f$。然而，使用过小的 f 值会减少每次迭代用来训练基学习器的数据量，这会导致单个基学习器的方差增加。

5.2.6 基于梯度提升法的机器学习库

5.2.6.1 sklearn 的梯度提升树

1. 基于 sklearn 的梯度提升分类树编程示例

由于 GBDT 是一种性能卓越且最具代表性的提升算法，因此在 sklearn 库中也提供了 GB-DT 的分类树版本 GradientBoostingClassifier 和回归树版本 GradientBoostingRegressor。接下来，我们以红酒数据集和 GradientBoostingClassifier 分类器为例，展示一下 GBDT 的预测效果。如代码段 5.12 所示，该示例主要由数据集加载、模型训练、模型预测和预测结果可视化四部分组成。

代码段 5.12 基于 sklearn 的梯度提升分类决策树测试程序（源码位于 Chapter05/test_GBDTClassiferSklearn. py）

```
8   import numpy as np
9   from sklearn import datasets
10  from sklearn.model_selection import train_test_split
11  from sklearn.ensemble import GradientBoostingClassifier
12  import matplotlib.pyplot as plt
13
14  # 加载红酒数据集
15  wine = datasets.load_wine()
16  X = wine.data
17  y = wine.target
18  X_train,X_test,y_train,y_test = train_test_split(X, y, test_size=0.3, random_state=0)
19
20  # 模型训练
21  model = GradientBoostingClassifier(n_estimators=100)
22  model.fit(X_train, y_train)
23
24  # 模型预测
25  y_pred = model.predict(X_test)
26  print("y_real=", y_test)
27  print("y_pred=", y_pred)
28  cnt = np.sum([1 for i in range(len(y_test)) if y_test[i]==y_pred[i]])
29  print("right={0},all={1}".format(cnt, len(y_test)))
30  print("accury={}%".format(100.0*cnt/len(y_test)))
31
32  # 预测结果可视化
33  plt.rcParams['font.sans-serif'] = ['KaiTi']
34  plt.rcParams['axes.unicode_minus'] = False
35  plt.figure()
36  plt.scatter(X_test[:,0], y_test, c="g", label="real samples")
37  plt.scatter(X_test[:,0], y_pred, color='', marker='o', edgecolors='r', label="predict samples")
38  plt.xlabel(wine.feature_names[0])
```

```
39    plt.ylabel("{} or {}".format(wine.target_names[0], wine.target_names[1]))
40    plt.title("基于wine数据集的GradientBoostingClassifier预测情况对比图")
41    plt.legend()
42    plt.show()
```

GradientBoostingClassifier 模型的数据集加载如第 14～18 行所示。该部分加载红酒数据集，并且按照 7：3 的比例进行随机划分。关于红酒数据集以及数据集的加载、划分过程，在前面章节中已经详细介绍过，在此不做赘述。

GradientBoostingClassifier 模型的训练如第 20～22 行所示。在 GBDT 分类树模型的创建和训练过程中，使用 sklearn 提供的 GradientBoostingClassifier 定义分类器对象，并且指定 GBDT 算法中弱分类器的数量为 100 个。其弱分类器类型默认为 sklearn 的 DecisionTreeClassifier 模型，树的最大深度为 3。训练过程对外提供的接口为 fit，该函数是 GradientBoostingClassifier 类中负责模型训练的成员函数。

GradientBoostingClassifier 模型的预测如第 24～30 行所示。模型预测阶段调用 Gradient-BoostingClassifier 的成员函数 predict，传入测试集数据 X_test，返回 numpy. array 类型的预测结果 y_pred，并将预测结果与真实结果做对比，计算预测准确率指标衡量 GradientBoosting-Classifier 模型的预测性能。

实际执行结果如下。

```
y_real= [0 2 1 0 1 1 0 2 1 1 2 2 2 0 1 2 1 0 0 1 0 1 0 0 1 1 1 1 1 1 2 0 0 1 0 0 0 2
 1 1 2 0 0 1 1 1 0 2 1 2 0 2 2 0 2]
y_pred= [0 2 1 0 1 0 0 2 1 1 2 2 2 0 1 2 1 0 0 2 0 1 0 0 1 1 1 1 1 1 2 0 0 1 0 0 0 2
 1 1 2 0 0 1 1 1 0 2 1 2 0 2 2 0 2]
right= 52,all= 54
accury= 96.29629629629629%
```

由输出结果可以看出，在未进行模型参数调优的情况下，训练得到的梯度提升分类树模型在测试集上的预测准确率高达 96.3%，而 5.1.3 节的 AdaBoostClassifier 模型预测准确率仅为 91.1%。由此可见，梯度提升分类树模型可能具有比 AdaBoost 模型更优越的预测性能。

GradientBoostingClassifier 模型的预测结果可视化如第 32～42 行所示。预测结果可视化部分以"酒精"属性为横轴，以"红酒的类别"为纵轴，分别绘制测试集中真实样本点和预测样本点的散点图，如图 5.14 所示。其中，实心圆代表真实样本点，空心圆代表预测样本点。由图 5.14 中可以看出，预测样本点的位置几乎完全与真实样本点重合，其预测效果明显优于 5.1.3 节 AdaBoost 算法。

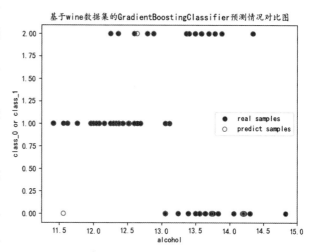

图 5.14　基于红酒数据集的 GradientBoostingClassifier 预测情况对比图

以上即为基于 sklearn 实现的梯度提升分类树模型在红酒数据集分类问题上的应用。

2. 基于 sklearn 的梯度提升回归树编程示例

本节介绍 GBDT 在解决回归问题中的应用。接下来，与 5.1.4 节提到的 AdaBoostRegressor 的 sklearn 官网示例对照，我们以 GradientBoostingRegressor 的代码示例为例，如代码段 5.13 所示。在该段代码中，每棵 CART 回归树根据 GBRT 算法在带有少量高斯噪声的一维正弦数据集上进行提升。将 1000 次提升与单棵 CART 回归树进行比较。

代码段 5.13　基于 sklearn 的梯度提升回归决策树测试程序（源码位于 Chapter05/test_GBDTRegressor-Sklearn.py）

```
8    import numpy as np
9    import matplotlib.pyplot as plt
10   from sklearn.tree import DecisionTreeRegressor
11   from sklearn.ensemble import GradientBoostingRegressor
12
13   # Create the dataset
14   rng = np.random.RandomState(1)
15   X = np.linspace(0, 6, 100)[:, np.newaxis]
16   y = np.sin(X).ravel() + np.sin(6 * X).ravel() + rng.normal(0, 0.1, X.shape[0])
17
18   # Fit regression model
19   regr_1 = DecisionTreeRegressor(max_depth=4)
20   regr_2 = GradientBoostingRegressor(n_estimators=1000, max_depth=4, learning_rate=1.0)
21
22   regr_1.fit(X, y)
23   regr_2.fit(X, y)
24
25   # Predict
26   y_1 = regr_1.predict(X)
27   y_2 = regr_2.predict(X)
28
29   # Plot the results
30   plt.figure()
31   plt.scatter(X, y, c="k", label="training samples")
32   plt.plot(X, y_1, c="g", label="n_estimators=1", linewidth=2)
33   plt.plot(X, y_2, c="r", label="n_estimators=1000", linewidth=2)
34   plt.xlabel("data")
35   plt.ylabel("target")
36   plt.title("Boosted Decision Tree Regression")
37   plt.legend()
38   plt.show()
```

创建带有噪声的正弦函数数据集如第 13~16 行所示。第 14 行使用 np.random.RandomState 函数创建指定随机种子的随机数生成器 rng。第 15 行使用 np.linspace 函数生成 0 到 6 之间 100 等分的 X 轴坐标值。第 16 行生成一个带有随机噪声的正弦函数的 y 轴坐标值，其中，np.sin 函数求解正弦值，np.ravel 函数的功能与 np.flatten 函数相同，负责将多维数组降为一维，与后者不同的是，前者返回的是视图，修改数据时会影响原始矩阵，而后者返回的是拷贝，对拷贝的修改不会影响原始矩阵。

训练回归模型如第 18~23 行所示。在该部分使用带有噪声的正弦函数数据集创建并训练一个 DecisionTreeRegressor 类型的树最大深度为 4 的 CART 回归树，以及一个由 1000 棵上述树构成的 GradientBoostingRegressor 模型。同样，值得注意的是，AdaBoostRegressor 类构造函数的第一个参数为指定 AdaBoost 算法中学习器的类型，默认为 sklearn 里的 DecisionTreeRegressor 模型，在这里我们进一步指定 AdaBoost 中每个 DecisionTreeRegressor 回归决策树的最大深度为 4，设定浅层 CART 树的目的在于符合 AdaBoost 算法的集成原理，即将多个弱学习器组合成一个强学习器。

　　回归模型预测如第 25～27 行所示。该段代码使用数据集 X 作为测试集，分别代入 DecisionTreeRegressor 和 GradientBoostingRegressor 模型进行预测，得到的结果分别保存在 y_1 和 y_2 变量里。

　　可视化预测结果如第 29～38 行所示。

　　如图 5.15 所示，将两个模型的预测结果 y_1 和 y_2 使用 matplotlib 进行可视化：以带有噪声的正弦函数数据集的 X 属性值为横轴，以 y 属性值为纵轴，绘制测试集中真实样本点的散点图；以带有噪声的正弦函数数据集的 X 属性值为横轴，以 DecisionTreeRegressor 的预测值 y_1 属性值为纵轴，绘制测试集中预测样本点的折线图；以带有噪声的正弦函数数据集的 X 属性值为横轴，以 GradientBoostingRegressor 的 y_2 属性值为纵轴，绘制测试集中预测样本点的折线图。其中，实心圆代表真实样本点，折线代表 DecisionTreeRegressor 模型的预测样本点，曲线代表 GradientBoostingRegressor 模型的预测样本点。由图中可以看出，折线成锯齿状，曲线更为平滑且更贴近真实样本点。由此也可以直观地看出梯度提升回归决策树算法将多棵树串行累加残差集成在一起的思路可以大幅度提高模型的预测性能。并且，与 5.1.4 节 AdaBoost 解决回归问题时得到的图 5.4 相比，图 5.15 中 n_estimators＝1000 的曲线更加完美贴合真实样本点。

　　以上即为基于 sklearn 实现的梯度提升回归决策树模型在带有噪声的正弦函数数据集回归问题上的应用。

5.2.6.2　XGBoost

　　XGBoost 提升树机器学习系统目前已经开源，它的影响力已经被许多机器学习和数据挖掘相关的比赛所广泛认可。例如，机器学习大赛 Kaggle 2015 年发布的 29 个获胜方案里有 17 个采用了 XGBoost。在这些方案里，有 8 个仅采用 XGBoost，另外的大多数方案将它与神经网络相结合。对比来看，第二流行的方法——深度神经网络——只被采用 11 次。这个系统的成功性也被 KDDCup2015 所见证，前十的队伍都用了 XGBoost。

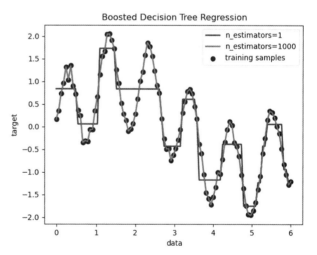

图 5.15　基于带有噪声的正弦函数数据集的回归模型预测情况对比图

　　这些成功方案所涉及的问题包括：网页文本分类、顾客行为预测、情感挖掘、广告点击率预测、恶意软件分类、物品分类、风险评估、大规模在线课程退学率预测。虽然这些问题依赖于特定领域的数据分析和特征工程，但选择 XGBoost 是大家的共识。

　　XGBoost 成功背后最重要因素是其在所有情况下的可扩展性。该系统在单台机器上的运行速度比现有流行解决方案快十倍以上，并可在分布式或内存有限的环境中扩展到数十亿个示例。XGBoost 的可扩展性是由几个重要的系统和算法优化所实现的。这些创新包括：一种新颖的树学习算法，用于处理稀疏数据；理论上合理的加权分位数略图程序，在近似树学习中处理实例权重。此外，并行和分布式计算使得学习速度更快，从而加快了模型的探索。更重要的是，XGBoost 利用核外计算，使数据科学家能够在桌面上处理数百万个示例。最后，将这些技术结合起来，使用最少的集群资源扩展到更大的数据的端到端系统令人兴奋。

XGBoost 的更多细节将在第 6 章并行决策树部分详细介绍。

5.2.6.3 LightGBM

LightGBM（Light Gradient Boosting Machine）是由微软分布式机器学习工具研发团队开发的一套基于决策树的快速、分布式、高性能的梯度提升框架[16]。2017 年，这套框架首次在GitHub 上开源发布。LightGBM 认为，目前的梯度提升树，如 XGBoost 和 pGBRT，其效率和可扩展性并不令人满意，尤其是针对高维度数据和大数据时。其中的一个主要原因是，对于每个特征，其需要扫描所有的数据实例来评估所有可能分割点的信息增益，这非常花费时间。为了解决这个问题，LightGBM 引入了两项技术：基于梯度的单边采样（Gradient-based One-Side Sampling，GOSS）和排除在外特征的捆绑打包（Exclusive Feature Bundling，EFB）。采用GOSS 和 EFB 的 GBDT 算法叫作 LightGBM。

采用 GOSS 时，我们可以排除相当比例的小梯度信息的数据实例，仅使用剩下的数据实例评估信息增益，即 GOSS 可用来减少训练数据量。拥有大梯度的数据实例在信息增益计算中扮演着重要的角色，GOSS 会保有带有大梯度的数据实例，而对于小梯度的数据实例进行随机采样。为了补偿对数据分布的影响，在计算信息增益时，GOSS 对于小梯度数据实例引入了一个常量乘数。GOSS 首先根据梯度绝对值对数据实例进行排序，然后选择前 $a\%$ 的数据。接着从剩下的数据中随机采样 $b\%$ 的实例。之后，GOSS 在计算信息增益时，利用一个常数因子$(1-a)/b$ 来放大采样的小梯度数据。这样，我们就可以更加关注训练不足的实例，而不会太改变原始数据的分布。

高维数据通常是稀疏的。在稀疏的特征空间中，许多特征是互斥的，即不会同时取得零值。我们可以把排除在外的特征打包成一个特征。通过设计一个特征扫描算法，我们可以将不同特征打包，形成一样的特征直方图。这样，特征直方图创建的计算复杂度从 O（♯ data * ♯feature）下降到 O（♯ data * ♯bundle）。从而在不降低准确度的情况下，提供 GBDT 的训练速度。

采用 EFB 可减少特征的数量。寻找互斥特征的最优打包是 NP 难的，但一个贪婪的算法可以完成很好的近似比率，即 EFB 用来减少特征维度。LightGBM 在达到相同正确率的情况下，相比 XGBoost 和其他传统的 GBDT 有 20 倍以上的速度提升。

LightGBM 自发布以来迅速在机器学习领域流行，被广泛用于分类、回归等任务。其分布式设计的优势在于：

- 更快的训练速度与高效率。
- 更低的内存使用量。
- 更高的准确率。
- 支持并行和 GPU 学习。
- 处理超大规模数据的能力。

这个算法的其他显著特点还包括支持 GPU 训练、对分类特征的本地支持、处理大规模数据的能力以及对缺失值的默认处理。

LightGBM 的更多细节将在第 6 章并行决策树部分详细介绍。

5.2.6.4　CatBoost

CatBoost 是俄罗斯的搜索巨头 Y andex 在 2017 年开源的机器学习库，也是提升算法中的一种[14-15][17]。同前面介绍过的 XGBoost 和 LightGBM 类似，CatBoost 依然是在 GBDT 算法框架下的一种改进实现，是一种基于对称决策树算法的参数少、支持类别型变量和高准确性的 GBDT 框架，主要解决的痛点是如何高效合理地处理类别型特征。CatBoost 由 Catgorical 和 Boost 组成，可用于处理梯度偏差以及预测偏移问题，提高算法的准确性和泛化能力。它可以很容易地与谷歌的 TensorFlow 和苹果的 CoreML 这样的深度学习框架集成在一起。同时，它也可以使用不同的数据类型来帮助企业解决各种各样的问题。最重要的是，它提供了最佳的精确度。

CatBoost 在两方面尤其强大：

- 它产生了最先进的结果，而且不需要进行广泛的数据训练（通常这些训练是其他机器学习方法所要求的）。
- 为更多的描述性数据格式提供了强大的"开箱即用"支持。

该库可以处理各种类型的数据，如音频、文本、图像，包括历史数据。它被广泛应用于各种类型的商业挑战，如欺诈检测、推荐项目、预测等。它还可以使用相对较少的数据得到非常好的结果，不像 DL 模型那样需要从大量数据中学习。

CatBoost 库的优势还包括：

- 性能：CatBoost 性能出众，可与任何领先的机器学习算法相抗衡。
- 自动处理分类特性：不需要任何显式的预处理来将类别转换为数字，CatBoost 使用在各种统计上的分类特征和数值特征的组合将分类值转换成数字。
- 鲁棒性/强健性：减少了对广泛的超参数调优的需求，并降低了过拟合的机会，这也使模型变得更加具有通用性。虽然 CatBoost 有多个参数可以调优，但它还包含其他一些参数，比如树的数量、学习率、正则化、树的深度等。
- 易于使用：可以使用来自命令行的 CatBoost，以及针对 Python 和 R 语言的易于使用的 API。

CatBoost 的更多细节将在第 6 章并行决策树部分详细介绍。

5.3　堆叠法

堆叠（stacking）（有时称为堆叠泛化）是指利用多种不同的基分类器或基回归器对样本数据进行预测，基于各个预测结果组合形成新的特征集和样本集，然后用它们来训练和测试元（meta）学习器，最终实现预测的集成学习方法[19]。

如何组合成为关键！这里涉及模型的组合以及样本的划分与组合问题[18]。堆叠一般采用异构的基学习器，例如同时采用线性模型、决策树模型甚至各类深度学习模型等，并对这些基学习器的预测输出进行组合。如果采用等权重的组合，则不需要对预测结果做进一步的处理，但是这样效果并不好，因为我们不知道哪个基学习器更优秀，这也失去了使用各种异构基学习器的优势。如果采用不同权重的组合，那么问题是各个基学习器的权重该如何确定。办法依然是有监督的训练。因此，在堆叠法中，需要对样本数据进行有效划分，以支持多层次的训练，同时防止过拟合出现。

首先看模型如何堆叠。如图 5.16 所示，使用多个模型（例如 KNN、决策树或 SVM）的预测结果来建立一个新的模型，这个最终的模型被用来对测试数据集进行预测。因此，我们在堆叠中所做的是，将训练数据通过多个模型来运行。这些模型通常被称为基学习器、基础学习者或基础模型，我们从这些模型中产生预测结果。然后，这些预测值被作为输入送到下一级模型中，而不是进行投票或者聚合。该模型将给出最后的预测。根据所要处理的是回归问题还是分类问题，可以选择不同的模型。

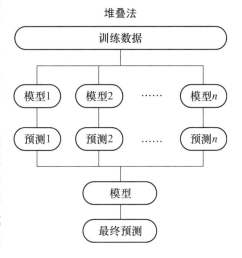

图 5.16　堆叠模型的组成

堆叠的概念是非常有趣的，它开辟了很多的可能性。但是，以这种方式做堆叠会带来一个巨大的风险，那就是模型的过拟合，因为正在使用整个训练数据来创建模型，并由此进行预测。

因此，样本数据的划分变得非常重要。依据交叉验证的思想，在基学习器的训练中，采用 K 折交叉的方式。训练 n 个模型，每个均包含一个折是用作验证的。这些样本数据在第二阶段被用作训练样本，进行模型之间的预测值的权重值的训练，测试样本集依然作为第二阶段的测试样本，从而获得最终的预测结果。

堆叠集成学习方法主要关注两个方面：

● 模型的组合，包括各种基学习器的选择和训练过程，以及后续阶段会利用前面阶段的预测结果进行集成模型的训练等。

● 模型的过拟合问题的解决，主要依托交叉验证等思想，对样本集进行划分，并改进训练过程。在此过程中，需要生成新的训练样本和测试样本数据。根据处理方式的不同，堆叠法衍生出了几种变种。下面首先从二阶段堆叠模型开始介绍。

5.3.1　简单的二阶段堆叠算法

首先介绍一种最简单的二阶堆叠算法。基学习器的训练作为第一阶段，这一阶段与各基学习器的特征有关。如果有 T 个基学习器，则分别使用训练数据集 D 对它们进行训练，获得 T 个基学习器 h_t。然后，利用这些基学习器对样本数据进行预测。假设对于样本 x_i，它的实际目标变量值为 y_i，基学习器 h_j 预测得到的目标变量值为 $h_j(x_i)$。那么，利用 T 个基学习器可以获得 T 个预测结果，将这些预测结果组合成一个特征向量，即 $\{h_i(x_i), h_2(x_i), \cdots, h_T(x_i)\}$，其与实际目标变量值 y_i 构成一条新的训练数据。对于原始的 m 个样本数据，可以产生新的 m 个训练数据，构成数据集 D_h，新的训练数据的特征属性全部发生了变化，且只有 T 个特征属性。然后基于这些新的训练数据，对元学习器（集成模型）进行训练，获得新的模型 h' 以及最后的模型 $H(x)$。在这个过程中，T 个基学习器 h_t 和第二阶段的学习器 h' 可以有多种选择。算法描述如下。

输入：训练数据 $D = \{x_i, y_i\}_{i=1}^m$，$x_i \in \mathbb{R}^p$，$y_i \in \mathcal{Y}$。

输出：一个集成分类器 H。

1. 步骤 1：训练第一级分类器

2. **for** $t \leftarrow 1$ **to** T **do**

3. 　　基于数据集 D，训练一个基础分类器 H_t

4. **end for**

5. 步骤 2：从数据集 D 中构建新数据

6. **for** $i \leftarrow 1$ **to** T **do**

7. 　　构建包含 $\{x_i', y_i\}$ 新数据集，其中 $x_i' = \{h_1(x_i), h_2(x_i), \cdots, h_T(x_i)\}$

8. **end for**
9. 步骤 3：训练第二级分类器
10. 基于新构建的数据集训练一个新的分类器h'
11. **return** $H(x) = h'(h_1(x), h_2(x), \cdots, h_T(x))$

下面利用 mlxtend 和 sklearn 进行编程，演示一下这种简单的二阶段堆叠法[21]。

Mlxtend（Machine learning extensions）是一个为日常数据科学和机器学习任务提供有用工具的 Python 库[20]，也可以作为 sklearn 的补充和辅助工具。在 anaconda 环境中，mlxtend 的安装命令为 conda install-c conda-forge mlxtend。具体的实现代码如下。

```python
# 源码位于 Chapter05/test_SimpleTwostageStacking.py
# 导入 sklearn 公开数据集的包并加载 Iris 数据集
from sklearn import datasets
iris= datasets.load_iris()
X,y= iris.data[:,1:3],iris.target
from sklearn import model_selection

# 导入 sklearn 模型分割函数以及逻辑回归等算法类
from sklearn.linear_model import LogisticRegression
from sklearn.neighbors import KNeighborsClassifier
from sklearn.naive_bayes import GaussianNB
from sklearn.ensemble import RandomForestClassifier
from mlxtend.classifier import StackingCVClassifier
import numpy as np
import warnings

warnings.simplefilter('ignore')
RANDOM_SEED= 42

# 创建 K 近邻分类器、随机森林、朴素贝叶斯分类器和逻辑回归模型
clf1= KNeighborsClassifier(n_neighbors= 1)
clf2= RandomForestClassifier(random_state= RANDOM_SEED)
clf3= GaussianNB()
lr= LogisticRegression()

# Starting from v0.16.0,StackingCVRegressor supports
# 'random_state' to get deterministic result.
sclf= StackingCVClassifier(classifiers= [clf1,clf2,clf3],
                           meta_classifier= lr,
                           random_state= RANDOM_SEED)

# 3 折交叉验证进行模型评估
print('3- fold cross validation:\n')
for clf,label in zip([clf1,clf2,clf3,sclf],
                     ['KNN',
                      'Random Forest',
                      'Naive Bayes',
                      'StackingClassifier']):
    scores= model_selection.cross_val_score(clf,X,y,
                                            cv= 3,scoring= 'accuracy')
```

```
print("Accuracy:% 0.2f(+ /- % 0.2f)[% s]"
      % (scores.mean(),scores.std(),label))
```

代码输出结果如下。

3- fold cross validation:
Accuracy:0.91(+ /- 0.01)[KNN]
Accuracy:0.95(+ /- 0.01)[Random Forest]
Accuracy:0.91(+ /- 0.02)[Naive Bayes]
Accuracy:0.93(+ /- 0.02)[StackingClassifier]

下面对分类结果进行可视化，如图5.17所示，简单实现的堆叠法的效果与随机森林相似。

```
# 源码位于 Chapter05/test_SimpleTwostageStacking.py
import matplotlib.pyplot as plt
from mlxtend.plotting import plot_decision_regions
import matplotlib.gridspec as gridspec
import itertools

gs= gridspec.GridSpec(2,2)
fig= plt.figure(figsize= (10,8))
for clf,lab,grd in zip([clf1,clf2,clf3,sclf],
                        ['KNN',
                         'Random Forest',
                         'Naive Bayes',
                         'StackingCVClassifier'],
                        itertools.product([0,1],repeat= 2)):
    clf.fit(X,y)
    ax= plt.subplot(gs[grd[0],grd[1]])
    fig= plot_decision_regions(X= X,y= y,clf= clf)
    plt.title(lab)
plt.show()
```

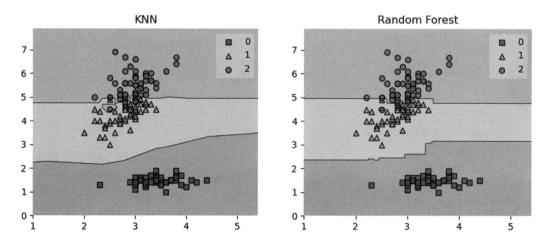

图 5.17　4种模型分类结果的可视化展示

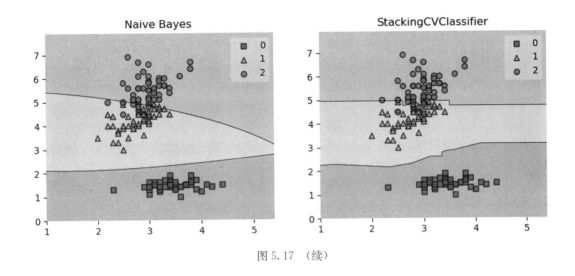

图 5.17　（续）

5.3.2　基于 K 折交叉验证的二阶段堆叠法

上一节介绍的简单的二
阶段堆叠算法容易出现过拟
合问题，为此可以使用交叉
验证来准备二级分类器的输
入数据[22-24]。因此，需要对
样本进行划分：样本数据集
被分成 K 个折，在连续的 K
轮中，$K-1$ 个折被用来训练
第一阶段的基学习器；在每
一轮中，有一个折用于对第
一阶段的基学习器进行验证，
每个基学习器使用的训练集
和验证集都有一些差异。然
后，所得的预测结果被组合
起来，并作为输入数据提供
给第二阶段的元学习器，如
图 5.18 所示。

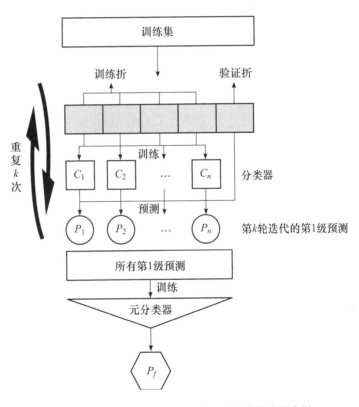

图 5.18　基于 K 折交叉验证的二阶段堆叠法示意图

基于 K 折交叉验证的堆
叠法的算法流程[18]如下：给
定样本数据集 D，特征向量为
x_i，目标变量为 y，假设有 m
个样本，每个样本的特征向
量 x_i 有 n 个特征属性，T 个基学习器。

步骤 1：首先将样本数据集 D 划分为 K 个大小相等的折（子集）D_1，D_2，…，D_K，类似
于 K 折交叉验证过程，然后开始训练 T 个基学习器，执行 K 轮训练。每轮训练中，选取除 D_i

折以外的其他 $K-1$ 个折作为训练数据，迭代训练各个基学习器 h_t。把 D_i 折作为验证集，利用该轮更新的每一个基学习器 h_t，对 D_i 折中的每一个样本 x_i，得到一组预测值 $h_1(x_i)$，$h_2(x_i)$，$\cdots$，$h_T(x_i)$，将这些预测值构成一个特征向量，联合原来的实际目标变量值 y_i，构成一个新的训练数据。这样每轮实际获得了 $|D_i|$ 个新的训练数据。经过 K 轮，实际获得的新训练数据为 m 个。

步骤 2：利用新创建的训练数据对元学习器进行训练。

步骤 3：在整个数据集 D 上重新训练生成基学习器。然后利用更新后的基学习器对测试集进行预测，并形成新的测试数据集供元学习器作为测试集使用。或者，可以尝试在一开始就把 D 分成训练和测试集。在训练部分进行步骤 1 和步骤 2，然后只在测试集上重新训练基学习器。这样做的一个好处是可以减少时间，因为它不需要在全部数据上工作。

K 折交叉验证的堆叠法的伪代码描述如下。在整个过程中的训练样本和测试样本的衍生过程见图 5.19。

输入：训练数据集 $D=\{x_i, y_i\}_{i=1}^m$，$x_i \in \mathbb{R}^n$，$y_i \in \mathcal{Y}'$。
输出：一个集成分类器 H。
1. 步骤 1：采用交叉验证的方式为第 2 级分类器准备一个训练集
2. 随机将数据 D 分割为 K 个等大小的子数据集：$D=\{D_1, D_2, \cdots, D_K\}$
3. **for** $k \leftarrow 1$ **to** K **do**
4.   步骤 1.1：训练第 1 级分类器
5.   **for** $t \leftarrow 1$ **to** T **do**
6.   从中 $D \setminus D_k$ 训练分类器 h_{kt}
7.   **end for**
8.   步骤 1.2：为第 2 级分类器构建一个训练集
9.   **for** $x_i \in D_k$ **do**
10.   获得一个记录 $\{x_i', y_i\}$，其中 $x_i'=\{h_{k1}(x_i), h_{k2}(x_i), \cdots, k_{kT}(x_i)\}$
11.   **end for**
12. **end for**
13. 步骤 2：训练第 2 级分类器
14. 基于集合 $\{x_i', y_i\}$ 训练一个新的分类器 h'
15. 步骤 3：重新训练第 1 级分类器
16. **for** $t \leftarrow 1$ **to** T **do**
17.   基于 D 训练一个分类器 h_t
18. **end for**
19. **return** $H(x)=h'(h_1(x),h_2(x),\cdots,h_T(x))$

5.3.3　基于 sklearn 的 K 折交叉验证的二阶段堆叠法的编程实践

sklearn Python 机器学习库在 0.22 版及以上版本中为机器学习提供了一个堆叠的实现[25]。

首先，通过运行下面的脚本，确认你正在使用的 sklearn 库的版本。

```
# check scikit-learn version
import sklearn
print(sklearn.__version__)
```

你的版本应该与本书所使用的相同或更高。如果不是，则必须升级 sklearn 库的版本。sklearn 的堆叠是通过 StackingRegressor 和 StackingClassifier 类提供的。两个模型的操作方式相同，接收的参数也相同。使用模型时，需要指定一个估计器列表（0 级基学习器模型），以及一个最终估计器（1 级或元模型）。0 级模型或基学习器模型的列表是通过 estimators 参数提供的，这是一个 Python 列表，列表中的每个元素都是一个带有模型名称和配置的模型实例的元组。

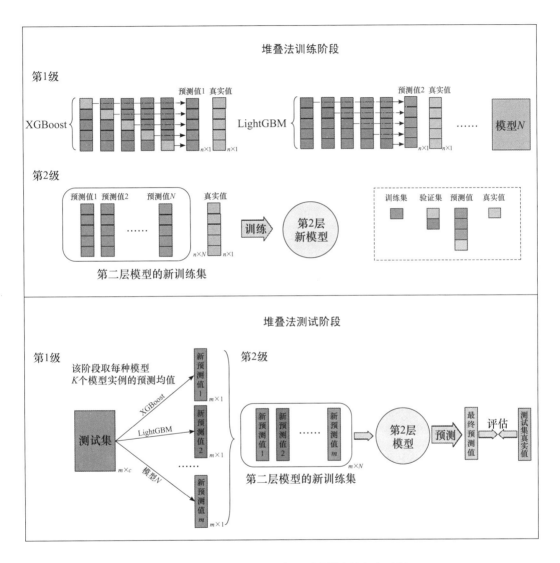

图 5.19　堆叠法训练样本和测试样本的衍生过程

例如，下面定义了两个 0 级基学习器模型，一个名为 lr 的 logistic 回归器，一个名为 svm 的支持向量机模型。

```
...
models= [('lr',LogisticRegression()),('svm',SVC())]
stacking= StackingClassifier(estimators= models)
```

还可以利用管线来定义两个 0 级基学习器模型的关系，以表明模型在训练数据集上拟合之

前所需的任何数据准备。例如，

```
...
models= [('lr',LogisticRegression()),('svm',make_pipeline(StandardScaler(),SVC()))]
stacking= StackingClassifier(estimators= models)
```

1 级模型或元模型是通过 final_estimator 参数提供的。默认情况下，回归模型被设置为 LinearRegression，分类模型被设置为 LogisticRegression，这些都是合理的默认值。元模型的数据集是用交叉验证法准备的。默认情况下，使用 5 折交叉验证——这可以通过 cv 参数改变，设置为一个数字或一个交叉验证对象（例如 StratifiedKFold）。有时，如果为元模型准备的数据集也包括 0 级模型的输入，例如输入的训练数据，那么就可以实现更好的性能。这可以通过设置 passthrough 参数为 True 来实现，默认情况下不启用。

现在我们已经熟悉了 sklearn 的堆叠 API，下面给出一些实例。

5.3.3.1 用堆叠法实现分类

首先，我们使用 make_classification() 函数来创建一个有 1000 个例子和 20 个输入特征的二元分类问题。

```
# 源码位于 Chapter05/test_TwostageStackingKFoldSklearn.py
# test classification dataset
from sklearn.datasets import make_classification
# define dataset
X,y= make_classification(n_samples= 1000,n_features= 20,n_informative= 15,n_redundant= 5,
random_state= 1)
# summarize the dataset
print(X.shape,y.shape)
```

运行该例子可以创建数据集并打印输入和输出部分，如下所示。

```
(1000,20)(1000,)
```

接下来，我们可以在数据集上评估一套不同的机器学习模型。具体来说，我们将评估以下五种算法：

- logistic 回归。
- KNN。
- 决策树。
- 支持向量机。
- 朴素贝叶斯。

对于每个算法，都将使用默认的模型超参数进行评估。

```
# 源码位于 Chapter05/test_TwostageStackingKFoldSklearn.py
# get a list of models to evaluate
def get_models():
        models= dict()
        models['lr']= LogisticRegression()
        models['knn']= KNeighborsClassifier()
        models['cart']= DecisionTreeClassifier()
```

```
        models['svm']= SVC()
        models['bayes']= GaussianNB()
        return models
```

每个模型将使用重复的 K 折交叉验证进行评估。下面的 evaluate_model() 函数接收一个模型实例，并返回分层 10 折交叉验证的三次重复的分数列表。

```
# 源码位于 Chapter05/test_TwostageStackingKFoldSklearn.py
# evaluate a given model using cross-validation
def evaluate_model(model,X,y):
        cv= RepeatedStratifiedKFold(n_splits= 10,n_repeats= 3,random_state= 1)
        scores= cross_val_score(model,X,y,scoring= 'accuracy',cv= cv,n_jobs= - 1,error_
score= 'raise')
        return scores
```

然后，我们可以报告每种算法的平均性能，还可以创建箱形图来比较每种算法的准确性分数分布。把这些过程整合起来，完整的例子如下。

```
# 源码位于 Chapter05/test_TwostageStackingKFoldSklearn.py
# compare standalone models for binary classification
from numpy import mean
from numpy import std
from sklearn.datasets import make_classification
from sklearn.model_selection import cross_val_score
from sklearn.model_selection import RepeatedStratifiedKFold
from sklearn.linear_model import LogisticRegression
from sklearn.neighbors import KNeighborsClassifier
from sklearn.tree import DecisionTreeClassifier
from sklearn.svm import SVC
from sklearn.naive_bayes import GaussianNB
from matplotlib import pyplot

# get the dataset
def get_dataset():
        X,y= make_classification(n_samples= 1000,n_features= 20,n_informative= 15,n_re-
dundant= 5,random_state= 1)
        return X,y
# define dataset
X,y= get_dataset()
# get the models to evaluate
models= get_models()
# evaluate the models and store results
results,names= list(),list()
for name,model in models.items():
    scores= evaluate_model(model,X,y)
    results.append(scores)
    names.append(name)
    print('> % s % .3f(% .3f)' % (name,mean(scores),std(scores)))
# plot model performance for comparison
pyplot.boxplot(results,labels= names,showmeans= True)
pyplot.show()
```

运行该例子后，首先报告每个模型的平均和标准偏差精度。注意：鉴于算法或评估程序的随机性，或数字精度的差异，你的结果可能会有所不同。考虑将这个例子运行几次，并比较平均结果。可以看到，在这种情况下，SVM 的表现最好，平均准确率约为 95.7%。

```
> lr 0.866(0.029)
> knn 0.931(0.025)
> cart 0.821(0.050)
> svm 0.957(0.020)
> bayes 0.833(0.031)
```

然后创建箱形图，如图 5.20 所示，比较每个模型的分布精度分数。可以清楚地看到，KNN 和 SVM 的平均表现比 LR、CART 和 Bayes 更好。

五种不同的算法在这个数据集上均表现良好，但可能是以不同的方式。接下来，我们尝试用堆积法将这五个模型组合成单一的集成模型。可以使用 logistic 回归模型来学习如何最优地结合这五个独立模型的预测结果。

下面的 get_stacking() 函数定义了 StackingClassifier 模型，首先定义了五个基学习器模型的元组列表，然后定义了 logistic 回归元模型，使用 5 交叉验证将基础模型的预测结果结合起来。

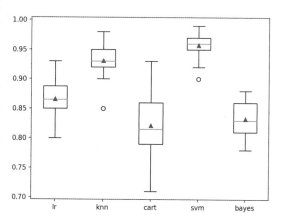

图 5.20　二元分类的独立模型准确度的箱形图

```python
# 源码位于 Chapter05/test_TwostageStackingKFoldSklearn2.py
# get a stacking ensemble of models
def get_stacking():
    # define the base models
    level0= list()
    level0.append(('lr',LogisticRegression()))
    level0.append(('knn',KNeighborsClassifier()))
    level0.append(('cart',DecisionTreeClassifier()))
    level0.append(('svm',SVC()))
    level0.append(('bayes',GaussianNB()))
    # define meta learner model
    level1= LogisticRegression()
    # define the stacking ensemble
    model= StackingClassifier(estimators= level0,final_estimator= level1,cv= 5)
    return model
```

我们可以将堆叠模型与独立模型一起列入模型列表进行评估。

```python
# 源码位于 Chapter05/test_TwostageStackingKFoldSklearn2.py
# get a list of models to evaluate
def get_models():
```

```
        models= dict()
        models['lr']= LogisticRegression()
        models['knn']= KNeighborsClassifier()
        models['cart']= DecisionTreeClassifier()
        models['svm']= SVC()
        models['bayes']= GaussianNB()
        models['stacking']= get_stacking()
        return models
```

我们的期望是，堆叠的集合体将比任何单一的基础模型表现得更好。如果不是这样，那么应该使用基础模型而不是集成模型。下面列出了与独立模型一起评估的完整例子。

```
# 源码位于 Chapter05/test_TwostageStackingKFoldSklearn2.py
# compare ensemble to each baseline classifier
from numpy import mean
from numpy import std
from sklearn.datasets import make_classification
from sklearn.model_selection import cross_val_score
from sklearn.model_selection import RepeatedStratifiedKFold
from sklearn.linear_model import LogisticRegression
from sklearn.neighbors import KNeighborsClassifier
from sklearn.tree import DecisionTreeClassifier
from sklearn.svm import SVC
from sklearn.naive_bayes import GaussianNB
from sklearn.ensemble import StackingClassifier
from matplotlib import pyplot

# get the dataset
def get_dataset():
    X,y= make_classification(n_samples= 1000,n_features= 20,n_informative= 15,n_redundant= 5,
random_state= 1)
    return X,y

# evaluate a give model using cross-validation
def evaluate_model(model,X,y):
    cv= RepeatedStratifiedKFold(n_splits= 10,n_repeats= 3,random_state= 1)
    scores= cross_val_score(model,X,y,scoring= 'accuracy',cv= cv,n_jobs= - 1,error_score
= 'raise')
    return scores

# define dataset
X,y= get_dataset()
# get the models to evaluate
models= get_models()
# evaluate the models and store results
results,names= list(),list()
for name,model in models.items():
    scores= evaluate_model(model,X,y)
    results.append(scores)
    names.append(name)
    print('> %s %.3f(%.3f)' % (name,mean(scores),std(scores)))
```

```
# plot model performance for comparison
pyplot.boxplot(results,labels= names,showmeans= True)
pyplot.show()
```

　　运行该例子后，首先报告每个模型的性能，包括每个基础模型的性能，然后是堆叠组合的性能。在这个例子中可以看到，堆叠组合比任何单一模型的平均表现更好，达到了约 96.4% 的准确率。

```
> lr 0.866(0.029)
> knn 0.931(0.025)
> cart 0.820(0.044)
> svm 0.957(0.020)
> bayes 0.833(0.031)
> stacking 0.964(0.019)
```

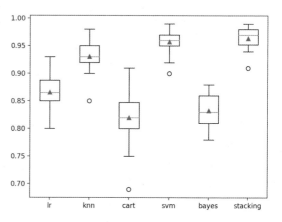

　　创建的箱形图如图 5.21 所示，显示了模型分类准确率的分布。可以看到，堆叠模型的平均和中位精度略高于 SVM 模型。

　　如果选择堆叠模型作为最终模型，可以像其他模型一样进行拟合并对新数据进行预测。首先，在所有可用的数据上拟合堆叠模型，然后调用 predict() 函数对新数据进行预测。下面的例子在二元分类数据集上演示了这一点。

图 5.21　二元分类的独立模型和堆叠模型准确度的箱形图

```
# 源码位于 Chapter05/test_TwostageStackingKFoldSklearn3.py
# make a prediction with a stacking ensemble
from sklearn.datasets import make_classification
from sklearn.ensemble import StackingClassifier
from sklearn.linear_model import LogisticRegression
from sklearn.neighbors import KNeighborsClassifier
from sklearn.tree import DecisionTreeClassifier
from sklearn.svm import SVC
from sklearn.naive_bayes import GaussianNB
# define dataset
X,y= make_classification(n_samples= 1000,n_features= 20,n_informative= 15,n_redundant= 5,
random_state= 1)
# define the base models
level0= list()
level0.append(('lr',LogisticRegression()))
level0.append(('knn',KNeighborsClassifier()))
level0.append(('cart',DecisionTreeClassifier()))
level0.append(('svm',SVC()))
level0.append(('bayes',GaussianNB()))
# define meta learner model
level1= LogisticRegression()
# define the stacking ensemble
```

```
model= StackingClassifier(estimators= level0,final_estimator= level1,cv= 5)
# fit the model on all available data
model. fit(X,y)
# make a prediction for one example
data = [[2.47475454,0.40165523,1.68081787,2.88940715,0.91704519,- 3.07950644,4.39961206,
0.72464273,- 4.86563631,- 6.06338084,- 1.22209949,- 0.4699618,1.01222748,- 0.6899355,- 0.53000581,
6.86966784,- 3.27211075,- 6.59044146,- 2.21290585,- 3.139579]]
yhat= model. predict(data)
print('Predicted Class:% d' % (yhat))
```

运行这个例子可以在整个数据集上拟合堆叠模型，然后对新数据行进行预测，就像我们在应用中使用该模型时那样：

```
Predicted Class:0
```

5.3.3.2　用堆叠法实现回归

与上面的例子类似，这里直接给出实现回归任务的代码示例。

```
# 源码位于 Chapter05/test_TwostageStackingKFoldSklearn4. py
# compare ensemble to each standalone models for regression
from numpy import mean
from numpy import std
from sklearn. datasets import make_regression
from sklearn. model_selection import cross_val_score
from sklearn. model_selection import RepeatedKFold
from sklearn. linear_model import LinearRegression
from sklearn. neighbors import KNeighborsRegressor
from sklearn. tree import DecisionTreeRegressor
from sklearn. svm import SVR
from sklearn. ensemble import StackingRegressor
from matplotlib import pyplot

# get the dataset
def get_dataset():
    X,y= make_regression(n_samples= 1000,n_features= 20,n_informative= 15,noise= 0.1,ran-
dom_state= 1)
    return X,y

# get a stacking ensemble of models
def get_stacking():
    # define the base models
    level0= list()
    level0. append(('knn',KNeighborsRegressor()))
    level0. append(('cart',DecisionTreeRegressor()))
    level0. append(('svm',SVR()))
    # define meta learner model
    level1= LinearRegression()
    # define the stacking ensemble
    model= StackingRegressor(estimators= level0,final_estimator= level1,cv= 5)
    return model
```

```
# get a list of models to evaluate
def get_models():
    models= dict()
    models['knn']= KNeighborsRegressor()
    models['cart']= DecisionTreeRegressor()
    models['svm']= SVR()
    models['stacking']= get_stacking()
    return models

# evaluate a given model using cross- validation
def evaluate_model(model,X,y):
    cv= RepeatedKFold(n_splits= 10,n_repeats= 3,random_state= 1)
    scores= cross_val_score(model,X,y,scoring= 'neg_mean_absolute_error',cv= cv,n_jobs= -
1,error_score= 'raise')
    return scores

# define dataset
X,y= get_dataset()
# get the models to evaluate
models= get_models()
# evaluate the models and store results
results,names= list(),list()
for name,model in models.items():
    scores= evaluate_model(model,X,y)
    results.append(scores)
    names.append(name)
    print('> % s % .3f(% .3f)' % (name,mean(scores),std(scores)))
# plot model performance for comparison
pyplot.boxplot(results,labels= names,showmeans= True)
pyplot.show()
```

运行该例子后，首先报告每个模型的性能，包括每个基础模型的性能，然后是堆叠组合的性能。

```
> knn- 101.019(7.161)
> cart- 148.017(10.635)
> svm- 162.419(12.565)
> stacking- 56.893(5.253)
```

创建的箱形图如图 5.22 所示，显示了模型错误分数的分布。可以看到，堆叠模型的平均分和中位数远远高于任何单独的模型。

如果选择堆叠模型作为最终模型，可以像其他模型一样进行拟合并对新数据进行预测。首先，在所有可用的数据上拟合堆叠模型，然后调用 predict() 函数对新数据进行预测。下面的例子在回归数据集上演示了这一点。

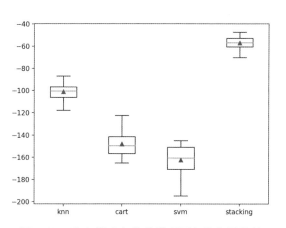

图 5.22   独立模型和堆叠模型回归的负平均绝对误差的箱形图

```
# 源码位于 Chapter05/test_TwostageStackingKFoldSklearn5.py
# make a prediction with a stacking ensemble
from sklearn.datasets import make_regression
from sklearn.linear_model import LinearRegression
from sklearn.neighbors import KNeighborsRegressor
from sklearn.tree import DecisionTreeRegressor
from sklearn.svm import SVR
from sklearn.ensemble import StackingRegressor
# define dataset
X,y= make_regression(n_samples= 1000,n_features= 20,n_informative= 15,noise= 0.1,random_
state= 1)
# define the base models
level0= list()
level0.append(('knn',KNeighborsRegressor()))
level0.append(('cart',DecisionTreeRegressor()))
level0.append(('svm',SVR()))
# define meta learner model
level1= LinearRegression()
# define the stacking ensemble
model= StackingRegressor(estimators= level0,final_estimator= level1,cv= 5)
# fit the model on all available data
model.fit(X,y)
# make a prediction for one example
data= [[0.59332206,- 0.56637507,1.34808718,- 0.57054047,- 0.72480487,1.05648449,0.77744852,
0.07361796,0.88398267,2.02843157,1.01902732,0.11227799,0.94218853,0.26741783,0.91458143,
- 0.72759572,1.08842814,- 0.61450942,- 0.69387293,1.69169009]]
yhat= model.predict(data)
print('Predicted Value:% .3f' % (yhat))
```

运行这个例子可以在整个数据集上拟合堆叠模型，然后对新数据行进行预测，就像我们在应用中使用该模型时那样：

```
Predicted Value:556.264
```

5.3.4　多阶段堆叠模型

集成建模和堆叠模型在数据科学竞赛中特别流行[26-28]，在这种竞赛中，赞助商发布训练集（包括标签）和测试集（不包括标签），并发出全球挑战，以产生对测试集的特定性能标准的最佳预测。获胜团队几乎总是使用集成模型而不是单一的微调模型。在流行的数据科学竞赛网站 Kaggle 上，你可以在讨论区中探索众多的获奖方案，以了解其技术水平。另一个流行的数据科学竞赛是 KDD 杯。图 5.23 显示了 2015 年比赛的获胜方案，该方案采用了三阶段叠加建模的方法。

图 5.23 显示，一组多样化的 64 个单一模型被用来建立模型库。这些模型是通过使用各种机器学习算法来训练的，例如，梯度提升模型、神经网络模型和因子化机器模型。在模型库中有多个梯度提升模型，它们可能在超参数设置和特征集方面有所不同。

在第一阶段，这 64 个模型的预测结果被用作训练 15 个新模型的输入，同样是通过使用各种机器学习算法。在第二阶段（集合堆叠），15 个第一阶段模型的预测结果被用作输入，通过使用梯度提升和线性回归训练两个模型。在第三阶段（集合堆叠），第二阶段的两个模型的预测结果被用作逻辑回归（LR）模型的输入，形成最终的集合。

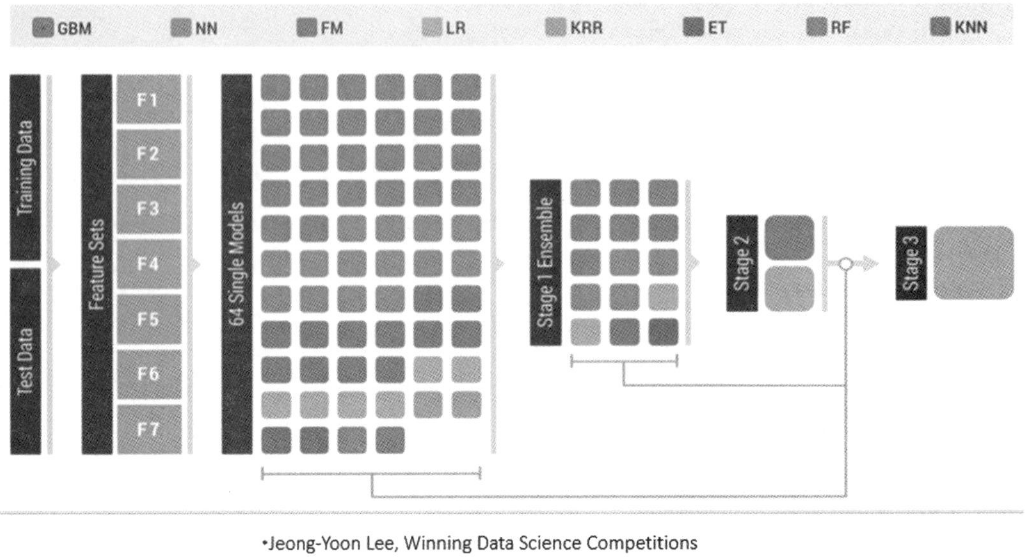

•Jeong-Yoon Lee, Winning Data Science Competitions

图 5.23　2015 年 KDD 杯获胜模型的三阶段叠加建模示意图

为了建立强大预测模型，一组多样化的初始模型起着重要的作用。有多种方法可增强多样性，如使用不同的训练算法、不同的超参数设置、不同的特征子集或不同的训练集。

增强多样性的一个简单方法是使用不同的机器学习算法来训练模型。例如，在一组基于树的模型（如随机森林和梯度提升）中加入一个因子化模型，可以提供很好的多样性，因为因子化模型的训练方式与决策树模型的训练方式非常不同。对于同一个机器学习算法，可以使用不同的超参数设置和变量子集来增强多样性。如果有很多特征，一种有效的方法是通过简单的随机采样来选择变量的子集。选择变量子集可以以更有原则的方式进行，即基于一些计算出的重要性衡量标准，这就引入了庞大而困难的特征选择问题。

除了使用各种机器学习训练算法和超参数设置外，上文提到的 KDD 杯解决方案还使用了七个不同的特征集来进一步增强多样性。另一种创造多样性的简单方法是生成各种版本的训练数据，这可以通过套袋和交叉验证来实现。

图 5.24 展示了使用 5 折进行一次堆叠的过程（当然在其上可以再叠加新的阶段）。其主要的步骤如下。

1）数据集划分。将训练数据按照 5 折进行划分（如果数据跟时间有关，则需要按时间划分，更一般的划分方式请参考 3.4.2 节）。

2）基础模型训练Ⅰ。按照交叉验证的方法，在训练集上训练模型，并在验证集上做预测，得到预测结果。最后综合得到整个训练集上的预测结果。

3）基础模型训练Ⅱ。在全量的训练集上训练模型，并在测试集上做预测，得到预测结果。

4）第一阶段模型集成训练Ⅰ。将步骤 2 中得到的 CV 预测当作新的训练集，按照步骤 2 可以得到第一阶段模型集成的 CV 预测。

5）第一阶段模型集成训练Ⅱ。将步骤 2 中得到的 CV 预测当作新的训练集，将步骤 3 中得到的预测当作新的测试集，按照步骤 3 可以得到第一阶段模型集成的测试集预测。此为第一阶段的输出，可以提交至 Kaggle 验证其效果。

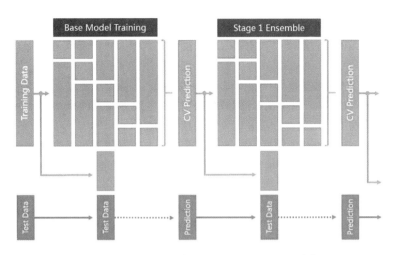

图 5.24　5 折堆叠（参考 Jeong-Yoon Lee 的分享）

在图 5.24 中，基础模型只展示了一个，而在实际应用中，基础模型可以多种多样，如 SVM、DNN、XGBoost 等。也可以采用相同的模型、不同的参数或者不同的样本权重。重复步骤 4 和 5，可以相继叠加第二阶段、第三阶段等模型。图 5.25 为堆叠集成学习过程的示意图。

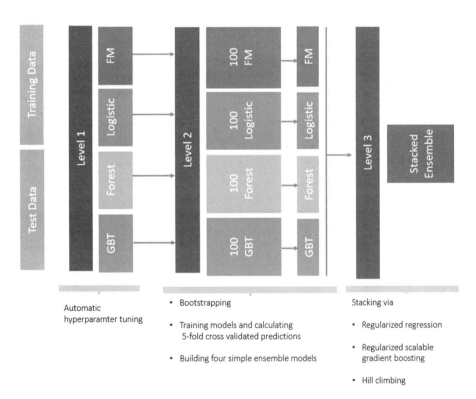

图 5.25　堆叠集成学习过程示意图（参考 Jeong-Yoon Lee 的分享）

在建立预测模型时，过拟合是一个无处不在的问题，每个数据科学家都需要配备工具来处理它。过拟合的模型足够复杂，可以完美地适应训练数据，但对于新的数据集来说，它的泛化能力非常差。过拟合在模型堆叠中是一个特别大的问题，因为这么多预测器都预测了相同的目标，而这些预测器又被组合起来，预测器之间的复杂关系便有可能造成过拟合。

训练模型的有效技术（特别是在堆叠阶段）包括使用交叉验证和某种形式的正则化。在最近的 SAS 全球论坛上，《堆叠集合模型以提高预测精度》这篇论文还展示了如何通过各种方法（如森林、梯度提升决策树、因子化机器和逻辑回归）生成多样化的模型集，然后将它们与正则化回归方法、梯度提升和爬坡方法等堆叠集合技术相结合。

与单个模型相比，将堆叠的模型应用于现实世界的大数据问题可以提高预测准确性和稳健性。叠加模型的方法很强大，也很有说服力，足以改变最初的数据挖掘思路——从寻找单一的最佳模型到寻找一系列真正好的互补模型。当然，这种方法确实涉及额外的成本，因为需要训练大量的模型，而且需要使用交叉验证来避免过拟合。对此，SAS Viya 提供了一个现代化的环境，使用户能够有效地处理这种计算代价，并通过使用分布式框架的并行计算来管理一个集合工作流程。

5.4 套袋法、提升法、堆叠法的比较

套袋法是一种在原始数据集上通过有放回采样重新选出 K 个新数据集来训练分类器的集成技术。它使用训练出来的分类器的集合来对新样本进行分类，然后用多数投票或者对输出求均值的方法统计所有分类器的分类结果，结果最高的类别即为最终标签（见图 5.26）。此类算法可以有效降低偏差，并能够降低方差，其典型代表是随机森林。

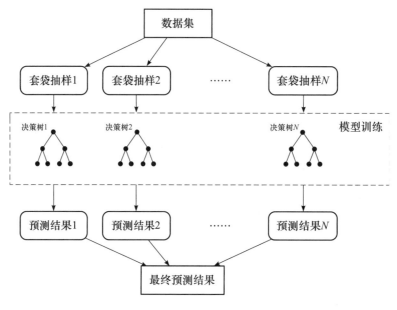

图 5.26　套袋法示意图

套袋法的优点如下：
- 训练一个套袋法学习器与直接使用基分类器算法训练一个学习器的复杂度同阶，说明套袋法是一种高效的集成学习算法。
- 与标准的 AdaBoost 提升算法只适用于二分类问题不同，套袋法可不经修改便用于多分类、回归等任务。
- 由于每个基学习器只使用了 63.2% 的数据，所以剩下的 36.8% 的数据可以用来做验证集，从而对泛化性能进行"包外估计"。

提升法模型的主要思想是将弱分类器组装成一个强分类器（见图 5.27）。在 PAC（概率近似正确）学习框架下，一定可以将弱分类器组装成一个强分类器。提升法模型的训练过程为阶梯状，基模型按次序一一进行训练（实现上可以做到并行），基模型的训练集按照某种策略每次都进行一定的转换。最后对所有基模型预测的结果进行线性综合以产生最终的预测结果。提升法模型的典型代表有 AdaBoost、XGBoost、LightGBM 和 CatBoost 等，其中 AdaBoost 会根据前一次的分类效果调整样本数据权重。梯度提升类模型则是通过梯度方法逼近前一次迭代的残差，可使用不同的逼近方法（梯度计算方法或目标函数）来实现。更重要的考虑是，为了提升性能，充分利用样本及特征的稀疏性，并通过并行化加速获得更快、精度更高的集成模型。

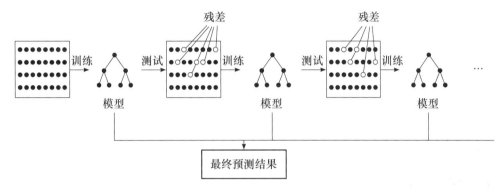

图 5.27　提升法示意图

提升法模型优点如下：
● 预测精度高。
● 适合低维数据。
● 能处理非线性数据。

堆叠法一般采用异构的基学习器，例如同时采用线性模型、决策树模型甚至各类深度学习模型等，并对这些基学习器的预测输出进行组合。堆叠法是一种分层模型集成框架，常用的有二阶段堆叠模型和多阶段堆叠模型。堆叠法在各大数据挖掘比赛上被广泛使用，模型融合之后能够小幅度提高模型的预测准确度[29]。图 5.28 和图 5.29 分别为二阶段堆叠法和多阶段堆叠法的示意图，多阶段堆叠法用多级元模型学习，以增强学习效果[30-32]。

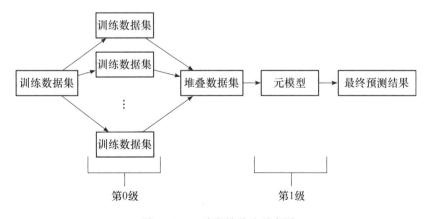

图 5.28　二阶段堆叠法示意图

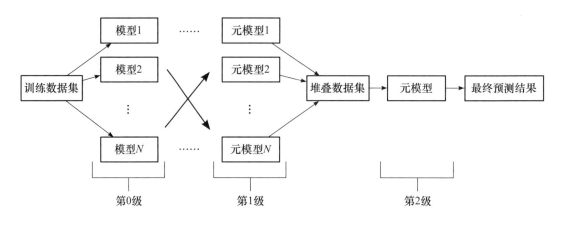

图 5.29　多阶段堆叠法示意图

5.5　小结

本章主要介绍集成学习的原理以及当前较为热门的集成学习方法，其中详细介绍和实现了 AdaBoost、GBDT 和堆叠算法，并对三类常见的集成学习方法进行分析，便于我们更好地了解和使用集成学习。

集成学习是机器学习的一大分支，它通过建立几个模型组合来解决单一预测问题。集成学习的工作原理是生成多个分类器模型，这些模型独立学习并做出预测。所有预测最后结合成单一预测，并由任何一个单分类做出预测。其思想可以形象地概括为"三个臭皮匠，赛过诸葛亮"。

集成学习方法的优势包括：

- 与单个模型相比，集成学习方法具有更高的预测精度。
- 当数据集中同时存在线性和非线性类型的数据时，集成学习方法非常有用，不同的模型可以结合起来处理这种类型的数据。
- 使用集成学习方法可以减少偏差/变异，大多数情况下，模型不会被欠拟合/过拟合。
- 模型的集成总是噪声较小，而且更稳定。

集成学习方法的劣势包括：

- 集成学习方法的可解释性较差，集成模型的输出很难预测和解释。因此，带有集成学习方法的解决方案很难销售并提供有价值的商业见解。
- 集成学习中任何错误的选择都会导致预测的准确性低于单个模型。
- 组合过程在时间和空间上都很昂贵。

AdaBoosting 是经典的集成学习提升法，其原理是简单地将多个弱学习器的结果进行加权求和，以达到较好的预测效果。由于其预测效果不错、结构简单、便于理解且能灵活修改弱学习器，因此在分类应用中得到了较多的支持和使用。但是其缺点也较为明显，简单的加权和导致 AdaBoost 对异常样本较为敏感，可能会对异常值附加较大的权重，最终影响预测精度。

GBDT 主要通过计算梯度来定位模型的不足，相比 AdaBoost，GBDT 可以使用更多种类的目标函数。由于 GBDT 使用负梯度来改进模型，使得其预测精度高，对于回归问题较为适用，还可以结合不同的损失函数以解决对异常值较敏感的问题。但也因为使用了梯度方法，使得对较高维的数据，算法的计算复杂度也随之加大。本章还介绍了 GBRT、SGBT 等 GBDT 的改进算法，以及 XGBoost、LightBoost 和 CatBoost 等当前性能优秀的基于梯度提升方法的机器学习库。

堆叠法通过将一个学习器的输出转为另一个学习器的输入的方式来实现，它可以堆叠一系列在分类或回归任务上性能不错的模型，从而得到更好的预测。因为堆叠是任意的，所以理论上可获得目前提升机器学习中最好的预测效果，同时可以通过添加正则项有效对抗过拟合，而且不需要太多的调参和特征选择。不过在实际使用中，由于堆叠的结构特性，使其学习和训练的时间成本过于巨大。

总的来说，集成学习与单个模型相比具有更高的预测精度，可以灵活结合不同学习器来满足不同的需求，而且模型结构稳定。但需要注意的是，集成学习由于引入了多阶段拟合或多学习器训练，普遍存在计算开销增大的情况，虽然精度有稳定持续的增长，但是模型较复杂，不易理解和解释。而且，性能问题已成为集成学习必须面对的挑战，因此，并行或稀疏化成为提升集成学习性能的有效手段。

5.6 参考文献

[1] 徐继伟，杨云．集成学习方法：研究综述 [J]．云南大学学报：自然科学版，2018，40（06）：1082-1092.

[2] 于玲，吴铁军．集成学习：Boosting 算法综述 [J]．模式识别与人工智能，2004（01）：52-59.

[3] MICHAEL J，KEARNS，UMESH V. An introduction to computational learning theory [M]. MIT Press，1994.

[4] KEARNS M. Learning Boolean formulae or finite automata is as hard as factoring [R]. Technical Report TR-14-88，Harvard University Aikem Computation Laboratory，1988.

[5] KEARNS M，VALIANT L. Cryptographic limitations on learning Boolean formulae and finite automata [J]. Journal of the ACM (JACM)，1994，41（1）：67-95.

[6] SCHAPIRE R E. The strength of weak learnability [J]. Machine learning，1990，5（2）：197-227.

[7] DRUCKER H，SCHAPIRE R，SIMARD P. Boosting performance in neural networks [J]. Advances in pattern recognition systems using neural network technologies，1993：61-75.

[8] DRUCKER H，SCHAPIRE R，SIMARD P. Boosting performance in neural networks [J]. Advances in pattern recognition systems using neural network technologies，1993：61-75.

[9] SCHAPIRE R E. The boosting approach to machine learning：An overview [J]. Nonlinear estimation and classification，2003：149-171.

[10] DIETTERICH T G. Ensemble learning [J]. The handbook of brain theory and neural networks，2002，2（1）：110-125.

[11] FREUND Y，SCHAPIRE R E. A decision-theoretic generalization of on-line learning and an application to boosting [J]. Journal of computer and system sciences，1997，55（1）：119-139.

[12] FRIEDMAN J，HASTIE T，TIBSHIRANI R. Additive logistic regression：a statistical view of boosting（with discussion and a rejoinder by the authors）[J]. The annals of statistics，2000，28

(2)：337-407.

[13] FRIEDMAN J H. Greedy function approximation: a gradient boosting machine [J]. Annals of statistics, 2001: 1189-1232.

[14] catboost: A fast, scalable, high performance Gradient Boosting on Decision Trees library [CP/OL]. https://github. com/catboost/catboost.

[15] DOROGUSH A V, ERSHOV V, GULIN A. CatBoost: gradient boosting with categorical features support [J]. arXiv preprint arXiv: 1810. 11363, 2018.

[16] KE G, MENG Q, FINLEY T, et al. Lightgbm: a highly efficient gradient boosting decision tree [J]. Advances in neural information processing systems, 2017, 30: 3146-3154.

[17] catboost: A fast, scalable, high performance gradient boosting on decision trees library [CP/OL]. https://github. com/catboost/catboost.

[18] TANG J, ALELYANI S, LIU H. Data classification: algorithms and applications [J]. Data mining and knowledge discovery series, 2014: 37-64.

[19] WOLPERT D H. Stacked generalization [J]. Neural networks, 1992, 5 (2): 241-259.

[20] mlxtend: Providing machine learning and data science utilities and extensions to Python's scientific computing stack [CP/PL]. https://www. worldlink. com. cn/osdir/mlxtend. html.

[21] mlxtend: Mlxtend (machine learning extensions) is a Python library of useful tools for the day-to-day data science tasks [CP/OL]. http://rasbt. github. io/mlxtend/.

[22] SESMERO M P, LEDEZMA A I, SANCHIS A. Generating ensembles of heterogeneous classifiers using stacked generalization [J]. Wiley interdisciplinary reviews: data mining and knowledge discovery, 2015, 5 (1): 21-34.

[23] PERLICH C, ŚWIRSZCZ G. On cross-validation and stacking: Building seemingly predictive models on random data [J]. ACM SIGKDD Explorations Newsletter, 2011, 12 (2): 11-15.

[24] QUIRINO J P, GUIDOTE A M. Two-step stacking in capillary zone electrophoresis featuring sweeping and micelle to solvent stacking: Ⅱ. Organic anions [J]. Journal of chromatography A, 2011, 1218 (7): 1004-1010.

[25] StackingClassifier [CP/OL]. https://scikit- learn. org/stable/modules/generated/sklearn. ensemble. StackingClassifier. html.

[26] IJSSELMUIDEN S T, ABDALLA M M, SERESTA O, et al. Multi-step blended stacking sequence design of panel assemblies with buckling constraints [J]. Composites part b: engineering, 2009, 40 (4): 329-336.

[27] QIAN X, LIU Y. Disfluency detection using multi-step stacked learning [C]. Proceedings of the 2013 conference of the north American chapter of the association for computational linguistics: human language technologies, 2013: 820-825.

[28] HU Y, SUN M, SONG S, et al. Multi-step resistance memory behavior in Ge2Sb2Te5/GeTe stacked chalcogenide films [J]. Integrated ferroelectrics, 2012, 140 (1): 8-15.

[29] DŽEROSKI S, ŽENKO B. Is combining classifiers with stacking better than selecting the best one? [J]. Machine learning, 2004, 54 (3): 255-273.

[30] CAO C, WANG Z. IMCStacking: Cost-sensitive stacking learning with feature inverse mapping for imbalanced problems [J]. Knowledge-based systems, 2018, 150: 27-37.

[31] ZHANG Z, QIU H, LI W, et al. A stacking-based model for predicting 30-day all-cause hospital re-

admissions of patients with acute myocardial infarction [J]. BMC medical informatics and decision making, 2020, 20 (1): 1-13.

[32] CUI S, YIN Y, WANG D, et al. A stacking-based ensemble learning method for earthquake casualty prediction [J]. Applied Soft Computing, 2021, 101: 107038.

[33] Freemanzxp. GBDT_Simple_Tutorial: Gradient Boosting Decision Trees regression, dichotomy and multi-classification are realized based on python, and the details of algorithm flow are displayed, interpreted and visualized to help readers better understand Gradient Boosting Decision Trees [CP/OL]. https://github.com/Freemanzxp/GBDT_Simple_Tutorial.

[34] lancifollia. tinygbt: A Tiny, Pure Python implementation of Gradient Boosted Trees [CP/OL]. https://github.com/lancifollia/tinygbt.

## 第 6 章

并行决策树

集成学习方法的一般原则是充分利用几个模型的预测结果来获得更高的预测精度。但是,由于采用了较多的学习器,从而带来了额外的计算开销,使得集成学习方法的性能成为影响其应用的关键因素之一。本章主要介绍在集成学习环境下通过并行化提升模型性能的思路。

模型、组合模式、特征属性和样本数据是集成学习方法需要处理的四大要素,在处理这四个方面的过程中,都有并行化加速的潜在机会。有一些集成学习方法天然具有并行性,典型的如套袋法和随机森林。有一些集成学习方法则因为模型组合的约束,需要考虑前一个阶段的预测结果,所以模型总体上是串行的,例如提升法和梯度提升法的各种算法。但是,这些算法依然有机会在特征属性和样本数据使用层面进行并行化加速,甚至还可以通过近似估计解耦模型间的顺序约束,实现近似计算,从而达到并行化加速。本章介绍的以决策树为基础的集成学习方法都试图利用并行化获得更好的性能。

6.1 随机森林的并行化

随机森林具有天然的并行化特征[1],可进行并行化加速的层面包括:
- 并行化构造每一棵决策树。
- 在构造每一棵决策树时,针对不同类别和不同样本,并行化进行特征筛选和分割点的判据计算。
- 并行化验证每一棵决策树模型,或使用模型并行化进行预测。
- 并行化进行超参数的搜索和调优。

sklearn 通过设置 n_jobs 参数,支持除第二个层面之外的其他三种并行化加速。第二个层面在 LightGBM 算法中有所体现,其充分利用样本和特征的稀疏化以及分布不均衡等特征,加速排序和分割点判据计算。

在 sklearn. ensemble. RandomForestClassifier 中,设置了整型参数 n_jobs,指出要并行运行的作业数量。fit、predict、decision_path 和 apply 这四个函数都是在树上并行化的。none 意味着 1,除非在 joblib. parallel_ backend 上下文中定义。−1 意味着使用所有的处理器。目前 sklearn 仅支持多进程的并行化,还不能支持 GPU/CUDA 和多线程的并行化。

下面的例子比较了采用不同 n_jobs 设置生成随机森林所需的时间。

```
# 源码位于 Chapter06/test_RandomForestParallelization.py

# example of comparing number of cores used during training to execution speed
from time import time
from sklearn. datasets import make_classification
from sklearn. ensemble import RandomForestClassifier
from matplotlib import pyplot
# define dataset
X, y= make_classification(n_samples= 10000, n_features= 20, n_informative= 15,
```

```
    n_redundant= 5, random_state= 3)
results= list()
# compare timing for number of cores
n_cores= [1, 2, 3, 4, 5, 6, 7, 8]
for n in n_cores:
    # capture current time
    start= time()
    # define the model
    model= RandomForestClassifier(n_estimators= 500, n_jobs= n)
    # fit the model
    model.fit(X, y)
    # capture current time
    end= time()
    # store execution time
    result= end - start
    print('> cores= % d: % .3f seconds' % (n, result))
    results.append(result)
pyplot.plot(n_cores, results)
pyplot.show()
```

该例子展示了训练期间使用不同 CPU 核心数量所对应的执行速度。可以看到，CPU 核心数量从 1 增长到 8 对应的执行时间稳步下降，故其执行速度逐步上升。但是，cores＝4 之后上升速度已经明显减缓了。图 6.1 显示了训练期间使用的核心数量与执行时间之间的关系。

```
> cores= 1: 10.798 seconds
> cores= 2: 5.743 seconds
> cores= 3: 3.964 seconds
> cores= 4: 3.158 seconds
> cores= 5: 2.868 seconds
> cores= 6: 2.631 seconds
> cores= 7: 2.528 seconds
> cores= 8: 2.440 seconds
```

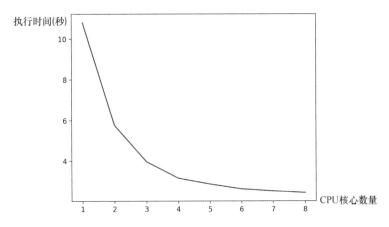

图 6.1 训练期间使用的 CPU 核心数量与执行时间的关系

另一方面，在随机森林的模型评估方面，也可以使用并行化来提高性能。随机森林的模型评估可以采用 K 折交叉验证法进行。这种方法将原始数据集分成 K 等份，依次取每一份作为训练集，其余 $K-1$ 份作为验证集，对模型进行训练和评估，最后取 K 个评估指标的均值作为当前模型的评估结果，从而提高模型的泛化能力。该评估方法的算法结构具有与生俱来的并行化潜力，我们既可以分别对 K 组数据实现粗粒度的并行优化，也可以在每组数据对应的随机森林内部实现更细粒度的并行优化。下面以 sklearn 中的 cross_val_score() 函数为例，演示将 K 折交叉验证用于随机森林评估的效果，以及不同 n_jobs 参数取值对其并行速度带来的影响。

```python
# 源码位于 Chapter06/test_RandomForestParallelization2.py

# compare execution speed for model evaluation vs number of cpu cores
from time import time
from sklearn.datasets import make_classification
from sklearn.model_selection import cross_val_score
from sklearn.model_selection import RepeatedStratifiedKFold
from sklearn.ensemble import RandomForestClassifier
from matplotlib import pyplot
# define dataset
X, y= make_classification(n_samples= 1000, n_features= 20, n_informative= 15, n_redundant= 5,
random_state= 3)
results= list()
# compare timing for number of cores
n_cores= [1, 2, 3, 4, 5, 6, 7, 8]
for n in n_cores:
    # define the model
    model= RandomForestClassifier(n_estimators= 100, n_jobs= 1)
    # define the evaluation procedure
    cv= RepeatedStratifiedKFold(n_splits= 10, n_repeats= 3, random_state= 1)
    # record the current time
    start= time()
    # evaluate the model
    n_scores= cross_val_score(model, X, y, scoring= 'accuracy', cv= cv, n_jobs= n)
    # record the current time
    end= time()
    # store execution time
    result= end - start
    print('> cores= % d: % .3f seconds' % (n, result))
    results.append(result)
pyplot.plot(n_cores, results)
pyplot.show()
```

　　这个例子展示了启用不同 CPU 核心数量对随机森林模型进行 K 折交叉验证在运行速度方面的影响。可以看到，使用的 CPU 核心数量低于 4 个时，模型评估的运行速度提升明显。当使用的 CPU 核心数量高于 4 个时，模型评估速度逐渐趋于稳定。图 6.2 显示了使用的核心数量与执行时间之间的关系。

```
> cores= 1: 6.339 seconds
> cores= 2: 3.765 seconds
> cores= 3: 2.404 seconds
> cores= 4: 1.826 seconds
> cores= 5: 1.806 seconds
> cores= 6: 1.686 seconds
```

```
> cores= 7: 1.587 seconds
> cores= 8: 1.492 seconds
```

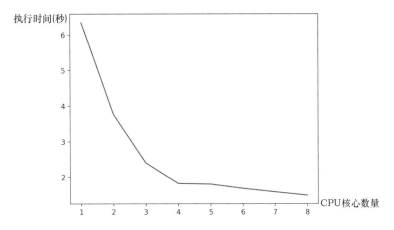

图 6.2　评估过程中使用的 CPU 核心数量与执行时间的关系

6.2　XGBoost 基础

　　XGBoost[2]是 eXtreme Gradient Boosting 的缩写。XGBoost 是提升算法的一种，提升算法的思想是将许多弱分类器集成在一起，形成一个强分类器。因为 XGBoost 是一种提升树模型，所以它是将许多树模型集成在一起，形成一个很强的分类器。其中用到的树模型是 CART 回归树模型。XGBoost 在 GBDT 的基础上进行了改进，使之更强大，适用于更大的范围。

　　XGBoost 一般和 sklearn 一起使用，但是由于 sklearn 中没有集成 XGBoost，所以需要单独下载和安装。XGBoost 是一个开源软件库，为 C++、Java、Python、R、Julia、Perl 和 Scala 提供正则化梯度提升框架，可以在 Linux、Windows 和 macOS 上运行。从项目描述来看，它旨在提供一个"可扩展、可移植和分布式的梯度提升（GBM、GBRT、GBDT）库"。它可以在单机上运行，也可以在分布式处理框架 Apache Hadoop、Apache Spark、Apache Flink 和 Dask 上运行。

　　XGBoost 算法可以给预测模型带来能力的提升。最近，作为许多机器学习竞赛获胜团队的首选算法，它获得了很多人的青睐和关注。它有如下优势：

- 正则化。XGBoost 以"正则化提升"（regularized boosting）技术而闻名。XGBoost 在代价函数里加入了正则项，用于控制模型的复杂度。正则项里包含树的叶子节点个数，以及每个叶子节点上输出得分的 L2 模的平方和。从权衡偏差与方差的角度来讲，正则项降低了模型的方差，使学习出来的模型更加简单，可防止过拟合，这也是 XGBoost 优于传统 GBDT 的一个特征。
- 并行处理。XGBoost 工具支持并行。众所周知，提升算法是顺序处理的，这意味着提升算法是串行结构吗？注意，XGBoost 的并行不是树粒度的并行，需要一次迭代完才能进行下一次迭代（包含在第 t 次迭代的代价函数里）。XGBoost 的并行是在特征粒度上的，也就是说每一棵树的构造都依赖于前一棵树。

　　我们知道，决策树的学习最耗时的一个步骤就是对特征的值进行排序（因为要确定最佳分割点）。XGBoost 在训练之前预先对数据进行排序，然后保存为块结构，后面的迭代中重复使用这个结构，大大减小计算量。这个块结构也使得并行成为可能，在进行节点的分裂时，需要计算每个特征的增益，最终选增益最大的特征进行分裂，那么各个特征的增益计算就可以多线程进行。

- 灵活性。XGBoost 支持用户自定义目标函数和评估函数，只要目标函数二阶可导即可。它对模型增加了一个全新的维度，所以我们的处理不会受到任何限制。
- 缺失值处理。对于特征的值有缺失的样本，XGBoost 可以自动学习出分裂方向。XGBoost内置处理缺失值的规则。用户需要提供一个和其他样本不同的值，然后把它作为一个参数放进去，以此来作为缺失值的取值。XGBoost 在不同节点遇到缺失值时采用不同的处理方法，并且会学习未来遇到缺失值时的处理方法。
- 剪枝。XGBoost 先从顶到底建立所有可以建立的子树，再从底到顶反向进行剪枝，比起GBM，这样不容易陷入局部最优解。
- 内置交叉验证。XGBoost 允许在每一轮提升迭代中使用交叉验证，因此可以方便地获得最优提升迭代次数，而 GBM 使用网格搜索，只能检测有限个值。

6.2.1 XGBoost 核心原理

XGBoost 既是对提升树模型的创新，也是对提升树模型的一种工程优化实现，特别是针对并行和分布式环境下的加速实现。因此，对于它的核心原理，也需要从两方面认识。

作为一种提升树，XGBoost 模型的假设空间也是一系列 CART 树的集成，输出为

$$\hat{y}_i = \sum_{j=1}^{K} f_j(x_i), f_j \in \mathcal{F} \tag{6.1}$$

其模型参数为 K 棵树，

$$\mathcal{F} = \{f_1, f_2, \cdots, f_K\} \tag{6.2}$$

XGBoost 的目标函数和一般监督模型一样，包括损失函数部分 L 和正则化项部分 Ω。损失函数衡量模型在训练数据上的适合程度，正则化项衡量模型的复杂度。

$$\mathrm{Obj} = L + \Omega \tag{6.3}$$

对于 XGBoost，假设给定数据集 D 中有 n 个样本，每个样本有 m 维特征，通过训练数据集 D，我们得到 K 棵树。这 K 棵树累加的值就是预测值$\hat{y}_i$。

XGBoost 的目标函数为

$$\mathrm{Obj}(x_i) = \sum_{i=1}^{n} L(y_i, \hat{y}_i) + \sum_{j=1}^{K} \Omega(f_j) \tag{6.4}$$

其中，$L(y_i, \hat{y}_i)$是损失函数，根据具体的问题，损失函数可以做不同的设定，例如，回归是MSE，分类是交叉熵。$\Omega(f_j)$是树的复杂度，也是正则项，通过统计所有树模型的复杂度相关参数，可减少过拟合。损失函数 $L(y_i, \hat{y}_i)$与传统提升树的损失函数一样，回归可以使用平方误差，分类可以使用对数损失。

6.2.1.1 损失函数及正则化项

由于 XGBoost 是一个加法模型，因此，预测值是每棵树预测值的累加之和，这点与传统提升树一样。在 K 次迭代中，可以将树展开成

$$\hat{y}_i^{(K)} = \sum_{j=1}^{K} f_j(x_i) = f_1(x_i) + f_2(x_i) + \cdots + f_{K-1}(x_i) + f_K(x_i) \tag{6.5}$$

但训练第 K 棵树的时候，目标函数 obj 可以表示为

$$\text{obj}^K(x_i) = L + \Omega = \sum_{i=1}^{n} L(y_i, \hat{y}_i^{(K-1)} + f_K(x_i)) + \sum_{j=1}^{K-1} \Omega(f_j) + \Omega(f_K) \qquad (6.6)$$

XGBoost 中的基学习器都是 CART 决策树，每个叶子节点都有一个预测值，这里也称为权重值或叶子节点的得分。对于每一棵 CART 树，q 表示每棵树的结构，它将样本映射到相应的叶子节点索引；T 表示一棵树的叶子节点个数；每个叶子节点的预测值（权重值）为 $w_j(1 \leqslant j \leqslant T)$。因此，一棵 CART 树可以表示为：

$$f_i = \{w_q(x_i) \mid q : R^m \to T, w \in R^T\} \qquad (6.7)$$

去除已知项，则目标函数 obj 变为：

$$\text{obj}^K(x_i) = \sum_{i=1}^{n} L(y_i, \hat{y}_i^{(K-1)} + f_K(x_i)) + \Omega(f_K) \qquad (6.8)$$

对上式依变量 x 进行二阶泰勒展开得到近似目标函数：

$$\text{obj}^K(x_i) \approx \sum_{i=1}^{n} \left[L(y_i, \hat{y}_i^{(K-1)}) + \partial_{\hat{y}^{(K-1)}} L(y_i, \hat{y}_i^{(K-1)}) f_K(x_i) + \frac{1}{2} \partial_{\hat{y}^{(K-1)}}^2 L(y_i, \hat{y}_i^{(K-1)}) f_K^2(x_i) \right] + \Omega(f_K) \qquad (6.9)$$

$$= \sum_{i=1}^{n} \left[L(y_i, \hat{y}_i^{(K-1)}) + g_i f_K(x_i) + \frac{1}{2} h_i f_K^2(x_i) \right] + \Omega(f_K)$$

其中，

$$g_i = \partial_{\hat{y}^{(K-1)}} L(y_i, \hat{y}_i^{(K-1)}), h_i = \partial_{\hat{y}^{(K-1)}}^2 L(y_i, \hat{y}_i^{(K-1)}) \qquad (6.10)$$

需要指出的是 $L(y_i, \hat{y}_i^{(K-1)})$ 是常数，最小化时可以不考虑，那么优化目标简化为：

$$\widetilde{\text{obj}}^K(x_i) = \sum_{i=1}^{n} \left[g_i f_K(x_i) + \frac{1}{2} h_i f_K^2(x_i) \right] + \Omega(f_K) \qquad (6.11)$$

另一方面，正则化项 $\Omega(f)$ 用于抑制模型的复杂度和防止过拟合，与一棵决策树的叶子节点个数 T 和每个叶子节点的预测值 w_j 有关，定义如下：

$$\Omega(f_K) = \gamma \cdot T + \frac{1}{2} \lambda \cdot \sum_{j=1}^{T} w_j^2 \qquad (6.12)$$

正则化项值越小，（决策树）模型的复杂度越低，泛化能力越强。

$$\Omega(f_t) = \gamma T + \frac{1}{2} \lambda \sum_{j=1}^{T} w_j^2 \qquad (6.13)$$

定义 $I_j = \{i \mid q(x_i) = j\}$ 作为叶子节点 j 上的实例集合，我们可以重写上式，因为预测的结果就是落到叶子节点的输出，这里每个叶子节点都有一个权重，即输出 w_j，因此，约简后的目标函数为：

$$\widetilde{\text{obj}}^K(x_i) = \sum_{i=1}^{n} \left[g_i f_K(x_i) + \frac{1}{2} h_i f_K^2(x_i) \right] + \gamma \cdot T + \frac{1}{2} \lambda \cdot \sum_{j=1}^{T} w_j^2$$

$$= \sum_{j=1}^{T} \left[\left(\sum_{i \in I_j} g_i \right) w_j + \frac{1}{2} \left(\sum_{i \in I_j} h_i + \lambda \right) w_j^2 \right] + \gamma \cdot T \qquad (6.14)$$

因为 $f_i = \{w_q(x_i) \mid q{:}R^m{\to}T, w\in R^T\}$，所以，$f_K(x_i)=w_j|_{q(x_i)=j}$，替换 f_K 得到上式。

对于固定的树结构 $q(x)$，我们可以求导，然后取零计算得到叶子节点 j 的最优权重 ω_j，令 $G_j=\sum\limits_{i\in I_j}g_i, H_j=\sum\limits_{i\in I_j}h_i$，则

$$\widetilde{\text{obj}}^K(x_i) = \sum_{j=1}^{T}\left[G_jw_j+\frac{1}{2}(H_j+\lambda)w_j^2\right]+\gamma\cdot T \tag{6.15}$$

针对 w_j 求导，得 $G_j+(H_j+\lambda)w_j=0$，因此，$w_j=-\dfrac{G_j}{H_j+\lambda}$，计算这棵树的目标最优值：

$$\widetilde{\text{obj}}^K(x_i) = -\frac{1}{2}\sum_{j=1}^{T}\left[\frac{G_j^2}{H_j+\lambda}\right]+\gamma\cdot T \tag{6.16}$$

这样叶子节点的权值就求出来了，进而可以求出目标函数，显然是越小越好。可将这个公式视作衡量函数来测量树结构 q 的质量，类似于用不纯度（基尼系数）来衡量一棵树的优劣程度。接下来，我们引用 XGBoost 原论文里的图例展示如何计算一棵树的分值，如图 6.3 所示。

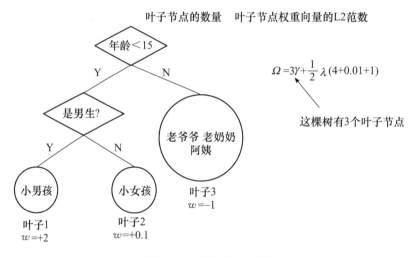

图 6.3　决策树的正则项

图 6.4 展示了年龄、性别和职业等特征与喜欢电脑游戏的程度之间的关系数据，并建立了回归树。小男孩喜欢电脑游戏的程度为 2，即该叶子节点的权重为 2，小女孩喜欢电脑游戏的程度为 0.1，即该叶子节点的权重为 0.1。

假设按照 XGBoost 的目标函数和损失函数建立了两棵决策树，如图 6.5 所示。如果以这两棵决策树作为 XGBoost 的最终模型，则预测小男孩喜欢电脑游戏的程度为 $f(\text{小男孩})=2+0.9=2.9$，预测老爷爷喜欢电脑游戏的程度为 $f(\text{老爷爷})=-1-0.9=-1.9$。当然，我们可以评估每一棵决策树的目标函数值，如图 6.6 所示，

$$\widetilde{\text{obj}}^K(x_i) = -\frac{1}{2}\sum_{j=1}^{T}\left[\frac{G_j^2}{H_j+\lambda}\right]+\gamma\cdot T \tag{6.17}$$

因为每一个人的 g_i 和 h_i 都是可以计算得到的。

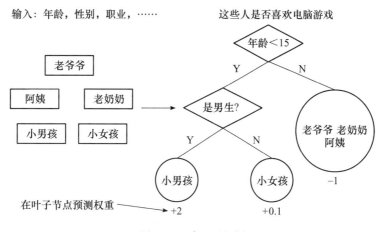

图 6.4　建立回归树

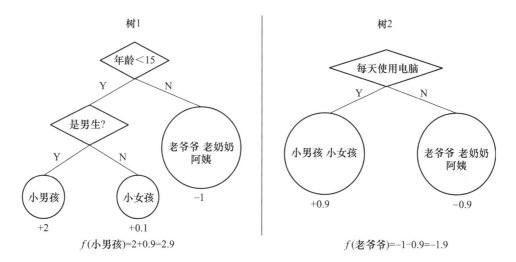

$f(小男孩)=2+0.9=2.9$

$f(老爷爷)=-1-0.9=-1.9$

图 6.5　建立两棵决策树

	序号	梯度数据
小男孩	1	g_1, h_1
阿姨	2	g_2, h_2
老爷爷	3	g_3, h_3
小女孩	4	g_4, h_4
老奶奶	5	g_5, h_5

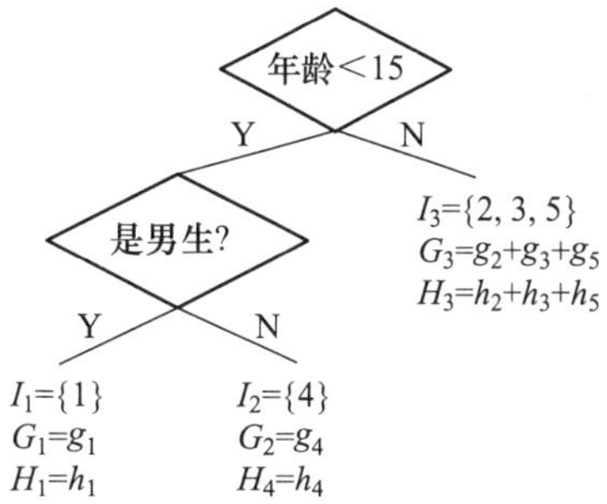

$I_3=\{2, 3, 5\}$
$G_3=g_2+g_3+g_5$
$H_3=h_2+h_3+h_5$

$I_1=\{1\}$　　　$I_2=\{4\}$
$G_1=g_1$　　　$G_2=g_4$
$H_1=h_1$　　　$H_4=h_4$

$$\text{obj}=-\sum_j \frac{G_j^2}{H_j+\lambda}+3\gamma$$

权重越小，结构越好

图 6.6　决策树的目标函数的计算

一棵树在该衡量指标下分值越低，说明树的结构越好（表示的是损失）。训练数据可能有很多特征，构建一棵树可能有许多种不同的构建形式，我们不可能枚举所有可能的树结构 q 来一一计算它的分值。所以主要采用贪心算法来解决这个问题，贪心算法从一个单独的树叶开始，迭代地增加分支，直到最后停止（如何更快地生成树是关键）。因此，下一节讨论决策树的构造过程及其优化。

6.2.1.2 决策树的构造过程

按照提升树的迭代过程，每次会生成一棵决策树来拟合残差。显然，一棵树的生成是由一个节点一分为二，然后不断分裂最终形成整棵树。那么，树如何分裂就成为接下来要探讨的关键。XGBoost 的作者在其原始论文中给出了一种分裂节点的方法：枚举所有不同树结构的贪心法。具体做法分为两步：对于每个可行划分，计算划分后的目标函数 obj(f)，然后选择obj(f) 降低最小的分割点。首先枚举所有的分割点，选择信息增益最大的划分，之后继续同样的操作直到满足条件（比如满足阈值或者无法划分）：

$$
\begin{aligned}
\text{Gain}(\phi) &= \left\{ -\frac{1}{2} \sum_{j=1}^{T} \frac{(G_L + G_R)^2}{H_L + H_R + \lambda} + \gamma \right\} - \left\{ -\frac{1}{2} \sum_{j=1}^{T} \frac{G_L^2}{H_L + \lambda} + \gamma - \frac{1}{2} \sum_{j=1}^{T} \frac{G_R^2}{H_R + \lambda} + \gamma \right\} \\
&= -\frac{1}{2} \sum_{j=1}^{T} \left\{ \frac{G_L^2}{H_L + \lambda} + \frac{G_R^2}{H_R + \lambda} - \frac{(G_L + G_R)^2}{H_L + H_R + \lambda} \right\} - \gamma
\end{aligned}
\tag{6.18}
$$

其中，G_L 和 G_R 分别表示左叶子和右叶子节点的 G_j 值，分裂前的目标函数是

$$
\left\{ -\frac{1}{2} \sum_{i=1}^{T} \frac{(G_L + G_R)^2}{H_L + H_R + \lambda} + \gamma \right\}
\tag{6.19}
$$

分裂后的目标函数是

$$
\left\{ -\frac{1}{2} \sum_{j=1}^{T} \frac{G_L^2}{H_L + \lambda} + \gamma - \frac{1}{2} \sum_{j=1}^{T} \frac{G_R^2}{H_R + \lambda} + \gamma \right\}
\tag{6.20}
$$

这个公式的计算结果通常用于在实践中评估候选分裂节点是否应该分裂，我们应尽量找到使之最大的特征值划分点。

Gain 是计算出来的收益，这个公式跟 ID3 算法采用信息熵计算增益、C4.5 算法使用信息增益率计算增益和 CART 算法采用基尼指数计算增益是一致的，都是用分裂后的某种值减去分裂前的某种值，从而得到增益。关于分割点的详细算法请参见论文 "XGBoost：A scalable tree boosting system"。

为了限制树的生长，我们可以加入阈值，当增益大于阈值时才让节点分裂。上式中的 γ 即阈值，它是正则项里叶子节点数 TTT 的系数，所以 XGBoost 在优化目标函数的同时相当于做了预剪枝。另外，上式中还有一个系数 λ，是正则项关于叶子节点的 L2 模平方的系数，它对叶子节点的复杂度做了平滑，也起到了防止过拟合的作用，这个是传统 GBDT 不具备的特性。

以下示例采用鸢尾花数据集[3]，如表 6.1 所示。

表 6.1 鸢尾花数据集

序号 (Id)	花萼长度 (Sepal. Length)	花萼宽度 (Sepal. Width)	花瓣长度 (Petal. Length)	花瓣宽度 (Petal. Width)	品种 (Species)
1	5.1	3.5	1.4	0.2	山鸢尾 (setosa)

（续）

序号 (Id)	花萼长度 (Sepal. Length)	花萼宽度 (Sepal. Width)	花瓣长度 (Petal. Length)	花瓣宽度 (Petal. Width)	品种 (Species)
2	4.9	3	1.4	0.2	山鸢尾
3	4.7	3.2	1.3	0.2	山鸢尾
4	5.7	2.8	4.1	1.3	杂色鸢尾 (versicolor)
5	6.3	3.3	6	2.5	维吉尼亚鸢尾 (virginica)

建立两棵树，深度为3，学习率为0.1。在XGBoost中有一个参数base_score，它是$\hat{y}$的初始值。base_score的默认值是0.5，这个值在实际应用中是一个不错的选择，可参考文献[4]。在表6.1中有大量string类型的值，我们首先对其进行独热编码处理。我们只做二分类，鸢尾花数据集有一个特性——在做线性分类时只有两种是线性可分的。我们就用XGBoost来模拟线性分类，如表6.2所示。

表6.2 鸢尾花数据集经 XGBoost 模拟线性分类

序号	花萼长度	花萼宽度	花瓣长度	花瓣宽度	品种
1	5.1	3.5	1.4	0.2	1
2	4.9	3	1.4	0.2	1
3	4.7	3.2	1.3	0.2	1
4	5.7	2.8	4.1	1.3	0
5	6.3	3.3	6	2.5	0

二分类使用的是交叉熵，其sigmoid函数为

$$L(y_i, h_i) = -y_i \ln_{h_i} - (1 - y_i) \ln(1 - h_i) \tag{6.21}$$

计算它的一阶导数和二阶导数：

$$\hat{y} = z \tag{6.22}$$

$$L'\left(y_i, \frac{1}{1 + e^{-z}}\right) = d\left\{-y_i \ln \frac{1}{1 + e^{-z}} - (1 - y_i) \ln\left(1 - \frac{1}{1 + e^{-z}}\right)\right\} \bigg/ dz \tag{6.23}$$

化简过程如下：

$$
\begin{aligned}
&-y_i \ln \frac{1}{1 + e^{-z}} - (1 - y_i) \ln\left(1 - \frac{1}{1 + e^{-z}}\right) \\
&= y_i \ln(1 + e^{-z}) - (1 - y_i) \ln\left(\frac{e^{-z}}{1 + e^{-z}}\right) \\
&= y_i \ln(1 + e^{-z}) - (1 - y_i)[\ln e^{-z} - \ln(1 + e^{-z})] \\
&= y_i \ln(1 + e^{-z}) - [\ln e^{-z} - \ln(1 + e^{-z}) - y_i \ln e^{-z} + y_i \ln(1 + e^{-z})] \\
&= \ln e^z + \ln(1 + e^{-z}) - z y_i \\
&= \ln(1 + e^z) - z y_i
\end{aligned}
\tag{6.24}
$$

对 z 求导得

$$\frac{e^z}{1+e^z}-y_i=\frac{1}{1+e^{-z}}-y_i=\frac{1}{1+e^{-\hat{y}}}-y_i \tag{6.25}$$

二阶导数为

$$\frac{e^{-\hat{y}}}{(1+e^{-\hat{y}})^2}=\frac{1}{1+e^{-\hat{y}}}*\left(1-\frac{1}{1+e^{-\hat{y}}}\right) \tag{6.26}$$

一阶导数为 $y_{i,pre}-y_i$，二阶导数为 $y_{i,pre}(1-y_{i,pre})$。如果设置 base_score 为默认值 0.5，那么起始的 $\hat{y}=0$。可以反向推导，令 sigmoid=0.5，设置所有数据的 $y_{i,pre}$ 为 0.5，求解所有数据的一阶导数和二阶导数，如表 6.3 所示。

表 6.3   鸢尾花数据的一阶导数和二阶导数

序号	花萼长度	花萼宽度	花瓣长度	花瓣宽度	品种	一阶导数	二阶导数
1	5.1	3.5	1.4	0.2	1	−0.5	−0.25
2	4.9	3	1.4	0.2	1	−0.5	−0.25
3	4.7	3.2	1.3	0.2	1	−0.5	−0.25
4	5.7	2.8	4.1	1.3	0	0.5	0.25
5	6.3	3.3	6	2.5	0	0.5	0.25

接下来利用 Gain 值进行节点的分裂，我们先计算原始样本数据集的基尼不纯度：

$$G()=1-(3/5)^2-(2/5)^2=1-0.36-0.16=0.48$$

之后从特征 Sepal. Length 开始逐一作为分裂值计算 Gain，取第一个值 5.1，大于等于 5.1 放在一个节点，小于 5.1 放在另一个节点。统计该属性特征取不同值时的样本记录数量，如表 6.4 所示。

表 6.4   Sepal. Length 取不同值时的样本记录数量

花萼长度	是	否	实例数量
<5.1	2	0	2
≥5.1	1	2	3

计算可得：

$$G(Sepal. Length<5.1)=1-(2/2)^2-(0/2)^2=1-1-0=0$$
$$G(Sepal. Length\geqslant5.1)=1-(1/3)^2-(2/3)^2=1-0.11-0.44=0.45$$

这样，原始的样本数据集会被划分为两个子集合。那么，具体采用 Sepal. Length 的哪一个值作为分割点呢？如果 Sepal. Length<5.1，则产生的基尼增益为

$$GG(Sepal. Length<5.1)=G()-2/5\times G(Sepal. Length<5.1)-3/5\times G(Sepal. Length\geqslant5.1)$$
$$=0.48-2/5\times0-3/5\times0.45=0.459-0-0.27=0.189$$
$$GI(Sepal. Length<5.1)=G()-GG(Sepal. Length<5.1)=0.48-0.189=0.291$$

同理，计算第二个值 4.9 作为分割点的 Gain 值，以此类推，直到计算出 Sepal. Length、Sepal. Width、Petal. Length、Petal. Width 特征对应的所有分割点的 Gain 值，从中选出具有最

小基尼指数的分割点进行当前节点的划分。

重复上述操作，直到划分好所有节点为止，这样就建立了一棵 CART 分类决策树。

6.2.1.3 分支节点分裂算法

1. 基本的精确贪婪算法

精确贪婪算法（basic exact greedy algorithm）遍历所有特征的所有可能的分割点，计算增益值，选取值最大的节点进行分割。单机版本的 XGBoost 支持这种算法，如下所示。

算法：分割查找的精确贪婪算法

输入：当前节点的实体集合 I 。

输入：特征维度 d 。

gain ← 0

$G \leftarrow \sum_{i \in I} g_i$, $H \leftarrow \sum_{i \in I} h_i$

for $k = 1$ **to** m **do**

  $G_L \leftarrow 0$, $H_L \leftarrow 0$

  for j **in** sorted(I, x_{jk}) **do**

    $G_L \leftarrow G_L + g_j$, $H_L \leftarrow H_L + h_j$

    $G_R \leftarrow G - G_L$, $H_R \leftarrow H - H_L$

    score ← max $\left(\text{score}, \dfrac{G_L^2}{H_L + \lambda} + \dfrac{G_R^2}{H_R + \lambda} - \dfrac{G^2}{H + \lambda} \right)$

  end

end

输出：以最高分数分割。

为了高效找到最佳分裂节点，算法必须先将该特征的所有取值进行排序，之后按顺序取分裂节点计算增益，其时间复杂度是 $O(N_u)$ ，N_u 是这个特征不同取值的个数。

2. 近似算法

对于每个特征，近似算法（approximate algorithm）只考察分位点，从而减少计算复杂度，如下所示。

算法：分割查找的近似算法

---

for $k = 1$ **to** m **do**

  假设 $S_k = \{S_{k1}, S_{k2}, \cdots, S_{kl}\}$ 为特征 k 上的百分比。

  假设可以按树（全局）或按分割（局部）执行。

end

for $k = 1$ **to** m **do**

  $G_{kv} \leftarrow = \sum\limits_{j \in \{j | s_{k,v} \geq x_{jk} > s_{k,v-1}\}} g_j$

  $H_{kv} \leftarrow = \sum\limits_{j \in \{j | s_{k,v} \geq x_{jk} > s_{k,v-1}\}} h_j$

end

按照与上一节相同的步骤，只在假设的分割中找到最大分数。

基本的精确贪婪算法可以非常有效地找到分裂节点，但是当数据量很大时，数据不可能一次性全部读入内存中。在分布式计算中，也不可能事先对所有值进行排序，且无法使

用所有数据来计算分裂节点之后的树结构得分。为解决这个问题，研究者设计了近似算法。如图 6.7 所示，近似算法首先按照特征取值中统计分布的一些百分位点确定候选分裂节点，然后算法将连续的值映射到桶中，接着汇总统计数据，并根据聚合统计数据在候选节点中找到最佳节点。

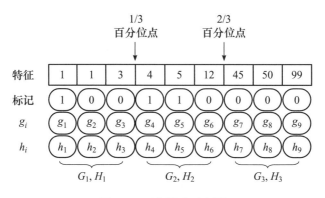

图 6.7   近似算法示意图

XGBoost 采用的近似算法主要有两个变体：

● 全局：学习每棵树前就提出候选切分点，并在每次分裂时都采用这种分割。

● 局部：每次分裂前重新提出候选切分点。

找到其中最大的信息增量的划分方法如下：

$$
\begin{aligned}
\text{Gain} = \max \Big\{ & \text{Gain}, \frac{G_1^2}{H_1+\lambda} + \frac{G_{23}^2}{H_{23}+\lambda} - \frac{G_{123}^2}{H_{123}+\lambda} - \gamma, \\
& \frac{G_{12}^2}{H_{12}+\lambda} + \frac{G_3^2}{H_3+\lambda} - \frac{G_{123}^2}{H_{123}+\lambda} - \gamma \Big\}
\end{aligned}
\tag{6.27}
$$

然而，这种划分分位点的方法在实际中可能效果不是很好，所以 XGBoost 采用加权分位数略图的方法做近似划分，其中以二阶导数值作为权重。

3. 加权分位数略图算法

对于加权分位数略图算法（weighted quantile sketch algorithm），可以先令集合

$$
\mathcal{D}_k = \{(x_{1k},h_1),(x_{2k},h_2),\cdots,(x_{nk},h_n)\}
\tag{6.28}
$$

表示第 k 个特征的每个训练样本的二阶梯度统计，其中 h_{ik} 可以被看作第 i 个样例的第 k 个特征值的权重。我们可以定义一个排序函数 $r_k : \mathbb{R} \to [0, +\infty)$，并根据这个值来取值：

$$
r_k(z) = \frac{1}{\sum\limits_{(x,h)\in\mathcal{D}_k} h} \sum_{(x,h)\in\mathcal{D}_k, x<z} h
\tag{6.29}
$$

上式表示特征值 k 小于 z 的实例比例。目标是寻找候选分裂点集 $\{s_{k1}, s_{k2}, \cdots, s_{kl}\}$，因而：

$$
|r_k(s_{k,j}) - r_k(s_{k,j+1})| < \varepsilon, s_{k1} = \min_i x_{ik}, s_{kl} = \max_i x_{ik}
\tag{6.30}
$$

该排序函数的输入为某个特征值 z，计算的是该特征所有可取值中小于 z 的特征值的总权重占所有可取值的总权重和的比例，输出为一个比例值，如图 6.8 所示。

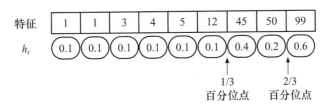

图 6.8 加权分位数略图算法示意图

其中，s_{k1} 是特征 k 的取值 x_{ik} 中最小的值，s_{kl} 是特征 k 的取值 x_{ik} 中最大的值。分位数略图要求保留原序列中的最小值和最大值。ε 是近似因子或者称为扫描步幅，按照步幅 ε 挑选出特征 k 的取值候选点，组成候选点集，这意味着有大概 $1/\varepsilon$ 个候选点。这里每个数据点的权重为 h_i。

至于为什么用 h_i 加权，可把目标函数整理成以下形式：

$$\widetilde{\text{obj}}^K(x_i) = \sum_{i=1}^{n} \left[g_i f_K(x_i) + \frac{1}{2} h_i f_K^2(x_i) \right] + \gamma \cdot T + \frac{1}{2}\lambda \cdot \sum_{j=1}^{T} w_j^2 \tag{6.31}$$

$$= \sum_{j=1}^{T} \left[\left(\sum_{i \in I_j} g_i \right) w_j + \frac{1}{2} \left(\sum_{i \in I_j} h_i + \lambda \right) w_j^2 \right] + \gamma \cdot T$$

$$\widetilde{L}^{(t)} \simeq \sum_{i=1}^{n} \left[g_i f_t(x_i) + \frac{1}{2} h_i f_t^2(x_i) \right] + \Omega(f_t)$$

$$= \sum_{i=1}^{n} \left[g_i f_t(x_i) + \frac{1}{2} h_i f_t^2(x_i) + \frac{1}{2} \frac{g_i^2}{h_i} \right] + \Omega(f_t) + \text{constant} \tag{6.32}$$

$$= \sum_{i=1}^{n} \frac{1}{2} h_i \left[f_t(x_i) - \left(-\frac{g_i}{h_i} \right) \right]^2 + \Omega(f_t) + \text{constant}$$

最后的代价函数就是一个加权平方误差，权值为 h_i，标签为 $-g_i/h_i$，所以可以将特征 k 的取值权重看成对应的 h_i。

4. 带缺失值时的分裂方法

在很多现实业务数据中，训练数据可能很稀疏。造成这个问题的原因可能是存在大量缺失值、有太多 0 值或采用了独热编码。

XGBoost 算法能够处理稀疏模式数据，其通过在树节点中添加默认划分方向的方法来解决这个问题，如图 6.9 所示。

当有缺失值时，系统将实例分到默认方向的叶子节点。每个分支都有两个默认方向，最佳的默认方向可以从训练数据中学习到。算法如下所示。

算法：稀疏感知分裂查找

输入： 当前节点的实体集合 I。

输入： $I_k = \{i \in I \mid x_{ik} \neq \text{missing}\}$。

输入： 特征维度 d。

同样适用于其他适当的设置，只将未丢失条目的统计信息收集到桶中。

gain $\leftarrow$ 0

$G \leftarrow \sum_{i \in I} g_i$, $H \leftarrow \sum_{i \in I} h_i$

for $k = 1$ **to** m **do**

// 向右列举缺少的值

$G_L \leftarrow 0$, $H_L \leftarrow 0$

for j **in** sorted(I_k, ascent order by x_{jk}) **do**

  $G_L \leftarrow G_L + g_j$, $H_L \leftarrow H_L + h_j$

  $G_R \leftarrow G - G_L$, $H_R \leftarrow H - H_L$

  score $\leftarrow$ max(score, $\frac{G_L^2}{H_L + \lambda} + \frac{G_R^2}{H_R + \lambda} - \frac{G^2}{H + \lambda}$)

end

// 向右列举缺少的值

$G_R \leftarrow 0$, $H_R \leftarrow 0$

for j **in** sorted(I_k, descent order by x_{jk}) **do**

  $G_R \leftarrow G_R + g_j$, $H_R \leftarrow H_R + h_j$

  $G_L \leftarrow G - G_R$, $H_L \leftarrow H - H_R$

  score $\leftarrow$ max$\left(\text{score}, \frac{G_L^2}{H_L + \lambda} + \frac{G_R^2}{H_R + \lambda} - \frac{G^2}{H + \lambda}\right)$

  end

end

输出：以最大增益分裂和默认方向。

例子	年龄	性别
X1	?	男
X2	15	?
X3	25	女

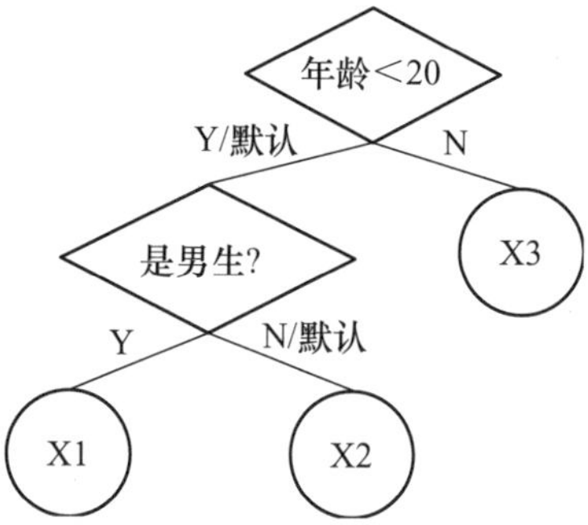

图 6.9　XGBoost 在树节点中添加默认划分方向

6.2.2　XGBoost 系统设计及其并行化加速

XGBoost 的系统特性体现在多个方面，下文将进行简要分析[6-7]。

6.2.2.1　分块并行

在建树的过程中，最耗时是找最优切分点，如图 6.10 所示。分块并行结构加速了找切分点的过程，只需要在建树前排序一次，保存到块结构中，后面节点分裂时直接根据索引得到梯度信息，大大减少了计算量。

此过程值得注意的有以下几点：

- 对特征进行预排序，以分块并行的结构存于内存中。
- 每个特征会存储指向样本梯度统计值的索引，方便计算一阶和二阶导数值。
- 每个块结构中都采用稀疏矩阵存储格式进行存储，一个块存储一个或多个特征值。
- 缺失特征值将不进行排序。

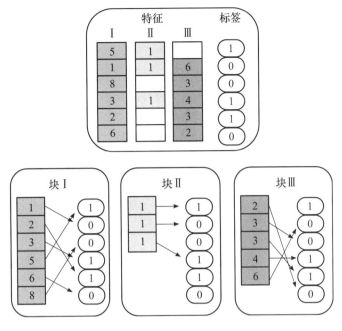

图 6.10 分块并行示意图

● 对于列的块，并行的切分点查找算法很容易实现。

这种块结构存储的特征之间相互独立，方便计算机进行并行计算。在对节点进行分裂时需要选择增益最大的特征，这时各个特征的增益计算可以同时进行，这也是 XGBoost 能够实现分布式或者多线程计算的原因。

6.2.2.2 缓存优化

虽然分块并行的设计可以减少节点分裂时的计算量，但其按特征大小顺序存储，相应样本的梯度信息是分散的，这会造成内存的不连续访问，降低 CPU cache 命中率。解决办法是为每个线程分配一个连续的缓冲区，将需要的梯度信息存放在缓冲区中，这样就实现了从非连续空间到连续空间的转换，提高了算法效率。

缓存优化方法还可以适当调整块大小，这也有助于缓存优化的实现。

6.2.2.3 "核外"块计算

当数据量过大时，无法将数据全部加载到内存中，只能先将无法加载到内存中的数据暂存到硬盘中，直到需要时再进行加载计算，而这种操作必然涉及因内存与硬盘速度不同而造成的资源浪费和性能瓶颈。为了解决这个问题，XGBoost 独立一个线程专门用于从硬盘读入数据，以实现处理数据和读入数据同时进行。

此外，XGBoost 还采用了两种方法来降低硬盘读写的开销：

● 块压缩：对块进行按列压缩，并在读取时进行解压。
● 块拆分：将每个块存储到不同的磁盘中，从多个磁盘读取可以增加吞吐量。

6.2.2.4 并行化加速设计

XGBoost 的并行指的是特征维度的并行。树节点在进行分裂时，需要计算每个特征的每个分割点对应的增益，即用贪心法枚举所有可能的分割点。当数据无法一次载入内存或者在分布式情况下，贪心算法的效率就会变得很低，所以 XGBoost 还提出了一种可并行的近似直方图算法，用于高效地生成候选的分割点。这种算法把连续的浮点特征值离散化成 k 个整数，同时构造一个宽度为 k 的直方图。在遍历数据的时候，将离散化后的值作为索引在直方图中累积统计量。遍历一次数据后，直方图累积了需要的统计量，然后根据直方图的离散值，遍历寻找最优的分割点。

此过程值得注意的有以下几点：

- 分块并行：训练前每个特征按特征值进行排序并存储为块结构，后面查找特征分割点时重复使用，并且支持并行查找每个特征的分割点。
- 候选分位点：每个特征采用常数个分位点作为候选分割点。
- CPU cache 命中优化：使用缓存预取的方法，对每个线程分配一个连续的缓冲区，读取每个块中样本的梯度信息并存入连续的缓冲区中。
- 块处理优化：块预先放入内存并按列解压缩，通过将块划分到不同硬盘来提高吞吐。

6.2.2.5 其他特性

XGBoost 的其他特性还包括：

- 列采样：XGBoost 借鉴了随机森林的做法，支持列采样，不仅能降低过拟合，还能减少计算。
- 缩减：这是相当于学习率而言的。XGBoost 在进行完一次迭代后，会将叶子节点的权重乘上该系数。这主要是为了削弱对每棵树的影响，为后面的决策树提供更大的学习空间。
- 支持自定义损失函数（需二阶可导）。

6.2.3 XGBoost 编程基础

XGBoost 应用广泛，有关教程非常多，本节只做简要的介绍。

1. 安装

我们以 Python 版本的 XGBoost 为例。每个版本的预构建二进制文件都已上传到 PyPI(Python Package Index)。支持的平台有 Linux(x86_64、aarch64)、Windows(x86_64) 和 MacOS(x86_64)。因此，只需要执行如下命令即可安装：

```
pip install xgboost
```

各种平台支持 GPU 的情况如表 6.5 所示。

表 6.5　各种平台支持 GPU

平台	GPU	Multi-Node-Multi-GPU
Linux x86_64	√	√
Linux aarch64	×	×
MacOS	×	×
Windows	√	×

2. 示例

我们使用皮马印第安人的糖尿病发病数据集。这个数据集由 8 个输入变量组成，描述了病人的医疗细节，还有一个输出变量，表示病人在 5 年内是否会有糖尿病发病。可以在 UCI 机器学习资源库网站上了解更多关于这个数据集的信息。对于我们的第一个 XGBoost 模型来说，这是一个很好的数据集，因为所有的输入变量都是数字，所要处理的是一个简单的二进制分类问题。对于 XGBoost 算法来说，这不一定是一个好问题，因为它是一个相对较小的数据集，而且是一个容易建模的问题。下面结合代码来介绍，可参考文献[8]。

```python
# 源码位于 Chapter06/test_XGBoostDemo.py

# First XGBoost model for Pima Indians dataset
from numpy import loadtxt
# 引入 xgboost 等包
from xgboost import XGBClassifier
from sklearn.model_selection import train_test_split
from sklearn.metrics import accuracy_score
from xgboost import plot_importance
from matplotlib import pyplot
# load data
# 分出变量和标签
dataset= loadtxt('pima-indians-diabetes.csv', delimiter= ",")
# split data into X and y
X= dataset[:,0:8]
Y= dataset[:,8]
# split data into train and test sets
# 将数据分为训练集和测试集,测试集用来预测,训练集用来学习模型
seed= 7
test_size= 0.33
X_train, X_test, y_train, y_test= train_test_split(X, Y, test_size= test_size, random_state= seed)
# fit model no training data
# xgboost 有封装好的分类器和回归器,可以直接用 XGBClassifier 建立模型
model= XGBClassifier()
# xgboost 模型的训练
# model.fit(X_train, y_train)
# 使用上一行语句,或者使用如下语句,在 xgboost 模型训练时,
# 评价模型在测试集上的表现,并输出每一步的分数
eval_set= [(X_test, y_test)]
model.fit(X_train, y_train, early_stopping_rounds= 10, eval_metric= "logloss", eval_set= eval_set, verbose= True)

# 使用测试集进行预测
# xgboost 的结果是每个样本属于第一类的概率,需要用 round 将其转换为 0 1 值
y_pred= model.predict(X_test)
predictions= [round(value) for value in y_pred]
# 使用准确率评估预测性能
accuracy= accuracy_score(y_test, predictions)
print("Accuracy: %.2f%% " % (accuracy * 100.0))
# 绘制模型
# 梯度提升还有一个优点是可以给出训练好的模型的特征重要性,
# 这样就可以知道哪些变量需要保留,哪些可以舍弃
plot_importance(model)
```

```
pyplot.show()
```

执行的输出如下。

```
[0]     validation_0-logloss:0.60491
[1]     validation_0-logloss:0.55934
[2]     validation_0-logloss:0.53068
[3]     validation_0-logloss:0.51795
[4]     validation_0-logloss:0.51153
[5]     validation_0-logloss:0.50935
[6]     validation_0-logloss:0.50818
[7]     validation_0-logloss:0.51097
[8]     validation_0-logloss:0.51760
[9]     validation_0-logloss:0.51912
[10]    validation_0-logloss:0.52503
[11]    validation_0-logloss:0.52697
[12]    validation_0-logloss:0.53335
[13]    validation_0-logloss:0.53905
[14]    validation_0-logloss:0.54546
[15]    validation_0-logloss:0.54613
[16]    validation_0-logloss:0.54982
Accuracy: 74.02%
```

结果特征重要性如图 6.11 所示。

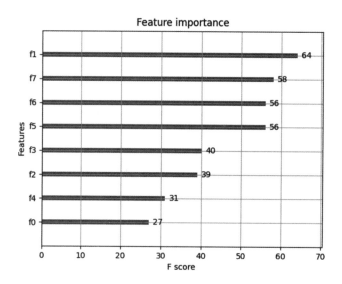

图 6.11   输出模型的特征重要性

3. DMatrix

DMatrix 是 XGBoost 使用的一种内部数据结构，它对内存效率和训练速度进行了优化。可以从多个不同的数据源构建 DMatrix。下面的例子使用 DMatrix 载入训练数据和测试数据，并实现了一个泛化的线性模型。

```
# 源码位于 Chapter06/test_XGBoostDemo2.py

import os
import xgboost as xgb
##
# 此脚本演示如何在 xgboost 中训练通用的线性模型
# 基本上,我们使用线性模型而不是树作为模型的分类器
##
# 获取当前路径,设置 xgb.DMatrix 中训练集和测试集的数据文件路径
CURRENT_DIR= os.path.dirname(__file__)
dtrain= xgb.DMatrix('agaricus.txt.train')
dtest= xgb.DMatrix('agaricus.txt.test')

# 将分类器换成 gblinear,便于训练线性模型
# 其中,alpha 是 L1 正则化参数,lambda 是 L2 正则化参数
# 也可以设置 lambda_bias,这是 L2 正则化的参数
param= {'objective':'binary:logistic', 'booster':'gblinear',
        'alpha': 0.0001, 'lambda': 1}
# 通常不需要设置 eta 参数(步数)
# XGBoost 使用并行坐标下降算法(shotgun),在某些情况下可能倾向于并行收敛
# 将 eta 设置为更小的值(例如 0.5)可以使优化更加稳定
param['eta']= 1

##
# 其余设置相同
##
watchlist= [(dtest, 'eval'), (dtrain, 'train')]# 观察残差收敛的列表
num_round= 4 # 迭代的轮数
bst= xgb.train(param, dtrain, num_round, watchlist) # 训练
preds= bst.predict(dtest) # 预测
labels= dtest.get_label() # 获取类标签
print('error= % f' % (sum(1 for i in range(len(preds)) if int(preds[i] > 0.5) ! = labels
[i]) / float(len(preds)))) # 打印错误率
```

输出如下。

```
[0]     eval-logloss:0.57069     train-logloss:0.56801
[1]     eval-logloss:0.52936     train-logloss:0.52568
[2]     eval-logloss:0.51402     train-logloss:0.51000
[3]     eval-logloss:0.50788     train-logloss:0.50372
error= 0.121043
```

6.2.4　XGBoost 回归问题编程

本节演示使用 XGBoost 处理回归问题,我们通过代码来进行介绍。

```
# 源码位于 Chapter06/test_XGBoostRegressor.py

# 导入 xgboost 和 sklearn 等相关的包
import xgboost as xgb
from sklearn.datasets import load_boston
```

```
from sklearn.model_selection import train_test_split
from sklearn.model_selection import cross_val_score, KFold
from sklearn.metrics import mean_squared_error
import matplotlib.pyplot as plt

# 加载波士顿房价数据集，按 17:3 的比例进行训练集/测试集划分
boston= load_boston()
x, y= boston.data, boston.target
xtrain, xtest, ytrain, ytest= train_test_split(x, y, test_size= 0.15)
# 建立 XGBRegressor 回归器，设置 verbosity 参数为 0
# verbosity 用于控制 xgboost 训练过程中显示信息的详细程度，取值为 [0- 3]
xgbr= xgb.XGBRegressor(verbosity= 0)
print(xgbr)
# 模型训练
xgbr.fit(xtrain, ytrain)
# 计算并打印 XGBRegressor 模型在训练集上的预测评分（默认为 R2 指标）
score= xgbr.score(xtrain, ytrain)
print("Training score: ", score)


# 交叉验证
scores= cross_val_score(xgbr, xtrain, ytrain, cv= 5)
print("Mean cross-validation score: %.2f" % scores.mean())
# K= 10 的 K 折交叉验证
kfold= KFold(n_splits= 10, shuffle= True)
kf_cv_scores= cross_val_score(xgbr, xtrain, ytrain, cv= kfold )
print("K-fold CV average score: %.2f" % kf_cv_scores.mean())
# 模型预测与评估
ypred= xgbr.predict(xtest)
mse= mean_squared_error(ytest, ypred)
print("MSE: %.2f" % mse)
print("RMSE: %.2f" % (mse** (1/2.0)))
# 绘图分析预测结果
x_ax= range(len(ytest))
plt.scatter(x_ax, ytest, s= 5, color= "blue", label= "original")
plt.plot(x_ax, ypred, lw= 0.8, color= "red", label= "predicted")
plt.legend()
plt.show()
```

输出如下。

```
XGBRegressor(base_score= None, booster= None, colsample_bylevel= None,
             colsample_bynode= None, colsample_bytree= None, gamma= None,
             gpu_id= None, importance_type= 'gain', interaction_constraints= None,
             learning_rate= None, max_delta_step= None, max_depth= None,
             min_child_weight= None, missing= nan, monotone_constraints= None,
             n_estimators= 100, n_jobs= None, num_parallel_tree= None,
             random_state= None, reg_alpha= None, reg_lambda= None,
             scale_pos_weight= None, subsample= None, tree_method= None,
             validate_parameters= None, verbosity= 0)
Training score:   0.9999927401382595
Mean cross-validation score: 0.83
```

```
K-fold CV average score: 0.84
MSE: 7.07
RMSE: 2.66
```

结果拟合情况如图 6.12 所示。

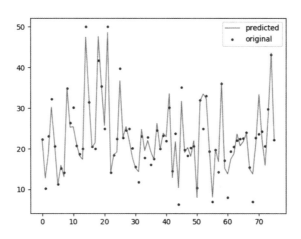

图 6.12　XGBoost 回归模型的预测结果与实际目标值的拟合情况

6.2.5　XGBoost 分类问题编程

本节演示使用 XGBoost 处理分类问题，我们通过代码来进行介绍。

```python
# 源码位于 Chapter06/test_XGBoostRegressor.py

# 导入 xgboost 和 sklearn 等相关的包
import xgboost as xgb
from sklearn.datasets import load_iris
from sklearn.model_selection import train_test_split
from sklearn.model_selection import cross_val_score, KFold
from sklearn.metrics import accuracy_score
import matplotlib.pyplot as plt

# 加载 iris 数据集，按 7:3 的比例进行训练集/测试集划分
iris= load_iris()
X= iris.data
y= iris.target
xtrain, xtest, ytrain, ytest= train_test_split(X, y, test_size= 0.3, random_state= 0)

# 建立 XGBClassifier 分类器，设置 verbosity 参数为 0
# verbosity 用于控制 xgboost 训练过程中显示信息的详细程度，取值为[0-3]
xgbc= xgb.XGBClassifier(verbosity= 0)
print(xgbc)

# 模型训练
xgbc.fit(xtrain, ytrain)
```

```
# 计算并打印 XGBClassifier 模型在训练集上的预测评分（默认为预测准确率）
score= xgbc.score(xtrain, ytrain)
print("Training score: ", score)

# 交叉验证
scores= cross_val_score(xgbc, xtrain, ytrain, cv= 5)
print("Accuracy cross-validation score: % .2f" %  scores.mean())

# K= 10 的 K 折交叉验证
kfold= KFold(n_splits= 10, shuffle= True)
kf_cv_scores= cross_val_score(xgbc, xtrain, ytrain, cv= kfold )
print("K-fold CV average score: % .2f" % kf_cv_scores.mean())

# 模型预测与评估
ypred= xgbc.predict(xtest)
accuracy= accuracy_score(ytest, ypred)
print("accuracy: % .2f" % accuracy)

# 绘图分析预测结果
x_ax= range(len(ytest))
plt.scatter(x_ax, ytest, s= 5, color= "blue", label= "original")
plt.plot(x_ax, ypred, lw= 0.8, color= "red", label= "predicted")
plt.legend()
plt.show()
```

输出如下。

```
XGBClassifier(base_score= None, booster= None, colsample_bylevel= None,
            colsample_bynode= None, colsample_bytree= None, gamma= None,
            gpu_id= None,            importance_type= 'gain',
interaction_constraints= None,
            learning_rate= None, max_delta_step= None, max_depth= None,
            min_child_weight= None,            missing= nan,
monotone_constraints= None,
            n_estimators= 100, n_jobs= None, num_parallel_tree= None,
            random_state= None, reg_alpha= None, reg_lambda= None,
            scale_pos_weight= None, subsample= None, tree_method= None,
            validate_parameters= None, verbosity= 0)
Training score:  1.0
Accuracy cross-validation score: 0.95
K-fold CV average score: 0.95
accuracy: 0.98
```

结果拟合情况如图 6.13 所示。

6.2.6 XGBoost 随机森林编程

在 XGBoost 工程里也单独实现了随机森林分类器（XGBRFClassifier）和回归器（XGBRFRegressor）。接下来，我们以 XGBRFClassifier 为例，演示使用 XGBoost 的随机森林模型来处理分类问题。我们通过代码来进行介绍。

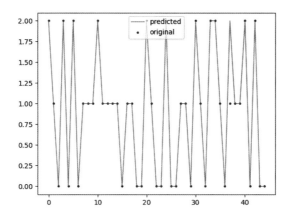

图 6.13　XGBoost 分类模型的预测结果与实际目标值的拟合情况

```python
# 源码位于 Chapter06/test_XGBoostClassiferRandomForest.py

# 导入 xgboost 和 sklearn 等相关的包
import xgboost as xgb
from sklearn.datasets import load_iris
from sklearn.model_selection import train_test_split
from sklearn.model_selection import cross_val_score, KFold
from sklearn.metrics import accuracy_score
import matplotlib.pyplot as plt

# 加载 iris 数据集，按 7:3 的比例进行训练集/测试集划分
iris= load_iris()
X= iris.data
y= iris.target
xtrain, xtest, ytrain, ytest= train_test_split(X, y, test_size= 0.3, random_state= 0)

# 建立 xgboost 的随机森林分类器 XGBRFClassifier，设置 verbosity 参数为 0，设置 n_jobs 为- 1
# verbosity 用于控制 xgboost 训练过程中显示信息的详细程度，取值为[0- 3]
# n_jobs 用于控制训练模型时启用的线程数，-1 代表使用当前计算机所有的 CPU 核心
xgbc= xgb.XGBRFClassifier(verbosity= 0, n_jobs= -1)
print(xgbc)

# 模型训练
xgbc.fit(xtrain, ytrain)

# 计算并打印 XGBRFClassifier 模型在训练集上的预测评分（默认为预测准确率）
score= xgbc.score(xtrain, ytrain)
print("Training score: ", score)

# 交叉验证
scores= cross_val_score(xgbc, xtrain, ytrain, cv= 5)
print("Accuracy cross-validation score: % .2f" %  scores.mean())

# K= 10 的 K 折交叉验证
kfold= KFold(n_splits= 10, shuffle= True)
```

```
kf_cv_scores= cross_val_score(xgbc, xtrain, ytrain, cv= kfold )
print("K-fold CV average score: %.2f" % kf_cv_scores.mean())

# 模型预测与评估
ypred= xgbc.predict(xtest)
accuracy= accuracy_score(ytest, ypred)
print("accuracy: %.2f" % accuracy)

# 绘图分析预测结果
x_ax= range(len(ytest))
plt.scatter(x_ax, ytest, s= 5, color= "blue", label= "original")
plt.plot(x_ax, ypred, lw= 0.8, color= "red", label= "predicted")
plt.legend()
plt.show()
```

输出如下。

```
XGBClassifier(base_score= None, booster= None, colsample_bylevel= None,
              colsample_bynode= None, colsample_bytree= None, gamma= None,
              gpu_id= None,                importance_type= 'gain',
interaction_constraints= None,
              learning_rate= None, max_delta_step= None, max_depth= None,
              min_child_weight= None,            missing= nan,
monotone_constraints= None,
              n_estimators= 100, n_jobs= None, num_parallel_tree= None,
              random_state= None, reg_alpha= None, reg_lambda= None,
              scale_pos_weight= None, subsample= None, tree_method= None,
              validate_parameters= None, verbosity= 0)
Training score:  1.0
Accuracy cross-validation score: 0.95
K-fold CV average score: 0.95
accuracy: 0.98
```

结果拟合情况如图 6.14 所示。

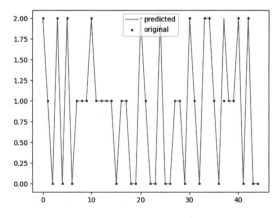

图 6.14   XGBoost 实现随机森林编程的预测结果与实际目标值的拟合情况

6.2.7　XGBoost **特征筛选编程**

在创建 XGBoost 的过程中，对于梯度提升模型中的每一棵树，可以统计每个属性的重要性分数，即一个属性在树的节点分裂过程中被使用的频繁程度[9-10]。重要性分数衡量特征在构建提升树模型中的价值，一个属性被使用的次数越多，代表其重要性相对越高。因此，我们可以根据 XGBoost 模型得到的特征重要性，在 sklearn 中进行特征选择，并且在此基础上训练模型。接下来通过代码来进行介绍。

```python
# 源码位于 Chapter06/test_XGBoostClassiferFeatureSelection.py

# 导入 xgboost 和 sklearn 等相关的包
import xgboost as xgb
from sklearn.datasets import load_iris
from sklearn.model_selection import train_test_split
from sklearn.metrics import accuracy_score
import numpy as np
import matplotlib.pyplot as plt
from sklearn.feature_selection import SelectFromModel
from xgboost import plot_importance

# 加载 iris 数据集，按 7:3 的比例进行训练集/测试集划分
iris= load_iris()
X= iris.data
y= iris.target
xtrain, xtest, ytrain, ytest= train_test_split(X, y, test_size= 0.3, random_state= 0)
labels= iris.feature_names

# 建立 XGBClassifier 分类器，设置 verbosity 参数为 0
# verbosity 用于控制 xgboost 训练过程中显示信息的详细程度，取值为[0- 3]
xgbc= xgb.XGBClassifier(verbosity= 0)
print(xgbc)

# 模型训练
xgbc.fit(xtrain, ytrain)

# 模型预测与评估
ypred= xgbc.predict(xtest)
accuracy= accuracy_score(ytest, ypred)
print("accuracy: %.2f%% " % (accuracy * 100.0))

# 重要特征筛选
thresholds= np.sort(xgbc.feature_importances_)[::-1]
print("thresholds = {}".format(thresholds))

# 绘制重要特征样本数
plot_importance(xgbc)
plt.show()

# 绘制重要特征比例
plt.figure()
```

```
plt.rcParams['font.sans-serif']= ['KaiTi']
plt.rcParams['axes.unicode_minus']= False
plt.bar(labels, thresholds, width= 0.5, label= '特征重要性')
x_arange= np.arange(len(labels))
for x, score_zhangsan in zip(x_arange, thresholds): # 绘制柱上的文字
    plt.text(x, score_zhangsan, ("%.2f%%" % (score_zhangsan* 100)), ha= 'center',
fontsize= 12)
plt.xlabel('特征名称')
plt.xticks(x_arange, labels= labels)  # x轴上的刻度用 labels 的项来绘制
plt.ylabel('百分比')
plt.title('重要特征比例柱状图')
plt.legend()
plt.show()

# 使用每个重要性作为阈值训练模型
for thresh in thresholds:
    # 使用阈值选择特征
    selection= SelectFromModel(xgbc, threshold= thresh, prefit= True)
    select_X_train= selection.transform(xtrain)
    # 训练模型
    selection_model= xgb.XGBClassifier()
    selection_model.fit(select_X_train, ytrain)
    # 评估模型
    select_X_test= selection.transform(xtest)
    y_pred= selection_model.predict(select_X_test)
    predictions= [round(value) for value in y_pred]
    accuracy= accuracy_score(ytest, predictions)
    print("threshold= %.3f, n= %d, Accuracy: %.2f%%" % (thresh,
select_X_train.shape[1], accuracy* 100.0))
```

输出如下：

```
XGBClassifier(base_score= None, booster= None, colsample_bylevel= None,
              colsample_bynode= None, colsample_bytree= None, gamma= None,
              gpu_id= None,              importance_type= 'gain',
interaction_constraints= None,
              learning_rate= None, max_delta_step= None, max_depth= None,
              min_child_weight= None,              missing= nan,
monotone_constraints= None,
              n_estimators= 100, n_jobs= None, num_parallel_tree= None,
              random_state= None, reg_alpha= None, reg_lambda= None,
              scale_pos_weight= None, subsample= None, tree_method= None,
              validate_parameters= None, verbosity= 0)
accuracy: 97.78%
thresholds = [0.81789744 0.14526385 0.0254001  0.01143867]
threshold= 0.818, n= 1, Accuracy: 91.11%
threshold= 0.145, n= 2, Accuracy: 97.78%
threshold= 0.025, n= 3, Accuracy: 97.78%
threshold= 0.011, n= 4, Accuracy: 97.78%
```

重要特征样本数分布和百分比分布情况如图 6.15 和图 6.16 所示。

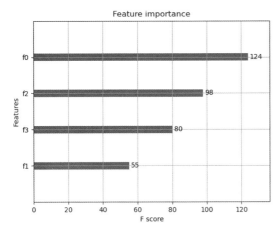

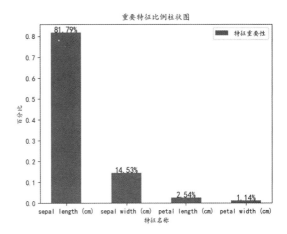

图 6.15　XGBoost 实现特征筛选的重要特征
样本数分布图

图 6.16　XGBoost 实现特征筛选的重要特征
百分比分布图

6.2.8　XGBoost 与传统提升树的比较

除了算法上与传统的 GBDT 有一些不同外，XGBoost 还在工程实现上做了大量的优化。总的来说，两者之间的区别和联系可以总结成以下几个方面。

- GBDT 是机器学习算法，XGBoost 是该算法的工程实现。
- 在使用 CART 作为基分类器时，XGBoost 显式地加入了正则项来控制模型的复杂度，有利于防止过拟合，从而提高模型的泛化能力。
- GBDT 在模型训练时只使用代价函数的一阶导数信息，XGBoost 对代价函数进行二阶泰勒展开，可以同时使用一阶和二阶导数，并且支持自定义代价函数，只要函数可一阶和二阶求导。
- 传统的 GBDT 采用 CART 作为基分类器，XGBoost 支持多种类型的基分类器，比如线性分类器。这个时候 XGBoost 相当于带 L1 和 L2 正则化项的逻辑斯蒂回归（分类问题）或者线性回归（回归问题）。
- 传统的 GBDT 在每轮迭代时使用全部数据，XGBoost 则采用与随机森林相似的策略，支持对数据进行采样。
- 分裂节点处通过结构分数和损失分割实现动态生长，结构分数代替了回归树的误差平方和。分裂节点的特征分割点选取使用近似算法——可并行的近似直方图算法。树节点在进行分裂时，需要计算每个特征的每个分割点对应的增益，即用贪心法枚举所有可能的分割点。若数据无法一次载入内存或者在分布式情况下，贪心算法的效率就会变得很低，所以 XGBoost 还提出了一种可并行的近似直方图算法，用于高效地生成候选的分割点，同时减小内存消耗。
- XGBoost 可以处理稀疏、缺失数据（节点分裂算法能自动利用特征的稀疏性），可以学习出分裂方向，加快稀疏计算速度。传统的 GBDT 无法对缺失值进行处理，XGBoost 能够自动学习出缺失值的处理策略。
- XGBoost 采用列采样（传统 GBDT 没有）和缩减（传统 GBDT 也有）。

6.2.9　XGBoost 的缺点

XGBoost 的缺点如下[11]。

- 每次迭代训练时需要读取整个数据集，耗时耗内存；每轮迭代时，都需要遍历整个训练数据多次。如果把整个训练数据装进内存则会限制训练数据的大小；如果不装进内存，反复读写训练数据又会消耗非常大的时间。
- 使用基本的精确贪婪算法计算最佳分裂节点时需要保存数据的特征值，并预先对特征值进行排序，排序之后还要保存排序结果，费时又费内存。
- 计算分裂节点时需要遍历每一个候选节点，然后计算分裂之后的信息增益，比较费时。在数据分割点上，由于 XGBoost 对不同的数据特征使用预排序算法，而不同特征的排序是不同的，所以分裂时需要对每个特征单独做依次分割，时间上也有较大的开销，需要遍历($\sharp$data $*$ $\sharp$features) 次才能将数据分裂到左右子节点上。
- 由于采用预排序处理数据，在寻找特征分裂点时会产生大量的 cache 随机访问。预先设置好树的深度之后，每一棵树都需要生长到所设置的深度，这样有些树在某一次分裂之后可能没有提升，但仍然会继续划分树枝，导致无用功，并且非常耗时。
- 尽管使用了局部近似计算，但是处理粒度还是太细了。计算量巨大，内存占用巨大，易产生过拟合。
- 虽然利用预排序和近似算法可以降低寻找最佳分裂点的计算量，但在节点分裂过程中仍需要遍历数据集。
- 预排序过程的空间复杂度过高，不仅需要存储特征值，还需要存储特征对应样本的梯度统计值的索引，相当于消耗了两倍的内存。

6.3　LightGBM 基础

前面已经指出了 XGBoost 的一些弱点，特别是当面对维度高、数据量大的问题时，XGBoost的效率和可扩展性仍然不尽人意。其中一个主要原因是对于每个特征，需要遍历所有的数据实例来估计所有可能分割点的信息增益，这非常耗时。

LightGBM[12]是 Light Gradient Boosting Machine 的简称，是一个免费和开源的分布式梯度提升框架，最初由微软开发。它基于决策树算法，用于排名、分类和其他机器学习任务，其开发的重点是性能和可扩展性。

LightGBM 框架支持不同的算法，包括 GBT、GBDT、GBRT、GBM、MART 和 RF。LightGBM 具有 XGBoost 的许多优点，包括稀疏优化、并行训练、多损失函数、正则化、套袋和早期停止。两者之间的一个主要区别在于树的构建。LightGBM 并不像其他大多数实施方案那样逐级生长树——逐行生长。此外，LightGBM 不使用被广泛应用的基于排序的决策树学习算法，相反，LightGBM 实现了一种高度优化的基于直方图的决策树学习算法，在效率和内存消耗方面都有很大的优势。

LightGBM 算法采用了两种新技术，即基于梯度的单边采样（Gradient-based One-Side Sampling，GOSS）和互补特征压缩（Exclusive Feature Bundling，EFB)，这使得该算法在保持高精确度的同时运行得更快。

使用 GOSS 排除了很大比例的小梯度数据实例，只用剩下的实例来估计信息收益。由于具有较大梯度的数据实例在计算中起更重要的作用，GOSS 可以用更小的数据量对信息增益进行相当准确的估计。

借助 EFB，LightGBM 将相互排斥的特征压缩在一起（即它们很少取非零值），以减少特征的数量。这一发现互补特征的最佳匹配是 NP 难度的，但是却可以与贪婪算法一样达到相当好的近似比率。

LightGBM 可以在 Linux、Windows 和 macOS 上运行，支持 C++、Python、R 和 C♯。源代码在 MIT 许可下授权，可在 GitHub 上获得。

6.3.1 LightGBM 核心原理

6.3.1.1 基于直方图的最优分割点查找算法

学习单棵决策树是 GBDT 主要的时间花销，而这个过程中找到最优分割点最消耗时间。目前广泛采用预排序算法来找到最优分割点，这种方法会列举预排序中所有可能的切分点，虽然能够找到最优的切分点，但在训练速度和内存消耗方面效率较低。另一种流行算法是直方图算法（histogram-based algorithm）。直方图算法并不通过特征排序找到最优的切分点，而是将连续的特征值抽象成离散的分箱，并使用这些分箱在训练过程中构建特征直方图，这种算法在训练速度和内存消耗上都更加高效，LightGBM 使用此种算法。

如图 6.17 所示，直方图算法的基本思想是：先把连续的浮点特征值离散化成 k 个整数，同时构造一个宽度为 k 的直方图。在遍历数据的时候，将离散化后的值作为索引在直方图中累积统计量。遍历一次数据后，直方图累积了需要的统计量，然后根据直方图的离散值，遍历寻找最优的分割点。

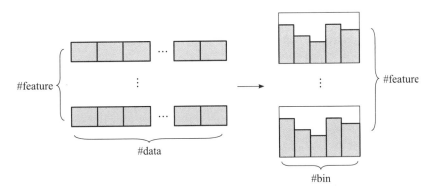

图 6.17 样本数据通过直方图进行统计

直方图算法可简单理解为：首先确定对于每一个特征需要多少个箱子，为每一个箱子分配一个整数；然后将浮点数的范围均分成若干区间，区间个数与箱子个数相等，将属于该箱子的样本数据更新为箱子的值；最后用直方图表示。这一过程其实就是直方图统计，将大规模的数据放在直方图中。

特征离散化具有很多优点，如存储方便、运算更快、鲁棒性强、模型更加稳定等。对于直方图算法来说比较直观的有以下两个优点：

- 内存占用更小：直方图算法不仅不需要额外存储预排序的结果，而且可以只保存特征离散化后的值，而这个值一般用 8 位整型存储就足够了，内存消耗可以降低为原来的 1/8。也就是说，XGBoost 需要用 32 位的浮点数存储特征值，并用 32 位的整型存储索引，而 LightGBM 只需要用 8 位存储直方图，内存相当于减少为原来的 1/8。
- 计算代价更小：预排序算法 XGBoost 每遍历一个特征值就需要计算一次分裂的增益，而直方图算法 LightGBM 只需要计算 k 次（k 是常数，表示直方图的箱子个数），直接将时间复杂度从 $O(\#\text{data} \cdot \#\text{feature})$ 降低到 $O(k \cdot \#\text{feature})$，而我们知道 $\#\text{data} \gg k$。

当然，直方图算法并不是完美的。由于特征被离散化后，找到的并不是很精确的分割点，所以会对结果产生影响。但在不同的数据集上的结果表明，离散化的分割点对最终的精度影响并不是很大，甚至有时候会更好一点。原因是决策树本来就是弱模型，分割点是否精确并不是太重要；较粗的分割点也有正则化的效果，可以有效防止过拟合；即使单棵树的训练误差比精确分割的算法稍大，但在梯度提升的框架下没有太大的影响。

梯度提升决策树有许多实现，如 XGBoost、pGBRT、sklearn、gbm in R。sklearn 和 gbm in R 实现都使用预排序，pGBRT 使用直方图算法，XGBoost 支持预排序和直方图算法。

实际中大规模的数据集通常都是非常稀疏的，使用预排序算法的 GBDT 能够通过无视为 0 的特征来降低训练时间消耗。然而直方图算法没有优化稀疏的方案。因为无论特征值是否为 0，直方图算法都需要为每个数据检索特征区间值。如果基于直方图的 GBDT 能够有效解决稀疏特征中的 0 值，那么将会有很好的性能。事实上，XGBoost 在进行预排序时只考虑非零值进行加速，而 LightGBM 也采用类似策略——只用非零特征构建直方图。

下面给出直方图算法的流程。

算法：基于直方图的算法

输入：训练数据 I，最大深度 d。

输入：特征维度 m。

nodeSet ← {0} ▷当前层次的树节点

rowSet ← {{0,1,2,···}} ▷树节点中的数据索引

for i= 1 **to** d **do**

  for 节点 **in** nodeSet **do**

    usedRows ← rowSet[node]

    for k= 1 **to** m **do**

      H ← new Histogram()

      ▷Build histogram

      for j **in** usedRows **do**

        bin ← $I.f[k][j]$.bin

        $H[\text{bin}].y$ ← $H[\text{bin}].y + I.y[j]$

        $H[\text{bin}].n$ ← $H[\text{bin}].n + 1$

      end

      在直方图 H 上找到最佳分割

      ...

    end

  end

  根据最佳分割点更新 rowSet 和 nodeSet

  ...

end

LightGBM 的另一个优化是用直方图做差加速，如图 6.18 所示。一个叶子的直方图可以由其父亲节点的直方图与其兄弟节点的直方图做差得到，在速度上可以提升一倍。通常构造直方图时，需要遍历该叶子上的所有数据，但直方图做差仅需遍历直方图的 k 个桶。在实际构建树

的过程中，LightGBM 还可以先计算直方图小的叶子节点，然后利用直方图做差来获得直方图大的叶子节点，这样就可以用非常微小的代价得到兄弟叶子的直方图。

图 6.18 直方图差值计算

6.3.1.2 带深度限制的逐叶子生长策略

在直方图算法之上，LightGBM 做了进一步的优化。它抛弃了大多数 GBDT 工具使用的逐层生长（level-wise）的决策树生长策略，而使用了带有深度限制的逐叶子生长（leaf-wise）算法。

XGBoost 采用逐层生长的增长策略，如图 6.19 所示，该策略遍历一次数据可以同时分裂同一层的叶子，易于进行多线程优化，也易于控制模型复杂度，不容易过拟合。但实际上逐层生长是一种低效的算法，因为它不加区分地对待同一层的叶子，实际上很多叶子的分裂增益较低，没必要进行搜索和分裂，因此带来了很多没必要的计算开销。

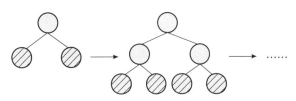

图 6.19 逐层生长的决策树

LightGBM 采用逐叶子生长的增长策略，如图 6.20 所示，该策略每次从当前所有叶子中找到分裂增益最大的一个叶子，然后分裂，如此循环。因此同逐层生长相比，逐叶子生长的优点是：在分裂次数相同的情况下，逐叶子生长可以降低更多的误差，得到更高的精度。逐叶子生长的缺点是：可能会长出比较深的决策树，产生过拟合。因此 LightGBM 在逐叶子生长之上增加了一个最大深度的限制，在保证高效率的同时防止过拟合。

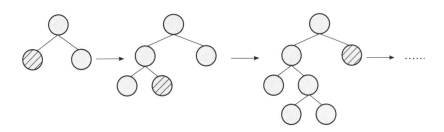

图 6.20 逐叶子生长的决策树

6.3.1.3 基于梯度的单边采样

在 AdaBoost 中，样本权重是反映样本数据重要性的指标。然而在 GBDT 中没有原始样本权重，不能应用权重采样。幸运的是，我们观察到 GBDT 中每个数据都有不同的梯度值，这对采样十分有用。具有不同梯度的数据实例在计算信息增益时扮演不同的角色。梯度小的样本，训练误差也比较小，说明数据已经被模型学习得很好了。根据信息增益的定义，具有较大梯度的那些实例（即训练不足的实例）将对信息增益做出更多贡献。我们应该更好地保留那些具有较大梯度（例如，大于预先定义的阈值或者最高百分位数）的实例。因此，一个直接的想法就是丢掉梯度小的数据。然而这样做会改变数据的分布，从而影响训练模型的精确度。为了避免此问题，提出了 GOSS 算法。

GOSS 算法从减少样本的角度出发，排除大部分小梯度的样本，仅用剩下的样本计算信息增益，是一种在减少数据量和保证精度上寻求平衡的算法。

GOSS 是一种样本采样算法，GOSS 保留所有梯度较大的实例，在梯度小的实例上使用随机采样，目的是丢弃一些对计算信息增益没有帮助的样本，仅留下有帮助的样本。但是如果直接将所有梯度较小的数据都丢弃，势必会影响数据的总体分布。为了抵消对数据分布的影响，计算信息增益的时候，GOSS 对小梯度的数据引入常量乘数。所以，GOSS 首先将要进行分裂的特征的所有取值按照绝对值大小降序排序（XGBoost 也进行了排序，但是 LightGBM 不用保存排序后的结果），选取绝对值最大的 $a \cdot 100\%$ 个数据。然后在剩下的较小梯度数据中随机选择 $b \cdot 100\%$ 个数据。接着将这 $b \cdot 100\%$ 个数据乘以一个常数 $(1-a)/b$，这样算法就会更关注训练不足的样本，而不会过多改变原数据集的分布。最后使用这 $(a+b) \cdot 100\%$ 个数据来计算信息增益。GOSS 的算法流程如下所示。

算法：基于梯度的单边采样

输入：训练数据 I，迭代 d。
输入：大梯度数据的采样比 a。
输入：小梯度数据的采样比 b。
输入：损失函数 loss，弱学习器 L。

models ← {}, fact ← $\dfrac{1-a}{b}$

topN ← $a \times$ len(I), randN ← $b \times$ len(I)

for i = 1 **to** d **do**

　preds ← models.predict(I)

　g ← loss(I, {preds}), w ← {1, 1, $\cdots$}

　sorted ← GetSortedIndices(abs(g))

　topSet ← sorted[1:topN]

　randSet ← RandomPick(sorted[topN:len(I)], randN)

　usedSet ← topSet + randSet

　w[randSet] $\times$= fact ▷ 将权重 fact 赋给小梯度数据

　newModel ← L(I[usedSet], - g[usedSet], w[usedSet])

　models.append(newModel)

end

6.3.1.4　互补特征压缩

通常在实际应用中，虽然有大量的特征，但特征空间相当稀疏，这为我们设计几乎无损的方法来减少有效特征的数量提供了可能性。特别地，在稀疏特征空间中，许多特征是（几乎）排他性的，即它们很少同时取非零值。我们可以绑定互斥的特征为单一特征，这样两个特征捆绑起来才不会丢失信息。如果两个特征并不是完全互斥的（部分情况下两个特征都是非零值），则可以用一个指标对特征不互斥程度进行衡量，称之为冲突比率，当这个值较小时，我们可以选择把不完全互斥的两个特征捆绑，而不影响最后的精度。

通过仔细设计特征扫描算法，我们从特征捆绑中构建了与单个特征相同的特征直方图。这种方式构建直方图的时间复杂度从 $O(\sharp\,\mathrm{data} * \sharp\,\mathrm{feature})$ 降到 $O(\sharp\,\mathrm{data} * \sharp\,\mathrm{bundle})$，由于 $\sharp\,\mathrm{bundle} \ll \sharp\,\mathrm{feature}$，我们能够极大地加速 GBDT 的训练过程而且不损失精度。（构造直方图的时候，遍历一个"捆绑的大特征"可以得到一组互斥特征的直方图。这样只需要遍历这些"大特征"就可以获取所有特征的直方图，降低了需要遍历的特征量。）

现在有两个问题：

- 怎么判定哪些特征应该绑在一起？
- 怎么把特征绑为一个？

首先考虑怎么判定哪些特征应该绑在一起。将相互独立的特征进行绑定是一个 NP 难问题。LightGBM 的 EFB 算法将这个问题转化为图着色问题来求解，将所有的特征视为图的各个顶点，将不相互独立的特征用一条边连接起来，边的权重就是两个相连接的特征的总冲突值，这样需要绑定的特征就是在图着色问题中要涂上同一种颜色的那些点（特征）。此外，我们注意到通常有很多特征，尽管不是 100% 相互排斥，但也很少同时取非零值。

如果算法允许一小部分的冲突，则可以得到更少的特征包，进一步提高计算效率。经过简单的计算，随机污染小部分特征值将影响精度最多 $O([(1-\gamma)n]^{-2/3})$，γ 是每个绑定中的最大冲突比率，当其相对较小时，能够完成精度和效率之间的平衡。算法的具体步骤总结如下：

1) 建立一个加权无向图，每个顶点代表特征，每个边有权重，其权重与两个特征间的冲突相关。
2) 根据节点的度进行降序排序，度越大，与其他特征的冲突越大。
3) 遍历排序之后的每个特征，将它分配给现有特征包，或者新建一个特征包，使得总体冲突最小。算法允许两两特征并不完全互斥，从而增加特征捆绑的数量，通过设置最大冲突比率 γ 来平衡算法的精度和效率。

EFB 算法的时间复杂度是 $O((\sharp\,\mathrm{feature})^2)$，训练之前只处理一次，其时间复杂度在特征不是特别多的情况下是可以接受的，但难以应对百万维度的特征。为了继续提高效率，LightGBM 提出了一种更加高效的无图的排序策略：将特征按照非零值个数排序，这和使用图节点的度排序相似，因为更多的非零值通常会导致冲突。EFB 的算法流程如下所示。

算法：贪心绑定算法

输入：特征 F，最大冲突计数 K。
构建图 G
searchOrder ← G.sortByDegree()
bundles ← {}, bundlesConflict ← {}
for i **in** searchOrder **do**
　needNew ← True
　for j= 1 **in** len(bundles) **do**
　　cnt ← ConflictCnt(bundles[j], F[i])
　　if cnt+ bundlesConflict[i] ≤ K **then**
　　　bundles[i]. add(F[i]), needNew ← False
　　　break

```
            end
        end
      if needNew then
          将 F[i] 作为一个新包添加到 bundles 中
      end
    end
输出：bundles
```

接下来考虑怎么把特征绑在一起，即特征合并（merging features）。特征合并算法的关键在于原始特征能从合并的特征中分离出来。绑定几个特征在同一个束里需要保证绑定前的原始特征值在束中可被识别，鉴于直方图算法存储离散值而不是连续特征值，我们通过将互斥特征放在不同的分箱中来构建束，这可以通过在特征原始值中加一个偏置常量来解决。比如，我们在束中绑定了两个特征 A 和 B，A 特征的原始取值为区间 $[0, 10]$，B 特征的原始取值为区间 $[0, 20]$。我们可以在 B 特征的取值上加一个偏置常量 10，将其取值范围变为 $[10, 30]$，通过这种做法，就可以安全地将 A、B 特征合并，绑定后的特征取值范围为 $[0, 30]$。具体的特征合并算法如下所示。

算法：互斥特征合并算法

```
输入：数据的数量 numData。
输入：一个独有特性的束F。
binRanges ← {0}, totalBin ← 0
for f in F do
    totalBin + = f.numBin
    binRanges.append(totalBin)
end
newBin ← new Bin(numData)
for i = 1 in numData do
    newBin[i] ← 0
    for j = 1 to len(F) do
        if F[j].bin[i] ≠ 0 then
            newBin[i] ← F[j].bin[i] + binRanges[j]
        end
    end
end
输出：newBin，binRanges。
```

EFB算法能够将许多互斥的特征变为低维稠密的特征，有效避免不必要 0 值特征的计算。对每一个特征建立一个记录数据中非零值的表，通过用这个表来忽略零值特征，达到优化基础直方图算法的目的。通过扫描表中的数据，建直方图的时间复杂度将从 $O(\#\text{data})$ 降到 $O(\#\text{non\_zero\_data})$。当然，这种方法在构建树的过程中需要额外的内存和计算开销来维持表。我们在 LightGBM 中将此优化作为基本函数，因为当束是稀疏的时候，这种优化与 EFB 不冲突（可以用于 EFB）。

6.3.2 LightGBM 系统设计及其并行化加速

6.3.2.1 直接支持类别特征

实际上大多数机器学习工具都无法直接支持类别特征，一般需要把类别特征通过独热编码转化为多维的 0/1 特征。但我们知道对于决策树来说并不推荐使用独热编码，尤其是在类别个数很多的情况下，会存在以下问题：

- 产生样本切分不平衡问题，导致切分增益非常小（即浪费了这个特征）。使用独热编码意味着在每一个决策节点上只能使用一对多的切分方式。例如，动物类别切分后，会产生是否为狗、是否为猫等一系列特征，这一系列特征上只有少量样本为 1，大量样本为 0，这时候切分样本会产生不平衡，这意味着切分增益也会很小。较小的切分样本集占总样本的比例太小，无论增益多大，乘以该比例之后几乎都可以忽略；较大的拆分样本集几乎就是原始的样本集，增益几乎为零。比较直观的理解就是不平衡的切分和不切分没有区别。

- 影响决策树的学习。即使可以对这个类别特征进行切分，独热编码也会把数据切分到很多零散的小空间上，如图 6.21 左边所示。而决策树学习时利用的是统计信息，在这些数据量小的空间上，统计信息不准确，学习效果会变差。但如果使用图 6.21 右边的切分方法，数据会被切分到两个比较大的空间，进一步的学习效果也会更好。图 6.21 右边叶子节点的含义是 $X=A$ 或者 $X=C$ 放到左孩子，其余放到右孩子。

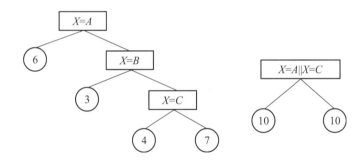

图 6.21　左图为基于独热编码进行分裂，右图为 LightGBM 基于多对多进行分裂

类别特征的使用在实践中是很常见的。为了解决独热编码处理类别特征的不足，LightGBM 优化了对类别特征的支持，可以直接输入类别特征，不需要额外的 0/1 展开。LightGBM 类别特征用每一步梯度提升时的梯度统计（Gradient Statistics, GS）来表示。采用多对多的切分方式将类别特征分为两个子集，实现类别特征的最优切分，如图 6.26 所示。假设某维特征有 k 个类别，则有 $2^{(k-1)}-1$ 种可能，时间复杂度为 $O(2^k)$，LightGBM 基于 Fisher 的论文 "On Grouping For Maximum Homogeneity" 实现了 $O(k\log k)$ 的时间复杂度。

算法流程如下：在枚举分割点之前，先把直方图按照每个类别对应的标签均值进行排序，然后按照排序的结果依次枚举最优分割点。从图 6.22 可以看出，Sum(y)/Count(y) 为类别的均值。当然，这种方法很容易过拟合，所以 LightGBM 还增加了很多对于这种方法的约束和正则化。

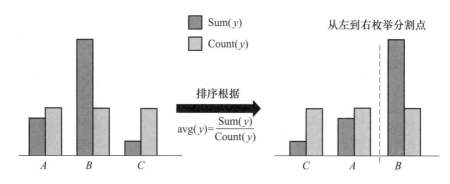

图 6.22　LightGBM 求解类别特征的最优切分算法

在 Expo 数据集上的实验结果表明，相比 0/1 展开的方法，使用 LightGBM 支持的类别特征可以使训练速度加速 8 倍，并且精度一致。更重要的是，LightGBM 是第一个直接支持类别特征的 GBDT 工具。

6.3.2.2　高效并行化加速方法

LightGBM 原生支持并行学习，目前支持特征并行（featrue parallelization）、数据并行（data parallelization）和基于投票的数据并行（voting parallelization）。

特征并行的主要思想是在不同机器、不同特征集合上分别寻找最优的分割点，然后在机器间同步最优的分割点。

XGBoost 使用的就是这种特征并行方法。但这种方法有一个很大的缺点：对数据进行垂直划分后每台机器所含数据不同，使用不同机器找到不同特征的最优分裂点，划分结果需要通过通信告知每台机器，增加了额外的复杂度。LightGBM 则不进行数据垂直划分，而是在每台机器上保存全部训练数据，在得到最佳划分方案后可在本地执行划分而减少了不必要的通信。具体过程如图 6.23 所示。

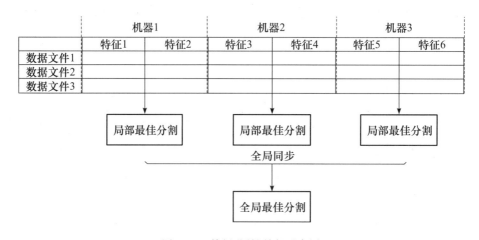

图 6.23　特征/属性并行示意图

数据并行中使用分散规约（reduce scatter）把直方图合并的任务分摊到不同的机器，降低了通信量和计算量，并利用直方图做差进一步减少了一半的通信量。

传统的数据并行策略主要为水平划分数据，让不同的机器先在本地构造直方图，然后进行全局合并，最后在合并的直方图上面寻找最优分割点。这种数据划分方式有一个很大的缺点：通信开销过大。如果使用点对点通信，一台机器的通信开销大约为 $O(\sharp\,machine * \sharp\,feature * \sharp\,bin)$；如果使用集成通信，则通信开销为 $O(2 * \sharp\,feature * \sharp\,bin)$。LightGBM 在数据并行中使用分散规约，具体过程如图 6.24 所示。

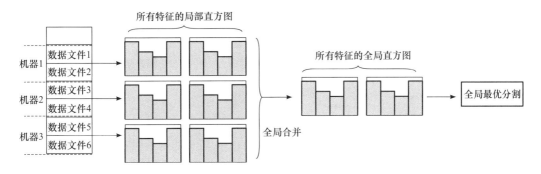

图 6.24　数据并行示意图

基于投票的数据并行进一步优化了数据并行中的通信代价，使通信代价变成常数级别。

在数据量很大的时候，投票并行只合并部分特征的直方图从而达到降低通信量的目的，可以得到非常好的加速效果。具体过程如图 6.25 所示，大致分为两步：

● 本地找出 top K 特征，并基于投票筛选出可能是最优分割点的特征。

● 合并时只合并每个机器选出来的特征。

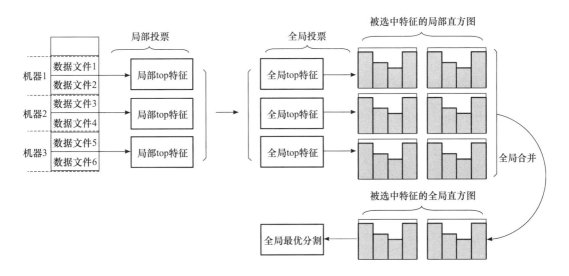

图 6.25　并行优化——基于投票的并行

6.3.2.3　cache 命中率优化

XGBoost 对 cache 优化不友好，如图 6.26 所示。在预排序后，特征对梯度的访问是随机的，并且不同的特征访问的顺序不一样，无法对 cache 进行优化。同时，在每一层树生长的时候，需要随机访问一个行索引到叶子索引的数组，并且不同特征访问的顺序也不一样，会造成较大的 cache 失效。为了解决缓存命中率低的问题，XGBoost 提出了缓存访问算法对此进行改进。

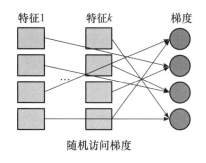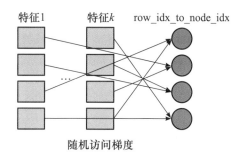

图 6.26　随机访问会造成 cache 失效

而 LightGBM 所使用的直方图算法对 cache 天生友好[13]，如图 6.27 所示。首先，所有的特征都采用相同的方式获得梯度（区别于 XGBoost 的不同特征通过不同的索引获得梯度），只需要对梯度进行排序便可实现连续访问，大大提高了缓存命中率。其次，因为不需要存储行索引到叶子索引的数组，所以降低了存储消耗，而且也不存在 cache 失效的问题。

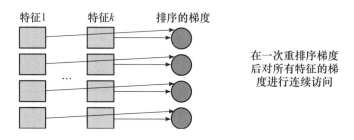

图 6.27　LightGBM 增加缓存命中率

6.3.3　LigthGBM 编程基础

本节以 Python 语言版本为例介绍 LightGBM 的编程[14]。安装 LightGBM 的首选方法是通过 pip：

```
pip install lightgbm
```

请参考 Python-package 文件夹中的详细安装指南。

为了验证安装是否正确，尝试在 Python 中导入 lightgbm：

```
import lightgbm as lgb
```

LightGBM Python 模块可以加载以下数据：

- LibSVM（零基）/TSV/CSV 格式文本文件。
- NumPy 二维数组、pandas DataFrame、H2O DataTable 的 Frame 和 SciPy 稀疏矩阵。
- LightGBM 二进制文件。
- LightGBM 序列对象。

数据被存储在一个数据集对象中。

6.3.3.1 LightGBM 支持的环境

LightGBM 支持当前所有的主流操作系统，包括 Windows、Linux 和 macOS，甚至可以安装在 Docker 容器中。在编程语言的支持方面，它提供 C 语言 API、Python API 和 R 语言 API，甚至可以在 Java 中调用基于 C 语言接口实现的 LightGBM。而对于实现方式层面，它支持 threadless 版本、MPI 版本、HDFS 版本、GPU 版本和 CUDA 版本，针对不同的实现方式，我们逐一做详细讲解。

threadless 版本。默认的 LightGBM 多线程版本是基于 OpenMP 实现的。OpenMP 是由 OpenMP Architecture Review Board 牵头提出的，用于共享内存并行系统的多处理器程序设计的一套指导性编译处理方案。它提供了对并行算法的高层抽象描述，这样我们在实现并行代码时可以把关注点放在算法本身，而非并行方法实现的细节。

此外，我们也可以编译不使用 OpenMP 的 LightGBM API（Threadless Version），但是强烈不建议这样做。在 Windows 系统中，可以使用 Visual Studio 编译，目前支持比较稳定的是 x64 版本，Win32 版本的 LightGBM 并不推荐使用。在 Windows 和其他平台上通用的一种编译方式是使用 CMake。

MPI 版本。默认的 LightGBM 分布式版本是基于 socket 的，此外，它也支持 MPI。MPI 是一种具有 RDMA 支持的高性能分布式计算框架。它既可以用于单机环境中多进程并行计算 LightGBM 模型，也可以在分布式集群中进行高性能通信。依赖于其底层的分散归约机制，可以最大限度地使用分布式集群中的每个 CPU 核。

HDFS 版本。HDFS（Hadoop 分布式文件系统）是一个高度容错性的系统，适合部署在低廉的硬件集群上，能够提供高吞吐量的数据访问，并且支持流式读取文件系统数据，非常适合 LightGBM 在训练大规模数据集时应用。因此，在分布式环境中，HDFS 版本的 LightGBM 也是一个不错的选择。

GPU 版本。GPU 版本的 LightGBM 底层基于 OpenCL 和 Boost 实现。OpenCL 是一个为异构平台编写的框架，此异构平台可由 CPU、GPU 或者其他类型的处理器组成。而 Boost 作为 C++ 的"准标准库"，集成了 C++ 语言的最新特性，为底层编码实现提供了丰富的工具库。因此，基于 OpenGL 框架对 GPU 的控制功能和 Boost 库强大的功能接口，微软官方提供了同时兼容 Intel、AMD 和 NVIDIA 显卡的 LightGBM 版本。

CUDA 版本。事实上，最原始的 GPU 版 LightGBM 都是基于 OpenCL 的，而最新的在 NVIDIA 显卡上对 LightGBM 的支持正处于实验阶段，并且发布了实验版本。基于 CUDA 的构建（device_type＝cuda）作为一个单独的实现版本，需要驱动版本在 6.0 及以上的 NVIDIA 显卡才能支持。目前，只有 Linux 操作系统支持该版本的 LightGBM，并且官方建议只有在不可能使用 OpenCL 版本（例如在 IBM POWER 微处理器上）的情况下才使用它。

以上是 LightGBM 支持的环境的主要情况，更详细的操作过程读者可参考 LightGBM 的官方文档[15]。

6.3.3.2 LightGBM 在分布式环境下的应用

在分布式环境下使用 LightGBM 有两种途径，一种是使用 LightGBM 的 MPI 版，另一种是使用 LightGBM 的 HDFS 版。以 MPI 环境为例，在不同操作系统下安装和配置的流程如下。

1. Windows

在 Windows 操作系统中，MPI 版本的 LightGBM 可以使用 MS MPI 和 Visual Studio 进行创建，分为两种创建方式。

图像界面方式：

1）首先安装 MS MPI，官方下载地址可参考文献[16]，需要安装 msmpisdk. msi 和 msmpi-setup. exe。

2）安装 Visual Studio（2015 或者更新版本）。

3）下载 MPI 版本的 LightGBM 源码[17]。

4）切换到"LightGBM-master/windows"路径。

5）使用 Visual Studio 打开"LightGBM. sln"，选择"Release_mpi"进行编译。

6）在"LightGBM-master/windows/x64/Release_mpi"路径下可以得到编译好的可执行程序。

命令行方式：

```
git clone --recursive https://github.com/microsoft/LightGBM
cd LightGBM
mkdir build
cd build
cmake -A x64 -DUSE_MPI= ON ..
cmake --build . - target ALL_BUILD - config Release
```

2. Linux

1）安装 Open MPI[18]。

2）安装 CMake[19]。

3）运行以下命令编译 MPI 版 LightGBM：

```
git clone --recursive https://github.com/microsoft/LightGBM
cd LightGBM
mkdir build
cd build
cmake -DUSE_MPI= ON ..
make -j4
```

需要注意的是，glibc 的版本至少为 2.14，并且某些情况下需要单独安装 OpengMP 运行时库。

3. macOS

1）安装 CMake：

```
brew install cmake
```

2）安装 OpenMP：

```
brew install libomp
```

3）安装 Open MPI：

```
brew install open-mpi
```

4）运行以下命令编译 MPI 版 LightGBM：

```
git clone --recursive https://github.com/microsoft/LightGBM
cd LightGBM
mkdir build
cd build
cmake -DUSE_MPI= ON ..
make -j4
```

需要注意的是，只有苹果 Clang 编译器 8.1 及以上版本支持此操作，并且 CMake 的版本至少为 3.16。

配置好以上内容之后，退出 build 文件夹，进入 python-package 文件夹。输入指令

```
python setup.py install --precompile
```

便可以正常使用 LightGBM 库了，使用方法读者可以参考 6.3.4～6.3.6 节。

6.3.3.3 GPU 的配置

1. Linux

在 Linux 系统中，GPU 版本的 LightGBM 可以使用 OpenCL、Boost、CMake、gcc 或 Clang 构建。在构建之前，需要安装以下依赖：

- OpenCL 1.2 版的头文件和库文件，它通常由 GPU 制造商提供。另外，通用的 OpenCL ICD 包（例如，Debian 包 ocl-icd-libopencl1 和 ocl-icd-opencl-dev）也会用到。
- libboost 1.56 版或者更新版本（推荐使用 1.61 及其以后的版本）。
- CMake 3.2 版及其以后的版本。

运行以下命令编译 GPU 版 LightGBM：

```
git clone --recursive https://github.com/microsoft/LightGBM
cd LightGBM
mkdir build
cd build
cmake -DUSE_GPU= 1 ..
# if you have installed NVIDIA CUDA to a customized location, you should specify paths to
OpenCL headers and library like the following:
# cmake -DUSE_GPU= 1 -DOpenCL_LIBRARY= /usr/local/cuda/lib64/libOpenCL.so -DOpenCL_IN-
CLUDE_DIR= /usr/local/cuda/include/ ..
make -j4
```

需要注意的是，glibc 的版本至少为 2.14，并且某些情况下需要单独安装 OpengMP 运行时库。

2. Windows

在 Windows 系统中，GPU 版本的 LightGBM 可以使用 OpenCL、Boost、CMake 和 VS 编译工具或者 MinGW 构建。如果使用 MinGW，构建过程与 Linux 上类似，Windows 上编译的细节读者可以参考相关官方文档[20]。如果使用 MSVC，构建过程如下所示。

1）安装 Git for Windows、CMake（3.8 或者更高版本）和 VS 编译工具。

2）安装 Windows 版 OpenCL，其安装依赖于主机上的显卡（NVIDIA、AMD 或者 Intel）。如果运行在 Intel 上，获取 Intel SDK for OpenCL；如果运行在 AMD 上，获取 AMD APP SDK；如果运行在 NVIDIA 上，获取 CUDA Toolkit。

3）安装 Boost 库。

4）运行以下命令编译 GPU 版 LightGBM：

```
git clone --recursive https://github.com/microsoft/LightGBM
cd LightGBM
mkdir build
cd build
cmake -A x64 -DUSE_GPU= 1 -DBOOST_ROOT= C:/local/boost_1_63_0
-DBOOST_LIBRARYDIR= C:/local/boost_1_63_0/lib64-msvc-14.0 ..
# if you have installed NVIDIA CUDA to a customized location, you should specify paths to
OpenCL headers and library like the following:
# cmake -A x64 -DUSE_GPU= 1 -DBOOST_ROOT= C:/local/boost_1_63_0 -DBOOST_LIBRARYDIR= C:/local/
boost_1_63_0/lib64-msvc-14.0 -DOpenCL_LIBRARY= "C:/Program Files/NVIDIA GPU Computing Toolkit/
CUDA/v10.0/lib/x64/OpenCL.lib"
-DOpenCL_INCLUDE_DIR= "C:/Program Files/NVIDIA GPU Computing Toolkit/CUDA/v10.0/include" ..
cmake --build . --target ALL_BUILD --config Release
```

配置好以上内容之后，退出 build 文件夹，进入 python-package 文件夹。输入指令

```
python setup.py install -precompile
```

便可以正常使用 LightGBM 库了，我们可以在 Python 中执行以下代码检验 LightGBM 是否安装成功：

```
# 导入 LightGBM 包
import lightgbm as lgb
from sklearn.datasets import load_boston
# 加载波士顿房价数据集
data= lgb.Dataset(* load_boston(True))
# 模型训练
lgb.train({'device': 'gpu'}, data) # 启用 GPU
```

6.3.3.4　简单的 LightGBM 示例

接下来以 LightGBM 在鸢尾花数据集上的应用为例，演示 LightGBM 模型的简单用法。具体代码示例如下。

```
# 源码位于 Chapter06/test_LightGBMDemo.py

# coding: utf-8
# pylint: disable= invalid-name, C0111
# 函数的更多使用方法参见 LightGBM 官方文档

import json
import lightgbm as lgb
import pandas as pd
from sklearn.metrics import mean_squared_error
from sklearn.datasets import load_iris
from sklearn.model_selection import train_test_split
from sklearn.datasets import  make_classification
```

```
iris= load_iris()    # 载入鸢尾花数据集
data= iris.data
target= iris.target
X_train,X_test,y_train,y_test = train_test_split(data,target,test_size= 0.2)
# 加载你的数据
# print('Load data...')
# df_train= pd.read_csv('../regression/regression.train', header= None, sep= '\t')
# df_test= pd.read_csv('../regression/regression.test', header= None, sep= '\t')
#
# y_train= df_train[0].values
# y_test= df_test[0].values
# X_train= df_train.drop(0, axis= 1).values
# X_test= df_test.drop(0, axis= 1).values
# 创建成 lgb 特征的数据集格式
lgb_train= lgb.Dataset(X_train, y_train) # 将数据保存到 LightGBM 二进制文件将使加载更快
lgb_eval= lgb.Dataset(X_test, y_test, reference= lgb_train)  # 创建验证数据
# 将参数写成字典形式
params= {
    'task': 'train',
    'boosting_type': 'gbdt',  # 设置提升类型
    'objective': 'regression', # 目标函数
    'metric': {'l2', 'auc'},  # 评估函数
    'num_leaves': 31,   # 叶子节点数
    'learning_rate': 0.05,  # 学习率
    'feature_fraction': 0.9, # 建树的特征选择比例
    'bagging_fraction': 0.8, # 建树的样本采样比例
    'bagging_freq': 5,   # 每 k 次迭代执行套袋
    'verbose': 1 #  < 0 显示致命的, = 0 显示错误 (警告), > 0 显示信息
}
print('Start training...')
# 训练 cv 和 train
gbm= lgb.train(params,lgb_train,num_boost_round= 20,valid_sets= lgb_eval,early_stopping_
rounds= 5) # 训练数据需要参数列表和数据集
print('Save model...')
gbm.save_model('model.txt')    # 训练后保存模型到文件
print('Start predicting...')
# 预测数据集
y_pred= gbm.predict(X_test, num_iteration= gbm.best_iteration)
# 如果在训练期间启用了早期停止,可以通过 best_iteration 方式从最佳迭代中获得预测
# 评估模型
print('The rmse of prediction is:', mean_squared_error(y_test, y_pred) * *  0.5)
# 计算真实值和预测值之间的均方根误差
```

执行的输出结果如下。

```
Start training...
[LightGBM] [Warning] Auto-choosing row-wise multi-threading, the overhead of testing was
0.000265 seconds.
You can set `force_row_wise= true` to remove the overhead.
And if memory is not enough, you can set `force_col_wise= true`.
[LightGBM] [Info] Total Bins 89
```

```
[LightGBM] [Info] Number of data points in the train set: 120, number of used features: 4
[LightGBM] [Info] Start training from score 0.983333
[LightGBM] [Warning] No further splits with positive gain, best gain: -inf
[1]     valid_0's l2: 0.678972  valid_0's auc: 1
Training until validation scores don't improve for 5 rounds
[LightGBM] [Warning] No further splits with positive gain, best gain: -inf
[2]     valid_0's l2: 0.627563  valid_0's auc: 1
[LightGBM] [Warning] No further splits with positive gain, best gain: -inf
[3]     valid_0's l2: 0.58108   valid_0's auc: 1
[LightGBM] [Warning] No further splits with positive gain, best gain: -inf
[4]     valid_0's l2: 0.539046  valid_0's auc: 1
[LightGBM] [Warning] No further splits with positive gain, best gain: -inf
[5]     valid_0's l2: 0.501032  valid_0's auc: 1
[LightGBM] [Warning] No further splits with positive gain, best gain: -inf
[6]     valid_0's l2: 0.466308  valid_0's auc: 1
Early stopping, best iteration is:
[1]     valid_0's l2: 0.678972  valid_0's auc: 1
Save model...
Start predicting...
The rmse of prediction is: 0.8239976582024672
```

6.3.4　LightGBM 与 sklearn 结合的示例

与 XGBoost 类似,Python 的 LightGBM 包也提供了 sklearn 风格的 LightGBM 分类器和回归器,分别为 LGBMClassifier 和 LGBMRegressor。在这里,我们以 LGBMRegressor 为例,介绍 sklearn 接口的 LightGBM 回归[21]。

```python
# 源码位于 Chapter06/test_LGBMRegressorSklearn.py

# 导入 lightgbm 和 sklearn 等相关的包
import lightgbm as lgb
from sklearn.datasets import load_boston
from sklearn.model_selection import train_test_split
from sklearn.model_selection import cross_val_score, KFold
from sklearn.metrics import mean_squared_error
import matplotlib.pyplot as plt

# 加载波士顿房价数据集,并按 17:3 的比例进行训练集/测试集划分
boston= load_boston()
x, y= boston.data, boston.target
xtrain, xtest, ytrain, ytest= train_test_split(x, y, test_size= 0.15)

# 建立 sklearn 风格的 LGBMRegressor 回归器,设置 boosting_type 参数为'goss'
# 'goss'代表采用基于梯度的单边采样
lgbr= lgb.LGBMRegressor(boosting_type= 'goss')
print(lgbr)

# 模型训练
lgbr.fit(xtrain, ytrain)

# 计算并打印 LGBMRegressor 模型在训练集上的预测评分(默认为 R2 指标)
```

```
score= lgbr.score(xtrain, ytrain)
print("Training score: ", score)

# 交叉验证
scores= cross_val_score(lgbr, xtrain, ytrain, cv= 5)
print("Mean cross-validation score: %.2f" % scores.mean())

# K= 10 的 K 折交叉验证
kfold= KFold(n_splits= 10, shuffle= True)
kf_cv_scores= cross_val_score(lgbr, xtrain, ytrain, cv= kfold )
print("K-fold CV average score: %.2f" % kf_cv_scores.mean())

# 模型预测与评估
ypred= lgbr.predict(xtest)
mse= mean_squared_error(ytest, ypred)
print("MSE: %.2f" % mse)
print("RMSE: %.2f" % (mse* * (1/2.0)))

# 绘图分析预测结果
x_ax= range(len(ytest))
plt.scatter(x_ax, ytest, s= 5, color= "blue", label= "original")
plt.plot(x_ax, ypred, lw= 0.8, color= "red", label= "predicted")
plt.legend()
plt.show()
```

输出如下。

```
LGBMRegressor(boosting_type= 'goss')
Training score:  0.934057629051558
Mean cross-validation score: 0.81
K-fold CV average score: 0.83
MSE: 8.19
RMSE: 2.86
```

结果拟合情况如图 6.28 所示。

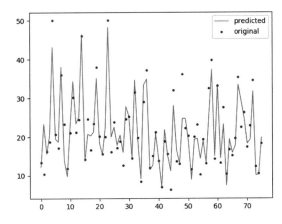

图 6.28　LightGBM 与 sklearn 结合实现回归的预测结果与实际目标值的拟合情况

6.3.5 LightGBM 回归问题编程

LightGBM 包除了提供 sklearn 风格的 LightGBM 分类器和回归器外，还提供了原生的接口来解决分类和回归问题[22]。

我们举一个例子，演示使用 LightGBM 的原生接口来处理回归问题。

```python
# 源码位于 Chapter06/test_LGBMRegressor.py

# 导入 lightgbm 和 sklearn 等相关的包
import lightgbm as lgb
from sklearn.datasets import load_boston
from sklearn.model_selection import train_test_split
from sklearn.metrics import mean_squared_error
import matplotlib.pyplot as plt

# 加载波士顿房价数据集，并按 17:3 的比例进行训练集/测试集划分
boston= load_boston()
x, y= boston.data, boston.target
xtrain, xtest, ytrain, ytest= train_test_split(x, y, test_size= 0.15)

# 转换为 lightgbm 的 Dataset 数据格式
lgb_train= lgb.Dataset(xtrain, ytrain)
lgb_eval= lgb.Dataset(xtest, ytest, reference= lgb_train)

#  lightgbm 的参数
params= {
    'task': 'train',
    'boosting_type': 'gbdt',  # 设置提升类型
    'objective': 'regression',  # 目标函数(回归)
    'verbose': -1  # < 0 显示致命的, = 0 显示错误 (警告), > 0 显示信息
}

# 模型训练
lgbr= lgb.train(params, lgb_train, num_boost_round= 20, valid_sets= lgb_eval, early_stop-
ping_rounds= 5)
print(lgbr)

# 模型预测与评估
ypred= lgbr.predict(xtest, num_iteration= lgbr.best_iteration)
mse= mean_squared_error(ytest, ypred)
print("MSE: %.2f" % mse)
print("RMSE: %.2f" % (mse* * (1/2.0)))

# 绘图分析预测结果
x_ax= range(len(ytest))
plt.scatter(x_ax, ytest, s= 5, color= "blue", label= "original")
plt.plot(x_ax, ypred, lw= 0.8, color= "red", label= "predicted")
plt.legend()
plt.show()
```

输出如下。

```
[1]      valid_0's l2: 78.3522
Training until validation scores don't improve for 5 rounds
[2]      valid_0's l2: 67.9632
[3]      valid_0's l2: 60.2064
[4]      valid_0's l2: 52.8405
[5]      valid_0's l2: 47.1521
[6]      valid_0's l2: 42.5055
[7]      valid_0's l2: 39.0108
[8]      valid_0's l2: 35.4791
[9]      valid_0's l2: 32.7306
[10]     valid_0's l2: 30.7555
[11]     valid_0's l2: 28.9406
[12]     valid_0's l2: 26.9195
[13]     valid_0's l2: 25.5718
[14]     valid_0's l2: 24.2037
[15]     valid_0's l2: 23.1846
[16]     valid_0's l2: 22.1465
[17]     valid_0's l2: 21.0872
[18]     valid_0's l2: 20.269
[19]     valid_0's l2: 19.2555
[20]     valid_0's l2: 18.5597
Did not meet early stopping. Best iteration is:
[20]     valid_0's l2: 18.5597
< lightgbm.basic.Booster object at 0x00000293C7CA1588>
MSE: 18.56
RMSE: 4.31
```

结果拟合情况如图 6.29 所示。

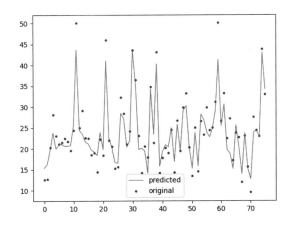

图 6.29 LightGBM 回归模型的预测结果与实际目标值的拟合情况

6.3.6 LightGBM 分类问题编程

同样，我们举一个例子，演示使用 LightGBM 的原生接口来处理分类问题。

```
# 源码位于 Chapter06/test_LGBMClassifer.py

# 导入 lightgbm 和 sklearn 等相关的包
import lightgbm as lgb
from sklearn.datasets import load_iris
from sklearn.model_selection import train_test_split
from sklearn.metrics import accuracy_score
import matplotlib.pyplot as plt

# 加载 iris 数据集，并按 7:3 的比例进行训练集/测试集划分
iris= load_iris()
X= iris.data
y= iris.target
xtrain, xtest, ytrain, ytest= train_test_split(X, y, test_size= 0.3, random_state= 0)

# 转换为 lightgbm 的 Dataset 数据格式
lgb_train= lgb.Dataset(xtrain, ytrain)
lgb_eval= lgb.Dataset(xtest, ytest, reference= lgb_train)

# lightgbm 的参数
params= {
    'learning_rate': 0.1,
    'lambda_l1': 0.1,
    'lambda_l2': 0.2,
    'max_depth': 4,
    'objective': 'multiclass',  # 目标函数(多分类)
    'num_class': len(iris.feature_names), # 多分类问题中类的数量
    'verbose': -1  # < 0 显示致命的, = 0 显示错误 (警告), > 0 显示信息
}

# 模型训练
lgbc= lgb.train(params, lgb_train, valid_sets= [lgb_eval])
print(lgbc)

# 模型预测与评估
ypred= lgbc.predict(xtest)
ypred= [list(x).index(max(x)) for x in ypred]
accuracy= accuracy_score(ytest, ypred)
print("accuracy: %.2f" % accuracy)

# 绘图分析预测结果
x_ax= range(len(ytest))
plt.scatter(x_ax, ytest, s= 5, color= "blue", label= "original")
plt.plot(x_ax, ypred, lw= 0.8, color= "red", label= "predicted")
plt.legend()
plt.show()
```

输出如下。

```
[1]     valid_0's multi_logloss: 0.942798
[2]     valid_0's multi_logloss: 0.811466
```

```
[3]      valid_0's multi_logloss: 0.689866
[4]      valid_0's multi_logloss: 0.601691
[5]      valid_0's multi_logloss: 0.52942
[6]      valid_0's multi_logloss: 0.469215
[7]      valid_0's multi_logloss: 0.424607
[8]      valid_0's multi_logloss: 0.382074
[9]      valid_0's multi_logloss: 0.351023
[10]     valid_0's multi_logloss: 0.312609
......
[95]     valid_0's multi_logloss: 0.138884
[96]     valid_0's multi_logloss: 0.139
[97]     valid_0's multi_logloss: 0.139042
[98]     valid_0's multi_logloss: 0.13917
[99]     valid_0's multi_logloss: 0.139219
[100]    valid_0's multi_logloss: 0.139496
< lightgbm.basic.Booster object at 0x00000209C1240AC8>
accuracy: 0.98
```

结果拟合情况如图 6.30 所示。

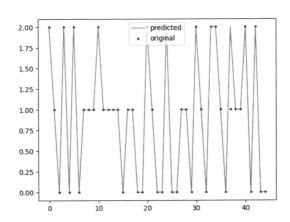

图 6.30　LightGBM 分类模型的预测结果与实际目标值的拟合情况

6.3.7　LightGBM 的优缺点

LightGBM 的优点主要是相对于 XGBoost 而言的，下面从内存和速度两方面进行介绍[23]。

速度更快：

- LightGBM 采用直方图算法将遍历样本转变为遍历直方图，极大地降低了时间复杂度。
- LightGBM 在训练过程中采用单边梯度算法过滤梯度小的样本，减少了大量的计算。
- LightGBM 采用基于逐叶子算法的增长策略构建树，减少了很多不必要的计算量。
- LightGBM 采用优化后的特征并行、数据并行方法加速计算，当数据量非常大的时候还可以采用投票并行的策略。
- LightGBM 对缓存也进行了优化，增加了缓存命中率。

内存更小：

- XGBoost 使用预排序后需要记录特征值及其对应样本的统计值的索引，而 LightGBM 使用直方图算法将特征值转变为箱子值，且不需要记录特征到样本的索引，将空间复

杂度从 $O(2 * \# \text{ data})$ $O(2 * \backslash \# \text{data})$ $O(2 * \# \text{data})$ 降低为 $O(\# \text{ bin})$ $O(\backslash \# \text{bin})$ $O(\# \text{bin})$，极大地减少了内存消耗。

- LightGBM 采用直方图算法将存储特征值转变为存储箱子值，降低了内存消耗。
- LightGBM 在训练过程中采用互斥特征捆绑算法减少了特征数量，降低了内存消耗。

LightGBM 的缺点如下：

- 可能会长出比较深的决策树，产生过拟合。因此 LightGBM 在逐叶子算法之上增加了一个最大深度限制，在保证高效率的同时防止过拟合。
- 提升族是迭代算法，每一次迭代都根据上一次迭代的预测结果对样本进行权重调整，所以随着迭代不断进行，误差会越来越小，模型的偏差会不断降低。由于 LightGBM 是基于偏差的算法，所以会对噪点较为敏感。
- 在寻找最优解时，依据的是最优切分变量，没有将最优解是全部特征的综合这一理念考虑进去。

6.4   CatBoost 基础

CatBoost[24] 是一种在决策树上进行梯度提升的算法。它是由 Yandex 的研究人员和工程师开发的，并被用于 Yandex 和其他公司的搜索、推荐系统、个人助理、自动驾驶汽车、天气预测和许多其他任务，包括 CERN、Cloudflare、Careem 出租车。它是开源的，任何人都可以使用。CatBoost 和 XGBoost、LightGBM 并称为 GBDT 的三大主流"神器"，都是在 GBDT 算法框架下的一种改进实现。XGBoost 被广泛应用于工业界，LightGBM 有效提升了 GBDT 的计算效率，而 Yandex 的 CatBoost 号称是比 XGBoost 和 LightGBM 在算法准确率等方面表现更为优秀的算法。

CatBoost 主要有以下特性[25]：

- 采用一种基于对称决策树的基学习器，无须调参即可获得较高的模型质量，采用默认参数就可以获得非常好的结果，减少在调参上花费的时间。
- 支持类别型变量，无须对非数值型特征进行预处理。嵌入了自动将类别型特征处理为数值型特征的创新算法。首先对类别特征做一些统计，计算某个类别特征出现的频率，之后加上超参数，生成新的数值型特征。
- 使用组合类别特征，可以利用特征之间的联系，这极大地丰富了特征维度。
- 采用排序提升的方法对抗训练集中的噪点，解决了梯度偏差（gradient bias）以及预测偏移（prediction shift）的问题，从而减少过拟合的发生，进而提高算法的准确性和泛化能力。
- 快速、可扩展的 GPU 版本，可以用基于 GPU 的梯度提升算法来训练模型，支持多卡并行。
- 快速预测，即便应对延时非常苛刻的任务也能够快速高效部署模型。

6.4.1   CatBoost 核心原理

6.4.1.1   类别型特征

类别型特征是指其值是离散的集合且相互比较并无意义的特征，比如用户 ID、产品 ID、颜色等。因此，这些变量无法在二叉决策树当中直接使用。在梯度提升算法中，最常用的是将这些类别型特征转为数值型来处理，一般类别型特征会转化为一个或多个数值型特征。

如果某个类别型特征基数比较低，即该特征的所有值去重后构成的集合元素个数比较少，一般利用独热编码方法将特征转为数值型。独热编码可以在数据预处理时完成，也可以在模型训练时完成。从训练时间的角度来看，后一种方法的实现更为高效，CatBoost 对于基数较低的类别型特征也采用后一种实现。

显然，在高基数类别型特征（比如用户 ID）中，这种编码方式会产生大量新的特征，造成维度灾难。一种折中的办法是将类别分组成有限个群再进行独热编码。一种常被使用的方法是根据目标变量统计（Target Statistics，TS）进行分组，目标变量统计用于估算每个类别的目标变量期望值。甚至有人直接用 TS 作为一个新的数值型变量来代替原来的类别型变量。重要的是，可以通过对 TS 数值型特征的阈值设置，基于对数损失、基尼指数或者均方差，得到一个对于训练集而言将类别一分为二的所有可能划分中最优的那个。在 LightGBM 中，类别型特征用每一步梯度提升时的梯度统计（Gradient Statistics，GS）来表示。虽然为建树提供了重要的信息，但是这种方法有以下两个缺点：

- 增加计算时间，因为对于每一个类别型特征，在迭代的每一步都需要对 GS 进行计算。
- 增加存储需求，对于每一个类别型变量，需要存储每一次分离每个节点的类别。

为了克服这些缺点，LightGBM 以损失部分信息为代价将所有的长尾类别归为一类，在处理高基数特征时，这种方法要优于编码方法。

不过如果采用 TS 特征，那么对于每个类别只需要计算和存储一个数字。采用 TS 作为一个新的数值型特征是最有效、信息损失最小的处理类别型特征的方法。TS 目前被广泛采用，例如在点击预测任务中，这个场景中的类别特征有用户、地区、广告、广告发布者等。接下来着重讨论 TS。

一种有效和高效的处理类别型特征 k 的方式是用一个与某些 TS 相等的数值型变量 $\hat{x}_k^i$ 来代替第 i 个训练样本的类别值 $x_{i,k}$。

CatBoost 算法的设计初衷是为了更好地处理梯度提升树中的分类型特征。在处理梯度提升树的分类型特征时，最简单的方法是用分类型特征对应的标签的平均值来替换。在决策树中，标签平均值将作为节点分裂的标准。这种方法被称为贪婪的基于目标变量的统计（Greedy TS），用公式来表达就是

$$\hat{x}_k^i = \frac{\sum_{j=1}^{n} [x_{j,k} = x_{i,k}] \cdot Y_i}{\sum_{j=1}^{n} [x_{j,k} = x_{i,k}]} \tag{6.33}$$

其中，Y_i 是样本 i 的目标变量值，$x_{j,k}$ 表示样本 j 的类别型特征 k 的类别值。

这种方法有一个显而易见的缺陷，就是通常特征比标签包含更多的信息，如果强行用标签的平均值来表示特征的话，当训练数据集和测试数据集的数据结构和分布不一样时会出现条件偏移问题。一种标准的改进方式是添加先验分布项，这样可以减少噪声和低频率类别型数据对于数据分布的影响，假设 $\sigma = (\sigma_1, \sigma_2, \cdots, \sigma_n)$ 为随机排序序列，用如下公式来表达：

$$\hat{x}_k^i = \frac{\sum_{j=1}^{p-1} [x_{\sigma_{j,k}} = x_{\sigma_{p,k}}] Y_{\sigma_j} + a \cdot p}{\sum_{j=1}^{p-1} [x_{\sigma_{j,k}} = x_{\sigma_{p,k}}] + a} \tag{6.34}$$

其中 p 是添加的先验项，a 通常是大于 0 的权重系数。

添加先验项是一种普遍做法，对于类别数较少的特征，它可以减少噪声数据。对于回归问题，一般情况下，先验项可取数据集标签的均值。对于二分类，先验项是正例的先验概率。利用多个数据集排列也是有效的，但是，如果直接计算则可能导致过拟合。CatBoost 利用了一个比较新颖的计算叶子节点值的方法，即对称树，这种方式可以避免多个数据集排列中直接计算导致的过拟合问题。当然，在论文 "CatBoost：unbiased boosting with categorical features" 中，还提到了其他几种改进方法，包括留出法 TS、留一法 TS、有序 TS。

- 留出法 TS。将数据集划分为两部分，一部分用来计算 TS，另一部分用来训练。这种方法虽然可以避免条件偏移问题，但也减少了用于训练模型和计算统计信息数据的数据量。
- 留一法 TS。初看这种方法应该行得通，对训练样本 x_k^i 用排除了 x^i 的剩余样本计算 TS，对测试样本则用全量计算 TS。但仔细想想，这没有解决目标泄露的问题，如一个不变的分类特征，这样又回到了之前所说的条件偏移的问题。
- 有序 TS。CatBoost 使用了一种更有效的策略，这一策略使用的排序原则（ordering principle）也是 CatBoost 的核心思想，这也是受在线学习算法的启发（在线学习算法是通过时间序列来获得训练样本）。简单地说，TS 值的计算依靠目前已经观察的样本集。为了适应标准的离线训练，我们可以随机生成一个排列来实现带时序的训练集，CatBoost 在不同的梯度提升步中使用不同的排列。

6.4.1.2 类别型特征的组合

CatBoost 的另外一项重要实现是将不同类别型特征的组合作为新的特征，以获得高阶依赖（high-order dependency）。比如广告点击预测中用户 ID 与广告话题之间的联合信息；或者在音乐推荐引用中用户 ID 与音乐流派之间的联合信息，如果有些用户更喜欢摇滚乐，那么将用户 ID 和音乐流派分别转换为数字特征时，这种用户内在的喜好信息就会丢失。结合这两个特征就可以解决这个问题，并且可以得到一个新的强大的特征。然而，组合的数量会随着数据集中类别型特征的数量成指数增长，因此在算法中考虑所有组合是不现实的。

为当前树构造新的分割点时，CatBoost 会采用贪婪的策略考虑组合。对于树的第一次分割，不考虑任何组合。对于下一次分割，CatBoost 将当前树的所有组合、类别型特征与数据集中的所有类别型特征相结合，并将新的组合类别型特征动态地转换为数值型特征。CatBoost 还通过以下方式生成数值型特征和类别型特征的组合：树中选定的所有分割点都被视为具有两个值的类别型特征，并像类别型特征一样考虑组合。

6.4.1.3 CatBoost 处理类别型变量的小结

首先，计算一些数据的统计信息。计算某个类别值出现的频率，然后加上超参数，生成新的数值型特征。这一策略要求同一标签数据不能排列在一起（即先全是 0 之后全是 1），训练之前需要打乱数据集。

其次，使用数据的不同排列（实际上是 4 个）。在每一轮建立树之前，先扔一轮骰子，决定使用哪个排列来生成树。

再次，考虑使用类别型特征的不同组合。例如颜色和种类组合起来，可以构成组合特征。当需要组合的类别型特征变多时，CatBoost 只考虑一部分组合。在选择第一个节点时，只考虑选择一个特征，例如 A。在生成第二个节点时，考虑 A 和任意一个类别型特征的组合，然后选择其中最好的。就这样使用贪心算法生成组合。

最后，除非针对维数很小的类别型特征，一般不建议自己生成独热编码向量，最好交给算法来处理。

6.4.1.4　修正梯度偏差

CatBoost 和所有标准梯度提升算法一样，都是通过构建新树来拟合当前模型的梯度。

许多利用 GBDT 技术的算法（例如，XGBoost、LightGBM）构建下一棵树的过程分为两个阶段：选择树结构和在树结构固定后计算叶子节点的值。为了选择最佳树结构，算法枚举不同的分割并用这些分割来构建树，对得到的叶子节点计算值，然后对得到的树计算评分，最后选择最佳分割。在两个阶段中，叶子节点的值都是被当作梯度或牛顿步长的近似值来计算。

然而，这种做法存在由有偏的点态梯度估计引起的过拟合问题。在每个步骤中使用的梯度都使用当前模型中相同的数据点来估计，这导致估计梯度在特征空间的任何域中的分布与该域中梯度的真实分布相比发生了偏移，从而导致过拟合。为了解决这个问题，CatBoost 对经典的梯度提升算法进行了一些改进。

在 CatBoost 中，第一阶段采用梯度步长的无偏估计，第二阶段使用传统的 GBDT 方案执行。既然原来的梯度估计是有偏的，那么怎么能改成无偏估计呢？

设 F_i 为构建 i 棵树后的模型，$g^i(X_k, y_k)$ 为构建 i 棵树后第 k 个训练样本上的梯度值，其中 X_k 为样本 k 的特征向量值，y_k 为目标变量值。为了使得 $g^i(X_k, y_k)$ 无偏于模型 F_i，我们需要在没有 X_k 参与的情况下对模型 F_i 进行训练。由于我们需要对所有训练样本计算无偏的梯度估计，照以上做法，将没有样本可用来训练模型 F_i。CatBoost 运用下面这个技巧来处理这个问题。

样本集 $\{(X_k, Y_k)\}_{k=1}^n$ 按随机序列 σ 排序，树的数量为 I。对于样本 X_k，初始化模型为一个单独的模型 M_k，其次，对于每一棵树，遍历每一个样本，对前 $k-1$ 个样本，依次计算损失的梯度 g_i。再次，用前 $k-1$ 个样本的 g_j 和 $X_j(j=1, 2, \cdots, k-1)$ 来构建模型 M。最后，对每一个样本 X_k，用 M 来修正初始化的 M_k，这样就可以得到一个分隔的模型 M_k，且该模型从不使用基于该样本的梯度估计进行更新。重复上述操作，就可以得到每一个样本 X 的分隔模型 M。由此可见，每一个 M_k 都共享相同的树结构。我们使用 M_k 来估计 X_k 上的梯度，并使用这个估计对结果树进行评分。

算法的伪码描述如下所示，其中 $\mathrm{Loss}(y_j, a)$ 是需要优化的损失函数，y_j 是标签值，a 是公式计算值。

算法：更新模型，计算模型值进行梯度估计

输入：$\{(X_k, Y_k)\}_{k=1}^n$ 根据 σ 即树 I 的数量排序。

$M_i \leftarrow 0$, $i = 1, \cdots, n$

for iter $\leftarrow$ 1 **to** I **do**

　for $i \leftarrow$ 1 **to** n **do**

　　for $j \leftarrow$ 1 **to** $i \leftarrow$ 1 **do**

　　　$g_j \leftarrow \left. \dfrac{\mathrm{d}}{\mathrm{d}a}\mathrm{Loss}(y_j, a) \right|_{a = M_i(X_j)}$

　　end

　　$M \leftarrow \mathrm{LearnOneTree}((X_j, g_j), j = 1, \cdots, i-1)$

　　$M_i \leftarrow M_i + M$

　end

end

return $M_1, \cdots, M_n$; $M_1(X_1), M_2(X_2), \cdots, M_n(X_n)$

6.4.1.5 预测偏移和排序提升

预测偏移（prediction shift）是由梯度偏差造成的。在 GDBT 的每一步迭代中，损失函数使用相同的数据集求得当前模型的梯度，然后训练得到基学习器，但这会导致梯度估计偏差，进而导致模型产生过拟合问题。CatBoost 通过排序提升（ordered boosting）方式替换传统算法中的梯度估计方法，进而减轻梯度估计的偏差，提高模型的泛化能力。下面我们对预测偏移进行详细描述和分析。

首先考虑 GBDT 的整体迭代过程。GBDT 算法通过一组分类器的串行迭代，最终得到一个强学习器，以此来进行更高精度的分类。它使用前向分布算法，弱学习器使用分类回归树（CART）。

假设前一轮迭代得到的强学习器是 $F^{(t-1)}(x)$，损失函数是 $L(y, F^{(t-1)}(x))$，则本轮迭代的目的是找到一个 CART 回归树模型的弱学习器 h^t，让本轮的损失函数最小。h^t 表示如下：

$$h^t = \underset{h \in H}{\mathrm{argmin}}\, L((y, F^{(t-1)}(x) + h(x))) \tag{6.35}$$

GBDT 使用损失函数的负梯度来拟合每一轮损失的近似值，下面的式子中 $g^t(x, y)$ 表示上述梯度：

$$g^t(x, y) = \frac{\partial L(y, s)}{\partial s}\bigg|_{s = F^{(t-1)}(x)} \tag{6.36}$$

通常用下式近似拟合 h^t：

$$h^t = \underset{h \in H}{\mathrm{argmin}}\, E(-g^t(x, y) - h(x))^2 \tag{6.37}$$

最终得到本轮的强学习器，如下式所示：

$$F^t(x) = F^{(t-1)}(x) + h^t \tag{6.38}$$

在这个过程当中，偏移是这样发生的：根据 $D \setminus \{X_k\}$ 进行随机计算的条件分布 $g^t(X_k, y_k) \mid X_k$ 与测试集的分布 $g^t(X, y) \mid X$ 发生偏移，这样由公式(6.37) 定义的基学习器 h^t 与公式(6.35) 定义的产生偏差，最后影响模型 F 的泛化能力。

为了克服预测偏移问题，CatBoost 提出了一种新的叫作排序提升的算法。

算法：排序提升

输入：$\{(X_k, Y_k)\}_{k=1}^n$，I。

$\sigma \leftarrow$ 随机排列的 $[1, n]$；

$M_i \leftarrow 0$，$i = 1, \cdots, n$

for $t \leftarrow 1$ **to** I **do**

  for $i \leftarrow 1$ **to** n **do**

    $r_i \leftarrow y_i - M_{\sigma(i)-1}(x_i)$

  end

  for $i \leftarrow 1$ **to** n **do**

    $\Delta M \leftarrow \mathtt{LearnModel}\,((x_j, r_j): \sigma(j) \le i)$

    $M_i \leftarrow M_i + \Delta M$

  end

end

return M_n

为了得到无偏梯度估计，CatBoost 对每一个样本 x_i 都训练一个单独的模型 M_i，模型 M_i 由使用不包含样本 x_i 的训练集训练得到。我们使用 M_i 来得到关于样本的梯度估计，使用该梯度来训练基学习器并得到最终的模型。

排序提升算法虽然不错，但是在大部分实际任务中都不具备实用价值，因为需要训练 n 个不同的模型，大大增加了内存消耗和时间复杂度。在 CatBoost 中，我们以决策树为基学习器的梯度提升算法的基础上，对该算法进行了改进。

前面提到过，在传统的 GBDT 框架中，构建下一棵树分为两个阶段：选择树结构和在树结构固定后计算叶子节点的值。CatBoost 主要在第一阶段进行优化。在建树的阶段，CatBoost 有两种提升模式：Plain 和 Ordered。Plain 模式是采用内建的有序 TS 对类别型特征进行转化后的标准 GBDT 算法。Ordered 则是对排序提升算法的优化。两种提升模式的具体介绍可以参见论文 "CatBoost：unbiased boosting with categorical features"。

6.4.1.6　快速评分

CatBoost 使用对称树作为基预测器。XGBoost 一层一层地建立节点，LightGBM 一个一个地建立节点，而 CatBoost 总是使用完全二叉树。CatBoost 的节点是镜像的，如图 6.31 所示。Catboost 称对称树有利于避免过拟合，增加可靠性，并且能大大加速预测。

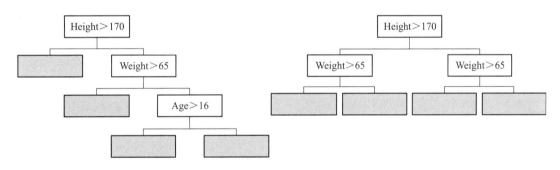

图 6.31　对称树示意图

在这类树中，相同的分割准则在树的整个一层上使用。这种树是平衡的，不太容易过拟合。梯度提升对称树被成功地用于各种学习任务。在对称树中，每个叶子节点的索引可以被编码为长度等于树深度的二进制向量。这在 CatBoost 模型评估器中得到了广泛的应用：首先将所有浮点特征、统计信息和独热编码特征进行二值化，然后使用二进制特征来计算模型预测值。

6.4.1.7　CatBoost 的算法流程

建树的流程如下。开始阶段，CatBoost 对训练集随机生成 $n+1$ 个不同序列对，其中 σ_1，σ_2，$\cdots$，σ_n 用于定义树结构和分裂节点的计算。σ_0 用于为生成树结构选择叶子节点对的值。对于测试集合，我们根据整个训练集的 TS 计算相应类别的值。在 CatBoost 中，基分类器是对称树，整体流程如下所示。

算法：CatBoost

输入：$\{(X_k, Y_k)\}_{k=1}^n, I, \alpha, L, s, \text{Mode}$。

$\sigma_r \leftarrow$ 对于 $r = 0, \cdots, s$ 随机排列的 $[1, n]$ # 随机采样一个序列

$M_0(i) \leftarrow 0, i = 1, \cdots, n$ # 第 0 个序列每个样本的模型初始化，n 个模型

if Mode= Plain **then**

$M_r(i) \leftarrow 0$ **for** $r = 1, \cdots, s$, $i : \sigma_r(i) \le 2^{j+1}$

end

if Mode= Ordered **then**

    for $j \leftarrow 1$ **to** $\lceil \log_2 n \rceil$ **do**

        $M_{r,j}(i) \leftarrow 0, r = 1, \cdots, s, i = 1, \cdots, 2^{j+1}$ # 其余 s 个序列，每个样本的模型初始化，共 sn 个值

    end

end

for $t \leftarrow 1$ **to** I **do** # 迭代 I 次，生成 I 棵树

    # 使用更新的 sn 个值生成一棵树并更新 sn 的值

    $T_t, \{M_r\}_{r=1}^s \leftarrow$ BuildTree$(\{M_r\}_{r=1}^s, \{(x_i, y_i)\}_{i=1}^n, \alpha, L, \{\sigma_i\}_{i=1}^s,$ Mode$)$

    $\text{leaf}_0(i) \leftarrow$ GetLeaf$(x_i, T_t, \sigma_0), i = 1, \cdots, n$

    $\text{grad}_0 \leftarrow$ CalcGradient(L, M_0, y)

    foreach leaf j **in** T_t **do**

        # 使用 0 序列来为每个叶子节点得到均值，用于预测

        $b_j^t \leftarrow -\,\text{avg}(\text{grad}_0(i), i : \text{leaf}_0(i) = j)$

    end

    $M_0(i) \leftarrow M_0(i) + \alpha\, b_{\text{leaf}_0(i)}^t, i = 1, \cdots, n$

end

return $F(x) = \sum\limits_{t=1}^{I} \sum\limits_{j} \alpha\, b_j^t\, 1_{\{\text{GetLeaf}(x, T_t, \text{ApplyMode}) = j\}}$ # ApplyMode 表示预测，类别型变量使用全局 TS 计算

方程: BuildTree

输入: $\{(X_k, Y_k)\}_{k=1}^n, \alpha, L, \{\sigma_i\}_{i=1}^s,$ Mode。

$\text{grad} \leftarrow$ CalcGradient(L, M, y) # 更新模型（每个由前 t 次迭代得到），并由此计算 sn 个梯度

$r \leftarrow$ random$(1, s)$ # 随机选一个序列

if Mode= Plain **then**

    $G \leftarrow (\text{grad}_r(i), i = 1, \cdots, n)$

end

if Mode= Ordered **then**

    $G \leftarrow (\text{grad}_{r, \lfloor \log_2(\sigma_r(i)-1) \rfloor}(i), i = 1, \cdots, n)$ # 得到该序列所有样本的梯度值

end

$T \leftarrow$ 空树;

foreach 自顶向下程序的每一步 **do** # 候选节点

    foreach 候选分割 c **do**

        $T_c \leftarrow$ 添加分割 c 到 T

        leaf $f_r(i) \leftarrow$ GetLeaf$(x_i, T_c, \sigma_r), i = 1, \cdots, n$ # 计算候选新树的所有样本对应的值

        if Mode= Plain **then**

            $\Delta(i) \leftarrow \text{avg}(\text{grad}_r(p), p : \text{leaf}_r(p) = \text{leaf}_r(i)), i = 1, \cdots, n$

        end

        if Mode= Ordered **then**

            # 对于每个样本，计算序列上在其之前的样本，确定分裂节点

            $\Delta(i) \leftarrow \text{avg}(\text{grad}_{r, \lfloor \log_2(\sigma_r(i)-1) \rfloor}(p), p : \text{leaf}_r(p) = \text{leaf}_r(i), \sigma_r(p) < \sigma_r(i)),$

            $i = 1, \cdots, n$

        end

        loss$(T_c) \leftarrow \cos(\Delta, G)$

    end

$T \leftarrow \mathrm{argmin}_{T_C}(\mathrm{loss}\,(T_c))$ # 选择分割点，使得切分后一个样本的值与之前样本的值最接近

end

$\mathrm{leaf}_{r'}(i) \leftarrow \mathrm{GetLeaf}(x_i, T, \sigma_{r'})$, $r' = 1, \cdots, s, i = 1, \cdots, n$ # 得到的s个序列中，每个值对应一个叶子节点值，共sn个

if Mode= Plain **then**

$M_{r'}(i) \leftarrow M_{r'}(i) - \alpha \mathrm{avg}\,(\mathrm{grad}_{r'}\,(p), p : \mathrm{leaf}_{r'}\,(p) = \mathrm{leaf}_{r'}\,(i))$, $r' = 1, \cdots, s, i = 1, \cdots, n$

end

if Mode= Ordered **then**

  for $j \leftarrow 1$ **to** $\lceil \log_2 n \rceil$ **do**

    # 更新sn个样本模型的值

    $M_{r',j}(i) \leftarrow M_{r',j}(i) - \alpha \mathrm{avg}(\mathrm{grad}_{r',j}(p), p : \mathrm{leaf}_{r'}(p) = \mathrm{leaf}_{r'}(i), \sigma_{r'}(p) \leq 2^j)$, $r' = 1, \cdots, s$,

$i : \sigma_{r'}(i) \leq 2^{j+1}$

  end

end

return T, M

6.4.2　CatBoost 系统设计及其并行化加速

就 GPU 内存使用而言，CatBoost 至少与 LightGBM 一样有效，CatBoost 的 GPU 实现可支持多个 GPU，分布式树学习可以通过样本或特征进行并行化[26]。

- 密集的数值特征。对于任何 GBDT 算法而言，最大的难点之一就是搜索最佳分割。尤其是对于密集的数值特征数据集来说，该步骤是建立决策树时的主要计算负担。CatBoost 使用对称决策树作为基模型，并将特征离散化到固定数量的箱子中以减少内存使用。CatBoost 的主要改进之处就是利用了一种不依赖于原子操作的直方图计算方法。
- 类别型特征。CatBoost 实现了多种处理类别型特征的方法，并使用完美哈希来存储类别型特征的值，以减少内存使用。由于 GPU 内存的限制，在 CPU RAM 中存储按位压缩的完美哈希，以及要求的数据流、重叠计算和内存等操作，通过哈希来分组观察。在每个组中，我们需要计算一些统计量的前缀和。该统计量的计算使用分段扫描 GPU 图元实现。
- 多 GPU 支持。CatBoost 中的 GPU 实现可支持多个 GPU。分布式树学习可以通过数据或特征进行并行化。CatBoost 采用多个学习数据集排列的计算方案，在训练期间计算类别型特征的统计数据。

6.4.3　CatBoost 编程基础

从 pip 安装 CatBoost 需要运行以下命令：

```
pip install catboost
```

然后安装可视化工具，安装 ipywidgets Python 软件包（需要 7. x 版本或更高版本）需要运行以下命令：

```
pip install ipywidgets
```

开启 widgets 扩展需要运行以下命令：

```
jupyter nbextension enable --py widgetsnbextension
```

测试 CatBoost 是否已经安装好，可以使用如下代码：

```
# 源码位于 Chapter06/test_CatBoostDemo.py

import numpy
from catboost import CatBoostRegressor
dataset= numpy.array([[1,4,5,6],[4,5,6,7],[30,40,50,60],[20,15,85,60]])
train_labels= [1.2,3.4,9.5,24.5]
model= CatBoostRegressor(learning_rate= 1, depth= 6, loss_function= 'RMSE')
fit_model= model.fit(dataset, train_labels)
print(fit_model.get_params())
```

输出如下。

```
0:      learn: 6.8953900       total: 196ms      remaining: 3m 15s
1:      learn: 4.8590818       total: 196ms      remaining: 1m 37s
2:      learn: 3.6271477       total: 196ms      remaining: 1m 5s
3:      learn: 2.7203608       total: 197ms      remaining: 49s
4:      learn: 2.0402706       total: 197ms      remaining: 39.2s
5:      learn: 1.5302029       total: 197ms      remaining: 32.7s
......
997:    learn: 0.0000000       total: 437ms      remaining: 875us
998:    learn: 0.0000000       total: 437ms      remaining: 437us
999:    learn: 0.0000000       total: 437ms      remaining: 0us

{'loss_function': 'RMSE', 'depth': 6, 'learning_rate': 1}
```

说明 CatBoost 安装成功。

6.4.3.1　CatBoost 在 CPU 和 GPU 上的实现

在 CPU 上执行的 CatBoost 的代码如下。

```
# 源码位于 Chapter06/test_CatBoostDemo2.py

from catboost import CatBoostClassifier
import timeit
from catboost.datasets import epsilon

train, test= epsilon()
X_train, y_train= train.iloc[:,1:], train[0]
X_test, y_test= test.iloc[:,1:], test[0]

def train_on_cpu():
  model= CatBoostClassifier(
    iterations= 100,
    learning_rate= 0.03
  )
  model.fit(
```

```
      X_train, y_train,
      eval_set= (X_test, y_test),
      verbose= 10
  );
cpu_time= timeit.timeit('train_on_cpu()',
                    setup= "from __main__ import train_on_cpu",
                    number= 1)
print('Time to fit model on CPU: {} sec'.format(int(cpu_time)))
```

输出如下。

```
0:      learn: 0.6877166        test: 0.6878169 best: 0.6878169 (0)        total: 20.3s
remaining: 33m 33s
10:     learn: 0.6456925        test: 0.6463060 best: 0.6463060 (10)       total: 33.7s
remaining: 4m 32s
20:     learn: 0.6168956        test: 0.6179172 best: 0.6179172 (20)       total: 44.2s
remaining: 2m 46s
30:     learn: 0.5950363        test: 0.5961914 best: 0.5961914 (30)       total: 54.2s
remaining: 2m
40:     learn: 0.5766619        test: 0.5779065 best: 0.5779065 (40)       total: 1m 3s
remaining: 1m 31s
50:     learn: 0.5613630        test: 0.5628289 best: 0.5628289 (50)       total: 1m 14s
remaining: 1m 11s
60:     learn: 0.5486092        test: 0.5501523 best: 0.5501523 (60)       total: 1m 24s
remaining: 53.9s
70:     learn: 0.5371153        test: 0.5386144 best: 0.5386144 (70)       total: 1m 33s
remaining: 38.3s
80:     learn: 0.5269249        test: 0.5284479 best: 0.5284479 (80)       total: 1m 42s
remaining: 24.1s
90:     learn: 0.5175789        test: 0.5191545 best: 0.5191545 (90)       total: 1m 52s
remaining: 11.1s
99:     learn: 0.5099015        test: 0.5114921 best: 0.5114921 (99)       total: 2m
remaining: 0us

bestTest= 0.5114921418
bestIteration= 99
Time to fit model on CPU: 212 sec
```

在 GPU 上执行的 CatBoost 的代码如下。

```
# 源码位于 Chapter06/test_CatBoostDemo2.py

def train_on_gpu():
  model= CatBoostClassifier(
    iterations= 100,
    learning_rate= 0.03,
    task_type= 'GPU'
  )
  model.fit(
      X_train, y_train,
      eval_set= (X_test, y_test),
```

```
            verbose= 10
    );
gpu_time= timeit.timeit('train_on_gpu()',
                        setup= "from __main__ import train_on_gpu",
                        number= 1)
print('Time to fit model on GPU: {} sec'.format(int(gpu_time)))
# print('GPU speedup over CPU: ' + '%.2f'% (cpu_time/gpu_time) + 'x')
```

输出如下。

```
0:      learn: 0.6876912         test: 0.6877983 best: 0.6877983 (0)      total: 608ms
remaining: 1m
10:     learn: 0.6457567         test: 0.6464822 best: 0.6464822 (10)     total: 2.74s
remaining: 22.2s
20:     learn: 0.6166289         test: 0.6176188 best: 0.6176188 (20)     total: 4.77s
remaining: 17.9s
30:     learn: 0.5943100         test: 0.5956200 best: 0.5956200 (30)     total: 6.76s
remaining: 15.1s
40:     learn: 0.5758597         test: 0.5773069 best: 0.5773069 (40)     total: 8.71s
remaining: 12.5s
50:     learn: 0.5606768         test: 0.5622470 best: 0.5622470 (50)     total: 10.7s
remaining: 10.3s
60:     learn: 0.5475550         test: 0.5492616 best: 0.5492616 (60)     total: 12.6s
remaining: 8.06s
70:     learn: 0.5357704         test: 0.5375618 best: 0.5375618 (70)     total: 14.5s
remaining: 5.93s
80:     learn: 0.5254172         test: 0.5272941 best: 0.5272941 (80)     total: 16.4s
remaining: 3.85s
90:     learn: 0.5159693         test: 0.5179750 best: 0.5179750 (90)     total: 18.3s
remaining: 1.81s
99:     learn: 0.5082699         test: 0.5103769 best: 0.5103769 (99)     total: 20s
remaining: 0us
bestTest= 0.5103769141
bestIteration= 99
Time to fit model on GPU: 154 sec
```

6.4.3.2 CatBoost 的可视化工具

阅读 CatBoost 的官方文档[27]，我们发现 catboost 库并没有提供模型可视化的 API。对于树模型的可视化，我们可以考虑先使用 save_model 导出模型结构，再自己解析出文件中树的结构，最后使用 graphviz 绘制树结构图像的思路。而对于 catboost 模型数据的可视化，在 Anaconda 的 Jupyter Notebook 里提供了相关功能。

在 catboost 模型数据可视化中，必须确保当前 conda 环境已经安装数据可视化支持的包，如本节开头所提到的。Jupyter Notebook 可以绘制多种图表，以从不同角度反映模型训练和分析的效果。例如，在添加训练参数时，我们可以设置 fit 参数的 plot 参数为 True，从而可视化模型的训练过程。提供 fit 函数模型数据可视化功能的 catboost 类有 CatBoost、CatBoostClassifier 和 CatBoostRegressor。接下来，我们以 CatBoostClassifier 类为例，演示模型数据可视化功能。我们通过代码来进行介绍。

```
# 源码位于 Chapter06/test_CatBoostDemo3.py
```

```
# 导入 catboost 包
import catboost
from catboost import CatBoostClassifier

# 创建训练集
train_data= [[1, 3], [0, 4], [1, 7], [0, 3]]
train_labels= [1, 0, 1, 1]

# 建立 catboost 分类器模型
model= CatBoostClassifier(learning_rate= 0.03)

# 模型训练
model.fit(train_data,
          train_labels,
          verbose= False,
          plot= True) # 打开绘制数据开关
```

上述代码在 Jupyter Notebook 上的输出结果如图 6.32 所示。

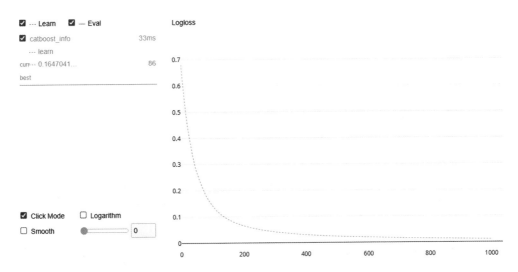

Out[5]: <catboost.core.CatBoostClassifier at 0x1f8ade3bc88>

图 6.32　CatBoostClassifier 模型训练阶段数据可视化效果

6.4.4　CatBoost 分类问题编程（不带分类特征属性）

在对 CatBoost 调参时，很难对类别型特征赋予指标。因此，本节同时给出不传递类别型特征时的调参结果，并评估了两个模型：一个包含类别型特征，另一个不包含。如果未在 cat_features 参数中传递任何内容，CatBoost 会将所有列视为数值变量。注意，如果某一列数据中包含字符串值，CatBoost 算法就会抛出错误。另外，带有默认值的 int 型变量也会默认被当成数值数据处理。在 CatBoost 中，必须对变量进行声明，才可以让算法将其作为类别型变量处理。

接下来，我们以求解分类问题为例，演示 CatBoost 模型不带分类特征属性的用法[28]。我们通过代码来进行介绍。

```
# 源码位于 Chapter06/test_CatBoostClassifier.py

# 导入 catboost 和 sklearn 等包
import numpy as np
from sklearn import datasets
from sklearn.model_selection import train_test_split
from catboost import CatBoostClassifier
import matplotlib.pyplot as plt

# 加载 iris 数据集
iris= datasets.load_iris()
X= iris.data
y= iris.target
X_train,X_test,y_train,y_test= train_test_split(X, y, test_size= 0.3, random_state= 0)

# 模型训练
model= CatBoostClassifier(iterations= 10)
model.fit(X_train, y_train)

# 模型预测
y_pred= model.predict(X_test)
y_pred= [v[0] for v in y_pred]
print("y_real= ", y_test)
print("y_pred= ", y_pred)
cnt= np.sum([1 for i in range(len(y_test)) if y_test[i]= = y_pred[i]])
print("right= {0},all= {1}".format(cnt, len(y_test)))
print("accury= {}% ".format(100.0* cnt/len(y_test)))

# 预测结果可视化
plt.rcParams['font.sans-serif']= ['KaiTi']
plt.rcParams['axes.unicode_minus']= False
plt.figure()
plt.scatter(X_test[:,0], y_test, c= "g", label= "real samples")
plt.scatter(X_test[:,0], y_pred, color= '', marker= 'o', edgecolors= 'r', label= "predict
samples")
plt.xlabel(iris.feature_names[0])
plt.ylabel("{} or {}".format(iris.target_names[0], iris.target_names[1]))
plt.title("基于 Iris 数据集的 CatBoostClassifier 预测情况对比图")
plt.legend()
plt.show()
```

输入如下。

```
Learning rate set to 0.5
0:      learn: 0.6097076     total: 56.3ms    remaining: 563ms
1:      learn: 0.4460037     total: 59.2ms    remaining: 267ms
2:      learn: 0.3329388     total: 61.5ms    remaining: 164ms
3:      learn: 0.2795516     total: 63.4ms    remaining: 111ms
4:      learn: 0.2222058     total: 64.9ms    remaining: 77.9ms
```

```
5:        learn: 0.1825009       total: 66.5ms    remaining: 55.4ms
6:        learn: 0.1638573       total: 68ms      remaining: 38.8ms
7:        learn: 0.1453179       total: 69.2ms    remaining: 25.9ms
8:        learn: 0.1252503       total: 70.4ms    remaining: 15.6ms
9:        learn: 0.1138060       total: 71.4ms    remaining: 7.14ms
10:       learn: 0.1035222       total: 72.4ms    remaining: 0us
y_real= [2 1 0 2 0 2 0 1 1 1 2 1 1 1 1 0 1 1 0 0 2 1 0 0 2 0 0 1 1 0 2 1 0 2 2 1 0 2 1 0 2 2 1 0
1 1 1 2 0 2 0 0]
y_pred= [2, 1, 0, 2, 0, 2, 0, 1, 1, 1, 2, 1, 1, 1, 1, 0, 1, 1, 0, 0, 2, 1, 0, 0, 2, 0, 0, 1, 1, 0, 2,
1, 0, 2, 2, 1, 0, 2, 1, 1, 2, 0, 2, 0, 0]
right= 44,all= 45
accury= 97.777777777777%
```

结果拟合情况如图 6.33 所示。

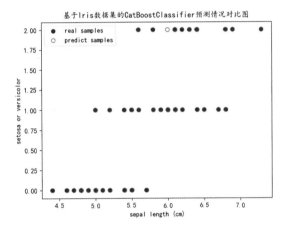

图 6.33　CatBoost 分类模型（不带分类特征属性）的预测结果与实际目标值的拟合情况

6.4.5　CatBoost 回归问题编程（不带分类特征属性）

接下来，我们以求解回归问题为例，演示 CatBoost 模型不带分类特征属性的用法。我们通过代码来进行介绍。

```
# 源码位于 Chapter06/test_CatBoostRegressor.py

# 导入 catboost 和 sklearn 等相关的包
from catboost import CatBoostRegressor
from sklearn.datasets import load_boston
from sklearn.model_selection import train_test_split
from sklearn.model_selection import cross_val_score, KFold
from sklearn.metrics import mean_squared_error
import matplotlib.pyplot as plt

# 加载波士顿房价数据集,并按 17:3 的比例进行训练集/测试集划分
boston= load_boston()
x, y= boston.data, boston.target
xtrain, xtest, ytrain, ytest= train_test_split(x, y, test_size= 0.15)
```

```
# 建立 CatBoostRegressor 回归器
cbr= CatBoostRegressor(iterations= 10)
print(cbr)

# 模型训练
cbr.fit(xtrain, ytrain)

# 计算并打印 CatBoostRegressor 模型在训练集上的预测评分(默认为 R2 指标)
score= cbr.score(xtrain, ytrain)
print("Training score: ", score)

# 交叉验证
scores= cross_val_score(cbr, xtrain, ytrain, cv= 5)
print("Mean cross-validation score: % .2f" % scores.mean())

# K= 10 的 K 折交叉验证
kfold= KFold(n_splits= 10, shuffle= True)
kf_cv_scores= cross_val_score(cbr, xtrain, ytrain, cv= kfold )
print("K-fold CV average score: % .2f" % kf_cv_scores.mean())

# 模型预测与评估
ypred= cbr.predict(xtest)
mse= mean_squared_error(ytest, ypred)
print("MSE: % .2f" % mse)
print("RMSE: % .2f" % (mse* * (1/2.0)))

# 绘图分析预测结果
x_ax= range(len(ytest))
plt.scatter(x_ax, ytest, s= 5, color= "blue", label= "original")
plt.plot(x_ax, ypred, lw= 0.8, color= "red", label= "predicted")
plt.legend()
plt.show()
```

输入如下。

```
< catboost.core.CatBoostRegressor object at 0x0000022AF6AB0A88>
Learning rate set to 0.5
0:      learn: 6.8963801        total: 146ms    remaining: 1.31s
1:      learn: 5.0733775        total: 149ms    remaining: 595ms
2:      learn: 4.1038515        total: 151ms    remaining: 353ms
3:      learn: 3.5638726        total: 153ms    remaining: 230ms
4:      learn: 3.2356197        total: 155ms    remaining: 155ms
5:      learn: 2.9959347        total: 157ms    remaining: 105ms
6:      learn: 2.8607408        total: 159ms    remaining: 68.1ms
7:      learn: 2.6936645        total: 161ms    remaining: 40.2ms
8:      learn: 2.5742549        total: 162ms    remaining: 18ms
9:      learn: 2.4937235        total: 164ms    remaining: 0us
Training score:  0.9289774554571422
......

Learning rate set to 0.5
0:      learn: 6.9041573        total: 2.08ms   remaining: 18.7ms
```

```
1:        learn: 5.5088098        total: 3.76ms    remaining: 15ms
2:        learn: 4.4347770        total: 5.65ms    remaining: 13.2ms
3:        learn: 3.6870723        total: 7.51ms    remaining: 11.3ms
4:        learn: 3.3377492        total: 9.21ms    remaining: 9.21ms
5:        learn: 3.1028500        total: 11.1ms    remaining: 7.4ms
6:        learn: 2.8575290        total: 12.9ms    remaining: 5.53ms
7:        learn: 2.7147554        total: 15ms      remaining: 3.75ms
8:        learn: 2.6159448        total: 16.8ms    remaining: 1.87ms
9:        learn: 2.4915709        total: 18.5ms    remaining: 0us
K-fold CV average score: 0.83
MSE: 12.60
RMSE: 3.55
```

结果拟合情况如图 6.34 所示。

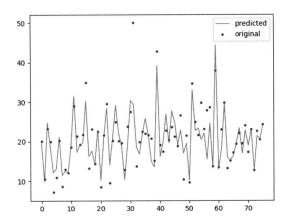

图 6.34　CatBoost 回归模型（不带分类特征属性）的预测结果与实际目标值的拟合情况

6.4.6　CatBoost 回归问题编程（带分类特征属性）

接下来，我们以求解回归问题为例，演示 CatBoost 模型带分类特征属性的用法（带有分类属性意味着直接使用字符串型离散值特征进行训练）。我们通过代码来进行介绍。

```python
# 源码位于 Chapter06/test_CatBoostRegressorWithFeatures.py

# 导入 catboost 和 sklearn 等相关的包
from catboost import CatBoostRegressor
from sklearn.datasets import load_boston
from sklearn.model_selection import train_test_split
from sklearn.model_selection import cross_val_score, KFold
from sklearn.metrics import mean_squared_error
import matplotlib.pyplot as plt

# 加载波士顿房价数据集,并按 17:3 的比例进行训练集/测试集划分
boston= load_boston()
x, y= boston.data, boston.target
xtrain, xtest, ytrain, ytest= train_test_split(x, y, test_size= 0.15)
```

```
# 为了演示使用分类特征，首先将特征数据从 float 转化为字符串
xtrain= xtrain.astype("str")
xtest= xtest.astype("str")

# 建立 CatBoostRegressor 回归器
cbr= CatBoostRegressor(iterations= 10)
print(cbr)

# 模型训练
cat_features_index= list(range(13)) # 分类特征索引
cbr.fit(xtrain, ytrain, cat_features= cat_features_index) # 带有分类特征

# 计算并打印 CatBoostRegressor 模型在训练集上的预测评分（默认为 R2 指标）
score= cbr.score(xtrain, ytrain)
print("Training score: ", score)

# 交叉验证
scores= cross_val_score(cbr, xtrain, ytrain, cv= 5)
print("Mean cross-validation score: %.2f" % scores.mean())

# K= 10 的 K 折交叉验证
kfold= KFold(n_splits= 10, shuffle= True)
kf_cv_scores= cross_val_score(cbr, xtrain, ytrain, cv= kfold )
print("K-fold CV average score: %.2f" % kf_cv_scores.mean())

# 模型预测与评估
ypred= cbr.predict(xtest)
mse= mean_squared_error(ytest, ypred)
print("MSE: %.2f" % mse)
print("RMSE: %.2f" % (mse* * (1/2.0)))

# 绘图分析预测结果
x_ax= range(len(ytest))
plt.scatter(x_ax, ytest, s= 5, color= "blue", label= "original")
plt.plot(x_ax, ypred, lw= 0.8, color= "red", label= "predicted")
plt.legend()
plt.show()
```

输出如下。

```
< catboost.core.CatBoostRegressor object at 0x00000215E1218248>
Learning rate set to 0.5
0:      learn: 7.8537806      total: 125ms      remaining: 1.12s
1:      learn: 7.2189727      total: 187ms      remaining: 746ms
2:      learn: 6.8601153      total: 245ms      remaining: 572ms
3:      learn: 6.6529916      total: 319ms      remaining: 478ms
4:      learn: 6.4357466      total: 390ms      remaining: 390ms
5:      learn: 6.2068646      total: 449ms      remaining: 300ms
6:      learn: 5.9832853      total: 512ms      remaining: 219ms
7:      learn: 5.9531157      total: 570ms      remaining: 143ms
8:      learn: 5.8434335      total: 629ms      remaining: 69.9ms
9:      learn: 5.7399161      total: 691ms      remaining: 0us
```

```
Training score:  0.608183381974132
......
Learning rate set to 0.5
0:      learn: 6.6041534      total: 2.31ms   remaining: 20.8ms
1:      learn: 5.0000429      total: 4.05ms   remaining: 16.2ms
2:      learn: 4.1392608      total: 5.98ms   remaining: 14ms
3:      learn: 3.7272663      total: 7.72ms   remaining: 11.6ms
4:      learn: 3.3850209      total: 9.7ms    remaining: 9.7ms
5:      learn: 3.0861302      total: 11.6ms   remaining: 7.73ms
6:      learn: 2.7960865      total: 13.4ms   remaining: 5.73ms
7:      learn: 2.6471670      total: 15.3ms   remaining: 3.83ms
8:      learn: 2.5279438      total: 17ms     remaining: 1.89ms
9:      learn: 2.4000597      total: 18.7ms   remaining: 0us
K-fold CV average score: 0.82
MSE: 45.54
RMSE: 6.75
```

结果拟合情况如图 6.35 所示。

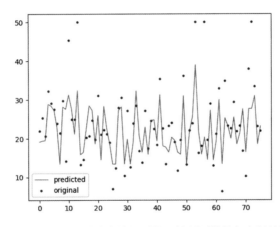

图 6.35 CatBoost 回归模型（带分类特征属性）的预测结果与实际目标值的拟合情况

6.4.7 CatBoost 的优缺点

CatBoost 的优点如下：

- 性能卓越：在性能方面可以匹敌任何先进的机器学习算法。
- 鲁棒性/强健性：它减少了对很多超参数调优的需求，并降低了过拟合的机会，这也使得模型变得更加具有通用性。
- 易于使用：提供与 sklearn 集成的 Python 接口，以及 R 和命令行界面。
- 实用：可以处理类别型、数值型特征。
- 可扩展：支持自定义损失函数。

CatBoost 的缺点如下：

- 对于类别型特征的处理需要大量的内存和时间。
- 不同随机数的设定对于模型预测结果有一定的影响。

6.4.8　XGBoost、LightGBM、CatBoost 的比较

在深度学习红极一时的情况下，提升算法仍然有其用武之地，尤其在训练样本量较少、训练时间较短、缺乏调参先验等情况下，提升算法仍然保持着优势。Kaggle 比赛中提升算法更是占据了大多数席位。

2014 年 3 月 XGBoost 算法首次由陈天奇提出，但是直到 2016 年才逐渐变得知名。2017 年 1 月微软发布 LightGBM 第一个稳定版本。2017 年 4 月 Yandex 开源 CatBoost。自从 XGBoost 被提出之后，很多文章都在对其进行各种改进，CatBoost 和 LightGBM 就是其中的两种。

三种算法的共同点如下：

- 从结构上来说，XGBoost、LightGBM 和 CatBoost 都是提升算法，其基学习器都为决策树，同时都是使用贪婪的思想来实现决策树的生长。
- 实际应用中，这几种以决策树为支持的算法也集成了决策树的良好的可解释性。在 Kaggle 中一些大型的数据集上，这几种提升算法都实现了相当好的性能。
- 就速度而言，LightGBM 和 CatBoost 在 XGBoost 上做了进一步的优化改进，速度一般也要快于先前的 XGBoost，同时调参环节也方便了很多。

三种算法的区别如下。

树的特征。三种算法的基学习器都是决策树，但是树的特征以及生成的过程仍然有很多不同。

CatBoost 使用对称树，其节点可以是镜像的。CatBoost 基于的树模型其实都是完全二叉树。

XGBoost 的决策树是逐层增长的。这种方式可以同时分裂同一层的叶子，容易进行多线程优化，过拟合风险较小。但是这种分裂方式也有缺陷，其对同一层的叶子不加以区分，带来了很多没必要的开销。实际上很多叶子的分裂增益较低，没有搜索和分裂的必要。

LightGBM 的决策树是逐叶子增长的。这种方式每次从当前所有叶子中找到分裂增益最大的一个叶子（通常来说是数据最多的一个）。其缺陷是容易生长出比较深的决策树，产生过拟合。为了解决这个问题，LightGBM 在逐叶子方式之上增加了一个最大深度的限制。

类别型变量。调用提升模型时，若遇到类别型变量，XGBoost 需要先处理好再输入模型，而 LightGBM 可以指定类别型变量的名称，训练过程中自动处理。

具体来讲，CatBoost 可赋予分类变量指标，进而通过独热最大量得到独热编码形式的结果（独热最大量：在所有特征上，对小于等于某个给定参数值的不同的数使用独热编码；同时，在 CatBoost 语句中设置"跳过"，CatBoost 就会将所有列当作数值变量处理）。CatBoost 处理类别型特征十分灵活，可直接传入类别型特征的列标识，模型会自动对其使用独热编码，还可通过设置 one_hot_max_size 参数来限制独热特征向量的长度。如果不传入类别型特征的列标识，那么 CatBoost 会把所有列视为数值特征。对于独热编码超过设定的 one_hot_max_size 值的特征，CatBoost 会使用一种高效的编码方法，其与平均数编码类似，但是会降低过拟合。

LightGBM 也可以通过使用特征名称来处理属性数据。它没有对数据进行独热编码，因此速度比独热编码快得多。LightGBM 使用一个特殊的算法来确定属性特征的分割值。（注：需要将分类变量转化为整型变量。此算法不允许将字符串数据传给分类变量参数。）

和 CatBoost 以及 LightGBM 算法不同，XGBoost 本身无法处理分类变量，只接受数值数据，这点和 RF 很相似。实际使用中，在将分类数据传入 XGBoost 之前，必须通过标记编码、均值编码或独热编码等各种编码方式对数据进行处理。

XGBoost 的突破。 XGBoost 算是提升算法发展中的一个突破。首先，其利用二阶梯度来对节点进行划分，相对其他 GBM 来说，精度更高。其次，其利用局部近似算法对分裂节点的贪心算法进行优化，我们可以调节并选取适当的 eps，保持算法的性能且提高算法的运算速度。再次，XGBoost 在损失函数中加入了 L1/L2 项，控制模型的复杂度，提高模型的稳定性。此外，提供并行计算能力也是 XGBoost 的一个特点。

LightGBM 所做的优化。 LightGBM 在算法上做的一些优化值得关注。LightGBM 使用基于直方图的算法将连续的特征进行分箱离散化，这样做的好处是能够提高训练速度并节省存储空间。这种算法代替了先前 XGBoost 用预排序所构建的数据结构。（因此 LGBM 的运算为 O（♯bins）而不是 O（♯data），当然在分箱的过程中（仅求和运算）仍然需要 O（♯data）。

此外，LightGBM 使用单侧梯度采样，这种方法保持高梯度的样本，从梯度变化较小的样本中进行随机采样。

6.5　NGBoost 简介

NGBoost（Natural Gradient Boosting）[30] 是一种比较新的提升方法，它是 2019 年 10 月斯坦福大学吴恩达团队在 arXiv 上发表的。该算法利用自然梯度将不确定性估计引入梯度增强中，它的开源实现可以在 GitHub[31] 上找到。

许多重要的有监督的机器学习问题都是回归问题。大多数机器学习方法用点预测来解决这个问题，返回单一的"最佳猜测"（例如，明天的温度将是 16 度）。然而，在这些领域中，能够量化预测中的不确定性或能够回答多个问题往往很重要。例如，18 度和 20 度之间的概率是多少？小于 15 度的情况呢？在这样的任务中，估计预测结果中的不确定性就很重要了，尤其是当预测结果与自动化决策直接相关时——因为概率式不确定性估计在确定工作流程中的人工后备方案方面非常重要。

为了回答关于以协变量为条件的事件概率的任意问题，必须对 x 的每个值估计条件概率分布 $p(y \mid x)$，而不是产生像 $E[y \mid x]$ 这样的点估计。这就是所谓的概率回归。概率估计已经是分类问题中的常态了。尽管一些分类器（如标准支持向量机）只返回预测的类别，但大多数分类器能够返回每个类别的估计概率。概率回归越来越多地被用于气象学和医疗保健等领域。气象学已经将概率式预测用作天气预测的首选方法。在这种设置中，模型会根据观察到的特征输出在整个输出空间上的概率分布。模型的训练目标是通过优化最大似然估计（MLE）或更稳健的连续分级概率评分（CRPS）等评分规则来最大化锐度（sharpness），从而实现校准。这会得到经过校准的不确定度估计。

然而，现有的概率回归方法要么不灵活，要么速度慢，要么非专业人士无法使用。任何均值估计回归方法都可以通过假设同方差和估计无条件噪声模型来实现概率分析，但同方差是一个很强的假设，这个过程需要一些统计知识。形状、规模和位置的广义加性模型（GAMLSS）允许异方差，但仅限于预先指定的模型形式。贝叶斯方法通过整合后验预测自然产生预测性不确定性估计，但贝叶斯模型的精确解仅限于简单模型，计算更强大的模型的后验分布是很困难的，如神经网络工程和贝叶斯加性回归树（BART）等。这些模型中的推理需要通过 MCMC 采样等方式进行昂贵的计算近似。此外，基于采样的推断需要一些统计学的专业知识，因此限制了贝叶斯方法的易用性。贝叶斯方法通常也很难扩展到大型数据集。贝叶斯深度学习越来越受欢迎，但是，当数据规模有限或表格化时，它们通常只是与传统方法相当。

而梯度提升机（GBM）是一系列能很好地处理结构化输入数据的高度模块化的方法，即使数据集相对较小也能很好完成。但是，如果方差被假定为常数，那么这种概率式解释就没什么用处。预测得到的分布需要有至少两个自由度（两个参数），才能有效地体现预测结果的幅度和不确定度。正是这个基础学习器多个参数同时提升的问题使得 GBM 难以处理概率式预测，而 NGBoost 通过使用自然梯度能够解决这个问题。

NGBoost 是一种梯度提升方法，它使用自然梯度（natural gradient）来解决现有梯度提升方法难以处理的通用概率预测中的技术难题。该算法由基学习器、参数概率分布和评分规则组成，如图 6.36 所示。

- 基础学习器（比如决策树）。基学习器接受输入 x，输出用来形成条件概率。这些基学习器使用 sklearn 的决策树作为树型学习器，使用岭回归作为线性学习器。
- 参数概率分布。参数概率分布是一种条件分布。这是由基学习器输出的加法组合形成的。
- 评分规则（MLE、CRPS 等）。评分规则采用预测的概率分布和对目标特征的观察来对预测结果进行评分，真实的结果分布期望值得到最好的分数。该算法使用最大似然估计（MLE）或连续排序概率得分（CRPS）。

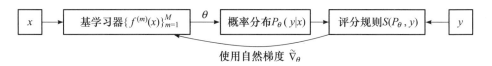

图 6.36　NGBoost 模块化 base learner、分布和评分规则

研究者在多个回归数据集上进行了实验，结果表明 NGBoost 在不确定性估计和传统指标上的预测表现都具备竞争力。更多信息可以参考其论文[30]。

6.6　小结

本章着重介绍并行决策树的几种主流算法，主要是 XGBoost、LightGBM、CatBoost 和 NGBoost 算法，对各个算法进行核心原理分析，并在特征属性和样本数据使用层面以及近似层面计算介绍如何实现并行化加速，同时进行了简单的代码实现。

其中 XGBoost、LightGBM 和 CatBoost 都是提升结构算法，而且速度比传统算法都有所提升。但是 XGBoost 的决策树是逐层增长的，LightGBM 的决策树是逐叶子增长的，而 CatBoost 的节点可以是镜像的，它们在很多地方又有各自的不同。XGBoost 有不错的精度，可以处理稀疏、缺失数据，支持并行化处理。但是 XGBoost 的特性使其训练耗时耗内存，计算量巨大且易产生过拟合等问题。相比 XGBoost，LightGBM 无须反复遍历样本，减少了大量的计算并提升了速度，而且面对大数据量时能采用投票并行的策略优化缓存，减少了内存占用。但是 LightGBM 同样容易产生过拟合，且对噪点较为敏感。CatBoost 拥有卓越的性能，稳定且易于使用，灵活且可扩展，但是特征处理需要大量的内存和时间。本章最后还简单介绍了比较新的提升方法 NGBoost。

总之，当前的并行决策树普遍具有提升和并行加速的特点，在许多领域中获得了很好的应用，前景十分光明。

6.7　参考文献

[1] CHEN M, YUAN J, WANG X, et al. Parallelization of Random Forest Algorithm Based on Discretization and Selection of Weak-correlation Feature Subspaces [J]. Computer Science, 2016, 43 (06):

55-58.

［2］ CHEN T，GUESTRIN C. XGBoost：A scalable tree boosting system ［C］. Proceedings of the 22nd acm sigkdd international conference on knowledge discovery and data mining，2016：785-790.

［3］ UCI Machine Learning Repository：Iris Data Set ［DB/OL］. http：//archive. ics. uci. edu/ml/datasets/ Iris.

［4］ xgboost ［CP/OL］. https：//github. com/dmlc/xgboost/issues/799.

［5］ CHEN T，GUESTRIN C. XGBoost：A scalable tree boosting system ［C］. Proceedings of the 22nd acm sigkdd international conference on knowledge discovery and data mining. 2016：791-794.

［6］ CHEN T，GUESTRIN C. XGBoost：Reliable large-scale tree boosting system ［C］. Proceedings of the 21nd SIGKDD Conference on Knowledge Discovery and Data Mining，2015：13-17.

［7］ CHEN J，AKASH A K，SUZUKI Y. Explore Optimal Degree of Parallelism for Distributed XGBoost Training ［R］. 2021.

［8］ xgboost ［CP/OL］. https：//github. com/dmlc/xgboost.

［9］ DONG H，HE D，WANG F. SMOTE-XGBoost using Tree Parzen Estimator optimization for copper flotation method classification ［J］. Powder Technology，2020，375：174-181.

［10］ PENG Y A N，XU J，MA L，et al. PREDICTION OF HYPERTENSION RISKS WITH FEATURE SELECTION AND XGBOOST ［J］. Journal of Mechanics in Medicine and Biology，2021：2140028.

［11］ XINGFEN W，XIANGBIN Y，YANGCHUN M. Research on user consumption behavior prediction based on improved XGBoost algorithm ［C］. 2018 IEEE International Conference on Big Data (Big Data)，IEEE，2018：4169-4175.

［12］ KE G，MENG Q，FINLEY T，et al. Lightgbm：A highly efficient gradient boosting decision tree ［J］. Advances in neural information processing systems，2017，30：3146-3154.

［13］ WANG B，WANG Y，QIN K，et al. Detecting transportation modes based on LightGBM classifier from GPS trajectory data ［C］. 2018 26th International Conference on Geoinformatics，IEEE，2018：1-7.

［14］ Microsoft. LightGBM ［CP/OL］. https：//github. com/microsoft/LightGBM.

［15］ lightgbm：Installation-Guide ［CP/OL］. https：//lightgbm. readthedocs. io/en/latest/Installation-Guide. html.

［16］ Microsoft. mpi：microsoft-mpi-release-notes ［Z］. https：//docs. microsoft. com/en-us/message-passing-interface/microsoft-mpi-release-notes.

［17］ Microsoft. LightGBM：archive ［CP/OL］. https：//github. com/microsoft/LightGBM/archive/master. zip.

［18］ Microsoft. open-mpi ［CP/OL］. https：//www. open-mpi. org/.

［19］ Cmake：CMake is an open-source，cross-platform family of tools designed to build，test and package software ［CP/OL］. https：//cmake. org/.

［20］ Windows. GPU-Windows ［CP/OL］. https：//lightgbm. readthedocs. io/en/latest/GPU-Windows. html.

［21］ sklearn. sklearn_example ［CP/OL］. https：//github. com/microsoft/LightGBM/blob/master/examples/ python-guide/sklearn_example. py.

［22］ microstrong. LightGBM ［CP/OL］. https：//microstrong. blog. csdn. net/article/details/103838846.

［23］ CHEN C，ZHANG Q，MA Q，et al. LightGBM-PPI：Predicting protein-protein interactions through LightGBM with multi-information fusion ［J］. chemometrics and intelligent laboratory systems，2019，191：54-64.

［24］ DOROGUSH A V，ERSHOV V，GULIN A. CatBoost：gradient boosting with categorical features support ［J］. arXiv preprint arXiv：1810. 11363，2018.

［25］ ANNA VERONIKA DOROGUSH，ANDREY GULIN，GLEB GUSEV，et al. Fighting biases with dynamic boosting ［J］. arXiv：1706. 09516，2017.

［26］ SAMAT A，LI E，DU P，et al. GPU-Accelerated CatBoost-Forest for Hyperspectral Image Classification Via Parallelized mRMR Ensemble Subspace Feature Selection ［J］. IEEE Journal of Selected Topics in Applied Earth Observations and Remote Sensing，2021，14：3200-3214.

［27］ catboost ［CP/OL］. https：//catboost. ai/docs/features/visualization_jupyter-notebook. html♯vis ualization_jupyter-notebook.

［28］ catboost：CatBoost tutorials repository ［CP/OL］. https：//github. com/catboost/tutorials/blob/master/classification/classification_tutorial. ipynb.

［29］ AL DAOUD E. Comparison between XGBoost, LightGBM and CatBoost using a home credit dataset ［J］. International Journal of Computer and Information Engineering，2019，13 （1）：6-10.

［30］ DUAN T，ANAND A，DING D Y，et al. Ngboost：Natural gradient boosting for probabilistic prediction ［C］. International Conference on Machine Learning，PMLR，2020：2690-2700.

［31］ stanfordmlgroup. ngboost：Natural Gradient Boosting for Probabilistic Prediction ［CP/OL］ . http：//github. com/stanfordmlgroup/ngboost.

［32］ LightGBM. Python-package Introduction：This document gives a basic walk-through of LightGBM Python-package ［CP/OL］. http：//lightgbm. readthedocs. io/en/latest/Python-Intro. html.

## 第7章

蚁群决策树

7.1 蚁群元启发式算法

蚁群优化是由 Marco Dorigo 在 1992 年提出的一种元启发式技术，他是该领域的先驱。这项技术建立了一个基本平台，包括一个适用于现实生活中现有应用的框架及其变体。

基于蚂蚁行为特征的算法被称为蚁群优化算法，用于发现 if-then 分类规则列表[5]。人工蚂蚁通过构建最优解，在部分解的基础上迭加分量，利用构造程序创建随机解[10-12]。

图 7.1 说明了蚂蚁是如何找到最短路径的：a) 蚂蚁到达一个岔路口；b) 有些蚂蚁随机选择向上的一条路，有些蚂蚁随机选择向下的一条路；c) 由于蚂蚁的移动速度几乎是恒定的，所以选择向下较短路径的蚂蚁比选择向上较长路径的蚂蚁更快到达相反的分岔口；d) 信息素在较短的路径上以较高的速率积累。虚线的数量与蚂蚁沉积的信息素的数量大致成正比，从而指导之后的蚂蚁的游走。

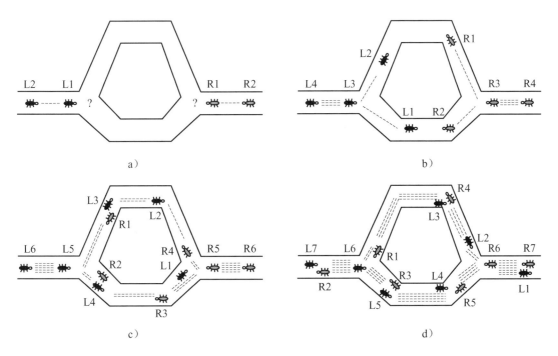

图 7.1 蚂蚁觅食示意图

蚁群优化基于信息素路径和依赖于问题的启发式信息来构造候选解。为了提高算法的效率，这些算法经常被修改。因此，蚂蚁系统（AS）[4]发展成为精英蚁群系统（EAS），因为找到更好的解决方案的每只蚂蚁都有机会沉积更多的信息素。从 AS 中产生的其他系统还有 Ant-Q，其中沉积的信息素量与所发现的质量成正比，即最大-最小蚁群系统（MMAS）。在基于等级排序的蚁群系统（Rank-based-AS）中，所有解都是根据其适应度进行排序的，然后对每个解的信息素沉积量进行加权，使得最优解比次优解沉积更多的信息素。在蚁群系统（ACS）中，增加了使用信息的重要性和蚂蚁间的信息通信。事实上，信息素可以交替使用迭代最佳蚂蚁和全局最佳蚂蚁来指导更新，这使得蚁群系统出现了大量令人兴奋的应用，如虚拟机布局与调度、资源分配、网络通信与路由、社交网络中的社区挖掘、指纹匹配、解决聚类问题等。

7.1.1　典型蚁群算法

AS 是 Marco Dorigo 受到真实蚂蚁行为的启发而提出的，他了解到像蚂蚁这样几乎失明的动物能够建立从蚁群到食源和返回的最短路径。其中的原理是由一种用来在个体间传递路径信息和决定去向的信息素轨迹所导致的。一只移动的蚂蚁在地面上放置一些信息素（数量不一），这样它就可以通过一条信息素轨迹来标记路径。孤立的蚂蚁基本上是随机移动的，当孤立的蚂蚁遇到一条先前铺设好的信息素轨迹时，它可以检测到轨迹，并以很高的概率决定跟随轨迹，从而用自己的信息素加强踪迹。蚁群出现的集体行为是自催化行为的一种形式，在这种行为中，蚂蚁跟踪的轨迹越多，跟踪的吸引力就越大。因此，该过程的特点是正反馈回路，其中蚂蚁选择路径的概率随着先前选择相同路径的蚂蚁数量的增加而增加。AS 在设计之初是用于解决旅行商问题（TSP）的，旅行商问题是经典的 NP 难问题，其简单定义如下。

给定 n 个城镇的集合，TSP 可以表述为寻找一条最小长度的封闭旅游路线，且每个城镇只访问一次。其中，定义 d_{ij} 为城镇 i 和 j 之间的道路长度，一般使用欧几里得距离。可以用加权图 (N, E) 来表示，其中 N 是城镇集，E 是城镇之间的边集，用距离作为城市间的权重。

而在 AS 中，每只蚂蚁都是一个简单的智能体，设 $b_i(t)(i=1, \cdots, n)$ 为时间 t 时 i 镇上蚂蚁的数量，$m = \sum_{i=1}^{n} b_i(t)$ 是蚂蚁的总数，且具有以下特征：

- 从 i 镇到 j 镇时，它在边缘 (i, j) 上放置一种物质，称为信息素。
- 蚂蚁选择要去的城镇的概率是城镇距离和连接边缘上存在的信息素数量的函数。
- 为了使蚂蚁的游走符合问题的设定，在游走过程中禁止去往已经去过的城镇。

每只蚂蚁在选择哪一个城市作为下一步行动的目标时，依据的概率如下：

$$p_{ij}(t) = \begin{cases} \dfrac{[\tau_{ij}(t)]^{\alpha} \cdot [\eta_{ij}]^{\beta}}{\sum\limits_{j \in \text{allowed}} [\tau_{ij}(t)]^{\alpha} \cdot [\eta_{ij}]^{\beta}}, & j \in \text{allowed} \\ 0, & \text{其他} \end{cases} \tag{7.1}$$

如果 j 城市是未访问过的，就会计算其具体概率，否则不会成为选择目标。其中，$\tau_{ij}(t)$ 代表 t 时刻从 i 镇到 j 镇的信息素的强度；η_{ij} 表示可见性，为 (i, j) 间距离的反比 $(1/d_{ij})$。

每次迭代信息素的更新方法如公式(7.2)所示，在这里 ρ 是一个系数，而 $(1-\rho)$ 代表信息素的蒸发系数。

$$\tau_{ij}(t+1) = \rho \cdot \tau_{ij}(t) + \Delta\tau_{ij}(t, t+1) \tag{7.2}$$

$\Delta\tau_{ij}^k(t, t+1)$ 是在时间 t 和 $t+1$ 之间，第 k 个蚂蚁在路径 (i, j) 上放置的信息素。所以 $\Delta\tau_{ij}(t, t+1)$ 是当前 t 到 $t+1$ 时间里所有蚂蚁经过路径 (i, j) 的信息素总和。

$$\Delta\tau_{ij}(t, t+1) = \sum_{k=1}^{m} \Delta\tau_{ij}^k(t, t+1) \tag{7.3}$$

在经过多次迭代以及信息素逐渐累积的过程之后，整个路径将变得清晰，从而可以较好地解决 TSP 的问题。

AS 经过多年研究和改进，出现了几种较为典型且有影响力的蚁群算法，如 Elilist-AS、Ant-Q、MMAS、ACS、Rank-based-AS、Population-based-ACO、Beam-ACO，以下对其中几个算法进行简要的介绍。

Rank-based-AS 是一种基于等级排序的蚁群优化算法，该算法采用基于等级排序的非线性选择压力函数和改进的 Q-learning 方法来增强原蚁群优化算法的收敛特性，用随机比例规则定义了蚂蚁搜索不同节点的概率，从而可有效探索受环境变化影响的路径。在 TSP 中，该算法使得蚂蚁与城市之间的路线状况发生了变化，突出了城市之间的交通堵塞和道路封闭，以迫使销售人员改变路线，从而改进了原蚁群算法状态转移规则的性能。

Ant-Q 算法的迭代发生在更新信息素的过程中，其更新项由强化项和下一状态的贴现评估组成。其中的强化项使用 Q-learning 的规则。Q-learning 允许智能体学习当前状态下的最优策略，从而影响下一次的路径评估（蚂蚁必须根据其当前位置来学习要迁移到哪个城市）。

Elilist-AS 是通过精英蚂蚁来指导搜索的算法。在蚁群系统的背景下，精英策略的思想是在每次迭代之后，对目前迭代中找到的最佳路径给予额外的加强。当路径等级被更新时，这条路径被视为一定数量的蚂蚁即精英蚂蚁选择了这条路径。由于该路径的某些边可能是最优解的一部分，因此目标是在后续迭代中指导搜索，从而提高蚁群系统产生的解的质量。

Beam-ACO 算法是蚁群算法和集束搜索相结合的一种混合算法。它是一种不完全的分支定界算法，基于信息素值，以概率方式应用集束搜索。

7.1.2　MMAS 算法

MMAS 算法在信息素更新过程中只允许最优解加入信息素，从而实现了对搜索历史的充分利用。此外，这种算法使用一种相当简单的机制来限制信息素轨迹的强度，有效避免了搜索的过早收敛。最后，通过添加局部搜索算法可以很容易地扩展 MMAS。事实上，对于许多不同的组合优化问题，性能最好的蚁群算法可以通过局部搜索算法改进蚂蚁产生的解。实验结果表明，MMAS 算法在求解 TSP 和二次分配问题（QAP）时都体现出了比较好的性能。

MMAS 的伪码如下所示。一开始，信息素的初始轨迹是有限的，τ_{max} 和 τ_{min} 的计算基于使用最近邻启发式构造的解决方案。接下来，信息素轨迹值设置为 τ_{max}（第 2 行）。在算法的主循环（第 4～18 行）中，每只蚂蚁从随机选择的节点开始构造问题的完整解决方案。在构造解之后，选择迭代最佳解（第 13 行）。如果它比当前的全局最佳解决方案短，则它将成为新的全局最佳解决方案，并相应地更新跟踪限制。最后，进行信息素更新。这意味着降低（蒸发）信息素轨迹的值，即 $\tau_{ij} \leftarrow \max(\rho\tau_{ij}, \tau_{min})$，其中 ρ 是控制蒸发速度的参数。信息素轨迹的值永远不会低于最小值 τ_{min}，它确保即使在算法迭代的后期，所有边都有非零的概率被选择。信息素轨迹的值只有在对应于当前迭代的最佳解时才会增加（第 18 行）。数值增加的依据是 $\tau_{ij} \leftarrow \min(\tau_{ij} + \Delta_{ij}, \tau_{max})$，计算方式如下：

$$\Delta_{ij} = \begin{cases} \operatorname{cost}(\text{iter\_best})^{-1}, & (i,j) \in \text{iter\_best} \\ 0, & \text{其他} \end{cases} \tag{7.4}$$

算法：MMAS 算法

1.　计算信息素轨迹的上下限 τ_{max} 和 τ_{min}

2.　信息素轨迹值设置为 τ_{max}

3.　global_best ← ∅

4.　**for** i ← 1 **to** # iterations **do**

5.　　**for** j ← 1 **to** # ants- 1 **do**

6.　　　u ← U {0, n - 1};

7.　　　route$_{Ant(j)}$ [0] ← u

8.　　　**Add** u **to** tabu$_{Ant(j)}$

9.　　　**for** k ← 1 **to** n - 1 **do**

10.　　　　u ← select_next_node(route$_{Ant(j)}$ [k - 1], tabu$_{Ant(j)}$)

11.　　　　route$_{Ant(j)}$ [k] ← u

12.　　　　**Add** u **to** tabu$_{Ant(j)}$

13.　　iter_best ← select_shortest(route$_{Ant(0)}$, ⋯, route$_{Ant(\#ants-1)}$)

14.　　**if** global_best= ∅ **or** iter_best< global_best **then**

15.　　　global_best ← iter_best

16.　　使用 global_best 更新信息素轨迹的上下限 τ_{max} 和 τ_{min}

17.　根据参数 ρ 蒸发信息素

18.　基于 iter_best 存储信息素

每次迭代增加与高质量解的边对应的轨迹的信息素水平，这增加了蚂蚁在后续迭代中更频繁地选择这些边的概率。这个过程允许算法随着时间的推移学习和构造更高质量的解决方案。可以使用当前全局最佳值而不是迭代最佳值。

MMAS 与蚁群系统的主要区别在于：在 MMAS 中，只允许一个蚁群通过更新路径来提供反馈机制，并且路径被限制在最大和最小可能值 τ_{max} 和 τ_{min} 之间。还有一个微小的区别是，在 MMAS 中，轨迹被初始化为它们的最大值 τ_{max}。引入最小和最大轨迹限制的动机是：对于 $n\geq50$ 的较大 TSP 实例，蚁群系统给出的解质量较差，可以通过引入某种精英机制（如只允许最好的蚂蚁更新路径）来提高解的质量。然而，随后可能发生的情况是，弧上轨迹强度之间的差异变得如此之大，以致相同的轨迹被一次又一次地构造，即过早发生停滞。这甚至可能导致一个事实，即许多可能更好的路线不能再建设了。为了缓解这个问题，在 MMAS 中，用弧上的最大和最小轨迹强度 τ_{min} 和 τ_{max} 来抵消搜索的停滞。

7.1.3　ACS 算法

在 ACS 算法中，蚂蚁最初被定位在根据一些初始化方法（例如，随机方法）选择的城市。每只蚂蚁通过重复应用随机贪婪方法来构建一条路径（如 TSP 的可行解）。蚂蚁在构造路径的同时，还通过应用局部更新方法来修改被访问边上的信息素数量。一旦所有蚂蚁都结束了旅行，边上的信息素的数量就会再次被修改（通过应用全局更新方法）。就像蚁群系统中的情况一样，蚂蚁在构建自己的路线时，同时受到启发信息（蚂蚁更喜欢选择较短边）和信息素信息的引导。有大量信息素的边是一个非常理想的选择。信息素更新方法能够为蚂蚁应该访问的下一条路径提供更多的信息素。

ACS 不同于以往的蚁群系统，主要体现在三个方面：

- 随机贪婪方法提供了一种直接的方法来平衡对新边的探索以及对先验知识和问题积累知识的利用。
- 全局更新方法只适用于属于最佳蚂蚁旅行的边。
- 在蚂蚁构造解时，采用局部信息素更新方法（简称局部更新方法）。

ACS 中的随机贪婪方法是：节点上的蚂蚁通过给定的规则选择要移动到的城市，此规则与以前的规则一样，有利于蚂蚁沿着有大量信息素的边转移，但 ACS 增加了随机参数 q，使每只蚂蚁都有一定概率随机选择一条路径。这样能防止蚁群过早陷入局部最优。

$$s = \begin{cases} \underset{u \in J_k(r)}{\text{argmax}}\{[\tau(r,u)] \cdot [\eta(r,u)]^{\beta}\}, & q \leqslant q_0\,(\text{exploitation}) \\ S, & \text{其他}\,(\text{biasedexploration}) \end{cases} \tag{7.5}$$

在 ACS 全局更新方法中，只有全局最优的蚂蚁（即从试验开始就构造了最短行程的蚂蚁）才能更新信息素。全局最优更新加上随机贪婪方法的使用，目的在于使搜索更具针对性：蚂蚁在一个邻域内搜索并找到最佳路径到当前迭代的算法。全局更新是在所有蚂蚁完成漫游之后执行的。使用以下方法进行全局信息素更新：

$$\tau(r,s) \leftarrow (1-\alpha) \cdot \tau(r,s) + \alpha \cdot \Delta\tau(r,s)$$

其中

$$\Delta\tau(r,s) = \begin{cases} (L_{gb})^{-1}, & (r,s) \in \text{global-best-tour} \\ 0, & \text{其他} \end{cases} \tag{7.6}$$

在 ACS 中，只有属于全局最佳（global best）的路径才会得到强化。相比每次迭代最佳（iteration best）路径强化，全局最佳更能体现全局性，对蚂蚁的指导性也更强。而 ACS 局部更新方法是在每个蚂蚁每次进行一次完整路径的构建时，对信息素进行更新，其更新的规则是由 Q-learning 算法开发而来的。

ACS 算法引入的随机贪婪方法与局部、全局信息素更新算法极大地提高了蚁群系统的灵活性与执行效果，但由于蚁群算法的种群数量与优化迭代次数的影响，寻求较好的解需要消耗较久的时间。

近年来，由于 GPGPU 的快速发展，出现了许多借由 GPU 的多线程来优化蚁群系统的算法，大大改善了蚁群系统优化运行慢、群体数量不足的问题。例如 NVIDIA GPU，其调度执行的基本单元（warp）内部由 32 个线程构成，并且属于 SIMD 执行风格，所以可能会出现分支分歧或线程分歧，但 warp 与 warp 间不会出现相互干扰，同时可以通过多个 warp 的调度对数据访问与载入进行隐藏。近几年的算法通常用一个 warp 处理一只蚂蚁，warp 内的多线程以数据并行的方式计算当前蚂蚁的下一个可能的城市。而多个 warp 以全局内存为消息传递媒介共同维护全局的信息素表。通过 GPU 的多层次并行，可以大大加快蚁群系统的搜索速度。最新的并行蚁群算法充分考虑 GPU 的架构，基于动态候选集及 warp 的生产者-消费者调度处理方式，充分保留了每次迭代蚂蚁挖掘到的数据并缩短了求解时间。

7.2　基于蚁群的分类规则提取

以蚁群优化思想为基础，将其应用到基于规则的分类预测问题上，延伸出了分类规则提取算法。这些算法的思想是，将蚂蚁的行为对应到分类规则的发现，充分利用蚁群的启发性、随机性特点来生成高质量的分类规则。

上一节对几种经典的蚁群算法进行了总结，本节将在此基础上使用蚁群的信息素、启发因子等概念，介绍与分类决策相关的算法。基于蚁群的分类规则提取算法思想可以归结为以下几大步骤：

1) 初始化蚁群参数，指定迭代次数。

2) 导入数据集进行预处理，并存储为便于蚁群搜索的结构。

3) 生成蚁群，按照信息素和启发因子进行分类规则的构建。

4) 在每个蚁群完成搜索后，按照规则评估方法，寻找最优规则，并更新信息素。

5) 继续进行迭代直至达到终止条件，生成分类规则集。

对于生成的分类规则集，其结构是由多条规则按照质量 Q 排序的集合 RuleList。规则集内的每条规则都是由蚂蚁逐步构建的，整体为 IF···AND···THEN···结构。规则条件由连接词连接，每个条件对应蚂蚁每次的搜索和添加。通常，一个蚁群可以生成一组规则，但选择其中的最优规则加入最终规则集。

分类规则集从结构上来看更像是一种决策树，按照优先级来进行分支选择。同时，在规则提取过程中，我们可以利用决策树算法来进行规则构建，结合蚁群优化实现高效的算法。基于蚁群的分类规则提取算法将在以下小节中讲述，包括 Ant-Miner（Ant Colony-based Data Miner）、Ant-MinerMA＋G、AMclr 算法等。

7.2.1   Ant-Miner 规则提取方法

分类是人类决策中的重要任务，需要根据对象的特征将其归入一个预定义的类别。基于规则的分类是数据分类的基础。为了发现分类规则，可以应用蚁群优化算法，该算法遵循顺序覆盖的方法建立规则列表。在数据挖掘领域，Ant-Miner[2-3] 及其变体 c_AntMiner、c_AntMiner2、c_AntMiner PB 已经被成功地用于发现分类规则。

Ant-Miner 基于顺序覆盖策略，其中规则的发现被认为是一个独立的搜索问题，通过构建给定问题的启发式解来发现最佳规则。类值的选择是在蚂蚁的每个重复周期中实现的，与蚁群觅食行为留下的信息素水平浓度成正比。

Ant-Miner 的目标是从数据中提取分类规则。该算法的灵感来源于对真实蚁群行为的研究和一些数据挖掘的概念和原理。

从本质上讲，数据挖掘的目标是从数据中提取知识，发现对用户来说可理解的知识。当发现的知识被用于支持人类用户的决策时，可理解性是非常重要的。毕竟，如果发现的知识对用户来说是不可理解的，也就无法解释和验证。在这种情况下，用户很可能对所发现的知识不够信任，无法将其用于决策。这可能导致错误的决策。

在规则发现的背景下，ACO 算法具有对属性值的词汇（逻辑条件）组合进行灵活、稳健搜索的能力。

下面从五个方面介绍 Ant-Miner，即总体描述、启发式函数、规则修剪、信息素更新、利用发现的规则对新样本数据进行分类。

7.2.1.1   总体描述

在蚁群算法中，每只蚂蚁都会增量地构建/修改目标问题的解决方案。在这里，目标问题是分类规则的发现。在数据挖掘的分类任务中，发现的知识通常以 IF-THEN 规则的形式表达：

$$IF<conditions>THEN<class>$$

规则前因（IF 部分）包含一组条件，通常由一个逻辑连接运算符（AND）连接。我们将把每个规则条件称为词汇，因此规则前项是词汇的逻辑连接，其形式为 IF term1 AND term2 AND ... 。每个词汇都是一个三元组＜attribute, operator, value＞，如＜性别＝女＞。value 是属于 attribute 域的值。三元组中的 operator 元素是一个关系运算符。Ant-Miner 只处理分类属性，因此三元组的运算符元素总是"="。连续（实值）属性在预处理步骤中被分离。

规则后果（THEN 部分）指定了在待预测数据的属性满足规则前因中指定的所有词汇的情况下所预测的类。从数据挖掘的角度来看，只要发现的规则数量和规则前因中的词汇数量不大，这种知识表示方式的优点对用户来说是直观可理解的。

Ant-Miner 的算法描述如下所示，Ant-Miner 遵循顺序覆盖的方法来发现分类规则列表。一开始，发现的规则列表是空的，训练集由所有的训练样本数据组成。REPEAT-UNTIL 循环会发现一条分类规则。这条规则被添加到发现的规则列表中，而被这个规则正确覆盖的训练样本数据（即满足规则前因和具有规则后果所预测的类别的样本数据）则从训练集中移除。当未覆盖的训练样本数据数量大于用户指定的阈值 Max_uncovered_cases 时，这个过程会反复进行。

算法：高级 ANT-MINER 算法

1.　TrainingSet= {所有训练实例}
2.　DiscoveredRuleList= []
3.　**WHILE** (TrainingSet> Max_uncovered_cases)
4.　　t= 1
5.　　j= 1
6.　　用相同数量的信息素初始化所有轨迹
7.　　**REPEAT**
8.　　　Ant$_t$从一个空规则开始，通过每次向现有规则添加一个词汇，逐步构建一个分类规则 R$_t$
9.　　　修剪规则 R$_t$
10.　　更新每条路径段的信息素量，增加 Ant$_t$之后的路径段的信息素（根据规则 R$_t$ 的质量），减少其他路径段的信息素（模拟信息素蒸发）
11.　　　**IF** (R_t= R_{t-1})
12.　　　　**THEN** j= j + 1
13.　　　　**ELSE** j= 1
14.　　　**END IF**
15.　　t= t + 1
16.　　**UNTIL**(i > = No_of_ants) **OR** (j > = No_rules_converg)
17.　　选择所有蚂蚁构建的规则中最好的规则 R$_{best}$
18.　　将 R$_{best}$加入 DiscoveredRuleList 中
19.　　TrainingSet= TrainingSet - {被 R$_{best}$正确覆盖的实例集}
20.　**END WHILE**

REPEAT-UNTIL 循环的每一次迭代都包括三个步骤：规则构建、规则修剪和信息素更新。首先，Ant$_t$从一个空规则开始，也就是前因中没有词汇的规则，每次为其当前部分规则添加一个词汇。蚂蚁构建的当前局部规则对应的是该蚂蚁所遵循的当前局部路径。同样，选择一个项加入当前局部规则中，对应的是选择当前路径的延伸方向。要添加到当前局部规则的项的选择既取决于与问题相关的启发函数（h），也取决于与每个项相关的信息素（t）的量，这一点将在接下来的小节中详细讨论。Ant$_t$不断向其当前部分规则添加一个词汇，直到满足以下两个停止标准之一：

- 任何要添加到规则中的词汇都会使规则覆盖的样本数小于用户指定的阈值 Min_cases_per_rule（每条规则覆盖的最小样本数）。
- 所有的属性都已经被蚂蚁使用过了，所以没有更多的属性需要添加到规则前因中。

注意，每个属性在每个规则中只能出现一次，以避免出现"IF（Sex＝male）AND（Sex＝female）..."这样的无效规则。

其次，Ant_t 构建的规则 R_t 被修剪，以去除不相关的词汇，这将在后面讨论。目前，我们只需要知道这些不相关的词汇可能由于词汇选择过程中的随机变化或由于使用了短视的局部启发式函数——它只考虑一次一个属性，从而因忽略了属性之间的相互作用而被包含在规则中。

最后，更新每条路径段的信息素量，增加 Ant_t 之后的路径段的信息素（根据规则 R_t 的质量），减少其他路径段的信息素（模拟信息素蒸发）。然后，另一只蚂蚁开始构建它的规则，使用新的信息素数量来指导搜索。这个过程重复进行，直到满足以下两个条件之一：

- 构建的规则数量等于或大于用户指定的阈值 No_of_ants。
- 当前蚂蚁构建的规则与之前 No_rules_converg-1 蚂蚁构建的规则完全相同，其中 No_rules_converg 代表用于测试蚂蚁收敛性的规则数量。

REPEAT-UNTIL 循环完成后，如前所述，将所有蚂蚁构建的规则中最好的规则加入已发现的规则列表中，系统开始新的 WHILE 循环迭代，用相同的信息素量重新初始化所有的路径。

需要注意的是，在蚁群优化的标准定义中，蚂蚁种群被定义为在两次信息素更新之间构建解决方案的蚂蚁集合。根据这个定义，在 WHILE 循环的每一次迭代中，种群只包含一只蚂蚁，因为信息素是在一只蚂蚁构建规则后更新的。因此，严格来说，WHILE 循环的每一次迭代中都有一只蚂蚁执行多次迭代。需要注意的是，WHILE 循环的不同迭代对应不同的种群，因为每个种群的蚂蚁解决的问题不同，也就是训练集不同。不过，本节我们将第 t 次迭代的蚂蚁称为单独的蚂蚁（Ant_t），以简化算法的描述。

从数据挖掘的角度来看，Ant-Miner 的核心操作是 REPEAT-UNTIL 循环的第一步，在这一步中，当前的蚂蚁每次都会迭代地在当前的部分规则中增加一个词汇。令 term_{ij} 为 $A_i = V_{ij}$ 形式的规则条件，其中 A_i 是第 i 个属性，V_{ij} 是 A_i 的第 j 个域值。下式给出 term_{ij} 被选择添加到当前部分规则的概率：

$$P_{ij} = \frac{\eta_{ij} \cdot \tau_{ij}(t)}{\sum_{i=1}^{a} x_i \cdot \sum_{j=1}^{b_i} (\eta_{ij} \cdot \tau_{ij}(t))} \tag{7.7}$$

其中，

- η_{ij} 是 term_{ij} 的一个与问题相关的启发式函数的值。η_{ij} 的值越大，说明 term_{ij} 与分类的相关性越大，所以其被选择的概率也越大。定义与问题相关的启发式值的函数是基于信息论的，下一节将讨论该函数。
- $\tau_{ij}(t)$ 是迭代 t 时与 term_{ij} 相关联的信息素量，对应于当前蚂蚁所跟随的路径 i、j 位置当前可用的信息素量。蚂蚁构建的规则质量越好，蚂蚁所访问的路径段中添加的信息素量越高。因此，随着时间的推移，最好的被跟踪的路径段——规则中添加的最好的项（属性-值对）的信息素量会越来越大，增加其被选择的概率。
- a 是属性的总数。
- 如果属性 A_i 还没有被当前蚂蚁使用，则将 x_i 设置为 1，否则设置为 0。
- b_i 是第 i 个属性域中的取值个数。

选择一个 term_{ij} 加入当前的部分规则中，其概率与式（7.7）的值成正比，但有两个限制条件：1）属性 A_i 不能包含在当前部分规则中，为了满足这一限制，蚂蚁必须"记住"当前部分规则中包含哪些项（属性-值对）；2）如果添加一个词汇 term_{ij} 时，它覆盖的案例数量少于预定义的最低数量，即前面提到的 Min_cases_per_rule 阈值，则不能添加 $term_{ij}$ 到当前部分规则中。

一旦规则前因完成，系统就会选择能使规则质量最大化的规则后果（即预测类）。这是通过将规则所覆盖的案例中的多数类分配给规则后果来实现的。

7.2.1.2　启发式函数

对于每一个可以添加到当前规则中的词汇 $term_{ij}$，Ant-Miner 计算一个启发式函数的值 η_{ij}，这个函数是对这个词汇质量的估计，与它提高规则预测精度的能力有关。这个启发式函数是基于信息论[7]的。更准确地说，$term_{ij}$ 的 η_{ij} 值涉及与该项相关的熵（或信息量）的测量。对于每一个形式为 $A_i = V_{ij}$ 的词汇，其中 A_i 是第 i 个属性，V_{ij} 是属于 A_i 域的第 j 个值，其熵由公式（7.8）计算：

$$H(W \mid A_i = V_{ij}) = -\sum_{w=1}^{k}(P(w \mid A_i = V_{ij}) \cdot \log_2 P(w \mid A_i = V_{ij})) \tag{7.8}$$

其中，

- W 是类属性（即其域由待预测的类组成的属性）。
- k 是类的数量。
- $P(w \mid A_i = V_{ij})$ 是在观察到 $A_i = V_{ij}$ 的条件下观察到类 w 的经验概率。

$H(W \mid A_i = V_{ij})$ 的值越高，类的分布越均匀，因此，当前蚂蚁选择在其部分规则中添加 $term_{ij}$ 的概率越小。最好对启发式函数的值进行归一化，以方便其在式（7.1）中的使用。为了实现这种归一化，利用 $0 \leqslant H(W \mid A_i = V_{ij}) \leqslant \log_2 k$，其中 k 是类的数量。因此，提出的归一化、信息论启发式函数为：

$$\eta_{ij} = \frac{\log_2 k - H(W \mid A_i = V_{ij})}{\sum_{i=1}^{a} x_i \cdot \sum_{j=1}^{b_i} (\log_2 k - H(W \mid A_i = V_{ij}))} \tag{7.9}$$

其中，a、x_i 和 b_i 的含义与式（7.7）相同。请注意，无论词汇的规则内容如何，$term_{ij}$ 的 $H(W \mid A_i = V_{ij})$ 总是相同的。因此，为了节省计算时间，所有 $term_{ij}$ 的 $H(W \mid A_i = V_{ij})$ 都作为预处理步骤进行计算。

在上述启发式函数中，只是有两个简单的注意事项。第一，如果属性 A_i 的值 V_{ij} 不出现在训练集中，那么 $H(W \mid A_i = V_{ij})$ 被设置为其最大值 $\log_2 k$。这相当于给 $term_{ij}$ 分配了尽可能低的预测能力。第二，如果所有的样本都属于同一个类，那么 $H(W \mid A_i = V_{ij})$ 被设置为 0，这相当于将可能的最高预测能力分配给 $term_{ij}$。

Ant-Miner 使用的启发式函数——熵——与 C4.5 等决策树算法使用的启发式函数是同一种。在启发式函数方面，决策树和 Ant-Miner 的主要区别在于：在决策树中，熵是针对一个属性整体计算的，因为选择整个属性来扩展树；而在 Ant-Miner 中，熵只针对一个属性值对计算，因为选择一个属性值对来扩展规则。

在传统的决策树算法中，熵通常是建树过程中唯一使用的启发式函数，而在 Ant-Miner 中，熵是和信息素更新一起使用的，这使得 Ant-Miner 的规则构建过程更加稳健，不容易陷入搜索空间的局部最优状态，因为信息素更新提供的反馈有助于纠正一些错误。需要注意的是，熵度量是一种局部启发式度量，每次只考虑一个属性，因此对属性交互问题很敏感。相比之下，信息素更新往往能更好地应对属性交互问题，因为信息素更新直接基于规则的整体性能（直接考虑规则中发生的所有属性之间的交互）。Ant-Miner 所使用的规则构建过程会导致在

REPEAT-UNTIL 循环开始时，当所有的词汇都具有相同数量的信息素时，规则会非常糟糕。然而，这对于整个算法来说未必是一件坏事。

其实，我们可以将 Ant-Miner 算法和进化算法做一个类比。比如遗传算法（GA），在规则发现的 GA 中，初始种群也会包含很坏的规则。实际上，GA 初始种群中的规则可能会比 Ant-Miner 的第一只蚂蚁建立的规则还要糟糕，因为典型的规则发现的 GA 是随机创建初始种群的，没有任何形式的启发式方法（而 AntMiner 使用的是熵的测量）。作为进化过程的结果，GA 种群中的规则质量会逐渐提高，产生越来越好的规则，直到收敛到一个好的规则或一组好的规则，这取决于个体的表示方式。这也是 Ant-Miner 的基本思想。

Ant-Miner 不是 GA 中的自然选择，而是使用信息素更新来产生更好更优秀的规则。因此，Ant-Miner 的搜索方法的基本思想更类似于进化算法，而不是决策树和规则归纳算法的搜索方法。因此，Ant-Miner（以及一般的进化算法）执行的更多是全局搜索，不太可能陷入与属性交互相关的局部最大值。

7.2.1.3 规则修剪

规则修剪是数据挖掘中常见的技术。如前所述，规则修剪的主要目标是去除可能被不适当地包含在规则中的不相关词汇。规则修剪有可能提高规则的预测能力，有助于避免其对训练数据的过拟合。规则修剪的另一个动机是提高规则的简单性，因为一个较短的规则通常比一个较长的规则更容易被用户理解。

当前蚂蚁完成其规则的构建时，规则修剪程序就会被调用。它的基本思想是迭代地从规则中一次删除一个词，同时这个过程也提高了规则的质量。更准确地说，在第一次迭代中，人们从完整的规则开始。然后试探性地删除规则中的每一个词汇——每个词汇依次删除——并使用给定的规则质量函数［由公式(7.11) 定义］计算结果规则的质量。应该注意的是，这一步可能涉及替换规则结果中的类，因为修剪后的规则所覆盖的情况下的多数类可能与原始规则所覆盖的情况下的多数类不同。去掉最能提高规则质量的项，完成第一次迭代。在下一次迭代中，再次删除最能提高规则质量的项，以此类推。这个过程不断重复，直到规则中只有一个词汇，或者直到没有一个词汇的删除可以提高规则的质量。

7.2.1.4 信息素更新

回想一下，每个 $term_{ij}$ 对应于某条完整路径中可以被蚂蚁跟随的一个路径段。在 WHILE 循环的每一次迭代中，所有的 $term_{ij}$ 都被初始化为相同数量的信息素，因此当第一只蚂蚁开始搜索时，所有路径的信息素数量都相同。每条路径位置的信息素初始沉积量与所有属性的值成反比，定义如下：

$$\tau_{ij}(t=0) = \frac{1}{\sum_{i=1}^{a} b_i} \tag{7.10}$$

其中，a 是属性的总数，b_i 是属性 A_i 可能取值的数量。

公式(7.10) 返回的值经过归一化处理，以便于在公式(7.7) 中使用，公式(7.7) 将这个值和启发式函数的值结合起来。每当一只蚂蚁构建规则，并且该规则被修剪时，所有路径的所有路径段中的信息素量必须更新。这种信息素更新是由两个基本思想支持的：

- 蚂蚁发现的规则（修剪后）中出现的每个 $term_{ij}$ 相关的信息素量与该规则的质量成正比增加。
- 减少与规则中未出现的每个 $term_{ij}$ 相关联的信息素的量，模拟真实蚁群中信息素的蒸发。

1. 增加所用词汇的信息素

增加蚂蚁发现的规则中出现的每个 $term_{ij}$ 相关的信息素量，相当于增加蚂蚁完成的路径上的信息素量。在规则发现的背景下，这相当于增加 term_{ij} 在未来被其他蚂蚁选择的概率，与规则的质量成比例。一个规则的质量用 Q 表示，$Q=$ 灵敏度×特异性，定义为：

$$Q=\frac{\text{TP}}{\text{TP}+\text{FN}}\cdot\frac{\text{TN}}{\text{FP}+\text{TN}} \tag{7.11}$$

其中，

- TP（真阳性）是指规则所覆盖的具有规则所预测的类别的案例数量。
- FP（假阳性）是规则所覆盖的具有与规则预测的类别不同的类别的案例数量。
- FN（假阴性）是指规则未覆盖但具有规则预测的类别的案例数量。
- TN（真否定）是指规则没有覆盖且没有规则预测的类别的案例数量。

Q 的范围为 $0\leqslant Q\leqslant1$，并且，Q 的值越大，规则的质量越高。对于规则中出现的所有 term_{ij}，根据公式(7.6)进行 term_{ij} 的信息素更新：

$$\tau_{ij}(t+1)=\tau_{ij}(t)+\tau_{ij}(t)\cdot Q,\ \forall\,i,j\in R \tag{7.12}$$

其中，R 是蚂蚁在迭代 t 时构建的规则中出现的项集，因此，对于当前蚂蚁发现的规则中出现的所有 term_{ij}，信息素的量都会增加当前信息素量的一部分，这个比例由 Q 给出。

2. 减少未使用项的信息素

为了模拟真实蚁群中的信息素蒸发，必须减少与当前蚂蚁发现的规则中未出现的每个 term_{ij} 相关的信息素量。在 Ant-Miner 中，信息素蒸发是以某种间接的方式实现的。更准确地说，未使用的信息素蒸发的影响是通过归一化每个信息素 τ_{ij} 的值来实现的。这种归一化是通过将每个 τ_{ij} 的值除以所有 τ_{ij} 的和来实现的。

要想知道如何实现信息素蒸发，请记住，只有规则使用的词汇才会通过公式(7.12)增加其信息素量。因此，在归一化时，未使用的词汇的信息素量将通过将其当前值［未被公式(7.12)修改］除以所有词汇的信息素总和［由于对所有使用的词汇应用公式(7.12)而增加］来计算。最后的效果将是减少每个未使用词汇的信息素的归一化量。当然，使用过的词汇将因应用公式(7.12)而使其信息素的归一化数量增加。

7.2.1.5 利用发现的规则对新样本数据进行分类

为了对训练期间未见的新测试样本进行分类，需要按照发现规则的顺序应用发现的规则（发现的规则被保存在一个有序的列表中）。覆盖新样本的第一条规则被应用，也就是说，样本被分配到该规则的结果所预测的类别。有可能列表中没有任何规则可覆盖新样本。在这种情况下，新样本被一个默认规则分类，该规则只是预测了未覆盖的训练样本集中的多数类，也就是没有被任何发现的规则覆盖的样本集。

7.2.2 Ant-Miner 算法实现

上一节对 Ant-Miner 算法的概念及流程进行了详细的描述，下面依照 Ant-Miner 算法的流程对算法的实现进行讲解，本算法的实现使用 C++（见代码段 7.1）。

代码段 7.1 Ant-Miner 模型主流程（源码位于 Chapter07/蚁群算法（c++版）/myra2/myra/classification/rule/impl/AntMiner.cpp）

```
21  void AntMiner::run(int argc, const char * argv[]) {
22      // 1.初始化参数及配置.
```

```
23        defaults();
24
25        // 2.读取并存储算法所需参数.
26        map<string, string> parameters = processCommandLine(argc, argv);
27
28        // 3.Ant-Miner流程.
29        if (Config::CONFIG.isPresent(TRAINING_FILE)) { // 如果训练集文件存在
30            // 读取并加载数据
31            clock_t start = clock();
32            ARFFReader reader;
33            Dataset dataset = reader.read(Config::CONFIG.get(TRAINING_FILE));
34            double elapsed = (clock() - start) / 1000.0;
35            cout << "load data cost time : " << elapsed << "s." << endl;
36
37            // 模型训练与显示
38            start = clock();
39            Model* pModel = train(dataset);
40            elapsed = (clock() - start) / 1000.0;
41            cout << "train data cost time : " << elapsed << "s." << endl;
42            cout << endl;
43            cout << "=== Discovered Model ===" << endl;
44            cout << pModel->toString(dataset);
45
46            // 模型评估
47            start = clock();
48            p_evaluate(dataset, *pModel);
49            elapsed = (clock() - start) / 1000.0;
50            cout << "evaluate data cost time : " << elapsed << "s." << endl;
51
52            // 如果提供了测试集, 则使用测试集评估模型, 并记录混淆矩阵
53            if (Config::CONFIG.isPresent(TEST_FILE)) {
54                start = clock();
55                dataset = reader.read(Config::CONFIG.get(TEST_FILE));
56                test(dataset, *pModel);
57                cout << "load test data and run test() cost time :
                     " << elapsed << "s." << endl;
58            }
59
60            // 释放模型
61            delete pModel;
62        }
63        else { // 如果训练集文件不存在
64            // 打印模型参数说明
65            usage();
66        }
67    }
```

1. 主流程（第 21～67 行）

在 main 函数中，"AntMiner::work(argc, argv);"语句调用 AntMiner 的静态函数 work，并传入命令行参数及其数量。在 work 函数中，创建 AntMiner 对象，并调用 AntMiner 的成员函数 run 开启 AntMiner 模型的主流程。执行 run 函数的部分比较简单，读者可以查阅本书源代码进行详细了解，在这里重点介绍 run 函数。

run 函数主要由三部分组成，分别是初始化参数及配置、读取并存储算法所需参数、Ant-Miner 模型训练与评估。第 22～23 行调用 defaults 函数配置非命令行提供的模型算法默认参

数，例如分类规则、熵计算方法、事件调度器等。第 25～26 行调用 processCommandLine 函数解析命令行参数，例如蚁群规模、最大迭代次数、是否支持并行、每条规则覆盖的最少实例数量、剪枝算法等。当参数准备就绪后，在第 28～66 行进入 Ant-Miner 模型训练与评估的核心流程。算法首先读取训练集数据，若训练集文件路径不存在，则提示命令行参数说明书，并退出程序执行；否则继续模型的训练过程。接下来，使用 ARFFReader 加载数据集，并进行数据预处理（按照 C4.5 算法里的处理方式将连续属性离散化）。数据加载完毕，调用 train 成员函数进行模型训练，训练的具体流程将在后面介绍。最后，计算模型在训练集和测试集上的预测准确率，完成模型评估。

我们使用 UCI German Credit 数据集进行 Ant-Miner 算法的模型训练和评估。German Credit 数据是根据个人的银行贷款信息和申请客户贷款逾期发生情况来预测贷款违约倾向的数据集，数据集包含 24 个维度的 1000 条数据。该数据集将由一组属性描述的人员分类为良好或不良信用风险。读者可以参考文献 [23] 下载该数据集。

我们指定蚂蚁最大数量为 15，使用 c45 进行数据处理，运行 Ant-Miner 决策树模型结果如下。

训练：

```
load data cost time : 0.012s
round:0
round:1
...
round:7
ok!
train data cost time : 49.280s
```

模型显示：

```
= = = Discovered Model = = =
IF checking_status= 'no checking' THEN good
IF duration < = 22.500000 AND credit_amount < = 6414.500000 THEN good
IF savings_status= '< 100' AND residence_since > 1.500000 AND other_parties= none
THEN bad
IF other_parties= none AND installment_commitment > 1.500000 AND age > 24.500000 AND cred-
it_amount > 1381.500000 THEN good
IF credit_history= 'existing paid' AND foreign_worker= yes AND age < = 36.500000 THEN bad
IF housing= own AND credit_amount > 2521.000000 THEN good
IF personal_status= 'male single' AND foreign_worker= yes THEN bad
IF personal_status= 'female div/dep/mar' THEN good
IF < empty> THEN good

Number of rules: 9
Total number of terms: 18
Average number of terms: 2.00
```

模型评估：

```
Classification accuracy on training set : 76.8%
```

```
> > > Rule coverage:
# good  bad  < − class
1  348   46
2  227  108
3  42   88
4  47   16
5  8    24
6  14   4
7  4    10
8  7    4
9  3    0   (default rule)
evaluate data cost time : 0.09s.
```

2. 训练过程（代码段 7.2 和 7.3）

如代码段 7.2 所示，AntMiner 类的 train 函数中声明了 SequentialCovering 类对象 seco，并调用 seco 的 train 函数生成 SequentialCovering 类型的模型 pModel，最后将 pModel 传入使用代理模式设计的分类模型类 ClassificationModel，返回一个该类型的堆空间对象。

代码段 7.2　AntMiner 类的 train 函数（源码位于 Chapter07/蚁群算法（c＋＋版）/myra2/myra/classification/rule/impl/AntMiner. cpp）

```cpp
9   ClassificationModel* AntMiner::train(const Dataset & dataset) {
10      SequentialCovering seco;
11      Model* pModel = seco.train(dataset);
12
13      ClassificationModel* pClassificationModel = new ClassificationModel(pModel);
14      return pClassificationModel;
15  }
```

代码段 7.2 中调用的 train 函数是执行模型训练的核心。代码 7.3 展示了 SequentialCovering 类的成员函数 train 的实现细节。整个训练过程主要由三部分构成，分别是初始化变量、使用蚁群算法发现决策规则、空规则处理。

代码段 7.3　SequentialCovering 类的 train 函数（源码位于 Chapter07/蚁群算法（c＋＋版）/myra2/myra/rule/irl/SequentialCovering. cpp）

```cpp
11  Model* SequentialCovering::train(const Dataset & dataset) {
12      // 用户指定的未被规则覆盖的实例数量阈值
13      int uncovered = std::stoi(Config::CONFIG.get(UNCOVERED));
14      vector<Instance> instances;
15      instances.resize(dataset.size());
16      // 初始标记所有数据都为未覆盖
17      Instance::markAll(instances, Dataset::NOT_COVERED);
18      // 将数据集对应于图结构
19      Graph graph(dataset);
20      // 规则集
21      RuleList* pRuleList = new RuleList;
22      RuleList& discovered = *pRuleList;
```

```
23      int available = dataset.size();
24
25      Scheduler<Rule>* scheduler = Scheduler<Rule>::newInstance(1);
26      FindRuleActivity* activity = nullptr;
27
28      int no = 0;
29      while (available >= uncovered) {
30          cout <<"round:"<< no++ << endl;
31
32          activity = new FindRuleActivity(&graph, &instances,
            (Dataset*)&dataset);
33
34          // discovers one rule using an ACO procedure
35
36          scheduler->setActivity(activity);
37          scheduler->run();
38
39          Rule* best = activity->getBest();
40          best->apply(dataset, instances);
41
42          // adds the rule to the list
43          discovered.add(best);
44
45          // marks the instances covered by the current rule as
46          // COVERED, so they are not available for the next
47          // iterations
48          available = Dataset::markCovered(instances);
49      }
50
51      if (activity) delete activity;
52      if (scheduler) delete scheduler;
53
54      cout << "ok!" << endl;
55
56      if (!discovered.hasDefault()) {
57          // adds a default rule to the list
58          if (available == 0) {
59              Instance::markAll(instances, Dataset::NOT_COVERED);
60          }
61
62          Rule* pRule = Rule::newInstance();
63          pRule->apply(dataset, instances);
64          Tools_t<Assignator>::getObjectFromAddress
            (Config::CONFIG.get(Assignator::ASSIGNATOR))
65              .assign(dataset, *pRule, instances);
66          discovered.add(pRule);
67      }
68
69      return pRuleList;
70  }
```

第 12～26 行初始化训练过程中用到的一些变量。包括获取用户指定的未被规则覆盖的实例数量阈值、使用数据集 dataset 初始化多个 Instance 实例、标记所有实例的数据集为未覆盖、将数据集对应到 Graph 图结构、创建待填充规则集（RuleList）对象等。

第 28～54 行使用蚁群算法发现决策规则。搜索规则的条数由 uncovered-available 决定。该部分进行 uncovered-available 轮迭代，每次迭代对应蚂蚁种群迭代搜索建立规则的过程，搜索规则的核心代码在 scheduler → run() 函数中，该函数将在后续进行介绍。该次迭代寻找到规则集合之后，根据规则的质量评估标准，选出本次活动得到的最优规则，添加到最终的规则集中。同时，将被本次最优规则覆盖的数据子集从现有数据集中剔除，剩余的数据集继续进行下一次的迭代训练。

第 56～67 行进行空规则的处理。在迭代结束后，遍历规则集 discovered，若还剩有未被当前所有规则覆盖的数据，则将其对应到单独的 default 规则（优先级最低），规则的类别对应剩余数据集的多数类。最终训练得到的模型为具有优先级排序的规则集合。

3. 训练中的蚁群算法搜索过程（代码段 7.4）

前面已经提到，Ant-Miner 的内部迭代［代码段 7.3 第 37 行的 scheduler → run() 函数］是一个蚂蚁种群搜索解集的过程，其具体流程如代码段 7.4 所示。

代码段 7.4   Scheduler 类的 run 函数（源码位于 Chapter07/蚁群算法（c++版）/myra2/myra/Scheduler. h）

```
147        /**
148         * Runs the scheduler.
149         */
150        void run() {
151            initialise();
152            while (!terminate()) {
153                create();
154                search();
155                update();
156            }
157        }
```

在上述代码中：

- initialise() 函数完成对当前数据集、信息素、蚂蚁种群等参数的初始化。
- terminate() 函数代表迭代终止条件，即构建的规则数量大于定义的蚂蚁数量或规则构建达到收敛。
- create() 函数完成本次规则的构建。
- search() 函数完成对规则的剪枝，返回质量更高的规则。
- update() 函数完成根据现有规则进行信息素、数据集及规则集的更新。

4. 评估过程（代码段 7.5 和 7.6）

Ant-Miner 模型采用混淆矩阵进行评估，将数据样本的正确划分准确率作为评估标准。在代码段 7.1 第 48 行的模型评估函数 p_evaluate 中，实际上调用的是 Classifier 类的 evaluate 函数，逐层分析评估函数的调用关系，最终追踪到 Accuracy1 类的 evaluate 函数，如代码段 7.5 所示。可以看到，evaluate 函数首先调用了 Measure 类的 fill 函数填充混淆矩阵（如代码段 7.6 所示），然后使用混淆矩阵进行正确分类样本和总样本的统计，最后进行预测准确率的计算并且将其返回。

代码段 7.5 Accuracy1 类的 evaluate 函数（源码位于 Chapter07/蚁群算法（c++版）/myra2/myra/classification/Accuracy1.cpp）

```
7   Cost Accuracy1::evaluate(const Dataset& dataset,ClassificationModel& model){
8       vector<vector<int> > matrix = Measure::fill(dataset,model);
9
10      int correct = 0;
11      int total = 0;
12      int row = matrix.size();
13      for(int i = 0; i < row; i++){
14          for(int j = 0; j < row; j++){
15              if(i == j){
16                  // 行列下标相等，代表预测类别等于实际类别，正确预测数加1
17                  correct += matrix[i][j];
18              }
19              total += matrix[i][j];
20          }
21      }
22
23      // 返回正确预测样本数占总数的比例，即准确率
24      return Maximise(correct / (double)total);
25  }
```

代码段 7.6 展示了填充混淆矩阵的实现细节。首先，根据数据集 dataset 的类标签数量初始化混淆矩阵。然后，遍历整个数据集，针对每个数据样本，获取当前样本的真实类别，并且使用模型对其进行预测，根据该样本的真实值和预测值填充混淆矩阵。最后，返回填充好的混淆矩阵 matrix。

代码段 7.6 Measure 类的 fill 函数（源码位于 Chapter07/蚁群算法（c++版）/myra2/myra/classification/Measure.cpp）

```
15  vector<vector<int> > Measure::fill(const Dataset& dataset,ClassificationModel& model){
16
17      vector<vector<int> > matrix = vector<vector<int> >(dataset.classLength(),
        vector<int>(dataset.classLength()));
18
19      for(int i = 0; i< dataset.size(); i++){
20          int actual = (int) dataset.value(i,dataset.classIndex()); //获取当前样本真实类别
21          Label predicted = model.predict(dataset,i); //根据模型得到样本预测类别
22          matrix[actual][predicted.value()]++; //矩阵对应值加1
23      }
24
25      return matrix;
26  }
```

以上即为 Ant-Miner 算法的核心代码分析。

7.2.3 Ant-Miner 算法的早期变种

Ant-Miner 生成的规则列表比 CN2 更简单（更小）。它在相当程度上减少了发现的规则和规则前因的数量，以增加被发现的事实的清晰度。Ant-Miner 需要用离散化的方法进行预处

理，只适合标称属性。这种方法的缺点是分类器可利用的信息较少。一般现实世界的分类问题都是由标称（离散值）和连续属性来描述的。在 Ant-Miner 问世后，关于 ACO 分类算法的研究有了更大的突破——根据 Google Scholar 的统计，Ant-Miner 的原始论文有超过 990 次的引用，并且在文献中提出了大量的变体。

Ant-Miner2[4] 在 Ant-Miner 的基础上进一步发展，它使用了一个更简单的（虽然不太准确的）密度估计方程作为启发式值。这使得 Ant-Miner2 的计算成本较低，但没有显著降低性能。蚂蚁的并行执行降低了收敛速度，从而使得通过探索所有搜索空间来提取更多新的高质量规则成为可能。其他实验结果表明，Parallel Ant-Miner2 比其他版本的 Ant-Miner 更加准确[10-11]。

AntMiner3[5] 对 AntMiner 进行了扩展，引入了两个主要的变化，可提高结果的精度。首先，它使用了不同的更新规则，规则的质量 Q 为其灵敏度和特异性之和，ρ 为 0.1。其次，通过不同的过渡规则来鼓励更多的探索，增加选择之前构建的规则中尚未使用的词汇的概率，如 ACS 所实现的规则。

$$\tau_{ij}(t+1)=(1-\rho)\cdot\tau_{ij}(t)+\left(1-\frac{1}{1+Q}\right)\cdot\tau_{ij}(t) \tag{7.13}$$

值得一提的是，在 Galea 和 Shen[6] 中已经提出了对 AntMiner 的扩展，可以生成模糊规则。

阈值蚁群挖掘机（Threshold ACO Miner，TACO-Miner）[13-14] 是 AntMiner 的一种改进算法。它的主要目标是提供可理解的分类规则，其预测精度更高，规则列表更简单，计算复杂度和成本更低。

AntMiner＋是一个新的环境、蚁群算法和函数。AntMiner＋算法[7] 与 AntMiner 版本有几个不同之处。其中，环境被定义为一个有向无环图（DAG），这样蚂蚁可以更有效地选择路径（见图 7.2b），而 AntMiner 环境是完全连接的（除了对应同一变量的节点之间的连接外）。这意味着 AntMiner 中的蚂蚁需要在每个决策点的所有节点中进行选择，而对于 AntMiner＋来说，它们只需要在对应一个变量的节点中进行选择。通过约束规则格式减少选择，AntMiner＋中的蚂蚁可以更有效地进行决策。此外，为了允许区间规则，构造图还额外利用了标称变量和序数变量之间的差异：每个标称变量都有一个节点组（包含一个虚顶点，表示该变量在规则中没有出现），但对于序数变量，却建立了两个节点组，以允许蚂蚁选择区间。第一个节点组对应区间的下限，因此应该解释为 $V_i \geqslant \text{Value}_{ij}$；第二个节点组确定上限，因此 $V_i \leqslant \text{Value}_{ij}$（当然，上限的选择受到下限的约束）。这样可以减少规则的数量，规则更短，实际效果更好。环境中还包括信息素和启发式价值的权重参数 α 和 β，在构造图中，这些参数由蚂蚁自己设定。最后，类变量也被包含在内（除了多数类之外的所有可能的类值，它作为最终的默认规则），以便允许多类数据集。

用图 7.2 中一个简化的信用评分例子来说明 AntMiner 和 AntMiner＋之间的环境差异。目前的任务是区分好的和坏的信用客户。由于这是一个二元分类问题，AntMiner＋环境中的类变量只有一个值（多数类被省略）。对于标称变量 Sex 和 Real Estate 属性，增加了一个虚节点 any，而对于表示贷款期限的序数变量 Term，则定义了两个节点组来决定变量的下界和上界。在 AntMiner 的构造图中并没有做这样的区分。一只蚂蚁如果走了黑色箭头的路径，就会描述出这样的规则：如果 Sex＝male，Term≥1y 且 Term≤15y，那么类＝Stop。对于 AntMiner 环境来说，这样的规则实际上需要四条不同的规则，由图 7.2a 中的四条路径定义。

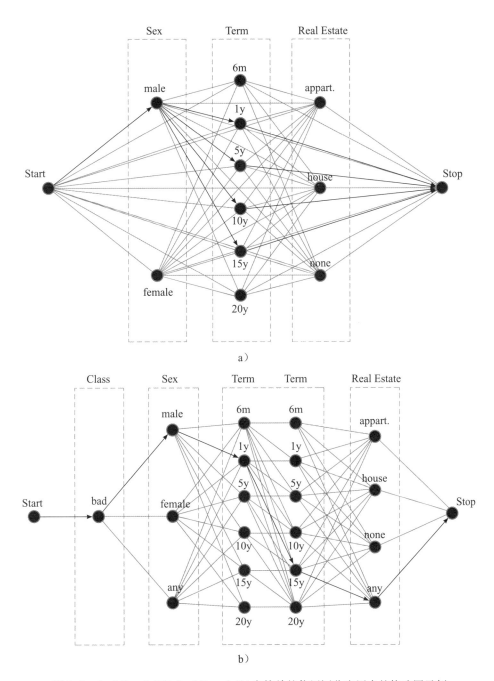

图 7.2 AntMiner(a)和 AntMiner+(b)在简单的信用评分应用中的构造图示例

除了这些环境的变化，AntMiner+还采用了性能更好的 MAX-MIN 蚁群系统，定义了新的启发式和信息素函数，并应用了早期停止标准。使用早期停止意味着，一旦独立验证集（在规则诱导过程中没有使用）上的性能开始下降，规则诱导就会停止。相关文献的基准实验表明，AntMiner+的准确率优于其他 AntMiner 版本所获得的准确率，并与包括 C4.5、RIPPER

和 logistic 回归在内的对比分类技术所获得的结果不相上下或更好[7]。这种基于 ACO 的分类技术的主要工作原理见如下算法。

算法：ANT-MINER＋分类算法

---

1. TrainingSet= {所有训练数据}
2. RuleList= {}
3. **while** 没有提前中止 **do**
4.   根据 $\tau_{\max}$、信息素和启发式值初始化概率
5.   **while** 未收敛 **do**
6.   让蚂蚁从源头跑到汇合点
7.   蒸发所有边的信息素
8.   对最佳蚂蚁规则 R_best 进行剪枝
9.   添加 R_{best} 的信息素
10.   如果超出界限 [$\tau_{\min}$，$\tau_{\max}$]，则调整信息素等级
11.   杀死蚂蚁
12.   更新所有边的概率
13.   **end while**
14.   将 R_{best} 加入 RuleList
15.   TrainingSet= TrainingSet\{包含 R_{best} 的数据实例}
16. **end while**
17. 在测试集上评估性能

蚂蚁在顶点 $v_{i-1,k}$ 处选择到顶点 $v_{i,j}$ 的边的概率。在 AntMiner＋中，根据边的信息素值 $\tau_{(v_{i-1,k},v_{i,j})}$ 和顶点 $v_{i,j}$ 的启发式值 $\eta_{v_{i,j}}$ 进行定义，并对所有可能的边选择进行归一化：

$$P_{ij}(t) = \frac{\left[\tau_{(v_{i-1,k},v_{i,j})}(t)\right]^{\alpha} \cdot \left[\eta_{v_{i,j}}(t)\right]^{\beta}}{\sum_{j=1}^{p_i}\left[\tau_{(v_{i-1,k},v_{i,j})}(t)\right]^{\alpha} \cdot \left[\eta_{v_{i,j}}(t)\right]^{\beta}} \tag{7.14}$$

同时定义了一个不同的启发式函数，即该词汇正确覆盖（描述）的训练样本的分数：

$$\eta_{v_{i,j}}(t) = \frac{|T_{ij}\&\text{CLASS}=\text{class}_{\text{ant}}|}{|T_{ij}|} \tag{7.15}$$

MMAS 的环境信息素踪迹更新分两个阶段完成：蒸发所有边和强化表现最好的蚂蚁的路径。最佳蚂蚁路径的强化应该与路径的质量 Q^+ 成正比，我们将其定义为覆盖率和相应规则的置信度之和。覆盖率衡量的是规则所覆盖的剩余（尚未被任何提取规则覆盖）数据点中被正确分类的部分。置信度通过测量正确分类的剩余数据点的数量占剩余数据点总数的比例来表明特定规则的整体重要性。请注意，公式(7.16) 中对这个质量度量做了缩放，以确保 τ 位于 0 和 1 之间，蒸发率 ρ 设置为 0.15。

$$\tau_{(v_{i,j},v_{i+1,k})}(t+1) = (1-\rho) \cdot \tau_{(v_{i,j},v_{i+1,k})}(t) + \frac{Q^+_{\text{best}}}{10} \tag{7.16}$$

由于 ACO 被设计为解决离散优化问题，每个变量只能取有限的数值。虽然 AntMiner＋已经对标称变量和序数变量进行了明确的区分，但不能包含连续变量。这使得离散化技术的选择相当重要。在 Otero 等人[8-9]的研究中，按照 AntMiner＋的思路，允许使用区间规则，并首次尝试以动态方式确定连续变量的截止值。通过选择一个最小化相应分区熵的值，不需要进行微

分步骤。这一思想被融入 AntMiner 算法中，并被命名为 cAntMiner。在 8 个公共数据集上的基准测试结果表明，与原始 AntMiner 算法相比，其性能有所提高。后续又出现了不少 Ant-Miner 的变种版本，例如 cAnt-MinerPB[12]、Unordered cAnt-MinerPB[13-14] 和 Ant-TreeMiner[15]。

与 C4.5 和 RIPPER 等其他基于规则的技术相比，这些基于 ACO 的分类技术的学习时间相当长。虽然对于一些应用来说训练时间不是问题，但对于实时应用来说，训练时间是至关重要的。

7.2.4 MYRA——开源实现

MYRA 是一个开源的提供了几种蚁群优化分类算法的 Java 框架。该框架采用模块化架构，因此很容易进行扩展，以纳入不同的程序或使用不同的参数值。MYRA 的源代码和文档可在文献［24］中下载。自 2008 年发布第一个版本以来，MYRA 框架已经经历了两次重大的重构——最后一次重构是在 2015 年 6 月——以改善其模块化和计算时间，目前最新的版本是 4.5。MYRA 中包含的 ACO 分类算法的实现有：迭代规则学习（Ant-Miner 和 cAnt-Miner）、基于匹兹堡的规则学习（cAnt-MinerPB 和 Unordered cAnt-MinerPB）和决策树学习（Ant-Tree-Miner）。

MYRA 集成了多种蚁群决策树算法，包括 Ant-Miner、cAnt-Miner、cAnt-Miner$_{PB}$、Unordered cAnt-Miner$_{PB}$、Ant-Tree-Miner 和 Ant-Miner-Reg，分别对应以下类实现：

- myra. classification. rule. impl. AntMiner 是第一个规则诱导 ACO 分类算法。AntMiner 使用顺序覆盖策略与 ACO 搜索相结合，以创建一个规则列表。AntMiner 只支持分类属性，连续属性需要在预处理步骤中进行辨别。
- myra. classification. rule. impl. cAntMiner 是 AntMiner 的扩展，以应对连续属性。它的工作原理与 AntMiner 基本相同，但连续属性被包含在规则中时会经历动态的辨别过程。
- myra. classification. rule. impl. cAntMinerPB 纳入了一项新策略，以发现分类规则列表，该策略使用候选规则列表的质量（而不是单个规则）指导 ACO 算法执行的搜索。主要目的是避免在发现规则的顺序中出现规则的相互作用问题，即规则的结果会影响随后可以发现的规则，因为搜索空间会因删除以前规则所涵盖的例子而修改。
- myra. classification. rule. impl. UcAntMinerPB 是 cAntMinerPB 的一种扩展，以便发现无序规则，以改进对单个规则的解释。在有序的规则列表中，规则的效果（含义）取决于列表中所有以前的规则，因为只有在之前的所有规则不包括示例的情况下才使用规则。另一方面，在一组未按序排列的规则中，所有规则都会显示一个示例，并且根据冲突解决策略，使用单个规则进行预测。
- myra. classification. tree. AntTreeMiner 使用 ACO 算法创建决策树的决策树诱导算法。树是自上而下创建的，类似于 C4.5 策略，但它没有使用基于信息增益的贪心算法，而是使用 ACO 算法选择决策节点。
- myra. regression. rule. impl. AntMinerReg 是第一个规则诱导 ACO 回归算法。它将顺序覆盖策略与 ACO 搜索相结合来创建回归规则列表。

以上每个类的代码实现均遵从设计模式的基本原则。

图 7.3 展示了 AntMiner 和 cAntMiner 的类图。它们依赖于最朴素的信息素顺序覆盖策略类 SequentialCovering，使用 ACO 搜索算法，在 Graph 图数据结构中寻找最佳决策规则，并对规则进行适当剪枝。其中，cAntMiner 是 AntMiner 的派生类，它们的实现原理大体相同，只是 cAntMiner 在 AntMiner 的基础上增加了处理连续属性的功能。

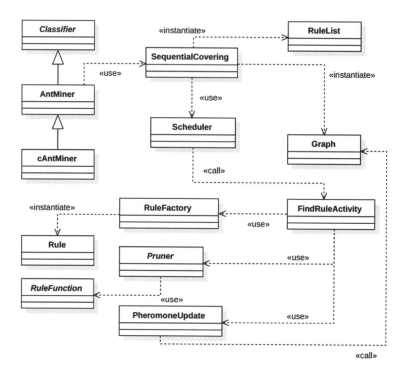

图 7.3   AntMiner 和 cAntMiner 的代码实现中依赖的主要类

图 7.4 展示了 cAntMinerPB 实现中依赖的主要类。对比图 7.3 可以看到，cAntMinerPB 的结构与 cAntMiner 类似，它们共用了很多类，不同点在于 cAntMinerPB 引入了一种新策略来发现分类规则列表，即使用层级信息素策略 LevelPheromonePolicy。相对于前两种类，它改进的目的是避免发现规则的顺序对后续结果的影响。

图 7.5 展示了 UcAntMinerPB 实现中依赖的主要类。对比图 7.4 可以看到，UcAntMinerPB 与 cAntMinerPB 共用了很多类，它作为 cAntMinerPB 的一种扩展，改进了对单个规则的解释，增强了对无序规则的支持。

图 7.6 展示了 AntTreeMiner 实现中依赖的主要类。在 AntTreeMiner 中，除了用到了前面提到的 ACO 算法组件之外，它的实现与其他基于规则的算法几乎没有重叠。在它的 Graph 图数据结构中，信息素策略（PheromonePolicy）和剪枝（Pruner）是不同的，因为 AntTreeMiner 使用树作为解决方案，代替了前面模型用到的一系列规则。

此外，还有 AntMinerReg 类，它是第一种基于顺序覆盖策略和 ACO 搜索的回归算法。它的类图和 cAntMiner 大致相同，如图 7.3 所示，在此不再赘述它的类图结构。

以上即为 MYRA 项目开源实现的代码框架结构。

7.2.5   Ant-Miner$_{MA+G}$算法

自从 Ant-Miner 算法问世以来，人们对基于图的信息素模型进行了大量的研究，但这种算法只能使用于离散的数据集，若数据集中的属性为连续型的，则需要在预处理阶段将其进行离散化，作为标称属性使用。因此，Helal 与 Otero 等人提出了一种对于 Ant-Miner 算法的扩展——Ant-Miner$_{MA}$算法[16]，这是一种用于发现混合类型属性中的分类规则的方法。在 Ant-Miner$_{MA}$算

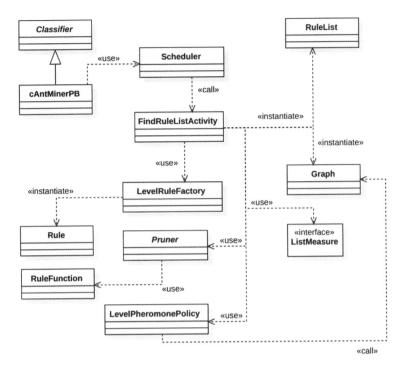

图 7.4 cAntMinerPB 的代码实现中依赖的主要类

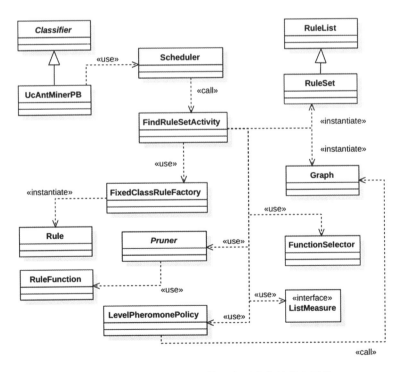

图 7.5 UcAntMinerPB 的代码实现中依赖的主要类

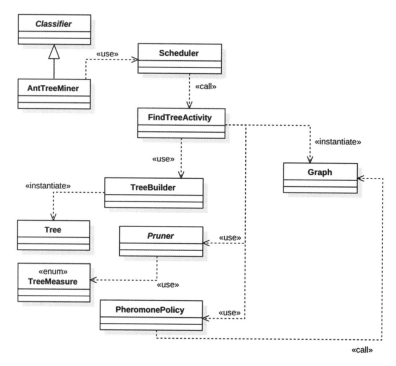

图 7.6   AntTreeMiner 的代码实现中依赖的主要类

法下，既可以处理连续型属性且无须离散化，也可以直接处理序数属性。此外，Ant-Miner$_{MA}$算法还建立了一个档案库来对被用来创建规则的条件采样，这样就无须通过蚁群来对整个图遍历而完成初始化。因此，Ant-Miner$_{MA}$算法能够在数据量很大、属性很多的情况下依旧表现出非常优良的性能。而 Ant-Miner$_{MA+G}$算法则融合了上述两种方法的优点，即 Ant-Miner$_{MA+G}$算法既拥有基于图的 Ant-Miner 算法的特点，也具有基于档案库的 Ant-Miner$_{MA}$算法的优异性能。

Ant-Miner$_{MA}$算法使用基于信息素档案库的模型对分类规则进行采样，如属性、操作符和值，而在基于图的 Ant-Miner 算法中则通过蚁群遍历来创建规则。Ant-Miner$_{MA+G}$算法需要将这两种方法结合起来，以获得更高的性能。这里并不会通过手动对 Ant-Miner$_{MA}$算法的每个可能进行配置来实现 Ant-Miner$_{MA+G}$算法，因为这样的方法会耗费大量的人力以及计算时间，而是采用自动算法聚合工具来获得高性能的 Ant-Miner$_{MA+G}$算法。

Ant-Miner$_{MA+G}$算法实现的伪代码如下所示。

算法：Ant-Miner$_{MA+G}$算法实现伪代码

输入：训练集实例。

输出：生成规则列表。

1.　　初始化规则集 `RuleList` 为空
2.　　**while** 训练集样本数 < 最大未覆盖数 **do**
3.　　　生成多个随机规则并保存在 A 中
4.　　　**for** t **in** 最大迭代次数 **and** 不重新启动 **do**
5.　　　　$A[t] = \{\}$
6.　　　　**for** i **in** 所有蚂蚁 **do**
7.　　　　　创建一条新规则 R_i

8.　　　　对新规则R_i进行剪枝

9.　　　　将R_i添加到$A[t]$中

10.　　**end**

11.　　$A \leftarrow$ UpdateArchive(A_t)

12.　　$A \leftarrow$ UpdateGraph(A_t)

13.　　**if** 发生停滞 **then**

14.　　　　重启对A的操作

15.　　　　设置重启标记 Restarted 为 True

16.　　**end**

17.　**end**

18.　从A中筛选出最优的规则R_{best}

19.　将R_{best}添加到规则集 RuleList 中

20.　对R_{best}涉及的样本进行覆盖，并且从训练集中排除

21. **end**

22. **return** 规则集 RuleList

使用 Ant-Miner$_{MA+G}$算法很关键的一点是如何衡量基于图的 cAnt-Miner 算法以及基于档案库的 Ant-Miner$_{MA}$算法的贡献比例。我们采用的策略是，针对不同类型的属性采用不同的方法。首先，考虑一个全连接的构建图，其中图的节点为属性a_i，$i = 1, 2, \cdots, n$，n为属性总数。蚂蚁l产生的规则为r_l，它从节点i的空规则开始，根据边E_{ij}上的信息素数量，概率性地选择访问一个节点j。对于属性值的选择，Ant-Miner$_{MA+G}$算法则始终采用基于档案库的 Ant-Miner$_{MA}$算法中的档案库模型，即在档案的规则子集上使用连续采样程序来对规则进行采样。

Ant-Miner$_{MA}$算法能够处理的属性可分为两种：序数属性和分类属性。

序数属性。 Ant-Miner$_{MA+G}$算法中使用序数属性的自然顺序，并且其序数属性可能使用的条件是 $\{a_i \leqslant v, a_i > v, v_i < a_i \leqslant v_2\}$，其中最后一个被称为 RANGE，Ant-Miner$_{MA+G}$算法框架实现了三种可能的方法来处理序数属性：

- 从三个可能的运算符 $\{\leqslant, >, \text{RANGE}\}$ 中采样。
- 从两个可能的运算符 $\{\leqslant, >\}$ 中采样。
- 将序数属性作为分类属性处理，不做任何特殊处理，即条件总是以$a_i = v$的形式出现。

分类属性。 Ant-Miner$_{MA+G}$算法使用离散采样程序来处理基于档案库的规则上的分类值索引。对于 Ant-Miner$_{MA+G}$算法中的分类属性，只有 $a_i = v$ 这一个使用条件，并且在算法中一共通过三种方法来处理分类属性：

- 基于档案库的信息素模型被用来对值进行采样。
- 基于档案库的信息素模型在对值进行采样时，只有两种可能的运算符，即 $\{=, \neq\}$。
- 基于图的信息素模型被用在分类属性的取值上，每个分类节点的形式是（attribute，$=$，value），并且在属性域中每个值都有节点。

Ant-Miner$_{MA+G}$算法结合了基于图的 cAnt-Miner 算法以及基于档案库的 Ant-Miner$_{MA}$算法，使得算法既能够处理连续的属性，也能够处理离散的属性，并且在处理连续属性时不再需要对其进行离散化的预处理。而基于图的信息素模型又使得算法在包含大量属性时仍能获得较好性能。此外，自动配置的框架非常灵活，可以针对指定的数据集来调整贡献比率，自动设计更加高效的 Ant-Miner$_{MA+G}$算法。

7.2.6　AM$_{clr}$算法

Ant-Miner 是一种基于规则的分类器，用于提取分类规则，是一种很强大的算法。它有能

力对复杂的数据进行准确分类，但存在高选择性压力的限制，并且可能会过早收敛，或收敛速度过慢。Ant-Miner 中对规则的正确预测和评估很大程度上限制了算法的性能。因此，Ayub等人在 Ant-Miner 算法的基础上提出一种算法，通过一个新的质量函数，以及对规则的选择方式和规则拒绝阈值的重新构建来提高算法性能，并将这个算法命名为 AM$_{clr}$算法[17]。

在 Ant-Miner 算法中使用的规则公式是基于敏感度和特异度的，既没有考虑规则的覆盖率，也没有考虑规则的长度。此外，在原始的 Ant-Miner 算法中使用的比例词汇给算法本身带来了很大的选择压力，这可能会导致算法提前收敛，从而达不到全局最优解，使算法性能变差。在 AM$_{clr}$算法中则通过基于等级的词汇选择策略来选择词汇，并且加入了基于规则的质量和覆盖率的规则拒绝阈值。因为信息素的更新基于规则评估，而规则评估又会影响词汇选择，因此加入规则拒绝阈值还是很有必要的。下面我们将对 AM$_{clr}$算法进行介绍。

1. 词汇选择

蚁群中的蚂蚁通过一次次地选择词汇来进行规则的构建，通过采用基于等级的词汇选择，可以避免过高的选择压力以及算法过早收敛的问题。公式(7.17) 为条件词汇选择公式，其中 r 代表一个随机数，J 代表被随机添加的词汇列表。γ 则被用来控制词汇的探索和开发，如果随机生成的数字比 γ 小，那么选择的词汇将在信息素数量以及启发式信息的取值的基础上进行，否则从术语列表 J 中进行选择。

$$j = \begin{cases} \operatorname{argmax}_{j \in I}(\tau_{ij} \cdot \eta_{ij}), \ r < \gamma \\ J, \ r \geqslant \gamma \end{cases} \tag{7.17}$$

但这种方法存在一个问题，即对词汇的选择高度依赖于 γ 的取值，若 γ 取值较高，则该算法可以进行词汇的开发和探索，若对 γ 的调整不当，则会导致算法过早收敛，达不到预期效果。为了缓解这个问题，可以采用如下公式来进行词汇选择。

$$P_{ij}(t) = \frac{\tau_{ij}(t) \cdot \eta_{ij}}{\sum_{i=1}^{a} \sum_{j=1}^{b_i} \tau_{ij}(t) \cdot \eta_{ij}}, \forall i \in I \tag{7.18}$$

其中，τ_{ij} 为变量 i 的信息素值 j，a 和 b 分别代表变量及其域。通过信息素与启发式信息的乘积除以所有词汇的乘积之和来计算每个词汇被选择的概率。这种方式将消除公式(7.11) 对于 γ 的过度依赖。但这种方式仍然存在高选择压力，具有更高信息素和高启发式取值的词汇将会有更高被选择的概率，这同样会导致算法过早收敛，影响性能。

因此可以采用基于等级的词汇选择，这种方法常常被应用于遗传算法中，基于等级的词汇选择根据数值的等级来对词汇进行选择，既不是以原始数据也不是以分配概率来进行选择，避免了高选择压力导致的过早收敛。同时，使用基于等级的词汇选择也有助于减少生成的规则的数量。蚁群在上面介绍的三种方法中随机选择一种来选择词汇，从而构建规则。不同的选择机制生成的词汇数量也会不同，生成的规则一般由两部分组成，第一部分被称为前因，第二部分被称为后因。一旦词汇选择完成，对提高规则质量作用最显著的类便会被分配给该规则。

2. 规则评估

一旦规则被建立好，就需要有一个函数来对其进行评估。由于由规则评估函数计算出的规则质量将直接用于信息素的更新，而信息素的更新会影响词汇的选择，词汇的选择又会影响规则质量，因此，规则评估函数的构建非常重要，其具体公式为

$$Q_{R_i} = \omega(T_f - \text{Length}_{R_i}) + (1 - \omega)\left(\frac{\text{Coverage \% } \cdot \text{Correct}}{\text{Incorrect}}\right) \tag{7.19}$$

其中，T_f 代表所有特征的总数，ω 用于分配方程中基于长度部分和基于纯质量部分的权重。Correct 的取值为 $T_p + T_n$，Incorrect 的取值为 $F_p + F_n$。Coverage% 显示了对数据大小的依赖性，它有助于提高规则的覆盖率。

3. 规则拒绝阈值

为了提高算法的泛化能力，使算法具备更好的性能，AM_clr 算法中还使用了规则拒绝阈值，这可以使得生成的规则具有更好的通用性及更高的质量。规则拒绝阈值的具体公式为

$$Q_{th} = \omega\left(\frac{T_f}{2}\right) + (1-\omega)\left(\frac{1\% \text{ Coverage} \cdot \frac{2}{3}\text{Coverage}}{\frac{1}{3}\text{Coverage}}\right) \tag{7.20}$$

其中，Q_{th} 代表由两个部分计算的质量阈值，第一个组成部分基于长度，第二个组成部分基于覆盖率、正确预测和错误预测。不同的阈值经过组合，形成质量阈值。1%Coverage 是根据覆盖率来设定的，正确预测实例的阈值为总覆盖率的 2/3，而不正确的实例如果低于总覆盖率的 1/3，则可以被容忍。规则的长度应该小于总特征的一半，若稍长的规则覆盖了超过 1% 的总实例，并且覆盖的实例中有 67% 以上是正确的，那么该规则被接受。若规则较短但不是特别准确，也是可以被接受的。简单来说，质量阈值由两个部分组成，若其中的一个性能很好，但另一部分性能稍逊色，则该规则将可以被接受。

在 AM_clr 算法中，通过引入新的词汇选择规则，以及设计新的规则评估函数和规则拒绝阈值来提高算法的泛化性能，减小了原本的 Ant-Miner 算法中的选择压力，使得算法具备更好的性能。

7.3　蚁群决策树的算法原理

蚁群决策树（Ant Colony Decision Tree，ACDT）算法[1] 是一种用于构建决策树的蚁群算法。运行该算法的结果是创建一个决策树分类器。这种算法是不确定的，因此，算法的每次执行通常会导致不同决策树的构建。ACDT 的原理是使用每条边的信息素线索。决策树作为一种可理解的表示模型被广泛使用，因为决策树可以很容易地以图形形式表示，也可以表示为一组分类规则，一般可以用自然语言以 IF-THEN 规则的形式表示。

分类问题可以被看作优化问题，其目标是找到代表数据中预测关系的最佳函数（模型）。分类问题在形式上可以指定为：

● 给定：数据对 $\{(e_1, c_{e_1}), \cdots, (e_n, c_{e_n})\}$ 代表训练数据集 D，其中每个 e_i 表示第 i 个例子的预测属性值的集合（$1 \leqslant i \leqslant n$，其中 n 为总数量），每个 C_{e_i} 表示在集合 C 中可用的 m 个不同类标签中与第 i 个例子相关的类标签。

● 寻找：一个函数 $f: D \to C$，将 D 中的每个例子 e_i 映射到 C 中对应的类标签。

分类算法的主要目标是建立一个模型，最大限度地提高测试数据的预测精度——正确预测的数量（在训练过程中看不到）。在许多应用领域，模型的可理解性起着重要作用。例如，在医学诊断中，分类模型应该由医生来验证和解释；在信用评分中，分类模型应该由专家来解释，提高他们对模型的信心；在蛋白质功能预测中，分类模型应该由专家来解释，以提供关于蛋白质特征与其功能相关性的有用见解，并最终改善当前关于蛋白质功能的生物学知识。在这些领域，产生可理解的分类模型至关重要。蚁群优化算法涉及一个蚁群（智能体），尽管它们的个体行为相对简单，但可通过相互合作以实现统一的智能行为。因此，蚁群产生的系统能够进行稳健的搜索，为具有较大搜索空间的优化问题找到高质量的解。在数据挖掘的分类任务

中，蚁群算法的优势在于能够对预测属性的良好组合进行灵活的鲁棒搜索，较少受到属性交互问题的影响。在数据挖掘的背景下，大多数使用 ACO 算法进行分类任务的研究都集中在发现分类规则上，正如 Ant-Miner 算法及其许多变体所实现的那样。

Izrailev 和 Agrafiotis[18] 提出了一种基于蚁群的方法来构建回归树。在他们的方法中，一只蚂蚁代表一棵回归树，信息素矩阵由二进制参考树表示，对应于所有创建的树的拓扑联合。树的每个决策节点由二进制条件 $x_i < v_{ij}$（其中 v_{ij} 是第 i 个连续属性的第 j 个值）表示，信息素用于选择属性和值来创建决策节点。因此，他们的方法有两个重要的局限性：第一，在决策节点上只使用连续属性（即无法应对离散或标称属性）；第二，没有利用 ACO 算法中常用的启发式信息。

Boryczka 和 Kozak[19] 提出了一种建立二元决策树的蚁群算法，称为 ACDT。这种算法根据启发式信息和信息素值选择决策节点，从而创建候选决策树这些节点由二元条件 $x_i = v_{ij}$（其中 v_{ij} 是第 i 个名义属性的第 j 个值）表示，并因此恰好具有两条出边（即当条件满足时，一条代表结果"真"，而当条件不满足时，一条代表结果"假"）。启发式信息是基于互为因果准则——在 CART 决策树诱导算法中使用过这一准则，信息素值代表父节点和子决策节点之间的连接质量。文献［20］提出了 ACDT 的扩展，称为 cACDT，它可以应对连续属性。

进化算法（非 ACO）已经被应用于决策树生成。与 ACO 不同的是，进化算法不使用局部启发式，其搜索只受适合度函数（如决策树的全局质量）的指导。在 ACO 算法中，搜索同时受到解的整体质量和局部启发式信息的指导。此外，信息素水平还能对解的各部分质量进行反馈，并引导搜索得到更好的解。关于决策树归纳的进化算法的更多细节可参见文献［21］。

7.3.1　Ant-Tree-Miner 决策树生成算法

Ant-Tree-Miner 算法遵循传统的 ACO 算法的结构，如算法描述如下所示。首先初始化信息素值，计算训练集中每个属性的启发式信息。然后进入一个迭代循环（while 循环），蚁群中的每只蚂蚁都会创建一棵新的决策树，直到达到最大的迭代次数或算法已经收敛。蚂蚁以自上而下的方式创建决策树（for 循环），根据信息素（τ）和启发式信息（η）的数量，概率地选择要添加的属性作为决策节点。

算法：决策树创建过程

输入：训练集实例，预测属性集列表，蚂蚁跟随的边。
输出：发现的最优决策树的根节点。
1. $A \leftarrow$ 在给定当前边的情况下，根据属性概率选择一个要访问的属性
2. root $\leftarrow$ 创建一棵新的决策树表示属性A
3. 　　conditions $\leftarrow \emptyset$
4. **if** A 是一个名义属性 **then**
5. 　　Atttributes $\leftarrow$ Attributes- $\{A\}$;
6. 　　**for all** 变量v_i **in** A **do**
7. 　　　　conditions $\leftarrow$ conditions + $\{A= v_i\}$
8. 　　**end for**
9. **else**
10. 　　conditions $\leftarrow$ Discretise(A, Examples)
11. **end if**
12. **for all** 属性条件T **in** conditions **do**

13.　branch$_i$ ← 代表 root 的新分支 T
14.　subset$_i$ ← 满足 T 的实例子集
15.　**if** subset$_i$ 为空 **then**
16.　　在 branch$_i$ 下的实例的多数类标签上添加一个叶子节点
17.　**else if** subset$_i$ 中所有实例都有相同的类标签 **then**
18.　　在 branch$_i$ 下该类标签上添加一个叶子节点
19.　**else if** subset$_i$ 中实例数量低于一个阈值 **then**
20.　　在 branch$_i$ 下的 subset$_i$ 的多数类标签上添加一个叶子节点
21.　**else if** Attributes 为空 **then**
22.　　在 branch$_i$ 下的 subset$_i$ 的多数类标签上添加一个叶子节点
23.　**else**
24.　　在 branch$_i$ 下添加一个由 Create(subset$_i$, Atributes, branch$_i$) 返回的子树
25.　**end if**
26.　**end for**
27.　**return** root

决策树创建过程（CreateTree 过程）需要三个参数，即训练例子集、预测属性集和被蚂蚁跟随的边，在程序开始时，该边对应于默认边（用符号"-"表示）。一旦树的构建过程结束，为了简化树，需要对创建的树进行修剪，从而避免模型对训练数据的过拟合。由于决策节点是在有属性可用的情况下添加到树上的，而且当前节点中的例子集包括超过类标签的例子，所以树通常是非常复杂的——由大量的节点组成，这可能会影响其在未见数据上的泛化能力。修剪后对树进行评估，如果新创建的树的质量大于当前迭代-最佳树的质量，则更新迭代-最佳树（tree$_{ib}$）。最后，利用蚂蚁构建的迭代-最佳树更新信息素值，存储/更新全局-最佳树（tree$_{gb}$），并开始新的算法迭代。当达到最大迭代次数或算法已经收敛（CheckConvergence 过程）时，全局最佳树作为发现的决策树返回。

在许多将蚁群算法与分类任务进行结合的算法中，都将重点放在如何生成分类规则上，许多 Ant-Miner 算法及其许多变种版本都是基于生成分类规则来完成分类任务的。但本小节将要介绍的基于蚁群的决策树生成算法与上述算法不同，这种算法直接通过构建决策树来完成分类任务，而不是生成一系列的分类规则。

算法的伪代码如下所示，其中 tree$_{gb}$ 代表全局最优树（global-best tree），tree$_{ib}$ 代表迭代最优树（iteration-best tree）。该算法首先对信息素的值进行初始化，并计算训练集中每个属性的启发式信息。初始化结束后进入 while 循环，在该循环中，蚁群中的每只蚂蚁都创建一个新的决策树，直到达到最大迭代次数或算法收敛为止。而在 for 循环中，每只蚂蚁以自顶向下的方式构造决策树，在构建决策树的过程中，根据信息素 τ 和启发式信息 η 的数量，概率性地选择要添加的属性作为决策树的节点。决策树的创建过程一共需要三个参数：训练集实例、预测属性集以及蚁群中每只蚂蚁走过的边，其中边在初始时对应默认边，用符号"-"表示。

算法：基于 ACO 的生成决策树算法

输入：训练集实例，预测属性集列表。
输出：发现的最优决策树。
1. 初始化信息素
2. 计算启发式信息
3. 设置 tree$_{gb}$ 为空集

4. $m= 0$

5. **while** $m <$ 最大迭代次数 **and** 检查算法处于不收敛 **do**

6.　　设置 tree_{gb} 为空集

7.　　**for** n 的取值为 1 到蚁群规模大小 conlony_size **do**

8.　　　根据训练样本创建 tree_n

9.　　　调用 Prune(tree_n) 对 tree_n 进行剪枝

10.　　　**if** $Q(\text{tree}_n) > Q(\text{tree}_{ib})$ **then**

11.　　　　$\text{tree}_{ib} \leftarrow \text{tree}_n$

12.　　　**end if**

13.　　**end for**

14.　　调用 UpdatePheromones(tree_{ib}) 并根据 tree_{gb} 更新信息素

15.　　**if** $Q(\text{tree}_{ib}) > Q(\text{tree}_{gb})$ **then**

16.　　　$\text{tree}_{gb} \leftarrow \text{tree}_{ib}$

17.　　**end if**

18.　　$m \leftarrow m + 1$

19. **end while**

20. 返回 tree_{gb}

可以看到，当构建好决策树后，需要使用 Prune(tree_n) 函数对生成的决策树进行剪枝，以防止过拟合。若经过剪枝后的决策树比 tree_{ib} 具有更优的性能，则更新 tree_{ib}。最终获得的最优 tree_{ib} 将对 tree_{gb} 进行更新，至此，整个算法的一轮迭代完成，开始进行下一轮迭代。当最终达到最大迭代次数或达到收敛条件时，tree_{gb} 为最终的最优生成决策树。

在有了整体的大致算法后，我们需要对算法的实现进行进一步细化。若希望将经典的 ACO 算法应用到决策树中，首先需要定义如何构建图，我们将预测的 N 个属性集表示为构建图中的 N 个节点，而这些节点之间根据不同条件产生的不同情况来连边。此外，构建图存在一个虚拟的 start 节点，每个蚂蚁都从这个虚拟节点开始构建决策树，而对于每个属性节点 x_i，均与 start 节点相连。

我们以如图 7.7 所示的决策树为例，将其转换为通过 ACO 算法进行构建的初始图，如图 7.8 所示。其中，对于属性 x_i，其属性值为 v_{ij}，图中的每条边则表示 $x_i = v_{ij}$。当然，这里需要定义在同一决策树的同一条路径上，同一属性 x_i 的值不可重复，即图 7.8 中的 outlook ＝ sunny 和 outlook ＝ rain 不能出现在同一条路径上。也就是说，对于属性 x_i，边 $x_i = v_{ij}$ 将属性 x_i 与 x_k 相连，但 $i \neq k$。

此外，在该算法中，还需要定义其启发式信息。而与前面介绍的构造图的每个属性节点 x_i 相关的启发式信息对应于其提高决策树预测精度的能力。Ant-Tree-Miner 算法使用与 C4.5 决策树归纳算法相同的方式来计算启发式信息，即属性的信息增益比，计算公式为

$$\eta_{x_i} = \text{GainRatio}(S, x_i) \tag{7.21}$$

对于 GainRatio() 的计算，读者可以查看第 3 章关于 C4.5 的内容。而为了计算连续属性的信息增益比，则需要动态地选择阈值来定义离散区间，并依此来划分训练集中的数据。一旦产生了连续属性的阈值，定义了它的离散区间，并假设每个离散区间都代表一个不同的值，就可以通过这些离散区间来代表一个不同的训练实例的子集，故可以根据公式（7.21）来计算信息增益比。

在确定了如何计算启发式信息后，就可以开始构建决策树了。在 Ant-Tree-Miner 算法中，候选决策树的构建采用了分治的方法，唯一不同的是决策树中的属性根据信息素的取值以及启

发式信息而随机选择。在构建决策树的过程中，蚁群应用一个依赖于概率的规则，并且根据信息素和启发式规则的数量来决定访问哪个属性节点。这个概率规则为

$$p_i = \frac{\tau_{(E,L,x_i)} \cdot \eta_i}{\sum\limits_{i \in \mathcal{F}} \tau_{(E,L,x_i)} \cdot \eta_i}, \ \forall i \in \mathcal{F} \tag{7.22}$$

其中，$\tau_{(E,L,x_i)}$ 为与条目（E，L，x_i）相关的信息素数量。E 代表在初始构建图时由被跟踪的边或 "-" 所代表的属性条件；L 是蚂蚁当前在决策树中的层，在初始构建时为 0；x_i 是构建图中的第 i 个属性节点；η_i 是第 i 个属性的启发式信息，$\mathcal{F}$ 为可供选择的属性集合。

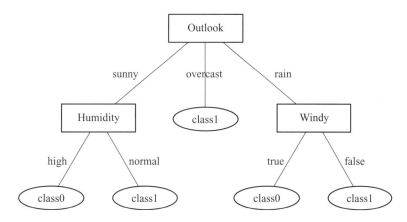

图 7.7　决策树示例

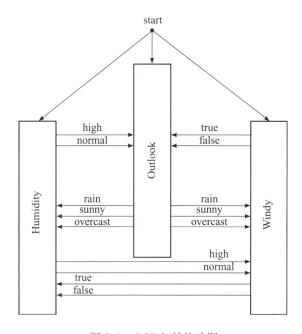

图 7.8　ACO 初始构建图

　　ACO 算法比传统的决策树算法拥有更加优秀的分类效果，泛化能力更强，读者可根据需要应用其实现不同的决策树。

7.3.2 ACDT 算法

蚁群算法是解决分类问题的算法之一，它利用蚁群优化技术来发现分类规则。蚁群优化是人工智能的一个分支，称为群体智能。群体智能是一种由一群简单个体（蚂蚁、白蚁或蜜蜂）组成的集体智能，在这种集体智能中，可以观察到通过信息素进行间接交流的形式。信息素值引导蚂蚁选择能对要分析的问题建立良好解决方案的路径，在这种情况下发生的学习过程被称为正反馈或自动催化。本节讨论如何用蚁群算法来构造决策树。

蚁群决策树（ACDT）构建算法主要基于蚁群优化，并引入了一些细微的修改，既是用于构造决策树的新离散优化算法，又是数据挖掘过程中的新元启发式方法。其中提出的修改已被引入主要过渡规则中，并且被视为对分类机制质量的改进。蚁群决策树采用 ACO 的经典版本，并且对主要规则进行了简单的更改，这些规则专用于每个个体——在构造过程中蚂蚁的行走路线被纳入计划中。然后，蚁群决策树应用首先在分类回归树中使用的经典拆分规则。算法遵守信息素的变化，这些信息对于创建合理的划分是有用的知识。

在 ACDT 中，每个蚂蚁都根据启发式函数和信息素值选择适当的属性，以在构造的决策树的每个节点中进行拆分（图 7.9）。启发式函数基于 Twoing 标准，该标准可帮助蚂蚁将对象分为两组，并与分析的属性值相关联。这样，将对象完全分开的属性被视为分析节点的最佳条件。当在决策树中用最大同构性在左右子树中对相同数量的对象进行分类时，可以观察到最佳分割。信息素值代表从上级节点到下级节点的最佳方式（连接）。

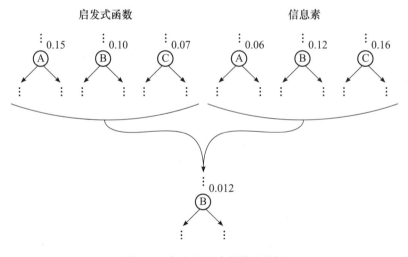

图 7.9 在 ACDT 中拆分的选择

算法的伪代码如下所示。第 2~13 行描述了该算法的一次迭代。在工作开始时，每只蚂蚁都会构建一个决策树（第 4~11 行）。在循环的最后，选择最佳决策树，然后根据决策树构建过程中执行的拆分迭代更新信息素。在构建树时，蚂蚁个体会分析先前的结构，并在单个节点中进行修改。执行此过程，直到获得最佳决策树。决策树的构建过程如图 7.10 所示。

算法：提出的 ACDT 算法

1.　　初始化信息素轨迹（pheromone）
2.　　**for** 迭代次数 **do**

3.　　　best_tree= NULL
4.　　**for** 蚂蚁的数量 **do**
5.　　　new_tree= 构建树（pheromone）
6.　　　修剪（new_tree）
7.　　　树质量评价（new_tree）
8.　　　**if** new_tree 质量比 best_tree 高 **then**
9.　　　　　best_tree= new_tree
10.　　　**end if**
11.　　**end for**
12.　更新信息素轨迹（best_tree，pheromone）
13.　**end**
14.　结果= 最佳构造树

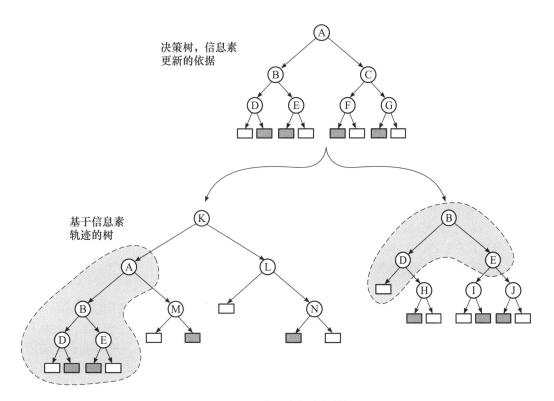

图 7.10　用信息素构建决策树

启发式函数的值是根据 CART 方法中使用的拆分规则［公式（7.23）］确定的，具体取决于所选标准。根据 ACO 中使用的经典概率，可计算出在节点中选择适当测试集的概率：

$$\underset{a_j \leqslant a_j^R, j=1,\cdots,M}{\mathrm{argmax}} \left(\frac{P_l P_r}{4} \left[\sum_{k=1}^{K} |p(k\mid m_l) - p(k\mid m_r)| \right]^2 \right) \tag{7.23}$$

$$p_{i,j} = \frac{\tau_{m,m_{L(i,j)}}(t)^\alpha \cdot \eta_{i,j}^\beta}{\sum_{i}^{a} \sum_{j}^{b_i} \tau_{m,m_{L(i,j)}}(t)^\alpha \cdot \eta_{i,j}^\beta} \tag{7.24}$$

其中：

- $\eta_{i,j}^{\beta}$ 为测试属性 i 和值 j 的启发式值。
- $\tau_{m,m_{L(i,j)}}$ 为在节点 m 和 m_L 之间的连接上，在时间 t 处当前可用的信息素量（它涉及属性 i 和值 j）。
- α 和 β 为相对重要性与实验确定的值。

与 Ant-Miner 方法类似，信息素路径的初始值取决于属性值的数量。通过增加每对节点（父子节点）上的先前值来执行信息素更新：

$$\tau_{m,m_L}(t+1) = (1-\gamma) \cdot \tau_{m,m_L}(t) + Q \tag{7.25}$$

其中 Q 确定决策树的评价函数，γ 表示蒸发率（等于 0.1）。$m_{L(i,j)}$ 是执行属性 i 和值 j 测试的当前节点，$m_{(p,o)}$ 是执行属性 p 和值 o 测试的上级节点。Q 的计算方式为

$$Q(T) = \phi \cdot \omega(T) + \psi \cdot a(T,P) \tag{7.26}$$

7.4　自适应蚁群决策森林

自适应蚁群决策森林[22]认为使用虚拟蚂蚁的集成方法导致了一些效应，这些效应包括自动催化、信息素表示中的正反馈方法以及蚁群行为中的自组织。这些机制与数据挖掘领域的创新之间存在一定的关联性。这种新形式的创新方法导致集体智慧在这种人造生物体内传播。这项创新应总结为一种新的模拟形式，着重关注系统的"生命"。

蚁群决策森林（Ant Colony Decision Forest，ACDF）中人工蚂蚁的智慧取决于属性及其值的数量，因此取决于决策树中包含的节点数量。信息素值表示的节点数和连接强度来自 ACO 方法和 CART 算法的聚合。其中出现了基于蚂蚁的主动性，这种决策树构建范式的新方法可能被称为"嵌入式创新"。但是，它需要对信息知识的转移和回答问题有更深入的了解。要注意的是，首先，这种分散的虚拟蚂蚁系统会将以属性-值对形式收集的信息转换为集体情报。其次，通过信息素协同工作和使用此结构中称为层次结构的不同渠道进行信息交换。在数据挖掘任务中进行此类创新以增强 ACDF（集体情报）中蚂蚁的学习能力，旨在为具有挑战性的分类问题提供一种综合方法。

蚁群决策森林算法基于两种方法：随机森林和蚁群决策树。在决策树的构建过程中，通过在选择将区分特征或属性集的过程中增加随机性，可以将 ACDF 算法应用于困难的数据集分析任务。这种解决方案类似于随机森林方法，但是在这种情况下，ACO 方法允许我们使用不同的树选择变量。此外，有可能在不同的选择变体中使用不同的伪样本（例如对于单个蚂蚁个体，对于独立的蚁群，甚至对于所有蚁群）。这种随机性与伪随机比例规则为

$$p_{ij}^{k}(t) = \frac{\tau_{ij}(t) \cdot [\eta_{ij}]^{\beta}}{\sum_{l \in J_i^k} [\tau_{ij}(t)] \cdot [\eta_{ij}]^{\beta}} \tag{7.27}$$

对于 ACDF，个体蚂蚁通过遵守分裂的阈值或规则以随机的方式创建假设的集合。面临的挑战是引入一种新的随机子空间方法来增加决策树集合，这意味着个体可以使用随机比例规则从假设空间创建假设集合。最重要的是同构集成分类器工作期间的顺序训练。我们考虑在分类过程中对引起问题的对象进行加权。由于在后续过程中经常选择它们，这些引起故障的对象会被特殊处理，这也是自适应机制的一部分。与以前使用的方法不同，本节在构建决策树时将其调整为蚁群优化。

在树的每个节点上，个体蚂蚁可以从属性的随机子集（随机伪样本）中进行选择，并约束树增长假设以从该子集中选择其分裂规则。由于我们提出了重新标记的随机性，因此这里放弃

为每个个体蚂蚁或蚁群选择不同的属性子集，以支持假设的更大稳定性。

ACDF 在训练样本和测试样本的多样性以及决策的均衡性方面都有很好的表现，但存在表征问题。ACDF 被描述为一种具有高度多样性的算法，因为蚂蚁个体会做出一系列选择，这些选择由决策树中每个内部节点上选择的属性和值组成（以创建特殊的假设）。决策树分类器的集成性能要优于单个决策树，这是由于对假设子空间的独立探索/开发。

信息素 ACDF（pheromone ACDF，ACDF-PH）的特点是空间中的分布较小，因此，存放在子树中的信息素值起着更为重要的作用。在随机森林 ACDF（Forest ACDF，ACDF-RF）中，每个种群的最佳决策树（局部最佳树）构成了决策森林；对于每个蚁群，伪样本都是相同的，并且每个决策树取决于随机选择的属性的值，独立于每个节点（类似于随机森林）。在协作 ACDF（Cooperative ACDF，ACDF-COOP）中，决策树是由个体蚂蚁独立创建的，这里仅分析个体蚂蚁之间发生的内部群体协作。独立的群体间不具备相互交流的可能性，据此可以获得决策树的多样性。这三种算法的伪代码如下所示。

算法：信息素 ACDF 算法

1.   meta_ensemble= NULL
2.   **for** *j*= 1 **to** 分类器数量 **do**
3.   初始化信息素轨迹（pheromone）
4.   最佳分类器= NULL
5.   数据集分类器= 选择对象（数据集）//概率相等
6.   属性分类器= 选择属性（属性集）//概率相等
7.   **for** *i*= 1 **to** 迭代次数 **do**
8.   局部最佳分类器= NULL
9.   **for** *a*= 1 **to** 蚁群中的蚂蚁数量 **do**
10.   //分类器的构造
11.   新分类器= 使用 ACDT 建立树（数据集，pheromone）
12.   **if** 新分类器的质量高于局部最佳分类器 **then**
13.   局部最佳分类器= 新分类器
14.   **end if**
15.   **end for**
16.   更新信息素轨迹（局部最佳分类器，pheromone）
17.   **if** 局部最佳分类器的质量高于最佳分类器 **then**
18.   最佳分类器= 局部最佳分类器
19.   **end if**
20.   **end for**
21.   meta_ensemble.add（最佳分类器）
22.   **end for**
23.   结果= meta_ensemble

算法：随机森林 ACDF 算法

1.   初始化信息素轨迹（pheromone）
2.   meta_ensemble= NULL
3.   **for** *j* = 1 **to** 分类器数量 **do**
4.   最佳分类器= NULL
5.   数据集分类器= 选择对象（数据集）//概率相等
6.   **for** *a*= 1 **to** 蚁群中的蚂蚁数量 **do**

7.   //分类器的构造

8.   //每个点都存在一个属性的子集（ACDT_att）

9.   新分类器= 使用 ACDT 建立树（数据集分类器，pheromone）

10.   **if** 新的分类器比最佳分类器质量高 **then**

11.   最佳分类器= 新分类器

12.   **end if**

13.   **end for**

14.   更新信息素轨迹（最佳分类器，pheromone）

15.   meta_ensemble.add（最佳分类器）

16.   **end for**

17.   结果= meta_ensemble

算法：协作 ACDF 算法

1.   meta_ensemble= NULL

2.   **for** j = 1 **to** 分类器数量 **do**

3.   初始化信息素轨迹（pheromone）

4.   最佳分类器= NULL

5.   **for** i = 1 **to** 迭代次数 **do**

6.   局部最佳分类器= NULL

7.   **for** a = 1 **to** 蚁群中的蚂蚁数量 **do**

8.   //分类器的构造

9.   //经典的 ACDT 算法

10.   新分类器= 使用 ACDT 建立树（数据集，pheromone）

11.   **if** 新分类器的质量高于局部最佳分类器 **then**

12.   局部最佳分类器= 新分类器

13.   **end if**

14.   **end for**

15.   更新信息素轨迹（局部最佳分类器，pheromone）

16.   **if** 局部最佳分类器的质量高于最佳分类器 **then**

17.   最佳分类器= 局部最佳分类器

18.   **end if**

19.   **end for**

20.   meta_ensemble.add（最佳分类器）

21.   **end for**

22.   结果= meta_ensemble；

7.4.1　自适应 ACDF 算法

与之前的 ACDF-RF 算法相比，自适应 ACDF 算法（self-adaptive ACDF，saACDF）是一个新的概念，它与以前的 ACDF-RF 算法相比加入了对象的权重。本节介绍一种为每个虚拟蚁群生成伪样本的新方法。根据预先获得的分类质量选择在线动态伪样本，这种适应性集中在引起问题的样本上，对象的选择是通过用 n 个对象集中进行替换来完成的，并且始终由 n 个对象组成。算法的伪代码如下所示。

算法：自适应 ACDF 算法

1.   初始化信息素轨迹（pheromone）

```
2.    对象权重 [1，…，n ] = 1/n
3.    meta_ensemble= NULL
4.    for j= 1 to 分类器数量 do
5.      最佳分类器= NULL
6.      for a= 1 to 蚁群中的蚂蚁数量 do
7.        对象权重= NULL
8.        for o = 1 to 对象的数量 do
9.          错误分类= 已分类对象（o，meta_ensemble）
10.          if 错误分类 == 0 then
11.              对象权重[o] = 1
12.          end if
13.          else
14.              对象权重[o] = 错误分类 • n
15.          end if
16.        end for
17.        //分类器的构造
18.        数据集分类器= 选择对象（数据集，对象权重）
19.        新分类器= 使用 ACDT 建立树（数据集，pheromone）
20.        if 新的分类器比最佳分类器质量高 then
21.            最佳分类器= 新分类器
22.        end if
23.      end for
24.      更新信息素轨迹（最佳分类器，pheromone）
25.      meta_ensemble.add（最佳分类器）
26.    end for
27.    结果= meta_ensemble
```

自适应是由于增加或减少选择单个对象的概率而发生的（关于简单分类器将对象分配到特定类的错误分类）。一开始，每个对象被选中的概率是相同的。对于下列群体，这种概率取决于训练集中每个对象的变化权重。权重是根据之前的种群结果设置的——这些结果是由最佳个体蚂蚁创建的。这就决定了在下一个伪样本中选择问题对象的可能性更大。这是 ACDF 方法与其他方法的主要不同之处，在这种方法中，检查了正确分类和错误分类两种情况。根据以下公式计算对象的权重：

$$\text{we}(x_i)=\begin{cases}1, & b=0 \\ w \cdot n, & 其他\end{cases} \tag{7.28}$$

其中，其中 w 是决策树的数目，它错误地分类对象 x_i。然后根据以下公式计算选择对象的概率：

$$\text{pp}(x_i) = \frac{\text{we}(x_i)}{\sum_{j=1}^{n} \text{we}(x_j)} \tag{7.29}$$

自适应 ACDF 是一种序列学习模式方法，其中最重要的任务是集成的实际形式。这不是经典的顺序训练，因为它可以在提升中观察到，对象的选择概率由集成中存在的同构基本分类器（退一步）来确定。在这种情况下，分类历史并不重要。

7.4.2 ACDF 算法中的长期提升

ACDF-Boost 是一种将 ACDF 算法与首先应用于 AdaBoost 算法的思想相结合的新方法。对于后续种群，伪样本是在加权采样的基础上创建的，其中每个对象都有一个分配的权重。与经典方法相比，ACDF-Boost 算法在性能方面有所不同。其森林是由通过 ACDT 算法构建的树木创建的，每一棵树都是评估了一群蚂蚁的结果之后选择的。与随机森林类似，决策树是根据有限数量的属性构建的。

在这种情况下，个体蚂蚁基于先前保存的信息素轨迹构建树，同时改变伪样本，这些伪样本已由对象的分类错误确定。这种方法是由分布式树构造的独特形式实现的。对象在时间 t 的权重计算如下：

$$\text{we}(x_i,t)=\begin{cases}\text{we}(x_i,t-1)，对象 x_i 分类正确 \\ \text{we}(x_i,t-1) \cdot e^{\frac{1}{2}\ln(\text{ac}(x_i))}，其他\end{cases} \tag{7.30}$$

鉴于 ac (x_i) 是由简单投票分类器定义的，那么，

$$\text{ac}(x_i)=\frac{1-\text{sv}(x_i)}{\text{sv}(x_i)} \tag{7.31}$$

其中 sv (x_i) 表示已正确分类对象 x_i 的森林中树的数量与森林中的当前树的数量（以前创建的）之间的关系。这种方法计算对象的权重值，与之前的分类结果无关。

算法的伪代码如下所示。

算法：ACDF-Boost 算法

---

1. 初始化信息素轨迹（pheromone）
2. 对象权重 [1, ⋯ , n] = $\frac{1}{n}$
3. meta_ensemble= NULL
4. 对象权重= NULL
5. **for** j = 1 **to** 分类器数量 **do**
6.   最佳分类器= NULL
7.   **for** a = 1 **to** 蚁群中的蚂蚁数量 **do**
8.   **for** o = 1 **to** 对象的数量 **do**
9.   分类对象（o；meta_ensemble）
10.   **if** 对象 o 分类错误 **then**
11.   对象权重[o] = 对象权重[o] $\cdot w$
12.   **end if**
13.   **end for**
14.   //分类器的构造
15.   数据集分类器= 选择对象（数据集，对象权重）
16.   新分类器= 使用 ACDT 建立树（数据集，pheromone）
17.   **if** 新的分类器比最佳分类器质量高 **then**
18.   最佳分类器= 新分类器
19.   **end if**
20.   **end for**
21.   更新信息素轨迹（最佳分类器，pheromone）
22.   meta_ensemble.add（最佳分类器）

```
23.  end for
24.  结果= meta_ensemble
```

该方法基于历史分类，类似于提升方法。与 saACDF 相反，ACDF-Boost 是基于历史的分类，而不仅仅是基于先前获得的结果。在词汇"顺序"确定时，我们从同构分类器结果中学习。对象对伪样本的选择概率取决于集成的每次迭代。因此在这种方法中，历史分类结果非常重要。

7.5　小结

在本章中，我们对蚁群决策树及其应用进行了详细讲解。

首先引入经典决策树和并行决策树，讨论蚁群元启发式算法。典型的蚁群算法以迭代为主要流程，以随机性和启发性为核心，不断增加解的规模和数量，其中最关键的概念为启发式因子和信息素。在经典蚁群算法的基础上，延伸出 MMAS 算法和 ACS 算法。MMAS 对每条路径都规定了信息素浓度的最小值和最大值，相对于经典蚁群算法加快了算法的收敛速度；ACS 只增加全局最优解路径上的信息素，且引入了负反馈机制。

介绍了常见的几类蚁群算法之后，开始讨论蚁群决策树算法。Ant-Miner 基于蚁群的分类规则发现算法，使用顺序覆盖策略引入决策树算法（如 C4.5），借助蚁群优化进行解的构建，完成规则集的生成和提取。我们结合具体的应用场景，即基于蚁群决策树的信用评估软件，给出算法的应用例子。在此基础上，本章又对延伸出的 Ant-Miner$_{MA+G}$、AM$_{clr}$ 算法进行了说明。

本章还进一步讨论了蚁群决策树的算法原理，包括分类算法的目标、蚁群决策树算法的不同思想与实现。接着就 Ant-Tree-Miner 决策树生成和 ACDT 算法进行了更深入的论述。ACDT 是一种生成二元决策树的蚁群算法，候选决策树通过信息素和启发式函数来选择决策节点。

最后，我们介绍了自适应蚁群决策森林。相比之前的 ACDF-RF 方法，ACDF 方法加入了对权重的考量。权重是根据最佳个体蚂蚁创建的种群结果设置的，这是一种序列学习模式方法。在此基础上，将 ACDF 结合 AdaBoost，生成了 ACDF-Boost 算法。该算法是基于历史的分类方法，伪样本是在加权采样的基础上创建的。

蚁群决策树方法用途广泛、性能优异，具有很好的发展前景。通过更多的研究和改进，该算法将获得更优的变种和应用。

7.6　参考文献

［1］KOZAK J，JUSZCZUK P. Association ACDT as a tool for discovering the financial data rules ［C］. 2017 IEEE International Conference on INnovations in Intelligent SysTems and Applications（INIS-TA），IEEE，2017：241 – 246.

［2］PARPINELLI R S，LOPES H S，FREITAS A A. An ant colony based system for data mining：applications to medical data ［C］. Proceedings of the genetic and evolutionary computation conference（GEC-CO-2001），2001：791-797.

［3］PARPINELLI R S，LOPES H S，FREITAS A A. Data mining with an ant colony optimization algorithm ［J］. IEEE transactions on evolutionary computation，2002，6（4）：321-332.

［4］LIU B，ABBASS H A，MCKAY B. Density-based heuristic for rule discovery with Ant-Miner ［C］.

The 6th Australia-Japan joint workshop on intelligent and evolutionary system, 2002: 184.

[5] LIU B, ABBAS H A, MCKAY B. Classification rule discovery with ant colony optimization [C]. IEEE/WIC International Conference on Intelligent Agent Technology, 2003: 83-88.

[6] GALEA M, SHEN Q. Simultaneous ant colony optimization algorithms for learning linguistic fuzzy rules [M]. Springer, 2006.

[7] MARTENS D, DE BACKER M, HAESEN R, et al. Classification with ant colony optimization [J]. IEEE Transactions on Evolutionary Computation, 2007, 11 (5): 651-665.

[8] OTERO F E B, FREITAS A A, JOHNSON C G. cAnt-Miner: an ant colony classification algorithm to cope with continuous attributes [C]. International Conference on Ant Colony Optimization and Swarm Intelligence, 2008: 48-59.

[9] OTERO F E B, FREITAS A A, JOHNSON C G. Handling continuous attributes in ant colony classification algorithms [C]. 2009 IEEE Symposium on Computational Intelligence and Data Mining, IEEE, 2009: 225-231.

[10] THANGAVEL K, JAGANATHAN P. Rule Mining with a new Ant Colony optimization Algorithm Rules [C]. 2007 IEEE International Conference on Granular Computing, 2007.

[11] ROOZMAND O, ZAMANIFAR K. Parallel ant miner 2 [C]. International Conference on Artificial Intelligence and Soft Computing, 2008: 681-692.

[12] OTERO F E B, FREITAS A A, JOHNSON C G. A new sequential covering strategy for inducing classification rules with ant colony algorithms [J]. IEEE Transactions on Evolutionary Computation, 2012, 17 (1): 64-76.

[13] OTERO F E B, FREITAS A A. Improving the interpretability of classification rules discovered by an ant colony algorithm [C]. Proceedings of the 15th annual conference on Genetic and evolutionary computation, 2013: 73-80.

[14] OTERO F E B, FREITAS A A. Improving the interpretability of classification rules discovered by an ant colony algorithm: extended results [J]. Evolutionary computation, 2016, 24 (3): 385-409.

[15] OTERO F E B, FREITAS A A, JOHNSON C G. Inducing decision trees with an ant colony optimization algorithm [J]. Applied Soft Computing, 2012, 12 (11): 3615-3626.

[16] HELAL A, OTERO F E B. Automatic design of Ant-Miner mixed attributes for classification rule discovery [C]. Proceedings of the Genetic and Evolutionary Computation Conference, 2017: 433-440.

[17] AYUB U, IKRAM A, SHAHZAD W. AMclr: an improved Ant-Miner to extract comprehensible and diverse classification rules [C]. Proceedings of the Genetic and Evolutionary Computation Conference, 2019: 4-12.

[18] IZRAILEV S, AGRAFIOTIS D. A novel method for building regression tree models for QSAR based on artificial ant colony systems [J]. Journal of Chemical Information and Computer Sciences, 2001, 41 (1): 176-180.

[19] BORYCZKA U, KOZAK J. Ant colony decision trees – a new method for constructing decision trees based on ant colony optimization [C]. International Conference on Computational Collective Intelligence, 2010: 373-382.

[20] BORYCZKA U, KOZAK J. An adaptive discretization in the ACDT algorithm for continuous attributes [C]. International Conference on Computational Collective Intelligence, 2011: 475-484.

[21] BARROS R C, BASGALUPP M P, DE CARVALHO A C, et al. A survey of evolutionary algorithms for decision-tree induction [J]. IEEE Transactions on Systems, Man, and Cybernetics, Part C (Applications and Reviews), 2011, 42 (3): 291-312.

[22] KOZAK J, BORYCZKA U. Multiple boosting in the ant colony decision forest meta-classifier [J].

Knowledge-Based Systems，2015，75：141-151.

［23］UCI Machine Learning Repository：German Credit Data Set ［DB/OL］. https：//www. heywhale. com/mw/dataset/5d9d5a9a037db3002d3d4f50/file.

［24］febo. myra：A collection of Ant Colony Optimization（ACO）algorithms for the data mining classification and regression tasks ［CP/OL］. https：//github. com/febo/myra.

## 第 8 章

深度决策树

8.1　深度森林

2017 年，南京大学机器学习与数据挖掘研究所（LAMDA）负责人周志华教授和博士生冯霁发表了论文《深度森林：探索深度神经网络以外的方法》[1]。他们提出了一种基于树的新方法——gcForest，用文中的术语解释，就是多粒度级联森林（multi-Grained Cascade forest）。此外，他们还提出了一种全新的决策树集成方法，使用级联结构让 gcForest 做表征学习。实验中，gcForest 使用相同的参数设置，在不同的域中都获得了优异的性能，并且无论是大规模还是小规模的数据，表现都很好。此外，由于是基于树的结构，gcForest 相比神经网络也更容易分析，性能较之深度神经网络有很强的竞争力。gcForest 要容易训练得多，其训练过程效率高且可扩展。gcForest 天然适用于并行的部署，此时其效率高的优势就更为明显。

8.1.1　gcForest 的基本原理

当前的深度学习模型主要建立在神经网络上，即可以通过反向传播训练的多层参数化可微分非线性模块。周志华教授希望探索深度学习模型的新模式，探索不可微模块构建深度模型的可能性，从而提出了一种深度学习模型 gcForest。人们通常认为 DNN 的成功主要是由于 DNN 巨大的模型复杂度，但这些年深度神经网络的实践表明，浅层网络可以通过添加无限数量的隐含层达到巨大模型复杂度的目的，但是浅层网络没有深度网络成功。因此，他们认为模型复杂度并不是 DNN 成功的关键因素，而逐层处理才是 DNN 成功的最关键因素。提升集成算法及其决策树模型只是在数据的原始特征上做处理，没有对模型内的特征做特征变换，且只有有限的模型复杂度。因此，他们推测深度模型成功的三个因素为逐层处理、特征变换和巨大的模型复杂度。

gcForest 受逐层处理的启发，采用级联结构，并采用不同种类的树提高模型的多样性。下面详细介绍 gcForest 的基本原理。

8.1.1.1　级联森林

可以将级联森林理解成类似神经网络的层叠结构，它采用一种级联结构对原始数据进行逐层处理，每一个级联层都将上一层的输出作为输入，并将处理后的特征信息输出到下一层。该结构加强了算法的表征能力，有利于提高预测精度。

级联森林如图 8.1 所示。它由一个输入向量、若干个级联层和一个输出向量组成。输入向量来源于多粒度扫描拼接得到的高维特征向量。每个级联层由若干个随机森林组成，这里的随机森林分为两类：两个完全随机的树森林（complete-random tree forests）和两个随机森林[2]。毕竟多样的结构对集成学习来说非常重要。图 8.1 中的白色框是完全随机森林，灰色框是普通随机森林。

完全随机森林由若干棵 CART 决策树构成，森林中的每棵树分裂时随机选取一个属性作为当前节点的最优分裂属性，然后一直生长到每个叶子节点为纯叶子节点（只有 1 个类别）或者叶子节点所含样本数低于参数指定的最小样本划分数目（近似完全生长），例如不超过 10 个实例。在实现中，每个完全随机的树森林包含 1000 个完全随机树[3]。

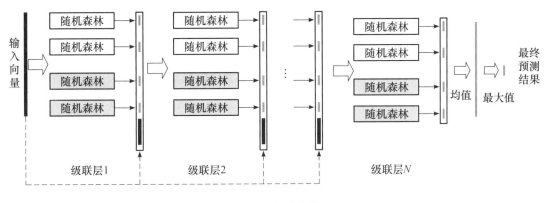

图 8.1　级联森林

普通随机森林也是由若干棵 CART 决策树构成，森林中的每棵树分裂时先随机选取一个大小为 sqrt(m) 的候选属性集，其中 m 表示当前节点所持特征属性的个数，然后在候选特征属性集中计算最优分裂属性（分类问题计算基尼指数，回归问题计算均方差）。每个森林中的树的数值是一个超参数。

因此，两种随机森林的主要区别在于子树节点分裂时候选属性集的选取，完全随机森林是在完整的特征空间中随机选取特征来分裂，而普通随机森林是在一个随机特征子空间内通过基尼指数或均方差来选取最优分裂属性。

因为决策树其实是在特征空间中不断划分子空间，并且给每个子空间打上标签（分类问题就是一个类别，回归问题就是一个目标值），所以给予一条测试样本，每棵树会根据样本所在的子空间中训练样本的类别占比生成一个类别的概率分布，然后对森林内所有树的各类比例取平均，输出整个森林中各类的比例。如图 8.2 所示，其中加粗的线表示每个实例遍历到叶子节点的路径，叶子节点中的不同标记表示不同的类。这是三分类问题的一个简化森林，每个样本在每棵树中都会找到一条路径，从而找到自己对应的叶子节点。同样在这个叶子节点中的训练数据很可能具有不同类别，我们可以对不同类别进行统计以获取各类的比例，然后通过对所有树按类别的比例向量求均值，生成整个森林对该测试样本关于所有类别的预测概率分布。

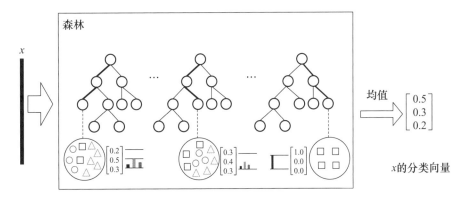

图 8.2　类别向量的生成过程

为了避免过拟合现象，这里每个森林的训练都采用了 K 折交叉验证，即每个样本都会被用作 $k-1$ 次训练以及 $k-1$ 次的检验，所以每个森林生成的概率分布并不是来自同一批训练数据的训练结果，而是通过对交叉检验之后的 $k-1$ 次结果求平均，再输出结果。一层结果输出之后，我们会用此模型来对一个检验集进行估计，如果得到的结果准确率或者误差达到了可以接受的阈值，那么训练就会被终止。这个操作很关键，因为它相当于自动决定了层数，对模型复杂度的自适应调节使得 gcForest 能够可伸缩地应用在不同规模的训练数据集上，同时也就避免了固定模型复杂度的 DNN 不能在少量数据集上有效应用的尴尬。

8.1.1.2　多粒度扫描

在图像识别领域，位置相近的像素点之间有很强的空间关系，CNN 的采样窗口可以很好地处理单个图片空间上的关系，RNN 的采样窗口能很好地处理时间序列图片。受到深度学习模型的启发，gcForest 也利用多粒度扫描来增强特征提取能力。

多粒度扫描的具体过程如图 8.3 所示。首先输入一个完整的 P 维样本，然后通过一个长度为 k 的采样窗口进行滑动采样，设定滑动步长 λ，得到 $S=(P-k)/\lambda+1$ 个 k 维特征子样本向量。然后每个子样本都用于完全随机森林和普通随机森林的训练，并在每个森林中都获得一个长度为 C 的概率向量，这样每个森林会产生长度为 $S\cdot C$ 的表征向量。最后把每层的 F 个森林的结果拼接在一起得到本层输出。上述只是用一种大小的滑动窗口来扫描的过程，实际上可以利用多种大小的滑动窗口进行采样，这样可以获得更多的特征子样本，真正达到"多粒度"扫描的效果。

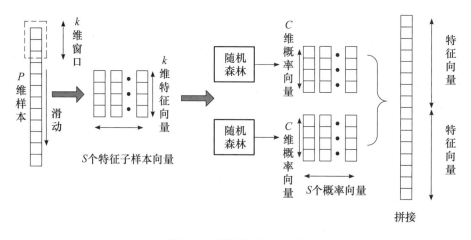

图 8.3　多粒度扫描示意图

深度神经网络在处理特征关系方面是强大的，例如，卷积神经网络对图像数据有效，其中原始像素之间的空间关系是关键的（LeCun et al.，1998；Krizhenvsky et al.，2012）。递归神经网络对序列数据有效，其中顺序关系是关键的（Graves et al.，2013；Cho et al.，2014）。受这种认识的启发，有人提出了用多粒度扫描流程来增强级联森林。

滑动窗口用于扫描原始特征。假设有 400 个原始特征，并且使用 100 个特征的窗口大小。对于序列数据，将通过滑动一个特征的窗口来生成 100 维的特征向量，总共产生 301 个特征向量。如果原始特征具有空间关系，比如图像像素为 400 的 20×20 的面板，则 10×10 窗口将产生 121 个特征向量（即 121 个 10×10 的面板）。从正/负训练样例中提取的所有特征向量被视为正/负实例，它们将被用于生成类向量——从相同大小的窗口提取的实例将用于训练完全随机树森林和随机森林，然后生成类向量并连接为转换后的像素。如图 8.4 的上半部分所示，假设有 3 个类，并且使用 100 维的窗口。每个森林产生 301 个三维类向量，导致对应于原始 400 维特征向量的 1806 维变换特征向量。通过使用多个尺寸的滑动窗口，最终的变换特征向量将包括更多的特征，如图 8.5 所示。如果类别数为 3，则每一个森林都会产生一个三维的特征向量（称为增强向量），一共产生一个 12 维的特征向量。因此，在级联森林中，每个 1_A 层级将这 1806 维特征向量与 12 维特征向量进行连接，得到一个 1818 维的特征向量，如图 8.5 所示。1_B 和 1_C 等层级也会得到类似的连接，分别为 1218 和 618 维的特征向量。

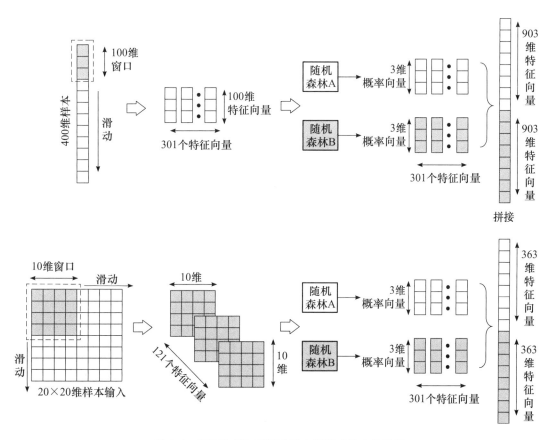

图 8.4　顺序数据与图像数据在深度森林中的流程

　　gcForest 还有一个变种叫作 gcForest$_{conc}$，它直接将多粒度扫描的所有特征向量先连接起来，然后再和四个森林输出的特征向量联合，这样简化了级联森林的结构，如图 8.6 所示。

8.1.1.3　gcForest 的挑战

　　从目前的计算架构来看，任务的规模很大程度上限制了深度森林的表现，若任务过大，内存会很快耗光。但深度森林不能像深度学习一样使用 GPU 进行加速，树结构很难像矩阵操作一样在 GPU 上运行，因为其中涉及很多分支选择。

　　深度森林几个发展方向：探索深度森林的能力边界，比如探索深度森林是否具有传统观点中只有神经网络才具有的自编码能力；研究如何调动更多计算资源，更好地利用其自身的高并行性的特点，做任务级的并行；在应用层面检验深度森林算法在一个真实场景下的真实任务（比如从有大量离散特征的网上金融交易数据中进行非法套现检测）中效果如何。

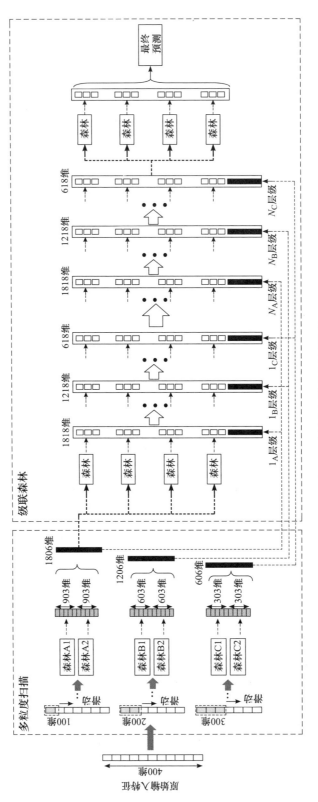

图 8.5 多粒度扫描配合级联森林

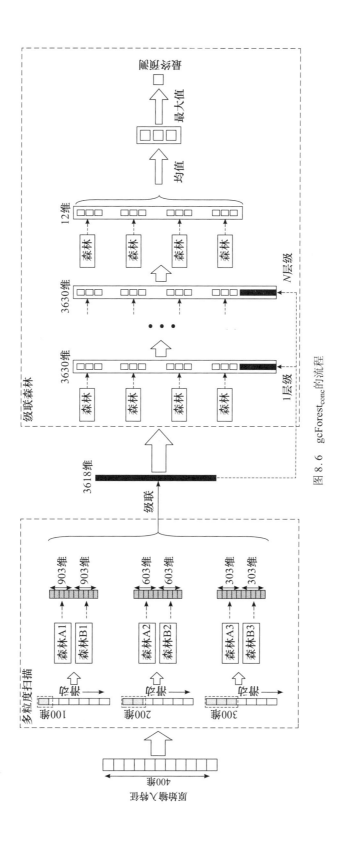

图 8.6　gcForest_conc 的流程

另外，Keras 的创始人 François Chollet 曾说，可微分的层是当前模型的基本弱点，而 gcForest不使用任何可微分的层。深度学习之父 Geoffery Hinton 曾说，他想把反向传播扔掉，从头再来，而 gcForest 不使用反向传播，连梯度都不使用。所以，从学术研究的角度讲，研究 gcForest 这种不依赖梯度的深度模型将会是机器学习的重要分支。

周志华教授对 gcForest 的发展现状表示：需要克服的问题还有很多，不过所有这些付出都是值得的。因为"没有免费的午餐"，没有哪个学习模型永远都是最好的，尽管深度神经网络很成功，但我们还是要继续探索其他类型的模型。我们猜测深度神经网络确实是适用于数值建模问题的，但是当你面对的是符号化、离散、表格数据时，深度森林可以做得更好。

对于 gcForest 未来面临的挑战，周志华教授认为：目前我们不知道深度森林可以发展到什么程度，因为我们还构建不出非常深的模型，但即便未来我们构建出了很深的模型，而且发现它的表现没有我们预想的那么好，我们的研究也仍然是有价值的。因为深度森林的构建过程为我们的这几个猜测提供了证据：当你用一个模型就可以做到逐层信号处理、特征变换、足够的模型复杂度时，就可以享受深度模型的好处。这也就是深度森林比之前的各种森林都有更好的表现的原因。它也带给我们新的启示：是否有可能设计出同时兼顾这几点的新模型？曾经我们认为深度学习是一个"小黑屋"，里面只有深度神经网络。现在我们打开门，发现了里面有深度森林，也许未来还能发现更多别的东西。

8.1.2 gcForest 的编程实践

我们可以下载官方发布的开源代码[4]，由于有了后续更强大的 Deep Forest 21，这个开源代码已经不再维护。下面我们通过官方提供的利用 gcForest 实现 MNIST 手写字体识别的例子简要介绍 gcForest 的编程。

```python
# 源码位于 Chapter08/DeepForest/test_gcForest.py
"""
MNIST datasets demo for gcforest
Usage:
    define the model within scripts:
        python examples/demo_mnist.py
    get config from json file:
        python examples/demo_mnist.py -- model examples/demo_mnist- gc.json
        python examples/demo_mnist.py -- model examples/demo_mnist- ca.json
"""
# 导入命令解析器、keras、sklearn 等包
import argparse
import numpy as np
import sys
from keras.datasets import mnist
import pickle
from sklearn.ensemble import RandomForestClassifier
from sklearn.metrics import accuracy_score
sys.path.insert(0, "lib")
# 导入 gcForest 包
from gcforest.gcforest import GCForest
from gcforest.utils.config_utils import load_json
```

```
# 定义命令解析器参数设置，其中，model 为模型路径，dest 为对象类型，type 为分类器类型
def parse_args():
    parser= argparse.ArgumentParser()
    parser.add_argument("-- model", dest= "model", type= str, default= None, help= "gcfoest
Net Model File")
    args= parser.parse_args()
    return args


# 若模型路径为 None，则使用默认的参数配置，获取默认参数配置的代码如下
def get_toy_config():
    config= {}
    ca_config= {}
    ca_config["random_state"]= 0                        # 随机种子
    ca_config["max_layers"]= 100                        # 级联森林最大层数
    ca_config["early_stopping_rounds"]= 3               # 早停轮数
    ca_config["n_classes"]= 10                          # 多分类问题必须设置类别总数
    ca_config["estimators"]= []                         # 设置一组不同弱分类器及其算法参数
    ca_config["estimators"].append(
            {"n_folds": 5, "type": "XGBClassifier", "n_estimators": 10, "max_depth": 5,
            "objective": "multi:softprob", "silent": True, "nthread": - 1, "learning_rate":
        0.1}) # xgboost
    ca_config["estimators"].append({"n_folds": 5, "type": "RandomForestClassifier",
"n_estimators": 10, "max_depth": None, "n_jobs": - 1})   # 普通随机森林
    ca_config["estimators"].append({"n_folds": 5, "type": "ExtraTreesClassifier",
"n_estimators":10, "max_depth": None, "n_jobs": - 1})    # 极度随机数（完全随机森林）
    ca_config["estimators"].append({"n_folds": 5, "type": "LogisticRegression"})
                                                        # 逻辑回归模型
    config["cascade"]= ca_config                        # 将最新配置保存到 config 的 cascade 项
    return config


# 主函数
if __name__ == "__main__":
    # 解析命令行，并获取初始模型配置
    args= parse_args()
    if args.model is None:
        config= get_toy_config()
    else:
        config= load_json(args.model)

    # 使用配置项创建 gcForest 模型
    gc= GCForest(config)
    # 如果上述模型在实际应用中占用大量内存，可以设置标记使其并不常驻内存
    # gc.set_keep_model_in_mem(False), default is TRUE.

    # 加载训练集和测试集数据
    (X_train, y_train), (X_test, y_test)= mnist.load_data()
    # X_train, y_train= X_train[:2000], y_train[:2000]
    X_train= X_train[:, np.newaxis, :, :]
    X_test= X_test[:, np.newaxis, :, :]

    # X_train_enc 是 gcForest 模型级联森林中每个估计器最后一层的类概率结果
```

```
#  X_train_enc. shape=
#   (n_datas, n_estimators * n_classes): If cascade is provided
#   (n_datas, n_estimators * n_classes, dimX, dimY): If only finegrained part is provided
X_train_enc= gc. fit_transform(X_train, y_train)
# 我们也可以使用 X_test, y_test 来执行 fit_transform 函数,这样在训练过程中针对测试集的准确
率也将被记录
#  X_train_enc, X_test_enc= gc. fit_transform(X_train, y_train, X_test= X_test, y_test= y_
test)
# 如果设置 gc. set_keep_model_in_mem(True),那么我们需要使用以下方式来评估模型:
#  gc. fit_transform(X_train, y_train, X_test= X_test, y_test= y_test)

#  模型预测与评估
y_pred= gc. predict(X_test)
acc= accuracy_score(y_test, y_pred)# 计算准确率
print("Test Accuracy of GcForest= {:. 2f} % ". format(acc * 100))

# 我们可以使用 X_enc 训练其他的分类器,例如 gcForest、xgboost 和 RF 等
X_test_enc= gc. transform(X_test)
X_train_enc= X_train_enc. reshape((X_train_enc. shape[0], - 1))
X_test_enc= X_test_enc. reshape((X_test_enc. shape[0], - 1))
X_train_origin= X_train. reshape((X_train. shape[0], - 1))
X_test_origin= X_test. reshape((X_test. shape[0], - 1))
X_train_enc= np. hstack((X_train_origin, X_train_enc))
X_test_enc= np. hstack((X_test_origin, X_test_enc))
print("X_train_enc. shape= {}, X_test_enc. shape= {}". format(X_train_enc. shape, X_test_
enc. shape))
clf = RandomForestClassifier(n_estimators= 1000, max_depth= None, n_jobs= - 1)# 随机森
林分类器
clf. fit(X_train_enc, y_train)
y_pred= clf. predict(X_test_enc)
acc= accuracy_score(y_test, y_pred)
print("Test Accuracy of Other classifier using gcforest's X_encode= {:. 2f} % ". format
(acc * 100))

#  保存模型
with open("test. pkl", "wb") as f:
    pickle. dump(gc, f, pickle. HIGHEST_PROTOCOL)
# 加载模型
with open("test. pkl", "rb") as f:
    gc= pickle. load(f)
# 使用模型预测
y_pred= gc. predict(X_test)
acc= accuracy_score(y_test, y_pred)
print("Test Accuracy of GcForest (save and load)= {:. 2f} % ". format(acc * 100))
```

8. 1. 3   DF21 开源库

　　DF21(Deep Forest 21)[5]是周志华团队于 2021 年 2 月 1 日推出的深度森林开源库,其优势在于超参少、训练效率高、易于使用、可扩展性好、能够处理大规模数据、训练速度快、效率高。DF21 可以用来进行分类和回归。DF21 为基于树的机器学习算法(如随机森林或

GBDT）提供了一个有效和强大的选择。但是，由于树结构不太好进行 GPU 加速，DF21 目前还没有 GPU 版本。DF21 对标的算法包括随机森林、HGBDT、XGBoost EXACT、XGBoost HIST 和 LightGBM 等。

　　DF21 可以通过 PyPI 使用 pip 进行安装，PyPI 是 Python 的软件包安装程序。可以使用 pip 来安装 Python Package Index 和其他索引中的软件包。使用如下命令来下载安装 DF21：

```
pip install deep-forest
```

　　下面给出应用 DF21 的两个示例。

1. 分类问题示例

```
# 源码位于 Chapter08/DeepForest/test_DF21Classifier.py
# 导入 sklearn 工具包
from sklearn.datasets import load_digits
from sklearn.model_selection import train_test_split
from sklearn.metrics import accuracy_score
# 导入开源的 DF21 分类器
from deepforest import CascadeForestClassifier


# 加载手写数字图片数据集
X, y= load_digits(return_X_y= True)
X_train, X_test, y_train, y_test= train_test_split(X, y, random_state= 1)


# 创建 DF21 模型
model= CascadeForestClassifier(random_state= 1)


# 模型训练
model.fit(X_train, y_train)


# 模型预测与评估
y_pred= model.predict(X_test)
acc= accuracy_score(y_test, y_pred) * 100
print("\nTesting Accuracy: {:.3f} % ".format(acc))
```

　　输出如下。

```
[2021-09-30 02:07:52.470] Start to fit the model:
[2021-09-30 02:07:52.471] Fitting cascade layer= 0
[2021-09-30 02:07:53.176] layer= 0  | Val Acc= 97.996 % | Elapsed= 0.705 s
[2021-09-30 02:07:53.181] Fitting cascade layer= 1
[2021-09-30 02:07:53.884] layer= 1  | Val Acc= 98.144 % | Elapsed= 0.703 s
[2021-09-30 02:07:53.888] Fitting cascade layer= 2
[2021-09-30 02:07:54.503] layer= 2  | Val Acc= 97.921 % | Elapsed= 0.614 s
[2021-09-30 02:07:54.503] Early stopping counter: 1 out of 2
[2021-09-30 02:07:54.506] Fitting cascade layer= 3
[2021-09-30 02:07:55.110] layer= 3  | Val Acc= 97.476 % | Elapsed= 0.602 s
[2021-09-30 02:07:55.110] Early stopping counter: 2 out of 2
```

```
[2021-09-30 02:07:55.111] Handling early stopping
[2021-09-30 02:07:55.112] The optimal number of layers: 2
[2021-09-30 02:07:55.113] Start to evalute the model:
[2021-09-30 02:07:55.114] Evaluating cascade layer= 0
[2021-09-30 02:07:55.147] Evaluating cascade layer= 1
```

Testing Accuracy: 98.667 %

2. 回归问题示例

```python
# 源码位于 Chapter08/DeepForest/test_DF21Regressor.py
# 导入 sklearn 工具包
from sklearn.datasets import load_boston
from sklearn.model_selection import train_test_split
from sklearn.metrics import mean_squared_error
# 导入周志华团队开源的 DF21 回归器
from deepforest import CascadeForestRegressor

# 加载波士顿房价数据集
X, y= load_boston(return_X_y= True)
X_train, X_test, y_train, y_test= train_test_split(X, y, random_state= 1)

# 创建 DF21 模型
model= CascadeForestRegressor(random_state= 1)

# 模型训练
model.fit(X_train, y_train)

# 模型预测与评估
y_pred= model.predict(X_test)
mse= mean_squared_error(y_test, y_pred)
print("\nTesting MSE: {:.3f}".format(mse))
```

输出如下。

```
[2021-09-30 02:13:39.738] Start to fit the model:
[2021-09-30 02:13:39.739] Fitting cascade layer= 0
[2021-09-30 02:13:40.157] layer= 0   | Val MSE= 13.34540 | Elapsed= 0.418 s
[2021-09-30 02:13:40.159] Fitting cascade layer= 1
[2021-09-30 02:13:40.614] layer= 1   | Val MSE= 10.88445 | Elapsed= 0.454 s
[2021-09-30 02:13:40.616] Fitting cascade layer= 2
[2021-09-30 02:13:41.047] layer= 2   | Val MSE= 12.78401 | Elapsed= 0.430 s
[2021-09-30 02:13:41.048] Early stopping counter: 1 out of 2
[2021-09-30 02:13:41.050] Fitting cascade layer= 3
[2021-09-30 02:13:41.504] layer= 3   | Val MSE= 15.41706 | Elapsed= 0.454 s
[2021-09-30 02:13:41.504] Early stopping counter: 2 out of 2
[2021-09-30 02:13:41.505] Handling early stopping
[2021-09-30 02:13:41.506] The optimal number of layers: 2
[2021-09-30 02:13:41.507] Start to evalute the model:
```

[2021-09-30 02:13:41.508] Evaluating cascade layer= 0
[2021-09-30 02:13:41.529] Evaluating cascade layer= 1

Testing MSE: 8.068

8.1.4 改进的深度森林模型

目前已经有不少研究是在 gcForest 模型基础上进行改进和应用的，例如王玉静等[6]提出了一种基于深层迭代特征（Deep Iterative Features，DIF）级联 CatBoost（Cascade CatBoost，CasCatBoost）的滚动轴承剩余寿命预测新方法。该方法是一种改进的新型深度森林算法，通过对由快速傅里叶变换得到的滚动轴承频域信号进行迭代计算，得到迭代特征。为了减小内存的消耗，将深度森林中的多粒度扫描结构替换为卷积神经网络，提取迭代特征的深层特征，并构建性能退化特征集。乔安等[7]提出了一种结合 Selective Search 算法和 Harris 角点检测算法的小目标区域提取算法，排除了大量虚假目标，减少了候选框的数量并提高了速度。其使用 NMS 算法去除重叠小目标候选框，在多粒度扫描部分增加深度结构，将更多的信息传入级联森林部分，即使在数据集稀少的小目标领域也可以获得不错的效果。陈寅栋等[8]提出了一种新的卷积神经网络与深度回归森林结合的无参考图像质量评价方法。该方法对原始图像进行局部对比度归一化处理，采用卷积神经网络提取图像质量的判别特征，最后利用深度回归森林预测图像质量。该方法无须手工设计图像特征，简化了图像的预处理过程。较少的卷积层数有利于减少网络的训练时间，使用深度策略对回归森林进行集成，提高了单一森林的预测精度。朱晓好等[9]提出了一种基于深度森林模型的火焰检测。戴瑾等[10]为了解决样本特征属性的复杂度给分类性能带来的不利影响，引入了基于深度森林的流量分类方法。该算法通过级联森林和多粒度扫描机制，能够在样本数量规模和特征属性选取规模有限的情况下，有效地提高流量整体分类性能。沈宗礼等[11]提出了基于迁移学习和深度森林集成的 DenseNet-GCForest 晶圆图缺陷模式识别模型。

总之，深度森林确实给我们打开了一个新的深度学习的路径，值得我们仔细理解其中的原理，并在各个领域进行应用。

8.2 深度神经决策树

深度神经网络在计算机视觉、语音处理和语言建模等诸多领域都取得了优异的表现。然而由于缺乏可解释性，这一系列的黑盒模型无法用于实际应用，因为我们必须知道预测是如何进行的，以证明其决策过程。此外，在一些领域，如商业智能（BI），通常更重要的是知道每个因素如何有助于预测，而不是结论本身。然而对于表格数据，基于树的模型更受欢迎。树模型的一个很好的属性是它们的自然可解释性。本节将深入介绍 2018 年提出的由神经网络实现的树模型：*深度神经决策树*[12]（Deep Neural Decision Trees，DNDT）。

DNDT 是可以解释的，因为它是一棵树。DNDT 是具有特殊体系结构的神经网络，其中 DNDT 权重的任何设置都对应于特定的决策树。但是，由于 DNDT 是通过神经网络实现的，因此它继承了一些与常规 DT 不同的有趣属性：DNDT 可以在任何 NN 软件框架中用几行代码轻松实现；所有参数同时通过随机梯度下降进行优化，而不是采用更复杂且可能次优的贪婪分割程序。它可以很容易地在 NN 工具箱中实现。

8.2.1 DNDT 的基本原理

8.2.1.1 软分选

DNDT 对每一个特征进行软分选（soft binning）。由于每一个样本的单一特征是一个标量（设为 x，并且是连续的），我们想把它分成 $n+1$ 个区间，这就导致了 n 个切点（这 n 个切点是可以训练的）。我们以单调递增的方式将切点表示为 $[\beta_1, \beta_2, \cdots, \beta_n]$，即 $\beta_1 < \beta_2 < \cdots < \beta_n$。（在训练过程中，$\boldsymbol{\beta}$ 的顺序在更新后可能会被洗掉。所以我们必须在每次前进的过程中首先对它们进行排序。然而，这不会影响可分性，因为排序只是交换了 $\boldsymbol{\beta}$ 的位置。）

我们构造一个 softmax 函数作为单层神经网络的激活函数：

$$\pi = f_{w,b,T}(x) = \text{softmax}((wx + b)/T) \tag{8.1}$$

注意这里的 $w = [1, 2, \cdots, n \mid 1]$ 是一个常量，而不是一般神经网络可以训练的变量。$\boldsymbol{b}$ 构造为：

$$\boldsymbol{b} = [0, \beta_1, \beta_1\beta_2, \cdots, \beta_1\beta_2, \cdots, \beta_n] \tag{8.2}$$

而 $\boldsymbol{T} > 0$ 是一个温度系数。当 $\boldsymbol{T} \to 0$ 时，输出趋向于独热向量（向量只有一项为 1，其他为 0）。

这里解释一下为什么当 $\boldsymbol{T} \to 0$ 时输出为独热向量。在数学尤其是概率论和相关领域中，softmax 函数（或称归一化指数函数）是逻辑函数的一种推广。它能将一个含任意实数的 K 维向量 $\boldsymbol{z}$ 压缩到另一个 K 维实向量 $\delta(\boldsymbol{z})$，使得每一个元素的范围都在（0，1）之间，并且所有元素的和为 1。该函数的形式通常为

$$\delta(\boldsymbol{z})_j = \frac{e^{z_j}}{\sum_{k=1}^{K} e^{z_k}}, j = 1, \cdots, K \tag{8.3}$$

已知 $\dfrac{wx + b}{\boldsymbol{T}}$ 是 $n+1$ 维向量，当 $\boldsymbol{T} \to 0$ 并且做指数运算后，每一项最大的那个数会非常大，占整个向量各元素的比重趋近为 1，所以输出趋近为独热向量。

我们可以通过检查三个连续的对数 o_{i-1}，o_i，o_{i+1} 来验证。当 $o_i > o_{i-1}$（所以 $x > \beta_i$）和 $o_i > o_{i+1}$（所以 $x < \beta_{i+1}$）同时成立时，x 必须落入区间（β_i，β_{i+1}）。因此，神经网络将对合并的 x 产生几乎独热的编码，尤其是在较低温度下。我们可以应用斜坡退火技巧[13]，在训练过程中逐步降低温度，这样最后可以得到一个更加具有确定性的模型。如果需要实现实际的独热向量，则可以应用直通（ST）Gumbel-Softmax[14]：对于前向传递，使用 Gumbel-Max 技巧对独热向量进行采样，而对于后向传递，使用 Gumbel-Softmax 计算梯度（有关详细分析，请参阅文献[15]）。

图 8.7 展示了一个具体示例，其中标量 $x \in [0, 1]$，两个切点分别位于 0.33 和 0.66。即 $\beta_1 = 0.33$，$\beta_2 = 0.66$。可以得到 $o_1 = x$，$o_2 = 2x - 0.33$，$o_3 = 3x - 0.99$。如果 $o_2 > o_1$，那么 $2x - 0.33 > x$ 即 $x > \beta_1 = 0.33$。如果 $o_2 > o_3$，那么 $2x - 0.33 > 3x - 0.99$ 即 $x < (0.99 - 0.33) = (\beta_2 - 0.33)$。这样的话，当满足 $o_2 > o_1$ 以及 $o_2 > o_3$ 时，x 落在区间 $[\beta_1, \beta_2]$ 内。

8.2.1.2 做预测

给定分选函数，关键思想是通过克罗内克积（Kronecker product）"$\otimes$"来构建决策树。克罗内克积是两个任意大小的矩阵间的运算。如果 $\boldsymbol{A}$ 是一个 $m \times n$ 的矩阵，而 $\boldsymbol{B}$ 是一个 $p \times q$ 的矩阵，克罗内克积 $\boldsymbol{A} \otimes \boldsymbol{B}$ 则是一个 $mp \times nq$ 的分块矩阵

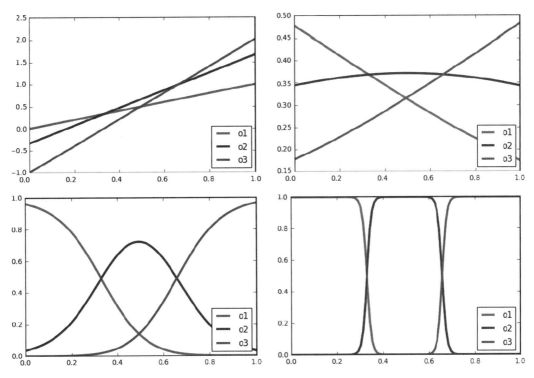

图 8.7 使用切点 0.33 和 0.66 的软分选函数的具体示例。x 轴是连续输入变量 X 的值。左上：logit 的原始值；右上：应用 $T=1$ 的 softmax 函数后的值；左下：应用 $T=0.1$ 的 softmax 函数后的值；右下：应用 $T=0.01$ 的 softmax 函数后的值

$$A\otimes B=\begin{bmatrix} a_{11}B & \cdots & a_{1n}B \\ \vdots & & \vdots \\ a_{m1}B & \cdots & a_{mn}B \end{bmatrix} \tag{8.4}$$

图 8.8 是一个克罗内克积的例子。

$$\begin{bmatrix} a_{11} & a_{12} \\ a_{21} & a_{22} \\ a_{31} & a_{32} \end{bmatrix} \otimes \begin{bmatrix} b_{11} & b_{12} & b_{13} \\ b_{21} & b_{22} & b_{23} \end{bmatrix} = \begin{bmatrix} a_{11}b_{11} & a_{11}b_{12} & a_{11}b_{13} & a_{12}b_{11} & a_{12}b_{12} & a_{12}b_{13} \\ a_{11}b_{21} & a_{11}b_{22} & a_{11}b_{23} & a_{12}b_{21} & a_{12}b_{22} & a_{12}b_{23} \\ a_{21}b_{11} & a_{21}b_{12} & a_{21}b_{13} & a_{22}b_{11} & a_{22}b_{12} & a_{22}b_{13} \\ a_{21}b_{21} & a_{21}b_{22} & a_{21}b_{23} & a_{22}b_{21} & a_{22}b_{22} & a_{22}b_{23} \\ a_{31}b_{11} & a_{31}b_{12} & a_{31}b_{13} & a_{32}b_{11} & a_{32}b_{12} & a_{32}b_{13} \\ a_{31}b_{21} & a_{31}b_{22} & a_{31}b_{23} & a_{32}b_{21} & a_{32}b_{22} & a_{32}b_{23} \end{bmatrix}$$

图 8.8 克罗内克积示例

假设我们有一个具有 D 个特征的输入实例 $x\in R^D$。通过神经网络 $f_d(x_d)$ 对每个特征 x_d 进行分选，可以通过以下方式详尽地找到所有的最终节点：

$$z=f_1(x_1)\otimes f_2(x_2)\otimes\cdots\otimes f_D(x_D) \tag{8.5}$$

由前一节我们知道，每个标量 x 经过分选函数产生的结果都是一个 $1-(x+1)$ 维矩阵，x

是割点的个数，所以 z 为一个 $1 \times \sum_{k=1}^{D} x_k$ 维向量，并且独热向量进行克罗内克积的结果依然是独热向量。所以我们可以将 z 当作叶子节点的索引，叶子节点的个数为 $z.\text{shape}\,[1]$，z 数值为 1 的索引 i 表示标量 x 最终指向第 i 个叶子节点。这里的 z 是一个近似独热向量，表示实例 x 到达的叶子节点的索引。最后，我们假设在每个叶子 z 处有一个线性分类器对到达那里的实例进行分类。

　　DNDT 示例如图 8.9 所示。这里使用的是 Iris 数据集，选择的是 Petal Length 和 Petal Width 两个特征，其中灰色参数指的是可以训练的参数，而黑色参数是常量。由 W 可知我们将每个特征分成两个区间，首先使用软分选函数将一个特征的数值分成两个部分，软分选的结果有两种可能：$[0,1]$ 和 $[1,0]$。又因为使用了两个特征，所以得到分选层的四个单元。

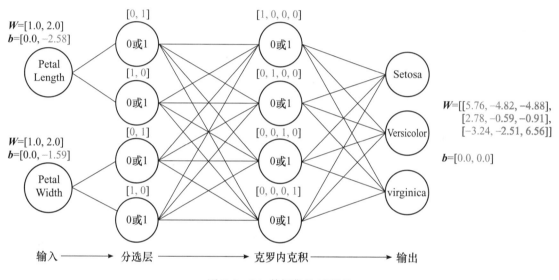

图 8.9　Iris 数据集的 DNDT

　　由克罗内克积的知识可知会得到四个叶子节点，四个叶子节点的索引分别为 $[1,0,0,0]$，$[0,1,0,0]$，$[0,0,1,0]$，$[0,0,0,1]$。

　　假设有一个新的数据 Petal Length＝3，Petal Width＝2，输入上面这棵学习好的神经网络决策树中，计算流程展示如下。

$$f_1(3)＝\text{softmax}([1,2] \cdot 3+[0,-2.58])/T＝\text{softmax}(([3,3.42])/T)$$

当 T 很小的时候，$f_1(3)$ 近似于一个独热向量 $[0,1]$，同理可得 $f_1(3) \approx [0,1]$。使用公式

$$z＝f_1(3) \otimes f_2(2)＝[0,1] \otimes [0,1]＝[0,0,0,1]$$

将得到的结果放入分类器，得到分类结果

$$z \cdot W＝[0,0,0,1] \cdot [[\cdots],[\cdots],[\cdots],[-3.24,-2.51,6.56]]＝[-3.24,-2.51,6.56]$$

　　对于向量 $[-3.24,-2.51,6.56]$ 来说，索引位置 3 上的值最大，据此可判断输入的数据属于第三类。图 8.10 为构建普通决策树的过程，分数表示随机选择的 6 个实例被分类的路线。

8.2.1.3　学习树

通过目前描述的方法，我们可以将输入实例路由到叶子节点，并对其进行分类。因此现在训练决策树就变成了训练分选切点和叶子分类器的问题。由于前面的所有步骤都是可微的，现在所有的参数（图 8.9 中的灰色参数）都可以直接用 SGD 同时训练。

由于神经网络式的小批量训练，DNDT 在实例数量上有很好的扩展性。然而到目前为止，设计的一个关键缺点是，由于使用了克罗内克积，它在特征数量上是不可扩展的。在目前的实现中，我们通过训练随机子空间的森林[16]来避免"宽"数据集这一问题——但牺牲了可解释性。即引入多棵树，每棵树都在随机的特征子集上训练。一个需要可解释森林的更好的解决

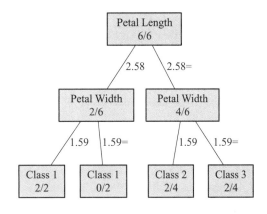

图 8.10　DT 视图。同样的网络呈现为传统的决策树

方案是在学习过程中利用最终分选的稀疏性：非空叶子的数量增长速度远远低于叶子的总数。

8.2.2　DNDT 的编程实践

DNDT 在概念上很简单，它的核心代码在 TensorFlow[17]或 PyTorch[18]中用约 20 行代码就能轻松实现。由于它是基于现代的深度学习框架作为神经网络实现的，因此，DNDT 支持"开箱即用"的 GPU 加速和基于迷你批次数据集处理的学习特性。

1. 主测试程序（代码段 8.1）

首先介绍 DNDT 的主测试程序。第 1～6 行导入 DNDT 测试程序用到的 python 包，其中包括 neural_network_decision_tree 包，负责提供 DNDT 模型训练所必需的核心操作。第 8～9 行打印当前环境中的 PyTorch 版本，若缺少 PyTorch 环境或者 PyTorch 版本过低，读者可以根据 PyTorch 官网[42]提供的教程安装和升级。第 11～13 行设置 numpy 和 PyTorch 随机数生成器的种子，从而达到固定后面训练的模型的随机性的效果。第 15～20 行加载 Iris 数据集，并转化成 PyTorch 的 tensor 类型。第 22～37 行初始化 DNDT 模型所需的参数变量，包括切分点集合、损失函数和梯度下降算法等。第 39～48 行进行 DNDT 模型的训练，总共迭代 1000 轮，逐渐减小预测误差。第 50～55 行进行模型的预测，其中，np.repeat 和 np.tile 都用于重复复制 numpy 数组，np.hstack 用于按列拼接 numpy 数组，np.argmax 用于返回矩阵中最大值的索引，如果是二维矩阵，axis 为 0 代表返回每一列中具有最大值的行索引，axis 为 1 代表返回每一行中具有最大值的列索引。第 57～76 行绘制预测结果，其中，plt.scatter 函数用于绘制散点图。

代码段 8.1　DNDT 的主测试程序（源码位于 Chapter08/DNDT-master/pytorch/test.py）

```
1   # 导入必要的python包
2   import numpy as np #numpy包
3   import torch        #pytorch包
4   from iris import * #iris数据集
5   from neural_network_decision_tree import * #DNDT模型包
6   import matplotlib.pyplot as plt #matplotlib绘图包
7
8   # 打印pytorch版本
```

```
9    print(torch.__version__)
10
11   # 设置numpy和pytorch随机数生成器的种子
12   np.random.seed(1943)
13   torch.manual_seed(1943)
14
15   # 加载iris数据集，并转化成pytorch的tensor类型
16   _x = feature[:, 2:4]  # 仅使用 "Petal length" 和 "Petal width" 属性
17   _y = label
18   d = _x.shape[1]
19   x = torch.from_numpy(_x.astype(np.float32))
20   y = torch.from_numpy(np.argmax(_y, axis=1))
21
22   # 树节点相关的变量
23   num_cut = [1, 1]  # "Petal length" 和 "Petal width" 的样本计数
24   num_leaf = np.prod(np.array(num_cut) + 1) # 叶节点数
25   num_class = 3 # 类标签的数量
26
27   # 切分点集合
28   cut_points_list = [torch.rand([i], requires_grad=True) for i in num_cut]
29
30   # 叶子评分
31   leaf_score = torch.rand([num_leaf, num_class], requires_grad=True)
32
33   # 交叉熵损失函数
34   loss_function = torch.nn.CrossEntropyLoss()
35
36   # 随机梯度下降优化算法adam
37   optimizer = torch.optim.Adam(cut_points_list + [leaf_score], lr=0.01)
38
39   # 迭代1000轮，计算损失函数，并执行梯度下降
40   for i in range(1000):
41       optimizer.zero_grad()
42       y_pred = nn_decision_tree(x, cut_points_list, leaf_score, temperature=0.1)
43       loss = loss_function(y_pred, y)
44       loss.backward()
45       optimizer.step()
46       if i % 200 == 0:
47           print(loss.detach().numpy())
48   print('error rate %.2f' % (1-np.mean(np.argmax(y_pred.detach().numpy(), axis=1)==np.argmax
     (_y, axis=1))))
49
50   # 模型预测
51   sample_x0 = np.repeat(np.linspace(0, np.max(_x[:,0]), 100), 100).reshape(-1,1)
52   sample_x1 = np.tile(np.linspace(0, np.max(_x[:,1]), 100).reshape(-1,1), [100,1])
53   sample_x = np.hstack([sample_x0, sample_x1])
54   sample_y_pred = nn_decision_tree(torch.from_numpy(sample_x.astype(np.float32)),cut_points_
     list, leaf_score, temperature=0.1)
55   sample_label = np.argmax(sample_y_pred.detach().numpy(), axis=1)
56
57   # 绘制预测结果
58   plt.figure(figsize=(8,8))
59
60   plt.scatter(_x[:,0],
61               _x[:,1],
62               c=np.argmax(_y, axis=1),
63               marker='o',
64               s=50,
65               cmap='summer',
66               edgecolors='black')
67
68   plt.scatter(sample_x0.flatten(),
69               sample_x1.flatten(),
70               c=sample_label.flatten(),
```

```
71                 marker='D',
72                 s=20,
73                 cmap='summer',
74                 edgecolors='none',
75                 alpha=0.33)
76    plt.show()
```

上述代码的运行结果如下。

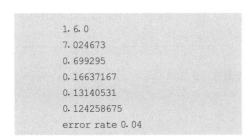

```
1. 6. 0
7. 024673
0. 699295
0. 16637167
0. 13140531
0. 124258675
error rate 0. 04
```

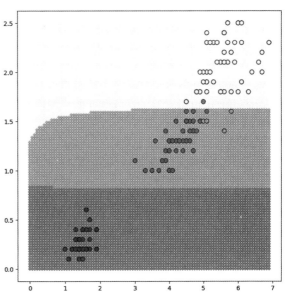

图 8.11   真实样本与预测样本分布情况图

真实样本与预测样本分布情况如图 8.11所示。其中，实心圆点为真实样本点，背景区域为 DNDT 预测的划分结果。可以看出，使用 DNDT 预测的区域大致符合真实样本点的分布情况。

2. 核心代码（代码段 8.2）

DNDT 的核心代码非常简洁清晰，主要由 torch_kron_prod、torch_bin、nn_decision_tree 三个函数组成，它们分别负责克罗内克积的计算、分选点的筛选和 DNDT 的构建。接下来，对它们逐一进行分析。

代码段 8.2   DNDT 核心代码部分（源码位于 Chapter08/DNDT-master/pytorch/neural_network_decision_tree. py）

```
1    import torch
2    import numpy as np
3    from functools import reduce
4
5
6    def torch_kron_prod(a, b):
7        res = torch.einsum('ij,ik->ijk', [a, b])
8        res = torch.reshape(res, [-1, np.prod(res.shape[1:])])
9        return res
10
11
12   def torch_bin(x, cut_points, temperature=0.1):
13       # x is a N-by-1 matrix (column vector)
14       # cut_points is a D-dim vector (D is the number of cut-points)
15       # this function produces a N-by-(D+1) matrix, each row has only one element being
            one and the rest are all zeros
16       D = cut_points.shape[0]
17       W = torch.reshape(torch.linspace(1.0, D + 1.0, D + 1), [1, -1])
18       cut_points, _ = torch.sort(cut_points)  # make sure cut_points is monotonically
                                                   increasing
19       b = torch.cumsum(torch.cat([torch.zeros([1]), -cut_points], 0),0)
```

```
20        h = torch.matmul(x, W) + b
21        res = torch.exp(h-torch.max(h))
22        res = res/torch.sum(res, dim=-1, keepdim=True)
23        return h
24
25
26   def nn_decision_tree(x, cut_points_list, leaf_score, temperature=0.1):
27        # cut_points_list contains the cut_points for each dimension of feature
28        leaf = reduce(torch_kron_prod,
29                   map(lambda z: torch_bin(x[:, z[0]:z[0] + 1], z[1], temperature),
                        enumerate(cut_points_list)))
30        return torch.matmul(leaf, leaf_score)
```

第一部分：计算两个矩阵的克罗内克积，如代码段第 6~9 行所示。

torch_kron_prod 计算的是 a 和 b 的克罗内克积：

- res＝torch.einsum（'ij, ik→ijk', a, b）可以理解为 res[i][j][k]＝a[i][j] * b[i][k]。
- torch.reshape（res, [−1, tf.reduce_prod（res.shape [1:]）]）可以理解为在保持之前 res 矩阵的元素个数不变的前提下，将其拉伸为 $1 \times N$ 的向量。
- 参数 a 和 b 是 PyTorch 的 tensor 类型变量。

第二部分：计算分选点，如代码段第 12~23 行所示。

torch_bin 产生一个 $N \times (D+1)$ 的矩阵，每行只有一个元素是 1，其余都是 0：

- 参数 x 是一个 $N \times 1$ 的矩阵（列向量），代表样本的某列特征值。
- cut_points 是一个 D 维向量，D 代表切分点的数量，D 个切分点将该特征划分成 $D+1$ 个区间。
- 该函数产生一个 $N \times (D+1)$ 的矩阵，每一行都近似于独热向量。
- 参数 x 和 cut_points 都是 PyTorch 的 tensor 类型。
- torch.sort 函数的目的是确保切分点单调递增。
- torch.zeros、torch.exp 等函数的作用与前面提到的 numpy 相同，与前面不同的是，torch.matmul 函数用于计算标准的矩阵乘法。

第三部分：构建决策树，如代码段第 26~30 行所示。

nn_decision_tree 负责 DNDT 决策树的整体构建，返回当前样本对应的所有叶子节点的概率加权累加和，作为该样本的最终预测值：

- 参数 cut_points_list 包含了特征集各个维度的切分点。
- 参数 leaf_score 是每个叶子节点的得分，即预测正确的概率，初始化为一个均匀分布，在模型学习的过程中不断优化得分。
- map（lambda z:..., enumerate(cut_point_list)）对 cut _ point _ list 中的所有切分点进行遍历。
- reduce 函数将相邻的切分点数据依次传给 torch_kron_prod 函数进行计算，计算结果作为下一次迭代的第一个参数，重复以上操作直至完成最后一轮迭代，最后得到一个结果赋值给 leaf 变量。
- 最后计算 leaf 和 leaf _ score 两个向量的点积，即计算各个叶子节点预测值和预测概率乘积的累加和，作为最终的预测值。

8.3   自适应神经决策树

深度神经网络和决策树在很大程度上是以独立的范式运行的。通常情况下，深度神经网络用预先指定的架构进行表征学习，通过非线性变换的组合来学习数据的分层表示，与许多其他机器学习模型相比，深度神经网络减轻了对特征工程的需求。此外，它用随机优化器［如随机梯度下降（SGD）］进行训练，允许训练扩展到大型数据集。然而，它的架构通常需要特定设计，并固定在每个任务或数据集上，这需要领域专业知识，而对于大型模型来说，推理也可能是重量级的。决策树的特点是用数据驱动的架构对预先指定的特征进行层次学习。决策树学习如何分割输入空间，以便在每个子集中，线性模型足以解释数据，在数据稀缺的场景下尤其具有优势。决策树还具有轻量级推理能力，因为每个输入样本只使用树上单一的根到叶的路径。然而，决策树的成功应用往往需要手工设计数据的特征。我们可以将单个决策树的有限表现力归结为普遍使用简单的路由函数，如对轴对齐特征的分割（splitting on axis-aligned features）。硬分割的损失函数是不可微分的，这就阻碍了基于梯度下降的优化，从而阻碍了复杂分割函数的使用。

自适应神经树[19]（Adaptive Neural Trees，ANT）是 2018 年提出的一种模型，它将两者结合起来，将表征学习融入决策树的边、路由函数和叶子节点中，同时采用基于反向传播的训练算法，从原始模块（如卷积层）自适应地增长架构，适应各类可用数据。

ANT 从决策树和深度神经网络继承了以下理想属性：

- 表征学习：由于 ANT 中每个根到叶的路径都是一个深度神经网络，因此可以通过基于梯度的优化来学习端到端的特征。结合树结构，ANT 可以学习这样的特征，这些特征是分层共享和分离的。
- 架构学习：通过逐步增长 ANT，架构可适应数据的可用性和复杂度，体现了奥卡姆剃刀原则。增长过程可以看作对模型类进行硬约束的架构搜索。
- 轻量级推理：在推理时，ANT 进行条件计算，在每个样本的基础上选择树上单一的根到叶的路径，只激活模型的一个参数子集。

8.3.1 ANT 的基本原理

自适应神经决策树是一种用深度的、学习的表征增强的决策树形式，专注于监督学习，其目的是从一组 N 个有标签的样本 $(x^{(1)}, y^{(1)})，\cdots，(x^{(N)}, y^{(N)}) \in X \times Y$ 中学习条件分布 $p(y \mid x)$ 作为训练数据。

简而言之，自适应神经决策树是一个树状结构的模型，由一组输入空间 X 的层次分区、一系列非线性变换以及各自分量区域的独立预测模型组成。

更正式地，自适应神经决策树定义为一对 (T, O)，其中 T 定义了模型拓扑，O 表示其上的操作集。模型拓扑 T 限制为二元树的实例，定义为一组图，其每个节点要么是内部节点，要么是叶子，除了顶部的根节点外，正好是有一个父节点的子节点。定义 $T = \{\mathcal{N}, \varepsilon\}$，其中 $\mathcal{N}$ 是所有节点的集合，ε 是它们之间的边的集合。没有子节点的节点是叶子节点 $\mathcal{N}_{\text{leaf}}$，其他都是内部节点 $\mathcal{N}_{\text{int}}$。每个内部节点 $j \in \mathcal{N}_{\text{int}}$ 正好有两个子节点，分别由左 left(j) 和 right(j) 表示。与标准树不同的是，ε 包含一条边，它连接输入数据 x 和根节点，如图 8.12a 所示。每一个节点和边都被分配了操作，这些操作对分配的数据样本进行操作（图 8.12b）。从根部开始，每个样本根据操作集 O 进行变换并遍历树。

自适应神经决策树是基于可微运算的三个基元模块构建的。

- 路由器 $\mathcal{R}$：每个内部节点 $j \in \mathcal{N}_{\text{int}}$ 持有一个路由器模块，$r_j^{\theta}: \mathcal{X}_j \to [0,1]$，由 θ 参数化，它将传入边的样本发送给左子树或右子树。这里 $\mathcal{X}_j$ 表示节点 j 处的表示方式。我们使用随机路由，其中决策（左支为 1，右支为 0）是从平均数为 $r_j^{\theta}(x_j)$ 的伯努利分布中采样的，输入 $x_j \in \mathcal{X}_j$。例如，r_j^{θ} 可以定义为一个小的 CNN。

- 转换器 $\mathcal{T}$：树的每条边 $e \in \varepsilon$ 都由一个或多个转换器模块组成。每个转换器 $t_e^\psi \in \mathcal{T}$ 都是一个非线性函数，由 ψ 参数化，将上一个模块的样本进行变换，并传递给下一个模块。例如，t_e^ψ 可以是单一的卷积层，然后是 ReLU[20]。与标准 DT 中不同的是，边转换数据，并允许通过添加更多操作来"成长"，根据需要学习"更深层次"的表示。
- 求解器 $\mathcal{S}$：每个叶子节点 $l \in \mathcal{N}_{\text{leaf}}$ 被分配给一个求解器模块，$s_l^\phi : \mathcal{X} \to \mathcal{Y} \in \mathcal{S}$，由 ϕ 参数化，它对变换后的输入数据进行操作，并输出条件分布 $p(y \mid x)$ 的估计值。例如，对于分类任务，我们可以定义 s_l^ϕ 为特征空间 $\mathcal{X}_l$ 上的线性分类器，它输出一个在分类上的分布。

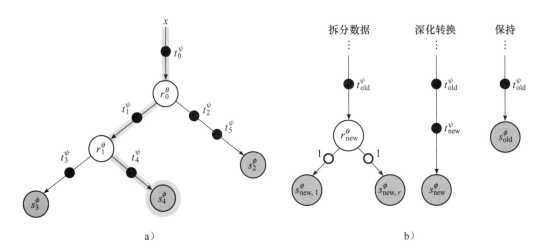

图 8.12　a）一个自适应神经决策树的例子。数据通过转换器（边上的实心点）、路由器（内部节点上的白圈）和求解器（叶子节点上的灰圈）传递。带阴影的路径显示了 x 到达叶子节点 4 的路由。输入 x 经过一系列选定的变换 $x \to x_0^\psi := t_0^\psi(x) \to x_1^\psi := t_1^\psi(x_0^\psi) \to x_4^\psi := t_4^\psi(x_1^\psi)$，求解模块得到预测分布 $p_4^{\psi,\phi}(y) := s_4^\phi(x_4^\psi)$。选择这条路径的概率由 $\pi_{l_2}^{\theta,\psi}(x) := r_0^\theta(x_0^\psi) \cdot (1 - r_1^\theta(x_1^\psi))$ 给出。b）给定节点的三种增长选项：拆分数据、深化转换与保持。边上的空心点表示身份转换器

在图 T 上定义操作相当于对三联体 $O = (\mathcal{R}, \mathcal{T}, \mathcal{S})$ 的规范。例如，给定图像输入，我们会从 CNN 中常用的操作集中选择每个模块的操作（例子见表 8.1）。在这种情况下，最终的 ANT 上的每个计算路径以及将输入引导至这些路径之一的一组路由器都由 CNN 给出。许多现有的树结构模型[21-27] 都是 ANT 的实例，但具有一定的局限性，下文将尝试解决这些问题。

表 8.1　MNIST、CIFAR-10 和 SARCOS 数据集的原始模块规范。conv5-40 表示具有 40 个大小为 5×5 内核的 2D 卷积。GAP、FC、LC 和 LR 表示全局平均池、完全连接的层、线性分类器和线性回归器。下采样频率表示应用 2×2 最大池化的频率

模型	路由器 $\mathcal{R}$	转换器 $\mathcal{T}$	求解器 $\mathcal{S}$	下采取频率
ANT-SARCOS	$1 \times$FC+sigmoid	$1 \times$FC+tanh	LR	0
ANT-MNIST-A	$1 \times$conv5-40+GAP+$2 \times$FC+sigmoid	$1 \times$conv5-40+ReLU	LC	1
ANT-MNIST-B	$1 \times$conv3-40+GAP+$2 \times$FC+sigmoid	$1 \times$conv3-40+ReLU	LC	2
ANT-MNIST-C	$1 \times$conv5-5+GAP+$2 \times$FC+sigmoid	$1 \times$conv5-5+ReLU	LC	2
ANT-CIFAR10-A	$2 \times$conv3-128+GAP+$1 \times$FC+sigmoid	$2 \times$conv3-128+ReLU	GAP+LC	1
ANT-CIFAR10-B	$2 \times$conv3-96+GAP+$1 \times$FC+sigmoid	$2 \times$conv3-96+ReLU	LC	1
ANT-CIFAR10-C	$2 \times$conv3-48+GAP+$1 \times$FC+sigmoid	$2 \times$conv3-96+ReLU	GAP+LC	1

8.3.1.1　概率模型与推论

ANT 将条件分布 A 建模为专家的分层混合物（HME）[28]，每个专家都被定义为一个 NN，并且是树中根到叶的路径。标准 HME 是 ANT 的特例，其中转换器是恒等函数。因此，专家内部的表征在同类专家之间是分层共享的，不同于标准 HME 中专家内部的独立表征。此外，ANT 还带有一个增长机制，以确定所需专家的数量及其复杂度。

ANT 的每个输入 x 根据路由器的决定随机遍历树，并进行一系列的变换，直到到达一个叶子节点，在这个叶子节点上，相应的求解器预测出标签 y。假设有 L 个叶子节点，完整的预测分布参数为 $\Theta=(\theta,\psi,\phi)$，因此有

$$p(y\mid x,\Theta)=\sum_{l=1}^{L}\underbrace{p(z_l=1\mid x,\theta,\psi)}_{\text{Leaf-assignment prob. }\pi_l^{\theta,\psi}}\underbrace{p(y\mid x,z_l=1,\phi,\psi)}_{\text{Leaf-specific prediction. }p_l^{\phi,\psi}} \tag{8.6}$$

其中 $z\in\{0,1\}^L$ 是一个 L 维二元潜变量，例如 $\sum_{l=1}^{L}z_l=1$，它描述了叶子节点的选择（例如 $z_l=1$ 表示使用叶 l）。这里，θ、ψ、ϕ 表示树中路由器、转换器和求解器模块的参数。混合系数 $\pi_l^{\theta,\psi}(x)=p(z_l=1\mid x,\psi,\theta)$ 量化了 x 被分配到叶子 l 的概率，并由从根到叶子节点 l 的唯一路径 P_l 上所有路由器模块的决策概率的乘积给出：

$$\pi_l^{\theta,\psi}(x)=\prod_{r_j^{\theta}\in P_j}r_j^{\theta}(x_j^{\psi})^{1[l\swarrow j]}\cdot(1-r_j^{\theta}(x_j^{\psi}))^{1-1[l\swarrow j]} \tag{8.7}$$

其中，$l\swarrow j$ 是二元关系，只有当叶子 l 在内部节点 j 的左子树上时才为真，x_j^{ψ} 是 x 在节点 j 的特征表示。设 $\mathcal{T}_j=\{t_{e_1}^{\psi},\cdots,t_{e_n}^{\psi}\}$ 表示从根到节点 j 的路径上 n 个转换器模块的有序集合，特征向量 x_j^{ψ} 由下式给出：

$$x_j^{\psi}=(t_{e_n}^{\psi}\circ\cdots\circ t_{e_2}^{\psi}\circ t_{e_1}^{\psi})(x) \tag{8.8}$$

另一方面，由叶特定的条件分布 $p_l^{\phi,\psi}(y)=p(y\mid x,z_l=1,\phi,\psi)$ 可以得到叶子节点 l 在目标 y 上分布的估计值，由其求解器的输出 $s_l^{\phi}(x_{\text{parent}(l)}^{\psi})$ 给出。

我们考虑两种基于精度和计算量之间权衡的推理方案，并将其称为多路径推理和单路径推理。多路径推理采用全预测分布。然而，计算这个量需要对所有叶子的分布进行平均，涉及计算树的所有节点和边的所有操作，这对于一个大型 ANT 来说是昂贵的。另一方面，单路径推理方案只使用通过贪婪地遍历树上各路由器置信度最高的方向所选择的叶子节点的预测分布。这种近似将计算限制在单一的路径上，允许更多的内存和时间效率的推理。

8.3.1.2　训练过程

ANT 的训练分两个阶段进行：在成长阶段，根据局部优化学习模型结构；在完善阶段，根据全局优化进一步调整第一阶段发现的模型参数。

对于这两个阶段，我们都使用负对数似然（NLL）作为通用目标函数以最小化

$$-\log(Y\mid X,\Theta)=-\sum_{n=1}^{N}\log\Big(\sum_{l=1}^{L}\pi_l^{\theta,\psi}(x^{(n)})p_l^{\phi,\psi}(y^{(n)})\Big) \tag{8.9}$$

其中，$X=\{x^{(1)},\cdots,x^{(N)}\}$，$Y=\{y^{(1)},\cdots,y^{(N)}\}$ 表示训练输入和目标。由于所有的组件模块（路由器、转换器和求解器）在参数 $\Theta=(\theta,\psi,\phi)$ 方面都是可微的，我们可以使用基于梯度的优化。给定一个具有固定拓扑结构 T 的 ANT，使用反向传播[29]进行梯度计算，并使用梯度下降来最小化学习参数的 NLL。

1. 成长阶段：学习架构 T

对于给定的训练数据，树 T 需要生长为具有足够复杂度的架构。从根节点开始，我们按照广度优先的顺序选择其中一个叶子节点，并通过向其添加计算模块来逐步修改架构。特别是，我们在每个叶子节点上评估了 3 个选择（图 8.12b）："拆分数据"通过拆分节点，增加一个新的路由器来扩展当前模型；"深化转换"通过增加一个新的转换器来增加入边的深度；"保持"保留当前模型。然后，我们通过梯度下降最小化 NLL 来局部优化架构中新增模块的参数，同时固定前一部分的参数。最后，如果模型具有比先前观察到的最低 NLL 更高的有效性，则选择具有最低 NNL 的模型，否则保留当前模型。逐级对所有新节点重复此过程，直到没有更多的"拆分数据"或"深化转换"操作通过验证测试为止。

评价前两种选择的理由是让模型在拆分数据和深化转换之间自由选择最有效的方案。拆分一个节点相当于对传入数据的特征空间进行软分割，并诞生两个新的叶子节点（左子节点和右子节点）。在这种情况下，两个分支上增加的转换器模块是恒等函数。另一方面，深化一条边试图通过额外的非线性变换来学习更丰富的表示，并以新的求解器取代旧的求解器。局部优化在时间和空间上都很高效，梯度只需要计算架构中新部件的参数，减少了计算量，而新部件之前的正向激活不需要存储在内存中，节省了空间。

2. 完善阶段：全局调整 O

当模型拓扑结构在增长阶段确定后，我们最后通过进行全局优化来完善模型的参数。现在的架构是固定的，我们相对于图中所有模块的参数在 NLL 上执行梯度下降，从而共同优化了到树和相关专家 NN 上数据路径的分层分组。完善阶段可以纠正增长阶段局部优化时做出的次优决策，并根据经验改善泛化误差。

8.3.2 ANT 的编程实践

ANT 的模型结构相对复杂，它的 PyTorch 版[30]代码实现约 3500 行。与其他深度决策树模型相比，它侧重于提升模型的预测准确率（DNDT 侧重于模型的可解释性），并且支持模型的可扩展性。本节仅分析 ANT 的核心代码部分。

1. 主函数（代码段 8.3 的第 483~724 行）

代码段 8.3 ANT 主函数（源码位于 Chapter08/AdaptiveNeuralTrees-master/tree.py）

```
483  def grow_ant_nodewise():
484      """The main function for optimising an ANT """
485
486      # ############## 0: Define the root node and optimise #################
487      # define the root node:
488      tree_struct = []  # stores graph information for each node
489      tree_modules = [] # stores modules for each node
490      root_meta, root_module = define_node(
491          args, node_index=0, level=0, parent_index=-1, tree_struct=tree_struct,
492      )
493      tree_struct.append(root_meta)
494      tree_modules.append(root_module)
495
496      # train classifier on root node (no split no extension):
497      model = Tree(
498          tree_struct, tree_modules, split=False, extend=False, cuda_on=args.cuda,
499      )
500      if args.cuda:
501          model.cuda()
```

```
502
503        # optimise
504        model, tree_modules = optimize_fixed_tree(
505            model, tree_struct,
506            train_loader, valid_loader, test_loader, args.epochs_node, node_idx=0,
507        )
508        checkpoint_model('model.pth', struct=tree_struct, modules=tree_modules)
509        checkpoint_msc(tree_struct, records)
510
511        # ##################### 1: Growth phase starts #####################
512        nextind = 1
513        last_node = 0
514        for lyr in range(args.maxdepth):
515            print("---------------------------------------------------------------")
516            print("\nAt layer " + str(lyr))
517            for node_idx in range(len(tree_struct)):
518                change = False
519                if tree_struct[node_idx]['is_leaf'] and not(tree_struct[node_idx]['visited']):
520
521                    print("\nProcessing node " + str(node_idx))
522
523                    # -------------- Define children candidate nodes --------------
524                    # --------------------- (1) Split ---------------------------
525                    # left child
526                    identity = True
527                    meta_l, node_l = define_node(
528                        args,
529                        node_index=nextind, level=lyr+1,
530                        parent_index=node_idx, tree_struct=tree_struct,
531                        identity=identity,
532                    )
533                    # right child
534                    meta_r, node_r = define_node(
535                        args,
536                        node_index=nextind+1, level=lyr+1,
537                        parent_index=node_idx, tree_struct=tree_struct,
538                        identity=identity,
539                    )
540                    # inheriting solver modules to facilitate optimization:
541                    if args.solver_inherit and meta_l['identity'] and meta_r['identity'] and not(node_idx == 0):
542                        node_l['classifier'] = tree_modules[node_idx]['classifier']
543                        node_r['classifier'] = tree_modules[node_idx]['classifier']
544
545                    # define a tree with a new split by adding two children nodes:
546                    model_split = Tree(tree_struct, tree_modules,
547                                       split=True, node_split=node_idx,
548                                       child_left=node_l, child_right=node_r,
549                                       extend=False,
550                                       cuda_on=args.cuda)
551
552                    # -------------------- (2) Extend ---------------------------
553                    # define a tree with node extension
554                    meta_e, node_e = define_node(
555                        args,
556                        node_index=nextind,
557                        level=lyr+1,
558                        parent_index=node_idx,
559                        tree_struct=tree_struct,
560                        identity=False,
```

```
561                        )
562                        # Set the router at the current node as one-sided One().
563                        # TODO: this is not ideal as it changes tree_modules
564                        tree_modules[node_idx]['router'] = One()
565
566                        # define a tree with an extended edge by adding a node
567                        model_ext = Tree(tree_struct, tree_modules,
568                                         split=False,
569                                         extend=True, node_extend=node_idx,
570                                         child_extension=node_e,
571                                         cuda_on=args.cuda)
572
573                        # --------------------- Optimise ----------------------------
574                        best_tr_loss = records['train_best_loss']
575                        best_va_loss = records['valid_best_loss']
576                        best_te_loss = records['test_best_loss']
577
578                        print("\n---------- Optimizing a binary split ------------")
579                        if args.cuda:
580                            model_split.cuda()
581
582                        # split and optimise
583                        model_split, tree_modules_split, node_l, node_r \
584                            = optimize_fixed_tree(model_split, tree_struct,
585                                                  train_loader, valid_loader, test_loader,
586                                                  args.epochs_node,
587                                                  node_idx)
588
589                        best_tr_loss_after_split = records['train_best_loss']
590                        best_va_loss_adter_split = records['valid_best_loss_nodes_split']
                            [node_idx]
591                        best_te_loss_after_split = records['test_best_loss']
592                        tree_struct[node_idx]['train_accuracy_gain_split'] \
593                            = best_tr_loss - best_tr_loss_after_split
594                        tree_struct[node_idx]['valid_accuracy_gain_split'] \
595                            = best_va_loss - best_va_loss_adter_split
596                        tree_struct[node_idx]['test_accuracy_gain_split'] \
597                            = best_te_loss - best_te_loss_after_split
598
599                        print("\n----------- Optimizing an extension --------------")
600                        if not(meta_e['identity']):
601                            if args.cuda:
602                                model_ext.cuda()
603
604                            # make deeper and optimise
605                            model_ext, tree_modules_ext, node_e \
606                                = optimize_fixed_tree(model_ext, tree_struct,
607                                                      train_loader, valid_loader, test_loader,
608                                                      args.epochs_node,
609                                                      node_idx)
610
611                            best_tr_loss_after_ext = records['train_best_loss']
612                            best_va_loss_adter_ext = records['valid_best_loss_nodes_ext']
                                [node_idx]
613                            best_te_loss_after_ext = records['test_best_loss']
614
615                            # TODO: record the gain from split/extra depth:
616                            #  need separately record best losses for split & depth
617                            tree_struct[node_idx]['train_accuracy_gain_ext'] \
```

```
618                                      = best_tr_loss - best_tr_loss_after_ext
619                          tree_struct[node_idx]['valid_accuracy_gain_ext'] \
620                                      = best_va_loss - best_va_loss_adter_ext
621                          tree_struct[node_idx]['test_accuracy_gain_ext'] \
622                                      = best_te_loss - best_te_loss_after_ext
623                      else:
624                          print('No extension as '
625                                      'the transformer is an identity function.')
626
627                      # ---------- Decide whether to split, extend or keep -----------
628                      criteria = get_decision(args.criteria, node_idx, tree_struct)
629
630                      if criteria == 'split':
631                          print("\nSplitting node " + str(node_idx))
632                          # update the parent node
633                          tree_struct[node_idx]['is_leaf'] = False
634                          tree_struct[node_idx]['left_child'] = nextind
635                          tree_struct[node_idx]['right_child'] = nextind+1
636                          tree_struct[node_idx]['split'] = True
637
638                          # add the children nodes
639                          tree_struct.append(meta_l)
640                          tree_modules_split.append(node_l)
641                          tree_struct.append(meta_r)
642                          tree_modules_split.append(node_r)
643
644                          # update tree_modules:
645                          tree_modules = tree_modules_split
646                          nextind += 2
647                          change = True
648                      elif criteria == 'extend':
649                          print("\nExtending node " + str(node_idx))
650                          # update the parent node
651                          tree_struct[node_idx]['is_leaf'] = False
652                          tree_struct[node_idx]['left_child'] = nextind
653                          tree_struct[node_idx]['extended'] = True
654
655                          # add the children nodes
656                          tree_struct.append(meta_e)
657                          tree_modules_ext.append(node_e)
658
659                          # update tree_modules:
660                          tree_modules = tree_modules_ext
661                          nextind += 1
662                          change = True
663                      else:
664                          # revert weights back to state before split
665                          print("No splitting at node " + str(node_idx))
666                          print("Revert the weights to the pre-split state.")
667                          model = _load_checkpoint('model.pth')
668                          tree_modules = model.update_tree_modules()
669
670                      # record the visit to the node
671                      tree_struct[node_idx]['visited'] = True
672
673                      # save the model and tree structures:
674                      checkpoint_model('model.pth', struct=tree_struct, modules=tree_modules,
```

```
675                              data_loader=test_loader,
676                              figname='hist_split_node_{:03d}.png'.format(node_idx))
677                  checkpoint_msc(tree_struct, records)
678                  last_node = node_idx
679
680                  # global refinement prior to the next growth
681                  # NOTE: this is an option not included in the paper.
682                  if args.finetune_during_growth and (criteria == 1 or criteria == 2):
683                      print("\n------------- Global refinement -------------")
684                      model = Tree(tree_struct, tree_modules,
685                                   split=False, node_split=last_node,
686                                   extend=False, node_extend=last_node,
687                                   cuda_on=args.cuda)
688                      if args.cuda:
689                          model.cuda()
690
691                      model, tree_modules = optimize_fixed_tree(
692                          model, tree_struct,
693                          train_loader, valid_loader, test_loader,
694                          args.epochs_finetune_node, node_idx,
695                      )
696          # terminate the tree growth if no split or extend in the final layer
697          if not change: break
698
699      # ############### 2: Refinement (finetuning) phase starts ################
700      print("\n\n------------------ Fine-tuning the tree --------------------")
701      best_valid_accuracy_before = records['valid_best_accuracy']
702      model = Tree(tree_struct, tree_modules,
703                   split=False,
704                   node_split=last_node,
705                   child_left=None, child_right=None,
706                   extend=False,
707                   node_extend=last_node, child_extension=None,
708                   cuda_on=args.cuda)
709      if args.cuda:
710          model.cuda()
711
712      model, tree_modules = optimize_fixed_tree(model, tree_struct,
713                                                train_loader, valid_loader, test_loader,
714                                                args.epochs_finetune,
715                                                last_node)
716
717      best_valid_accuracy_after = records['valid_best_accuracy']
718
719      # only save if fine-tuning improves validation accuracy
720      if best_valid_accuracy_after - best_valid_accuracy_before > 0:
721          checkpoint_model('model.pth', struct=tree_struct, modules=tree_modules,
722                           data_loader=test_loader,
723                           figname='hist_split_node_finetune.png')
724      checkpoint_msc(tree_struct, records)
725
726
727  # ------------------------- Start growing an ANT! -------------------------
728  start = time.time()
729  grow_ant_nodewise()
730
```

ANT 的主函数分为三个阶段。第一阶段，定义根节点并优化；第二阶段，树模型的增长；第三阶段，树模型的改进（精细调整）。接下来对这三个阶段逐一进行分析。

第一阶段：定义根节点并优化，如第 486～509 行所示。

首先，在第 487～494 行定义根节点。tree_struct 用于存储每个节点的图信息。tree_modules 用于存储每个节点的模型对象。define_node 函数用于生成根节点信息和根模型，在此函数中，我们假设节点操作的 3 个构建块（即路由器、转换器和求解器）具有固定的复杂度。在得到根节点信息和根模型后，将其添加到 tree_struct 和 tree_modules 列表中。

然后，在第 496～501 行基于根节点训练分类器。创建 Tree 对象，传入上一步得到的 tree_struct 和 tree_modules，并且设置 split 参数为 False，代表不进行划分，设置 extend 参数为 False，代表不进行扩展，设置 cuda_on 为 args.cuda，代表使用命令行参数里提供的 cuda 开关变量来决定是否启用 GPU 加速。另外，如果 args.cuda 为 True，需要执行 model.cuda 函数来通过 PyTorch 启用 GPU。

最后，在第 503～509 行用固定的架构训练和优化树模型。optimize_fixed_tree 函数用于返回训练好的模型和新增加的节点。checkpoint_model 函数用于保存上述树模型。checkpoint_msc 函数用于保存模型的结构化信息（每个树节点的元信息）和实验结果。

第二阶段：树模型的增长，如第 511～697 行所示。

树模型的增长阶段是一个迭代遍历的过程。依次遍历树模型的每一层，针对每一层，逐个遍历当前层的每个没有被访问过的叶子节点，判断当前层是否有节点发生改变，如果没有叶子节点的分类或扩展，则提前结束层遍历，否则继续下一层遍历。

其中，在判断叶子节点变化状态时，又细分为三部分：第一部分，如第 523～571 行所示，负责定义子候选节点；第二部分，如第 573～625 行所示，负责优化模型的二元划分和扩展；第三部分，如第 627～695 行所示，负责决定叶子节点是否划分、扩展或保持。

第三阶段：树模型的改进（精细调整），如第 699～724 行所示。

该阶段的任务是精细调整前面步骤得到的树模型。第 701 行保存当前模型在验证集上的最佳预测准确率。第 702～710 行根据前面得到的参数重新创建 Tree 模型，并且根据标记变量决定是否启用 GPU。第 712～717 行再次执行 optimize_fixed_tree 函数优化当前的树模型，同时记录当前模型在验证集上的最佳预测准确率。第 719～724 行判断最新的最佳预测准确率是否高于以前的，如果是，则重新保存当前的最新模型，最后统一保存最新的树结构信息和评价指标值。

上述代码的运行命令如下。

```
python tree.py --experiment test_ant_cifar10    # name of experiment \
               --subexperiment myant            # name of subexperiment \
               --dataset cifar10                # dataset \
               # Model details:                 \
               --router_ver 3                   # type of router module \
               --router_ngf 128                 # no. of kernels in routers \
               --router_k 3                     # spatial size of kernels in routers \
               --transformer_ver 5              # type of transformer module \
               --transformer_ngf 128            # no. of kernels in transformers \
               --transformer_k 3                # spatial size of kernels in transformers \
               --solver_ver 6                   # type of solver module \
               --batch_norm                     # apply batch-norm \
               --maxdepth 10                    # maximum depth of the tree-structure \
```

```
# Training details:                    \
--batch-size 512                       # batch size\
--augmentation_on                      # apply data augmentation\
--scheduler step_1r                    # learning rate scheduling\
--criteria avg_valid_loss              # splitting criteria
--epochs_patience 5                    # no. of patience per node for growth phase\
--epochs_node 100                      # max no. of epochs per node for growth phase\
--epochs_finetune 200                  # no. of epochs for fine-tuning phase\
# Others:  \
--seed 0                               # randomisation seed
--num_workers 0                        # no. of CPU subprocesses used for data loading\
--visualise_split                      # save the tree structure every epoch\
```

对比多路径和单路径的 ANT（默认完整的自适应神经决策树）、CNN（禁用非叶子节点上的路由器的情况下生长的 ANT）和 HME（禁用边上的转换器的情况下生长的 ANT）模型在不同公开数据集上的预测错误率，使用 MSE 指标进行评估。预测结果如表 8.2 所示。

表 8.2　不同 ANT 模型的预测性能对比

模型	多路径误差			单路径误差		
	ANT（默认）	CNN（无 $\mathcal{R}$）	HME（无 $\mathcal{T}$）	ANT（默认）	CNN（无 $\mathcal{R}$）	HME（无 $\mathcal{T}$）
SARCOS	1.38	2.51	2.12	1.54	2.51	2.25
MINIST-A	0.64	0.74	3.18	0.69	0.74	4.19
MINIST-B	0.72	0.80	4.63	0.73	0.80	3.62
MINIST-C	1.62	3.71	5.70	1.68	3.71	6.96
CIFAR10-A	8.31	9.29	39.29	8.32	9.29	40.33
CIFAR10-B	9.15	11.08	43.09	9.18	11.08	44.25
CIFAR10-C	9.31	11.61	48.59	9.34	11.61	50.02

在所有数据集上，无论哪种 ANT 的消融模型都会在不同的模块上持续导致更高的误差（CNN 和 HME 的 MSE 均大于默认的 ANT 模型），这证明了本章提到的 ANT 模型中特征学习和层次分割的结合是合理的。

2. 路由器、转换器和求解器（代码段 8.4～8.6）

路由器。路由器位于 ANT 的每个非叶子节点，它由 sigmoid 与卷积网络构成，负责将传入边的样本发送到左分支或右分支，如代码段 8.4 所示。

- Router 模型继承 PyTorch 中的 nn. Module 类，如第 640～655 行所示。它是一种"卷积层＋Relu 激活函数＋池化层＋sigmoid 激活函数"的神经网络结构，其中，卷积层使用 nn. Conv2d，多分类函数使用 nn. Sigmoid。
- 在第 657～665 行模型进行前向传播时，首先在第 660 行调用继承自基类 nn. Module 的 conv1 函数，传入数据集 x 进行卷积操作，然后在第 662 行进行全局平均池化。对数据集 x 计算全局平均后，使用 torch. squeeze 函数对其矩阵维度进行压缩，得到新的 x，最后在第 664 行调用输出控制器 output_controller。
- 第 667～678 行展示了输出控制器 output_controller 的代码实现。该控制器的应用环境大致分为软决策和随机硬决策两种，根据 soft_decision 与 stochastic 两个参数来确定实际的代码分支。在第 668~670 行，如果软决策变量 soft_decision 为 True，则执行多路径推理，它计算的预测分布是所有叶子节点的条件分布的平均值，由相应的到达概率加权，直接返回 x 的 sigmoid 值。否则，在第 672~678 行，如果随机决策变量 stochastic 为 True，则使用随机单路径推理，先计算 x 的 sigmoid 值，再将其代入 ops.ST_StochasticIndicator()(x)函数进行随机单路径推理；如果随机决策变量 stochastic 为 False，则使用贪婪的单路径推理，即输入样本在最高置信度的路由器方向上遍历树，先计算 x 的 sigmoid 值，再将其代入 ops.ST_Indicator()(x)函数进行贪婪单路径推理。

代码段 8.4　Router 类（源码位于 Chapter08/AdaptiveNeuralTrees-master/models.py）

```
639  class Router(nn.Module):
640      """Convolution + Relu + Global Average Pooling + Sigmoid"""
641      def __init__(self, input_nc,  input_width, input_height,
642                   kernel_size=28,
643                   soft_decision=True,
644                   stochastic=False,
645                   **kwargs):
646          super(Router, self).__init__()
647          self.soft_decision = soft_decision
648          self.stochastic=stochastic
649
650          if max(input_width, input_height) < kernel_size:
651              warnings.warn('Router kernel too large, shrink it')
652              kernel_size = max(input_width, input_height)
653
654          self.conv1 = nn.Conv2d(input_nc, 1, kernel_size=kernel_size)
655          self.sigmoid = nn.Sigmoid()
656
657      def forward(self, x):
658          # convolution
659          # TODO: x = F.relu(self.conv1(x))
660          x = self.conv1(x)
661          # spatial averaging
662          x = x.mean(dim=-1).mean(dim=-1).squeeze()  # global average pooling
663          # get probability of "left" or "right"
664          x = self.output_controller(x)
665          return x
666
667      def output_controller(self, x):
668          # soft decision
669          if self.soft_decision:
670              return self.sigmoid(x)
671
672          # stochastic hard decision
673          if self.stochastic:
674              x = self.sigmoid(x)
675              return ops.ST_StochasticIndicator()(x)
676          else:
677              x = self.sigmoid(x)
678              return ops.ST_Indicator()(x)
```

转换器。转换器位于 ANT 的每条边上，它由非线性函数（例如 ReLU）构成，负责对前一个模块的样本进行变换并传递给下一个模块，如代码段 8.5 所示。

- JustConv 模型继承 PyTorch 中的 nn. Module 类，如第 483~492 行所示。与 Router 类似，它也是一种神经网络模型。其中，在 mm. Conv2d 中传入输入数据 input_nc、卷积核大小 kernel_size、卷积步长 stride 等必要参数，并且调用 get_outputshape 函数获取输出形状。
- 在第 494~502 行的 get_outputshape 函数中，首先由 torch. randn 返回一个形状（shape）为（input_nc，input_width，input_height）的张量，并且由 Variable 函数生成一个计算图，在这里我们将计算图的 requires_grad 变量设置为 False，以屏蔽预训练模型的权重，然后执行 forward 函数进行前向传播，并且获取最终输出层的大小。
- 在第 504~506 行的 forward 函数中，主要在 Relu 函数中传入 x 的卷积结果，从而完成卷积操作和内部参数更新。

代码段 8.5   JustConv 类（源码位于 Chapter08/AdaptiveNeuralTrees-master/models. py）

```
481    class JustConv(nn.Module):
482        """ 1 convolution """
483        def __init__(self, input_nc, input_width, input_height,
484                        ngf=6, kernel_size=5, stride=1, **kwargs):
485            super(JustConv, self).__init__()
486
487            if max(input_width, input_height) < kernel_size:
488                warnings.warn('Router kernel too large, shrink it')
489                kernel_size = max(input_width, input_height)
490
491            self.conv1 = nn.Conv2d(input_nc, ngf, kernel_size, stride=stride)
492            self.outputshape = self.get_outputshape(input_nc, input_width, input_height)
493
494        def get_outputshape(self, input_nc, input_width, input_height ):
495            """ Run a single forward pass through the transformer to get the
496            output size
497            """
498            dtype = torch.FloatTensor
499            x = Variable(
500                torch.randn(1, input_nc, input_width, input_height).type(dtype),
501                requires_grad=False)
502            return self.forward(x).size()
503
504        def forward(self, x):
505            out = F.relu(self.conv1(x))
506            return out
```

求解器。求解器位于 ANT 的每个叶子节点上，它由一个 softmax 函数或线性回归函数构成，负责对转换后的输入数据进行操作，并输出条件分布 $p(y \mid x)$ 的估计值，如代码段 8.6 所示。

- LR 模型继承 PyTorch 中的 nn. Module 类，如第 483~492 行所示。与 Router 和 Just-Conv 类似，它也是一种神经网络模型。与之不同的是，在第 924 行，LR 模型维护了一个全连接层 fc，用于接收 nn. Linear 类型的对象。nn. Linear 为 PyTorch 中的线性回归模型，用于设置网络中的全连接层。需要注意的是，它的输入和输出都是二维张量，在这里分别传入样本的最小单元数 input_nc * input_width * input_height 和总类别数 no_classes。
- 在第 926~928 行进行 LR 模型的前向传播，即 forward 函数。首先，在第 927 行使用

torch. view 函数调整 x 矩阵的视图。之后。在第 928 行将新的 x 视图传入全连接层 fc 中，并且进一步将全连接层 fc 传入 F. log_softmax 中，对线性回归模型的结果进行分类，从而得到分布的估计值。

代码段 8.6　LR 类（源码位于 Chapter08/AdaptiveNeuralTrees-master/models. py）

```
919  class LR(nn.Module):
920      """ Logistinc regression
921      """
922      def __init__(self, input_nc, input_width, input_height, no_classes=10, **kwargs):
923          super(LR, self).__init__()
924          self.fc = nn.Linear(input_nc*input_width*input_height, no_classes)
925
926      def forward(self, x):
927          x = x.view(x.size(0), -1)
928          return F.log_softmax(self.fc(x))
```

8.4　神经支持决策树

神经支持决策树（Neural-Backed Decision Trees，NBDT）[31]是加州大学伯克利分校和波士顿大学在 2020 年 4 月发的一篇论文中提出的模型。特别强调此处"B"不代表"Boosting"，NBDT 不是一种新型的梯度提升树模型。NBDT 只是一棵决策树，而不是多棵树。NBDT 主要为了使计算机视觉模型更具可解释性。

在计算机视觉的许多应用（例如，医学成像和自动驾驶）中，洞察预测过程或决策理由至关重要。虽然深度学习技术在这些设置中实现了较高的准确性，但它们对结果预测几乎没有提供任何洞察力。为了解决深度学习中可解释性的损失，越来越多的工作探索了可解释的预测。可解释的计算机视觉通常具有显著图，它描绘了对最终分类有重大影响的图像部分。然而，视觉解释侧重于模型的输入而不是模型本身。因此，这些技术几乎无法深入了解模型的一般行为，也无法了解它是如何在可用训练示例域之外的数据上执行的。

任何用于图像分类的神经网络都可以通过使用自定义损失进行微调来转换为 NBDT。此外，NBDT 通过将图像分类分解为一系列中间决策来执行推理。然后可以将这一决策序列映射到更易解释的概念上，并揭示底层类中的感知信息层次结构。至关重要的是，与计算机视觉中有关决策树的先前工作相比，NBDT 的结果与 CIFAR10[33]、CIFAR100[33]、TinyImageNet[34]和 ImageNet[32]上的结果相比更具有竞争力，并且在很大程度上（高达 18%）比基于决策树的类似方法更准确，同时也更具可解释性。

8.4.1　NBDT 的基本原理

将任何分类神经网络转换为决策树的建议步骤如图 8.13 所示：步骤 1，构建诱导层次结构；步骤 2，使用树微调模型监督损失；步骤 3，使用神经网络主干对样本进行特征化；步骤 4，运行嵌入全连接层中的决策规则。

正如步骤 3 和步骤 4 所示，NBDT 具有与标准神经网络完全相同的架构。全连接层的子集代表决策树中的一个节点，这意味着 NBDT 方法具有广泛的适用性，因为所有分类神经网络架构都按原样支持，即使用 NBDT 无须架构修改。NBDT 受益于深度学习技术，随着神经网络精度的提高，NBDT 的准确性也在提高。

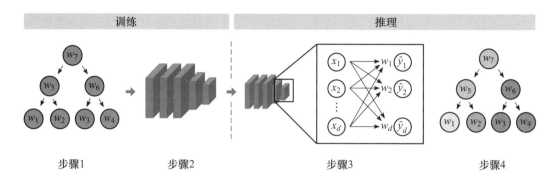

图 8.13   将分类神经网络转换为决策树的步骤

8.4.1.1   嵌入决策规则的推理

首先，NBDT 方法使用神经网络主结构对每个样本进行特征化，主结构由最终全连接层之前的所有神经网络层组成。其次，在每个节点，取特征样本 $x \in \mathbb{R}^d$ 和每个子节点的代表向量 r_i 之间的内积。请注意，所有代表性向量 r_i 都是根据神经网络的全连接层权重计算的。因此，这些决策规则被"嵌入"神经网络中。最后，使用这些内积来做出硬决策或软决策。

为了说明为什么使用内积，我们首先构建一个等效于全连接层的退化决策树。

全连接层。全连接层的权重矩阵为 $W \in \mathbb{R}^{k \times d}$。使用特征化样本运行推理的是矩阵向量乘积：

$$\begin{bmatrix} w_1 \\ w_2 \\ \vdots \\ w_d \end{bmatrix} \begin{bmatrix} x \end{bmatrix} = \begin{bmatrix} \langle x, w_1 \rangle \\ \langle x, w_2 \rangle \\ \vdots \\ \langle x, w_d \rangle \end{bmatrix} \Rightarrow \arg\max(\hat{y})$$

矩阵向量乘积产生 x 和每个 w_i 之间的内积，写为 $\langle x, w_i \rangle = \hat{y}_i$。最大内积 $\hat{y}_i$ 的索引是我们的类别预测。

决策树。考虑一个最小的树，有一个根节点和 k 个子节点。每个子节点都是一个叶子节点，每个子节点都有一个代表向量，即来自 W 的行向量 $r_i = w_i$。用特征化样本 x 运行推理意味着取 x 和每个子节点的代表向量 r_i 之间的内积，写成 $\langle x, r_i \rangle = \langle x, w_i \rangle = \hat{y}_i$。与全连接层一样，最大乘积 $\hat{y}_i$ 的索引是我们的类别预测。这在图 8.14b 中进行了说明。

尽管这两种计算的表示方式不同，但都通过取最大内积 $\arg\max \langle x, w_i \rangle$ 的索引来预测类别。我们将决策树推理称为运行嵌入式决策规则。

接下来，将朴素决策树扩展到退化案例之外。决策规则要求每个子节点都有一个代表向量 r_i。因此，如果向根节点添加一个非叶子节点，这个非叶子节点将需要一个代表向量。简单地认为非叶子节点的代表向量是所有子树的叶子节点的代表向量的平均值。对于包含中间节点的更复杂的树结构，现在有两种运行推理的方法：

- 硬决策树。在所有子节点上计算每个节点的 arg max。对于每个节点，取最大内积对应的子节点，遍历该子节点。此过程选择一个叶子节点（图 8.14a）。
- 软决策树。在所有子节点上计算每个节点的 soft max，以获得每个节点的每个子节点的概率。对于每个叶子节点，取从其父节点遍历该叶子节点的概率。然后取从其祖先节点遍历叶子节点的父节点的概率。继续乘积，直到到达根节点。乘积是那个叶子节点的概率和它到根节点的路径的概率之积。树遍历将为每个叶子节点产生一个概率。在这个叶子节点分布上计算 arg max，以选择一个叶子节点（图 8.14c）。

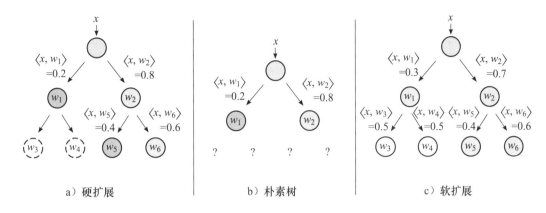

图 8.14 朴素树及其硬扩展和软扩展

这允许将任何分类神经网络作为嵌入决策规则的序列运行。然而，简单地以这种方式运行一个标准问题的预训练神经网络会导致准确性较差。在下一节中，将讨论如何通过在确定层次结构后微调神经网络以使其表现良好来最大限度地提高准确性。

8.4.1.2 构建诱导层次结构

有了上述内积决策规则，网络就有了直观上更容易学习的决策树层次结构。这些更简单的层次结构可更准确地反映网络如何获得高精度。为此，在从全连接层权重 $\boldsymbol{W}$ 中提取的类代表 w_i 上运行分层凝聚聚类。如前所述，每个叶子都是一个 w_i（图 8.15b），每个中间节点的代表向量是其子树叶子的所有代表的平均值（图 8.15c）。将此层次结构称为诱导层次结构(图 8.15)。

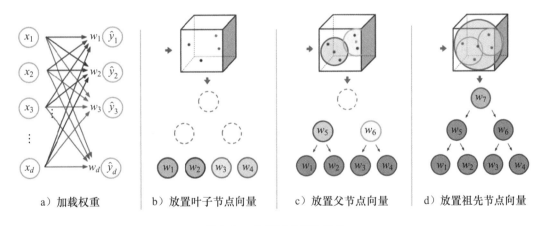

图 8.15 构建诱导层次结构

8.4.1.3 有树监督损失的训练

上面提出的所有决策树都存在一个主要问题：尽管鼓励原始神经网络为每个类别分离代表向量，但并未训练它为每个内部节点分离代表向量。这在图 8.16 中进行了说明。为了修正这个问题，我们添加损失项，鼓励神经网络在训练期间分离内部节点的代表。下面详细解释硬决策和软决策规则的附加损失项（图 8.17）。

对于硬决策规则，使用硬树监督损失。原始神经网络的损失 $L_{original}$ 使跨类交叉熵最小化。对于 k 类数据集，这是 k 路交叉熵损失。每个内部节点的目标都是相似的：最小化子节点之间的交叉熵损失。对于具有 c 个子节点的节点 i，这是预测概率 $D(i)_{\text{pred}}$ 和标签 $D(i)_{\text{label}}$ 之间的 c 路交叉熵损失。将这组新的损失项称为硬树监督损失。默认情况下，每个节点的单独交叉熵损失被缩放，以便原始交叉熵损失和树监督损失的权重相等。如果假设树中有 N 个节点，不包括叶子节点，那么将有 $N+1$ 个不同的交叉熵损失项——原始交叉熵损失和 N 个硬树监督损失项，即 $L_{\text{original}} + L_{\text{hard}}$，其中：

$$L_{\text{hard}} = \frac{1}{N} \sum_{i=1}^{N} \text{CrossEntropy}(D(i)_{\text{pred}}, D(i)_{\text{label}})$$

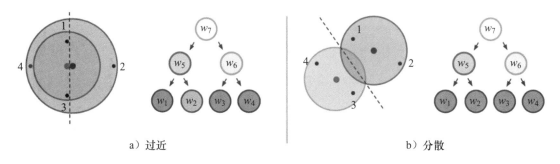

a）过近   b）分散

图 8.16   病态树

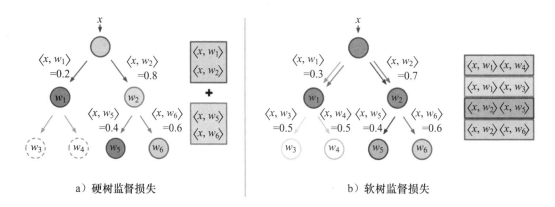

a）硬树监督损失   b）软树监督损失

图 8.17   树监督损失的两种变体

对于软决策规则，使用软树监督损失。前面描述了软决策树如何在叶子上提供单一分布 D_{pred}。在这个分布上添加了一个交叉熵损失。总共有两个不同的交叉熵损失项——原始交叉熵损失项和软树监督损失项，即 $L_{\text{original}} + L_{\text{soft}}$，其中：

$$L_{\text{soft}} = \text{CrossEntropy}(D_{\text{pred}}, D_{\text{label}})$$

8.4.1.4   可解释性

决策树的可解释性是公认的，因为最终预测可以分解为一系列决策，这些决策可以独立评估正确性。在输入特征容易理解的情况下（例如医疗/金融数据），分析决定树中分割的规则相对简单，但是当输入像图像一样复杂时，这将变得更具挑战性。

由于诱导层次结构是使用模型权重构建的，因此不会强制拆分特定属性。虽然像 WordNet 这样的层次结构为节点的含义提供了假设，但图 8.18 显示 WordNet 还不够，因为树可能会根据上下文属性（例如"水下"和"陆地"）分裂。为了诊断节点含义，执行以下 4 步测试。

1）对节点的含义做出假设（例如"动物"与"车辆"）。该假设可以从给定的分类法（如

WordNet）自动计算，也可以从对每个子节点的叶子节点的人工检查中推导出来。

2）收集一个包含新的非显式类的数据集，用于测试步骤 1 中节点的假设含义（例如，"大象"非显式地属于"动物"类）。此数据集中的样本称为分布外样本，因为它们是从单独的标记数据集中抽取的。

3）将此数据集中的样本通过相关节点。对于每个样本，检查所选子节点是否与假设一致。

4）假设的准确性是传递给正确子节点的样本百分比。如果准确度低，请用不同的假设重复。

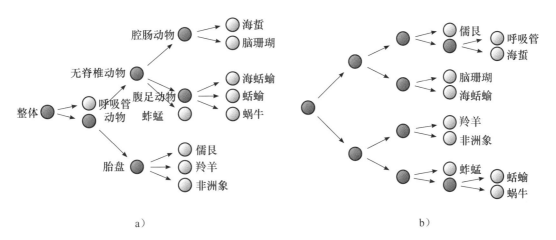

图 8.18　来自 TinyImageNet 的 10 个类的树可视化，使用 WordNet 层次结构（a）和来自训练的 ResNet10 模型的诱导树（b）

这个过程会自动验证 WordNet 的假设，但超出 WordNet 的假设需要人工干预。图 8.19a 描绘了由在 CIFAR10 上训练的 WideResNet28x10 模型诱导的 CIFAR10 树。我们的假设是根节点在"动物"与"车辆"上分开。从 CIFAR100 收集在训练时非显式的"动物"与"车辆"类的分布外图像，然后计算假设的准确性。图 8.19b 显示假设准确地预测了每个非显式的类的样本遍历了哪个子节点。

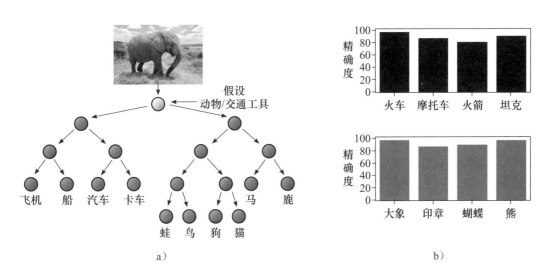

图 8.19　节点的语义含义

诱导层次结构在权重空间中聚类向量，但在权重空间中接近的类可能没有相似的语义。图 8.20 分别描绘了由 WideResNet20x10 和 ResNet10 诱导的树。虽然 WideResNet 诱导层次结构（图 8.20a）将语义相似的类分组，但 ResNet（图 8.20b）诱导层次结构没有将类分组，而是对"青蛙""猫"和"飞机"等类进行分组。WideResNet 比 ResNet 高约 4％ 的准确度可以解释这种语义上的差异：我们相信更高准确度的模型表现出更多语义上合理的权重空间。因此，与之前的工作不同，NBDT 具有更好的可解释性和更高的准确性，而不是为了一个而牺牲另一个。此外，层次结构的差异表明，低准确度、可解释的模型无法洞察高准确度决策，需要一个可解释的、最先进的模型来解释最先进的神经网络。

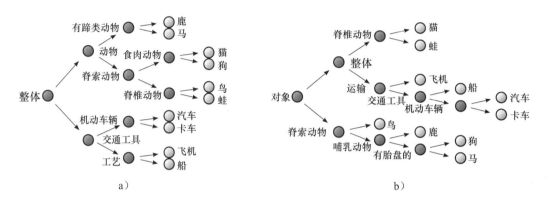

图 8.20   a) WideResNet（准确率 97.62％）；b) 带诱导层次结构的 ResNet（准确率 93.64％）

8.4.2 NBDT 的编程实践

NBDT 分两阶段训练。首先，计算诱导层次结构，该层次结构源自已在目标数据集上训练的神经网络的权重。其次，使用专门设计的树监督损失对网络进行微调。这种损失迫使模型在固定树层次结构的情况下最大化决策树的准确性。然后分两步运行推理。首先，使用网络主结构为每个训练图像构建特征。对于每个节点，在给定决策树层次结构的情况下，计算网络权重空间中最能代表其子树中叶子节点的向量——代表向量。其次，从根节点开始，将每个样本发送给与样本最相似的代表向量的子节点。继续选择和遍历树，直到到达一个叶子节点。与这个叶子节点相关的类别是预测。这与引入可解释性障碍的相关工作形成对比，例如不纯的叶子节点[36]或模型集合[36-37]。

接下来对上述两个阶段涉及的核心函数做详细剖析。

1. 生成诱导层次结构（代码段 8.7）

生成诱导层次结构的核心函数为 build_induced_graph，其作用是输入叶子节点的 WordNet ID 和 CNN 模型。从 CNN 模型获取全连接层的权重，然后做层次聚类，利用 WordNet 对聚类结果"命名"，形成树节点有实体含义的决策树。首先，第 410～427 行获取 CNN 的最后一层全连接层的权重并保存在 centers 变量中。然后，第 429～440 行做层次聚类，并获取聚类合并的记录，保存在 children 变量中。最后，第 441～463 行利用 children 的结果，用 WordNet 为新增的父节点（中间节点）命名，并同时为父节点和其所有子节点在图 G 中建立连接。

代码段 8.7　生成诱导层次结构（源码位于 Chapter08/neural-backed-decision-trees-master/nbdt/graph. py）

```
400  def build_induced_graph(
401      wnids,
402      checkpoint,
403      model=None,
404      linkage="ward",
405      affinity="euclidean",
406      branching_factor=2,
407      dataset="CIFAR10",
408      state_dict=None,
409  ):
410      num_classes = len(wnids)
411      assert (
412          checkpoint or model or state_dict
413      ), "Need to specify either `checkpoint` or `method` or `state_dict`."
414      if state_dict:
415          centers = get_centers_from_state_dict(state_dict)
416      elif checkpoint:
417          centers = get_centers_from_checkpoint(checkpoint)
418      else:
419          centers = get_centers_from_model(model, num_classes, dataset)
420      assert num_classes == centers.size(0), (
421          f"The model FC supports {centers.size(0)} classes. However, the dataset"
422          f" {dataset} features {num_classes} classes. Try passing the "
423          "`--dataset` with the right number of classes."
424      )
425
426      if centers.is_cuda:
427          centers = centers.cpu()
428
429      G = nx.DiGraph()
430
431      # add leaves
432      for wnid in wnids:
433          G.add_node(wnid)
434          set_node_label(G, wnid_to_synset(wnid))
435
436      # add rest of tree
437      clustering = AgglomerativeClustering(
438          linkage=linkage, n_clusters=branching_factor, affinity=affinity,
439      ).fit(centers)
440      children = clustering.children_
441      index_to_wnid = {}
442
443      for index, pair in enumerate(map(tuple, children)):
444          child_wnids = []
445          child_synsets = []
446          for child in pair:
447              if child < num_classes:
448                  child_wnid = wnids[child]
449              else:
450                  child_wnid = index_to_wnid[child - num_classes]
451              child_wnids.append(child_wnid)
452              child_synsets.append(wnid_to_synset(child_wnid))
453
454          parent = get_wordnet_meaning(G, child_synsets)
455          parent_wnid = synset_to_wnid(parent)
456          G.add_node(parent_wnid)
457          set_node_label(G, parent)
```

```
458                index_to_wnid[index] = parent_wnid
459
460                for child_wnid in child_wnids:
461                    G.add_edge(parent_wnid, child_wnid)
462
463        assert len(list(get_roots(G))) == 1, list(get_roots(G))
464        return G
```

2. 前向计算节点概率（代码段 8.8）

新样本进入模型后会先经过 CNN，在全连接层之前会输出 d 维向量 x，然后 x 与决策树的各个节点的隐向量做内积，而各个节点的隐向量又等于其子节点隐向量的均值。EmbeddedDecisionRules 类的 get_node_logits 函数在这里做了优化：考虑到向量均值的内积等于向量内积的均值，因此不必显示地求隐向量再做内积，而是对某个节点，直接把其子节点的 logits 求均值作为它本身的 logits。因此，在代码第 94～99 行计算子节点的 logits，并且计算均值，以此作为父节点的 logits。

代码段 8.8 前向计算节点概率（源码位于 Chapter08/neural-backed-decision-trees-master/nbdt/model. py）

```
84    def get_node_logits(outputs, node=None, new_to_old_classes=None, num_classes=None):
85        """Get output for a particular node
86
87        This `outputs` above are the output of the neural network.
88        """
89        assert node or (
90            new_to_old_classes and num_classes
91        ), "Either pass node or (new_to_old_classes mapping and num_classes)"
92        new_to_old_classes = new_to_old_classes or node.child_index_to_class_index
93        num_classes = num_classes or node.num_classes
94        return torch.stack(
95            [
96                outputs.T[new_to_old_classes[child_index]].mean(dim=0)
97                for child_index in range(num_classes)
98            ]
99        ).T
```

3. 总损失函数（代码段 8.9）

总损失＝原始 CNN 损失＋树结构损失。以硬扩展模式为例，代码段 8.9 解释了如何计算决策路径上的树结构损失，并将其合并到总损失中。该段代码共分为三部分：第一部分是第 225～228 行，用于计算原始 CNN 损失；第二部分是第 230～245 行，用于前向计算某个节点子节点的预测值分布 outputs_sub 和真实值分布 targets_sub；第三部分是第 247～256 行，用于合并树结构损失。

代码段 8.9 总损失函数（源码位于 Chapter08/neural-backed-decision-trees-master/nbdt/loss. py）

```
212    class HardTreeSupLoss(TreeSupLoss):
213        def forward_tree(self, outputs, targets):
214            """
215            The supplementary losses are all uniformly down-weighted so that on
216            average, each sample incurs half of its loss from standard cross entropy
217            and half of its loss from all nodes.
```

```
218
219        The code below is structured weirdly to minimize number of tensors
220        constructed and moved from CPU to GPU or vice versa. In short,
221        all outputs and targets for nodes with 2 children are gathered and
222        moved onto GPU at once. Same with those with 3, with 4 etc. On CIFAR10,
223        the max is 2. On CIFAR100, the max is 8.
224        """
225        self.assert_output_not_nbdt(outputs)
226
227        loss = 0
228        num_losses = outputs.size(0) * len(self.tree.inodes) / 2.0
229
230        outputs_subs = defaultdict(lambda: [])
231        targets_subs = defaultdict(lambda: [])
232        targets_ints = [int(target) for target in targets.cpu().long()]
233        for node in self.tree.inodes:
234            (
235                _,
236                outputs_sub,
237                targets_sub,
238            ) = HardEmbeddedDecisionRules.get_node_logits_filtered(
239                node, outputs, targets_ints
240            )
241
242            key = node.num_classes
243            assert outputs_sub.size(0) == len(targets_sub)
244            outputs_subs[key].append(outputs_sub)
245            targets_subs[key].extend(targets_sub)
246
247        for key in outputs_subs:
248            outputs_sub = torch.cat(outputs_subs[key], dim=0)
249            targets_sub = torch.Tensor(targets_subs[key]).long().to(outputs_sub.device)
250
251            if not outputs_sub.size(0):
252                continue
253            fraction = (
254                outputs_sub.size(0) / float(num_losses) * self.tree_supervision_weight
255            )
256            loss += self.criterion(outputs_sub, targets_sub) * fraction
257        return loss
```

以上即为 NBDT 实现中的核心函数，整体上使用 PyTorch 和 networkx 实现，核心脚本为 model. py、loss. py、graph. py 和 hierarchy. py。

8.5　深度神经决策森林

深度神经决策森林（deep Neural Decision Forests，dNDF)[38] 是一种新颖的方法，通过以端到端的方式训练分类树与深度卷积网络中已知的表示学习功能来统一分类树。

随机森林在机器学习尤其是计算机视觉社区中有着丰富而成功的历史。在处理高维数据问题时，经验证明它的性能优于大多数新学习器，并且适合处理多类问题。随机森林可用作许多计算机视觉任务的现成分类器，例如图像分类或语义分割。

现代深度学习方法的综合发现之一是，只要有足够的训练数据和训练方法，其联合且统一的学习特征表示及分类器就大大优于传统的特征描述符和分类器管道[39-41]。

8.5.1　dNDF 的基本原理

深度神经决策森林主要由卷积神经网络和决策森林两部分组成，如图 8.21 所示。顶部是具有可变层数的 CNN，并且带有一个参数 Θ。第二层是全连接层，用来为下一层提供决策函数 $f_n(\cdot\,;\Theta)$。第三层是决策森林，由若干棵满二叉树组成，每棵树的非叶子节点均保持一个决策函数 $d_n(x)=\sigma(f_n(x))$，每棵树的叶子节点均保持一个目标变量所有类的概率分布。

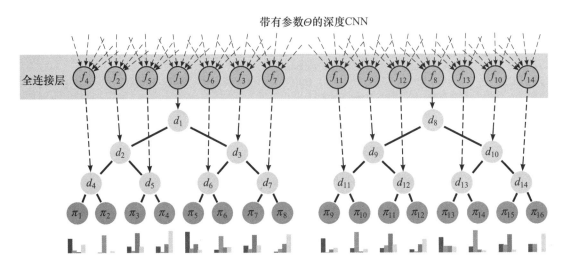

图 8.21　深度神经决策森林的结构图

以上对深度神经决策森林的结构做了简单介绍，接下来进一步了解深度神经决策森林的创建和更新过程。

决策节点。在决策森林中，每棵树的非叶子节点又称作决策节点。由于每棵决策树均是大小相同的满二叉树，因此，假设每棵树的深度为 h，则决策节点有 $2^{h-1}-1$ 个。决策节点负责决策树的分支跳转。它内部持有一个决策函数 $d_n(x)$，决策函数提供随机路由。决策函数的定义如下：

$$d_n(x;\Theta)=\sigma(f_n(x;\Theta)) \tag{8.10}$$

其中 $\sigma(x)=(1+e^{-x})-1$ 是 sigmoid 函数，$f_n(X;\Theta):X\to R$ 是实值函数，取决于样本和参数 Θ。$d_n(x)$ 中的参数 Θ 是由 CNN 全连接层的线性输出单元引入的，每个线性输出单元提供一个带有参数 Θ 的输出 $f_n(x;\Theta)$，并且随机分配给随机森林中的每个决策节点作为 sigmoid 函数的输入（自变量）。从而，Θ 成为决策节点负责更新的一个参数。

预测节点。在决策森林中，每棵树的叶子节点又称作预测节点。同样，由于每棵决策树均是大小相同的满二叉树，因此，假设每棵树的深度为 h，则决策节点有 2^{h-1} 个。预测节点负责决策树的类值预测。它内部持有一个 $\boldsymbol{\pi}$ 向量，$\boldsymbol{\pi}$ 向量的维度取决于目标变量中类的数量，初始时假设各个类服从平均分布，即假设有 n 个类别，$\boldsymbol{\pi}$ 向量将初始化为：

$$\boldsymbol{\pi}=\left(\frac{1}{n},\frac{1}{n},\cdots,\frac{1}{n}\right) \tag{8.11}$$

其中，$\boldsymbol{\pi}$ 向量为 n 维，同样，整个 $\boldsymbol{\pi}$ 向量也是每个预测节点负责更新的一个参数。

8.5.1.1　深度神经决策森林的创建

首先是带有参数 Θ 的 CNN 的创建。我们在传统 CNN 网络模型中加入参数 Θ（初始为随机值），设定适用于特定数据集的网络层数和大小，并引入恰当的非线性激活函数，经过若干次卷积池化，在 CNN 的全连接层中将携带数据集深度特征并且带有参数 Θ 的线性输出单元的值作为 CNN 部分的最终输出。

然后是决策森林的创建过程。由于决策森林中每棵树的创建过程相同，为了便于理解，我们以单棵树为例，详细介绍决策树的创建过程。单棵树的结构如图 8.22 所示，树的每个节点 $n \in N$ 通过函数 $d_n(\cdot)$ 执行路由决策（省略参数化 Θ），加粗路径显示了一个样本 x 沿着树到达叶子 ℓ_4 的典型路由，它的概率 $\mu_{\ell_4} = d_1(x)d_2(x)d_5(x)$。

考虑一个分类问题，输入和（有限）输出空间分别由 X 和 Y 给出。决策树是由决策节点和预测节点组成的树结构分类器。以 N 为索引的决策节点是树的内部节点，以 L 为索引的预测节点是树的终端节点。每个预测节点 $\ell \in L$ 在 Y 上持有一个概率分布 π_ℓ。每个决策节点 $n \in N$ 则被分配一个决策函数 $d_n(-, \Theta): X \rightarrow [0, 1]$，以 Θ 为参数，负责沿着树路由样本。当样本 $x \in X$ 到达决策节点 n 时，将根据 $d_n(x; \Theta)$ 的输出将其发送到左子树或右子树。在标准决策森林中，d_n 是二元划分的，路由是具有确定性的。本节将考虑的更确切地说是概率路由，即路由方向是一个均值为 $d_n(x; \Theta)$ 的伯努利随机变量的输出。一旦一个样本结束于一个叶子节点 ℓ，相关的树预测便由类标签分布 π_ℓ 给出。在随机路由的情况下，叶子节点的预测将被达到叶子节点的概率所平均。相应地，在决策节点参数化为 Θ 的树 T 中，样本 x 的最终预测由

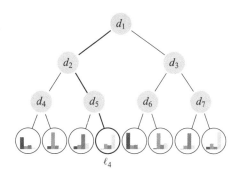

图 8.22 单棵决策树的结构图

$$\mathbb{P}_T[y|x, \Theta, \boldsymbol{\pi}] = \sum_{\ell \in \mathcal{L}} \pi_{\ell y} \mu_\ell(x|\Theta) \tag{8.12}$$

给出。其中 $\boldsymbol{\pi} = (\pi_\ell)_{\ell \in L}$，$\pi_{\ell y}$ 表示样本到达叶子节点 ℓ 并且取值为类 y 的概率，而 $\mu_\ell(x|\Theta)$ 被视为提供样本 x 到达叶子节点 ℓ 的概率的路由函数。显然，对于所有 $x \in X$，$\sum_\ell \mu_\ell(x|\Theta) = 1$。

为了给路由函数提供一个明确的形式，我们引入以下依赖于树的结构的二元关系。它依赖于树结构：如果 ℓ 属于节点 n 的左子树，则 $\ell \swarrow n$ 为真；如果 ℓ 属于节点 n 的右子树，则 $n \searrow \ell$ 为真。现在我们利用上述关系来表示 μ_ℓ：

$$\mu_\ell(x|\Theta) = \prod_{n \in \mathcal{N}} d_n(x; \Theta)^{\mathbb{1}_{\ell \swarrow n}} \overline{d}_n(x; \Theta)^{\mathbb{1}_{n \searrow \ell}} \tag{8.13}$$

其中，$\overline{d}_n(x; \Theta) = 1 - d_n(x; \Theta)$，$\mathbb{1}_P$ 是一个基于参数 P 的指标函数。虽然这一乘积在所有决策节点上运行，但只有从根节点到叶子节点 ℓ 的路径上的决策节点对 μ_ℓ 有贡献。因为对于其他所有节点来说，$\mathbb{1}_{\ell \swarrow n}$ 和 $\mathbb{1}_{n \searrow \ell}$ 都将是 0（假设 $0^0 = 1$）。

决策森林由指定数目的随机路由决策树组成，这些树的大小相同，且均为满二叉树，树的深度也是由深度神经决策森林的初始参数指定。它们的决策节点随机接收 CNN 部分提供的一个线性输出单元值，从而决策森林中的每个决策节点共同维护一个相同的参数 Θ，而预测节点的参数 $\boldsymbol{\pi}$ 向量却各不相同。决策森林部分可以表示为 $\mathcal{F} = \{T_1, \cdots, T_k\}$，通过平均每棵树的输出来提供对样本 x 的预测：

$$\mathbb{P}_{\mathcal{F}}[y|x] = \frac{1}{k} \sum_{h=1}^{k} \mathbb{P}_{T_h}[y|x] \tag{8.14}$$

为了方便起见，此处省略了树的参数。

8.5.1.2 深度神经决策森林的更新

在深度神经决策森林完成基本模块的构建后，接下来是最关键的部分——模型更新。模型更新的主要目的是使用反向传播思想在决策森林中交替更新决策节点的参数 Θ 和预测节点的参数 π。

我们对给定的数据集 $\mathcal{T} \subset X \times Y$ 在对数损失下应用最小经验风险原则，即寻找以下风险项的最小化：

$$R(\Theta, \pi; \mathcal{T}) = \frac{1}{|\mathcal{T}|} \sum_{(x,y) \in \mathcal{T}} L(\Theta, \pi; x, y) \tag{8.15}$$

其中，$L(\Theta, \pi; x, y)$ 是训练样本 $(x, y) \in \mathcal{T}$ 的对数损失项：

$$L(\Theta, \pi; x, y) = -\log(\mathbb{P}_T[y | x, \Theta, \pi]) \tag{8.16}$$

我们将 Θ 的更新与 π 的更新交替进行，以实现最小化。

8.5.1.3 学习决策节点

所有的决策函数都依赖于一个共同的参数 Θ，而这个参数 Θ 又对每个函数 f_n 进行参数化。到目前为止，我们没有对 f_n 中的函数类型做任何假设，因此没有任何因素能够限制损失函数中给定参数 π 时对参数 Θ 的优化，这将最终成为一个困难的大规模优化问题。例如，Θ 可以吸收线性输出单元为 f_n 的深度神经网络的所有参数，因此，我们将采用随机梯度下降（SGD）方法，以最大限度地降低与参数 Θ 相关的风险，就像在深度神经网络中通常做的那样：

$$\begin{aligned} \Theta^{(t+1)} &= \Theta^{(t)} - \eta \frac{\partial R}{\partial \Theta}(\Theta^{(t)}, \pi; \mathcal{B}) \\ &= \Theta^{(t)} - \frac{\eta}{|\mathcal{B}|} \sum_{(x,y) \in \mathcal{B}} \frac{\partial L}{\partial \Theta}(\Theta^{(t)}, \pi; x, y) \end{aligned} \tag{8.17}$$

其中，$0 < \eta$ 是学习率，$\mathcal{B} \subseteq \mathcal{T}$ 是来自训练集的随机样本子集（也称作迷你批）。另外，我们可以考虑用一个动量项来平滑梯度的变化。损失函数 $\mathcal{L}$ 相对于参数 Θ 的梯度可以通过链式规则分解：

$$\frac{\partial L}{\partial \Theta}(\Theta, \pi; x, y) = \sum_{n \in \mathcal{N}} \frac{\partial L(\Theta, \pi; x, y)}{\partial f_n(x; \Theta)} \frac{\partial f_n(x; \Theta)}{\partial \Theta} \tag{8.18}$$

取决于决策树的梯度项由以下公式给出：

$$\frac{\partial L(\Theta, \pi; x, y)}{\partial f_n(x; \Theta)} = d_n(x; \Theta) A_{n_r} - \overline{d}_n(x; \Theta) A_{n_l} \tag{8.19}$$

其中，n_l 和 n_r 分别表示节点 n 的左子树和右子树，我们将通用节点 $A_m (m \in N)$ 定义为：

$$A_m = \frac{\sum_{\ell \in \mathcal{L}_m} \pi_{\ell y}(x | \Theta)}{\mathbb{P}_T[y | x, \Theta, \pi]} \tag{8.20}$$

我们用 $\mathcal{L}_m \subseteq \mathcal{L}$ 表示以节点 m 为根的子树所持有的叶子节点的集合。此外，在前文中，我们描述了如何通过对树的一次传递，有效地计算所有节点 m 的 A_m。最后，我们还可以考虑 SGD 的另一种优化过程，即弹性回退，它根据每个参数在上一次迭代中风险偏导数的符号变化，自动适应每个参数的特定学习率。

8.5.1.4 学习预测节点

给出决策函数参数 Θ 的更新规则后，我们现在考虑 Θ 固定时最小化 π 的问题，即

$$\min_{\pi} R(\Theta, \pi; \mathcal{T}) \tag{8.21}$$

这是一个凸优化问题，很容易得到全局最优解。在这种情况下，整个树都需要被考虑在内，共同估计所有叶子节点的预测：

$$\pi_{\ell y}^{(t+1)} = \frac{1}{Z_\ell^{(t)}} \sum_{(x,y') \in \mathcal{T}} \frac{\mathbb{1}_{y=y'} \pi_{\ell y}^{(t)} \mu_\ell(x \mid \Theta)}{\mathbb{P}_T[y \mid x, \Theta, \boldsymbol{\pi}^{(t)}]} \tag{8.22}$$

对于所有的 $\ell \in \mathcal{L}$ 和 $y \in \mathcal{Y}$，其中 $Z_\ell^{(t)}$ 是一个归一化因子，并且

$$\sum_y \boldsymbol{\pi}_{\ell y}^{(t+1)} = 1 \tag{8.23}$$

起始点 $\boldsymbol{\pi}^{(0)}$ 可以是任意的，只要每个元素都是正数。一个典型的选择是从所有叶子的均匀分布开始，即

$$\boldsymbol{\pi}_{\ell y}^{(0)} = |\mathcal{Y}|^{-1} \tag{8.24}$$

有趣的是，更新规则是无步长限制的，它保证了每次更新时风险的严格降低，直到达到一个固定点。

与参数 Θ 的更新策略（即基于迷你批的更新策略）不同，我们采用离线学习的方法来获得更可靠的 $\boldsymbol{\pi}$ 估计，因为叶子节点中的次优预测对最终的预测仍有很大影响。此外，我们将 $\boldsymbol{\pi}$ 的更新与上一小节中描述的 Θ 的随机更新在整个最外层迭代时交错进行。

8.5.1.5 学习森林

到目前为止，我们已经处理了单一的决策树创建和更新过程。现在，我们考虑一个树的集合 $\mathcal{F}$，其中所有的树在参数 Θ 中共享相同的参数，但每棵树可以有不同的结构、不同的决策函数集以及独立的预测节点参数 $\boldsymbol{\pi}$。

由于森林 $\mathcal{F}$ 中的每一棵树都有自己的叶子节点参数 $\boldsymbol{\pi}$，因此，我们可以按照前面小节所述，在给定参数 Θ 的当前估计值的情况下，独立更新每棵树的预测节点。

至于参数 Θ，与之相反，我们在 $\mathcal{F}$ 中为每一个迷你批随机选择一棵树，然后按照类似 SGD 更新的方式来更新参数 Θ。这种策略有点类似于 Dropout 的基本思想，即每次 SGD 更新都有可能应用于不同的网络拓扑，它是根据特定的分布进行采样的。此外，更新单个树而不是整个森林可以降低训练过程中的计算负荷。

在测试期间将每棵树所交付的预测值进行平均，得出最终结果。

整个反向传播更新树的算法伪代码如下所示。针对森林中的每棵树，首先随机初始化参数 Θ，接下来进行 nEpochs 轮迭代，在每一轮迭代中，依次计算参数 $\boldsymbol{\pi}$，将树 $\mathcal{T}$ 随机划分成一系列迷你批，对于每个迷你批 β，使用随机梯度下降算法更新 Θ 值，从而完成反向传播更新树中核心参数 Θ 和 $\boldsymbol{\pi}$ 的过程。

算法：反向传播更新树

输入：训练集 $\mathcal{T}$，nEpochs。

1：随机初始化 Θ
2：**for all** $i \in \{1, \cdots, \text{nEpochs}\}$ **do**
3：   计算 $\boldsymbol{\pi}$
4：   将树 $\mathcal{T}$ 随机划分成一系列迷你批
5：   **for all** $\mathcal{B}$：$\mathcal{T}$ 中的迷你批 **do**
6：   利用 SGD 算法更新 Θ
7：   **end for**
8：**end for**

8.5.2　dNDF 模型的优缺点

dNDF 模型的优点如下：

- 在处理分类问题时预测性能高，在 MNIST、G50c 等公开数据集上均取得了比较领先的预测水平。
- 训练速度快，时间开销主要花费在决策森林中使用反向传播算法交替更新参数 Θ 和 π 的部分。

dNDF 模型的缺点如下：

- 可扩展性差。该模型一旦生成，便不能改变模型中树的结构，并且每棵树均为满二叉树，这种特性决定了无法对其进行剪枝优化。
- 仅适用于分类问题。例如，对于预测节点，该模型在构建时以目标变量的类别数初始化预测节点的 π 向量的特性，决定了其仅适用于解决分类问题。对于回归问题（目标变量为连续值），该结构需要做出适用性改进。对于决策节点，在回归问题中进行分支跳转时，sigmoid 决策函数将不再适用。

8.5.3　dNDF 的编程实践

针对上述深度神经决策森林模型，其训练模型算法的整体流程如下。第一步，解析命令行选项，使用 Python 命令解析器解析出 dNDF 模型所需的训练集、森林中树的棵数、每棵树的深度、多分类问题的类别数、学习率、迭代次数等算法参数。第二步，根据第一步解析得到的数据集信息，从 MNIST、UCIAdult、UCILetter 和 UCIYeast 数据集中选择其一加载数据。第三步，初步构建深度神经决策森林模型，将第一步中的算法参数和第二步中的数据集数据代入模型中，初始化 dNDF 模型内部的所有子模型，包括 Forest 模型、Tree 模型和决策节点中的 nn. Linear 线性模型。第四步，准备梯度下降算法，在具体代码实现中，使用的是性能比较优越的 Adam 算法。Adam 是一种可以替代传统随机梯度下降过程的一阶优化算法，它能够基于训练数据迭代地更新神经网络权重。最后，正式进入 dNDF 模型的训练，在迭代的每一轮依次遍历训练集中的每个迷你批，更新森林中每棵树的 π 和 Θ，并对当前模型进行评估。

下面给出整个 dNDF 工程的 PyTorch 代码实现，并结合代码进行详细分析。

1. 主函数（代码段 8.10 的第 221～239 行）

先来看 dNDF 的主函数代码。在主函数中，首先在第 223 行调用 parse_arg 函数解析命令行选项得到类对象 opt，opt 中存储了 dataset、batch_size、feat_dropout 等 dNDF 模型的算法参数。然后在第 225～230 行根据 opt. gpuid 来设置是否启用 GPU（当存在 GPU 时，一般从 0 开始编号，故 gpuid<0 时默认为使用 CPU）。之后在第 233 行根据 opt 选项准备数据集，在第 235 行将加载好的数据集对象传入深度神经决策森林中初始化深度决策树模型，并且在第 237 行为模型设置高性能的梯度下降算法 Adam。最后在第 239 行的 train 函数中对 dNDF 模型及其子模型进行训练。

代码段 8.10　dNDF 主函数代码（源码位于 Chapter08/Neural-Decision-Forests-master/train. py）

```
221    def main():
222        # 解析命令行选项
223        opt = parse_arg()
224
225        # 设置GPU的ID
```

```
226     opt.cuda = opt.gpuid >= 0
227     if opt.gpuid >= 0:
228         torch.cuda.set_device(opt.gpuid)
229     else:
230         print("WARNING: RUN WITHOUT GPU")
231
232     # 准备数据集
233     db = prepare_db(opt)
234     # 准备深度神经决策森林模型
235     model = prepare_model(opt)
236     # 准备梯度下降算法Adam
237     optim = prepare_optim(model, opt)
238     # 开始训练
239     train(model, optim, db, opt)
240
241
242 if __name__ == '__main__':
243     main()
```

在运行上述代码时，需要在 Python 命令下传入所需的算法参数。以在 GPU 上对 MNIST 数据集训练 dNDF 模型为例，传入必要的基本参数，执行命令如下：

```
python train. py - dataset mnist - n_class 10 - gpuid 0 - n_tree 80 - tree_depth 10 - batch_
size 1000 - epochs 100
```

在 TITAN V 的显卡上测试，GPU 内存占用 2.4G，最终得到的 dNDF 模型对 MNIST 数据集的预测准确率高达 99.52%，具体运行结果如下。

```
Use mnist dataset
Epoch 1 : Two Stage Learing -  Update PI
Train Epoch: 1 [0/60000 (0% )] Loss: 2.316032
Train Epoch: 1 [10000/60000 (17% )] Loss: 1.495707
Train Epoch: 1 [20000/60000 (33% )] Loss: 0.806588
Train Epoch: 1 [30000/60000 (50% )] Loss: 0.602482
Train Epoch: 1 [40000/60000 (67% )] Loss: 0.511090
Train Epoch: 1 [50000/60000 (83% )] Loss: 0.414224


Test set: Average loss: 0.2297, Accuracy: 9341/10000          (0.934100)


Epoch 2 : Two Stage Learing -  Update PI
Train Epoch: 2 [0/60000 (0% )] Loss: 0.295658
Train Epoch: 2 [10000/60000 (17% )] Loss: 0.284200
Train Epoch: 2 [20000/60000 (33% )] Loss: 0.258291
Train Epoch: 2 [30000/60000 (50% )] Loss: 0.200140
Train Epoch: 2 [40000/60000 (67% )] Loss: 0.173260
Train Epoch: 2 [50000/60000 (83% )] Loss: 0.164169


Test set: Average loss: 0.1110, Accuracy: 9637/10000          (0.963700)


Epoch 3~99 ...


Epoch 100 : Two Stage Learing -  Update PI
```

```
Train Epoch: 100 [0/60000 (0%)] Loss: 0.010629
Train Epoch: 100 [10000/60000 (17%)] Loss: 0.009522
Train Epoch: 100 [20000/60000 (33%)] Loss: 0.013084
Train Epoch: 100 [30000/60000 (50%)] Loss: 0.015395
Train Epoch: 100 [40000/60000 (67%)] Loss: 0.014371
Train Epoch: 100 [50000/60000 (83%)] Loss: 0.014575


Test set: Average loss: 0.0170, Accuracy: 9952/10000          (0.995200)
```

接下来，我们对上述代码涉及的所有子函数逐一进行介绍。

2. parse_arg 函数（代码段 8.11 的第 13～36 行）

在 parse_arg 函数中，我们依次解析多个关键的模型参数。其中，dataset 表示要加载的数据集名称；batch_size 表示迷你批的数量；feat_dropout 是 CNN 池化层激活函数 Dropout 的参数，指一个元素归零的概率；n_tree 表示决策森林中需要创建的树的棵数；n_class 表示目标变量的类别数目；tree_feature_rate 表示每棵树分裂时使用的属性集的比例；lr 是梯度下降算法的学习率；gpuid 是 GPU 的设备编号，一般从 0 开始编号，依次递增 1，默认为 −1，代表不启用 GPU，仅使用 CPU；jointly_training 表示是否使用联合训练，默认为 False；epochs 表示模型训练时总的最外层迭代轮数，默认为 10；report_every 表示每经过多少轮迭代打印一次当前的训练信息，默认为 10。最后，将解析好的选项保存到 opt 对象中。

代码段 8.11 parse_arg 函数代码（源码位于 Chapter08/Neural-Decision-Forests-master/train. py）

```
13   def parse_arg():
14       logging.basicConfig(
15           level=logging.WARNING,
16           format="[%(asctime)s]: %(levelname)s: %(message)s"
17       )
18       parser = argparse.ArgumentParser(description='train.py')
19       parser.add_argument('-dataset', choices=['mnist', 'adult', 'letter', 'yeast'], default='mnist')
20       parser.add_argument('-batch_size', type=int, default=128)
21
22       parser.add_argument('-feat_dropout', type=float, default=0.3)
23
24       parser.add_argument('-n_tree', type=int, default=5)
25       parser.add_argument('-tree_depth', type=int, default=3)
26       parser.add_argument('-n_class', type=int, default=10)
27       parser.add_argument('-tree_feature_rate', type=float, default=0.5)
28
29       parser.add_argument('-lr', type=float, default=0.001, help="sgd: 10, adam: 0.001")
30       parser.add_argument('-gpuid', type=int, default=-1)
31       parser.add_argument('-jointly_training', action='store_true', default=False)
32       parser.add_argument('-epochs', type=int, default=10)
33       parser.add_argument('-report_every', type=int, default=10)
34
35       opt = parser.parse_args()
36       return opt
```

3. prepare_db 函数（代码段 8.12）

在 prepare_db 函数中提供了四种数据集的加载方式。以加载 MNIST 数据集为例，它是从 PyTorch 的机器视觉库 torchvision 提供的数据集中加载的，依次加载了训练集和测试集，并且使用 torchvision. transforms. Compose 函数将数据集与对应的操作绑定在一起。

代码段 8.12 prepare_db 函数代码（源码位于 Chapter08/Neural-Decision-Forests-master/train. py）

```
39    def prepare_db(opt):
40        print("Use %s dataset" % (opt.dataset))
41
42        if opt.dataset == 'mnist':
43            train_dataset = torchvision.datasets.MNIST(
44                './data/mnist', train=True, download=True,
45                transform=torchvision.transforms.Compose([
46                    torchvision.transforms.ToTensor(),
47                    torchvision.transforms.Normalize((0.1307,), (0.3081,))
48                ]))
49
50            eval_dataset = torchvision.datasets.MNIST(
51                './data/mnist', train=False, download=True,
52                transform=torchvision.transforms.Compose([
53                    torchvision.transforms.ToTensor(),
54                    torchvision.transforms.Normalize((0.1307,), (0.3081,))
55                ]))
56            return {'train': train_dataset, 'eval': eval_dataset}
57
58        elif opt.dataset == 'adult':
59            train_dataset = dataset.UCIAdult('./data/uci_adult', train=True)
60            eval_dataset = dataset.UCIAdult('./data/uci_adult', train=False)
61            return {'train': train_dataset, 'eval': eval_dataset}
62
63        elif opt.dataset == 'letter':
64            train_dataset = dataset.UCILetter('./data/uci_letter', train=True)
65            eval_dataset = dataset.UCILetter('./data/uci_letter', train=False)
66            return {'train': train_dataset, 'eval': eval_dataset}
67
68        elif opt.dataset == 'yeast':
69            train_dataset = dataset.UCIYeast('./data/uci_yeast', train=True)
70            eval_dataset = dataset.UCIYeast('./data/uci_yeast', train=False)
71            return {'train': train_dataset, 'eval': eval_dataset}
72        else:
73            raise NotImplementedError
```

4. prepare_model 函数（代码段 8.13）

我们重点看一下初始化深度神经决策森林模型的代码。这个阶段的主要任务是构建 dNDF 模型的核心框架，初始化该深度决策树模型的神经网络层和决策森林层。由于篇幅原因，这两部分的代码在此不再给出，读者可以查阅本书提供的相关源码详细了解。接下来主要对这两部分的代码实现原理进行剖析。

代码段 8.13 prepare_model 函数代码（源码位于 Chapter08/Neural-Decision-Forests-master/train. py）

```
76    def prepare_model(opt):
77        if opt.dataset == 'mnist':
78            feat_layer = ndf.MNISTFeatureLayer(opt.feat_dropout)
79        elif opt.dataset == 'adult':
80            feat_layer = ndf.UCIAdultFeatureLayer(opt.feat_dropout)
81        elif opt.dataset == 'letter':
82            feat_layer = ndf.UCILetterFeatureLayer(opt.feat_dropout)
83        elif opt.dataset == 'yeast':
84            feat_layer = ndf.UCIYeastFeatureLayer(opt.feat_dropout)
85        else:
```

```
86              raise NotImplementedError
87
88      forest = ndf.Forest(n_tree=opt.n_tree,
89                          tree_depth=opt.tree_depth,
90                          n_in_feature=feat_layer.get_out_feature_size(),
91                          tree_feature_rate=opt.tree_feature_rate,
92                          n_class=opt.n_class,
93                          jointly_training=opt.jointly_training)
94      model = ndf.NeuralDecisionForest(feat_layer, forest)
95
96      if opt.cuda:
97          model = model.cuda()
98      else:
99          model = model.cpu()
100
101     return model
```

在 prepare_model 函数中，首先初始化 CNN 层，然后初始化决策森林层 Forest，最后将二者代入 NeuralDecisionForest 类对象构成完整的深度神经决策森林模型。这里涉及多个基于 PyTorch 基础类的模型派生类，包括 NeuralDecisionForest、Forest、Tree、Decision、MNISTFeatureLayer、UCIAdultFeatureLayer、UCILetterFeatureLayer、UCIYeastFeatureLayer，为了清晰地展示它们之间的关系，绘制类图如图 8.23 所示。

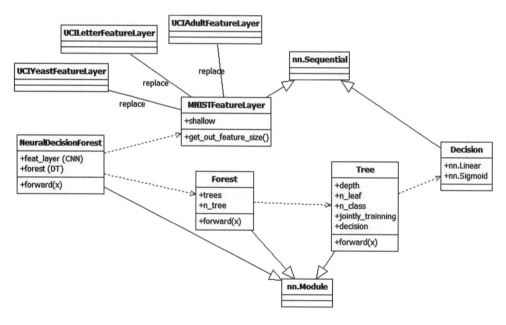

图 8.23 深度神经决策森林模型中不同对象之间的类图

可以发现，NeuralDecisionForest 类继承于 PyTorch 的基础类 nn.Module，它主要由两个数据成员组成：一个是 CNN 层对象 feat_layer，它是 FeatureLayer 类型的对象；另一个是决策树层对象 forest，它是 Forest 类的对象。此外，还重载了一个派生自 nn.Module 的 forward 函数。FeatureLayer 类包括 MNISTFeatureLayer、UCIAdultFeatureLayer、UCILetterFeatureLayer 和 UCIYeastFeatureLayer 四种类型，它们均继承于 PyTorch 的基础类 nn.Sequential。以 MNIST-FeatureLayer 为例，在它内部维护了一个 shadow 标记变量，并且根据 shadow 的取值决定初始

化深层或者浅层的神经网络。在初始化深层神经网络时，在 nn. Sequential 容器中盛放若干组卷积和池化层，以及对应的激活函数。Forest 类主要维护一个 Tree 类型对象 trees 和记录森林中树的棵数的变量 n_tree，以及一个继承自 nn. Module 的 forward 函数。Tree 类负责维护树的相关信息，包括树的深度 depth、树的叶子节点数 n_leaf、目标变量的类别数 n_class、是否启用联合训练的参数 jointly_ trainning 和决策节点类对象 decision，同样也有一个继承自 nn. Module 的 forward 函数。Decision 类是决策节点类，在它内部维护了一个 nn. Linear 类型的全连接层和一个 nn. Sigmoid 类型的 sigmoid 函数。

5. prepare_optim 函数（代码段 8.14）

接下来介绍准备梯度下降算法 Adam 的代码。prepare_optim 函数提取了深度神经决策森林模型的所有参数，并且将其和学习率选项代入 torch. optim. Adam 函数，最终返回 Adam 算法的类对象。Adam 算法作为随机梯度下降优化算法的一种，以其对于沿一阶优化的梯度下降方向更新神经网络权重的卓越性能，成为 dNDF 执行随机梯度下降的首选算法。

代码段 8.14　prepare_optim 函数（源码位于 Chapter08/Neural-Decision-Forests-master/train. py）

```
104   def prepare_optim(model, opt):
105       # torch.optim是一个实现了多种优化算法的包
106       params = [p for p in model.parameters() if p.requires_grad]
107       # Adam 是一种可以替代传统随机梯度下降过程的一阶优化算法，
108       # 它能基于训练数据迭代地更新神经网络权重。
109       return torch.optim.Adam(params, lr=opt.lr, weight_decay=1e-5)
```

6. train 函数（代码段 8.15）

在了解了深度神经决策森林模型的内部类图和 Adam 梯度下降算法之后，我们进一步分析该模型训练过程的代码。

代码段 8.15　train 函数（源码位于 Chapter08/Neural-Decision-Forests-master/train. py）

```
112   def train(model, optim, db, opt):
113       for epoch in range(1, opt.epochs + 1):
114           # Update \Pi
115           if not opt.jointly_training:
116               print("Epoch %d : Two Stage Learing - Update PI" % (epoch))
117               # prepare feats
118               cls_onehot = torch.eye(opt.n_class) # n个类映射成n个独热向量
119               feat_batches = []
120               target_batches = []
121               train_loader = torch.utils.data.DataLoader(db['train'],
122                                                 batch_size=opt.batch_size,
123                                                 shuffle=True)
124               with torch.no_grad():
125                   for batch_idx, (data, target) in enumerate(train_loader):
126                       if opt.cuda:
127                           data, target, cls_onehot = \
128                           data.cuda(), target.cuda(), cls_onehot.cuda()
129                       data = Variable(data) # Variable是能够计算图的Tensor
130                       # Get feats
131                       feats = model.feature_layer(data)
132                       feats = feats.view(feats.size()[0], -1)
133                       feat_batches.append(feats) # CNN提取的高维特征向量
134                       # CNN提取的高维特征向量对应的真实目标变量的独热向量
```

```
135                          target_batches.append(cls_onehot[target])
136
137                      # Update \Pi for each tree
138                      for tree in model.forest.trees:
139                          mu_batches = []
140                          for feats in feat_batches:
141                              mu = tree(feats)  # [batch_size,n_leaf]
142                              mu_batches.append(mu)
143                          for _ in range(20):
144                              # Tensor [n_leaf,n_class]
145                              new_pi = torch.zeros((tree.n_leaf,tree.n_class))
146                              if opt.cuda:
147                                  new_pi = new_pi.cuda()
148                              for mu, target in zip(mu_batches, target_batches):
149                                  pi = tree.get_pi()  # [n_leaf,n_class]
150                                  # [batch_size,n_class]
151                                  prob = tree.cal_prob(mu, pi)
152
153                                  # Variable to Tensor
154                                  pi = pi.data
155                                  prob = prob.data
156                                  mu = mu.data
157
158                                  # [batch_size,1,n_class]
159                                  _target = target.unsqueeze(1)
160                                  _pi = pi.unsqueeze(0)  # [1,n_leaf,n_class]
161                                  _mu = mu.unsqueeze(2)  # [batch_size,n_leaf,1]
162                                  # [batch_size,1,n_class]
163                                  _prob = torch.clamp(prob.unsqueeze(1),
164                                                      min=1e-6, max=1.)
165                                  # [batch_size,n_leaf,n_class]
166                                  _new_pi = torch.mul(torch.mul(_target, _pi),
167                                                      _mu) / _prob
168                                  new_pi += torch.sum(_new_pi, dim=0)
169                              # test
170                              new_pi = F.softmax(Variable(new_pi), dim=1).data
171                              tree.update_pi(new_pi)
172
173              # Update \Theta
174          model.train()
175          train_loader = torch.utils.data.DataLoader(db['train'],
176                                                      batch_size=opt.batch_size,
177                                                      shuffle=True)
178          for batch_idx, (data, target) in enumerate(train_loader):
179              if opt.cuda:
180                  data, target = data.cuda(), target.cuda()
181              data, target = Variable(data), Variable(target)
182              optim.zero_grad()
183              output = model(data)
184              loss = F.nll_loss(torch.log(output), target) # log似然代价函数
185              loss.backward()
186
187              optim.step()
188              if batch_idx % opt.report_every == 0:
189                  print('Train Epoch: {} [{}/{} ({:.0f}%)]\tLoss: {:.6f}'.
190                      format(epoch, batch_idx * len(data),
191                             len(train_loader.dataset),
192                             100. * batch_idx / len(train_loader),
193                             loss.item()))
194
```

```
195            # Eval
196            model.eval()
197            test_loss = 0
198            correct = 0
199            test_loader = torch.utils.data.DataLoader(db['eval'],
200                                          batch_size=opt.batch_size,
201                                          shuffle=True)
202        with torch.no_grad():
203            for data, target in test_loader:
204                if opt.cuda:
205                    data, target = data.cuda(), target.cuda()
206                data, target = Variable(data), Variable(target)
207                output = model(data)
208                test_loss += F.nll_loss(torch.log(output), target,
209                        size_average=False).item()  # sum up batch loss
210                # get the index of the max log-probability
211                pred = output.data.max(1, keepdim=True)[1]
212                correct += pred.eq(target.data.view_as(pred)).cpu().sum()
213
214        test_loss /= len(test_loader.dataset)
215        print('\nTest set: Average loss: {:.4f}, Accuracy: {}/{} \
216            ({:.6f})\n'.format(
217            test_loss, correct, len(test_loader.dataset),
218            float(correct) / len(test_loader.dataset)))
```

在 train 函数中进行 opt.epochs 轮迭代，每轮迭代交替更新参数 Θ 和 π。首先将训练集随机划分成 opt.batch_size 个迷你批，然后遍历每个迷你批，更新每棵树的参数 π 和参数 Θ，最后使用测试集进行评估。

8.6　小结

本章主要介绍深度决策树算法，包括深度森林、深度神经决策树、自适应神经决策树、神经支持决策树和深度决策森林。本章还借助 PyTorch 等工具对 DNDT、ANT、NBDT 和 dNDF 示例进行了简单的分析。

gcForest 使用级联结构，在不同规模数据下都能获得不错的性能。由于 gcForest 是基于树的结构构建的，所以相比神经网络更容易分析，但是目前还构建不出非常深的模型。不过在 gcForest 基础上改进的 DF21 和改进的深度森林模型又有了比较大的提升，能够较快且效率较高地处理和训练大规模数据。

深度神经决策树主要以 DNDT 为例，DNDT 实际上是具有特殊体系结构的神经网络，不过其内部设置对应于特定的决策树，从而具备了深度神经网络和决策树的优点。相比 DNDT，ANT 将表征学习融入决策树的边、路由函数和叶子节点中，并且借助神经网络的反向传播训练算法，能实现自适应增长的架构，同样能适应各类不同的数据。本章还介绍了另一种深度决策树 NBDT，NBDT 具有与标准神经网络完全相同的架构，它主要通过诱导层次结构、树监督损失、使用主结构进行特征化、嵌入式决策规则四个步骤来实现。它支持所有分类神经网络架构，而且能与神经网络一样实现高精度。

深度神经决策森林由卷积神经网络和决策森林两部分组成，目的在于吸收深度神经网络和决策森林的优点，使得其预测性能好，而且训练速度快。不过由于 dNDF 每棵树均为满二叉树，需要付出一些可扩展性和灵活性的成本。

总而言之，深度决策树是决策树很好的开拓方向，它解决了决策树在分类时的精度问题，同时又没有抛弃树的结构，保留了易于理解和调整的优点。

8.7　参考文献

[1] ZHOU Z H，FENG J. Deep Forest：Towards An Alternative to Deep Neural Networks［C］. In Proceedings of the 26th International Joint Conference on Artificial Intelligence，2017：3553-3559.

[2] BREIMAN. L Random forests［J］. Machine Learning，2001，45（1）：5-32.

[3] LIU F T，TING K M，YU Y，et al. Spectrum of variable-random trees［J］. Journal of Artificial Intelligence Research，2008，32：355-384.

[4] kingfengji. Gcforest：This is the official implementation for the paper Deep forest：Towards an alternative to deep neural networks［CP/OL］. https://github. com/kingfengji/gcforest.

[5] LAMDA-NJU. Deep-ForestDF21：A Practical Deep Forest for Tabular Datasets［DB/OL］. https://gitee. com/lamda-nju/deep-forest.

[6] 王玉静，王诗达，康守强，等. 基于改进深度森林的滚动轴承剩余寿命预测方法［J］. 中国电机工程学报，2020，40（15）：11.

[7] 乔安，毛力，孙俊. 基于改进深度森林的小目标检测算法［J］. 传感器与微系统，2020，039（005）：125-128.

[8] 陈寅栋，李朝锋，桑庆兵. 卷积神经网络结合深度森林的无参考图像质量评价［J］. 激光与光电子学进展，2019，56（11）.

[9] 朱晓妤，严云洋，刘以安，等. 基于深度森林模型的火焰检测［J］. 计算机工程，2018，44（007）：264-270.

[10] 戴瑾，王天宇，王少尉. 基于深度森林的网络流量分类方法［J］. 国防科技大学学报，2020，42（4）：30.

[11] 沈宗礼，余建波. 基于迁移学习与深度森林的晶圆图缺陷识别［J］. 浙江大学学报：工学版，2020，54（6）：12.

[12] YANG Y，MORILLO I G，Hospedales T M. Deep Neural Decision Trees［J］. ICML Workshop on Human Interpretability in Machine Learning（WHI），2018.

[13] CHUNG J，AHN S，BENGIO Y. Hierarchical Multiscale Recurrent Neural Networks［C］. ICLR，2017.

[14] JANG E，GU S，POOLE B. Categorical Reparameterization with Gumbel-Softmax［C］. ICLR，2017.

[15] BENGIO，YOSHUA. Estimating or propagating gradients through stochastic neurons［J］. CoRR，abs/1305. 2982，2013.

[16] HO T K. The random subspace method for constructing decision forests［J］. IEEE transactions on pattern analysis and machine intelligence，1998，20（8）：832-844.

[17] ABADI，MARTIN，AGARWAL，et al. TensorFlow：Large-scale machine learning on heterogeneous systems［CP/OL］. https://www. tensorflow. org/.

[18] PASZKE，ADAM，GROSS，et al. Automatic differentiation in pytorch［Z］. NIPS Workshop，2017.

[19] TANNO R，ARULKUMARAN K，ALEXANDER D，et al. Adaptive neural trees［C］. International Conference on Machine Learning，2019：6166-6175.

[20] NAIR V，HINTON G E. Rectified linear units improve restricted boltzmann machines［C］. ICML，2010：807-814.

[21] SUAREZ A，LUTSKO J F. Globally optimal fuzzy decision trees for classification and regression［J］. IEEE Transactions，PAMI，1999，21（12）：1297-1311.

[22] RSOY O, YLDZ O T, ALPAYDN E. Soft decision trees [C]. Proceedings of the 21st international conference on pattern recognition (ICPR2012), IEEE, 2012: 1819-1822.

[23] LAPTEV D, BUHMANN J M. Convolutional decision trees for feature learning and segmentation [C]. German Conference on Pattern Recognition, 2014: 95-106.

[24] ROTA BULO S, KONTSCHIEDER P. Neural decision forests for semantic image labelling [C]. Proceedings of the IEEE Conference on Computer Vision and Pattern Recognition, 2014: 81-88.

[25] KONTSCHIEDER P, FITERAU M, CRIMINISI A, et al. Deep neural decision forests [C]. Proceedings of the IEEE international conference on computer vision, 2015: 1467-1475.

[26] FROSST N, HINTON G. Distilling a neural network into a soft decision tree [J]. arXiv preprint arXiv: 1711. 09784, 2017.

[27] XIAO H. NDT: neual decision tree towards fully functioned neural graph [J]. arXiv preprint arXiv: 1712. 05934, 2017.

[28] JORDAN M I, JACOBS R A. Hierarchical mixtures of experts and the EM algorithm [J]. Neural computation, 1994, 6 (2): 181-214.

[29] RUMELHART D E, HINTON G E, WILLIAMS R J. Learning representations by back-propagating errors [J]. nature, 1986, 323 (6088): 533-536.

[30] TANNO R, ARULKUMARAN K, ALEXANDER D. PMLR [C]. Proceedings of the 36th International Conference on Machine Learning, 2019.

[31] WAN A, DUNLAP L, HO D, et al. NBDT: Neural-backed decision trees [J]. arXiv preprint arXiv: 2004. 00221, 2020.

[32] DENG J, DONG W, SOCHER R, et al. Imagenet: A large-scale hierarchical image database [C]. 2009 IEEE conference on computer vision and pattern recognition, IEEE, 2009: 248-255.

[33] KRIZHEVSKY, A. Learning multiple layers of features from tiny images [R]. University of Toronto, 2009.

[34] LE Y, YANG X. Tiny imagenet visual recognition challenge [J]. CS 231N, 2015, 7 (7): 3.

[35] MILLER G A. WordNet: a lexical database for English [J]. Communications of the ACM, 1995, 38 (11): 39-41.

[36] KONTSCHIEDER P, FITERAU M, CRIMINISI A, et al. Deep neural decision forests [C]. Proceedings of the IEEE international conference on computer vision, 2015: 1467-1475.

[37] AHMED K, BAIG M H, TORRESANI L. Network of experts for large-scale image categorization [C]. European Conference on Computer Vision, 2016: 516-532.

[38] KONTSCHIEDER P, FITERAU M, CRIMINISI A, et al. Deep neural decision forests [C]. Proceedings of the IEEE international conference on computer vision, 2015: 1467-1475.

[39] KRIZHEVSKY A, SUTSKEVER I, HINTON G E. Imagenet classification with deep convolutional neural networks [J]. Advances in neural information processing systems, 2012, 25: 1097-1105.

[40] LIN M, CHEN Q, YAN S. Network in network [J]. arXiv preprint arXiv: 1312. 4400, 2013.

[41] SZEGEDY C, LIU W, JIA Y, et al. Going deeper with convolutions [C]. Proceedings of the IEEE conference on computer vision and pattern recognition, 2015: 1-9.

[42] FAIR. PyTorch: An open source machine learning framework that accelerates the path from research prototyping to production deployment [CP/OL]. https://www. pytorch. org/.

推荐阅读

机器学习理论导引

作者：周志华 王魏 高尉 张利军 著 书号：978-7-111-65424-7 定价：79.00元

本书由机器学习领域著名学者周志华教授领衔的南京大学LAMDA团队四位教授合著，旨在为有志于机器学习理论学习和研究的读者提供一个入门导引，适合作为高等院校智能方向高级机器学习或机器学习理论课程的教材，也可供从事机器学习理论研究的专业人员和工程技术人员参考学习。本书梳理出机器学习理论中的七个重要概念或理论工具（即：可学习性、假设空间复杂度、泛化界、稳定性、一致性、收敛率、遗憾界），除介绍基本概念外，还给出若干分析实例，展示如何应用不同的理论工具来分析具体的机器学习技术。

迁移学习

作者：杨强 张宇 戴文渊 潘嘉林 著 译者：庄福振 等 书号：978-7-111-66128-3 定价：139.00元

本书是由迁移学习领域奠基人杨强教授领衔撰写的系统了解迁移学习的权威著作，内容全面覆盖了迁移学习相关技术基础和应用，不仅有助于学术界读者深入理解迁移学习，对工业界人士亦有重要参考价值。全书不仅全面概述了迁移学习原理和技术，还提供了迁移学习在计算机视觉、自然语言处理、推荐系统、生物信息学、城市计算等人工智能重要领域的应用介绍。

神经网络与深度学习

作者：邱锡鹏 著 ISBN：978-7-111-64968-7 定价：149.00元

本书是复旦大学计算机学院邱锡鹏教授多年深耕学术研究和教学实践的潜心力作，系统地整理了深度学习的知识体系，并由浅入深地阐述了深度学习的原理、模型和方法，使得读者能全面地掌握深度学习的相关知识，并提高以深度学习技术来解决实际问题的能力。本书是高等院校人工智能、计算机、自动化、电子和通信等相关专业深度学习课程的优秀教材。